А. В. Борисов
И. С. Мамаев

ДИНАМИКА ТВЕРДОГО ТЕЛА

ГАМИЛЬТОНОВЫ МЕТОДЫ, ИНТЕГРИРУЕМОСТЬ, ХАОС

Институт Компьютерных Исследований

R&C Dynamics

Москва ♦ Ижевск

2005

УДК 515.1, 531.01

Издание выполнено при финансовой поддержке
Удмуртского государственного университета

Борисов А. В., Мамаев И. С.

Динамика твердого тела. Гамильтоновы методы, интегрируемость, хаос. — Москва-Ижевск: Институт компьютерных исследований, 2005. — 576 с.

В книге рассмотрены основные формы уравнений движения твердого тела, включая движение в потенциальных полях, в жидкости (уравнения Кирхгофа), с полостями, заполненными жидкостью. Все системы, рассмотренные в книге, могут быть описаны в рамках гамильтонова формализма. Собраны практически все известные к настоящему времени интегрируемые случаи и способы их явного интегрирования. По сравнению с предыдущим изданием в книгу добавлены разделы, связанные с анализом неинтегрируемости и хаотического поведения в различных задачах динамики твердого тела. Для исследования широко используются компьютерные методы, позволяющие наглядно представить картину движения. Ряд результатов книги принадлежит авторам.

Для студентов и аспирантов механико-математических и физических специальностей университетов, специалистов по математической физике и динамическим системам.

ISBN 5-93972-485-X

http://rcd.ru
http://ics.org.ru

ОГЛАВЛЕНИЕ

Предисловие ко второму изданию

Эта книга возникла после достаточно обширной переработки нашей предыдущей книги «Динамика твердого тела» (2001) [39], в которой мы старались собрать большинство известных интегрируемых случаев, рассмотреть проблемы явного интегрирования и привести вывод базовых форм уравнений движения, основанных на гамильтоновом формализме. Новая книга также содержит все указанные разделы, с учетом изменений, происшедших в течение последних пяти лет. Эти изменения коснулись интегрируемых систем, обнаружение которых в последние годы было неожиданно бурным. Последнее стало возможным в связи с широким развитием и доступностью компьютерных аналитических вычислений, которые как раз стали способны находить для различных динамических систем новые интегрируемые случаи с интегралами высоких степеней. Отметим, что еще несколько лет назад казалось, что такая возможность вряд ли достижима с помощью компьютеров и нахождение первых интегралов является своего рода искусством и требует уникального человеческого интеллекта. Основные недавние результаты в этом направлении принадлежат В. В. Соколову, А. В. Цыганову, Х. Яхье и др.

Такое обилие интегрируемых случаев, которые раньше называли именами их авторов, и их все более усложняющийся характер, который совершенно непонятен для реальной динамики, еще больше обозначил важность изучения общей, неинтегрируемой ситуации. К сожалению, многие вопросы в этом направлении так и остаются нерешенными. В этой книге, в отличие от предыдущей, мы существенно больше внимания уделили теории неинтегрируемости, сценариям хаотизации и топологической классификации изоэнергетических многообразий, необходимой также для глобального исследования хаотической ситуации. Тем не менее отметим, что пока не существует общего подхода для исследования хаотических систем, хотя понятно, что при их анализе надо ориентироваться на различные инвариантные многообразия (периодические решения, торы, сепаратрисы), составляющие «скелет» таких систем. Проблема хаотизации тесно связана с различными продолжениями по параметрам системы и генеалогией упомянутых инвариантных объектов.

Мы старались придерживаться традиций математической литературы времен Эйлера, который, по выражению Якоби [311], «хотя и рассматривает всегда только частные случаи, но подбирает их так удачно, что позже найденный общий метод по большой части прибавляет к его результатам очень мало или ничего». В этом плане мы рассматриваем различные механические задачи и описываем, какие результаты в ней были получены с использованием той или иной теории. Альтернативный подход, как известно, состоит в приоритетном описании общих теорий, причем примеры служат лишь для их иллюстрации.

В новой книге мы исправили также ряд ошибок, допущенных в [39]. Включены новые разделы, связанные с движением изменяемого твердого тела, частными решениями уравнений Эйлера–Пуассона, небесной механикой в пространствах постоянной кривизны, неинтегрируемостью, хаосом и периодическими решениями.

Среди новых вопросов, обсуждаемых в книге, особо отметим движение тяжелого твердого тела в идеальной жидкости. Первые задачи о движении твердого тела, взаимодействующего с жидкой средой, восходят к Максвеллу, Кирхгофу, Ламбу, Жуковскому и Чаплыгину. Однако в общей постановке такие задачи очень сложны и не решены до сих пор. При реальном движении тела возникают подъемная сила и различные силы сопротивления, обусловленные срывом вихрей и трением жидкости о поверхность тела. Вообще говоря, большинство интересных эффектов, связанных со взаимодействием среды и тела, обусловлено вязкостью. Обычно строят феноменологические модели взаимодействия, в которые вязкость входит в силовые (как правило, непотенциальные) факторы. Однако даже при полном исключении вязкости задача может представлять значительный интерес, так как остаются факторы сопротивления жидкости, обусловленные присоединенными массами и инерцией жидкости. В такой постановке задачи о падении тяжелого твердого тела в жидкости рассматривались еще в конце XIX века В. А. Стекловым, С. А. Чаплыгиным, Д. Н. Горячевым. В связи с бурным развитием аэрогидродинамики в начале XX века и объяснением природы подъемной силы Куттой, Жуковским, Чаплыгиным, в эти уравнения стало возможным ввести дополнительные слагаемые, связанные с циркуляцией. Как оказалось, все эти постановки *не выводят нас за рамки гамильтонова формализма*, и с их помощью можно объяснить результаты различных экспериментов. Отметим, что натурные опыты с падающими пластинками или дисками до сих пор проводятся в различных гидродинамических лабораториях как в России, так и зарубежом, но результаты экспериментов в полной мере пока не способна объяснить ни одна теория.

Более точное описание падения возможно вне рамок гамильтонова формализма — необходим учет диссипативных факторов. Однако в этом случае серьезное исследование является достаточно обширным, и хотя существует ряд замечательных работ по этим вопросам, мы не стали разбирать их в книге. Мало того, мы вообще исключили все вопросы, связанные с диссипативным воздействием из предыдущего издания этой книги [39], считая, что более правильным будет ограничиться гамильтоновым подходом к динамике, но в новом издании сделать его более глубоким и систематическим.

За рамками книги оказались вопросы устойчивости частных движений и большинство прикладных и технических вопросов, достаточно полное изложение которых требует отдельной монографии. Тем не менее, даже физик и инженер может извлечь из книги понимание общего формализма записи основных динамических уравнений, а также основных аспектов регулярного и хаотического поведения в динамике твердого тела. По этим вопросам книга может рассматриваться как справочник, в котором, тем не менее, мы стараемся пояснить вывод основных результатов, а иногда приводим полные доказательства.

Мы не стали включать в книгу разделы, связанные с неголономными системами, а также многомерными обобщениями динамики твердого тела. Многие из упомянутых здесь вопросов мы изложили в книгах [42, 44, 48].

Особо отметим неголономные системы, связанные с качением твердых тел друг по другу без проскальзывания. Традиционно обсуждение вопросов качения включается в курсы динамики твердого тела (Раус [230], Мак-Миллан [186], Магнус [185] и др.). Однако в самое последнее время эта область сильно разрослась; кроме того, оказалось, что многие динамические эффекты в неголономных системах настолько существенно отличаются от гамильтоновых, что требуют собственного систематического исследования (см., например, [42]).

Особенностью этой книги является широкое использование численных экспериментов и методов компьютерной визуализации в сочетании с аналитическими методами. Мы приводим также основные исторические факты и достаточно подробную библиографию.

При проверке почти всех современных и классических случаев интегрируемости использовалась система аналитических вычислений MAPLE. При этом некоторые уже известные ранее результаты оказались не совсем корректными, а другие были значительно упрощены. Компьютерная визуализация движения и численное интегрирование были проведены на программном комплексе, созданном в Институте компьютерных исследований.

Собранные нами в начале книги краткие исторические очерки об основоположниках динамики твердого тела позволяют проследить эволюцию идей в этой области и, возможно, исправить некоторые исторические неточности.

В заключение авторы выражают искреннюю благодарность В. В. Козлову, А. В. Болсинову, И. Н. Гашененко, И. В. Комарову, С. М. Рамоданову, В. В. Соколову, Ю. Н. Федорову, А. В. Цыганову, Х. Яхье за множество ценных советов, консультаций и замечаний. Особую благодарность нам хотелось бы выразить А. А. Килину — за многократные обсуждения и многочисленные компьютерные иллюстрации.

Введение

1. Уравнения Эйлера – Пуассона и случаи интегрируемости. В качестве введения мы приведем несколько кратких комментариев относительно основных этапов развития динамики твердого тела. Уравнения движения твердого тела вокруг неподвижной точки в различных силовых полях были записаны благодаря работам Эйлера, Даламбера, Клеро, Пуассона и Лагранжа. В достаточно общей и современной форме они содержатся в «Аналитической механике» Лагранжа. При этом наибольший интерес имела и имеет задача о движении твердого тела вокруг неподвижной точки в однородном поле тяжести (т. е. тяжелого твердого тела). Базовой системой для исследований здесь являются полученные Эйлером и Пуассоном уравнения, которые сочетают в себе изящество и простоту записи со сложностью и даже невозможностью получения общего решения в явном виде. Исторически первыми стали изучаться интегрируемые случаи, т. е. случаи, в которых построение общего решения возможно (как говорили классики, в квадратурах). При этом, очевидно, необходимо зафиксировать некоторые параметры системы или начальные условия. Наиболее популярные из них были найдены еще Эйлером (1758 г.) и Лагранжем (1788 г.) в период формирования и разработки общих принципов динамики.

Существенно более сложный случай интегрируемости уравнений Эйлера – Пуассона, давший толчок новым исследованиям в области интегрируемых систем, был найден С. В. Ковалевской в 1888 г. Этот результат был высоко оценен Парижской Академией наук, присвоившей С. В. Ковалевской в 1888 г. премию Бордена за мемуар о вращении твердого тела вокруг неподвижной точки. Заметим, что до этого Академия наук дважды объявляла конкурс на исследование по этой же теме, но премия никому не присуждалась. Весной 1889 г. Ковалевская была удостоена премии Шведской Королевской Академии наук за второй мемуар по задаче о вращении твердого тела.

Интегрируемость случаев Эйлера и Лагранжа обусловлена естественными динамическими симметриями и сохранением соответствующих первых интегралов. С. В. Ковалевская нашла свой случай интегрируемости, исходя из неочевидных аналитических соображений, используя хорошо развитую в то время теорию алгебраических функций (частным случаем которых являются эллиптические функции). Она потребовала однозначности общего решения на комплексной плоскости времени, что в дальнейшем привело к возникновению одного из наиболее продвинутых методов анализа динамических систем на интегрируемость — тесту Пенлеве–Ковалевской. Интеграл Ковалевской уже не имеет естественного симметрийного происхождения; как говорят, его симметрии являются скрытыми, а сама проблема описания движения и явного интегрирования в этом случае является существенно более сложной.

Для уравнений Эйлера–Пуассона после Ковалевской не было найдено ни одного общего случая интегрируемости, и даже доказано, что их не существует. Тем не менее, долгое время особый интерес вызывала проблема получения различных частных интегралов и частных решений. Их было получено около двух десятков, что, конечно, далеко не охватывает даже малой части всех возможных движений тяжелого твердого тела.

2. Уравнения Пуанкаре и Гельмгольца. Во второй половине XIX и в начале XX столетий в динамике твердого тела были найдены интегрируемые случаи для различных постановок задач о движении твердого тела: движение тела в жидкости, движение тела, имеющего полости, заполненные жидкостью, гиростаты, неголономные задачи. Изучение этих задач стало возможным благодаря развитию общего формализма динамики, вершиной которого стали уравнения Пуанкаре, позволяющие представить уравнения движения твердого тела в групповых переменных.

Здесь следует также упомянуть о прогрессе в гидродинамике идеальной жидкости и вихревой теории, основы которой были заложены Г. Гельмгольцем.

На этом пути были получены уравнения для вектора завихренности, вполне аналогичные динамическим уравнениям для кинетического момента, а Пуанкаре впервые изучил прецессию земной оси, используя в качестве модели Земли твердое тело (мантию), имеющее полости, заполненные вихревой несжимаемой жидкостью (ядро). Используя упрощенные и интегрируемые уравнения Пуанкаре, Вольтерра поставил модельную задачу о гиростатах, примененную им для описания движения полюсов Земли.

3. Интегрируемые случаи. Классический период. Как уже отмечалось, в классический период для различных форм уравнений считалось первостепенным по важности нахождение случаев, фиксируемых ограничениями на параметры и начальные условия, явной разрешимости задачи в квадратурах, т. е. в современной терминологии — интегрируемых случаев.

Случаи интегрируемости обычно связывают с именами их первооткрывателей. Мы уже упомянули случаи, связанные с именами Эйлера, Лагранжа и Ковалевской. Среди других — известные западные математики и механики: Г. Кирхгоф, А. Клебш, П. Аппель, Ф. Брун, В. Вольтерра; крупные достижения принадлежат русским ученым — А. М. Ляпунову, В. А. Стеклову, Н. Е. Жуковскому, С. А. Чаплыгину, Д. Н. Горячеву. В этом смысле динамику твердого тела можно рассматривать как область, наиболее богатую содержательными нетривиальными интегрируемыми задачами, составляющими «золотой фонд» современной динамики.

В классический период помимо нахождения первых интегралов особенно ценилось получение явного решения в различных классах функций (в основном, эллиптических). Особых успехов здесь добились С. В. Ковалевская, В. Вольтерра, Г. Альфан, Ф. Кёттер, и их техника до сих пор во многом является образцом для подражания.

4. Результаты Пуанкаре и Козлова о неинтегрируемости. Качественный анализ. В первой половине XX века интерес к поиску интегрируемых случаев несколько упал. Во многом это связано с пониманием широкими слоями математиков результатов А. Пуанкаре о неинтегрируемости типичной гамильтоновой динамической системы [227] (в частности, известной задачи трех тел). В сознании математиков это обесценило многие результаты классиков и привело к разработке новых методов теории возмущений: принцип усреднения, КАМ-теория и пр.

Основные уравнения динамики твердого тела в общем случае также являются неинтегрируемыми, а значит, обладающими сложным непредсказуемым поведением [227], изучение которого составляет предмет новой области исследований, называемой детерминированным хаосом. Систематически эффекты неинтегрируемости в динамике твердого тела обсуждаются в монографии В. В. Козлова [150]. Основные результаты о неинтегрируемости уравнений динамики твердого тела мы собрали в одном из приложений.

Важное значение книги [150] состоит также в том, что в отличие от неестественной тяги классиков к получению явного решения, мало что позволяющего сказать о действительном движении системы, в ней В. В. Козловым поставлен вопрос о качественном анализе интегрируемых динамических систем, и на примере волчков Ковалевской и Горячева–Чаплыгина сделаны общие выводы о поведении линии узлов и углов собственного вращения. Последние результаты были получены с применением теоремы Лиувилля–Арнольда и теоремы Вейля о равномерном распределении.

5. Пуассоновы структуры и алгебры Ли. Кроме идеи широкого приложения компьютерных методов, здесь мы старались отразить современные методы пуассоновой динамики и геометрии, теории групп и алгебр Ли, лишь намеченные в нашей предыдущей книге «Пуассоновы структуры и алгебры Ли в гамильтоновой механике» [44]. В развитии этих методов динамика твердого тела играет особую роль. Как уже отмечалось, она представляет собой полигон для испытания новых математических теорий, и в настоящее время трудно оценить ее значение, особенно для развития многих разделов топологии и нелинейных пуассоновых структур, неголономной геометрии, теории симметрий и тензорных инвариантов.

Можно даже утверждать, что подобно тому, как понимание глубоких идей А. Пуанкаре о неинтегрируемости динамических систем стало возможным благодаря анализу задачи трех тел, результаты и методы Софуса Ли вошли в общую математическую культуру вследствие их приложения к динамике волчков, дающих примеры механической реализации наиболее естественных групп и алгебр Ли. Кроме того, в отличие от небесной механики, теории колебаний и вихревой динамики, динамика твердого тела, с одной стороны, содержит ряд нетривиальных интегрируемых случаев, а с другой стороны, в силу компактности конфигурационного пространства наиболее предпочтительна для анализа хаотических движений.

6. Топологический анализ. Приложение методов топологического анализа к интегрированию задач динамики твердого тела, а именно изучение перестроек торов Лиувилля при прохождении через критические значения, впервые предложено М. П. Харламовым [284] и получило свое развитие в теории топологических инвариантов, созданной (в основном школой А. Т. Фоменко) для классификации интегрируемых гамильтоновых систем с двумя степенями свободы. Большинство результатов, полученных с помощью этой техники, представлены в книге [31]. Комплексные методы, приводящие в основном к тем же результатам, представлены в книге М. Оден [216].

7. Метод L-A-пары. Повышение интереса к интегрируемым задачам динамики твердого тела в 1970–1990 гг., повлекший за собой открытие целой серии новых интегрируемых случаев, связан с развитием метода изоспектральной деформации (представления Лакса, **L-A**-пары). Как правило, большинство работ этого периода связано с многомерными обобщениями уже известных естественных физических аналогов. Развитие этого направления исследований также связано с проникновением в динамику идей теории групп и алгебр Ли и идей анализа общих (нелинейных и вырожденных) пуассоновых структур. С современным состоянием этих вопросов можно ознакомиться по нашей книге [48].

Отметим, что многие конструкции ли-алгебраического подхода и методов качественного анализа оказалось возможным перенести на неголономные задачи динамики твердого тела, где в последние десятилетия также добавилось несколько новых интегрируемых систем [42].

8. Системы аналитических вычислений и первые интегралы. Отметим также большую роль компьютерных систем аналитических вычислений (САВ) в задаче о поиске интегралов высоких степеней. Одним из первых интегрируемых случаев, полученных таким методом, является случай Соколова в уравнениях Кирхгофа (2001 г.). Начиная с этого момента динамика твердого тела обогатилась рядом более сложных первых интегралов, имеющих даже шестую степень, и перспективы такого поиска, видимо, еще далеко не исчерпаны.

Уже стандартным стало применение САВ для исследования устойчивости неподвижных точек и периодических решений методами нормализации. Эти исследования широко проводятся в динамике твердого тела, где имеется множество интересных частных решений, представляющих «исходный» материал для такой деятельности (А. П. Маркеев, [190, 192, 195, 194]).

9. Физические применения. В последние десятилетия появилось еще несколько направлений, связанных с динамикой волчков. Одно из них возникло в квантовой механике из анализа систем взаимодействующих спинов с анизотропией (цепочка, или XYZ-модель Гейзенберга).

Классическая модель здесь является основой для понимания динамики на квантовом уровне, которая, в некотором смысле, также может быть интегрируемой и хаотической. Исследования по квантовому хаосу пока только начинаются [310, 474], но, видимо, скоро перерастут в отдельную область науки, где вопросы квантового описания волчков займут значительное место. Прежде всего это связано с тем, что модель волчка является основной в квантовой теории углового момента, используемой в квантовой химии и молекулярной спектроскопии.

Интересно также заметить, что приводимые в современной литературе по квантовой механике (см., например, [474], 2004 г.) условия интегрируемости и сами интегралы для спиновой модели являются упрощенными результатами классиков (В. Фрамм, Ф. Шоттки), полученными более столетия назад. Это обусловлено тем, что многие из современных физиков, далеко ушедших в области своих абстрактных и запутанных теорий (типа квантовой теории поля, теории гравитации), плохо ориентируются в вопросах, которые имеют естественное происхождение и связаны с динамикой обычного игрушечного волчка.

10. Компьютерные методы анализа. В некотором смысле даже в анализе интегрируемой ситуации, для которой в принципе возможна полная классификация всех решений, компьютер открыл целую эпоху. Ранее в исследовании интегрируемых систем преобладали аналитические методы, позволяющие получить явные квадратуры и геометрические интерпретации, которые во многих случаях выглядели весьма искусственно. Сочетание идей топологического анализа (бифуркационных диаграмм), теории устойчивости, метода фазовых сечений и непосредственной компьютерной визуализации «особозамечательных» решений способно более наглядно представить специфику интегрируемой ситуации и выделить наиболее характерные особенности движения. С помощью такого исследования можно получить ряд новых результатов даже для казалось бы полностью исхоженной области (например, для волчков Ковалевской, Горячева – Чаплыгина, решения Бобылева – Стеклова). Дело в том, что эти результаты очень сложно усмотреть в громоздких аналитических выражениях. После их компьютерного обнаружения доказательство этих фактов может быть также получено аналитически. Здесь следует особо отметить анализ движения твердого тела в абсолютном пространстве, который практически вообще не производился.

Некоторые любопытные движения, имеющиеся у интегрируемых волчков, возможно, способны породить конкретные идеи по их практическому использованию. Напомним, например, что, открытый более столетия назад волчок Ковалевской до сих пор не нашел своего применения, и именно потому, что о его движении, несмотря на полное решение в эллиптических функциях, было практически ничего не известно.

Мы приводим в книге аналитические выражения для семейств двоякоасимптотических решений, порождаемых неустойчивыми периодическими решениями. Для интегрируемых случаев поведение является наиболее сложным и даже несмотря на наличие дополнительного интеграла выглядит неупорядоченным (напомним, что в общем случае движение интегрируемой системы является регулярным). При возмущении такие решения разрушаются в первую очередь и вблизи них в фазовом пространстве появляются целые области, заполненные уже «настоящими» хаотическими траекториями.

Компьютерные исследования заставляют во многом «произвести ревизию» и понять истинный смысл аналитических исследований. Если некоторые аналитические результаты (типа разделения переменных) оказываются полезными для изучения бифуркаций и различных топологических вопросов, то их дальнейшее «развитие» до получения явных квадратур (через θ-функции) является практически бесполезным. Эти результаты собраны, например, в [91, 118], но имеют значение скорее как упражнения по дифференциальным уравнениям, а не как методы динамического анализа.

11. Переход к хаосу. Относительно ценности результатов классиков в динамике твердого тела ряд сомнений был высказан еще в 70-х годах прошлого столетия (К. Магнус [185]). Эпоха веры в безграничные возможности вычислительной техники породила убеждение, что все эти результаты являются бесполезными и достаточно мощный компьютер способен спрогнозировать движение на любом интервале времени с достаточной точностью. Однако факт экспоненциально быстрого разбегания траекторий (связанный с неустойчивостью в целых областях фазового пространства) в типичных динамических системах, являющихся неинтегрируемыми, сделал такой компьютерный счет на достаточно больших интервалах времени не имеющим физического смысла, так как начальные условия для конкретных (прикладных) систем всегда известны с некоторой погрешностью.

Кажется, что вполне надеяться на численные методы можно только в интегрируемой ситуации, в которой такого разбегания не происходит. Однако выясняется, что консервативные системы даже в стохастической ситуации сохраняют многие элементы интегрируемой динамики. При небольшом возмущении интегрируемой задачи продолжают существовать невырожденные периодические орбиты, не разрушается большинство условно-периодических движений (КАМ-теория).

При дальнейшем увеличении возмущения как с периодическими орбитами, так и с инвариантными торами происходят различного рода бифуркации, имеющие некоторые общие закономерности. Они определяют изменение всей структуры фазового потока, сочетающего в себе зоны с регулярным и хаотическим поведением, и задают сценарии перехода к хаосу. Наиболее известными сценариями, описывающими эволюцию динамического поведения системы от регулярного до хаотического, являются гомоклиническая структура (открытая А. Пуанкаре) и каскады удвоений периода, обладающие свойством универсальности (открытые М. Фейгенбаумом). В гамильтоновых системах при изменении параметров эти два эффекта сосуществуют друг с другом, определяя эволюцию фазового портрета. Видимо, в различных классах задач мы имеем различное сочетание двух сценариев, хотя возможны и общие закономерности. В динамике твердого тела эти исследования — кстати говоря, невозможные без высокоточного компьютерного моделирования — почти не были проведены (например, в отличие от небесной механики). В этой книге мы собрали едва ли не все исследования в этой области, которых, к сожалению, очень немного.

12. Вероятностные эффекты. Отметим также, что в динамике твердого тела даже в гамильтоновой постановке имеется ряд систем, которые не могут быть описаны в рамках обычных методов гамильтонова хаоса. Эти системы возникают при описании падения тяжелого твердого тела в жидкости. Поведение таких систем, несмотря на гамильтоновость, близко к поведению диссипативных и связано с различным асимптотическим поведением при изменении начальных условий. Оказывается, что в общем случае зависимость асимптотического поведения от начальных условий является очень сложной (фрактальной) и можно говорить лишь о вероятностном описании. Такое описание уже давно является стандартным при исследовании движения твердого тела под действием постоянного и диссипативного моментов [209]. Однако при движении тела в жидкости соответствующая теория отсутствует и необходимо использовать компьютерные методы.

Другой интересной и неклассической задачей является задача о движении твердого тела (в пустоте или в жидкости), геометрия и динамические характеристики которого меняются со временем. Эти задачи восходят к Ж. Лиувиллю и тесно связаны с его уравнениями изменяемого твердого тела. Мы привели в этой книге ряд результатов, связанных с гидродинамической проблемой самопродвижения (т. е. с возможностью с помощью управления геометрией и динамическими характеристиками тела попасть в заданную точку пространства), а также с проблемой адиабатического (медленного и периодического) поведения таких систем. Кстати, с проблемой самопродвижения и управляемости движения тесно связаны задачи о механизме движения рыб и популярная проблема о падающей кошке, которая, независимо от начального состояния, падает на лапы.

Создатели динамики твердого тела

Представляя здесь ряд сведений об ученых, имена которых неоднократно упомянуты в книге, мы коснемся только их достижений в динамике твердого тела, хотя не менее известны и результаты, полученные ими в других областях математики и механики. Эти краткие очерки могут оказаться полезными для понимания эволюции основных идей и методов динамики твердого тела, к историческим аспектам развития которой мы будем возвращаться на протяжении книги.

Все очерки даны в хронологическом порядке.

Эйлер, Леонард (15.4.1707 – 18.9.1783) — великий математик и механик. Родился в Швейцарии, значительную часть жизни провел в России (1727–41, 1766–83). Эйлер оставил обширный вклад почти во всех разделах математики, его творчество труднообозримо и включает в себя более 860 исследований. В динамике твердого тела Эйлер разработал теорию моментов инерции и получил формулу распределения скоростей в твердом теле. В 1750 г. им были получены уравнения движения в неподвижной системе координат, которые оказались, однако, малопригодными для применения. В цикле работ 1758–1765 гг. Эйлер впервые ввел подвижную систему координат, связанную с телом, и получил окончательную форму уравнений, которые позднее были названы уравнениями Эйлера – Пуассона (вклад Пуассона, отразившийся в названии, видимо, состоит в их систематическом изложении, данном им в его известном курсе механики). В них также были использованы углы, называемые теперь углами Эйлера, получены кинематические соотношения, носящие имя Эйлера, а также указан случай интегрируемости при отсутствии поля тяжести. Этот случай Эйлер доводит до квадратур и разбирает различные частные решения. Весьма значителен и вклад Эйлера в прикладные науки — кораблестроение, артиллерию, теорию турбин, сопротивление материалов.

Л. Эйлер

Лагранж, Жозеф Луи (25.1.1736–10.4.1813) – великий французский математик, механик, астроном. В своем знаменитом трактате «Аналитическая механика» (в 2-х томах), наряду с общим формализмом динамики, привел уравнения движения твердого тела в произвольном потенциальном силовом поле, используя связанную с телом систему координат, проекции кинетического момента и направляющие косинусы (том II). Там же указан случай интегрируемости, характеризующийся осевой симметрией, который был доведен им до квадратур. Следуя своему принципу избегать чертежей, Лагранж не приводит геометрического изучения движения, а рисунки поведения апекса, вошедшие впоследствии почти во все учебники по механике, впервые появились в работе Пуассона (1815 г.), который рассмотрел эту задачу как совершенно новую. Пуассон, тем не менее, систематизировал обозначения, прежде усложнявшие понимание трактатов Даламбера, Эйлера и Лагранжа и рассмотрел различные частные случаи движения (случай Лагранжа в некоторых учебниках называют случаем Лагранжа–Пуассона). В свою очередь Лагранж упростил решение для случая Эйлера и дал прямое доказательство существования вещественных корней уравнения третьей степени, определяющих положение главных осей. Отметим также вклад Лагранжа в теорию возмущений, позволивший Якоби рассмотреть задачу о возмущении волчка Эйлера и получить систему соответствующих «оскулирующих» переменных.

Ж. Л. Лагранж

Л. Пуансо

Пуансо, Луи (3.1.1777–5.12.1859) – французский инженер, механик и математик. Ввел понятия эллипсоида инерции, мгновенной оси вращения, дал геометрическую интерпретацию случая Эйлера, при котором возникают введенные им кривые полодий и герполодий (1851 г.). Привел геометрический анализ устойчивости вращения твердого тела вокруг главных осей эллипсоида инерции. Пуансо, в противовес Лагранжу, настаивал на преимуществе геометрических методов в механике над аналитическими – «во всех этих решениях мы видим только вычисления без какой-либо ясной картины движения тела» [470]. Идеи Пуансо далее были поддержаны и развиты Н. Е. Жуковским и С. А. Чаплыгиным. Пуансо использовал геометрический метод и при изучении статики («Элементы статики», 1803 г.).

Кирхгоф, Густав Роберт (12.3.1824 – 17.10.1887) – немецкий физик и механик. В своих «Лекциях по математической физике» (1874–94, т. 1–4) заложил основы современной теории упругости, гидродинамики, оптики и электродинамики. Указал на аналогию, существующую между уравнениями Эйлера – Пуассона и уравнениями изгиба упругой линии. Развивая идею Томсона и Тэта, свел задачу о движении твердого тела в идеальной жидкости к системе обыкновенных дифференциальных уравнений. Нашел интегрируемый случай, характеризующийся осевой симметрией, привел его решение в эллиптических функциях и рассмотрел различные частные движения.

Г. Р. Кирхгоф

А. Клебш

Клебш, Рудольф Фридрих Альфред (19.1.1833 – 7.11.1872) – немецкий математик и механик. Основал журнал *Mathematische Annalen*, который на протяжении шестидесяти лет являлся ведущим математическим журналом. Был специалистом по проективной геометрии и теории инвариантов алгебраических форм. Для уравнений Кирхгофа предложил новую форму записи, эквивалентную переходу от лагранжева описания к гамильтонову.

Для этих уравнений указал случай существования дополнительного квадратичного интеграла, который, как потом выяснилось, тождественен интегралам Бруна и Тиссерана.

Н. Е. Жуковский

Жуковский, Николай Егорович (17.1.1847–17.3.1921) – русский механик, математик, инженер; по выражению В. И. Ленина, «отец русской авиации». В своей магистерской диссертации (1885 г.) заложил основы теории движения твердого тела с полостями, полностью заполненными идеальной несжимаемой жидкостью. Для многосвязных полостей отметил эквивалентность полученной формы уравнений с движением твердого тела с маховиком – гиростатом, ввел соответствующие динамические характеристики и вычислил их для полостей различной формы. Указал случай интегрируемости свободного гиростата, явное решение для которого было получено В. Вольтерра при помощи эллиптических функций (1899). Исследовал «плоские» движения твердого тела в пространстве Лобачевского. Предложил геометрическую интерпретацию и свой метод сведения к квадратурам случая Ковалевской, при котором исследуется некоторая вспомогательная система криволинейных координат. Заметил маятниковый характер движения центра масс для случая Гесса, предложив для него интересное геометрическое исследование. В связи со своими исследованиями по гидроаэромеханике рассмотрел ряд модельных постановок задач о плоских движениях пластинок под действием подъемной силы, обусловленной циркуляцией. В механике идеалом решения для Н. Е. Жуковского была геометрически наглядная и ясная картина движения, подобная интерпретации Пуансо. Отметим, однако, что полученные самим Жуковским интерпретации движения гиростата и случая Ковалевской достаточно сложны и не столь естественны.

Ковалевская, Софья Васильевна (15.1.1850–10.2.1891) – знаменитая русская женщина-математик. В 1874 г. защитила диссертацию в Геттингене и получила степень доктора философии, в 1884 г. – заняла кафедру математики в Стокгольмском университете, в 1889 г. была избрана членом-корреспондентом Петербургской Академии наук. Являлась членом редколлегии журнала «Acta Mathematica». Первая в мире женщина, ставшая профессором математики.

За открытие третьего (после Эйлера и Лагранжа) случая интегрируемости уравнений Эйлера–Пуассона ей была присуждена премия Бордена (1888 г.), а за другую работу о вращении твердого тела – премия Шведской Королевской Академии наук. В этих работах был предложен так называемый метод Ковалевской, сегодня являющийся широко используемым тестом на интегрируемость и связанный с поведением общего решения на комплексной плоскости времени, а также получены явные квадратуры, использующие тэта-функции двух переменных. Преобразования, проведенные Ковалевской, до сих пор являются далеко не тривиальными и не поддаются какому-либо существенному упрощению.

Ковалевская занималась также и общими вопросами интегрирования дифференциальных уравнений с частными производными (теорема Коши–Ковалевской), устойчивостью колец Сатурна, распространением света в кристаллах.

Обладая эпистолярным талантом, Ковалевская оставила и литературное наследие – несколько романов и мемуаров, которые до сих пор находят своих читателей.

С. В. Ковалевская

А. Пуанкаре

Пуанкаре, Анри Жюль (29.4.1854–17.7.1912) – знаменитый французский математик, физик, астроном и философ. В своем трехтомном трактате «Новые методы небесной механики» на примере задачи трех тел положил начало новому качественному исследованию динамических систем, указал препятствия к существованию аналитических интегралов для широкого класса динамических систем. Высказал (хотя и не доказал) соответствующие соображения относительно уравнений Эйлера–Пуассона. Установил новую форму уравнений динамики в групповых переменных, которая систематизировала частные результаты Эйлера и Лагранжа и оказалась наиболее пригодной для различных задач динамики твердого тела. Гамильтонов вариант этих уравнений был предложен Н. Г. Четаевым.

Пуанкаре применил развиваемый им групповой формализм к выводу уравнений твердого тела, содержащего полости, заполненные вихревой идеальной несжимаемой жидкостью. Для этих уравнений он указал случай интегрируемости, характеризующийся динамической симметрией. Более того, он получил эллиптическую квадратуру и использовал ее для объяснения различных эффектов в прецессии Земли, которую представлял себе как твердую оболочку (мантию) с жидким ядром. Указал также явные формулы для частот малых колебаний и получил необходимые условия устойчивости.

Ляпунов, Александр Михайлович (6.6.1857 – 3.11.1918) — знаменитый русский математик и механик, создатель теории устойчивости движения. Нашел случай интегрируемости уравнений Кирхгофа о движении твердого тела в жидкости. В обширном мемуаре 1888 г. указал и исследовал на устойчивость винтовые движения твердого тела в жидкости. Внес ясность в вопрос о корректности рассуждений Ковалевской, связанных с однозначностью решений в интегрируемых случаях, предложив при этом свой метод, основанный на введении малого параметра и исследовании уравнения в вариациях (метод Ковалевской – Ляпунова).

А. М. Ляпунов

В. А. Стеклов

Стеклов, Владимир Андреевич (9.1.1864 – 30.5.1926) — русский математик и механик, ученик А. М. Ляпунова. В 1894 г. защитил магистерскую диссертацию «О движении твердого тела в жидкости», где нашел новый случай интегрируемости уравнений Кирхгофа и доказал теорему о невозможности других случаев, в которых существует дополнительный квадратичный интеграл.

Заметил аналогию между случаем Клебша и задачей Бруна. В 1909 г. указал новое интегрируемое семейство для задачи о движении твердого тела с полостями, заполненными жидкостью (уравнения Пуанкаре – Жуковского). Привел два частных решения уравнений Эйлера – Пуассона (одно из них — одновременно с Д. К. Бобылевым).

Чаплыгин, Сергей Алексеевич (5.4.1869–8.10.1942) – русский математик и механик, один из основоположников современной гидроаэромеханики. Указал частный случай интегрируемости при нулевой постоянной площадей уравнений Эйлера – Пуассона, обобщив при этом более частное решение Д. Н. Горячева, а также более частные решения, характеризуемые системой линейных инвариантных соотношений. Для уравнений Кирхгофа также нашел аналогичный случай частной интегрируемости и его обобщения, исследовал винтовые движения, дал геометрическую интерпретацию различных движений (в частности, для случая Клебша). Вывел уравнения движения тяжелого твердого тела в жидкости и более подробно исследовал случай плоского и осесимметричного движения.

С. А. Чаплыгин

Особую известность Чаплыгину принесли работы по неголономной механике, где он указал ряд интегрируемых задач динамики твердого тела: качение по плоскости осесимметричного тела, «шар Чаплыгина», «сани Чаплыгина» и др. Подобно Н. Е. Жуковскому, стремился внести геометрическую наглядность в свои виртуозные аналитические вычисления.

Д. Н. Горячев

Горячев, Дмитрий Никанорович (20.10.1867–10.7.1949) – русский механик, ученик Н. Е. Жуковского. Указал случай интегрируемости и существования частных решений в уравнениях Эйлера – Пуассона, исследовал уравнения движения твердого тела в нескольких силовых полях. Для движения твердого тела указал некоторую общую форму потенциалов, допускающих интегралы третьей и четвертой степени. Занимался вопросом о движении тяжелого твердого тела в жидкости. Защищенная в 1899 г. магистерская диссертация «О некоторых случаях движения прямолинейных параллельных вихрей» стала классической работой в динамике вихревых структур. Занимался также известной задачей трех тел из небесной механики.

Козлов, Валерий Васильевич (род. 1.01.1950) – русский математик и механик, академик РАН (с 2000 г.). В цикле работ, объединенных в монографии «Методы качественного анализа в динамике твердого тела» (МГУ, 1980), доказал несуществование аналитических интегралов уравнений Эйлера–Пуассона, а также указал динамические эффекты, препятствующие интегрируемости этих уравнений, – расщепление сепаратрис, рождение большого числа невырожденных периодических решений. Эти исследования «закрыли» проблему Пуанкаре, поставленную им в «Новых методах небесной механики» (т. 1), открыв тем самым новую эпоху в динамике твердого тела: на первый план вышли методы качественного исследования, а не поиск частных решений заданной алгебраической структуры.

В. В. Козлов

В. В. Козловым предложены также новые методы анализа интегрируемых систем, основанные на использовании геометрической теоремы Лиувилля–Арнольда и теоремы Вейля о равномерном распределении. Обосновывая метод Ковалевской, В. В. Козлов доказал ряд утверждений, связывающих ветвление общего решения на комплексной плоскости времени с несуществованием однозначных первых интегралов (гипотеза Пенлеве–Голубева). Для нахождения периодических решений в динамике твердого тела им впервые были применены вариационные методы. В. В. Козловым был создан целый цикл работ, связанных с движением тела в жидкости, в которых были решены многие классические вопросы, а также предложены новые модели и методы, опирающиеся на качественные исследования. Сейчас занимается исключительно вопросами статистической механики.

Глава 1

Уравнения движения твердого тела и их интегрирование

§ 1. Скобки Пуассона и гамильтонов формализм

1. Пуассоновы многообразия

Большинство рассматриваемых в этой книге задач допускает запись в канонической гамильтоновой форме и обладает первым интегралом – интегралом энергии. Однако во многих случаях уравнения движения этих задач удобнее записывать не в канонической форме, а с помощью некоторой системы алгебраических переменных, наиболее приемлемой для исследований – поиска интегралов, частных решений, анализа устойчивости и пр. В этих переменных система не только сохранит многие свойства обычных гамильтоновых систем, но и приобретет некоторые характерные отличия, изучаемые в общей теории пуассоновых структур. С ней можно ознакомиться по книгам [44, 274, 454].

Здесь мы вкратце изложим основные определения и результаты, необходимые для задач динамики твердого тела. Отметим также, что само развитие теории пуассоновых структур во многом было стимулировано динамикой волчков, так как последняя позволяет сделать абстрактные формулировки многих теорем более наглядными и естественными.

Те, кто плохо знаком с дифференциальной и симплектической геометрией (здесь можно рекомендовать книги [7, 8, 121, 454]), при чтении этого параграфа могут все результаты представлять себе в координатной форме и игнорировать иногда слишком формальную математическую терминологию. В ее основе лежат простые динамические факты, но при первом знакомстве она может казаться несколько оторванной от них.

Скобки Пуассона и их свойства. Обычная *гамильтонова форма уравнений динамики* имеет вид

$$\dot{\boldsymbol{q}} = \frac{\partial H}{\partial \boldsymbol{p}}, \qquad \dot{\boldsymbol{p}} = -\frac{\partial H}{\partial \boldsymbol{q}}, \qquad H = H(\boldsymbol{q}, \boldsymbol{p}), \tag{1.1}$$

где канонические координаты $(\boldsymbol{q}, \boldsymbol{p})$ определены на некотором четномерном многообразии $(\boldsymbol{q}, \boldsymbol{p}) \in M^{2n}$ — *фазовом пространстве* $(\dim M = 2n)$. Функция H называется *гамильтонианом*. Величина $n = \dfrac{\dim M}{2}$ называется числом степеней свободы гамильтоновой системы (1.1).

Дивергенция векторного поля (1.1) равна нулю, то есть фазовый поток является несжимаемым (*теорема Лиувилля*).

Если ввести *скобку Пуассона* двух функций F и G по формуле

$$\{F, G\} = \sum_i \left(\frac{\partial F}{\partial q_i} \frac{\partial G}{\partial p_i} - \frac{\partial F}{\partial p_i} \frac{\partial G}{\partial q_i} \right), \tag{1.2}$$

то уравнения (1.1) можно переписать в виде

$$\dot{q}_i = \{q_i, H\}, \qquad \dot{p}_i = \{p_i, H\}. \tag{1.3}$$

Любая дифференцируемая функция $F = F(\boldsymbol{q}, \boldsymbol{p})$ также эволюционирует по гамильтонову закону:

$$\dot{F} = \{F, H\}. \tag{1.4}$$

Уравнения (1.1) не являются инвариантными относительно произвольных координатных преобразований. Кроме того, при записи основных уравнений динамики твердого тела в виде (1.1) они теряют алгебраичность и приобретают особенности, не связанные с существом задачи (см. § 3). Прежде чем привести уравнения движения в более приемлемой форме, сохраняющей основные свойства канонической записи, остановимся на инвариантном изложении гамильтоновой механики.

При инвариантном построении гамильтонова формализма (следуя *П. Дираку*) исходят из уравнений (1.3) и постулируют свойства *скобок Пуассона*[1], определенных для функций, заданных на некотором многообразии M с координатами $\boldsymbol{x} = (x^1, \ldots, x^n)$. Требуется, чтобы эти скобки удовлетворяли следующим условиям:

1°. $\{\lambda F_1 + \mu F_2, G\} = \lambda\{F_1, G\} + \mu\{F_2, G\}$, $\lambda, \mu \in \mathbb{R}$ — *билинейность*,

2°. $\{F, G\} = -\{G, F\}$ — *кососимметричность*,

3°. $\{F_1 F_2, G\} = F_1\{F_2, G\} + F_2\{F_1, G\}$ — *правило Лейбница*,

4°. $\{\{H, F\}, G\} + \{\{G, H\}, F\} + \{\{F, G\}, H\} = 0$ — *тождество Якоби*.

[1] В дальнейшем мы говорим как *скобки*, так и *скобка* Пуассона, допуская здесь некоторую вольность речи.

Скобку Пуассона $\{\cdot,\cdot\}$ мы будем называть также *пуассоновой структурой*, а многообразие M, на котором она задана, — *пуассоновым многообразием*.

В приведенном определении мы отказались от требования *невырожденности*, (т. е. для любой функции $F(\boldsymbol{x}) \not\equiv \text{const}$ существует $G \not\equiv \text{const}$, $\{F, G\} \not\equiv 0$), которое заведомо выполнено для канонической структуры (1.2), что позволяет, например, ввести скобку Пуассона для нечетномерных систем. В наших рассмотрениях пуассонова структура может оказаться *вырожденной* и обладать *функциями Казимира* $F_k(\boldsymbol{x})$, коммутирующими со всеми переменными x_i и, стало быть, с любыми функциями $G(\boldsymbol{x})$ на M: $\{F_k, G\} = 0$. Функции Казимира называют также *центральными функциями, казимирами или аннуляторами*.

Свойства 1°–4° позволяют записать скобку Пуассона функций F и G в явном координатном виде

$$\{F, G\} = \sum_{i,j} \{x^i, x^j\} \frac{\partial F}{\partial x^i} \frac{\partial G}{\partial x^j}. \tag{1.5}$$

Базисные скобки $J^{ij} = \{x^i, x^j\}$ называются *структурными функциями* пуассонова многообразия M относительно данной, вообще говоря, локальной системы координат $\boldsymbol{x} = (x_1, \ldots, x_n)$ [8, 217]. Они образуют *структурную матрицу* (*тензор*) $\mathbf{J} = \|J^{ij}\|$ размера $n \times n$.

Если

$$\mathbf{J} = \begin{pmatrix} 0 & \mathbf{E} \\ -\mathbf{E} & 0 \end{pmatrix}, \quad \mathbf{E} = \|\delta_i^j\|, \tag{1.6}$$

то получаем каноническую скобку Пуассона, определяемую формулой (1.2).

Структурная матрица $\mathbf{J}(\boldsymbol{x})$ удовлетворяет следующим условиям, вытекающим из 1°–4°:

I. кососимметричность:

$$J^{ij}(\boldsymbol{x}) = -J^{ji}(\boldsymbol{x}), \tag{1.7}$$

II. тождество Якоби:

$$\sum_{l=1}^{n} \left(J^{il} \frac{\partial J^{jk}}{\partial x^l} + J^{kl} \frac{\partial J^{ij}}{\partial x^l} + J^{jl} \frac{\partial J^{ki}}{\partial x^l} \right) = 0. \tag{1.8}$$

Поэтому, например, всякая постоянная кососимметрическая матрица $\|J^{ij}\|$ задает пуассонову структуру.

Инвариантный объект, определяемый тензором $\mathbf{J}$ является бивектором (бивекторным полем):

$$\mathbf{J}(dF, dG) = \sum J^{ij}(\boldsymbol{x}) \frac{\partial F}{\partial x^i} \wedge \frac{\partial G}{\partial x^j},$$

где dF – ковектор с компонентами $\dfrac{\partial F}{\partial x^i}$.

Векторное поле $\boldsymbol{X}_H = \{\boldsymbol{x}, H\}$ определяет на многообразии (произвольной размерности) гамильтонову систему, которая в компонентной записи имеет вид

$$\dot{x}^i = X^i_H = \{x^i, H\} = \sum_j J^{ij}(x) \frac{\partial H}{\partial x^j}. \tag{1.9}$$

Функция $H = H(\boldsymbol{x})$ при этом называется также *гамильтонианом* (*функцией Гамильтона*).

Коммутатор векторных полей и скобки Пуассона связаны соотношением

$$[\boldsymbol{X}_H, \, \boldsymbol{X}_F] = -\boldsymbol{X}_{\{H,F\}}.$$

Несложно также проверить, что любое гамильтоново поле порождает преобразование (фазовый поток), сохраняющее скобки Пуассона.

Функция $F(\boldsymbol{x})$ называется *первым интегралом* системы, если ее производная вдоль системы равна нулю $\dot{F} = \boldsymbol{X}_H(F) = 0$; это условие эквивалентно тому, что $\{F, H\} = 0$.

Система уравнений

$$F_1(\boldsymbol{x}) = 0, \ldots, F_k(\boldsymbol{x}) = 0 \tag{1.10}$$

задает *систему инвариантных соотношений* (определяющих *инвариантное многообразие*), если $\{F_i, \, H\} = 0$ на многообразии, определяемом условиями (1.10).

Невырожденная скобка. Симплектическая структура. Если скобка Пуассона является невырожденной, то ей однозначно сопоставляется замкнутая невырожденная 2-форма. Действительно, для любой гладкой функции F операция $\boldsymbol{X}_F = \{F, \cdot\}$ является дифференцированием и задает некоторый касательный вектор на M. Используя 1°–4°, в этом случае можно показать, что в таком виде можно представить каждый касательный вектор.

Определим 2-форму ω^2 по формуле

$$\omega^2(\boldsymbol{X}_G, \boldsymbol{X}_F) = \{F, G\}.$$

Из аксиом 1°–4° следует, что она билинейна, кососимметрична, невырожденна и замкнута. Эта 2-форма называется *симплектической структурой*, а многообразие M — *симплектическим многообразием*.

В координатном представлении форма ω^2 имеет вид $\sum\limits_{i,j} \omega_{ij} dx_i \wedge dx_j$, где $\|\omega_{ij}\| = \|J^{ij}\|^{-1}$, в каноническом случае (1.6) $\omega^2 = \sum\limits_i dp_i \wedge dq_i$. К такому виду по *теореме Дарбу* [217, 7, 8] приводится локально всякая симплектическая структура. В следующем разделе мы сформулируем эту теорему в более общей форме.

Симплектическое слоение. Обобщение теоремы Дарбу. Если скобка Пуассона является вырожденной, то пуассоново многообразие (фазовое пространство) расслаивается на *симплектические слои* (*листы*), ограничение пуассоновой структуры на которые уже невырожденно. Эти слои, как правило, представляют собой общий уровень всех функций Казимира. На слое справедлива теорема Дарбу и каноническая форма уравнений движения. Однако для приложений сведение к такой системе не всегда бывает необходимым, поскольку, как правило, ведет к потере алгебраичности дифференциальных уравнений и ограничениям в использовании геометрических и топологических методов исследования.

Замечание. В динамике твердого тела для поиска интегралов, частных решений и анализа устойчивости обычно используется алгебраическая форма уравнений движения. Она также является предпочтительной при их численном интегрировании, вследствие того, что каноническая форма содержит особенности, связанные с вырождением локальных переменных в отдельных точках, например, углов Эйлера в полюсах сферы Пуассона (см. § 3).

Для вопросов качественного анализа и построения теории возмущений обычно используется каноническая форма записи, так как для нее эти методы наиболее развиты и алгоритмизованы.

Рангом пуассоновой структуры в точке $\boldsymbol{x} \in M$ называется ранг структурного тензора в этой точке (очевидно, что он четен). Под *рангом пуассоновой структуры на всем многообразии* M понимают максимальный ранг, который она имеет в некоторой точке $\boldsymbol{x} \in M$. Для симплектических многообразий ранг пуассоновой структуры в любой точке постоянен и максимален.

Сформулируем общую *теорему Дарбу* для произвольных пуассоновых многообразий [44, 217].

Теорема 1. *Пусть* $(M, \{\cdot\,,\cdot\})$ — *пуассоново многообразие размерности* n, *и в точке* $\boldsymbol{x} \in M$ *ранг скобки* $\{\cdot\,,\cdot\}$ *локально постоянен и равен* $2r$

(рангу пуассоновой структуры). Тогда существует локальная система (канонических) координат $x_1, \ldots, x_r, y_1, \ldots, y_r, z_1, \ldots, z_{n-2r}$, в которой скобки Пуассона имеют вид

$$\{x_i, x_j\} = \{y_i, y_j\} = \{x_i, z_k\} = \{y_i, z_k\} = \{z_k, z_l\} = 0,$$
$$\{x_i, y_j\} = \delta_{ij},$$

где $1 \leqslant i, j \leqslant r, \quad 1 \leqslant k, l \leqslant n - 2r.$

В указанных координатах симплектический лист задается уравнениями $z_i = c_i$ ($c_i = \text{const}$), а симплектическая структура на нем задается формой $\omega = \sum\limits_i dx_i \wedge dy_i$. Отметим, что симплектический лист $z_i = k_i$ этой теореме определен только локально, а глобальная функция Казимира может не существовать.

Через точки, для которых ранг скобки Пуассона не максимален (меньше $2r$), проходят *сингулярные симплектические листы* (подробнее см. [44]). Системы на сингулярных симплектических листах также часто встречаются в механике [44, 224].

2. Скобка Ли–Пуассона

Один из самых важных примеров пуассоновых структур связан с *алгебрами Ли*. Пусть c_{ij}^k — структурные константы алгебры $\mathfrak{g}$ в базисе $\boldsymbol{v}_1, \ldots, \boldsymbol{v}_n$. *Скобка Ли–Пуассона* пары функций F, H, заданных на некотором (другом) линейном пространстве V с координатами $\boldsymbol{x} = (x_1, \ldots, x_n)$ и базисом $\omega^1, \ldots, \omega^n$, определяется формулой

$$\{F, H\} = \sum_{i,j=1}^{n} J_{ij}(\boldsymbol{x}) \frac{\partial F}{\partial x_i} \frac{\partial H}{\partial x_j}, \tag{1.11}$$

где $J_{ij}(\boldsymbol{x}) = \sum\limits_k c_{ij}^k x_k$ — линейный по x_k структурный тензор. Все необходимые тождества 1°–4° (см. п. 1) для структурного тензора можно получить из свойств структурных констант алгебры Ли:

1. $c_{ij}^k = -c_{ji}^k$,
2. $\sum\limits_m (c_{im}^l c_{jk}^m + c_{km}^l c_{ij}^m + c_{jm}^l c_{ki}^m) = 0.$

Симплектические листы структуры Ли–Пуассона, как известно из теории алгебр Ли, представляют собой орбиты коприсоединенного представления соответствующей группы Ли (см. [7, 8, 217]). Формальное изложение и соответствующее доказательство имеется, например, в [7]. Уравнения Гамильтона для структуры Ли–Пуассона в покомпонентной записи имеют вид

$$\dot{x}_i = \{x_i, H\} = \sum_{k,j} c_{ij}^k x_k \frac{\partial H}{\partial x^j}. \tag{1.12}$$

Замечание. Уравнения (1.12) можно записать также в более инвариантном бескоординатном виде

$$\dot{\boldsymbol{x}} = \mathrm{ad}^*_{dH}(\boldsymbol{x}), \quad \boldsymbol{x} \in \mathfrak{g}^*, \tag{1.13}$$

где ad^*_ξ, $(\boldsymbol{\xi} \in \mathfrak{g})$ – оператор коприсоединенного представления алгебры Ли $\mathfrak{g}$: $\mathrm{ad}^*_\xi : \mathfrak{g}^* \to \mathfrak{g}^*$.

В динамике твердого тела скобка Ли–Пуассона встречается наиболее часто. Это связано с тем, что конфигурационное пространство системы, как правило, является некоторой комбинацией естественных групп Ли ($SO(3)$, $E(3), \ldots$). Однако при редукции по циклическим переменным могут возникнуть нелинейные скобки Пуассона (см. § 1 гл. 4).

Обратимся теперь к выводу уравнений движения твердого тела из основных динамических принципов.

§ 2. Уравнения Пуанкаре и Пуанкаре–Четаева

1. Уравнения Пуанкаре

Наиболее естественные и удобные для исследований формы уравнений движения твердого тела могут быть получены из общих уравнений динамики в *квазикоординатах*. Лагранжева форма этих уравнений была установлена *А. Пуанкаре* [469], а гамильтонова — *Н. Г. Четаевым* [307]. Их возможные обобщения для неголономной ситуации (т. е. для неинтегрируемых связей) рассматривались в [149, 241]. В динамике твердого тела уравнения Пуанкаре – Четаева приводят к гамильтоновым уравнениям с линейным структурным тензором, т. е. к только что рассматривавшейся структуре Ли – Пуассона (см. § 1). Приведем здесь вывод уравнений Пуанкаре и Пуанкаре – Четаева, так как их обсуждение отсутствует в доступной литературе.

Рассмотрим уравнения движения лагранжевой динамической системы, определенной обобщенными избыточными координатами $\boldsymbol{q} = (q_1, \ldots, q_n)$ (вообще говоря, зависимыми, то есть на них наложены $m < n$ *голономных* связей вида $f_j(\boldsymbol{q}) = 0,\ j = 1, \ldots, m$) и *квазискоростями* $\boldsymbol{\omega} = (\omega_1, \ldots, \omega_k)$, которые выражаются через обобщенные скорости $\dot{q}_i$ по формулам

$$\dot{q}_i = \sum_{s=1}^{k} v_i^s(\boldsymbol{q})\omega_s, \qquad i = 1, \ldots, n. \tag{2.1}$$

При этом предполагается, что все голономные связи учтены, то есть

$$(\nabla f_j, \dot{\boldsymbol{q}}) = \sum_{i,\,s} v_i^s(\boldsymbol{q})\omega_s \frac{\partial f_j}{\partial q_i} \equiv 0, \quad j = 1, \ldots, m.$$

В случае $k > n - m$ это условие приводит к тому, что между квазискоростями выполнены линейные по ω_i соотношения.

Величины ω_s называются *параметрами Пуанкаре* и представляют собой компоненты скорости системы в (вообще говоря) неголономном базисе векторных полей

$$\boldsymbol{v}^s = \sum_i v_i^s(\boldsymbol{q}) \frac{\partial}{\partial q_i}. \tag{2.2}$$

Предположим, что векторные поля образуют замкнутую систему

$$[\boldsymbol{v}^i, \boldsymbol{v}^j] = c_{ij}^s(\boldsymbol{q})\boldsymbol{v}^s, \qquad i, j, s = 1, \ldots, k. \tag{2.3}$$

В случае $k \leqslant n$ это условие является следствием интегрируемости связей [217]. Если все c^s_{ij} являются постоянными, то поля $\boldsymbol{v}^s$ определяют некоторую конечномерную алгебру Ли. Уравнения движения в переменных $(q_1, \ldots, q_n, \omega_1, \ldots, \omega_k)$ в лагранжевой форме имеют вид:

$$\frac{d}{dt}\left(\frac{\partial L}{\partial \omega_i}\right) = \sum_{r,s} c^s_{ri}\omega_r \frac{\partial L}{\partial \omega_s} + \boldsymbol{v}^i(L), \qquad i = 1, \ldots, k, \tag{2.4}$$

и называются *уравнениями Пуанкаре*, совместно с (2.1) они образуют полную систему уравнений движения. В формуле (2.4) дифференцирование вдоль векторного поля $\boldsymbol{v}^i$ определено с помощью формулы (2.2).

Если функция Лагранжа является однородной квадратичной формой от ее угловых скоростей (например, кинетическая энергия), то $\boldsymbol{v}_i(L) = 0$, и система (2.4) для определения $\boldsymbol{\omega}$ отделяется и интегрируется отдельно. В этом случае уравнения (2.4) называются *уравнениями Эйлера – Пуанкаре*.

Пуанкаре получил свои уравнения, используя вариационный принцип Гамильтона [469]. Приведем вывод уравнений (2.4) непосредственно из уравнений Эйлера – Лагранжа для случая, когда число компонент квазискорости $\boldsymbol{\omega} = (\omega_1, \ldots, \omega_k)$ совпадает с размерностью конфигурационного M^k-пространства, определяемого связями $f_j(\boldsymbol{q}) = 0$, $j = 1, \ldots, m$, т. е. $k = n - m$.

Введем локальные координаты x_i на M^k, для которых уравнения Эйлера – Лагранжа можно записать в виде

$$\frac{d}{dt}\left(\frac{\partial L}{\partial \dot{x}_i}\right) - \left(\frac{\partial L}{\partial x_i}\right) = 0, \quad i = 1, \ldots, k. \tag{2.5}$$

Согласно (2.1), (2.2), справедливы следующие соотношения

$$\begin{gathered}\omega_s = \sum_{i=1}^{k} a^i_s \dot{x}_i, \quad \dot{x}_i = \sum_{s=1}^{k} b^s_i \omega_s,\\ \boldsymbol{v}^s = \sum_{i=1}^{k} b^s_i \frac{\partial}{\partial x_i}, \quad i,\, s = 1, \ldots, k,\end{gathered} \tag{2.6}$$

где $\mathbf{A} = \|a^i_s\|$, $\mathbf{B} = \|b^s_i\|$ — взаимно-обратные матрицы ($\mathbf{AB} = \mathbf{E}$).

Обозначим функцию Лагранжа, выраженную через квазискорости, в виде

$$\tilde{L}(\boldsymbol{x}, \boldsymbol{\omega}) = L(\boldsymbol{x}, \dot{\boldsymbol{x}}). \tag{2.7}$$

Используя (2.6), находим

$$\begin{aligned} \frac{\partial L}{\partial x_i} &= \frac{\partial \tilde{L}}{\partial x_i} + \sum_{k,\, s} \dot{x}_k \frac{\partial \tilde{L}}{\partial \omega_s} \frac{\partial b_s^k}{\partial x_i}, \\ \frac{\partial L}{\partial \dot{x}_i} &= \sum_s \frac{\partial \tilde{L}}{\partial \omega_s} b_s^i, \quad i = 1, \ldots, k. \end{aligned} \tag{2.8}$$

Подставим (2.8) в уравнения (2.5) и умножим их на матрицу **A**, в получившейся системе сделаем замену (2.6) и воспользуемся следующим представлением для структурных коэффициентов в (2.3):

$$c_{sp}^r(x) = \sum_{k,\, i} a_r^k \left(b_i^s \frac{\partial b_k^p}{\partial x_i} - b_i^p \frac{\partial b_k^s}{\partial x_i} \right).$$

После приведения подобных членов получим уравнения (2.4). ■

Для случая, когда число квазискоростей больше размерности конфигурационного пространства, рассуждения несколько усложняются вследствие того, что матрицы **A**, **B** не квадратные и не имеют обратных.

2. Уравнения Пуанкаре – Четаева

Н. Г. Четаев видоизменил уравнения Пуанкаре (2.4), (2.1), воспользовавшись *преобразованием Лежандра*:

$$\begin{gathered} M_i = \frac{\partial L}{\partial \omega_i}, \\ \sum_i \omega_i M_i - L \,|_{\boldsymbol{\omega} \to \boldsymbol{M}} = H(\boldsymbol{M}, \boldsymbol{q}). \end{gathered} \tag{2.9}$$

Переменные M_i имеют смысл «*квазиимпульсов*». При этом $\omega_i = \partial H / \partial M_i$ и уравнения (2.4) можно записать в виде:

$$\dot{M}_i = \sum_{rs} c_{ri}^s \frac{\partial H}{\partial M_r} M_s - \boldsymbol{v}^i(H), \qquad i = 1, \ldots, k. \tag{2.10}$$

Чтобы получить замкнутую систему, надо добавить к (2.10) уравнения (2.1) в форме

$$\dot{q}_i = \sum_s v_i^s(\boldsymbol{q}) \frac{\partial H}{\partial M_s}, \qquad i = 1, \ldots, n. \tag{2.11}$$

Система уравнений (2.10), (2.11) является гамильтоновой с, вообще говоря, вырожденной скобкой Пуассона, определяемой для произвольных функций $f(\boldsymbol{M}, \boldsymbol{q})$, $g(\boldsymbol{M}, \boldsymbol{q})$ формулой [307]

$$\{f, g\} = \sum_i \left(\frac{\partial g}{\partial M_i} v^i(f) - \frac{\partial f}{\partial M_i} v^i(g) \right) + \sum_{sij} c_{ij}^s \frac{\partial f}{\partial M_j} \frac{\partial g}{\partial M_i} M_s. \tag{2.12}$$

Нетрудно проверить, что эта скобка удовлетворяет всем необходимым условиям 1°–4° (§ 1, п. 1). Из соотношения (2.12) легко получить структурную матрицу J^{ij}:

$$\begin{gathered} \{M_i, M_j\} = \sum_s c_{ij}^s(\boldsymbol{q}) M_s, \\ \{q_i, q_j\} = 0, \quad \{q_i, M_j\} = v_i^j(\boldsymbol{q}). \end{gathered} \tag{2.13}$$

Исторический комментарий. Для уравнений динамики в форме (2.10), (2.11) Н. Г. Четаев [307] также развивал теорию интегрирования, аналогичную методу Гамильтона – Якоби. Однако если в каноническом случае успех в разделении переменных связан с особо замечательными системами координат на конфигурационном пространстве (типа эллиптических или сфероконических), то для алгебраической формы записи (2.10), (2.11) таким путем удается исследовать только тривиальные симметрии (имеющиеся, например, в случае Лагранжа (см. гл. 2)).

По этой же причине не получили дальнейшего развития соображения Четаева относительно обобщений теоремы Рауса, связанных с наличием циклического интеграла и понижением порядка. Для уравнений Пуанкаре – Четаева при наличии первых интегралов (типа циклических) в гл. 4, §§ 1, 2 предложена новая процедура редукции, позволяющая получить уравнения приведенной системы в наиболее простой алгебраической форме и приводящая в некоторых случаях к нелинейным скобкам Пуассона.

3. Уравнения на группах Ли

Конфигурационное пространство в динамике твердого тела, как правило, является некоторой естественной группой Ли. Например, при вращении твердого тела вокруг неподвижной точки это группа $SO(3)$, при свободном движении твердого тела — $E(3) = SO(3) \otimes_s \mathbb{R}^3$, являющаяся полупрямым произведением группы вращений $SO(3)$ и коммутативной группы трансляций $\mathbb{R}^3$.

В качестве базиса векторных полей $\boldsymbol{v}^s$ (2.2) удобно выбирать левоинвариантные (правоинвариантные) векторные поля из ее алгебры Ли. При этом тензор c_{ij}^k не зависит от координат и определяется структурными константами алгебры Ли. Скобка (2.12) при этом определяет так называемую *каноническую структуру на кокасательном расслоении* с базой, являющейся группой Ли [44, 232].

Если гамильтониан H не зависит от q_i, т. е. $(\boldsymbol{v}_i(H) = 0)$, то уравнения для квазиимпульсов $M_1, \ldots, M_k$ замыкаются. Так могут быть получены уравнения Эйлера движения твердого тела по инерции, при этом константы c_{ij}^s определяются алгеброй $so(3)$. Для произвольной алгебры со структурными константами c_{ij}^s такого рода уравнения с квадратичным гамильтонианом также (как и в п. 1) называются уравнениями Эйлера–Пуанкаре.

Если гамильтониан H зависит от координат, но удается выбрать избыточные координаты так, что все компоненты левоинвариантных полей $v_r^s(\boldsymbol{q})$ линейны по $\boldsymbol{q}$, то скобка (2.13) становится обычной скобкой Ли–Пуассона, а все геометрические зависимости для избыточных переменных будут ее функциями Казимира или инвариантными соотношениями. Этого можно добиться, если воспользоваться матричной реализацией группы Ли, а в качестве избыточных координат выбрать компоненты ее матриц. Полученная в этом случае структура Ли–Пуассона соответствует полупрямой сумме $\mathfrak{g} \oplus_s \mathbb{R}^{n^2}$, где $\mathbb{R}^{n^2}$ — пространство матриц $n \times n$, $\mathfrak{g}$ — алгебра Ли данной группы, и называется *естественной канонической структурой кокасательного расслоения* к группе Ли. Таким способом могут быть получены, например, уравнения движения твердого тела в направляющих косинусах и моментах (см. § 4). Матричная реализация групп Ли используется также в динамике многомерного твердого тела [30, 44, 232].

Уравнения Гамильтона на группе Ли в естественной канонической структуре для задач динамики твердого тела (все группы в которой унимодулярны) всегда обладают стандартной инвариантной мерой. Это — аналог теоремы Лиувилля о соленоидальности канонического гамильтонова потока.

Детальный вывод уравнений движения твердого тела в произвольном потенциальном силовом поле рассматривается в § 4. Более сложные уравнения, вывод которых использует основные принципы гидродинамики, описывающие движение твердого тела в жидкости, а также тела, имеющего полости, содержащие жидкость, рассматриваются в гл. 3.

4. Комментарии

1. Таким образом, уравнения Пуанкаре и Пуанкаре–Четаева — это лишь удобный аппарат для записи в произвольной системе переменных (в том числе избыточной) уравнений движения системы в лагранжевой и гамильтоновой форме. При этом возможность такого представления связана с существованием у системы *тензорного инварианта* — пуассоновой структуры, координатная запись которой зависит от выбора переменных, причем для избыточных переменных пуассонова структура будет заведомо вырожденна.

Интересно заметить, что связь между лагранжевой и гамильтоновой формой понятна большинству механиков только в канонической записи. Так, в книге [26] гамильтонова форма уравнений динамики твердого тела считается заведомо установленной из некоторых не вполне естественных соображений, в частности, со ссылкой на работу [214], в которой автор, не зная общего формализма динамических уравнений, на самом деле даже переоткрывает углы Эйлера и сопряженные им импульсы. В [26] доказывается несколько странных теорем, согласно которым из гамильтоновой формы можно получить лагранжеву, при этом, конечно, возникает некоторая путаница, так как пуассонова коммутация компонент момента с импульсами и направляющими косинусами одинакова, и одни и те же уравнения Кирхгофа можно представлять себе как часть импульсных уравнений на группе $E(3)$ — уравнения Эйлера – Пуанкаре для $\boldsymbol{M}$, $\boldsymbol{p}$, которая в случае отсутствия потенциала отделяется от позиционных уравнений (для направляющих косинусов), а с другой стороны — как гамильтоновы уравнения на $SO(3)$, при этом необходимо интерпретировать компоненты импульсивной силы $\boldsymbol{p}$ как направляющие косинусы. В этом, кстати, заключается аналогия Стеклова [500] (см. также гл. 3, § 1).

Априори негамильтонова координатная форма записи ньютоновских уравнений динамики спутника используется в [15], где наличие интеграла энергии становится не совсем неочевидным.

2. Укажем также любопытный результат, относящийся к вопросу существования глобальной инвариантной меры (плотность которой мы всюду в дальнейшем полагаем дифференцируемой) для уравнений Эйлера – Пуанкаре на алгебре Ли [159]. Мы вводим здесь понятие глобальной меры для того, чтобы подчеркнуть, что, вообще говоря, в динамике очень часто встречаются так называемые сингулярные меры, когда в отдельных точках (или многообразиях малой размерности) плотность инвариантной меры обращается в нуль или бесконечность.

Теорема. [159] *Уравнения Эйлера – Пуанкаре имеют глобальную инвариантную меру в том и только том случае, когда алгебра Ли $\mathfrak{g}$ соответствует унимодулярной группе G.*

(Критерий унимодулярности с помощью структурных констант можно записать в виде $\sum\limits_k c_{ik}^k = 0$).

Более того, в этом случае инвариантная мера является стандартной, т. е. постоянной на всей алгебре g. Это — следствие более общего результата, согласно которому система обыкновенных дифференциальных уравнений с однородными правыми частями имеет инвариантную меру тогда и только тогда, когда ее фазовый поток сохраняет стандартную меру.

В книге [159] из отсутствия инвариантной меры делается не совсем точное заключение о невозможности привести уравнения Эйлера–Пуанкаре для произвольной алгебры Ли к гамильтонову виду. В действительности же, как отмечалось, уравнения Эйлера–Пуанкаре априори гамильтоновы и на каждом симплектическом листе алгебры Ли (который заведомо является инвариантным многообразием системы) их можно привести к канонической гамильтоновой форме по теореме Дарбу. В то же время симплектические листы алгебры Ли могут быть различной размерности и вследствие этого глобальной меры не существует.

Рассмотрим простейший пример разрешимой двумерной алгебры Ли, которой соответствует скобка Пуассона $\{M_1, M_2\} = M_1$. Фазовое пространство (плоскость переменных M_1, M_2) состоит из двух двумерных симплектических листов — верхней и нижней полуплоскостей, из которых выброшена прямая $M_1 = 0$. Каждая точка этой прямой является нульмерным сингулярным симплектическим листом. Для произвольного квадратичного гамильтониана $H = \frac{1}{2}(a_{11}M_1^2 + a_{22}M_2^2 + 2a_{12}M_1M_2)$ уравнения движения имеют вид

$$\dot{M}_1 = M_1(a_{22}M_2 + a_{12}M_1), \quad \dot{M}_2 = -M_1(a_{11}M_1 + a_{12}M_2). \tag{2.14}$$

Все точки прямой (вследствие инвариантности симплектических листов) являются положениями равновесия. Траектории системы — дуги эллипсов $H = \text{const}$, при движении по ним точка неограниченно приближается к прямой $M_1 = 0$. Ясно, что система (2.14) не может иметь абсолютно непрерывной инвариантной меры, что, тем не менее, не противоречит ее гамильтоновости и в каждой отдельной полуплоскости можно представить ее в канонической форме, например, используя переменные $q = \ln M_1$, $p = M_2$:

$$\dot{q} = \frac{\partial H}{\partial p}, \quad \dot{p} = -\frac{\partial H}{\partial q}.$$

При этом пропадает алгебраичность (полиномиальность) и уравнений, и гамильтониана: $H = \frac{1}{2}(a_{11}e^{2q} + a_{22}p^2 + a_{12}pe^q)$, что соответствует гамильтониану простейшей цепочки Тоды.

§ 3. Различные системы переменных в динамике твердого тела

При описании движения твердого тела используются различные системы переменных. Каждая система имеет свои преимущества и недостатки для каждой конкретной задачи. Так, для поиска первых интегралов, исследования некоторых вопросов устойчивости и топологического анализа наиболее удобными являются такие переменные, в которых уравнения полиномиальны (или даже однородны). Для численного интегрирования, кроме простой системы дифференциальных уравнений желательно иметь наименьший порядок системы. Для качественного изучения, применения методов теории возмущений и нелинейной нормализации необходимы системы канонических переменных, наиболее отражающие специфику невозмущенной задачи. Здесь мы приводим основные наборы переменных, используемые в динамике твердого тела. На практике, особенно в приложениях к гироскопической технике, используются также различные комбинации и модификации этих систем, обладающих более специальными свойствами.

1. Углы Эйлера

Рассмотрим твердое тело, вращающееся в потенциальном силовом поле вокруг неподвижной точки O. Для описания его движения используются различные системы переменных. Конфигурационное пространство, представляющее собой множество всех положений твердого тела, является группой Ли $SO(3)$, и в качестве координат, определяющих положение твердого тела, можно взять, например, *углы Эйлера* θ, φ, ψ [10, 87].

Для их введения расположим в точке O вершины двух ортогональных трехгранников: неподвижного $OXYZ$ и подвижного $Oxyz$, жестко связанного с вращающимся твердым телом (рис. 1).

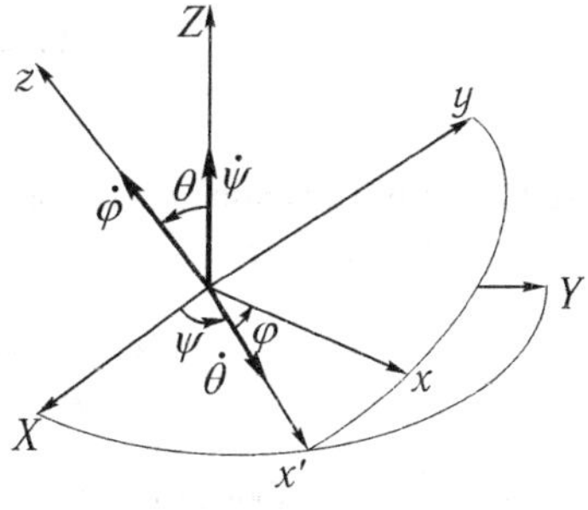

Рис. 1. Углы Эйлера

Первый поворот на угол ψ (*угол прецессии*) вокруг оси OZ переводит подвижный трехгранник $Oxyz$ в положение $Ox'y'z'$. Второй поворот на угол θ (*угол нутации*) совершается вокруг оси Ox', называемой *линией узлов*. Последний поворот на угол φ (*угол собственного враще-

ния) вокруг оси Oz совмещает оба трехгранника. Таким образом, три поворота, определяемые углами Эйлера θ, φ, ψ, позволяют полностью задать положение подвижного трехгранника относительно неподвижного. При этом проекции ω_1, ω_2, ω_3 угловой скорости $\boldsymbol{\omega}$ на оси подвижного трехгранника $Oxyz$ выражаются через углы Эйлера следующим образом:

$$\begin{aligned} \omega_1 &= \dot{\psi}\sin\theta\sin\varphi + \dot{\theta}\cos\varphi, \\ \omega_2 &= \dot{\psi}\sin\theta\cos\varphi - \dot{\theta}\sin\varphi, \\ \omega_3 &= \dot{\psi}\cos\theta + \dot{\varphi}. \end{aligned} \tag{3.1}$$

Эти соотношения называются *кинематическими формулами Эйлера*. Используя (3.1), несложно записать функцию Лагранжа системы $L = L(\varphi, \psi, \theta, \dot{\varphi}, \dot{\psi}, \dot{\theta})$ (см. § 6), при помощи которой определяются канонические импульсы (посредством преобразования Лежандра):

$$p_\varphi = \frac{\partial L}{\partial \dot{\varphi}}, \quad p_\psi = \frac{\partial L}{\partial \dot{\psi}}, \quad p_\theta = \frac{\partial L}{\partial \dot{\theta}}. \tag{3.2}$$

2. Переменные Эйлера. Компоненты момента и направляющие косинусы

Рассмотрим другую систему переменных $(\boldsymbol{M}, \boldsymbol{\alpha}, \boldsymbol{\beta}, \boldsymbol{\gamma})$, где $\boldsymbol{M} = (M_1, M_2, M_3)$ — компоненты кинетического момента в осях связанной с телом системы координат $Oxyz$, а $\boldsymbol{\alpha}, \boldsymbol{\beta}, \boldsymbol{\gamma}$ — единичные орты неподвижного пространства в проекциях на те же оси. *Матрица направляющих косинусов* (матрица поворота), определяющая положение твердого тела в неподвижном пространстве,

$$\mathbf{Q} = \begin{pmatrix} \alpha_1 & \beta_1 & \gamma_1 \\ \alpha_2 & \beta_2 & \gamma_2 \\ \alpha_3 & \beta_3 & \gamma_3 \end{pmatrix}, \tag{3.3}$$

является ортогональной и принадлежит группе $SO(3)$.

Очевидно, что

$$\begin{aligned} (\boldsymbol{\alpha}, \boldsymbol{\alpha}) &= (\boldsymbol{\beta}, \boldsymbol{\beta}) = (\boldsymbol{\gamma}, \boldsymbol{\gamma}) = 1, \\ (\boldsymbol{\alpha}, \boldsymbol{\beta}) &= (\boldsymbol{\alpha}, \boldsymbol{\gamma}) = (\boldsymbol{\beta}, \boldsymbol{\gamma}) = 0, \end{aligned}$$

где круглые скобки повсюду в дальнейшем обозначают обычное скалярное произведение.

Учитывая эти соотношения, получим, что угловая скорость в проекциях на подвижный трехгранник $\boldsymbol{\omega} = (\omega_1, \omega_2, \omega_3)$ может быть представлена как кососимметрическая матрица $\widetilde{\boldsymbol{\omega}} = \dot{\mathbf{Q}}\mathbf{Q}^T$, $\widetilde{\boldsymbol{\omega}} = \|\omega_{jk}\|$ с компонентами $\omega_{ij} = -\varepsilon_{ijk}\omega_k$.

Аналогичным образом, угловая скорость $\boldsymbol{\Omega} = (\Omega_1, \Omega_2, \Omega_3)$ в проекциях на неподвижные оси $OXYZ$ может быть получена из матрицы $\mathbf{Q}^T\dot{\mathbf{Q}}$.

Направления векторов угловой скорости $\boldsymbol{\omega}$ и $\boldsymbol{\Omega}$ в подвижном и неподвижном пространстве задают конические поверхности, названные Пуансо *подвижным и неподвижным аксоидами*. Само движение твердого тела в этом случае представляется как качение без скольжения подвижного аксоида по неподвижному, которые в каждый момент соприкасаются по мгновенной оси вращения. Если рассмотреть свободное движение тела (без неподвижной точки), то в соответствующей интерпретации движение будет представлять собой качение одного аксоида по другому с проскальзыванием вдоль некоторой оси, которая определяет мгновенное винтовое (пространственно-вращательное) движение. Если на образующих аксоидов отложить мгновенные значения угловых скоростей, то получим, соответственно, *подвижные и неподвижные годографы*, представляющие в общем случае сложные пространственные кривые.

Кинетический момент $\boldsymbol{M}$ при помощи функции Лагранжа $L = L(\boldsymbol{\omega}, \boldsymbol{\alpha}, \boldsymbol{\beta}, \boldsymbol{\gamma})$ выражается через угловую скорость по формуле

$$\boldsymbol{M} = \frac{\partial L}{\partial \boldsymbol{\omega}}. \qquad (3.4)$$

Он связан с переменными Эйлера φ, ψ, θ, p_φ, p_ψ, p_θ следующими соотношениями, получающимися из кинематических уравнений Эйлера (3.1), (3.2):

$$\begin{aligned} M_1 &= \frac{\sin\varphi}{\sin\theta}(p_\psi - p_\varphi\cos\theta) + p_\theta\cos\varphi, \\ M_2 &= \frac{\cos\varphi}{\sin\theta}(p_\psi - p_\varphi\cos\theta) - p_\theta\sin\varphi, \\ M_3 &= p_\varphi. \end{aligned} \qquad (3.5)$$

Замечание 1. Наша терминология несколько отличается от принятого в динамике твердого физического определения момента $\boldsymbol{M} = \sum \boldsymbol{r}_i \times m_i\boldsymbol{v}_i$, который совпадает с (3.4), если $L = T$ — кинетическая энергия. Различия возникают при наличии гироскопических сил, приводящих в лагранжиане к слагаемым, линейным по обобщенным скоростям. При этом определение (3.4), происходящее из преобразования Четаева, является более удобным.

Замечание 2. Связь направляющих косинусов (3.3) с углами Эйлера выражается матрицей

$$\mathbf{Q} = \begin{pmatrix} \cos\varphi\cos\psi - \cos\theta\sin\psi\sin\varphi & \cos\varphi\sin\psi + \cos\theta\cos\psi\sin\varphi & \sin\varphi\sin\theta \\ -\sin\varphi\cos\psi - \cos\theta\sin\psi\cos\varphi & -\sin\varphi\sin\psi + \cos\theta\cos\psi\cos\varphi & \cos\varphi\sin\theta \\ \sin\theta\sin\psi & -\sin\theta\cos\psi & \cos\theta \end{pmatrix}.$$

3. Кватернионные параметры Родрига – Гамильтона

Как было замечено еще *К. Гауссом*, положение твердого тела может быть однозначно определено с помощью множества кватернионов $\lambda = \lambda_0 + i\lambda_1 + j\lambda_2 + k\lambda_3$ с единичной нормой $\lambda_0^2 + \lambda_1^2 + \lambda_2^2 + \lambda_3^2 = 1$. Они образуют группу $Sp(1)$, которая является универсальной накрывающей группы $SO(3)$ ($SO(3) \approx Sp(1)/\pm 1$) [121]. Со способом введения таких избыточных координат, называемых в механике *параметрами Родрига – Гамильтона*, можно ознакомиться, например, в трактате Уиттекера [278]. Проясним геометрический смысл параметров λ_s [173, 278].

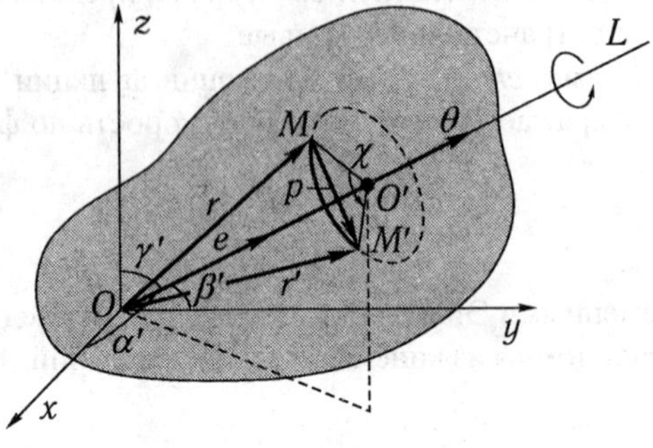

Рис. 2. Кватернионные параметры Родрига – Гамильтона.

Из кинематики известно, что из любого положения твердого тела, имеющего неподвижную точку O, можно перейти в заданное, совершая поворот на угол χ относительно оси OL, связанной с телом (рис. 2). Ориентацию оси OL зададим единичным вектором $\boldsymbol{e}$. Положение некоторой точки тела определим радиус-вектором $\overrightarrow{OM} = \boldsymbol{r}$. Пусть после поворота вектор $\boldsymbol{r}$ оказывается в положении $\overrightarrow{OM'} = \boldsymbol{r}'$. Вектор

$$\boldsymbol{p} = \overrightarrow{OM'} - \overrightarrow{OM} = \boldsymbol{r}' - \boldsymbol{r}$$

можно выразить через $\boldsymbol{r}, \boldsymbol{e}$ и χ. Указанная связь определяется формулой Родрига

$$\boldsymbol{p} = \frac{1}{1 + \frac{1}{4}\theta^2}\boldsymbol{\theta} \times \left(\boldsymbol{r} + \frac{1}{2}\boldsymbol{\theta} \times \boldsymbol{r}\right), \tag{3.6}$$

где вектор

$$\boldsymbol{\theta} = 2\,\mathrm{tg}\,\frac{\chi}{2}\boldsymbol{e} \tag{3.7}$$

называется *вектором конечного поворота*. Этот вектор направлен по оси единичного вектора $\boldsymbol{e}$ и равен по величине $2\,\mathrm{tg}(\chi/2)$.

Пусть

$$\boldsymbol{e} = \boldsymbol{i}\cos\alpha' + \boldsymbol{j}\cos\beta' + \boldsymbol{k}\cos\gamma', \tag{3.8}$$

где α', β', γ' — углы, образуемые вектором $\boldsymbol{e}$ с осями x, y, z.

Величины

$$\begin{aligned} \lambda_0 &= \cos\frac{\chi}{2}, & \lambda_1 &= \cos\alpha'\sin\frac{\chi}{2}, \\ \lambda_2 &= \cos\beta'\sin\frac{\chi}{2}, & \lambda_3 &= \cos\gamma'\sin\frac{\chi}{2} \end{aligned} \tag{3.9}$$

и есть *параметры Родрига–Гамильтона*. Параметр λ_0 равен косинусу половинного угла χ, определяющего конечный поворот тела. Остальные параметры λ_1, λ_2, λ_3 пропорциональны синусу половинного угла χ, умноженному на косинусы углов, образуемых осью OL с осями координат.

Имеется связь параметров Родрига–Гамильтона с углами Эйлера θ, φ, ψ:

$$\begin{aligned} \lambda_0 &= \cos\frac{\theta}{2}\cos\frac{\psi+\varphi}{2}, & \lambda_1 &= \sin\frac{\theta}{2}\cos\frac{\psi-\varphi}{2}, \\ \lambda_2 &= \sin\frac{\theta}{2}\sin\frac{\psi-\varphi}{2}, & \lambda_3 &= \cos\frac{\theta}{2}\sin\frac{\psi+\varphi}{2}. \end{aligned} \tag{3.10}$$

Направляющие косинусы $\boldsymbol{\alpha}, \boldsymbol{\beta}, \boldsymbol{\gamma}$ связаны с кватернионами квадратичными соотношениями, задающими параметризацию Кэли группы $SO(3)$; при этом получается двулистное накрытие $SO(3)$ трехмерной сферой S^3 — кватернионам λ_i и $-\lambda_i$ соответствует один и тот же элемент из $SO(3)$. Матрица направляющих косинусов (3.3) в кватернионном представлении имеет вид

$$\mathbf{Q} = \begin{pmatrix} \lambda_0^2 + \lambda_1^2 - \lambda_2^2 - \lambda_3^2 & 2(\lambda_0\lambda_3 + \lambda_1\lambda_2) & 2(\lambda_1\lambda_3 - \lambda_0\lambda_2) \\ 2(\lambda_1\lambda_2 - \lambda_0\lambda_3) & \lambda_0^2 - \lambda_1^2 + \lambda_2^2 - \lambda_3^2 & 2(\lambda_0\lambda_1 + \lambda_2\lambda_3) \\ 2(\lambda_0\lambda_2 + \lambda_1\lambda_3) & 2(\lambda_2\lambda_3 - \lambda_0\lambda_1) & \lambda_0^2 - \lambda_1^2 - \lambda_2^2 + \lambda_3^2 \end{pmatrix}. \tag{3.11}$$

В индексной форме для компонент матрицы $\mathbf{Q} = \|Q_{ij}\|$ справедливо следующее выражение

$$Q_{ij} = -2\Big(\lambda_i\lambda_j + \Big(\lambda_0^2 - \frac{1}{2}\Big)\delta_{ij} - \lambda_0\lambda_k\varepsilon_{ijk}\Big).$$

ЗАМЕЧАНИЕ 3. Связь между проекциями угловой скорости $\boldsymbol{\omega}$ и параметрами Родрига – Гамильтона имеет вид

$$\begin{aligned}
\omega_1 &= 2(\lambda_0\dot{\lambda}_1 + \lambda_3\dot{\lambda}_2 - \lambda_2\dot{\lambda}_3 - \lambda_1\dot{\lambda}_0),\\
\omega_2 &= 2(-\lambda_3\dot{\lambda}_1 + \lambda_0\dot{\lambda}_2 + \lambda_1\dot{\lambda}_3 - \lambda_2\dot{\lambda}_0),\\
\omega_3 &= 2(\lambda_2\dot{\lambda}_1 - \lambda_1\dot{\lambda}_2 + \lambda_0\dot{\lambda}_3 - \lambda_3\dot{\lambda}_0).
\end{aligned}$$

ЗАМЕЧАНИЕ 4. Аналогично параметрам Родрига – Гамильтона можно рассматривать комплексные величины α, β, γ, δ, удовлетворяющие условию

$$\alpha\delta - \beta\gamma = 1$$

и называемые *параметрами Кэли – Клейна*. Их можно рассматривать как компоненты комплексной матрицы вращения

$$U = \begin{pmatrix} \alpha & \beta \\ \gamma & \delta \end{pmatrix}$$

с определителем, равным единице.

Связь параметров Кэли – Клейна с параметрами Родрига – Гамильтона выражается формулами

$$\alpha = \lambda_0 + i\lambda_3, \quad \beta = -\lambda_2 + i\lambda_1, \quad \gamma = \lambda_2 + i\lambda_1, \quad \delta = \lambda_0 - i\lambda_3,$$

а их выражение через углы Эйлера имеет вид

$$\begin{aligned}
\alpha &= \cos\frac{\theta}{2}e^{i\frac{\psi+\varphi}{2}}, & \beta &= i\sin\frac{\theta}{2}e^{i\frac{\psi-\varphi}{2}},\\
\gamma &= i\sin\frac{\theta}{2}e^{-i\frac{\psi-\varphi}{2}}, & \delta &= \cos\frac{\theta}{2}e^{-i\frac{\psi+\varphi}{2}}.
\end{aligned}$$

ЗАМЕЧАНИЕ 5. Как показал Г. Дарбу [354], если известны ω_1, ω_2, ω_3 как функции времени, то определение ориентации сводится к решению уравнения Риккати

$$\dot{\zeta} = \frac{1}{2}(\omega_2 + i\omega_1)\zeta^2 - i\omega_3\zeta + \frac{\omega_2 + i\omega_1}{2},$$

где ζ дробно-линейно связана с параметрами Кэли – Клейна.

4. Переменные Андуайе

Переменные Андуайе наиболее употребительны в теории возмущений и имеют динамическое происхождение, иллюстрируемое на рис. 3 (см. также [356, 150, 44]).

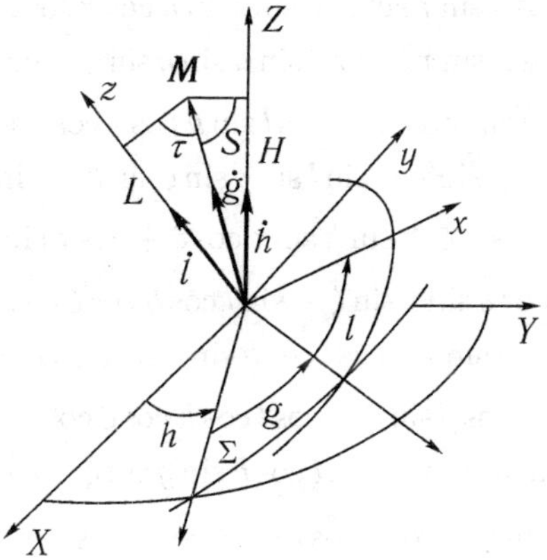

Рис. 3. Переменные Андуайе.

Здесь через $OXYZ$ обозначен неподвижный трехгранник с началом в точке подвеса, $Oxyz$ – подвижная система координат, жестко связанная с телом, Σ – плоскость, проходящая через точку закрепления и перпендикулярная вектору кинетического момента волчка $\boldsymbol{M}$ (3.5). В принятых обозначениях:

L – проекция кинетического момента на подвижную ось Oz;

G – величина кинетического момента;

H – проекция кинетического момента на неподвижную ось OZ;

l – угол между осью Ox и линией пересечения Σ с плоскостями Oxy и OXY;

g – угол между линиями пересечения Σ с плоскостями Oxy и OXY;

h – угол между осью OX и линией пересечения Σ с плоскостью OXY.

Выражения для компонент кинетического момента через переменные L, G, H, l, g, h имеют вид

$$M_1 = \sqrt{G^2 - L^2}\sin l, \quad M_2 = \sqrt{G^2 - L^2}\cos l, \quad M_3 = L, \quad G^2 = \boldsymbol{M}^2, \quad (3.12)$$

то есть L, l являются цилиндрическими координатами на двумерной сфере в пространстве моментов M_1, M_2, M_3.

Для компонент всех направляющих косинусов имеются следующие выражения (которые в полном объеме, видимо, отсутствуют в имеющейся литературе):

$$\begin{aligned}
\alpha_1 &= -\sin l \sin h \cos g \sin\tau \sin\zeta + \sin l \sin h \cos\tau \cos\zeta - \\
&\quad - \sin l \sin g \cos h \sin\tau - \cos l \sin h \sin g \sin\zeta + \cos l \cos g \cos h, \\
\alpha_2 &= \cos l \cos g \sin h \sin\tau \sin\zeta - \cos l \sin h \cos\tau \cos\zeta + \\
&\quad + \cos l \cos h \sin g \sin\tau - \sin l \sin g \sin\zeta \sin h + \sin l \cos h \cos g, \\
\alpha_3 &= \sin h \cos\tau \cos g \sin\zeta + \sin h \sin\tau \cos\zeta + \cos\tau \sin g \cos h, \\
\beta_1 &= -(\sin l \cos h \cos g \sin\tau \sin\zeta - \sin l \cos h \cos\zeta \cos\tau - \\
&\quad - \sin l \sin g \sin h \sin\tau + \cos l \cos h \sin g \sin\zeta + \cos l \cos g \sin h), \\
\beta_2 &= \cos l \cos h \sin\tau \cos g \sin\zeta - \cos l \cos h \cos\zeta \cos\tau - \\
&\quad - \cos l \sin g \sin h \sin\tau - \sin l \cos h \sin g \sin\zeta - \sin l \cos g \sin h, \\
\beta_3 &= -\sin h \cos\tau \sin g + \cos\tau \cos g \sin\zeta \cos h + \sin\tau \cos\zeta \cos h, \\
\gamma_1 &= (\sin\zeta \cos\tau + \sin\tau \cos\zeta \cos g) \sin l + \cos\zeta \sin g \cos l, \\
\gamma_2 &= (\sin\zeta \cos\tau + \sin\tau \cos\zeta \cos g) \cos l - \cos\zeta \sin g \sin l, \\
\gamma_3 &= \sin\zeta \sin\tau - \cos\tau \cos\zeta \cos g,
\end{aligned} \tag{3.13}$$

где $\sin\tau = \dfrac{L}{G}$, $\sin\zeta = \dfrac{H}{G}$.

Замечание. Выражение направляющих косинусов γ_i через переменные Андуайе содержится в нескольких источниках [10, 150, 34]. В этом случае формулы обратного пересчета имеют вид $L = M_3$, $G = \sqrt{(\boldsymbol{M}, \boldsymbol{M})}$, $l = \operatorname{arctg}\left(\dfrac{M_1}{M_2}\right)$, $g = \arcsin\left(\dfrac{M_2\gamma_1 - M_1\gamma_2}{\sqrt{M_1^2 + M_2^2}}\right)$. Выражения для α_3, β_3 могут быть просто получены из геометрических соображений. Для получения всех остальных направляющих косинусов необходимо воспользоваться коммутационными соотношениями (4.16), приведенными в следующем параграфе. Выражения для λ_i могут быть получены из соотношений

$$\lambda_0^2 = \frac{1 + \alpha_1 + \beta_2 + \gamma_3}{4}, \qquad \lambda_1^2 = \frac{1 + \alpha_1 - \beta_2 - \gamma_3}{4},$$

$$\lambda_2^2 = \frac{1 - \alpha_1 + \beta_2 - \gamma_3}{4}, \qquad \lambda_3^2 = \frac{1 - \alpha_1 - \beta_2 + \gamma_3}{4},$$

а сами λ_i будут определены с точностью до знака.

5. Комментарии

Система переменных Андуайе не разбивается на позиционную и чисто импульсную составляющие подобно углам Эйлера и сопряженным им каноническим импульсам. Однако они очень удобны для применения метода теории возмущений, так как связаны с компонентами кинетического момента. В двух наиболее известных интегрируемых (невозмущенных) задачах динамики твердого тела — случаях Эйлера и Лагранжа — переменные G и L являются, соответственно, интегралами движения. Сходные системы «оскулирующих элементов», не обязательно являющихся каноническими, использовались еще Пуассоном, Шарлье, Андуайе и Тиссераном при построении теорий либрации Луны и вращательного движения планет в небесной механике. Следует признать, что первым использовал переменные, подобные переменным Андуайе, французский геометр П. Серре (1866 г.) [487]. Другая аналогичная система переменных рассматривалась Радо [471]. Андуайе ввел и систематически использовал их в своем известном курсе по небесной механике [319]. Иногда эти переменные также называют переменными Серре–Андуайе. Независимое введение этих переменных А. Деприв работе [356] (1962 г.) преследовало цель прояснить фазовую геометрию случая Эйлера (см. § 2 гл. 2) и позволило осознать их универсальный характер в динамике твердого тела — они использовались для применения методов качественного анализа в [150], где называются *специальными каноническими переменными*, и для численных исследований [34]. (Кстати, в первом издании этой книги такие переменные были названы нами переменными Андуайе–Деприи. Но теперь это кажется нам не совсем обоснованным.)

Систематическое исследование уравнений движения тяжелого гироскопа твердого тела в параметрах Родрига–Гамильтона (а также Кэли–Клейна) развивается в замечательной книге Ф. Клейна, А. Зоммерфельда «Теория волчка» [419] (разумеется, основные результаты в этом вопросе принадлежат Ф. Клейну; см. также [418]). В то время еще не была известна гамильтонова структура этих уравнений (как уравнений на алгебре Ли), и всё же эти параметры оказались удобными как для явного интегрирования в эллиптических функциях, так и для анализа различных частных решений. Близкую к кватернионам систему избыточных переменных (типа плюккеровых координат) в своей книге «Геометрия динамы» исследовал Э. Штуди. Он также вычислил в этих координатах кинетическую энергию твердого тела.

§ 4. Различные формы уравнений движения

1. Уравнения движения твердого тела с неподвижной точкой

Приведем наиболее важные формы уравнений динамики твердого тела в различных системах переменных. По отношению к ним справедливы те же замечания, что и в предыдущем разделе. Их использование определяется целью исследования и зависит от конкретной постановки задачи.

Уравнения Эйлера–Пуанкаре на группе $SO(3)$. Рассмотрим движение твердого тела, одна из точек которого остается неподвижной в пространстве (в некоторой инерциальной системе отсчета). Конфигурационное пространство в этом случае – группа $SO(3)$. Воспользуемся ее представлением ортогональными матрицами направляющих косинусов (3.3) (см. § 3, п. 2)

$$\mathbf{Q} = \begin{pmatrix} \alpha_1 & \beta_1 & \gamma_1 \\ \alpha_2 & \beta_2 & \gamma_2 \\ \alpha_3 & \beta_3 & \gamma_3 \end{pmatrix} \in SO(3), \tag{4.1}$$

где, как и выше, α, β, γ – орты неподвижного пространства в проекциях на оси, связанные с телом.

Угловая скорость твердого тела $\boldsymbol{\omega} = (\omega_1, \omega_2, \omega_3)$ в проекциях на те же оси находится из уравнений Пуассона

$$\dot{\boldsymbol{\alpha}} = \boldsymbol{\alpha} \times \boldsymbol{\omega}, \qquad \dot{\boldsymbol{\beta}} = \boldsymbol{\beta} \times \boldsymbol{\omega}, \qquad \dot{\boldsymbol{\gamma}} = \boldsymbol{\gamma} \times \boldsymbol{\omega}, \tag{4.2}$$

которые указывают на постоянство векторов $\boldsymbol{\alpha}$, $\boldsymbol{\beta}$, $\boldsymbol{\gamma}$ в абсолютном пространстве. Переписывая (4.2) в матричной форме, получим

$$\dot{\mathbf{Q}} = \widetilde{\boldsymbol{\omega}}\mathbf{Q}, \quad \widetilde{\boldsymbol{\omega}} = -\mathbf{Q}\dot{\mathbf{Q}}^{\mathrm{T}} = \dot{\mathbf{Q}}\mathbf{Q}^{\mathrm{T}}, \tag{4.3}$$

где

$$\widetilde{\boldsymbol{\omega}} = \begin{pmatrix} 0 & \omega_3 & -\omega_2 \\ -\omega_3 & 0 & \omega_1 \\ \omega_2 & -\omega_1 & 0 \end{pmatrix}.$$

С групповой точки зрения проекции угловой скорости в теле ω_i соответствуют компонентам скорости точки на группе $SO(3)$ в базисе левоинвариантных векторных полей. Аналогично, проекции угловой скорости в пространстве Ω_i соответствуют компоненты скорости в базисе правоинвариантных векторных полей

$$\boldsymbol{\omega} = \sum_k \omega_k \boldsymbol{\xi}_k, \qquad \boldsymbol{\xi}_k = -\sum_{ij} \varepsilon_{kij}\Big(\alpha_i \frac{\partial}{\partial \alpha_j} + \beta_i \frac{\partial}{\partial \beta_j} + \gamma_i \frac{\partial}{\partial \gamma_j}\Big). \tag{4.4}$$

Для нахождения полей $\boldsymbol{\xi}_k$ запишем производную по времени с учетом (4.3):

$$\frac{df}{dt} = \operatorname{Tr}\Big(\dot{\mathbf{Q}}^{\mathrm{T}}\frac{\partial f}{\partial \mathbf{Q}}\Big) = \operatorname{Tr}\Big((\widetilde{\omega}\mathbf{Q})^{\mathrm{T}}\frac{\partial f}{\partial \mathbf{Q}}\Big), \quad \frac{\partial f}{\partial \mathbf{Q}} = \Big\| \frac{\partial f}{\partial Q_{ij}}\Big\|; \tag{4.5}$$

группируя слагаемые при ω_i, получаем векторные поля $\boldsymbol{\xi}_i$ (4.4).

Коммутационные соотношения для векторных полей $\boldsymbol{\xi}_k$ имеют вид

$$[\boldsymbol{\xi}_i, \boldsymbol{\xi}_j] = \varepsilon_{ijk}\boldsymbol{\xi}_k, \tag{4.6}$$

где $\varepsilon_{i,j,k}$ — символы Леви-Чивиты.

Подставляя (4.4) и (4.6) в уравнения Эйлера–Пуанкаре (2.4), получим уравнения движения в форме

$$\frac{d}{dt}\left(\frac{\partial L}{\partial \boldsymbol{\omega}}\right) = \frac{\partial L}{\partial \boldsymbol{\omega}} \times \boldsymbol{\omega} + \frac{\partial L}{\partial \boldsymbol{\alpha}} \times \boldsymbol{\alpha} + \frac{\partial L}{\partial \boldsymbol{\beta}} \times \boldsymbol{\beta} + \frac{\partial L}{\partial \boldsymbol{\gamma}} \times \boldsymbol{\gamma}, \tag{4.7}$$

которые совместно с (4.2) составляют полную систему уравнений движения твердого тела с неподвижной точкой. Система (4.2), (4.7) была получена Ж. Лагранжем во втором томе его знаменитой «Аналитической механики» [177].

Замечание. Приведем также уравнения движения (4.2), (4.7) в матричной форме, которая допускает простое обобщение на многомерный случай,

$$\frac{d}{dt}\left(\frac{\partial L}{\partial \tilde{\omega}}\right) = \left[\tilde{\omega}, \frac{\partial L}{\partial \tilde{\omega}}\right] + \frac{\partial L}{\partial \mathbf{Q}}\mathbf{Q}^{\mathrm{T}} - \left(\frac{\partial L}{\partial \mathbf{Q}}\right)^{\mathrm{T}}\mathbf{Q}, \quad \dot{\mathbf{Q}} = \widetilde{\omega}\mathbf{Q},$$

где $\dfrac{\partial L}{\partial \widetilde{\omega}} = \left\|\dfrac{\partial L}{\partial \widetilde{\omega}_{ij}}\right\|$, $\dfrac{\partial L}{\partial \mathbf{Q}} = \left\|\dfrac{\partial L}{\partial Q_{ij}}\right\|$, и $[\cdot\,,\cdot]$ — обычный матричный коммутатор.

Уравнения движения в угловых скоростях и кватернионах. Помимо матричной реализации (4.1) в § 3 мы привели также кватернионную параметризацию группы $SO(3)$, для которой векторные поля (4.4) также являются линейными функциями координат. Действительно, можно показать, что на единичной сфере $\lambda_0^2 + \boldsymbol{\lambda}^2 = 1$, $\boldsymbol{\lambda} = (\lambda_1, \lambda_2, \lambda_3)$ компоненты угловой скорости (4.3) и векторные поля (4.4) имеют вид [159, 173]

$$\begin{aligned}
\omega_1 &= 2(\lambda_0\dot{\lambda}_1 - \lambda_1\dot{\lambda}_0 + \lambda_3\dot{\lambda}_2 - \lambda_2\dot{\lambda}_3),\\
\omega_2 &= 2(\lambda_0\dot{\lambda}_2 - \lambda_2\dot{\lambda}_0 + \lambda_1\dot{\lambda}_3 - \lambda_3\dot{\lambda}_1),\\
\omega_3 &= 2(\lambda_0\dot{\lambda}_3 - \lambda_3\dot{\lambda}_0 + \lambda_2\dot{\lambda}_1 - \lambda_1\dot{\lambda}_2),
\end{aligned}$$

$$\begin{aligned}\boldsymbol{\xi}_1 &= \frac{1}{2}\left(\lambda_0\frac{\partial}{\partial\lambda_1} - \lambda_1\frac{\partial}{\partial\lambda_0} + \lambda_3\frac{\partial}{\partial\lambda_2} - \lambda_2\frac{\partial}{\partial\lambda_3}\right),\\ \boldsymbol{\xi}_2 &= \frac{1}{2}\left(\lambda_0\frac{\partial}{\partial\lambda_2} - \lambda_2\frac{\partial}{\partial\lambda_0} + \lambda_1\frac{\partial}{\partial\lambda_3} - \lambda_3\frac{\partial}{\partial\lambda_1}\right),\\ \boldsymbol{\xi}_3 &= \frac{1}{2}\left(\lambda_0\frac{\partial}{\partial\lambda_3} - \lambda_3\frac{\partial}{\partial\lambda_0} + \lambda_2\frac{\partial}{\partial\lambda_1} - \lambda_1\frac{\partial}{\partial\lambda_2}\right).\end{aligned} \tag{4.8}$$

Коммутационные соотношения для полей $\boldsymbol{\xi}_k$ имеют также вид (4.6).

Уравнения Пуанкаре (2.4) с учетом (4.8) принимают вид

$$\begin{gathered}\frac{d}{dt}\left(\frac{\partial L}{\partial\boldsymbol{\omega}}\right) = \frac{\partial L}{\partial\boldsymbol{\omega}}\times\boldsymbol{\omega} + \frac{1}{2}\lambda_0\frac{\partial L}{\partial\boldsymbol{\lambda}} - \frac{1}{2}\boldsymbol{\lambda}\frac{\partial L}{\partial\lambda_0} + \frac{1}{2}\frac{\partial L}{\partial\boldsymbol{\lambda}}\times\boldsymbol{\lambda},\\ \dot{\lambda}_0 = -\frac{1}{2}(\boldsymbol{\omega},\boldsymbol{\lambda}), \qquad \dot{\boldsymbol{\lambda}} = \frac{1}{2}\lambda_0\boldsymbol{\omega} + \frac{1}{2}\boldsymbol{\lambda}\times\boldsymbol{\omega}.\end{gathered} \tag{4.9}$$

Кинетическая энергия твердого тела с неподвижной точкой в векторной и матричной форме может быть представлена в форме

$$T = \frac{1}{2}(\boldsymbol{\omega}, \mathbf{I}\boldsymbol{\omega}) = -\frac{1}{2}\operatorname{Tr}(\widetilde{\boldsymbol{\omega}}\mathbf{J}\widetilde{\boldsymbol{\omega}}). \tag{4.10}$$

Здесь $\mathbf{I} = \|I_{ij}\|$ — *тензор инерции* твердого тела относительно неподвижной точки тела, компоненты которого определяются выражением

$$I_{ij} = \int\limits_{\tau}(\boldsymbol{y}^2\delta_{ij} - y_iy_j)\rho(\boldsymbol{y})\,d^3\boldsymbol{y}, \tag{4.11}$$

где интегрирование ведется по всем точкам $\boldsymbol{y}$ тела τ, а $\rho(\boldsymbol{y})$ — его плотность в точке $\boldsymbol{y}$.

Тензор $\mathbf{J} = \|J_{ij}\|$ также называется тензором инерции, но теперь он определяется по формуле

$$J_{ij} = \int\limits_{\tau} y_iy_j\rho(\boldsymbol{y})\,d^3\boldsymbol{y}; \tag{4.12}$$

этот тензор чаще используется для многомерных обобщений.

Связь между $\mathbf{I}$ и $\mathbf{J}$ дается соотношениями

$$\mathbf{J} = \frac{1}{2}(\operatorname{Tr}\mathbf{I})\mathbf{E} - \mathbf{I}, \qquad \mathbf{I} = (\operatorname{Tr}\mathbf{J})\mathbf{E} - \mathbf{J}. \tag{4.13}$$

В системе осей, связанных с телом, тензоры $\mathbf{I}$ и $\mathbf{J}$ представляют собой постоянные симметричные матрицы (в неподвижном пространстве $\mathbf{I}$, $\mathbf{J}$ зависят от координат), которые вследствие коммутативности ($\mathbf{IJ} = \mathbf{JI}$) одновременно приводятся к диагональному виду. Соответствующая система координат в теле называется *главной*, а ее оси — *главными осями* (*инерции*).

Замечание. Интересное элементарное наблюдение принадлежит Х.Яхье [543]. Оказывается, что в обычном трехмерном случае центр масс твердого тела массы M лежит внутри или на границе эллипсоида

$$\frac{x^2}{a^2} + \frac{y^2}{b^2} + \frac{z^2}{c^2} = 1,$$

где

$$a^2 = \frac{I_2 + I_3 - I_1}{2M}, \quad b^2 = \frac{I_3 + I_1 - I_2}{2M}, \quad c^2 = \frac{I_1 + I_2 - I_3}{2M}.$$

Здесь I_1, I_2, I_3 — главные моменты инерции для фиксированной точки в теле, являющейся центром построенного эллипсоида.

2. Гамильтонова форма уравнений движения для различных систем переменных

Уравнения движения в алгебраической форме. В гамильтоновой форме уравнения (4.2), (4.7) можно представить при помощи преобразования Лежандра

$$\boldsymbol{M} = \frac{\partial L}{\partial \boldsymbol{\omega}}, \quad H = (\boldsymbol{M}, \boldsymbol{\omega}) - L|_{\boldsymbol{\omega} \to \boldsymbol{M}}. \tag{4.14}$$

Для натуральной системы с кинетической энергией (4.10) и потенциальной энергией $U(\boldsymbol{\alpha}, \boldsymbol{\beta}, \boldsymbol{\gamma})$ находим

$$\boldsymbol{M} = \mathbf{I}\boldsymbol{\omega}, \quad H = \frac{1}{2}(\boldsymbol{M}, \mathbf{A}\boldsymbol{M}) + U(\boldsymbol{\alpha}, \boldsymbol{\beta}, \boldsymbol{\gamma}), \tag{4.15}$$

где $\mathbf{A} = \mathbf{I}^{-1}$, $\boldsymbol{M}$ — компоненты кинетического момента в проекциях на подвижные оси, $\boldsymbol{\alpha}$, $\boldsymbol{\beta}$, $\boldsymbol{\gamma}$ — компоненты направляющих косинусов.

Исходя из общих формул (2.13), а также (4.6), получим, что скобка Пуассона определяется алгеброй $so(3) \oplus_s (\mathbb{R}^3 \oplus \mathbb{R}^3 \oplus \mathbb{R}^3)$, являющейся полупрямой суммой алгебры вращений и трех алгебр трансляций

$$\begin{aligned} \{M_i, M_j\} &= -\varepsilon_{ijk} M_k, & \{M_i, \alpha_j\} &= -\varepsilon_{ijk} \alpha_k, \\ \{M_i, \beta_j\} &= -\varepsilon_{ijk} \beta_k, & \{M_i, \gamma_j\} &= -\varepsilon_{ijk} \gamma_k, \end{aligned} \tag{4.16}$$
$$\{\alpha_i, \alpha_j\} = \{\beta_i, \beta_j\} = \{\gamma_i, \gamma_j\} = \{\alpha_i, \beta_j\} = \{\alpha_i, \gamma_j\} = \{\beta_i, \gamma_j\} = 0.$$

Гамильтоновы уравнения движения в явной форме имеют вид

$$\dot{\boldsymbol{M}} = \boldsymbol{M} \times \frac{\partial H}{\partial \boldsymbol{M}} + \boldsymbol{\alpha} \times \frac{\partial H}{\partial \boldsymbol{\alpha}} + \boldsymbol{\beta} \times \frac{\partial H}{\partial \boldsymbol{\beta}} + \boldsymbol{\gamma} \times \frac{\partial H}{\partial \boldsymbol{\gamma}},$$
$$\dot{\boldsymbol{\alpha}} = \boldsymbol{\alpha} \times \frac{\partial H}{\partial \boldsymbol{M}}, \quad \dot{\boldsymbol{\beta}} = \boldsymbol{\beta} \times \frac{\partial H}{\partial \boldsymbol{M}}, \quad \dot{\boldsymbol{\gamma}} = \boldsymbol{\gamma} \times \frac{\partial H}{\partial \boldsymbol{M}}, \tag{4.17}$$
$$H = \frac{1}{2}(\boldsymbol{M}, \mathbf{A}\boldsymbol{M}) + U(\boldsymbol{\alpha}, \boldsymbol{\beta}, \boldsymbol{\gamma}).$$

В виде (4.17) могут быть также представлены уравнения движения твердого тела в обобщенно-потенциальном (например, магнитном) поле, в этом случае гамильтониан H содержит члены, линейные относительно $\boldsymbol{M}$ (см. далее).

Скобка Пуассона (4.16) является вырожденной и обладает шестью функциями Казимира:

$$\begin{gathered} f_1 = (\boldsymbol{\alpha}, \boldsymbol{\alpha}), \qquad f_2 = (\boldsymbol{\beta}, \boldsymbol{\beta}), \qquad f_3 = (\boldsymbol{\gamma}, \boldsymbol{\gamma}), \\ f_4 = (\boldsymbol{\alpha}, \boldsymbol{\beta}), \qquad f_5 = (\boldsymbol{\alpha}, \boldsymbol{\gamma}), \qquad f_6 = (\boldsymbol{\beta}, \boldsymbol{\gamma}). \end{gathered} \tag{4.18}$$

Размерность неособого симплектического листа, гомеоморфного (ко)касательному расслоению трехмерной сферы T^*S^3, равна шести. Вследствие выполнения соотношений ортонормированности, симплектический лист определяется условиями: $f_1 = f_2 = f_3 = 1$, $f_4 = f_5 = f_6 = 0$ (так как симплектический лист является шестимерным, а система (4.17) имеет три степени свободы).

В неподвижной системе координат положение и скорость твердого тела можно характеризовать проекциями ортов, связанных с телом, на неподвижные оси, которые выражаются через строки матрицы $\mathbf{Q}$ и проекциями вектора кинетического момента на те же оси:

$$\begin{gathered} \boldsymbol{e}_1 = (\alpha_1, \beta_1, \gamma_1), \quad \boldsymbol{e}_2 = (\alpha_2, \beta_2, \gamma_2), \quad \boldsymbol{e}_3 = (\alpha_3, \beta_3, \gamma_3), \\ N_1 = (\boldsymbol{M}, \boldsymbol{\alpha}), N_2 = (\boldsymbol{M}, \boldsymbol{\beta}), N_2 = (\boldsymbol{M}, \boldsymbol{\gamma}). \end{gathered} \tag{4.19}$$

Несложно показать, что переменные $\boldsymbol{N}, \boldsymbol{e}_1, \boldsymbol{e}_2, \boldsymbol{e}_3$ также образуют структуру Ли–Пуассона, отличающуюся лишь знаком от (4.16):

$$\begin{gathered} \{N_i, N_j\} = \varepsilon_{ijk} N_k, \\ \{N_i, e_{1j}\} = \varepsilon_{ijk} e_{1k}, \quad \{N_i, e_{2j}\} = \varepsilon_{ijk} e_{2k}, \quad \{N_i, e_{3k}\} = \varepsilon_{ijk} e_{3k}, \\ \{e_{ki}, e_{lj}\} = 0. \end{gathered} \tag{4.20}$$

Так, например, сферический маятник в потенциальном поле может быть просто записан при помощи переменных $\boldsymbol{N}, \boldsymbol{e}_3$, где $\boldsymbol{e}_3$ – единичный вектор, направленный из центра закрепления к грузу, $\boldsymbol{N} = ml^2\boldsymbol{\omega}$, и $\boldsymbol{\omega} = \boldsymbol{e}_3 \times \dot{\boldsymbol{e}}_3$ – угловая скорость, l – длина маятника. Кроме того, справедливо соотношение $(\boldsymbol{N}, \boldsymbol{e}_3) = 0$ – нулевая орбита $e(3)$.

Гамильтониан можно записать следующим образом:

$$H = \frac{1}{2ml^2}\boldsymbol{N}^2 + U(\boldsymbol{e}_3). \tag{4.21}$$

Итак, сферический маятник можно представить в виде сферического волчка на нулевой орбите алгебры $e(3)$.

Эти образующие удобно также использовать для описания редукции в случае существования интеграла Лагранжа $F = M_3 = \mathrm{const}$ (см. §§ 1, 2 гл. 4).

Кватернионное представление уравнений движения. Для практических вычислений избыточность уравнений (4.17) является очень неудобной, так как, например, при численном интегрировании этих уравнений быстро нарушаются соотношения ортонормированности. Этого недостатка лишена кватернионная форма представления уравнений движения, указанная авторами в [43, 44]. Матрица направляющих косинусов в кватернионном представлении имеет вид (3.11), а соответствующие коммутационные соотношения –

$$\begin{aligned} &\{M_i, M_j\} = -\varepsilon_{ijk}M_k, && \{M_i, \lambda_0\} = \frac{1}{2}\lambda_i, \\ &\{M_i, \lambda_j\} = -\frac{1}{2}(\varepsilon_{ijk}\lambda_k + \delta_{ij}\lambda_0), && \{\lambda_\mu, \lambda_\nu\} = 0. \end{aligned} \tag{4.22}$$

Определяющая их алгебра Ли представляет собой полупрямую сумму алгебры вращений $so(3)$ и алгебры трансляций $\mathbb{R}^4$: $l(7) \approx so(3) \oplus_s \mathbb{R}^4$.

Скобка (4.22) является вырожденной. Она обладает единственной функцией Казимира

$$F(\lambda) = \lambda_0^2 + \lambda_1^2 + \lambda_2^2 + \lambda_3^2. \tag{4.23}$$

Неособый симплектический лист также гомеоморфен кокасательному расслоению трехмерной сферы T^*S^3, его размерность равна шести. Уравнения движения могут быть записаны в виде

$$\begin{aligned} &\dot{\boldsymbol{M}} = \boldsymbol{M} \times \frac{\partial H}{\partial \boldsymbol{M}} + \frac{1}{2}\boldsymbol{\lambda} \times \frac{\partial H}{\partial \boldsymbol{\lambda}} + \frac{1}{2}\frac{\partial H}{\partial \lambda_0}\boldsymbol{\lambda} - \frac{1}{2}\lambda_0\frac{\partial H}{\partial \boldsymbol{\lambda}}, \\ &\dot{\lambda}_0 = -\frac{1}{2}\left(\boldsymbol{\lambda}, \frac{\partial H}{\partial \boldsymbol{M}}\right), \quad \dot{\boldsymbol{\lambda}} = \frac{1}{2}\boldsymbol{\lambda} \times \frac{\partial H}{\partial \boldsymbol{M}} + \frac{1}{2}\lambda_0\frac{\partial H}{\partial \boldsymbol{M}}, \end{aligned} \tag{4.24}$$

и для их интегрируемости также не хватает еще двух дополнительных инволютивных интегралов.

Замечание. Для реальных систем, происходящих из динамики твердого тела, гамильтониан H — однозначная функция на группе $SO(3)$, и вследствие двукратного ее накрытия кватернионами (3.11) функция Гамильтона зависит лишь от квадратичных комбинаций $\lambda_i\lambda_j$. Тем не менее, системы с гамильтонианом, произвольно зависящим от кватернионов, встречаются в других разделах механики: искривленная небесная механика, система Леггетта, квантовая механика спинов (см. гл. 3, 4). Возможно, форма (4.24) имеет более важный смысл именно в квантовой механике, где имеются эффекты, существенно связанные с дополнительными спиновыми переменными.

Канонические уравнения в углах Эйлера и переменных Андуайе. В углах Эйлера (θ, φ, ψ) и соответствующих им канонических импульсах p_θ, p_φ, p_ψ уравнения движения имеют обычную гамильтонову форму

$$\dot{\boldsymbol{p}} = -\frac{\partial H}{\partial \boldsymbol{q}}, \quad \dot{\boldsymbol{q}} = \frac{\partial H}{\partial \boldsymbol{p}}, \quad \boldsymbol{q} = (\theta, \varphi, \psi), \quad \boldsymbol{p} = (p_\theta, p_\varphi, p_\psi), \tag{4.25}$$

которая получается из лагранжева формализма в переменных $(\theta, \varphi, \psi, \dot\theta, \dot\varphi, \dot\psi)$ при помощи обычного преобразования Лежандра

$$\boldsymbol{p} = \frac{\partial L}{\partial \dot{\boldsymbol{q}}}, \qquad H(\boldsymbol{p}, \boldsymbol{q}) = (\boldsymbol{p}, \boldsymbol{q})\Big|_{\dot{\boldsymbol{q}}, \boldsymbol{q} \to \boldsymbol{p}, \boldsymbol{q}},$$

здесь L — функция Лагранжа, которая для натуральной системы имеет вид $L = T - U(\theta, \varphi, \psi)$, где лагранжиан определяется формулами (3.1). При этом кинетическая энергия твердого тела не зависит от ψ и имеет вид

$$\begin{aligned} T = \frac{1}{2}(\mathbf{A}\boldsymbol{M}, \boldsymbol{M}) = \frac{1}{2}\Big[a_1\Big(\frac{\sin\varphi}{\sin\theta}(p_\psi - p_\varphi\cos\theta) + p_\theta\cos\varphi\Big)^2 + \\ + a_2\Big(\frac{\cos\varphi}{\sin\theta}(p_\psi - p_\varphi\cos\theta) - p_\theta\sin\varphi\Big)^2 + a_3 p_\varphi^2\Big]. \end{aligned} \tag{4.26}$$

Движение твердого тела в потенциальном поле описывается натуральной системой, а гамильтониан имеет вид:

$$H = T + U(\theta, \varphi, \psi). \tag{4.27}$$

Если потенциальная энергия не зависит от ψ $\left(\frac{\partial U}{\partial \psi} = 0\right)$, что соответствует инвариантности силового поля относительно вращений вокруг вертикальной оси, неподвижной в пространстве, то переменная ψ является циклической, а обобщенный импульс $p_\psi = (\boldsymbol{M}, \boldsymbol{\gamma})$ — сохраняется. При редукции по Раусу по углу прецессии ψ получается система, описывающая движение точки на сфере $\boldsymbol{\gamma}^2 = 1$ (где $\gamma_1 = \sin\theta\sin\varphi$, $\gamma_2 = \sin\theta\cos\varphi$, $\gamma_3 = \cos\theta$), которая называется *сферой Пуассона*. При $p_\psi \neq 0$ в гамильтониане возникают линейные по скоростям слагаемые (гироскопические члены), неустранимые координатными преобразованиями и соответствующие движению в обобщенно-потенциальном поле. Невозможность устранения связана с глобальным эффектом возникновения «монополя», величина которого вычисляется как интеграл от формы гироскопических сил по сфере Пуассона (см. [214]). На проблему «монополя» впервые обратил внимание П. Дирак в связи с проблемой квантования движения частицы по сфере. При $p_\psi = 0$ приведенная система снова является натуральной.

При наличии динамической симметрии $a_1 = a_2$, кинетическая энергия (4.26) несколько упрощается и не зависит также от угла φ:

$$T = \frac{1}{2}\left(a_1\left(p_\theta^2 + \frac{(p_\psi - p_\varphi\cos\theta)^2}{\sin^2\theta}\right) + a_3 p_\varphi^2\right). \qquad (4.28)$$

Если потенциал U также не зависит от φ (т. е. $\dfrac{\partial U}{\partial\psi} = \dfrac{\partial U}{\partial\varphi} = 0$), иначе говоря, $U = U(\theta) = U(\gamma_3)$, то имеется еще один циклический интеграл $p_\varphi = M_3 = c_2 = \mathrm{const}$ — интеграл Лагранжа, соответствующий инвариантности системы относительно вращений вокруг оси динамической симметрии. Получающаяся при редукции одностепенная система является интегрируемой (см. подробнее § 3 гл. 2). При $p_\psi = c_1 \neq 0$, но $p_\varphi = c_2 = 0$ уравнения описывают движение *сферического маятника*.

В переменных Андуайе уравнения движения также имеют вид (4.25), где $\boldsymbol{q} = (l, g, h)$, $\boldsymbol{p} = (L, G, H)$. Так как в переменных L, G, H, l, g, h не выделяются чисто позиционные координаты, однозначно задающие положение тела, т. е. в кокасательном расслоении TS^3 они «перемешивают» переменные базы и слоя, то в общем случае потенциал U зависит от всего набора переменных $U = U(L, G, H, l, g, h)$.

Кинетическая энергия T имеет вид

$$T = \frac{1}{2}\big[(G^2 - L^2)(a_1\sin^2 l + a_2\cos^2 l) + a_3 L^2\big]. \qquad (4.29)$$

Снова несложно получить, что

1) если $\dfrac{\partial U}{\partial h} = 0$, то существует интеграл площадей $H = p_\psi = (\boldsymbol{M}, \boldsymbol{\gamma}) = c = \mathrm{const}$,

2) если $a_1 = a_2$ и $\dfrac{\partial U}{\partial l} = 0$, то существует интеграл Лагранжа $L = c_2 = \mathrm{const}$.

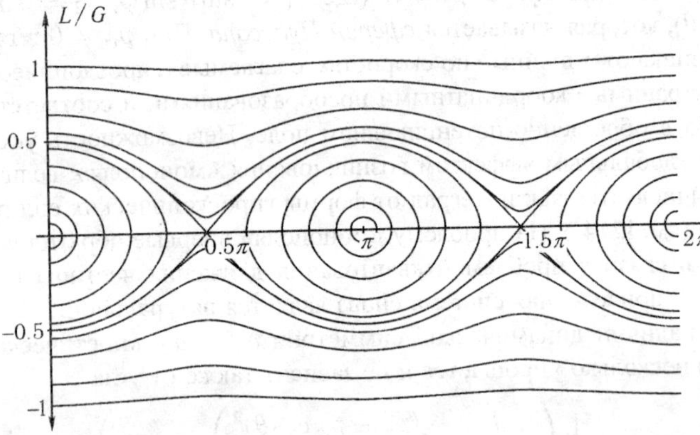

Рис. 4. Фазовый портрет задачи Эйлера. Устойчивые неподвижные точки и прямые $|L| = G$ соответствуют устойчивым перманентным вращениям относительно большой и малой осей, неустойчивые точки – вращениям вокруг средней оси инерции, сепаратрисы образуются двоякоасимптотическими траекториями, связывающими неустойчивые перманентные вращения.

Особенностью представления кинетической энергии в форме (4.29) является ее независимость от переменной g. Она позволяет сразу проинтегрировать задачу Эйлера – движение свободного волчка, для которого $U \equiv 0$ (см. §1 гл. 2). Соответствующим циклическим интегралом является $G = \mathrm{const}$, представляющий собой величину кинетического момента $G^2 = M^2$. Это обстоятельство делает переменные Андуайе полезными для геометрической интерпретации и анализа возмущенной ситуации. Фазовый портрет случая Эйлера на цилиндрической развертке сферы представлен на рис. 4. При наложении возмущения (например, поля тяжести) на фазовом портрете появляются хаотические движения вблизи сепаратрис, соединяющих неустойчивые равномерные вращения (рис. 5). Остановимся на методах визуализации фазового потока более подробно.

3. Сечение Пуанкаре и хаотические движения

Для визуализации хаотических движений двухстепенных систем используют *отображение Пуанкаре* (*сечение Пуанкаре, фазовое сечение*), сводящее фазовый поток к дискретному двумерному отображению плоскости на себя.

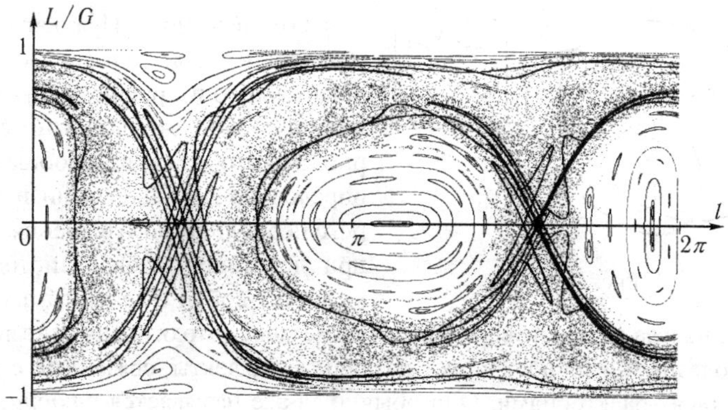

Рис. 5. Фазовый портрет (сечение плоскостью $g = \frac{\pi}{2}$) для уравнения Эйлера–Пуассона при $h = 1.5$, $c = 1$ и следующих параметрах тела: $\mathbf{I} = \mathrm{diag}(1.5; 1.2)$, $\boldsymbol{r} = (0.5,\ 0,\ 0)$. Видно удвоение периода орбиты, родившейся из перманентных вращений вблизи точек $(\pi, 0)$ и $(2\pi, 0)$ на рис. 4, а также расщепление сепаратрис к периодическим решениям, родившихся из перманентных вращений в точках $\left(\frac{\pi}{2}, 0\right)$ и $\left(\frac{3}{2}\pi, 0\right)$ на рис. 4.

Опишем методику построения этого отображения, конкретизируя ее для динамики твердого тела. Здесь удобно использовать переменные Андуайе, а также секущую плоскость, впервые введенную в [383], а кроме того другие секущие плоскости, проясняющие различные стороны движения. Тем не менее, в некоторых случаях удобно использовать переменные Эйлера $(p_\theta, p_\varphi, \theta, \varphi)$, а также различные типы сечений в них [344, 364].

Зафиксируем сначала уровень энергии $\mathscr{H}(L, G, H, l, g) = E = \mathrm{const}$. Если поле осесимметрично, то переменная h является циклической и не входит в гамильтониан, а сопряженную ей переменную H, представляющую собой постоянную площадей, можно считать параметром. Таким образом, на уровне энергии мы имеем трехмерный фазовый поток. Выберем, например, секущую плоскость в виде $g = g_0 \bmod 2\pi$, $g_0 = \mathrm{const}$ (в дальнейшем также используем $l = l_0 \bmod 2\pi$, $l_0 = \mathrm{const}$) и рассмотрим последовательные пересечения отдельной траектории этой плоскости $\ldots, x_{n-1}, x_n, x_{n+1}, \ldots$ в одном и том же направлении, т. е. $\operatorname{sgn} \dot{g}(x_n) = \operatorname{sgn} \dot{g}(x_{n+1})$ (рис. 6).

Замечание. Последнее условие обусловлено тем, чтобы периодические орбиты, пересекающие плоскость $g = g_0$, вообще говоря, в двух точках, были бы неподвижными точками точечного отображения $x_n = x_0$, $n = 1, \ldots$ (см. рис. 6).

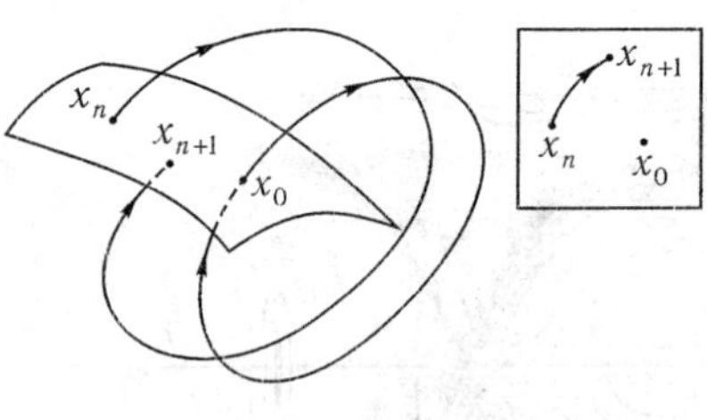

Рис. 6

Отображение Пуанкаре сопоставляет каждой точке x_n ее последовательную итерацию x_{n+1}, принадлежащую той же фазовой траектории. Это отображение, вообще говоря, определено локально вблизи некоторого периодического решения, так как при действии фазового потока точка может сойти с секущей плоскости и более никогда на нее не вернуться. Тем не менее это отображение является очень полезным и иллюстрирует различные эффекты, связанные с возвращающимися траекториями. Оно обычно также называется *отображением первого возвращения*.

Имеет смысл рассматривать отображения Пуанкаре и глобально, выделяя на фазовой плоскости области, для которых отображение Пуанкаре определено. Они называются областями возможных движений (ОВД). Обычно они определяются из существования решения для уравнения энергии $\mathscr{H}(\boldsymbol{p}, \boldsymbol{q}) = E$, $(\boldsymbol{p}, \boldsymbol{q}) \in \mathbb{R}^4$, $q = q_0 = \mathrm{const}$ (в нашем случае $(\boldsymbol{p}, \boldsymbol{q}) = (L, G, l, g), q_0 = g_0$). Если уровень энергии является компактным, то справедлива теорема Пуанкаре о возвращении и точка снова пересечет выбранную плоскость, причем бесконечно много раз. Очевидно, что на границе ОВД траектория касается секущей плоскости, т. е. происходит потеря трансверсальности пересечения. Глобальные отображения Пуанкаре еще мало изучены.

В динамике твердого тела на секущей плоскости мы далее выбираем координаты $l \bmod 2\pi$, L/G из соображений компактности, так как $|L/G| \leqslant 1$ (см. [383, 34]). Итерации отображения мы определяем при помощи численного интегрирования уравнений движения в переменных $(\boldsymbol{M}, \boldsymbol{\gamma})$, пересчитывая их при выводе на секущую плоскость в переменные (L, G, l, g) по формулам (3.12), (3.13):

$$M_1 = \sqrt{G^2 - L^2}\sin l, \quad M_2 = \sqrt{G^2 - L^2}\cos l, \quad M_3 = L,$$

$$\gamma_1 = \left(\frac{H}{G}\sqrt{1-\left(\frac{L}{G}\right)^2} + \frac{L}{G}\sqrt{1-\left(\frac{H}{G}\right)^2}\cos g\right)\sin l + \sqrt{1-\left(\frac{H}{G}\right)^2}\sin g\cos l,$$

$$\gamma_2 = \left(\frac{H}{G}\sqrt{1-\left(\frac{L}{G}\right)^2} + \frac{L}{G}\sqrt{1-\left(\frac{H}{G}\right)^2}\cos g\right)\cos l - \sqrt{1-\left(\frac{H}{G}\right)^2}\sin g\sin l,$$

$$\gamma_3 = \left(\frac{H}{G}\right)\left(\frac{L}{G}\right) - \sqrt{1-\left(\frac{L}{G}\right)^2}\sqrt{1-\left(\frac{H}{G}\right)^2}\cos g. \tag{4.30}$$

Это связано с достижением необходимой точности численного интегрирования и сокращением времени счета. Отметим также, что в последних версиях наших программных средств мы используем также кватернионные уравнения в переменных $(\boldsymbol{M}, \lambda)$, которые позволяют достичь даже большей точности, и в то же время определить абсолютное движение твердого тела, необходимое для визуализации траекторий различных точек тела.

Если для интегрируемых систем последовательные итерации отображения ложатся на инвариантные кривые, состоящие из периодических или квазипериодических движений (см. § 7) и определенные дополнительным интегралом (рис. 4), то в общей (неинтегрируемой) ситуации траектория может хаотическим образом заполнять целые области в фазовом пространстве (на уровне $H = h$, рис. 5).

Отображение Пуанкаре возникло и постоянно используется в теории неинтегрируемости и детерминированного хаоса. Оно также полезно для изучения интегрируемых случаев, так как позволяет наглядно представить взаимное расположение в фазовом пространстве различных частных решений, среди которых имеются особо замечательные и имеющие важное значение (см. гл. 2).

Для случая Эйлера на отображении Пуанкаре получается хорошо известная картина (ср. рис. 4). Кстати говоря, вводя переменные L, G, H, l, g, h в [356], А. Деприт (1967 г.) считал основным их достоинством наглядную интерпретацию решений задачи Эйлера, вполне «конкурирующую» с геометрической интерпретацией Пуансо (§ 2 гл. 2). Более подробное описание переменных Андуайе и их свойств дано А. Деприт и А. Элипе в более поздней работе [358] (1993 г.), где они обсуждаются в связи с проблемами полной редукции и применений к различным небесно-механическим задачам. Далее мы используем описанное сечение Пуанкаре для изучения как интегрируемых, так и неинтегрируемых случаев.

§ 5. Уравнения движения твердого тела в евклидовом пространстве

1. Лагранжев формализм и уравнения Пуанкаре на группе $E(3)$

Пусть твердое тело движется в евклидовом пространстве $\mathbb{R}^3$, при этом его конфигурационное пространство совпадает с группой $E(3)$. В матричной форме элементы группы можно представить в виде

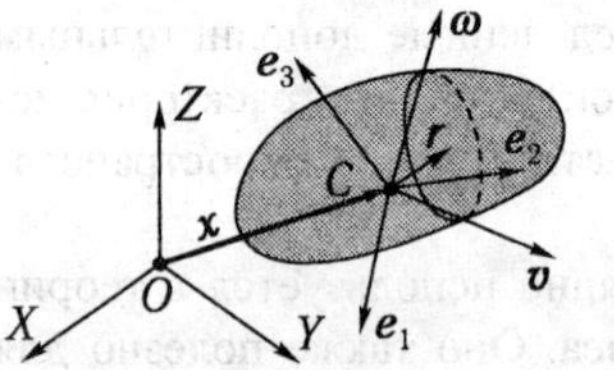

Рис. 7. Свободное твердое тело.

$$\mathbf{S} = \begin{pmatrix} \begin{array}{c|c} & x_1 \\ \mathbf{Q}^{\mathrm{T}} & x_2 \\ & x_3 \\ \hline 0 & 1 \end{array} \end{pmatrix} \in E(3),$$

где $\mathbf{Q} \in SO(3)$ — матрица направляющих косинусов (3.3), а $\boldsymbol{x}$ — радиус-вектор некоторой фиксированной в теле точки C *в проекциях на неподвижные оси* (см. рис. 7).

Запишем уравнения движения для проекций угловой скорости $\boldsymbol{\omega} = (\omega_1, \omega_2, \omega_3)$ и абсолютной скорости центра масс $\boldsymbol{v} = (v_1, v_2, v_3)$ на оси, связанные с телом. По аналогии с (4.3) выпишем следующие очевидные геометрические соотношения:

$$\dot{\mathbf{Q}} = \widetilde{\boldsymbol{\omega}}\mathbf{Q}, \qquad \boldsymbol{v} = \mathbf{Q}\dot{\boldsymbol{x}}. \tag{5.1}$$

Найдем теперь соответствующие базисные левоинвариантные поля на группе $E(3)$. Для этого запишем производную по времени в силу уравнений (5.1):

$$\frac{df}{dt} = \operatorname{Tr}\Big(\mathbf{Q}^T \frac{\partial f}{\partial \mathbf{Q}}\Big) + \Big(\frac{\partial f}{\partial \boldsymbol{x}}, \dot{\boldsymbol{x}}\Big) = \operatorname{Tr}\Big((\widetilde{\boldsymbol{\omega}}\mathbf{Q})^T \frac{\partial f}{\partial \mathbf{Q}}\Big) + \Big(\mathbf{Q}\frac{\partial f}{\partial \boldsymbol{x}}, \boldsymbol{v}\Big),$$
$$\frac{\partial f}{\partial \mathbf{Q}} = \left\|\frac{\partial f}{\partial Q_{ij}}\right\|; \quad \frac{\partial f}{\partial \boldsymbol{x}} = \Big(\frac{\partial f}{\partial x_1}, \frac{\partial f}{\partial x_2}, \frac{\partial f}{\partial x_3}\Big).$$

Группируя слагаемые при ω_i, v_i, находим

$$\begin{aligned} \boldsymbol{\omega} &= \omega_k \boldsymbol{\xi}_k, & \boldsymbol{\xi}_k &= -\sum_{ij} \varepsilon_{kij}\Big(\alpha_i \frac{\partial}{\partial \alpha_j} + \beta_i \frac{\partial}{\partial \beta_j} + \gamma_i \frac{\partial}{\partial \gamma_j}\Big), \\ \boldsymbol{v} &= v_i \boldsymbol{\zeta}_i, & \boldsymbol{\zeta}_i &= \alpha_i \frac{\partial}{\partial x_1} + \beta_i \frac{\partial}{\partial x_2} + \gamma_i \frac{\partial}{\partial x_3}. \end{aligned} \tag{5.2}$$

Коммутаторы базисных полей $\boldsymbol{\xi}_i$, $\boldsymbol{\zeta}_j$ имеют вид

$$[\boldsymbol{\xi}_i, \boldsymbol{\xi}_j] = \varepsilon_{ijk}\boldsymbol{\xi}_k, \qquad [\boldsymbol{\xi}_i, \boldsymbol{\zeta}_j] = \varepsilon_{ijk}\boldsymbol{\zeta}_k, \qquad [\boldsymbol{\zeta}_i, \boldsymbol{\zeta}_j] = 0. \tag{5.3}$$

С учетом (5.2) и (5.3) запишем уравнения движения Пуанкаре (2.4) для динамики свободного твердого тела

$$
\begin{gathered}
\frac{d}{dt}\left(\frac{\partial L}{\partial \boldsymbol{\omega}}\right)=\frac{\partial L}{\partial \boldsymbol{\omega}}\times\boldsymbol{\omega}+\frac{\partial L}{\partial \boldsymbol{v}}\times\boldsymbol{v}+\frac{\partial L}{\partial \boldsymbol{\alpha}}\times\boldsymbol{\alpha}+\frac{\partial L}{\partial \boldsymbol{\beta}}\times\boldsymbol{\beta}+\frac{\partial L}{\partial \boldsymbol{\gamma}}\times\boldsymbol{\gamma},\\
\frac{d}{dt}\left(\frac{\partial L}{\partial \boldsymbol{v}}\right)=\frac{\partial L}{\partial \boldsymbol{v}}\times\boldsymbol{\omega}+\frac{\partial L}{\partial x_1}\boldsymbol{\alpha}+\frac{\partial L}{\partial x_2}\boldsymbol{\beta}+\frac{\partial L}{\partial x_3}\boldsymbol{\gamma},\\
\dot{\boldsymbol{\alpha}}=\boldsymbol{\alpha}\times\boldsymbol{\omega},\qquad \dot{\boldsymbol{\beta}}=\boldsymbol{\beta}\times\boldsymbol{\omega},\qquad \dot{\boldsymbol{\gamma}}=\boldsymbol{\gamma}\times\boldsymbol{\omega},\\
\dot{x}_1=\big(\boldsymbol{\alpha},\boldsymbol{v}\big),\qquad \dot{x}_2=\big(\boldsymbol{\beta},\boldsymbol{v}\big),\qquad \dot{x}_3=\big(\boldsymbol{\gamma},\boldsymbol{v}\big).
\end{gathered}
\tag{5.4}
$$

2. Кинетическая энергия твердого тела в $\mathbb{R}^3$

Представим радиус-вектор каждой точки твердого тела в неподвижной системе координат в виде $\boldsymbol{q}=\mathbf{Q}^{\mathrm{T}}\boldsymbol{y}+\boldsymbol{x}$, где $\boldsymbol{y}$ — постоянный в теле радиус-вектор данной точки. Дифференцируя по времени $\dot{\boldsymbol{q}}=\dot{\mathbf{Q}}^{\mathrm{T}}\boldsymbol{y}+\dot{\boldsymbol{x}}$ и интегрируя по $\boldsymbol{y}$, получим кинетическую энергию как в векторном, так и в матричном виде:

$$
\begin{aligned}
T&=\frac{1}{2}(\boldsymbol{\omega},\mathbf{I}\boldsymbol{\omega})+m(\boldsymbol{v},\boldsymbol{r}\times\boldsymbol{\omega})+\frac{1}{2}m\boldsymbol{v}^2=\\
&=-\frac{1}{2}\operatorname{Tr}(\widetilde{\boldsymbol{\omega}}\mathbf{J}\widetilde{\boldsymbol{\omega}})+m(\boldsymbol{v},\widetilde{\boldsymbol{\omega}}\boldsymbol{r})+\frac{1}{2}m\boldsymbol{v}^2,
\end{aligned}
\tag{5.5}
$$

где $m=\int\limits_{\mathcal{T}}\rho(\boldsymbol{y})\,d^3\boldsymbol{y}$ — полная масса тела и $\boldsymbol{r}=\frac{1}{m}\int\boldsymbol{y}\rho(\boldsymbol{y})\,d^3y$ — радиус-вектор центра масс в связанной с телом системе осей, $\rho(\boldsymbol{y})$ — массовая плотность тела, а $\mathbf{I}$, $\mathbf{J}$ определены соотношениями (4.11), (4.12).

Если выбрать начало системы координат, связанной с телом, *в центре масс*, то $\boldsymbol{r}=0$ и кинетическая энергия разделяется на энергию поступательного движения и энергию вращения вокруг центра масс. Это утверждение составляет известную *теорему Бернулли*.

Замечание. Для движения твердого тела в идеальной несжимаемой жидкости (уравнения Кирхгофа) в общем случае кинетическая энергия не может быть разделена на вращательную и поступательную составляющие.

3. Гамильтонова форма уравнений движения твердого тела в $\mathbb{R}^3$

Для перехода к гамильтонову формализму (уравнениям Пуанкаре–Четаева) выполним преобразование Лежандра по формулам

$$
\boldsymbol{M}=\frac{\partial L}{\partial \boldsymbol{\omega}},\quad \boldsymbol{p}=\frac{\partial L}{\partial \boldsymbol{v}},\qquad H=(\boldsymbol{M},\boldsymbol{\omega})+(\boldsymbol{p},\boldsymbol{v})-L|_{\boldsymbol{\omega},\boldsymbol{v}\to\boldsymbol{M},\boldsymbol{p}}.
\tag{5.6}
$$

Здесь $\boldsymbol{M}$ — момент импульса, $\boldsymbol{p}$ — импульс тела в проекциях на оси, связанные с телом.

Скобка Пуассона переменных $\boldsymbol{M}$, $\boldsymbol{p}$, $\boldsymbol{\alpha}$, $\boldsymbol{\beta}$, $\boldsymbol{\gamma}$, $\boldsymbol{x}$ может быть найдена по формуле (2.12). Она полностью определяется видом полей (5.2) и их коммутаторами (5.3) и не зависит от конкретного вида функции Лагранжа. Единственным ограничением является условие невырожденности функции Лагранжа по скоростям.

Окончательно находим следующие (ненулевые) скобки Пуассона:

$$\begin{gathered}\{M_i,\,M_j\}=-\varepsilon_{ijk}M_k,\quad \{M_i,\,p_j\}=-\varepsilon_{ijk}p_k,\\ \{M_i,\,\alpha_j\}=-\varepsilon_{ijk}\alpha_k,\ \ \{M_i,\,\beta_j\}=-\varepsilon_{ijk}\beta_k,\ \ \{M_i,\,\gamma_j\}=-\varepsilon_{ijk}\gamma_k,\\ \{p_i,\,x_1\}=-\alpha_i,\quad \{p_i,\,x_2\}=-\beta_i,\quad \{p_i,\,x_3\}=-\gamma_i.\end{gathered}\tag{5.7}$$

Как было замечено в § 2, п. 3, при такой матричной реализации получается скобка Ли–Пуассона, соответствующая полупрямой сумме $e(3)\oplus_s\mathbb{R}^{12}$.

Замечание. Как следует из соотношений (5.7), при кватернионной параметризации группы вращений пуассонова структура в переменных $\boldsymbol{M},\lambda_0,\boldsymbol{\lambda},\boldsymbol{p},\boldsymbol{x}$ будет содержать квадратичные скобки, так как направляющие косинусы квадратично зависят от кватернионов.

В векторной форме гамильтоновы уравнения движения записываются следующим образом:

$$\begin{gathered}\dot{\boldsymbol{M}}=\boldsymbol{M}\times\frac{\partial H}{\partial\boldsymbol{M}}+\boldsymbol{p}\times\frac{\partial H}{\partial\boldsymbol{p}}+\boldsymbol{\alpha}\times\frac{\partial H}{\partial\boldsymbol{\alpha}}+\boldsymbol{\beta}\times\frac{\partial H}{\partial\boldsymbol{\beta}}+\boldsymbol{\gamma}\times\frac{\partial H}{\partial\boldsymbol{\gamma}},\\ \dot{\boldsymbol{p}}=\boldsymbol{p}\times\frac{\partial H}{\partial\boldsymbol{M}}-\frac{\partial H}{\partial x_1}\boldsymbol{\alpha}-\frac{\partial H}{\partial x_2}\boldsymbol{\beta}-\frac{\partial H}{\partial x_3}\boldsymbol{\gamma},\\ \dot{\boldsymbol{\alpha}}=\boldsymbol{\alpha}\times\frac{\partial H}{\partial\boldsymbol{M}},\qquad \dot{\boldsymbol{\beta}}=\boldsymbol{\beta}\times\frac{\partial H}{\partial\boldsymbol{M}},\qquad \dot{\boldsymbol{\gamma}}=\boldsymbol{\gamma}\times\frac{\partial H}{\partial\boldsymbol{M}},\\ \dot{x}_1=\Big(\boldsymbol{\alpha},\,\frac{\partial H}{\partial\boldsymbol{p}}\Big),\qquad \dot{x}_2=\Big(\boldsymbol{\beta},\,\frac{\partial H}{\partial\boldsymbol{p}}\Big),\qquad \dot{x}_3=\Big(\boldsymbol{\gamma},\,\frac{\partial H}{\partial\boldsymbol{p}}\Big).\end{gathered}\tag{5.8}$$

Движение свободного твердого тела в потенциальном поле в системе центра масс ($\boldsymbol{r}=0$ в уравнении (5.5)) описывается натуральной механической системой с функцией Гамильтона в виде

$$H=\frac{1}{2}(\boldsymbol{M},\,\mathbf{A}\boldsymbol{M})+\frac{1}{2m}\boldsymbol{p}^2+U(\boldsymbol{\alpha},\,\boldsymbol{\beta},\,\boldsymbol{\gamma},\,\boldsymbol{x}),\tag{5.9}$$

где $\mathbf{A}=\mathbf{I}^{-1}$ и переменные $\boldsymbol{M},\boldsymbol{p}$ выражаются через скорости тела по формулам

$$\boldsymbol{M}=\mathbf{I}\boldsymbol{\omega},\qquad \boldsymbol{p}=m\boldsymbol{v}.$$

Замечание. Если потенциальная энергия в (5.9) может быть представлена в форме

$$U = U_1(\boldsymbol{\alpha}, \boldsymbol{\beta}, \boldsymbol{\gamma}) + U_2(\boldsymbol{x}),$$

то в уравнениях (5.8) отделяется система уравнений для переменных $\boldsymbol{M}$, $\boldsymbol{\alpha}$, $\boldsymbol{\beta}$, $\boldsymbol{\gamma}$, описывающих вращение тела вокруг центра масс. При этом, если вместо импульса в проекциях на подвижные оси $\boldsymbol{p} = m\boldsymbol{v}$ использовать импульс в неподвижном пространстве $\boldsymbol{P} = m\dot{\boldsymbol{x}}$, отделяется также система, описывающая движение центра масс в каноническом виде

$$\dot{\boldsymbol{P}} = -\frac{\partial H_{\text{ц.м.}}}{\partial \boldsymbol{x}}, \qquad \dot{\boldsymbol{x}} = \frac{\partial H_{\text{ц.м.}}}{\partial \boldsymbol{P}}, \qquad H_{\text{ц.м.}} = \frac{1}{2m}\boldsymbol{P}^2 + U_2(\boldsymbol{x}). \tag{5.10}$$

То есть пуассонова структура в переменных $\boldsymbol{M}, \boldsymbol{\alpha}, \boldsymbol{\beta}, \boldsymbol{\gamma}, \boldsymbol{P}, \boldsymbol{x}$ не задается скобкой Ли – Пуассона, так как скобка между переменными $\boldsymbol{P}, \boldsymbol{x}$ каноническая.

§ 6. Примеры и родственные постановки задач

1. Движение твердого тела с неподвижной точкой в суперпозиции постоянных однородных силовых полей

Как показано в [44], любое количество полей в этом случае может быть сведено к трем взаимно перпендикулярным полям. Функция Гамильтона имеет вид

$$H = \frac{1}{2}(\boldsymbol{M}, \mathbf{A}\boldsymbol{M}) - (\boldsymbol{r}_1, \boldsymbol{\alpha}) - (\boldsymbol{r}_2, \boldsymbol{\beta}) - (\boldsymbol{r}_3, \boldsymbol{\gamma}), \tag{6.1}$$

где $\boldsymbol{r}_1$, $\boldsymbol{r}_2$, $\boldsymbol{r}_3$ — постоянные в теле векторы, задающие три, вообще говоря, различных центра приведения — аналогов центра тяжести. При $\boldsymbol{r}_1 = \boldsymbol{r}_2 = 0$ уравнения движения для $\boldsymbol{M}$, $\boldsymbol{\gamma}$ отделяются и называются *уравнениями Эйлера–Пуассона*.

2. Свободное твердое тело в квадратичном потенциале

Пусть твердое тело движется в одном поле с квадратичным потенциалом

$$\varphi(\boldsymbol{q}) = -\frac{1}{2}(\boldsymbol{q}, \mathbf{B}\boldsymbol{q}) - (\boldsymbol{g}, \boldsymbol{q}), \tag{6.2}$$

здесь $\mathbf{B}$ — постоянная симметрическая матрица, $\boldsymbol{g}$ — постоянный вектор. Потенциал (6.2) возникает, например, при разложении до второго порядка гравитационного потенциала вблизи поверхности Земли, а также кулоновского потенциала заряженного тела.

Представляя радиус-вектор точки в неподвижном пространстве в виде $\boldsymbol{q} = \mathbf{Q}^{\mathrm{T}}\boldsymbol{y} + \boldsymbol{x}$ ($\boldsymbol{y}$ — радиус-вектор точки в теле) и интегрируя по объему тела, находим потенциальную энергию в следующей форме (см. также [26]):

$$\begin{aligned} U = &\frac{1}{2}\operatorname{Tr}(\mathbf{Q}^{\mathrm{T}}\mathbf{I}_1\mathbf{Q}\mathbf{B}) - \frac{1}{2}\mu_0(\boldsymbol{x}, \mathbf{B}\boldsymbol{x}) - \mu_0(\boldsymbol{g}, \boldsymbol{x}) - \\ &- \frac{1}{2}\mu_0(\mathbf{Q}\boldsymbol{g}, \boldsymbol{r}_1) - \mu_0(\mathbf{Q}\mathbf{B}\boldsymbol{x}, \boldsymbol{r}_1). \end{aligned} \tag{6.3}$$

Здесь $\mu_0 = \int\limits_{\mathcal{T}} \mu(\boldsymbol{y})\, d^3\boldsymbol{y}$ — суммарный «заряд» тела в заданном поле, а $\mu(\boldsymbol{y})$ — его плотность, $\boldsymbol{r}_1 = \dfrac{1}{\mu_0}\int\limits_{\mathcal{T}} \boldsymbol{y}\mu(\boldsymbol{y})\, d^3\boldsymbol{y}$ — радиус-вектор центра приведения поля, $I_{1ij} = \int(\delta_{ij}\boldsymbol{y}^2 - y_i y_j)\mu(\boldsymbol{y})\, d^3\boldsymbol{y}$.

Для поля тяжести $\mu(\boldsymbol{y})$ — массовая плотность, $\mu_0 = m$ — масса тела, $r_1 = \boldsymbol{r}$ — радиус-вектор центра масс, $\mathbf{I}_1 = \mathbf{I}$ — тензор моментов инерции.

В этом случае при выборе в неподвижном пространстве главных осей, соответствующих собственным векторам матрицы $\mathbf{B}$, в системе центра масс гамильтониан системы может быть записан в форме

$$H = \frac{1}{2}(\boldsymbol{M}, \boldsymbol{AM}) + \frac{1}{2m}\boldsymbol{p}^2 + \frac{1}{2}(b_1(\boldsymbol{\alpha}, \mathbf{I}\boldsymbol{\alpha}) + b_2(\boldsymbol{\beta}, \mathbf{I}\boldsymbol{\beta}) + \\ + b_3(\boldsymbol{\gamma}, \mathbf{I}\boldsymbol{\gamma})) - \frac{1}{2}m(\boldsymbol{x}, \mathbf{B}\boldsymbol{x}) - m(\boldsymbol{g}, \boldsymbol{x}), \\ \mathbf{B} = \operatorname{diag}(b_1, b_2, b_3). \tag{6.4}$$

Таким образом, при этом поступательное и вращательное движения разделяются, причем обе системы могут быть проинтегрированы в квадратурах [26] (гл. 3, § 4) (что заведомо выполняется при равенстве инертной и гравитационной масс, т. е. для поля тяжести). Заметим также, что вращательное и поступательное движение разделяется для произвольного поля, если центр приведения поля совпадает с центром масс.

3. Движение тела с неподвижной точкой во вращающейся системе координат

Пусть твердое тело совершает движение, при котором одна из его точек вращается равномерно с угловой скоростью Ω по окружности радиуса R. Выберем три системы координат:

1) неподвижная в пространстве (инерциальная) система координат $OXYZ$ с началом в центре окружности O,
2) равномерно вращающаяся по окружности система с центром в точке C и базисными векторами: $\boldsymbol{e}_\tau$ — вектор, касательный к окружности, $\boldsymbol{e}_n$ — вектор нормали к плоскости окружности, $\boldsymbol{e}_R$ — вектор, направленный из точки C в центр окружности,
3) система осей, жестко связанных с телом $Cx_1x_2x_3$ и началом в точке C (см. рис. 8).

Конфигурационное пространство системы — группа $SO(3)$, которую представим матрицами перехода $\mathbf{Q} \in SO(3)$ от системы осей твердого тела к вращающейся системе координат. Они имеют вид (4.1), где $\boldsymbol{\alpha}$, $\boldsymbol{\beta}$, $\boldsymbol{\gamma}$ — проекции векторов $\boldsymbol{e}_\tau$, $\boldsymbol{e}_n$, $\boldsymbol{e}_R$ на оси, связанные с телом. Введем еще одну матрицу $\mathbf{B}$ перехода от вращающейся системы координат к неподвижной (столбцы матрицы $\mathbf{B}$ — проекции ортов неподвижного пространства на векторы $\boldsymbol{e}_\tau$, $\boldsymbol{e}_n$, $\boldsymbol{e}_R$).

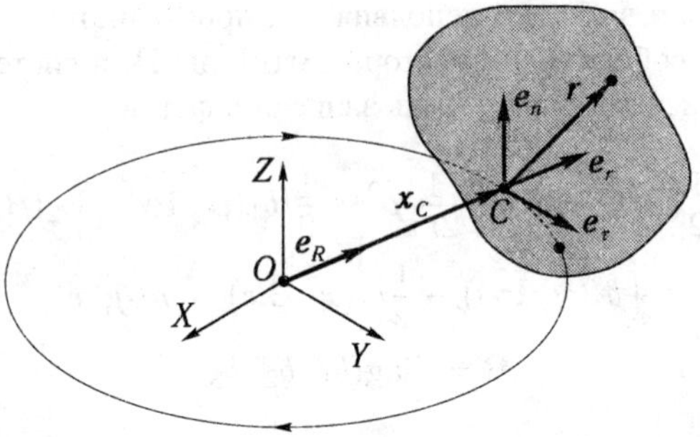

Рис. 8. Движение твердого тела с неподвижной точкой во вращающейся системе координат.

Положение точки твердого тела с радиус-вектором $\boldsymbol{y}$ в теле в неподвижном пространстве задается вектором

$$\boldsymbol{q} = \mathbf{B}^{\mathrm{T}}(t)(\mathbf{Q}^{\mathrm{T}}(t)\boldsymbol{y} + \boldsymbol{x}), \tag{6.5}$$

где $\boldsymbol{x}$ – радиус-вектор точки C во вращающейся системе координат. Дифференцируя по времени $\dot{\boldsymbol{q}} = \dot{\mathbf{B}}^{\mathrm{T}}(t)(\mathbf{Q}^{\mathrm{T}}(t)\boldsymbol{y} + \boldsymbol{x}_c) + \mathbf{B}^{\mathrm{T}}(t)\dot{\mathbf{Q}}^{\mathrm{T}}(t)\boldsymbol{y}$ и интегрируя $\frac{1}{2}m(\dot{\boldsymbol{q}}, \dot{\boldsymbol{q}})$ по обьему тела, находим кинетическую энергию в форме

$$T = \frac{1}{2}(\boldsymbol{\omega}, \mathbf{I}\boldsymbol{\omega}) + \Omega(\boldsymbol{\omega}, \mathbf{I}\boldsymbol{\beta}) - \mu(\boldsymbol{\omega}, \boldsymbol{r} \times \boldsymbol{\alpha}) + \frac{1}{2}\Omega^2(\boldsymbol{\beta}, \mathbf{I}\boldsymbol{\beta}) - \mu\Omega(\boldsymbol{r}, \gamma), \tag{6.6}$$

где $\mu = 2mR\Omega$, $\mathbf{I}$ – тензор инерции тела относительно точки C, $\boldsymbol{r}$ – радиус-вектор центра масс тела в проекциях на оси тела.

Движение тела в потенциальном поле описывается функцией Лагранжа

$$L = T(\boldsymbol{\omega}, \boldsymbol{\alpha}, \boldsymbol{\beta}, \boldsymbol{\gamma}) - U(\boldsymbol{\alpha}, \boldsymbol{\beta}, \boldsymbol{\gamma}), \tag{6.7}$$

где T – кинетическая энергия (6.6), а U – потенциальная энергия. Уравнения движения системы (6.7) определяются уравнениями Пуанкаре (4.2), (4.7).

Выполняя преобразование Лежандра для системы (6.7), находим

$$\begin{gathered} \boldsymbol{M} = \frac{\partial L}{\partial \boldsymbol{\omega}} = \mathbf{I}(\boldsymbol{\omega} + \Omega\boldsymbol{\beta}) - \mu\boldsymbol{r} \times \boldsymbol{\alpha}, \\ H = \frac{1}{2}(\boldsymbol{M}, \mathbf{A}\boldsymbol{M}) - \Omega(\boldsymbol{M}, \boldsymbol{\beta}) + \mu(\boldsymbol{M}, \mathbf{A}(\boldsymbol{r} \times \boldsymbol{\alpha})) + \\ + \frac{1}{2}\mu^2 (\boldsymbol{r} \times \boldsymbol{\alpha}, \mathbf{A}(\boldsymbol{r} \times \boldsymbol{\alpha})) + U(\boldsymbol{\alpha}, \boldsymbol{\beta}, \boldsymbol{\gamma}), \end{gathered} \tag{6.8}$$

здесь $\mathbf{A} = \mathbf{I}^{-1}$. Уравнения движения имеют вид (4.17).

К системе (6.8) сводятся следующие две классические задачи динамики твердого тела.

Гироскоп и маятник Фуко. В этом случае $U = r_3\beta_3$, тело осесимметрично

$$a_1 = a_2 = 1, \qquad r_1 = r_2 = 0,$$

а гамильтониан может быть представлен в виде

$$H = \frac{1}{2}(M_1^2 + M_2^2 + a_3 M_3^2) - \Omega(\boldsymbol{M}, \boldsymbol{\beta}) - \mu r_3(M_1\alpha_2 - M_2\alpha_1) - \frac{1}{2}\mu^2 r_3^2 \alpha_3^2. \quad (6.9)$$

В этом случае удобно воспользоваться переменными неподвижного пространства (4.19). Выбирая соответствующие единицы измерения длины и массы и обозначая вектор $\boldsymbol{e}_3 = \boldsymbol{l}$, гамильтониан можно записать в виде

$$H = \frac{1}{2}\boldsymbol{N}^2 - \Omega N_2 + \mu(N_2 l_3 - N_3 l_2) - \frac{1}{2}\mu^2 l_1^2 - \mu l_3. \quad (6.10)$$

Система на нулевой постоянной интеграла $(\boldsymbol{N}, \boldsymbol{l}) = M_3 = 0$ соответствует гироскопу без собственного вращения и называется *маятником Фуко*.

Спутник на круговой орбите вокруг Земли. Центр масс совпадает с началом координат вращающейся системы, т. е. $\boldsymbol{r} = 0$. Ньютоновский потенциал в квадратичном приближении (при разложении по отношению размеров спутника к радиусу орбиты) имеет вид

$$U = \frac{3}{2}\Omega^2(\boldsymbol{\gamma}, \mathbf{I}\boldsymbol{\gamma}), \quad \Omega^2 = \frac{GM}{R^3},$$

где G — гравитационная постоянная, M — масса Земли, R — радиус орбиты. Таким образом

$$H = \frac{1}{2}(\boldsymbol{M}, \mathbf{A}\boldsymbol{M}) - \Omega(\boldsymbol{M}, \boldsymbol{\beta}) + \frac{3}{2}\Omega^2(\boldsymbol{\gamma}, \mathbf{I}\boldsymbol{\gamma}). \quad (6.11)$$

С различными динамическими эффектами в движении спутника по круговой орбите можно ознакомиться по книге [15].

4. Относительное движение твердого тела с неподвижной точкой

Пусть твердое тело со связанной с ним точкой O движется в системе координат с началом в той же точке O, которая, в свою очередь, также движется и вращается по заданному закону.

Обозначая, соответственно, через $\boldsymbol{\Omega}$ и $\boldsymbol{V}$ угловую и линейную скорости подвижной системы координат в проекциях на оси, связанные с телом, запишем функцию Лагранжа потенциальной системы в виде

$$L = \frac{1}{2}(\boldsymbol{\omega}, \mathbf{I}\boldsymbol{\omega}) + (\boldsymbol{\omega}, \mathbf{I}\boldsymbol{\Omega}) - m(\boldsymbol{W}, \boldsymbol{r}) - U(\boldsymbol{\alpha}, \boldsymbol{\beta}, \boldsymbol{\gamma}). \tag{6.12}$$

Здесь $\boldsymbol{\omega}$ — угловая скорость тела, $\boldsymbol{W} = \frac{d}{dt}\boldsymbol{V}$ — ускорение начала отсчета подвижной системы, $\mathbf{I}$ — тензор инерции тела относительно точки O, m — полная масса, $\boldsymbol{r}$ — радиус-вектор центра масс, $\boldsymbol{\alpha}, \boldsymbol{\beta}, \boldsymbol{\gamma}$ — орты подвижной системы. Все указанные векторы проектируются на оси тела, при этом $\boldsymbol{\Omega}$, $\boldsymbol{V}$ можно считать заданными функциями времени.

Кинетический момент и гамильтониан системы (6.12) определяются следующим образом:

$$\begin{gathered} \boldsymbol{M} = \frac{\partial L}{\partial \boldsymbol{\omega}} = \mathbf{I}(\boldsymbol{\omega} + \boldsymbol{\Omega}), \\ H = \frac{1}{2}(\boldsymbol{M}, \mathbf{A}\boldsymbol{M}) - (\boldsymbol{M}, \boldsymbol{\Omega}) + m(\boldsymbol{W}, \boldsymbol{r}) + U(\boldsymbol{\alpha}, \boldsymbol{\beta}, \boldsymbol{\gamma}), \end{gathered} \tag{6.13}$$

а уравнения движения имеют вид (5.8). Примером подобных систем могут служить гироскопы и подвесы, размещенные на летательных аппаратах и искусственных спутниках, совершающих заданное движение.

5. Движение твердого тела по гладкой плоскости

Кроме уравнений Эйлера–Пуассона, интересным механическим примером, в котором отделяются уравнения, описывающие эволюцию векторов $\boldsymbol{\omega}, \boldsymbol{\gamma}$ (или $\boldsymbol{M}, \boldsymbol{\gamma}$), является задача о движении твердого тела по гладкой плоскости в потенциале, зависящем от расстояния до этой плоскости.

Вообще говоря, в абсолютном движении система имеет пять степеней свободы, но в силу того, что реакция плоскости при идеальном скольжении ей перпендикулярна, сохраняются две проекции импульса системы на эту плоскость. Выбирая систему координат, жестко связанную с телом, с началом в центре масс (тем самым исключая его горизонтальное равномерное прямолинейное смещение), для движения в потенциальном поле $U(\boldsymbol{\gamma})$ получим функцию Лагранжа

$$L = \frac{1}{2}(\boldsymbol{\omega}, \mathbf{I}\boldsymbol{\omega}) + \frac{1}{2}m(\boldsymbol{\omega}, \boldsymbol{r} \times \boldsymbol{\gamma})^2 - U(\boldsymbol{\gamma}), \tag{6.14}$$

где $\mathbf{I}$ — тензор инерции тела относительно центра масс, m — масса тела, $\boldsymbol{\omega}$ — угловая скорость в проекциях на оси, связанные с телом, $\boldsymbol{\gamma}$ — вектор нормали к плоскости в тех же осях, а $\boldsymbol{r}$ — вектор из точки контакта в центр масс тела (см. рис. 9).

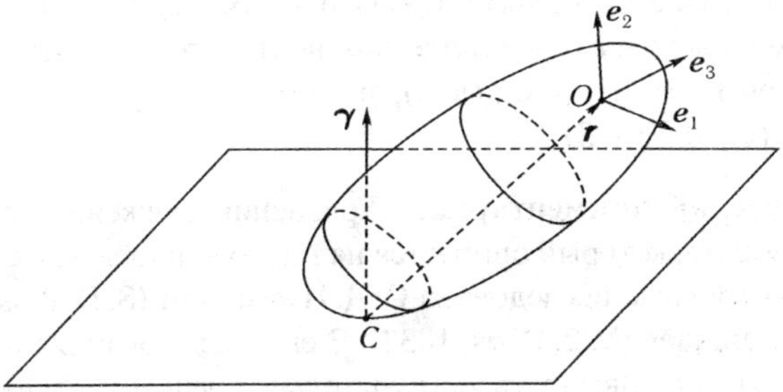

Рис. 9. Твердое тело на гладкой плоскости.

Если тело является всюду выпуклым и касается плоскости всегда одной своей точкой, то вектор $\boldsymbol{r}$ однозначно выражается через вектор $\boldsymbol{\gamma}$ при помощи гауссовой проекции поверхности тела на единичную сферу

$$\boldsymbol{\gamma} = -\frac{\operatorname{grad} F(\boldsymbol{r})}{|\operatorname{grad} F(\boldsymbol{r})|}, \tag{6.15}$$

где $F(\boldsymbol{r}) = 0$ — уравнение, задающее поверхность тела. Для невыпуклых тел уравнение (6.15) допускает несколько решений $\boldsymbol{r} = \boldsymbol{r}(\boldsymbol{\gamma})$, и, как правило, необходимо рассматривать дополнительные уравнения удара.

Для эллипсоида с главными полуосями b_1, b_2, b_3 несложно получить

$$\boldsymbol{r} = k(b_1^2\gamma_1,\, b_2^2\gamma_2,\, b_3^2\gamma_3), \quad k = (b_1^2\gamma_1^2 + b_2^2\gamma_2^2 + b_3^2\gamma_3^2)^{-1/2}. \tag{6.16}$$

После преобразования Лежандра из (6.14) получаем

$$\begin{gathered} \boldsymbol{M} = \frac{\partial L}{\partial \boldsymbol{\omega}} = \mathbf{J}\boldsymbol{\omega}, \quad \mathbf{J} = \mathbf{I} + m\boldsymbol{a} \otimes \boldsymbol{a}, \\ H = \tfrac{1}{2}(\mathbf{IA}\boldsymbol{M},\, \mathbf{A}\boldsymbol{M}) + \tfrac{1}{2}m(\boldsymbol{a},\, \mathbf{A}\boldsymbol{M})^2 + U(\boldsymbol{\gamma}), \end{gathered} \tag{6.17}$$

где $\boldsymbol{a} = \boldsymbol{r} \times \boldsymbol{\gamma}$, $\mathbf{A} = \mathbf{J}^{-1}$. Согласно (4.16), скобка Пуассона переменных $\boldsymbol{M}$, $\boldsymbol{\gamma}$ определяется алгеброй $e(3)$.

Для поля тяжести потенциальная энергия тела может быть представлена в виде

$$U(\boldsymbol{\gamma}) = mg(\boldsymbol{r},\, \boldsymbol{\gamma}),$$

g — ускорение свободного падения. Несложно также обобщить систему посредством добавления к телу ротора с гиростатическим моментом $\boldsymbol{K}$, при этом в гамильтониане (6.17) появляются линейные по $\boldsymbol{M}$ слагаемые.

Если тело является шаром с произвольным эллипсоидом инерции, но центр масс расположен в геометрическом центре, то получается либо система Эйлера (при $\boldsymbol{K} = 0$) (см. § 2 гл. 2), либо система Жуковского–Вольтерра (при $\boldsymbol{K} \neq 0$) (см. § 7 гл. 2).

Исторический комментарий. Уравнения движения тяжелого симметричного волчка, который опирается на гладкую плоскость своим острым концом, было впервые исследовано С. Д. Пуассоном (S. D. Poisson) в своем «Traité de Macanique» (V. 2, Paris, 1833). В его исследованиях опорная плоскость также может совершать поступательное движение вверх или вниз с постоянным ускорением. А. Курно (A. A. Cournot) в 1829–1831 гг. рассмотрел ту же задачу в предположении, что тело может касаться плоскости не одной, а несколькими точками, целой кривой или даже конечной площадкой. В середине XIX века более детальные исследования движения выпуклого тела по абсолютно гладкой горизонтальной плоскости выполнил В. Пюизё (V. Puiseux). Он исследовал в линейной постановке задачу об устойчивости равномерных вращений тела вокруг вертикали, а также малые колебания вблизи его положения равновесия на плоскости. Он также показал, что если тяжелое тело вращения достаточно быстро закручено вокруг оси симметрии, то угол между этой осью и вертикалью всегда остается сколь угодно близким к его начальному значению. Наконец, в известном трактате [419] Ф. Клейном (F. Klein) (см. также [418]) было выполнено явное интегрирование в эллиптических функциях задачи о движении тяжелого симметричного волчка, опирающегося на гладкую плоскость одним острым концом. Более современное изложение и явные формулы для движения волчка в этом случае имеются в [418]. В работе [496] обсуждается интегрирование этой задачи в автоморфных функциях. Подчеркнем, что эти исследования аналитического плана почти никак не связаны с вещественной (абсолютной) динамикой волчка. Некоторая аналогия между движением тела по гладкой плоскости и движением точки по неподвижной сфере указана в [206]. Вопросы качественного исследования движения интегрируемого волчка рассматриваются в [197].

Замечание. В случае скольжения тела по произвольной поверхности уравнения движения уже не могут быть представлены в виде приведенной гамильтоновой системы с двумя степенями свободы. Одной из простейших задач здесь является движение геометрически и динамически осесимметричного твердого тела по сфере без скольжения. Эта задача изучена в [415], где показано, что при помощи нетривиальной редукции эта система сводится к двум степеням свободы и демонстрирует хаотическое поведение.

Комментарий о неголономных системах. Другой традиционной моделью, описывающей движение твердого тела по неподвижной поверхности, является модель, основанная на полном отсутствии проскальзывания. В этой модели скорость точки контакта равна нулю, а возникающая связь является неголономной. Хотя в этом случае отсутствует диссипация энергии (т. е. система является консервативной), уравнения движения не могут быть записаны в гамильтоновой форме и, вообще говоря, не обладают даже инвариантной мерой. Это обусловливает некоторые необычные свойства таких систем, особенно ярко выраженные в динамике так называемых *кельтских камней*. Большинство результатов по интегрируемости, стохастичности, устойчивости и другим вопросам динамики неголономных систем собраны в книгах [42, 191, 135]. Отметим, что в книге [42] приведены несколько типов динамических систем, описывающих качение твердого тела по другому твердому телу без проскальзывания. В зависимости от наличия одного или двух интегралов, полей симметрий, инвариантной меры, существование которых определяется параметрами системы, возникает своеобразная *иерархия динамики*, на одном конце которой находятся регулярные интегрируемые системы, а на другом – наиболее сложные, типа кельтских камней. Как показано в [49], в фазовом пространстве динамической системы, описывающей поведение кельтских камней, при обобщенных условиях, могут возникать *странные аттракторы*, типичные для диссипативных систем.

Вопросы, связанные с качением твердых тел, обычно рассматриваются именно в книгах по динамике твердого тела (Э. Раус [230], В. Д. Мак-Миллан [186], Р. Граммель [100]). Однако здесь мы отойдем от этой традиции вследствие того, что в настоящий период динамика неголономных систем существенно расширилась и требует отдельного рассмотрения. Несмотря на притягательность такого рода исследований, в этой книге мы сосредоточимся лишь на тех вопросах динамики твердого тела, которые могут быть решены в рамках гамильтонова формализма.

Отметим только, что неголономные системы стали предметом отдельного систематического рассмотрения со второй половины XIX века, когда Г. Герц в своей классической книге «Принципы механики, изложенные в новой связи» ввел понятие неинтегрируемых или неголономных связей. Уравнения движения неголономных систем в различных формах были получены Феррерсом, Слессером, Аппелем, Раусом, Больцманом, Гамелем, Воронцом, Чаплыгиным, Сусловым. Ими же был разобран ряд модельных интегрируемых задач, составляющих «золотой фонд» этой области исследований. Большинство из этих задач получили новое развитие благодаря современным методам теории динамических систем.

6. Гироскоп в кардановом подвесе

Гироскоп в кардановом подвесе представляет собой систему нескольких тел, соединенных между собой с помощью цилиндрических шарниров (рис. 10) (см., например, К. Магнус [185]).

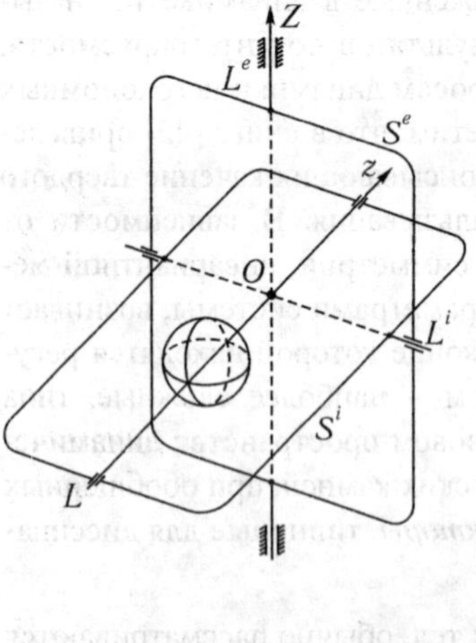

Рис. 10. Гироскоп в кардановом подвесе. Внешняя рамка карданова подвеса S^e вращается вокруг неподвижной в пространстве оси L^e, на ней закреплена ось вращения L^i внутренней рамки S^i. Ось вращения твердого тела (гироскопа) L закреплена на внутренней рамке.

Рассмотрим случай, наиболее часто встречающийся в технике: оси L_e и L_i, L и L_i взаимно перпендикулярны и пересекаются в одной точке O [185]. Выберем неподвижную систему координат с началом в точке O и осью OZ, направленной вдоль оси вращения L^e, свяжем с телом подвижную систему координат с началом в точке O и осью Oz, направленной вдоль оси L. Пусть $\boldsymbol{\alpha}$, $\boldsymbol{\beta}$, $\boldsymbol{\gamma}$ — проекции ортов неподвижного пространства на оси, связанные с телом, причем $\boldsymbol{\gamma}$ — вектор, соответствующий оси OZ.

Функция Лагранжа гироскопа в потенциальном поле может быть записана в виде

$$L = \frac{1}{2}(\boldsymbol{\omega},\, \mathbf{I}\boldsymbol{\omega}) + \frac{1}{2}I^e\left(\frac{\omega_1\gamma_1 + \omega_2\gamma_2}{\gamma_1^2 + \gamma_2^2}\right)^2 + \tag{6.18}$$

$$+\frac{1}{2(\gamma_1^2+\gamma_2^2)}\left[I_1^i(\omega_1\gamma_2-\omega_2\gamma_1)^2+(\omega_1\gamma_1+\omega_2\gamma_2)^2\Big(I_2^i+I_3^i\frac{\gamma_3^2}{\gamma_1^2+\gamma_2^2}\Big)\right]-U(\boldsymbol{\alpha},\boldsymbol{\beta},\boldsymbol{\gamma}),$$

где $\boldsymbol{\omega} = (\omega_1, \omega_2, \omega_3)$ — проекции угловой скорости на оси, связанные с телом, $\mathbf{I}$ — тензор моментов инерции твердого тела относительно точки O, I^e — момент инерции рамки S^e относительно оси L^e, а I_1^i, I_2^i, I_3^i — главные моменты инерции внутренней рамки.

Гамильтонова форма системы (6.18) может быть получена при помощи преобразования Лежандра (4.14). При этом функция Гамильтона системы в общем случае слишком громоздка; приведем ее вид при условии, что тело динамически симметрично относительно оси L ($I_1 = I_2$):

$$H = \frac{1}{2}a_3M_3^2 + \frac{1}{2}a_1k(M_1^2 + M_2^2)+$$
$$+\frac{1}{2}a_1^2k\left[I_1^i(M_1\gamma_1+M_2\gamma_2)^2+\left(I^e+(I_3^i-I_2^i)\frac{\gamma_3^2}{\gamma_1^2+\gamma_2^2}\right)(M_1\gamma_2-M_2\gamma_1)^2\right]+$$
$$+U(\boldsymbol{\alpha}, \boldsymbol{\beta}, \boldsymbol{\gamma}),$$
$$k = \left((1 + a_1I_1^i)\left(1 + a_1I^e + a_1(I_3^i - I_2^i)\frac{\gamma_3^2}{\gamma_1^2 + \gamma_2^2}\right)\right)^{-1}, \tag{6.19}$$

где $\mathbf{A} = \mathbf{I}^{-1} = \mathrm{diag}(a_1, a_2, a_3)$.

Приведем без вывода уравнения еще двух замечательных задач, связанных с движением твердого тела в жидкости. Их систематическое изучение мы отложим до гл. 3. Подробный вывод содержится в приложении А.

Исторический комментарий. Маятник и гироскоп Фуко были предложены известным французским физиком Леоном Фуко (1819–1868) в качестве приборов, с помощью которых можно наблюдать вращение Земли относительно абсолютного пространства.

Идея с маятником оказалась наиболее плодотворной и в качестве демонстрации приводится в школьном курсе физики. Однако полный анализ нелинейной модели — обычно рассматриваются только малые колебания — до сих пор отсутствует. Она является неинтегрируемой. Одна из первых попыток учета конечности амплитуды размаха принадлежит Каммерлинг-Оннесу, открывшему сверхпроводимость.

Опыты с гироскопом, поставленные Фуко (1852 г.), не привели к вполне удовлетворительному результату — гироскоп слишком быстро терял скорость вследствие трения и возникала хаотическая прецессия оси вращения. По замыслу, ось симметричного гироскопа должна была оставаться постоянной в неподвижном пространстве, что делало бы возможным измерение вращения Земли. Тем не менее, в процессе создания своего гироскопа Фуко предложил ряд технических новшеств, одним из которых является использование *карданова подвеса*, который, кстати, до Д. Кардано (1501–1576) был известен французскому архитектору У. де Гонкуру в XIII веке. Фуко также заметил, что если лишить гироскоп одной степени свободы, то ось его вращения стремится совпасть с угловой скоростью переносного вращения основания подвеса, связанного с угловой скоростью вращения Земли. Это позволяет определить направление на Северный полюс и широту места установки прибора.

Анализируя два характерных положения двухстепенного гироскопа относительно поверхности вращающейся Земли, Фуко изобрел два новых прибора — *гирокомпас* и *гироширот*, которые нашли свое техническое воплощение лишь в конце XIX века и начале XX века (Обри, Сперри, Аншютц и др.) в конструкциях управления торпедами и летательными аппаратами. Л. Фуко принадлежит также само название гироскоп, буквально означающее *наблюдение вращения*. Более подробно о различных применениях гироскопа можно прочитать в книгах Р. Граммеля [100] и К. Магнуса [185].

7. Движение твердого тела в идеальной несжимаемой жидкости (уравнения Кирхгофа)

Гамильтониан системы в этом случае имеет вид (см. приложение А)

$$H = \frac{1}{2}(\boldsymbol{M}, \mathbf{A}\boldsymbol{M}) + (\boldsymbol{M}, \mathbf{B}\boldsymbol{p}) + \frac{1}{2}(\boldsymbol{p}, \mathbf{C}\boldsymbol{p}) + U(\boldsymbol{\alpha}, \boldsymbol{\beta}, \boldsymbol{\gamma}, \boldsymbol{x}). \tag{6.20}$$

Здесь $\mathbf{A}$, $\mathbf{C}$ — симметричные матрицы (присоединенные моменты инерции и массы, определяемые геометрией тела и его инерционными свойствами), $\mathbf{B}$ — произвольная матрица, которая для тела, обладающего тремя взаимно перпендикулярными плоскостями симметрии, пересекающимися в центре масс тела, может быть выбрана равной нулю. Уравнения движения имеют вид (5.8). Отметим, что обычно уравнениями Кирхгофа называют частный случай (6.20), в котором $U(\boldsymbol{\alpha}, \boldsymbol{\beta}, \boldsymbol{\gamma}, \boldsymbol{x}) \equiv 0$, т. е. случай инерционного движения. Для него система уравнений для $(\boldsymbol{M}, \boldsymbol{p})$ замыкается (это уравнения Эйлера–Пуанкаре на $e(3)$) и анализ во многом близок к уравнениям Эйлера–Пуассона (см. подробнее § 1 гл. 3).

8. Падение тяжелого твердого тела в идеальной жидкости

Рассмотрим движение твердого тела в поле тяжести в бесконечном объеме безвихревой идеальной несжимаемой жидкости, предполагая, что жидкость совершает потенциальное (безвихревое) движение. Эта система обобщает уравнения Кирхгофа, описывающие движение твердого тела в жидкости по инерции. В гамильтоновой форме уравнения движения записываются следующим образом (гл. 1, § 6):

$$\begin{gathered}\dot{\boldsymbol{M}} = \boldsymbol{M}\times\frac{\partial H}{\partial \boldsymbol{M}} + \boldsymbol{p}\times\frac{\partial H}{\partial \boldsymbol{p}} + \boldsymbol{\alpha}\times\frac{\partial H}{\partial \boldsymbol{\alpha}} + \boldsymbol{\beta}\times\frac{\partial H}{\partial \boldsymbol{\beta}} + \boldsymbol{\gamma}\times\frac{\partial H}{\partial \boldsymbol{\gamma}},\\ \dot{\boldsymbol{p}} = \boldsymbol{p}\times\frac{\partial H}{\partial \boldsymbol{M}} - \frac{\partial H}{\partial x_1}\boldsymbol{\alpha} - \frac{\partial H}{\partial x_2}\boldsymbol{\beta} - \frac{\partial H}{\partial x_3}\boldsymbol{\gamma},\\ \dot{\boldsymbol{\alpha}} = \boldsymbol{\alpha}\times\frac{\partial H}{\partial \boldsymbol{M}},\quad \dot{\boldsymbol{\beta}} = \boldsymbol{\beta}\times\frac{\partial H}{\partial \boldsymbol{M}},\quad \dot{\boldsymbol{\gamma}} = \boldsymbol{\gamma}\times\frac{\partial H}{\partial \boldsymbol{M}},\\ \dot{x}_1 = \left(\boldsymbol{\alpha}, \frac{\partial H}{\partial \boldsymbol{p}}\right),\quad \dot{x}_2 = \left(\boldsymbol{\beta}, \frac{\partial H}{\partial \boldsymbol{p}}\right),\quad \dot{x}_3 = \left(\boldsymbol{\gamma}, \frac{\partial H}{\partial \boldsymbol{p}}\right),\end{gathered} \tag{6.21}$$

где векторы $\boldsymbol{p}$, $\boldsymbol{M}$, $\boldsymbol{\alpha}$, $\boldsymbol{\beta}$, $\boldsymbol{\gamma}$ представляют собой проекции импульсивной силы, импульсивного момента и неподвижных ортов на оси, связанные с телом, а x_1, x_2, x_3 — проекции на неподвижные оси радиуса-вектора начала в неподвижной системе координат. Гамильтониан системы имеет вид

$$\begin{gathered}H = \frac{1}{2}(\mathbf{A}\boldsymbol{M}, \boldsymbol{M}) + (\mathbf{B}\boldsymbol{M}, \boldsymbol{p}) + \frac{1}{2}(\mathbf{C}\boldsymbol{p}, \boldsymbol{p}) + U,\\ U = \mu\big(x_3 + (\boldsymbol{r}, \boldsymbol{\gamma})\big),\quad \mu = \mu_{\text{т}} - \mu_{\text{ж}},\quad \boldsymbol{r} = \frac{\mu_{\text{т}}\boldsymbol{r}_{\text{т}} - \mu_{\text{ж}}\boldsymbol{r}_{\text{ж}}}{\mu_{\text{т}} - \mu_{\text{ж}}},\end{gathered} \tag{6.22}$$

здесь $\mathbf{A}$, $\mathbf{B}$, $\mathbf{C}$ — симметричные матрицы, определяемые геометрией тела и его инерционными свойствами, $\mu_{\text{т}}$, $\mu_{\text{ж}}$ — вес тела и вытесненной жидкости, а $\boldsymbol{r}_{\text{т}}$, $\boldsymbol{r}_{\text{ж}}$ — радиусы-векторы центра масс и центра давления в подвижных осях.

Непосредственной проверкой можно показать, что имеется три интеграла движения (один из которых явно зависит от времени):

$$(\boldsymbol{p}, \boldsymbol{\alpha}) = P_1,\quad (\boldsymbol{p}, \boldsymbol{\beta}) = P_2,\quad (\boldsymbol{p}, \boldsymbol{\gamma}) + \mu t = P_3.$$

Это означает, что импульс системы представляется в форме

$$\boldsymbol{p} = P_1\boldsymbol{\alpha} + P_2\boldsymbol{\beta} + (P_3 - \mu t)\boldsymbol{\gamma}, \tag{6.23}$$

т. е. вектор $\boldsymbol{P} = (P_1, P_2, P_3)$ представляет собой проекции начального импульса (по Чаплыгину — толчка) на неподвижные оси.

Выбором начала отсчета времени (при $\mu_т \neq \mu_ж$) и поворотом неподвижных осей можно добиться $P_2 = P_3 = 0$, что в дальнейшем мы полагаем выполненным.

Подставив (6.23) в уравнения движения (6.21), получим замкнутую относительно $\boldsymbol{M}$, $\boldsymbol{\alpha}$, $\boldsymbol{\beta}$, $\boldsymbol{\gamma}$ систему, которая записывается в гамильтоновой форме (гл. 1, § 5)

$$\begin{gathered}\dot{\boldsymbol{M}} = \boldsymbol{M} \times \frac{\partial \bar{H}}{\partial \boldsymbol{M}} + \boldsymbol{\alpha} \times \frac{\partial \bar{H}}{\partial \boldsymbol{\alpha}} + \boldsymbol{\beta} \times \frac{\partial \bar{H}}{\partial \boldsymbol{\beta}} + \boldsymbol{\gamma} \times \frac{\partial \bar{H}}{\partial \boldsymbol{\gamma}}, \\ \dot{\boldsymbol{\alpha}} = \boldsymbol{\alpha} \times \frac{\partial \bar{H}}{\partial \boldsymbol{M}}, \quad \dot{\boldsymbol{\beta}} = \boldsymbol{\beta} \times \frac{\partial \bar{H}}{\partial \boldsymbol{M}}, \quad \dot{\boldsymbol{\gamma}} = \boldsymbol{\gamma} \times \frac{\partial \bar{H}}{\partial \boldsymbol{M}}\end{gathered} \tag{6.24}$$

с гамильтонианом, явно зависящим от времени,

$$\bar{H} = \frac{1}{2}(\mathbf{A}\boldsymbol{M}, \boldsymbol{M}) + (\mathbf{B}\boldsymbol{M}, P_1\boldsymbol{\alpha} - \mu t\boldsymbol{\gamma}) + \frac{1}{2}(\mathbf{C}(P_1\boldsymbol{\alpha} - \mu t\boldsymbol{\gamma}), P_1\boldsymbol{\alpha} - \mu t\boldsymbol{\gamma}) + \mu(\boldsymbol{r}, \boldsymbol{\gamma}). \tag{6.25}$$

Исторический комментарий. Уравнения (6.21) в различных, но эквивалентных формах встречаются в работах В. А. Стеклова [265, 264], Д. Н. Горячева [94], С. А. Чаплыгина [301]. Приведение их к изящной неавтономной форме, использующей представление (6.23), впервые, видимо, выполнено В. В. Козловым [157] (однако в форме уравнений Пуанкаре).

Укажем некоторые частные случаи, для которых уравнения (6.24) допускают упрощения. Они даны в работе [265].

I. Движение без начального толчка. Пусть начальный толчок равен нулю, $P_1 = 0$. Уравнения движения для $\boldsymbol{M}$, $\boldsymbol{\gamma}$ замыкаются и представляют собой (неавтономную) гамильтонову систему на $e(3)$ с гамильтонианом (см. гл. 1, § 7)

$$\bar{H} = \frac{1}{2}(\mathbf{A}\boldsymbol{M}, \boldsymbol{M}) - \mu t(\mathbf{B}\boldsymbol{M}, \boldsymbol{\gamma}) + \frac{1}{2}\mu^2 t^2(\mathbf{C}\boldsymbol{\gamma}, \boldsymbol{\gamma}) + \mu(\boldsymbol{r}, \boldsymbol{\gamma}).$$

Если к тому же тело имеет три плоскости симметрии, пересекающиеся в центре масс, то этот гамильтониан еще больше упрощается: $\mathbf{B} = 0$, $\boldsymbol{r} = 0$.

II. Взвешенное тело. В работе [298] С. А. Чаплыгин указал также случай, когда сила тяжести уравновешена силой Архимеда (средняя плотность тела равна плотности жидкости, и следовательно $\mu_т = \mu_ж$), но центр масс тела не совпадает с центром масс вытесненного объема жидкости.

При этом тело находится под действием пары сил, и его полный импульс в абсолютном пространстве сохраняется, т. е.

$$\boldsymbol{p} = P_1\boldsymbol{\alpha} + P_2\boldsymbol{\beta} + P_3\boldsymbol{\gamma},$$

где $\boldsymbol{P} = (P_1, P_2, P_3) = \mathrm{const}$. Как и выше, выбором неподвижных осей можно достичь $P_2 = 0$. Таким образом, в этом случае эволюция векторов $\boldsymbol{M}$, $\boldsymbol{\alpha}$, $\boldsymbol{\beta}$, $\boldsymbol{\gamma}$ описывается автономной гамильтоновой системой с функцией Гамильтона

$$\bar{H} = \frac{1}{2}(\mathbf{A}\boldsymbol{M}, \boldsymbol{M}) + (\mathbf{B}\boldsymbol{M}, P_1\boldsymbol{\alpha} + P_3\boldsymbol{\gamma}) + \\ + \frac{1}{2}\big(\mathbf{C}(P_1\boldsymbol{\alpha} + P_3\boldsymbol{\gamma}), P_1\boldsymbol{\alpha} + P_3\boldsymbol{\gamma}\big) + \mu_{\text{т}}(\boldsymbol{r}, \boldsymbol{\gamma}),$$

где $\boldsymbol{r}$ — вектор, соединяющий центр масс тела с центром давления.

Если начальный импульс направлен вдоль вертикальной оси ($\boldsymbol{p} = P\boldsymbol{\gamma}$), то эволюция векторов $\boldsymbol{M}$, $\boldsymbol{\gamma}$ ($\boldsymbol{\gamma}$ направлен вдоль поля тяжести) описывается системой на $e(3)$ с функцией Гамильтона

$$\bar{H} = \frac{1}{2}(\boldsymbol{M}, \mathbf{A}\boldsymbol{M}) + P(\mathbf{B}\boldsymbol{M}, \boldsymbol{\gamma}) + \frac{1}{2}P^2(\mathbf{C}\boldsymbol{\gamma}, \boldsymbol{\gamma}) + \mu_{\text{т}}(\boldsymbol{r}, \boldsymbol{\gamma}). \qquad (6.26)$$

9. Левитрон

Рассмотрим теперь более современную задачу, использующую формализм динамики твердого тела. Левитрон представляет собой намагниченный вращающийся волчок, который удерживается (левитирует) в воздухе под действием отталкивания неподвижным магнитом. Левитрон был изобретен Роем Харриганом (1983 г.). Динамическая модель левитрона, основанная на адиабатическом приближении, была построена М. Берри [329] в связи с нахождением областей устойчивости относительных равновесий вращающегося волчка.

Будем полагать, что волчок имеет ось динамической симметрии, т. е. $I = \mathrm{diag}(I_1, I_1, I_3)$, задаваемую единичным вектором $\boldsymbol{n}$, а магнитный момент волчка имеет вид $\boldsymbol{m} = \mu\boldsymbol{m}$, где $\mu = \mathrm{const}$. Уравнения движения в данном случае удобно записать в неподвижной системе координат (см. п. 2 § 4).

Пусть $\boldsymbol{N}$, $\boldsymbol{p}$, $\boldsymbol{x}$ — векторы момента, импульса и положения центра масс, спроецированые на неподвижные оси. Тогда уравнения движения волчка в поле тяжести и магнитном поле записываются в форме

$$\dot{\boldsymbol{N}} = \frac{\partial H}{\partial \boldsymbol{N}} \times \boldsymbol{N} + \frac{\partial H}{\partial \boldsymbol{n}} \times \boldsymbol{n}, \quad \dot{\boldsymbol{n}} = \frac{\partial H}{\partial \boldsymbol{N}} \times \boldsymbol{n}, \quad \dot{\boldsymbol{p}} = -\frac{\partial H}{\partial \boldsymbol{x}}, \quad \dot{\boldsymbol{x}} = \frac{\partial H}{\partial \boldsymbol{p}}.$$

Гамильтониан (с точностью до постоянных) имеет вид

$$H = \frac{1}{2m}\boldsymbol{p}^2 + \frac{1}{2I_1}\boldsymbol{N}^2 + mgx_3 - \big(\boldsymbol{B}(\boldsymbol{x}), \mu\boldsymbol{n}\big).$$

Для областей вне магнита $\operatorname{rot}\boldsymbol{B} = 0$; следовательно, возможно представление магнитного поля в виде $\boldsymbol{B} = -\nabla\psi$, где $\psi(\boldsymbol{x})$ – псевдоскалярный потенциал, удовлетворяющий уравнению Лапласа $\Delta\psi = 0$. Для осесимметричных полей его можно представить в виде ряда

$$\psi(\boldsymbol{x}) = \sum_{m=0}^{\infty} \frac{(-1)^m}{(2^m m!)^2}(x_1^2 + x_2^2)^m \frac{d^{2m}\phi(x_3)}{dx_3^{2m}},$$

где $\phi(x_3)$ – потенциал на оси симметрии Ox_3. Для простейшей модели магнита в виде плоского равномерно заряженного диска радиуса a имеем

$$\phi(x_3) = 2\pi\left(1 - \frac{z}{\sqrt{a^2 + z^2}}\right).$$

В этом случае левитрон имеет очевидное положение равновесия на оси симметрии магнетика, задаваемое соотношениями

$$\boldsymbol{x} = (0, 0, z_s), \quad \boldsymbol{n} = (0, 0, 1), \quad \boldsymbol{p} = 0, \quad \boldsymbol{N} = (0, 0, N_z).$$

Как показано в [329], при определенных значениях параметров это относительное равновесие линейно устойчиво, но вследствие того, что гессиан гамильтониана вблизи него не является знакоопределенным, это равновесие неустойчиво по Ляпунову. В работе [362] приведены численные оценки времени нахождения волчка вблизи положения равновесия, при этом оказывается, что границы быстрого ухода имеют очень сложный фрактальный характер.

§ 7. Теоремы об интегрируемости и методы интегрирования

Дифференциальные уравнения, в том числе гамильтоновы, принято разделять на интегрируемые и неинтегрируемые. В то же время, как заметил Дж. Биркгоф [17], *«если, однако, мы попытаемся сформулировать точное определение интегрируемости, то оказываются возможными многие различные определения, каждому из которых присущ известный теоретический интерес»*. В этом высказывании Биркгофа, считавшего динамическую проблему решенной, если предъявлен некоторый алгоритм для описания поведения всех ее траекторий, содержится указание на связь интегрируемости с особым, регулярным характером движения в фазовом пространстве. Такая регулярность достигается при наличии у системы достаточного количества законов сохранения — первых интегралов, полей симметрий или других тензорных инвариантов.

Мы изложим здесь несколько основных подходов к интегрируемости гамильтоновых и общих дифференциальных уравнений, связанных с отысканием решений системы в *квадратурах*. Решить систему в квадратурах — это представить ее решение с помощью конечного числа «алгебраических» операций (включая обращение функций) и «*квадратур*» — вычисления интегралов от известных функций. Различные аспекты интегрируемости освещены в обзорах [218, 9, 159, 232, 120].

1. Гамильтоновы системы. Теорема Лиувилля – Арнольда

Следующая теорема связывает интегрируемость гамильтоновой системы в квадратурах с наличием достаточно большого набора ее первых интегралов.

Теорема 2. *Предположим, что на симплектическом многообразии $M^{2n} = (\boldsymbol{p}, \boldsymbol{q}) = (p_1, \ldots, p_n, q_1, \ldots, q_n)$ даны n функций в инволюции*

$$F_1, \ldots, F_n \colon \{F_i, F_j\} \equiv 0, \ i, j = 1, \ldots, n.$$

Предположим также, что на M_f, многообразии уровня интегралов $\{\boldsymbol{x} \in M^{2n} : F_i = c_i, i = 1, \ldots, n\}$, n функций F_i независимы. Тогда:

1. *M_f — гладкое многообразие, инвариантное относительно фазового потока с функцией Гамильтона $H = F_1$.*

2. *Если многообразие M_f связно и компактно, то оно диффеоморфно n-мерному тору* (рис. 11)

$$T^n = \{(\varphi_1, \ldots, \varphi_n) \bmod 2\pi\}$$

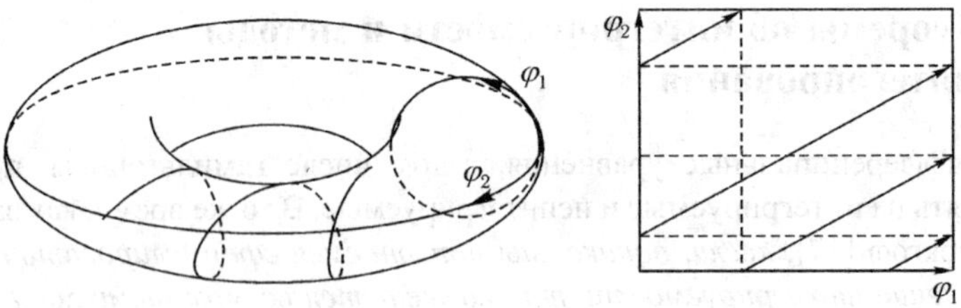

Рис. 11. Квазипериодическое движение на торе и на его развертке.

3. *Фазовый поток с функцией Гамильтона H определяет на M_f условно-периодическое движение, т. е. в некоторых угловых координатах $\varphi = (\varphi_1, \ldots, \varphi_n)$ имеем уравнения*

$$\frac{d\varphi}{dt} = \omega, \qquad \omega = \omega(c_1, \ldots, c_n) = (\omega_1, \ldots, \omega_n).$$

4. *Канонические уравнения с функцией Гамильтона H интегрируются в квадратурах.*

ЗАМЕЧАНИЕ. Эта теорема в упрощенном варианте (утверждается только интегрируемость в квадратурах) была сформулирована Буром и обобщена Ж. Лиувиллем. Ее классическое доказательство имеется, например, в трактате Э. Уиттекера [278]. Приведенная формулировка теоремы принадлежит В. И. Арнольду [7].

В рассматриваемом случае гамильтонова система называется интегрируемой по Лиувиллю (или вполне интегрируемой). Можно показать, что для такой системы в окрестности каждого тора существуют *переменные*, называемые «*действие-угол*» $(\boldsymbol{I}, \boldsymbol{\varphi} \bmod 2\pi) = (I_1, \ldots, I_n, \varphi_1 \bmod 2\pi, \ldots, \varphi_n \bmod 2\pi)$, в которых гамильтониан $H(\boldsymbol{I})$ не зависит от угловых переменных $\boldsymbol{\varphi} \bmod 2\pi$, а уравнения движения принимают вид

$$\dot{\boldsymbol{I}} = -\frac{\partial H}{\partial \boldsymbol{\varphi}} = 0, \qquad \dot{\boldsymbol{\varphi}} = \frac{\partial H}{\partial \boldsymbol{I}} = \boldsymbol{\omega}(\boldsymbol{I}),$$

Следовательно, $\boldsymbol{I}(t) = \boldsymbol{I}_0$, $\boldsymbol{\omega}(\boldsymbol{I}) = \boldsymbol{\omega}(\boldsymbol{I}_0) = (\omega_1, \ldots, \omega_n)$.

Переменные действие $\boldsymbol{I}$ «нумеруют» инвариантные торы $\mathbb{T}^n = M_f$ в M^{2n}, а переменные угол $\boldsymbol{\varphi}$ равномерно на них меняются, вообще говоря, с n различными частотами $\omega_1, \ldots, \omega_n$. Такое движение называется *квазипериодическим*. Переменные действие-угол имеют большое значение в теории возмущений.

В некоторых случаях число независимых первых интегралов может быть больше, чем $n = \frac{1}{2}\dim M^{2n}$. При этом не все они находятся в инволюции и приводят к *некоммутативной интегрируемости системы*. В этом случае инвариантное многообразие M_f в компактном случае является тором размерности, меньшей n [213].

В динамике твердого тела встречаются как коммутативные, так и некоммутативные наборы интегралов. Последние имеют место для вырожденных систем, обладающих избыточными симметриями (динамически симметричных и шаровых волчков). В этих случаях говорят также, что система является *суперинтегрируемой*.

Замечание 1. По теореме Якоби, согласно которой скобка Пуассона двух интегралов снова является интегралом, их полное семейство образует некоторую, вообще говоря, бесконечномерную алгебру Ли. Один из таких примеров рассмотрен в приложении.

Исследование алгебры интегралов необходимо также при различных способах редукции системы, то есть приведения к меньшему числу степеней свободы (гл. 4). Связь некоммутативной интегрируемости с редукцией Дирака обсуждается в книге [44] (см. также [46]).

Замечание 2. Предположение о компактности и связности M_f обычно выполняется в динамике твердого тела, вследствие компактности конфигурационного пространства, например, являющегося группой $SO(3)$, и ограничений на импульсы, накладываемые интегралом энергии.

Замечание 3. Если на M_f интегралы становятся зависимыми, то их общий уровень не является, вообще говоря, гладким многообразием. В пространстве постоянных первых интегралов $(c_1, \ldots, c_n)$ эти значения образуют *бифуркационные поверхности*, явный вид которых изучен для большинства известных интегрируемых систем [31, 284].

Теоретически интегрируемость гамильтоновой системы в квадратурах не обязательно связана с наличием необходимого количества первых интегралов. Она может быть обусловлена полями симметрий, различными инвариантными формами и другими тензорными законами сохранения [44, 136, 159, 227]. Содержательные примеры, однако, относятся лишь к частным сочетаниям таких тензорных инвариантов. Сейчас мы рассмотрим еще одну типичную ситуацию.

2. Теория последнего множителя. Теорема Эйлера–Якоби

Многие задачи динамики твердого тела могут быть проинтегрированы и другим, восходящими к Эйлеру и Якоби, способом. Речь идет о теории последнего множителя, в которой для интегрируемости системы в квадратурах, кроме достаточного количества первых интегралов, необходимо установить существование некоторой *инвариантной меры*. Достоинством этого метода является то, что он может быть применен не только к гамильтоновым системам, но, вообще говоря, к произвольным, например, к неголономным. Ряд неголономных систем, имеющих нетривиальную меру и интегрируемых по теории последнего множителя, указал С. А. Чаплыгин [302]. В этой книге мы их не рассматриваем, но подчеркнем, что в XIX веке под интегрируемостью большинства задач динамики твердого тела понимали именно интегрируемость по Эйлеру–Якоби, так как гамильтонова структура, например, уравнений Эйлера–Пуассона (см. § 1 гл. 2) не была отчетливо понята. Остановимся на этом методе более подробно.

Рассмотрим произвольную автономную систему дифференциальных уравнений в $\mathbb{R}^n$

$$\dot{\boldsymbol{x}} = \boldsymbol{v}(\boldsymbol{x}), \qquad \boldsymbol{x} \in \mathbb{R}^n, \tag{7.1}$$

и пусть g^t — ее фазовый поток. В общем случае для интегрируемости этой системы надо знать не менее $(n-1)$ первых интегралов. Однако если уравнение (7.1) имеет интегральный инвариант с гладкой плотностью $\mu(\boldsymbol{x})$, то есть для любой измеримой области $D \subset \mathbb{R}^n$ и для всех t выполнено

$$\int\limits_{g^t(D)} \mu(\boldsymbol{x})\, d\boldsymbol{x} = \int\limits_{D} \mu(\boldsymbol{x})\, d\boldsymbol{x},$$

то для интегрируемости системы (7.1) достаточно знать $n-2$ первых интеграла. Напомним, что по теореме Лиувилля гладкая функция $\mu\colon \mathbb{R}^n \to \mathbb{R}$ является плотностью интегрального инварианта $\int \mu(\boldsymbol{x})\, d\boldsymbol{x}$ тогда и только тогда, когда

$$\operatorname{div}(\mu \boldsymbol{v}) = 0. \tag{7.2}$$

Если $\mu(\boldsymbol{x}) > 0$ при всех $\boldsymbol{x}$, то формула (7.2) определяет некоторую *меру* в $\mathbb{R}^n$, инвариантную относительно действия g^t. Наличие меры облегчает интегрирование дифференциальных уравнений. Эйлер назвал μ *интегрирующим множителем* (его называют также *последним множителем*).

Справедливо следующее утверждение — *теорема Эйлера–Якоби* о последнем множителе [9, 149].

Теорема 3. *Предположим, что система* (7.1) *уравнений с интегрирующим множителем* μ *имеет* $n-2$ *первых интеграла* $F_1, \ldots, F_{n-2}$. *Пусть на инвариантном многообразии* $M_c = \{\boldsymbol{x} \in \mathbb{R}^n : F_s(\boldsymbol{x}) = c_s,\ 1 \leqslant s \leqslant n-2\}$ *функции* $F_1, \ldots, F_{n-2}$ *независимы. Тогда*

1. *Решения уравнения* (7.1)*, лежащие на* M_c*, находятся в квадратурах.*

Если L_c *— связная компактная компонента множества уровня и* $\boldsymbol{v}(\boldsymbol{x}) \neq 0$ *на* L_c*, то*

2. L_c *— гладкое многообразие, диффеоморфное двумерному тору.*

3. *На* L_c *можно выбрать угловые координаты* $\varphi_1, \varphi_2 \bmod 2\pi$ *так, чтобы в этих переменных уравнение* (7.1) *на* L_c *приняло следующий вид*

$$\dot{\varphi}_1 = \frac{\lambda_1}{\Phi(\varphi_1, \varphi_2)}, \qquad \dot{\varphi}_2 = \frac{\lambda_2}{\Phi(\varphi_1, \varphi_2)},$$

где $\lambda_1, \lambda_2 = \mathrm{const}$*, а* Φ *— гладкая положительная функция,* 2π*-периодическая по* φ_1 *и* φ_2.

Функция $\Phi(\varphi_1, \varphi_2)$, задающая инвариантную меру, вообще говоря, не приводится к постоянной, и движение на торе хотя и происходит по прямолинейным обмоткам (рис. 11), но неравномерно. Отметим, что в случае гамильтоновой системы такое приведение всегда возможно, что является следствием теоремы Лиувилля – Арнольда.

Для общих систем (7.1), например диссипативных, мера, как правило, заведомо отсутствует и установление их интегрируемости является отдельной проблемой. Общего метода здесь, видимо, не существует, и в зависимости от конкретных наборов законов сохранения (тензорных инвариантов), вообще говоря, не являющихся автономными, возможно различное поведение системы.

3. Разделение переменных. Метод Гамильтона – Якоби

Явное решение гамильтоновых уравнений в канонической форме в большинстве случаев может быть получено с помощью *метода разделения переменных* [311]. При этом задача интегрирования для n-степенной гамильтоновой системы сводится к отысканию решения *уравнения Гамильтона – Якоби* в частных производных

$$H\Big(\frac{\partial S}{\partial \boldsymbol{q}}, \boldsymbol{q}\Big) = \alpha_1, \tag{7.3}$$

которое зависит от n постоянных $S(\boldsymbol{q}, \alpha_1, \ldots, \alpha_n)$ и удовлетворяет условию невырожденности

$$\det\left\| \frac{\partial^2 S}{\partial q_i \partial \alpha_j} \right\| \neq 0.$$

Рассмотрим функцию $S(\boldsymbol{q}, \alpha_1, \ldots, \alpha_n)$, которая в этом случае называется *полным интегралом* уравнения (7.3), в качестве производящей функции канонического преобразования $(\boldsymbol{q}, \boldsymbol{p}) \to (\boldsymbol{\beta}, \boldsymbol{\alpha})$:

$$\boldsymbol{p} = \frac{\partial S}{\partial \boldsymbol{q}}, \qquad \boldsymbol{\beta} = \frac{\partial S}{\partial \boldsymbol{\alpha}}. \tag{7.4}$$

Для новых канонических переменных $\boldsymbol{\alpha}$, $\boldsymbol{\beta}$ согласно (7.3) получим уравнения движения в виде [311, 203]

$$\dot{\alpha}_i = -\frac{\partial H}{\partial \beta_i} = 0, \qquad \dot{\beta}_i = \frac{\partial H}{\partial \alpha_i} = \delta_{1i}, \qquad i = 1, \ldots, n,$$

где δ_{ij} – символ Кронекера. Эти уравнения легко интегрируются:

$$\alpha_i = \alpha_i^0, \; \beta_i = \delta_{1i} t + \beta_i^0, \tag{7.5}$$

где α_i^0, $\beta_i^0 = \mathrm{const}$. Таким образом, (7.5) совместно с (7.4) задают решение канонических уравнений $\boldsymbol{q}(t), \boldsymbol{p}(t)$ в виде системы алгебраических уравнений.

Переменные разделяются, если на конфигурационном пространстве удается подобрать координаты, для которых полный интеграл представляется в виде

$$S(\boldsymbol{q}, \boldsymbol{\alpha}) = \sum_{k=1}^{n} S_k(q_k, \alpha_1, \ldots, \alpha_n). \tag{7.6}$$

По Якоби, метод разделения переменных состоит в том, что для задачи ищется такая система (вообще говоря, криволинейных) координат, в которых имеет место (7.6). Якоби также нашел одну замечательную замену, которая привела его к эллиптическим координатам и позволила проинтегрировать задачу о геодезических на эллипсоиде – даже в многомерном случае. Он также предложил обратить ситуацию и, «найдя какую-нибудь замечательную подстановку, разыскивать задачи, в которых она может быть с успехом применена» [311].

Замечание. Для вырожденных систем (с избыточным набором интегралов) может существовать несколько систем координат, в которых переменные разделяются, например, гармонический осциллятор, задача Кеплера и др.

В качестве примеров рассмотрим классические задачу Якоби о геодезических на трехосном эллипсоиде и задачу Неймана о движении точки на сфере в квадратичном потенциале. Они связаны с двумя различными, но взаимными друг другу, интегрируемыми случаями Клебша в уравнениях Кирхгофа (см. § 1 гл. 3) и их интегрирование, а также возникающие в процессе эллиптические и сфероконические координаты имеют универсальный характер в теории интегрируемых систем. Все известные задачи, допускающие разделение переменных (на конфигурационном пространстве), решаются с использованием этих координат или их вырождений.

Геодезический поток на эллипсоиде (задача Якоби) [311]. Пусть эллипсоид в трехмерном пространстве $\mathbb{R}^3$ с декартовыми координатами x_1, x_2, x_3 задан уравнением

$$\frac{x_1^2}{a_1} + \frac{x_2^2}{a_2} + \frac{x_3^2}{a_3} = 1, \tag{7.7}$$

где $a_1 > a_2 > a_3 > 0$ — квадраты главных полуосей.

Эллиптические координаты λ_1, λ_2, λ_3 в $\mathbb{R}^3$ определяются как корни кубического уравнения

$$f(\lambda) = \frac{x_1^2}{a_1 - \lambda} + \frac{x_2^2}{a_2 - \lambda} + \frac{x_3^2}{a_3 - \lambda} = 1, \tag{7.8}$$

причем $\lambda_3 < a_3 < \lambda_2 < a_2 < \lambda_1 < a_1$.

Декартовы координаты выражаются через эллиптические при помощи вычетов функции $f(\lambda)$ (7.8) в точках a_1, a_2, a_3 по формулам

$$x_1^2 = \frac{(a_1 - \lambda_1)(a_1 - \lambda_2)(a_1 - \lambda_3)}{(a_2 - a_1)(a_3 - a_1)}, \quad x_2^2 = \frac{(a_2 - \lambda_1)(a_2 - \lambda_2)(a_2 - \lambda_3)}{(a_1 - a_2)(a_3 - a_2)},$$
$$x_3^2 = \frac{(a_3 - \lambda_1)(a_3 - \lambda_2)(a_3 - \lambda_3)}{(a_1 - a_3)(a_2 - a_3)}.$$

В новых переменных эллипсоид (7.7) задается уравнением $\lambda_3 = 0$, при этом λ_1, λ_2 задают систему ортогональных координат на нем. Переписывая гамильтониан свободного движения материальной точки единичной массы по эллипсоиду (7.7) в этих координатах, находим

$$\begin{gathered} H = \frac{2}{\lambda_1 - \lambda_2}\Big(\lambda_1 p_1^2 - \lambda_2 p_2^2\Big), \\ g(\lambda) = (a_1 - \lambda)(a_2 - \lambda)(a_3 - \lambda), \end{gathered} \tag{7.9}$$

то есть переменные разделяются.

Используя выражение для канонических импульсов

$$p_1 = (\lambda_1 - \lambda_2)\frac{\lambda_1\dot{\lambda}_1}{4(a_1 - \lambda_1)(a_2 - \lambda_1)(a_3 - \lambda_1)},$$

$$p_2 = (\lambda_2 - \lambda_1)\frac{\lambda_2\dot{\lambda}_2}{4(a_1 - \lambda_2)(a_2 - \lambda_2)(a_3 - \lambda_3)},$$

получаем уравнения движения в форме

$$\frac{d\lambda_1}{\sqrt{R(\lambda_1)}} = \frac{dt}{\lambda_1 - \lambda_2}, \quad \frac{d\lambda_2}{\sqrt{R(\lambda_2)}} = \frac{dt}{\lambda_2 - \lambda_1},$$
$$R(\lambda) = -\frac{(\lambda - \alpha_1)(\lambda - a_1)(\lambda - a_2)(\lambda - a_3)}{\lambda}, \tag{7.10}$$

где α_1 – константа разделения, удовлетворяющая неравенствам $a_3 < \alpha_1 < a_1$. Уравнения (7.10) связывают с Абелем, Якоби и Ковалевской, использовавших их для интегрирования в гиперэллиптических функциях.

Замечание. *Уравнения Абеля–Якоби* (7.10) также записывают в несколько иной форме

$$\frac{d\lambda_1}{\sqrt{R(\lambda_1)}} + \frac{d\lambda_2}{\sqrt{R(\lambda_2)}} = 0, \quad \frac{\lambda_1\, d\lambda_1}{\sqrt{R(\lambda_1)}} + \frac{\lambda_2\, d\lambda_2}{\sqrt{R(\lambda_2)}} = dt. \tag{7.11}$$

Решения уравнения Гамильтона–Якоби в этом случае представляются в форме

$$S(\lambda_1, \lambda_2, \alpha_1, \alpha_2) = \sqrt{\frac{\alpha_2}{2}}\Big(\int \frac{\lambda_1 - \alpha_1}{\sqrt{R(\lambda_1)}}\, d\lambda_1 + \int \frac{\lambda_2 - \alpha_1}{\sqrt{R(\lambda_2)}} d\lambda_2\Big), \tag{7.12}$$

где $\alpha_2 = h$ – энергия. Траектория и закон движения могут быть найдены из алгебраических уравнений:

$$\frac{\partial S}{\partial \alpha_1} = \beta_1, \quad \frac{\partial S}{\partial \alpha_2} = t + \beta_2, \quad \beta_1, \beta_2 = \mathrm{const}. \tag{7.13}$$

Система с квадратичным потенциалом на сфере (задача Неймана). Пусть сфера в трехмерном пространстве задана уравнением

$$x_1^2 + x_2^2 + x_3^2 = 1, \tag{7.14}$$

и потенциальная энергия частицы единичной массы в декартовых координатах имеет вид

$$U(\boldsymbol{x}) = \frac{1}{2}(a_1 x_1^2 + a_2 x_2^2 + a_3 x_3^2), \quad 0 < a_3 < a_2 < a_1. \tag{7.15}$$

Сфероконические координаты λ_1, λ_2 на сфере (7.14) определяются как корни квадратного уравнения

$$f(\lambda) = \frac{x_1^2}{a_1 - \lambda} + \frac{x_2^2}{a_2 - \lambda} + \frac{x_3^2}{a_3 - \lambda} = 0, \tag{7.16}$$

удовлетворяющие неравенствам $a_3 < \lambda_2 < a_2 < \lambda_1 < a_1$. Выражения декартовых координат через сфероконические имеют вид

$$x_1^2 = \frac{(a_1-\lambda_1)(a_1-\lambda_2)}{(a_2-a_1)(a_3-a_1)}, \; x_2^2 = \frac{(a_2-\lambda_1)(a_2-\lambda_2)}{(a_1-a_2)(a_3-a_2)}, \; x_3^2 = \frac{(a_3-\lambda_1)(a_3-\lambda_2)}{(a_1-a_3)(a_2-a_3)}. \tag{7.17}$$

Гамильтониан частицы с потенциалом (7.15) в сфероконических координатах имеет вид

$$\begin{aligned} H = \Big(\frac{2(\lambda_1 - a_1)(\lambda_1 - a_2)(\lambda_1 - a_3)}{\lambda_1 - \lambda_2} p_1^2 + \lambda_1\Big) + \\ + \Big(\frac{2(\lambda_2 - a_1)(\lambda_2 - a_2)(\lambda_2 - a_3)}{\lambda_2 - \lambda_1} p_2^2 + \lambda_2\Big), \end{aligned} \tag{7.18}$$

где импульсы p_1, p_2, канонически сопряженные переменным λ_1, λ_2, выражаются через скорости по формулам

$$\begin{aligned} p_1 &= \frac{(\lambda_1 - \lambda_2)\dot{\lambda}_1}{4(\lambda_1 - a_1)(\lambda_1 - a_2)(\lambda_1 - a_3)}, \\ p_2 &= \frac{(\lambda_2 - \lambda_1)\dot{\lambda}_2}{4(\lambda_2 - a_1)(\lambda_2 - a_2)(\lambda_2 - a_3)}. \end{aligned} \tag{7.19}$$

Разделяя переменные, получаем уравнения Абеля–Якоби, определяющие эволюцию λ_1, λ_2:

$$\frac{d\lambda_1}{\sqrt{R(\lambda_1)}} = \frac{dt}{\lambda_1 - \lambda_2}, \quad \frac{d\lambda_2}{\sqrt{R(\lambda_2)}} = \frac{dt}{\lambda_2 - \lambda_1},$$

$$R(\lambda) = -(\lambda^2 + 2\alpha_2\lambda + 2\alpha_1)(\lambda - a_1)(\lambda - a_2)(\lambda - a_3),$$

где α_1, $\alpha_2 = h$ — константы разделения. Решение уравнения Гамильтона–Якоби имеет вид

$$S(\lambda_1, \lambda_2, \alpha_1, \alpha_2) = \int \sqrt{-\frac{\lambda_1^2 + 2\alpha_2\lambda_1 + \alpha_1}{4(\lambda_1 - a_1)(\lambda_1 - a_2)(\lambda_1 - a_3)}}d\lambda_1 + \\ + \int \sqrt{-\frac{\lambda_2^2 + 2\alpha_2\lambda_2 + \alpha_1}{4(\lambda_2 - a_1)(\lambda_2 - a_2)(\lambda_2 - a_3)}}d\lambda_2.$$

Комментарии. **1.** Как правило, но отнюдь не всегда, для разделяющих переменных уравнения движения могут быть представлены в форме Абеля–Якоби (7.11). Известно, что любое решение для таких уравнений может быть представлено в тэта-функциях (более формально — линеаризировано при помощи преобразования Абеля на якобиане эллиптической или гиперэллиптической кривой). Со всеми подробностями такую линеаризацию впервые выполнила С. В. Ковалевская для открытого ею случая. Она воспользовалась при этом только что разработанной Розенхайном и Кенигсбергером теорией тэта-функций двух переменных. Следствием такой линеаризации является замечательный факт, что общее решение системы продолжается до однозначных голоморфных функций в комплексную область времени, т. е. в качестве особенностей решение имеет только полюса.

Выражение общего решения для большинства интегрируемых задач динамики твердого тела в однозначных эллиптических (в комплексном смысле) функциях времени обусловлено тем, что общий уровень первых интегралов, представляющий пересечение достаточно простых алгебраических поверхностей, типа квадрик, допускает продолжение в комплексную область до абелевых многообразий (абелевых торов), допускающих параметризацию с помощью тэта-функций. Она изучается в проективной и алгебраической геометрии, а сами системы называются *алгебраически интегрируемыми*. При этом общее решение может получиться однозначным не на комплексной плоскости времени, а на ее конечнолистном накрытии (см. случай Горячева–Чаплыгина, § 5 гл. 2).

2. Задача о разделении переменных, отчетливо сформулированная К. Якоби в его «Лекциях по динамике» (1842–43 гг.) [311], до сих пор является предметом серьезных исследований. Ж. Лиувилль и П. Штеккель нашли наиболее общие формы гамильтонианов, допускающих разделение переменных. Оказалось, что если использовать только преобразования конфигурационного пространства (точечные преобразования), то разделение переменных тесно связано с наличием полного набора интегралов, квадратичных по импульсам. Результаты такого сорта для натуральных систем с двумя степенями свободы были впервые указаны Дарбу, Уиттекером и Биркгофом [278, 17]. С современной топологической точки зрения они обсуждаются в [219].

Отметим, что аналогичный результат для системы с линейными по импульсам интегралами заключается в том, что эти интегралы всегда оказываются связанными с существованием группы симметрий в конфигурационном пространстве и с циклической переменной. В этом случае, хотя бы локально, всегда возможно соответствующее понижение порядка.

Если рассматривать не только координатные, но и импульсные преобразования (т. е. общие преобразования фазового пространства), то задача в некотором смысле всегда становится разрешимой: по теореме Лиувилля – Арнольда, вблизи неособого уровня первых интегралов всегда существуют переменные типа действие-угол, которые и являются разделяющими. Эти переменные, как правило, различны для разных областей фазового пространства, разделенного особыми (критическими) инвариантными торами, и их построение (даваемое при доказательстве теоремы) не является конструктивным. На практике, как правило, наоборот: переменные действие-угол строятся, если найдены какие-либо разделяющие переменные (см. § 2 гл. 6).

Разделенные переменные, полученные путем расширенного фазового преобразования, известны для случаев Ковалевской и Горячева – Чаплыгина (см. §§ 4, 5 гл. 2, § 2 гл. 6). Кстати, в этих случаях дополнительный интеграл имеет, соответственно, третью и четвертую степени по импульсам.

Если для натуральных гамильтоновых систем с двумя степенями свободы, обладающих дополнительным квадратичным интегралом, существуют общие соображения (см., например, Уиттекер [278], Биркгоф [17]), позволяющие конструктивно построить разделяющие переменные, то уже для ненатуральных двухстепенных систем, а также для систем, обладающих дополнительным интегралом с более высокой (> 2) степенью по импульсам, разделение переменных является своего рода искусством. Для многомерных систем вопрос о разделении еще более сложен. Здесь практически известно несколько многомерных обобщений двухстепенных систем (типа задач Якоби и Неймана), для которых имеются аналоги эллиптических и сфероконических координат. Более подробно вопрос о разделении переменных на S^n рассмотрен в [23, 522].

3. Особыми аналитическими приемами, позволившими найти разделение переменных для ряда задач динамики твердого тела, включая неголономные системы, в совершенстве владел С. А. Чаплыгин. Известные работы С. В. Ковалевской [141, 142] также до сих пор остаются образцом непревзойденного аналитического мастерства. Интересно, что классики или их последователи использовали эти разделения для анализа частных («особозамечательных», по выражению Г. Аппельрота) решений и старались дать им динамические приложения. Разделение переменных было систематически использовано для целей качественного и топологического анализа, соответственно, в книгах [150, 284]. С использованием разделяющихся переменных можно явно построить соответствующий набор переменных типа действие-угол [170]. Последнее особенно важно для анализа возмущенной ситуации [227, 159, 150], а также для целей квантования (в квазиклассическом приближении).

Однако не все описанные в этой книге интегрируемые задачи проинтегрированы в квадратурах, что в обобщенном смысле (на всем фазовом пространстве) тождественно разделению переменных. Для некоторых систем (система Клебша, Шоттки–Манакова, гиростат Ковалевской) имеющиеся разделения в силу различных причин (неявного разрешения алгебраических уравнений, комплексной формы записи) очень сложны и практически бесполезны для динамики.

4. Другой подход к интегрированию состоит в нахождении так называемой **L**-**A**-пары. Согласно этому методу, задача является решенной, если предъявлено коммутационное матричное представление Лакса [325, 26, 477] со спектральным параметром λ, $\dot{L} = [L(\lambda), A(\lambda)]$, позволяющим «в принципе» получить общее решение в тэта-функциях. С точки зрения алгебраической геометрии, здесь идет речь о возможной линеаризации потока на *многообразиях Прима* (Якоби), исходя из анализа *полюсных разложений* (*дивизоров*). Описываемый метод заключается в построении некоторых аналитических (кроме конечного числа точек) функций на римановой поверхности Γ (связанной со спектральной кривой $\det(L(\lambda) - wE) = 0$). Эти функции, называемые функциями Бейкера–Ахиезера, зависят от параметров системы и, с другой стороны, в силу теоремы единственности, однозначно выражаются через θ-функцию Римана поверхности Γ. Такая связь позволяет найти общее решение через θ-функции Римана.

5. Существует несколько другой подход к явному интегрированию, также основанный на коммутационном представлении $\dot{L} = [L, A]$, где, однако, L и A являются матрицами размера 2×2 и содержат спектральный параметр. Этот метод интегрирования более тесно связан с разделением переменных и основан на методе r-матрицы и квадратичных алгебрах Склянина.

С точки зрения пуассоновой геометрии [48, 294], речь идет о вложении исходной интегрируемой динамической системы в некоторую универсальную квадратичную алгебру скобок Пуассона, для которой известны симплектические координаты, разделяющие целые классы динамических систем (подобно эллиптическим и сфероконическим координатам в классическом методе разделения переменных). В последнее время [493, 257, 295] с помощью этого подхода удалось разрешить ряд задач динамики твердого тела, которые долгое время не удавалось проинтегрировать с помощью методов обычной классической механики.

6. Нахождение разделяющих переменных в интегрируемой системе позволяет изучить решения, устроенные наиболее просто (случаи вырождения или классы Аппельрота особозамечательных движений волчка Ковалевской), провести бифуркационный (топологический) и качественный анализ [150, 284].

Явное интегрирование и соответствующее разделение переменных для большинства задач динамики твердого тела, в несколько модифицированном виде, приводятся нами в § 2 гл. 6. Вопрос о разделении переменных для многих более новых систем (гиростатические обобщения, многомерные волчки) до сих пор остается открытым. Возможно, для решения этого вопроса следует несколько видоизменить саму идеологию метода Якоби и сделать его схему менее «жесткой» (см. [452]). В качестве дополнительной информации, полезной при этом, по-видимому, следует использовать топологический анализ и комплексные аналитические методы.

Действительно, для известных проинтегрированных задач критические уровни набора интегралов могут быть определены как из условия кратности корней в характеристическом полиноме уравнений Абеля – Якоби, так и непосредственно из условия падения ранга интегрального многообразия, что позволяет, видимо, с некоторым произволом восстановить разделяющее преобразование. Комплексные методы, основанные на изучении полнопараметрических лорановских разложений, видимо, также эффективны [547, 441]. Они, как и спектральные представления Лакса, способны дать представление о спектральной кривой в гиперэллиптическом случае; на этом пути в принципе можно однозначно восстановить разделяющие преобразования и получить уравнения Абеля – Якоби (М. Адлер, П. ван Мёрбеке [315, 317], П. Ванеке [516]). Однако конкретных и новых результатов в динамике твердого тела с помощью такого подхода пока получить не удалось.

7. Следует иметь в виду, что существует множество задач, связанных с геометрическим или топологическим, или качественным, анализом интегрируемых систем, для решения которых вовсе не надо знать разделение переменных. Так, своей в магистерской диссертации [303] С. А. Чаплыгин получил множество замечательных геометрических фактов относительно интегрируемых задач в уравнениях Кирхгофа, вовсе не обладая разделяющими переменными. Топологический анализ, вплоть до построения топологических инвариантов, также может быть выполнен при использовании только условий вырождения общего уровня первых интегралов (что и используется систематически в [31]). Наконец, переменные действия для многих систем удобнее строить численно [38, 364], чем вычислять по крайне сложным аналитическим формулам, полученным при разделении [452]. В любом случае, компьютерные методы динамики всё существеннее корректируют классические постановки вопросов о явном интегрировании.

Глава 2

Уравнения Эйлера–Пуассона и их обобщения

§ 1. Уравнения Эйлера–Пуассона и интегрируемые случаи

1. Твердое тело с неподвижной точкой

Уравнения Эйлера–Пуассона, описывающие движение твердого тела вокруг неподвижной точки в однородном поле тяжести, имеют вид

$$\begin{cases} \mathbf{I}\dot{\boldsymbol{\omega}} + \boldsymbol{\omega} \times \mathbf{I}\boldsymbol{\omega} = \mu \boldsymbol{r} \times \boldsymbol{\gamma}, \\ \dot{\boldsymbol{\gamma}} = \boldsymbol{\gamma} \times \boldsymbol{\omega}, \end{cases} \tag{1.1}$$

где $\boldsymbol{\omega} = (\omega_1, \omega_2, \omega_3)$, $\boldsymbol{r} = (r_1, r_2, r_3)$ $\boldsymbol{\gamma} = (\gamma_1, \gamma_2, \gamma_3)$ – компоненты вектора угловой скорости, радиуса-вектора центра масс и единичного орта вертикали в системе главных осей, жестко связанных с твердым телом и проходящих через точку закрепления, $\mathbf{I} = \operatorname{diag}(I_1, I_2, I_3)$ – тензор инерции относительно точки закрепления в тех же осях, $\mu = mg$ – вес тела (рис. 12).

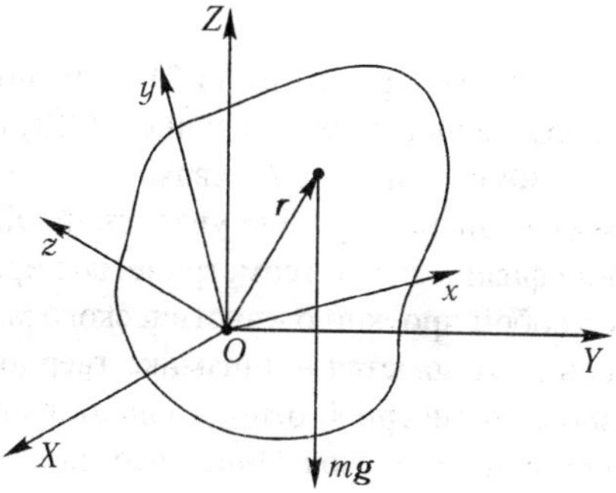

Рис. 12. Твердое тело с неподвижной точкой в поле тяжести.

При помощи вектора кинетического момента $\boldsymbol{M} = \mathbf{I}\boldsymbol{\omega}$ в проекциях на те же оси уравнения (1.1) могут быть представлены в гамильтоновой форме

$$\dot{M}_i = \{M_i, H\}, \quad \dot{\gamma}_i = \{\gamma_i, H\}, \quad i = 1, 2, 3, \tag{1.2}$$

со скобкой Пуассона, соответствующей алгебре $e(3)$,

$$\{M_i, M_j\} = -\varepsilon_{ijk} M_k, \quad \{M_i, \gamma_j\} = -\varepsilon_{ijk}\gamma_k, \quad \{\gamma_i, \gamma_j\} = 0, \tag{1.3}$$

и гамильтонианом — полной энергией тела

$$H = \frac{1}{2}(\mathbf{A}\boldsymbol{M}, \boldsymbol{M}) - \mu(\boldsymbol{r}, \boldsymbol{\gamma}), \tag{1.4}$$

где $\mathbf{A} = \mathbf{I}^{-1}$.

Замечание. Уравнения движения в форме (1.1) были известны еще Эйлеру (1758 г.), и он же установил простейший случай интегрируемости, при котором твердое тело движется по инерции ($\boldsymbol{r} = 0$). Интегрируемость осесимметричного волчка с центром тяжести на оси симметрии была установлена Лагранжем и несколько позже Пуассоном, а имя последнего стало фигурировать в названии общих уравнений (1.1).

Скобка Ли–Пуассона (1.3) является вырожденной, она обладает двумя функциями Казимира, коммутирующими в структуре (1.3) с любой функцией от $\boldsymbol{M}$, $\boldsymbol{\gamma}$:

$$F_1 = (\boldsymbol{M}, \boldsymbol{\gamma}), \quad F_2 = \boldsymbol{\gamma}^2. \tag{1.5}$$

В векторном виде уравнения (1.2) могут быть записаны в виде

$$\begin{cases} \dot{\boldsymbol{M}} = \boldsymbol{M} \times \dfrac{\partial H}{\partial \boldsymbol{M}} + \boldsymbol{\gamma} \times \dfrac{\partial H}{\partial \boldsymbol{\gamma}}, \\ \dot{\boldsymbol{\gamma}} = \boldsymbol{\gamma} \times \dfrac{\partial H}{\partial \boldsymbol{M}}. \end{cases} \tag{1.6}$$

Форма уравнений (1.2), (1.6) получается из уравнений Пуанкаре–Четаева, записанных на группе $SO(3)$ (см. § 2 гл. 1).

Функции F_1 и F_2 являются интегралами уравнений (1.6) с любым гамильтонианом H. Для уравнений Эйлера–Пуассона они имеют естественное физическое и геометрическое происхождение. Интеграл F_1 представляет собой проекцию кинетического момента на неподвижную вертикальную ось и называется в динамике твердого тела *интегралом площадей*, он связан с симметрией относительно вращений вокруг неподвижной вертикальной оси. Происхождение интеграла $F_2 = \mathrm{const}$ чисто геометрическое — это квадрат модуля единичного орта вертикали. Для действительных движений значение константы этого интеграла равно единице: $F_2 = \boldsymbol{\gamma}^2 = 1$.

При ограничении скобки (1.3) на совместный уровень интегралов F_1 и F_2 она становится невырожденной и по теореме Дарбу (§ 1 гл. 1) в некоторых симплектических координатах может быть представлена в обычной канонической форме. Для различных целей можно использовать как канонические переменные Эйлера $(\theta, \varphi, \psi, p_\theta, p_\varphi, p_\psi)$, так и переменные Андуайе (L, G, H, l, g, h). В обоих случаях на симплектическом листе, определяемом $p_\psi = \mathrm{const}$ (соответственно, $H = \mathrm{const}$), получается каноническая система с двумя степенями свободы.

2. Уравнения Гесса

Уравнения Эйлера – Пуассона (1.1), (1.4), (1.6) могут быть записаны в форме Гесса [403], которая получается, если выразить компоненты γ_1, γ_2, γ_3 через известные первые интегралы (энергии, площадей и геометрический) и подставить эти выражения в систему для M_1, M_2, M_3. Наиболее симметричным образом это можно сделать, разложив вектор γ по векторам $\boldsymbol{M}$, $\boldsymbol{r}$, $\boldsymbol{M} \times \boldsymbol{r}$:

$$\gamma = \lambda_1 \boldsymbol{M} + \lambda_2 \boldsymbol{r} + \lambda_3 \boldsymbol{M} \times \boldsymbol{r}. \tag{1.7}$$

Используя первые интегралы, можно получить

$$\begin{aligned} \lambda_1 &= \Delta^{-1}\left(c + \mu^{-1}(h-T)(\boldsymbol{M}, \boldsymbol{r})\right), \\ \lambda_2 &= \Delta^{-1}\left(-c(\boldsymbol{M}, \boldsymbol{r}) - \mu^{-1}(h-T)\boldsymbol{M}^2\right), \\ \lambda_3 &= \pm\Delta^{-1}\left(|\boldsymbol{M} \times \boldsymbol{r}|^2 - \left|\mu^{-1}(h-T)\boldsymbol{M} + c\boldsymbol{r}\right|^2\right)^{1/2} = \pm\sqrt{f}, \end{aligned} \tag{1.8}$$

где

$$(\boldsymbol{M}, \gamma) = c, \quad (\gamma, \gamma) = 1, \quad T = \frac{1}{2}(\boldsymbol{AM}, \boldsymbol{M}), \quad T - \mu(\boldsymbol{r}, \gamma) = h,$$

$$c, h = \mathrm{const}, \quad \Delta = |\boldsymbol{M} \times \boldsymbol{r}|^2.$$

Уравнения Гесса [403] имеют вид

$$\dot{\boldsymbol{M}} = \boldsymbol{M} \times \boldsymbol{AM} + \mu\lambda_1 \boldsymbol{r} \times \boldsymbol{M} + \mu\lambda_3 \boldsymbol{r} \times (\boldsymbol{M} \times \boldsymbol{r}). \tag{1.9}$$

Они сохраняют инвариантную меру с плотностью $\rho = \dfrac{1}{\sqrt{f}}$. Отметим также, что в выражении для Δ_3 смена знака происходит в момент движения, при котором $f = 0$. Из уравнений (1.9) для величины момента $\boldsymbol{M}^2$ можно получить

$$\frac{d}{dt}\boldsymbol{M}^2 = \pm 2\mu\sqrt{f},$$

т. е. изменение знака происходит в момент, когда $\boldsymbol{M}^2$ во время движения достигает экстремума. Гиростатические обобщения уравнений Гесса (полученные П. В. Харламовым) рассматриваются в [81, 79].

3. Аналогия Кирхгофа для упругой нити

Существует аналогия между уравнениями Эйлера – Пуассона и уравнениями, описывающими равновесие бесконечно тонкого упругого цилиндра — нити, впервые обнаруженная Г. Кирхгофом [138]. Эта аналогия в некотором смысле позволяет пространственно интерпретировать динамику твердого тела, заменяя исследование эволюции системы во времени анализом

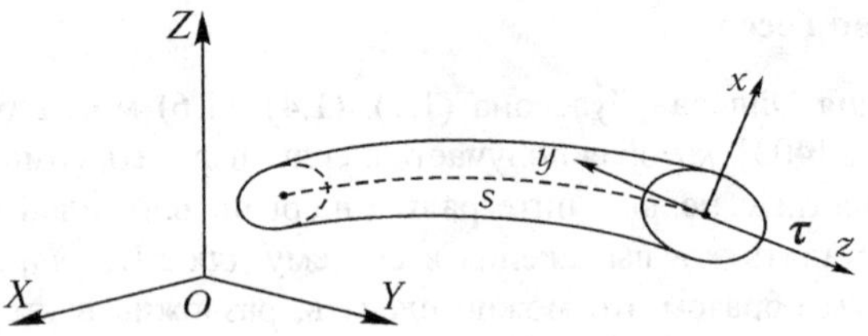

Рис. 13. Аналогия Кирхгофа для упругой нити.

формы упругой нити, точнее — положения связанного с кривой репера в абсолютном пространстве.

Рассмотрим упругий стержень, к концам которого приложены *постоянные сила* и *момент сил*. Пусть s — длина дуги, ds — заданный элемент стержня. Свяжем с каждым поперечным сечением стержня свою систему координат, и векторы силы и момента, спроецированные на эти оси, обозначим $\boldsymbol{P}$, $\boldsymbol{M}$ (см. рис. 13). Тогда уравнение равновесия, выражающее связь между концевой силой и моментом в каждом сечении, имеет вид

$$\frac{d\boldsymbol{M}}{ds} = \boldsymbol{M} \times \boldsymbol{\omega} + \boldsymbol{P} \times \boldsymbol{\tau}. \tag{1.10}$$

Здесь $\boldsymbol{\omega}$ — вектор «угловой скорости вращения» системы координат, связанной с сечением, т. е. скорость поворота системы координат, связанной с сечением, в зависимости от длины дуги s, а $\boldsymbol{\tau}$ — единичный вектор, касательный к оси стержня. Обозначая через $\boldsymbol{\gamma}$ единичный вектор, направленный вдоль оси действия концевой силы $\boldsymbol{P}$, запишем «кинематическое уравнение равновесия», выражающее неизменность силы в «абсолютной» системе осей

$$\frac{d\boldsymbol{\gamma}}{ds} = \boldsymbol{\gamma} \times \boldsymbol{\omega}. \tag{1.11}$$

При малых деформациях [138] справедлив закон Гука, выражающий связь между поворотом элемента стержня и упругими моментами в данном сечении, в виде

$$\boldsymbol{\omega} = \mathbf{A}\boldsymbol{M},$$

где $\mathbf{A}$ — постоянная матрица.

Выбирая в каждом сечении оси таким образом, что одна из них направлена по касательной к оси стержня (ось Oz), а две другие — вдоль главных моментов инерции сечения (см. рис. 13), получим

$$\mathbf{A} = \mathrm{diag}(a_1, a_2, a_3), \qquad \boldsymbol{\tau} = (0, 0, 1).$$

Уравнения (1.10), (1.11) могут быть представлены в гамильтоновой форме (1.2) с гамильтонианом

$$H = \frac{1}{2}(\boldsymbol{M}, \mathbf{A}\boldsymbol{M}) + \mu(\boldsymbol{\tau}, \gamma), \tag{1.12}$$

где $\mu = |\boldsymbol{P}|$ — модуль концевой силы. Система (1.6) с гамильтонианом (1.12) носит название *уравнений Эйлера – Кирхгофа*. Но если придать переменным другой смысл, то это в точности уравнения Эйлера – Пуассона. В этом суть аналогии Кирхгофа, позволяющей исследовать результаты динамики твердого тела для анализа упругих систем.

Исследование возможных форм упругой нити в случае Ковалевской (см. таблицу 2.1) содержится в работе [392].

4. Интегрируемые случаи

Для интегрируемости по Лиувиллю (см. § 7 гл. 1) системы (1.1), а также системы (1.6), помимо гамильтониана (1.4), который также является первым интегралом системы, необходимо наличие еще одного дополнительного интеграла. На поиски этого интеграла было потрачено много усилий самых крупных математиков, особенно в девятнадцатом столетии. Однако в общей форме он так и не был найден.

Оказывается, что существуют принципиальные динамические эффекты, препятствующие интегрируемости этих уравнений в общем случае. Укажем известные к настоящему времени случаи интегрируемости. В таблице 2.1 случаи Эйлера, Лагранжа и Ковалевской являются общими случаями интегрируемости, т. е. дополнительный первый интеграл существует для заданных ограничениях на параметры (матрицы $\mathbf{A}$ и вектора $\boldsymbol{r}$) при всех начальных условиях. Случай Горячева – Чаплыгина является частным случаем интегрируемости — для существования дополнительного интеграла здесь необходимо потребовать равенство нулю постоянной площадей $F_1 = 0$. Случай Гесса также связан с существованием линейного по $\boldsymbol{M}$ инвариантного соотношения $F = 0$, для которого $\dot{F} = \lambda F = 0$. В этой главе мы подробно рассмотрим все пять случаев, проведя их качественное и компьютерное исследование.

Таблица 2.1. Случаи интегрируемости уравнений Эйлера – Пуассона.

	Автор	Дополнительные условия, гамильтониан / Первый интеграл
1	Эйлер (1758)	$\boldsymbol{r}=0, \quad H=\frac{1}{2}(\mathbf{A}\boldsymbol{M}, \boldsymbol{M})$
		$F=\boldsymbol{M}^2=\mathrm{const}$
2	Лагранж (1788)	$a_1=a_2=1,\, r_1=r_2=0,$ $H=\frac{1}{2}(M_1^2+M_2^2+a_3M_3^2)-r_3\gamma_3$
		$F=M_3=\mathrm{const}$
3	Ковалевская (1888)	$a_1=a_2=1,\, a_3=2,\, r_2=r_3=0,\, r_1=x,$ $H=\frac{1}{2}(M_1^2+M_2^2+2M_3^2)-x\gamma_1$
		$F=\left(\frac{M_1^2-M_2^2}{2}+x\gamma_1\right)^2+(M_1M_2+x\gamma_2)^2$
4	Горячев, Чаплыгин (1903)	$a_1=a_2=1,\, \frac{a_3}{a_1}=4, r_2=r_3=0, r_1=x,$ $H=\frac{1}{2}(M_1^2+M_2^2+4M_3^2)-x\gamma_1,$ $(\boldsymbol{M}, \boldsymbol{\gamma})=0$
		$F=M_3(M_1^2+M_2^2)+xM_1\gamma_3$
5	Гесс (1890)	$r_2=0, r_1\sqrt{a_3-a_2}\pm r_3\sqrt{a_2-a_1}=0, a_1<a_2<a_3,$ $H=\frac{1}{2}(\boldsymbol{M}, \mathbf{A}\boldsymbol{M})+r_1\gamma_2+r_3\gamma_3$
		$F=r_1M_1\pm r_3M_3=0$

Существует еще несколько более частных решений, представляющих, как правило, некоторые периодические и асимптотические движения. Ниже мы рассмотрим наиболее интересные из них, имеющие прозрачный (более или менее) механический смысл. Кроме этих решений, за более чем двухсотлетнюю историю поисков дополнительного интеграла в уравнениях Эйлера – Пуассона мы имеем массу сомнительных, неправильных, формальных и запутанных исследований, разбору которых была посвящена книга донецких авторов [91]. Но указав ряд ошибочных утверждений в более ранних работах, донецкая школа добавила ряд своих решений, запись которых может занимать несколько печатных страниц и понять смысл которых практически невозможно. Такого сорта результаты и сами методы их получения (типа инвариантных соотношений, годографов и пр.), как нам кажется, почти совсем не имеют отношения к современному пониманию проблемы исследования уравнений Эйлера – Пуассона, связанному в большей степени с качественным и компьютерным анализом и изучением неинтегрируемой ситуации.

Здесь уместно процитировать К. Магнуса [185]: «Около 1900 г. поиски новых интегрируемых случаев столь привлекательных нелинейных уравнений движения тяжелого гироскопа превратились чуть ли не в своего рода спорт для математиков. При этом исследователи зачастую уходили далеко от собственно физической проблемы и посвящали свои обширные исследования и таким случаям, которые неосуществимы либо физически — вследствие нарушения связывающих I_1, I_2, I_3 неравенств, — либо геометрически — ввиду невыполнения условия $(\gamma^2 = 1)$. Мы не имеем возможности останавливаться здесь на этих работах».

Основные результаты о несуществовании аналитических интегралов неинтегрируемости уравнений Эйлера – Пуассона принадлежат В. В. Козлову, С. Л. Зиглину, С. В. Болотину. Они обсуждаются в книгах [150, 159] и связаны с расщеплением асимптотических поверхностей, ветвлением решений на комплексной плоскости времени, рождением большого числа невырожденных периодических решений. Вершиной этого направления являлась бы теорема о том, что общие случаи существования дополнительного вещественно-аналитического интеграла исчерпываются случаями Эйлера, Лагранжа и Ковалевской, а для частных интегралов к ним надо добавить случай Горячева – Чаплыгина. К сожалению, в полном объеме эта гипотеза до сих пор не доказана, несмотря на отдельные и довольно существенные продвижения [159].

Алгебраическая интегрируемость уравнений Эйлера – Пуассона исследовалась еще Гюссоном (1906 г.) [405] (см. также [10]), который показал, что у задачи не может быть других дополнительных алгебраических (по переменным ω, γ) интегралов, исключая случаи Эйлера, Лагранжа и Ковалевской.

Компьютерные исследования стохастичности в уравнениях Эйлера – Пуассона имеются в [383, 344, 34, 39, 386, 387]. При этом трансверсальное пересечение возмущенных сепаратрис, построенное, например, в [34], может служить «компьютерным доказательством» несуществования дополнительного вещественно-аналитического интеграла. В работе [52] был обнаружен бесконечный каскад удвоений периода возмущенных перманентных вращений задачи Эйлера – Пуансо, указывающий на возможность перехода к хаосу по сценарию Фейгенбаума. Вопросы, связанные с неинтегрируемостью и переходом к хаосу, более подробно рассматриваются в гл. 6.

Замечание. Для интегрируемости системы (1.1) по теории последнего множителя (теория Эйлера–Якоби см. § 7 гл. 1) также не хватает еще одного дополнительного первого интеграла. Действительно, исследуемая система (1.1) обладает тремя первыми интегралами и стандартной инвариантной мерой $\rho = \mathrm{const}$. Заметим, однако, что естественные обобщения уравнений (1.1) (см. § 4 гл. 3) уже не могут быть проинтегрированы этим методом. Для таких систем интегрируемость устанавливают с помощью гамильтонова формализма и теоремы Лиувилля (§ 7 гл. 1).

5. Абсолютное движение

Уравнения (1.6) описывают динамику приведеннной системы, в которой игнорируется прецессия твердого тела вокруг вертикали. Для определения абсолютного движения необходимо выполнить дополнительную квадратуру

$$\dot{\psi} = \frac{\omega_1\gamma_1 + \omega_2\gamma_2}{\gamma_1^2 + \gamma_2^2} \tag{1.13}$$

или проинтегрировать соответствующие уравнения Пуассона для направляющих косинусов

$$\dot{\boldsymbol{\alpha}} = \boldsymbol{\alpha} \times \boldsymbol{\omega}, \quad \dot{\boldsymbol{\beta}} = \boldsymbol{\beta} \times \boldsymbol{\omega}. \tag{1.14}$$

Для численных исследований оба этих способа не являются оптимальными. В первом случае проблемы возникают из-за особенности вблизи полюсов $\gamma_3 = \pm 1$, во втором – вследствие потери ортонормированности векторов $\boldsymbol{\alpha}$, $\boldsymbol{\beta}$, $\boldsymbol{\gamma}$, вызванной диссипацией численных методов. При получении почти всех компьютерных иллюстраций, приведенных в книге, мы пользовались приведенной в § 4 гл. 1 кватернионной формой записи уравнений движения. Эта система описывает абсолютную динамику твердого тела, лишена особенностей и не является избыточной, что делает ее незаменимой для численных исследований. В § 4 гл. 3 рассмотрены ее приложения к исследованию динамики в суперпозиции потенциальных полей.

Для уравнений Эйлера–Пуассона (1.6), которые, при задании постоянной площадей, определяют динамику точки на сфере Пуассона в обобщенно-потенциальном поле[1] (см. § 1 гл. 4), известны несколько семейств периодических и асимптотических решений. Почти все эти решения, многие

[1] При записи этой системы в канонических координатах на кокасательном расслоении к сфере Пуассона в гамильтониане возникают линейные по импульсам слагаемые – магнитный монополь [214].

из которых восходят к классикам, приведены далее. Остановимся подробнее на типичных ситуациях, рассматривая их с точки зрения абсолютного движения.

Неподвижные точки на сфере Пуассона, определяющие решения Штауде и относительные равновесия, соответствуют равномерным вращениям тела вокруг вертикали.

Периодические решения на сфере Пуассона в абсолютном пространстве, вообще говоря, не являются периодическими. Для такой периодичности необходима (и достаточна) соизмеримость приращения угла прецессии $\Delta\psi$ с величиной π

$$\Delta\psi = \int\limits_t^{t+T} \frac{\omega_1\gamma_1 + \omega_2\gamma_2}{\gamma_1^2 + \gamma_2^2}\, dt = \frac{p}{q}\pi, \quad p, q \in \mathbb{N}, \tag{1.15}$$

вычисленной из (1.13) за период T периодического движения приведенной системы $\boldsymbol{\omega}(t)$, $\boldsymbol{\gamma}(t)$. В общем случае τ и T не являются соизмеримыми и абсолютное движение является квазипериодическим и двухчастотным.

Специальные классы движений. Кроме периодических в теле и в пространстве движений различают другие, более специальные классы решений в динамике твердого тела (кстати, в [90] периодические в теле решения называются α-периодическими, в отличие от просто периодических, которые периодичны в абсолютном пространстве). Для движений твердого тела вокруг неподвижной точки это прецессионные и изоконические движения, для движений твердого тела в абсолютном пространстве это винтовые движения. Дадим их краткие определения. *Прецессионным* называют движение твердого тела, при котором угол между прямыми, фиксированными, соответственно, в теле и в пространстве, остается постоянным. Если угловая скорость прецессии постоянна во времени, то она называется регулярной (исследование устойчивости таких прецессий содержится в [57]). Абсолютное движение при этом, вообще говоря, не является периодическим, так как собственное вращение вокруг оси в теле не обязательно соизмеримо с движением этой оси в пространстве. Отметим также, что Г. Г. Аппельрот, который ввел понятие регулярных прецессий для уравнений Эйлера – Пуассона [2], называл их безнутационными движениями. Хорошо известны прецессионные движения вокруг вертикали для гироскопа Лагранжа. В 1947 г. Г. Гриоли [395] показал, что наряду с прецессией вокруг вертикали возможна регулярная прецессия тяжелого твердого тела вокруг наклонной оси.

Он также получил дифференциальные уравнения для компонент угловой скорости в прецессионном движении [396].

Прецессионные движения систематически изучались итальянской школой (Тотаро (C. Totaro), Троило (R. Troilo), Бентсик (E. Bentsik), Балли (R. Balli), Бонцани (I. Bonzani), Пуччи (E. Pucci)) в 1960–1970-х годах. Отметим любопытный результат, принадлежащий Г. Горру, А. А. Илюхину [89] (1974) и Р. Троило [507] (1976). Согласно нему, движение тяжелого твердого тела вокруг неподвижной точки, при котором постоянен модуль кинетического момента, соответствует только (нерегулярной) прецессии случая Гесса (см. далее) и регулярной прецессии волчка Лагранжа (и, разумеется, все движения задачи Эйлера – Пуансо).

Кроме прецессионных, выделяют класс *изоконических* движений твердого тела вокруг неподвижной точки. Такими называют движения твердого тела, для которых подвижный и неподвижный аксоиды угловой скорости (т. е. конусы, образуемые векторами угловой скорости в теле и в пространстве) симметричны друг другу относительно касательной к ним плоскости. Инвариантное соотношение

$$(\boldsymbol{\omega}, \boldsymbol{\gamma}) = (\boldsymbol{\omega}, \boldsymbol{a}),$$

где $\boldsymbol{a}$ – неизменный в теле единичный вектор, представляет собой условие изоконичности движения. Изоконические движения известны в решениях Стеклова, Гриоли, Лагранжа, Жуковского – Вольтерра (см. [90]).

В случае движения твердого тела в пространстве (т. е. когда нет точки закрепления) обычно изучают *равномерные винтовые* движения, при которых векторы скоростей поступательного и вращательного движения параллельны друг другу (в теле и в пространстве) и не изменяются по величине со временем. Такие винтовые движения найдены и подробно изучены (например, в уравнениях Кирхгофа, описывающих движение твердого тела в безграничном объеме идеальной жидкости по инерции). В то же время для движений твердого тела в жидкости, помещенной в поле тяжести, В. А. Стекловым был найден класс *равноускоренных винтовых* движений, при которых скорость поступательного и вращательного движений возрастает пропорционально времени. Анализ устойчивости таких движений подробно обсуждается нами в § 7 гл. 6.

Абсолютное движение, интегрируемые и неинтегрируемые ситуации. Остановимся здесь на общих принципах экспериментального (как натурного, так и компьютерного) изучения движения твердого тела вокруг неподвижной точки. Чтобы как-то понять движение твердого тела, обычно следят за движением некоторых характерных точек тела или, более общо, за некоторыми переменными, которые имеют наиболее простые и естественные закономерности эволюции во времени. Если некоторая переменная x изменяется при движении по закону $x(t, x_0)$, то для нее можно построить спектр частот ω, которые определяется из преобразования Фурье

$$\widehat{x}(\omega) = \lim_{T\to\infty} \int\limits_{-T}^{T} x(t, x_0)\, e^{i\omega t} dt.$$

Для интегрируемых систем, а также для движений неинтегрируемых систем, лежащих на инвариантных торах (а не в стохастическом слое), переменная x является (по теореме Лиувилля – Арнольда) некоторой квазипериодической функцией, в общем случае с n рационально независимыми частотами (n — число степеней свободы). Для хаотических движений спектр является сплошным, в самом же движении могут наблюдаться регулярные отрезки и сильно выраженные хаотические пульсации.

Замечание. Частоты $\omega_1, \ldots, \omega_n$ называются независимыми, если равенство $k_1\omega_1 + \ldots + k_n\omega_k = 0$, где $k_i \in \mathbb{Z}$, выполняется только при $k_1^2 + \ldots + k_n^2 = 0$.

Для движения твердого тела $n = 3$ и в интегрируемых случаях абсолютное движение, вообще говоря, является трехчастотным. Движение приведенной системы, при наличии линейного интеграла (типа интеграла площадей), является двухчастотным. В этом случае третья частота при переходе к абсолютному движению получается из квадратуры для угла прецессии. Далее мы рассмотрим интегрируемые случаи уравнений Эйлера – Пуассона.

Для различных переменных в абсолютном пространстве число частот может уменьшаться по следующим причинам:

а) Алгебра интегралов избыточна, как, например, в задаче Эйлера – Пуансо.

Действительно, в случае Эйлера существуют три интеграла типа площадей $N_1 = (\boldsymbol{M}, \boldsymbol{\alpha})$, $N_2 = (\boldsymbol{M}, \boldsymbol{\beta})$, $N_3 = (\boldsymbol{M}, \boldsymbol{\gamma})$, образующих алгебру $so(3)$: $\{N_i, N_j\} = \varepsilon_{ijk} N_k$. При этом абсолютное фазовое пространство расслоено на двумерные, а не трехмерные торы. Отметим, что динамика приведенной системы (на сфере Пуассона) также двухчастотная, т. е. потеря частоты происходит при квадратуре для ψ.

В задаче Эйлера существуют переменные в фазовом пространстве — компоненты M_i, — которые совершают одночастотные, т. е. периодические движения. Эти переменные, однако, практически невозможно измерить.

b) Некоторые координаты характерных точек могут изменяться особенно просто.

Например, в случае волчка Лагранжа угол нутации изменяется периодически. Вместе с тем, абсолютное движение является трехчастотным, а динамика приведенной системы (по φ или по ψ) – двухчастотной. Интересно, что на нулевой постоянной площадей $(\boldsymbol{M}, \boldsymbol{\gamma}) = 0$, соответствующей сферическому маятнику, абсолютное движение является двухчастотным.

c) Движения соответствуют особым (критическим) торам, определяющим бифуркационные кривые.

Устойчивые и неустойчивые одномерные, а также асимптотические инвариантные поверхности приведенной системы задают в абсолютном пространстве, вообще говоря, двухчастотные движения. Это наглядно иллюстрируется на случаях Ковалевской и Горячева–Чаплыгина. В последнем случае, для особого решения Горячева, для малых энергий происходит еще большее вырождение и движение в абсолютном пространстве становится периодическим (см. § 5), тело совершает в пространстве любопытные маятниковые движения. Отметим также, что для волчка Ковалевской в приведенном фазовом пространстве имеется набор из трех переменных z_1, z_2, z_3, в пространстве которых совершается периодическое движение по некоторому эллипсу (см. § 4). Эти переменные очень неочевидны и образуются из компонент как момента $\boldsymbol{M}$, так и орта $\boldsymbol{\gamma}$.

В заключение остановимся на решениях Гриоли и Гесса. В абсолютном пространстве движение Гриоли является сильно вырожденным, а траектории всех точек являются периодическими. Для движения волчка Гесса характерно простое поведение центра масс, происходящее по закону сферического маятника, которое является двухчастотным. При малых энергиях и при $(\boldsymbol{M}, \boldsymbol{\gamma}) = 0$ тело совершает периодическое (одночастотное) движение, причем центр масс совершает колебания в одной плоскости, по закону физического маятника, а апекс средней оси движется (периодически) по отрезку *локсодромы*, но уже при $(\boldsymbol{M}, \boldsymbol{\gamma}) \neq 0$ ситуация становится обычной, т. е. тело совершает трехчастотное движение. При больших энергиях движение является двухчастотным, а для приведенной по ψ системы траектория располагается на особом торе, заполненном двоякоасимптотическими движениями (см. подробнее § 6 гл. 2).

Отметим, что в общем неинтегрируемом случае тело совершает как сложные хаотические движения, для исследования которых, кроме частотного анализа, видимо, надо использовать более тонкие статистические характеристики (типа корреляционных функций), так и различные периодические и квазипериодические движения, нахождение которых в фазовом пространстве и составляет одну из основных задач современной динамики.

§ 2. Случай Эйлера

1. Геометрическая интерпретация Пуансо

В этом параграфе мы приведем наиболее известные аналитические и геометрические результаты касательно случая Эйлера, когда тело движется без влияния поля ($\boldsymbol{r} = 0$), а гамильтониан (кинетическая энергия) и дополнительный интеграл, являющийся квадратом модуля кинетического момента, имеют вид

$$H = \frac{1}{2}(\boldsymbol{M}, \mathbf{A}\boldsymbol{M}), \quad F_3 = \boldsymbol{M}^2 = f = \text{const.} \tag{2.1}$$

Пересечения поверхности постоянной энергии $H = h$ со сферой (2.1) в пространстве моментов $\boldsymbol{M}$ представляют собой замкнутые пространственные кривые — *полодии*. Их вид на поверхности энергии $H = h$ приведен на рис. 14.

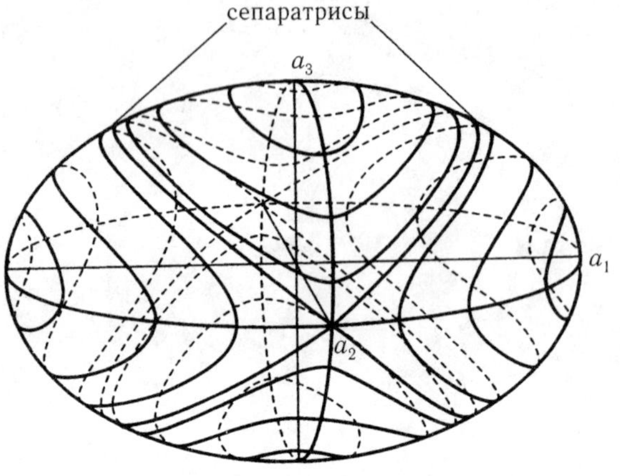

Рис. 14. **Полодии ($a_3 < a_2 < a_1$).** В общем случае представляют собой пространственные алгебраические кривые четвертого порядка. В двух особых случаях они представляют собой пересекающиеся эллипсы — сепаратрисы, которые заполнены двоякоасимптотическими движениями к неустойчивым перманентным движениям вокруг средней оси эллипсоида инерции, соответствующих точкам пересечения эллипсов. Полодии вырождаются в точки для перманентных вращений вокруг малой и большой оси эллипсоида инерции, которые являются устойчивыми.

Геометрическая интерпретация случая Эйлера была дана *Л. Пуансо* в 1851 г. [470]. Согласно ей, эллипсоид инерции (эллипсоид энергии) с неподвижным центром $\frac{1}{2}(I_1\omega_1^2 + I_2\omega_2^2 + I_3\omega_3^2) = h$ катится без проскальзывания по неподвижной в абсолютном пространстве плоскости, перпендикулярной вектору кинетического момента (рис. 15). Радиус-вектор точки контакта в этой интерпретации служит мгновенной осью вращения, а угловая скорость пропорциональна длине радиус-вектора. При этом точка контакта на эллипсоиде чертит *полодии* (полоиды) (рис. 14), а на плоскости — *герполодии* (герполоиды) (см. рис. 16, 19).

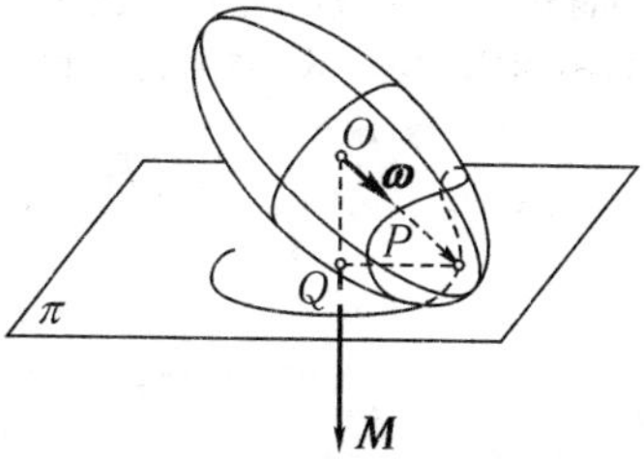

Рис. 15. Интерпретация Пуансо.

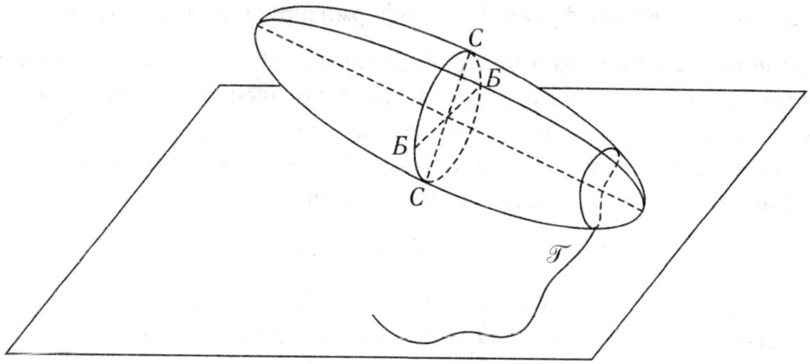

Рис. 16. **Герполодия.** Как указал Гесс[1], герполодия не может иметь точек перегиба (и точек возврата). В общем случае герполодия — незамкнутая кривая. Этот (неверный) рисунок, приводимый во многих книгах, принадлежит самому Пуансо.

2. Явное интегрирование и бифуркационный анализ

Явное интегрирование случая Эйлера легко получается с помощью переменных Андуайе, в которых интеграл (2.1) является циклическим (см. подробнее § 3 гл. 1, где также приведен фазовый портрет случая Эйлера). Приведем явные выражения для моментов $\boldsymbol{M}$ в одной из четырех областей,

[1]В различных учебниках этот результат приписывают также де Спарру и Лекорню.

разделенных сепаратрисами, на эллипсоиде энергии (см. рис. 14), восходящие к Якоби, Кирхгофу, Гринхиллу (см., например, [230]):

$$M_1 = \sqrt{\frac{(f-2hI_3)I_1}{I_1-I_3}}\,\mathrm{cn}(\tau,\,k),\quad M_2 = \sqrt{\frac{(f-2hI_3)I_2}{I_2-I_3}}\,\mathrm{sn}(\tau,\,k),$$
$$M_3 = \sqrt{\frac{(2hI_1-f)I_3}{I_1-I_3}}\,\mathrm{dn}(\tau,\,k), \tag{2.2}$$

где

$$k^2 = \frac{(I_1-I_2)(f-2hI_3)}{(I_2-I_3)(2hI_1-f)},\quad \tau = \sqrt{\frac{(I_2-I_3)(2hI_1-f)}{I_1I_2I_3}}(t-t_0).$$

При переходе к другим областям нужно изменить соответствующие знаки и поменять местами dn и cn, а также видоизменить выражения для модуля эллиптических функций и униформизирующего параметра τ.

Движение в абсолютном пространстве. Явная зависимость направляющих косинусов от времени может быть получена следующим образом. Выберем неподвижную систему координат, один из ортов которой направлен вдоль вектора кинетического момента, неподвижного в абсолютном пространстве, а два других ему перпендикулярны:

$$\boldsymbol{M} = \sqrt{f}\boldsymbol{\alpha},\quad (\boldsymbol{M},\boldsymbol{\beta}) = (\boldsymbol{M},\boldsymbol{\gamma}) = 0, \tag{2.3}$$

где f – постоянная интегрирования (2.1). Найдем зависимость от времени двух векторов $\boldsymbol{\alpha},\boldsymbol{\gamma}$, а вектор $\boldsymbol{\beta}$ может быть достроен по ортогональности ($\boldsymbol{\beta} = \boldsymbol{\gamma}\times\boldsymbol{\alpha}$).

Вследствие постоянства величины f вектор $\boldsymbol{\alpha}$ находится из соотношений (2.2). Квадратуры для $\boldsymbol{\gamma}$ могут быть легко получены при помощи сфероконических координат на сфере Пуассона $\boldsymbol{\gamma}^2 = 1$. Действительно, в выбранной системе координат постоянная площадей равна нулю, а гамильтониан в случае Эйлера совпадает с дополнительным интегралом задачи Неймана с нулевым потенциалом. Следовательно, в сфероконических координатах переменные разделяются и можно воспользоваться результатами п. 3, § 7, гл. 1.

Замечание. Используя уравнение Пуассона $\dot{\boldsymbol{\gamma}} = \boldsymbol{\gamma}\times\mathbf{A}\boldsymbol{M}$, несложно выразить $\boldsymbol{M}$ через $\boldsymbol{\gamma}$ и $\dot{\boldsymbol{\gamma}}$ при условии $(\boldsymbol{M},\boldsymbol{\gamma}) = 0$:

$$\boldsymbol{M} = \mathbf{A}^{-1}\frac{\dot{\boldsymbol{\gamma}}\times\mathbf{A}^{-1}\boldsymbol{\gamma}}{(\boldsymbol{\gamma},\,A^{-1}\boldsymbol{\gamma})}.$$

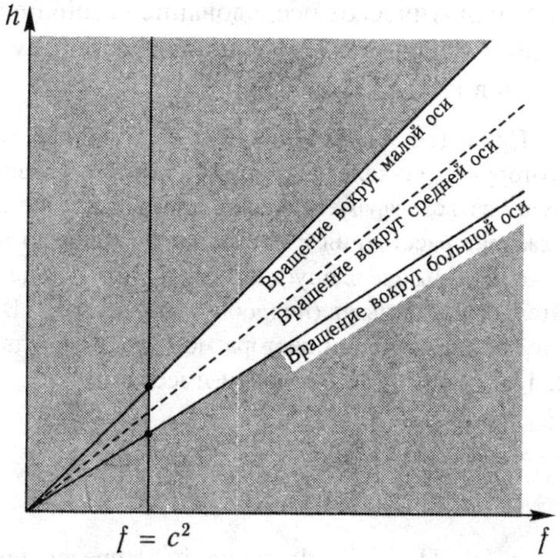

Рис. 17. Бифуркационная диаграмма случая Эйлера – Пуансо на плоскости (h, f). Серым цветом обозначены области невозможности движения. (Область интералов $f < c^2$, $c = (\boldsymbol{M}, \boldsymbol{\gamma})$ также недоступна.)

Бифуркационная диаграмма случая Эйлера – Пуансо на плоскости значений интегралов h, f приведена на рис. 17. Она состоит из трех ветвей, задаваемых уравнением $h = \frac{1}{2}a_i f$, $i = 1, 2, 3$, которые соответствуют вращениям вокруг трех главных осей инерции. Вращения вокруг большой и малой осей устойчивы. Неустойчивые вращения вокруг средней оси обозначены пунктиром; в этом случае средняя ось инерции тела в неподвижном пространстве описывает *локсодромическую кривую* (локсодрома) на сфере, поворачиваясь на 180° (см. рис. 18). Напомним, что локсодрома составляет одинаковый угол со всеми меридианами. Двоякоасимптотические движения тела в случае Эйлера подробнее разобраны в § 4 гл. 6.

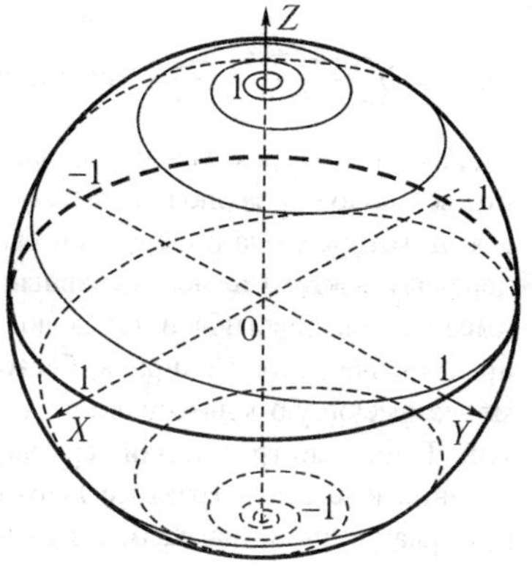

Рис. 18. Локсодромическая траектория апекса средней оси инерции тела при движении по сепаратрисе. Параметры: $\mathbf{A} = \mathrm{diag}(1, 1.02, 2.0)$.

Элементарное аналитическое исследование устойчивости (как в линейном, так и в строгом, по Ляпунову, смысле) для разбираемых далее частных решений содержится в книгах [135, 238].

Герполодия. Приведем дифференциальное уравнение герполодии, первые попытки изучить которую принадлежат Дарбу [355]. Это уравнение несложно получить, если воспользоваться параметрическим представлением полодии (где роль параметра играет квадрат расстояния r^2 от точки полодии до центра эллипсоида) и уравнениями движения. Мы здесь опускаем соответствующие выкладки, а приведем только окончательный результат (подробнее см. в [180]). В полярных координатах ρ, φ с центром на пересечении вектора момента с неподвижной плоскостью в точке Q (см. рис. 15), уравнение герполодии имеет вид

$$\frac{d\zeta}{d\varphi} = \frac{2h}{f}\frac{\zeta + k}{\zeta\sqrt{P(\zeta)}}, \quad \zeta = \rho^2, \tag{2.4}$$

где $k = \dfrac{1}{D}\prod\limits_i (1 - a_i D)$, $D = \dfrac{f}{2h}$. Функция $P(\zeta)$ представляет собой полином третьей степени:

$$P = 8hl^2 \prod_{i,jk}\Big[\frac{a_i^2}{(a_j - a_i)(a_k - a_i)}(\zeta - (a_j + a_k - Da_j a_k))\Big], \tag{2.5}$$

где $l = \sum\limits_{i,jk} \dfrac{(a_i - a_j)a_k^2}{a_1 a_2 a_3}$. Решение уравнения (2.4) может быть получено в эллиптических квадратурах, качественные исследования полинома $P(\zeta)$ приводят к выводу, что вся полодия заключена между двумя граничными концентрическими окружностями, которых она попеременно касается, причем моменты касания соответствуют переходу вектора $\boldsymbol{\omega}$ через главные плоскости эллипсоида инерции. Герполодия не имеет точек перегиба и точек возврата (Гесс). Для сепаратрисных движений она представляет собой спираль, бесконечно завивающуюся вокруг центра, но тем не менее имеющую конечную длину — она равна длине соответствующей дуги полодии. Типичные траектории герполодий приведены на рис. 19. Их подробное исследование имеется в трактате Граммеля [100], где, в зависимости от положения на бифуркационной диаграмме, выделяются эпициклоидальные и перициклоидальные движения Пуансо.

ЗАМЕЧАНИЕ 1. С помощью КАМ-теории можно показать (А. Н. Колмогоров, В. И. Арнольд [6]), что при быстром вращении тяжелого твердого тела величина вектора кинетического момента $|\boldsymbol{M}|$ мало меняется в течение бесконечного промежутка времени, так же, как и проекция момента на вертикаль. При этом вектор момента $\boldsymbol{M}$ совершает медленную прецессию вокруг вертикали, а тело вращается относительно $\boldsymbol{M}$ приблизительно по Пуансо. В частности, если тело приведено

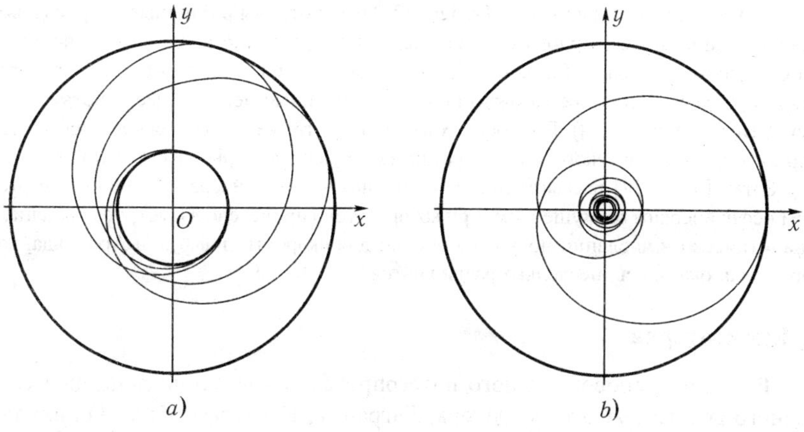

Рис. 19. Герполодии для случая Эйлера. *a*) Герполодия общего вида – квазипериодическая незамкнутая кривая. *b*) Герполодия, соответствующая сепаратрисе, – кривая, бесконечно наматывающаяся к центру.

в быстрое вращение вокруг большой и малой оси инерции, то вектор угловой скорости ω в теле будет вечно оставаться вблизи этой оси, а в пространстве будет медленно прецессировать вокруг направления силы тяжести. Аналогичные замечания справедливы для движений в слабом поле тяготения (что эквивалентно быстрому вращению).

Замечание 2. В работе [20] (В. И. Богаевский, Л. А. Острер) рассмотрен случай быстро вращающегося тяжелого твердого тела (для которого кинетическая энергия велика по сравнению с потенциальной и $I_1 = I_2$), когда в начальный момент приближенно выполняются резонансные соотношения движения по Эйлеру – Пуансо (считается, что за время $t \sim 1$ тело совершает $\dfrac{1}{\varepsilon}$ оборотов, где ε мало). Показано, что за конечное время $t \sim 1$ имеет место конечное отклонение от движения по инерции. В этой ситуации мы имеем противоречие с указанным выше представлением о движении быстро вращающегося твердого тела, в котором вектор кинетического момента $\boldsymbol{M}$ совершает медленную прецессию вокруг вертикали, а тело вращается относительно $\boldsymbol{M}$ по Пуансо. В данном случае это объясняется вырождением двух приближенных интегралов

$$2H = I_1(\omega_1^2 + \omega_2^2) + I_3\omega_3^2, \quad M^2 = I_1^2(\omega_1^2 + \omega_2^2) + I_3^2\omega_3^2,$$

которые при малом ω_3 сводятся к одному: $\omega_1^2 + \omega_2^2 \approx \mathrm{const}$. В работе [20] получены явные квадратуры и дана геометрическая интерпретация указанного движения.

Замечание 3. В работах [371, 326, 327] рассмотрены различные вопросы, связанные с динамикой твердого тела в абсолютном пространстве (т. е. системы с тремя степенями свободы). Так как интегрируемость случая Эйлера – Пуансо является некоммутативной, для нее мможно ввести обобщенные переменные действие-угол (по Н. Нехорошеву [213]). Вопросы их введения, а также топология слоения шестимерного симплектического многообразия на двумерные торы рассмотрены в [371]. В работах [326, 327] рассмотрена возмущенная задача Эйлера – Пуансо (с некоторым нефизическим возмущением, при котором тело приведено в быстрое вращение). Аналитически и численно получены оценки для скорости диффузии Арнольда, которые, как оказалось, несколько различаются.

3. Комментарии

Различные способы явного интегрирования уравнений движения свободного волчка имеются у Эйлера, Лагранжа, Кирхгофа, Кэли, Гринхилла и Якоби. Работы последнего [409, 407] являются наиболее интересными. Якоби получил явные выражения, использующие эллиптические функции не только для компонент угловой скорости, но и для всех (девяти) направляющих косинусов (полное интегрирование, включающее направляющие косинусы, не может быть выполнено только в эллиптических функциях). Прилагая свои результаты к возмущенному движению, он построил (в рядах) систему оскулирующих переменных, близких к переменным типа действие-угол. Их современное введение, принадлежащее Ю. А. Садову, использует фазовую интерпретацию и переменные Андуайе. Первое использование эллиптических функций для интегрирования случая Эйлера Г. Ламб в своем известном трактате [179] приписывает сравнительно малоизвестному математику Руэбу (Rueb, 1834 г. [480, 481]).

Лагранж в «Аналитической механике» также дал свое решение задачи Эйлера: «В это решение я внес всю ясность и, если можно так выразиться, все изящество, которое можно придать этому решению». При этом уже Лагранж считал этот случай слишком простым: «. . . поэтому я льщу себя надеждой, что меня не упрекнут за повторное рассмотрение настоящей проблемы». В его решении замечательным является то, что здесь впервые было явно показано существование трех главных осей инерции у произвольного твердого тела (приводимость симметричной матрицы к диагональному виду) — хотя последнее и не имеет никакого отношения к самому случаю Эйлера. В решении Лагранжа также имеются эллиптические интегралы, но еще не возникает идея их обращения — она появляется уже у Якоби и достигает своего совершенства и определенной законченности у Вейерштрасса, Эрмита, Альфана и Л. И. Сомова.

Описанную геометрическую интерпретацию движения, ставшую образцом «геометрического истолкования» движения в механике и, кстати, уже не имеющую столь ясной формы для других интегрируемых случаев, пытался усовершенствовать сам Пуансо. Он предложил вторую геометрическую интерпретацию (учитывающую время), при которой связанный с телом конус катится по плоскости, перпендикулярной вектору кинетического момента и вращающейся с постоянной угловой скоростью. Дарбу и Кёнигс на основании второй интерпретации построили прибор, названный ими *герполографом* и предназначенный для демонстрации движения тела по инерции. Г. Дарбу провел обстоятельное изучение полодии и герполодии в работе [355]. Свои усовершенствования интерпретации Пуансо предложили также Якоби, Сильвестер, Мак-Куллах. Мак-Куллах ввел взаимный (так называемый гирационный) эллипсоид, в том смысле, что оси эллипсоида Пуансо взаимно-обратны друг другу. Его интерпретация менее наглядна, а возникающие кривые вращательного импульса аналогичны полодиям. Все указанные интерпретации, хотя и являются более общими, но еще более искусственными. С ними можно ознакомиться по книгам [180, 91, 268, 186] и др. Эти результаты теперь имеют лишь историческое значение. Обратим внимание также на обширное и интересное геометрическое исследование свободного волчка, принадлежащее П. В. Воронцу [77].

Для подтверждения закономерностей свободного движения Максвелл придумал модель волчка, носящего теперь его имя. Эксперименты с ним описаны в книге Вебстера по математической физике [67], в которой теории волчка автор отводит особую роль: «это вопрос чрезвычайной практической важности, в особенности для инженеров, но изучающие физику его часто избегают. Еще Максвелл обращал внимание физиков на этот вопрос и создал замечательный прибор для демонстрации соответствующих явлений». Более ранний прибор, демонстрирующий вращение свободного волчка, принадлежит Бонненбергеру (1817 г.).

С помощью волчка Максвелла удается убедиться в устойчивости или неустойчивости вращений относительно главных осей, а также в том, что движения, близкие к вращениям относительно средней оси, а значит, к сепаратрисам, являются очень сложными и кажутся неупорядоченными и хаотическими. В действительности же «настоящий» хаос в таких движениях появляется при добавлении возмущения, например, поля тяжести.

§ 3. Случай Лагранжа

Рассмотрим следующий случай интегрируемости, который представляет значительный интерес с точки зрения как классической механики, так и технических приложений. Основные закономерности движения волчка Лагранжа составляют содержание приближенной (прикладной) теории гироскопа.

Для рассматриваемого случая тело является динамически симметричным $a_1 = a_2$, а центр масс находится на оси динамической симметрии $r_1 = r_2 = 0$. Дополнительный интеграл имеет вид $F_3 = M_3 = \mathrm{const}$.

Приведение к одной степени свободы. Интегрирование случая Лагранжа наиболее просто производится с помощью углов Эйлера θ, φ, ψ и сопряженных им канонических импульсов $p_\theta, p_\varphi, p_\psi$. Действительно, записывая функцию Лагранжа (см. (4.28) гл. 1), находим, что переменные φ, ψ – циклические, а соответствующие им импульсы – интегралы движения:

$$p_\varphi = M_3 = \mathrm{const}, \quad p_\psi = (\boldsymbol{M}, \boldsymbol{\gamma}) = \mathrm{const}.$$

Исключая из интеграла энергии системы циклические переменные, находим

$$h = \frac{I_1}{2}\dot\theta^2 + \frac{p_\varphi^2}{2I_3} + \frac{(p_\psi - p_\varphi\cos\theta)^2}{2I_1\sin^2\theta} + mgl\cos\theta, \tag{3.1}$$

где значения констант циклических интегралов $p_\psi = (\boldsymbol{M}, \gamma)$, $p_\varphi = M_3$ можно считать параметрами.

Без ограничения общности положим $I_1 = 1$, $mgl = 1$ (это достигается выбором единиц измерения длины и времени), тогда из выражения (3.1) находим квадратуру для угла нутации

$$\dot\theta^2 = 2h - ap_\varphi^2 - \frac{(p_\psi - p_\varphi\cos\theta)^2}{\sin^2\theta} - 2\cos\theta, \quad a = I_3^{-1}. \tag{3.2}$$

Для переменной $u = \gamma_3 = \cos\theta$ из соотношения (3.2) получаем эллиптическую квадратуру (см. также [185]):

$$\begin{gathered} \dot u = \pm\sqrt{R(u)}, \\ R(u) = 2(h' - u)(1 - u^2) - (p_\psi - p_\varphi u)^2, \\ h' = h - \frac{ap_\varphi^2}{2} = \mathrm{const}. \end{gathered} \tag{3.3}$$

Зависимость $u(t)$ выражается через эллиптические функции. Функция $f(u)$ называется *гироскопической* и представляет собой кубический полином. В общем случае она имеет вид, показанный на рис. 20. Аналогичная квадратура с полиномом $R(u)$, возможно, более высоких степеней имеется и для различных обобщений случая Лагранжа, допускающих интеграл $M_3 = \mathrm{const}$.

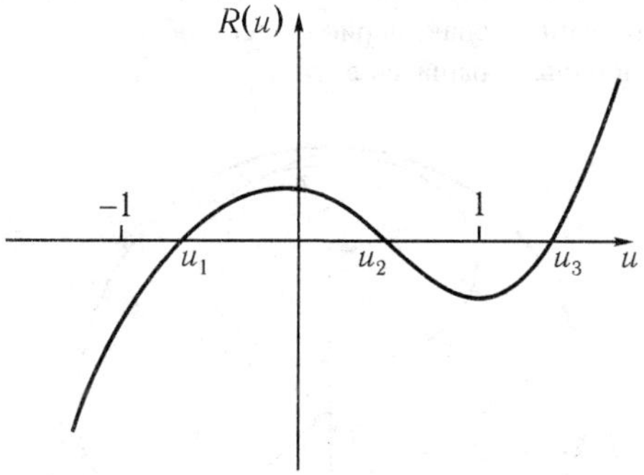

Рис. 20. Вид гироскопической функции волчка Лагранжа. Несложно показать, что $u_3 \geqslant 1$.

Динамика полной системы. Для определения движения полной системы необходимо по известному закону движения $u(t)$ выполнить квадратуры для угла прецессии ψ и угла собственного вращения φ:

$$\dot{\psi} = \frac{p_\psi - p_\varphi u}{1 - u^2}, \quad \dot{\varphi} = (a-1)p_\varphi + \frac{p_\varphi - p_\psi u}{1 - u^2}. \tag{3.4}$$

Движение *апекса* — точки, лежащей на оси динамической симметрии, — описывается сферическими углами θ, ψ. Траектория апекса всегда заключена между двумя параллелями, широта которых определяется гироскопической функцией (3.3) (см. рис. 20) и принадлежит к одному из трех типов, приведенных на рис. 21, 22, 23.

При некоторых значениях интегралов гироскопическая функция касается горизонтальной оси в точке $u = 1$. Этому соответствует асимптотическое (апериодическое) движение волчка Лагранжа, ось симметрии в этом случае стремится к вертикальному положению при $t \to \pm\infty$ (см. рис. 24). Явные формулы для него мы привели в § 4 гл. 5.

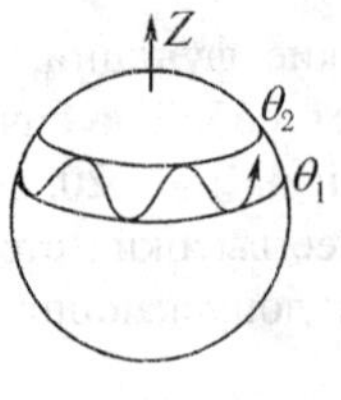

Рис. 21. $\dot\psi$ не меняет знак во время движения, нигде не обращаясь в нуль.

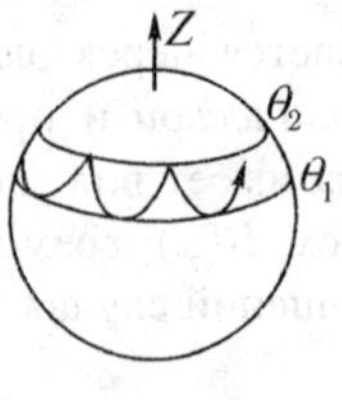

Рис. 22. $\dot\psi$ сохраняет знак, периодически обращаясь в нуль.

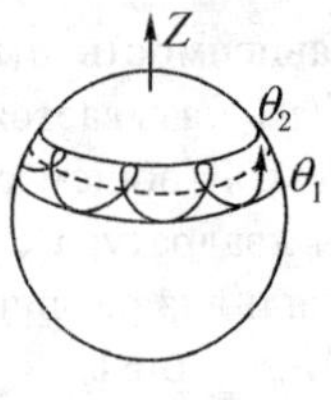

Рис. 23. $\dot\psi$ меняет знак.

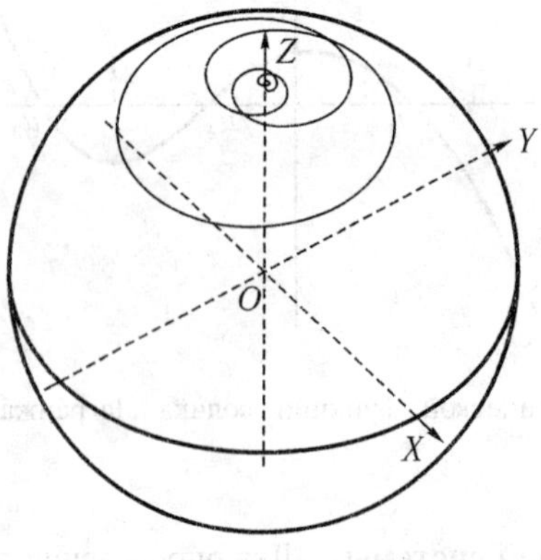

Рис. 24. Движение апекса центра масс волчка Лагранжа в неподвижном пространстве для асимптотического движения. Это движение впервые было указано Клейном и Зоммерфельдом [419].

1. Бифуркационная диаграмма и геометрический анализ движения

Тип движения волчка Лагранжа (вид траектории) полностью определяется значениями интегралов движения h, p_φ, p_ψ. В дальнейшем для констант интегралов мы также используем обозначения $p_\varphi = p$, $p_\psi = c$.

Рассмотрим трехмерное пространство, точками которого являются значения первых интегралов (h, p_φ, p_ψ). Поскольку вид траектории волчка Лагранжа полностью определяется значениями интегралов h, p_φ, p_ψ пространств может быть разбито на различные области, каждой из которых соответствует свой тип движения. Так, область «разрешенных значений» интегралов составляет те точки пространства, для которых соответствующая гироскопическая функция (3.3) обладает положительными значениями

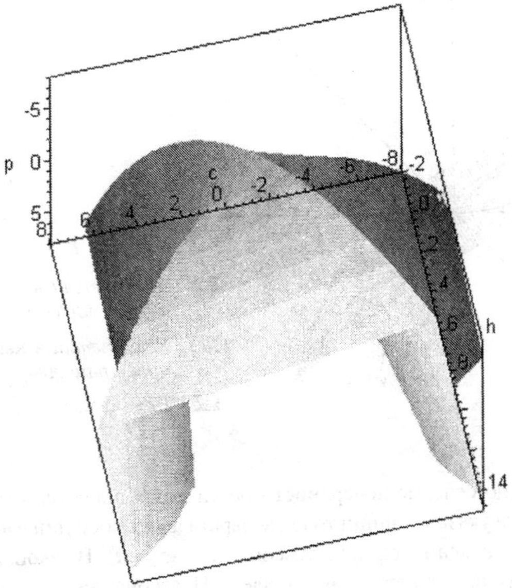

Рис. 25. Поверхность регулярных прецессий в пространстве интегралов энергии — h, площадей — c и Лагранжа — p ($I_1 = 1$, $I_3 = 5$).

на отрезке $u \in [-1, 1]$ (см. рис. 20). Граница этой области — «*поверхность регулярных прецессий*» — при этих значениях интегралов гироскопическая функция (3.3) касается снизу оси Ou на отрезке $[-1, 1]$. В этом случае волчок совершает *регулярную прецессию* — апекс равномерно вращается вокруг вертикали, сохраняя постоянный угол наклона, и тело равномерно вращается вокруг собственной оси. Общий вид поверхности регулярных прецессий и ее сечения различными плоскостями $p_\varphi = \mathrm{const}$ и $p_\psi = \mathrm{const}$ приведены на рис. 25, 27, 28, 26. На рисунках хорошо заметны два ребра в плоскостях $p_\varphi \pm p_\psi = 0$ (одно из ребер $p_\varphi - p_\psi = 0$ не доходит до начала координат и начинается в точке $p_\varphi = p_\psi = 2$). При малых отклонениях от условия кратности корней получается *псевдорегулярная прецессия*, для которой также имеется нутация оси динамической симметрии.

Замечание. В работе [442] для описания движения волчка Лагранжа рассматривается метод редукции по энергии-моменту, продолженный Дж. Марсденом для систем с симметрией [454]. В ней также подробно рассмотрены вопросы устойчиво-

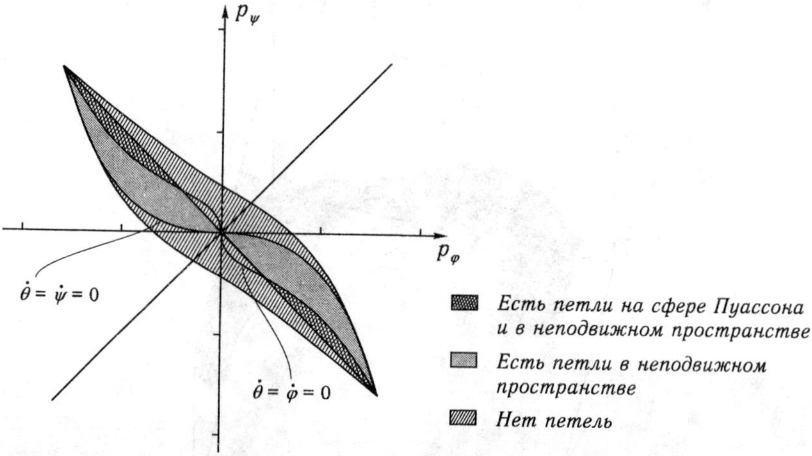

Рис. 26. Изображено сечение поверхности регулярных прецессий (рис. 25) плоскостью $h = 0$, а также указаны линии точек возврата апекса оси динамической симметрии ($\dot\theta = \dot\psi = 0$) и апекса на сфере Пуассона ($\dot\theta = \dot\varphi = 0$). В узкой заштрихованной области траектория имеет петли как на сфере Пуассона, так и в абсолютном пространстве. В остальных областях петли возможны лишь в абсолютном пространстве либо отсутствуют вовсе.

сти вертикальных и наклонных равномерных прецессий волчка Лагранжа, указаны условия бифуркаций (для устойчивости). Отметим также, что первые исследования линейной устойчивости регулярных прецессий волчка Лагранжа имеются уже у Рауса [230], их устойчивость по Ляпунову обсуждается в книге В. В. Румянцева [243].

2. Различные приведенные системы (по ψ и φ)

Движение апекса волчка Лагранжа в абсолютном пространстве (рис. 21) может быть получено из канонических уравнений движения волчка в углах Эйлера после редукции Рауса по углу собственного вращения φ, который является циклическим. Редукция тех же уравнений по углу прецессии ψ приводит уже к уравнениям Эйлера–Пуассона. Они описывают эволюцию орта вертикали в системе координат, жестко связанной с волчком, и представляют самостоятельный интерес с физической точки зрения. Другими словами, эта система описывает движение «апекса» абсолютного пространства в неинерциальной системе, связанной с движущимся волчком. Траектории этого апекса на соответствующей сфере (обычная сфера

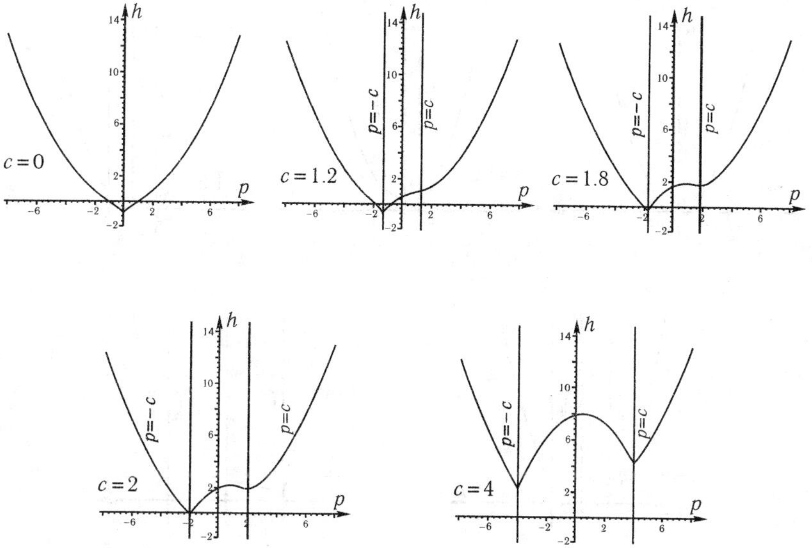

Рис. 27. Бифуркационная диаграмма на плоскости $(h,\ p)$ при различных постоянных значениях c $(I_1 = 1,\ I_3 = 5)$.

Пуассона) вполне аналогичны траекториям апекса оси динамической симметрии в неподвижном пространстве (рис. 21, 22, 23), однако для конкретного движения поведение различных апексов, как правило, отличается, что проявляется в наличии или отсутствии петель у траекторий апексов (см. рис. 21, 23). Точнее, возможны ситуации, иллюстрируемые на рис. 26. Указанная нами картина движения в связанной с телом системе координат полезна для понимания поведения угла собственного вращения, исключаемого из рассмотрения в большинстве курсов механики.

Для волчка Лагранжа существуют два простых частных периодических решения, для которых ось волчка вертикальна, а центр масс находится выше либо ниже точки закрепления, — для краткости, верхнее и нижнее решение соответственно. Волчок, вращающийся в верхнем положении, традиционно, называют *«спящим волчком»*. В пространстве интегралов эти решения задаются следующими уравнениями: $p = c$, $h = \frac{1}{2}ap^2 + 1$ — всрхнее, $p = -c$, $h = \frac{1}{2}ap^2 - 1$ — нижнее. На рис. 30 приведены различные сечения областей возможного движения (ОВД) и указаны соответствующие частные

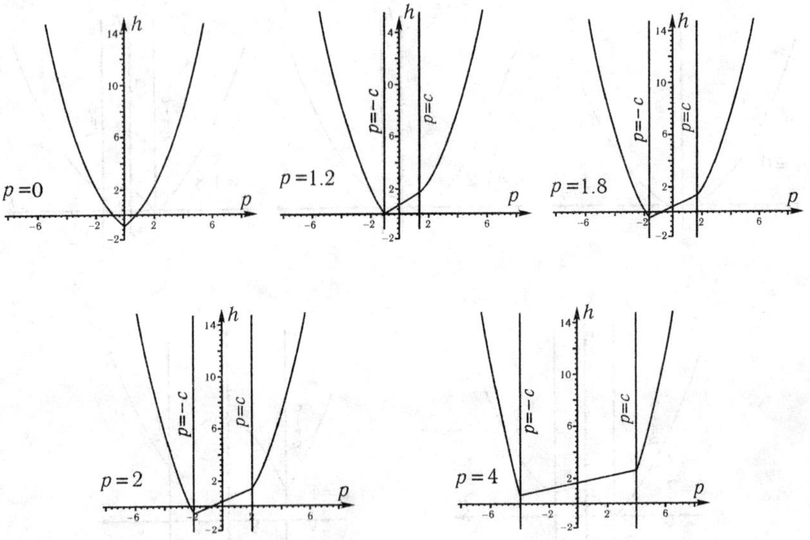

Рис. 28. Бифуркационная диаграмма на плоскости $(h,\ c)$ при различных постоянных значениях p $(I_1 = 1,\ I_3 = 5)$.

решения. Видно, что нижнее решение лежит на границе ОВД, и поэтому всегда устойчиво. Верхнее решение при $p = c < 2$ находится внутри ОВД и, как можно показать [196], неустойчиво, при $p = c \geqslant 2$ оно выходит на границу ОВД и тем самым приобретает устойчивость. В этом заключается известное *условие Маиевского* устойчивости спящего волчка. В западной литературе это условие связывают с Раусом [230]. Строгий анализ устойчивости спящего волчка был выполнен Н. Г. Четаевым [308] (см. также [309]).

Для реабилитации неполноты стандартного анализа можно привести известную *концепцию Герца* [86], предложившего считать угол собственного вращения ненаблюдаемым, а наличие соответствующих циклических движений связывать со «скрытыми массами и параметрами», приводящими к изменениям в потенциальной энергии. Если такую же точку зрения отстаивать для неинерциального наблюдателя, то соответствующие скрытые массы и параметры следует приписать абсолютному пространству.

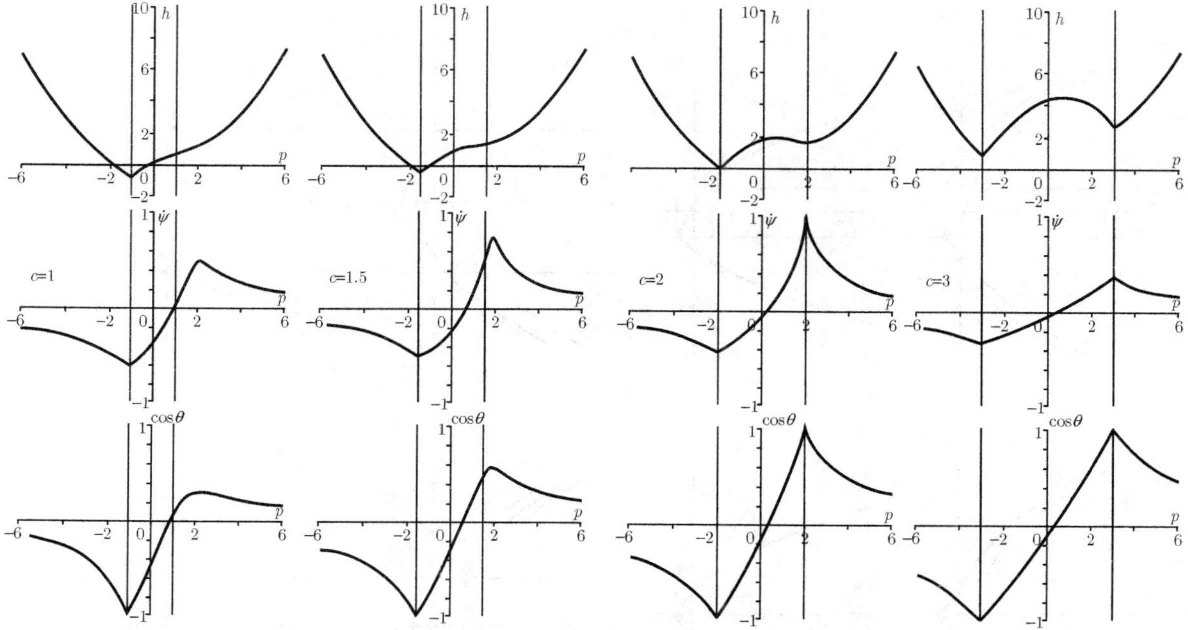

Рис. 29. На рисунке приведены сечения поверхности регулярных прецессий (см. рис. 25) различными плоскостями $c = \mathrm{const}$ и указано, как при этом в зависимости от константы интеграла Лагранжа p меняется угловая скорость $\dot\psi(p)$ и широта $\theta(p)$ регулярных прецессий. При наличии небольшого трения происходит уменьшение (диссипация) константы интеграла p — момента собственного вращения волчка, и из рисунка видно, что сначала волчок стремится к вертикальному положению, $\cos\theta \to 1$, и если $c \geqslant 2$, достигает его при $p = c$ (иногда говорят, что волчок засыпает). При последующем уменьшении p направление прецессии (знак $\dot\psi$) меняет знак, что также можно наблюдать в экспериментах с волчком.

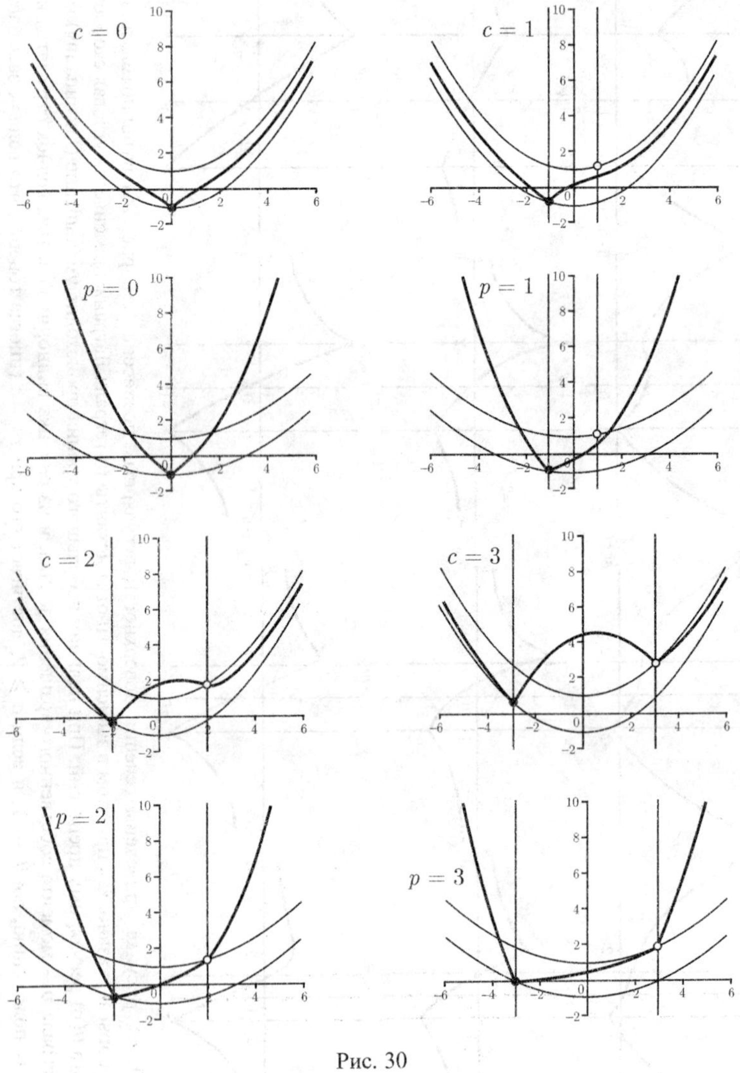

Рис. 30

3. Бигамильтоновость

Случай Лагранжа характеризуется дополнительной симметрией — для него существует вторая согласованная пуассонова структура [44] (то есть система является бигамильтоновой). Действительно, уравнения движения могут быть получены, если определить функцию Гамильтона в виде

$$H = (a-1)M_3\left(\frac{1}{2}(M_1^2+M_2^2)+\gamma_3\right)+(M_1\gamma_1+M_2\gamma_2+M_3\gamma_3),\qquad a=\text{const},\tag{3.5}$$

и скобку Пуассона —

$$\{\gamma_i,\gamma_j\}=-\varepsilon_{ijk}\gamma_k,\quad \{M_1,M_2\}=1,\quad \{M_i,\gamma_j\}=0,\tag{3.6}$$

обладающую аннуляторами $F_1 = M_3$, $F_2 = (\boldsymbol{\gamma}, \boldsymbol{\gamma})$.

Уравнения в гамильтоновой форме со скобкой (3.5) и гамильтонианом (3.6) могут быть полезны при изучении обобщенно-потенциальных и диссипативных возмущений волчка Лагранжа. Еще одна согласованная пуассонова структура указана в [205], т. е. задача о волчке Лагранжа является даже тригамильтоновой.

4. Исторические комментарии

Лагранж указал свой случай интегрируемости во втором томе «Аналитической механики», где изложил и общую схему его интегрирования. Несколько позже (1815 г.) эту задачу также разрешил Пуассон, добавив к аналитическим выкладкам Лагранжа рисунки траектории движения апекса (аналогичные рис. 21–23), которые далее стали приводиться почти во всех учебниках по механике.

После создания теории абелевых функций и интегрирования случая Эйлера, Якоби попытался получить аналогичные квадратуры для волчка Лагранжа. Однако его работа осталась незавершенной. Различные формы общего решения (то есть выражения для угловых скоростей и всех направляющих косинусов или углов Эйлера) в тэта-функциях содержатся в книгах Ф. Клейна и А. Зоммерфельда [419], Э. Уиттекера [278], А. С. Домогарова [119], В. Д. Мак-Миллана [186]. Видимо, одним из первых общее решение получил А. Гринхилл (A. G. Greenhill) [393]. Все найденные квадратуры очень сложны и практически не используются.

Якоби также пытался дать полную геометрическую картину движения по аналогии с интерпретацией Пуансо случая Эйлера. Им было сформулировано утверждение (которое он приводит без доказательства), заключающееся в том, что движение волчка Лагранжа может быть разложено на два движения типа Пуансо — прямое и обратное. Доказательство этого утверждения в 1882 г. привел Е. Лоттнер, издатель посмертных трудов Якоби. Мы не обсуждаем этого результата и его усовершенствований, предложенных Дарбу, Альфаном и Гессом, вследствие их чрезмерной сложности и искусственности [186, 268]. Они так же не способны дать ясное впечатление о картине движения, как и аналитические выражения.

Наиболее полное и физически ясное описание движения волчка Лагранжа имеется в книгах К. Магнуса [185] и Р. Граммеля [100]. Здесь мы придали этим рассуждениям более инвариантную форму, а также снабдили их наглядными трехмерными иллюстрациями. В некотором смысле они показывают реальную сложность в классификации различных движений осесимметричного волчка.

Отметим также, что в работах [216, 271] приведены бифуркационные кривые, не все из которых совпадают с нашими. Но если в работе [271] это вызвано лишь краткостью изложения, при котором не ставится задача получить полный анализ движения, то в книге М. Оден [216] часть кривых, видимо, не совсем корректна. С алгебраической точки зрения случай Лагранжа рассматривается и в работе [473], где также построено уравнение Лакса. Интересное геометрическое и топологическое исследование случая Лагранжа (с точки зрения различных типов огибающих поверхностей) имеется в работе И. Н. Гашененко [387]. Существует несколько многомерных обобщений случая Лагранжа и множество соответствующих **L**-**A**-пар для них; они приведены, например, в нашей книге [48].

Замечание. Волчок Лагранжа при отсутствии поля тяжести остается интегрируемым, если вдоль оси динамической симметрии движется частица под влиянием потенциального поля $V(z)$, зависящего от координаты z по оси инерции. Действительно, в этом случае лагранжиан может быть записан в виде

$$L = \frac{1}{2}\left[(I_1 + mz^2)(\dot{\theta}^2 + \sin^2\theta\dot{\psi}^2) + I_3(\dot{\psi}\cos\theta + \dot{\varphi})^2 + \dot{z}^2\right] - V(z),$$

где m — масса частицы, θ, φ, ψ — углы Эйлера. Несложно видеть, что система допускает разделение переменных [536].

§ 4. Случай Ковалевской

Дополнительные интегралы в случае Эйлера и Лагранжа имеют естественное физическое происхождение. В первом случае это квадрат модуля кинетического момента, во втором — его проекция на ось динамической симметрии. В случае интегрируемости, найденном С. В. Ковалевской (1888 г.), дополнительный интеграл не имеет явного симметрийного происхождения. Он был найден почти столетием позже двух предыдущих и является несравненно более сложным с точки зрения как явного интегрирования, так и качественного анализа движения.

Тело в этом случае является динамически симметричным ($a_1 = a_2$), а центр масс лежит в экваториальной плоскости эллипсоида инерции ($r_3 = 0$). При этом также выполнено соотношение $\frac{a_3}{a_1} = \frac{I_1}{I_3} = 2$. Гамильтониан и дополнительный интеграл, найденный Ковалевской, имеют вид:

$$H = \frac{1}{2}\big(M_1^2 + M_2^2 + 2M_3^2\big) - x\gamma_1,$$
$$F_3 = \left(\frac{M_1^2 - M_2^2}{2} + x\gamma_1\right)^2 + (M_1M_2 + x\gamma_2)^2 = k^2, \tag{4.1}$$

где радиус-вектор центра масс имеет компоненты $\boldsymbol{r} = (x, 0, 0)$, а вес $\mu = 1$ (без ограничения общности).

1. Явное интегрирование. Переменные Ковалевской

Кроме дополнительного интеграла, С. В. Ковалевская нашла замечательные переменные, преобразующие уравнения движения (1.1) к форме Абеля–Якоби (см. § 7 гл. 1). При наличие такой формы дальнейшее интегрирование в тэта-функциях (двух переменных) может быть выполнено по некоторой общей схеме (см. [141]). Здесь мы приведем только соответствующую замену.

Переменные Ковалевской s_1, s_2 определяются по формулам

$$s_1 = \frac{R - \sqrt{R_1R_2}}{2(z_1 - z_2)^2}, \quad s_2 = \frac{R + \sqrt{R_1R_2}}{2(z_1 - z_2)^2},$$
$$z_1 = M_1 + iM_2, \quad z_2 = M_1 - iM_2, \tag{4.2}$$
$$R = R(z_1,\, z_2) = \frac{1}{4}z_1^2z_2^2 - \frac{h}{2}(z_1^2 + z_2^2) + c(z_1 + z_2) + \frac{k^2}{4} - 1,$$
$$R_1 = R(z_1,\, z_1), \qquad R_2 = R(z_2,\, z_2),$$

где $F_1 = (M, \gamma) = c$, $H = h$. Для упрощения вычислений везде полагаем $x = 1$.

Уравнения движения принимают вид

$$\frac{ds_1}{\sqrt{P(s_1)}} = \frac{dt}{s_1 - s_2}, \qquad \frac{ds_2}{\sqrt{P(s_2)}} = \frac{dt}{s_2 - s_1}, \tag{4.3}$$

где

$$P(s) = \left(\left(2s + \frac{h}{2}\right)^2 - \frac{k^2}{16}\right)\left(4s^3 + 2hs^2 + \left(\frac{h^2}{4} - \frac{k^2}{16} + \frac{1}{4}\right)s + \frac{c^2}{16}\right).$$

Вследствие того, что полином $P(s)$ имеет пятую степень, квадратура для (4.3) называется *ультраэллиптической* (*гиперэллиптической*).

2. Бифуркационная диаграмма и классы Аппельрота

Значения интегралов h, c, k, при которых полином $P(s)$ имеет кратные корни, определяют в пространстве этих интегралов *бифуркационную диаграмму* — набор двумерных поверхностей, на которых происходит перестройка типа движения (см. рис. 31). При этом ультраэллиптические квадратуры в (4.3) сводятся к эллиптическим, а соответствующие (особозамечательные) движения называются *классами Аппельрота* [4]. Различным классам Аппельрота соответствуют разные ветви бифуркационной диаграммы.

Как несложно показать — и это является общим фактом, — классы Аппельрота, определяемые из кратности корней полинома $P(s) = 0$, совпадают с множеством *особых лиувиллевых торов*, на которых интегралы H, F_1, F_2, F_3 являются зависимыми, т. е. ранг матрицы Якоби $\left\| \dfrac{\partial(H, F_2, F_3, F_4)}{\partial(\boldsymbol{M}, \gamma)} \right\|$ падает [284]. Очевидно, что эти особые торы в фазовом пространстве приведенной системы (т. е. для уравнений Эйлера–Пуассона) определяют устойчивые и неустойчивые периодические движения и асимптотические траектории к последним.

Бифуркационная диаграмма с указанием устойчивости ветвей приведена на рис. 31. В сочетании с фазовыми сечениями Пуанкаре в канонических переменных (например, Андуайе; рис. 32, 33) она является очень полезной для динамики, так как позволяет наглядно представить себе качественное поведение всех остальных траекторий интегрируемой системы в фазовом пространстве.

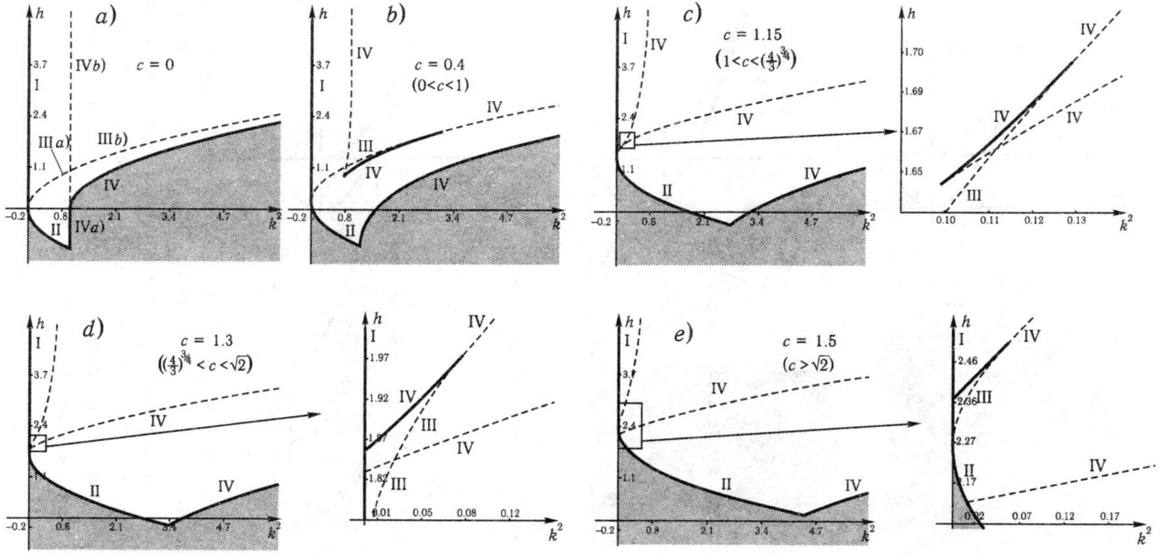

Рис. 31. Бифуркационная диаграмма случая Ковалевской при различных c. Римскими цифрами обозначены классы Аппельрота. Сплошные кривые соответствуют устойчивым периодическим решениями, пунктирные — неустойчивым и сепаратрисам.

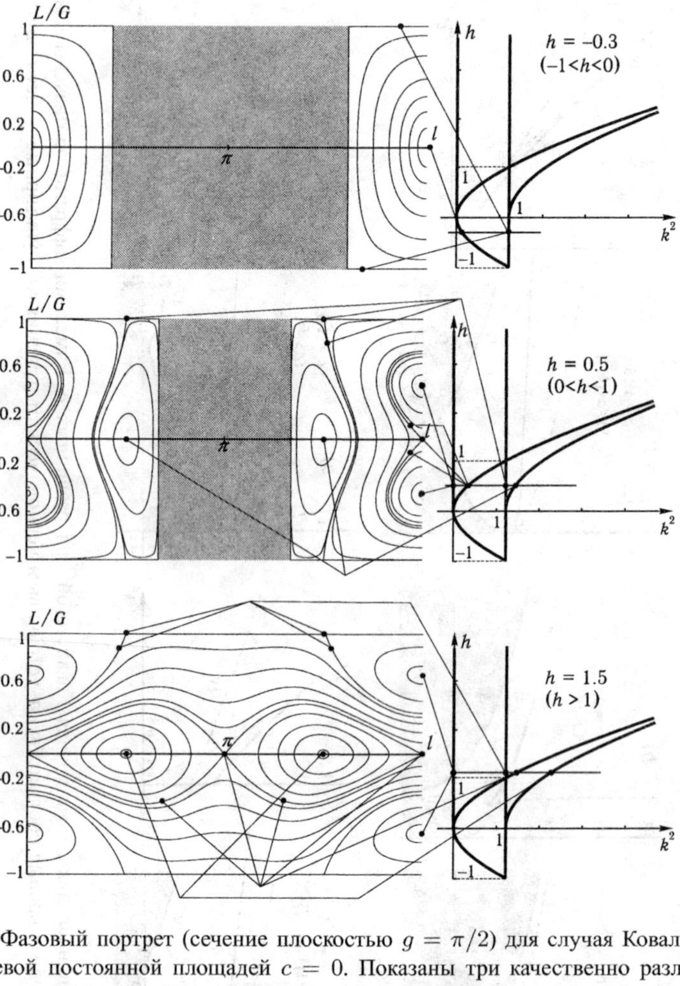

Рис. 32. Фазовый портрет (сечение плоскостью $g = \pi/2$) для случая Ковалевской при нулевой постоянной площадей $c = 0$. Показаны три качественно различных типа фазового портрета. Из рисунков хорошо видно, какие перестройки портретов и бифуркации периодических решений происходят при пересечении критических уровней энергии $h = 0$ и $h = 1$. (Серым цветом закрашена нефизическая область значений l, L/G при заданных значениях интегралов h, c.)

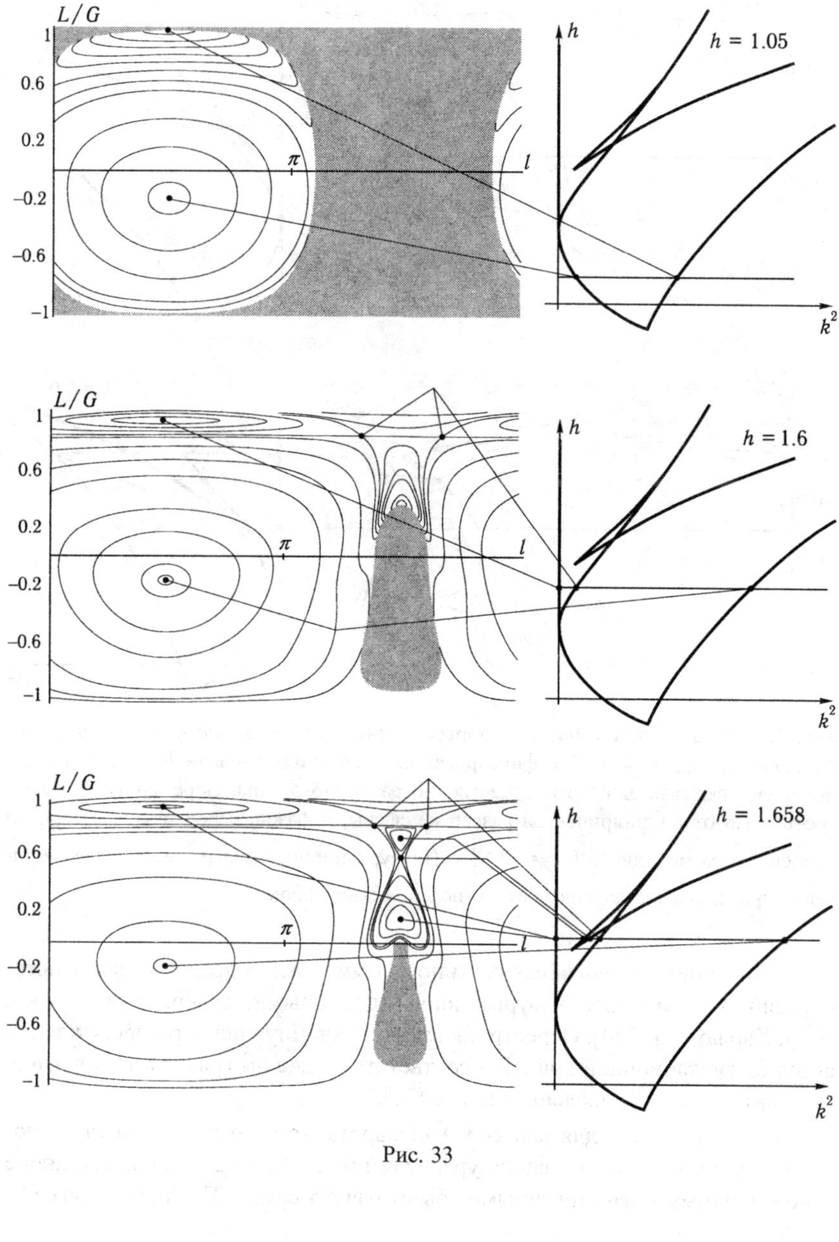
L/G
1
0.6
0.2
π
l
−0.2
−0.6
−1
h
h = 1.05
k^2
L/G
1
0.6
0.2
π
l
−0.2
−0.6
−1
h
h = 1.6
k^2
L/G
1
0.6
0.2
π
l
−0.2
−0.6
−1
h
h = 1.658
k^2

Рис. 33

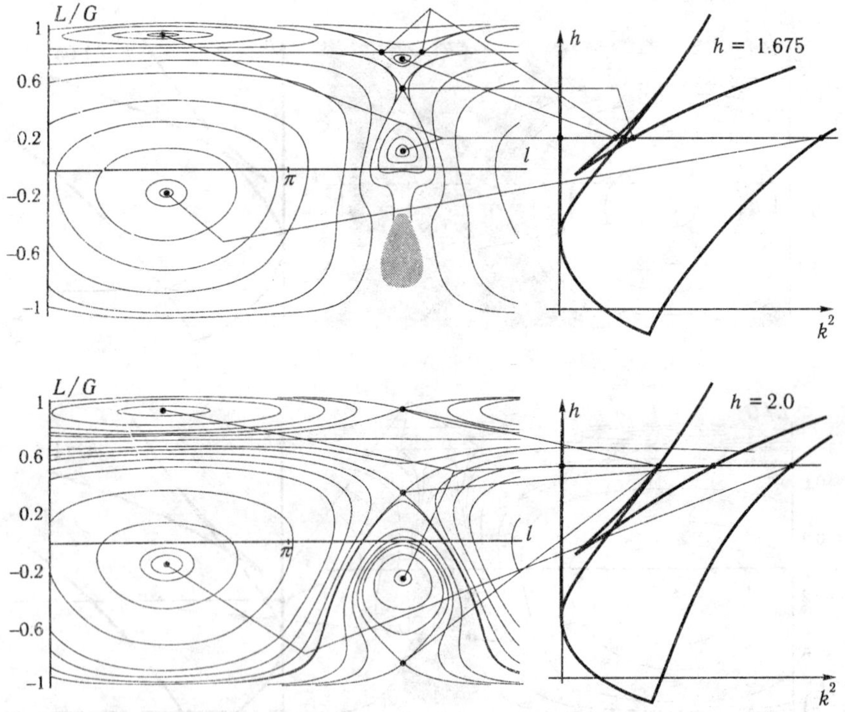

Рис. 33. (Продолжение.) Фазовый портрет (сечение плоскостью $g = \pi$) для случая Ковалевской при $c = 1.15$ и фиксированных значениях энергии h, которым соответствуют фазовые портреты качественно различного типа. Переменные l и L/G соответствуют цилиндрической развертке сферы, и фазовый портрет симметричен относительно меридиана $l = \pi/2$, $\frac{3}{4}\pi$. (Бифуркационная диаграмма на правом рисунке приведена схематично, без соблюдения масштабов.

Описание топологических типов двумерных инвариантных многообразий, разделяемых бифуркационными кривыми, содержится в книге М. П. Харламова [284]. Перестройки этих торов Лиувилля при прохождении веток бифуркационной кривой и соответствующие им графы и топологические инварианты приведены в книге [31].

Явные решения для классов Аппельрота могут быть получены непосредственно без использования уравнений (4.3). Их построение, связанное с неочевидными манипуляциями, было начато самим Г. Аппельротом [4], а в наиболее полном виде выполнено донецким механиком А. И. Докшевичем [118]. Приведем часть его результатов, в основном касающихся периодических и асимптотических движений (наиболее важных для динамики), и попытаемся прояснить их механический смысл.

Всего имеется четыре класса Аппельрота.

I. Решение Делоне [107] – здесь $k^2 = 0$, $h > c^2$ и появляется два инвариантных соотношения

$$\frac{M_1^2 - M_2^2}{2} + x\gamma_1 = 0, \quad M_1M_2 + x\gamma_2 = 0, \tag{4.4}$$

определяющих периодическое решение уравнений Эйлера–Пуассона.

Оказывается, что движение в этом случае при нулевой постоянной площадей $c = 0$ является периодическим не только для приведенной системы (на сфере Пуассона), *но и в абсолютном пространстве* [102, 90] (см. рис. 36–39).

Для получения явной квадратуры, на уровне интегралов и инвариантных соотношений (4.4) выразим все переменные через M_1:

$$\begin{gathered} M_2^2 = 2z - M_1^2, \quad M_3^2 = h - M_1^2, \\ x\gamma_1 = -M_1^2 + z, \quad x\gamma_1 = -M_1(2z - M_1)^{1/2}, \quad x\gamma_3 = (x^2 - z^2)^{1/2}, \\ z = \frac{M_1^2 + M_2^2}{2} = (\gamma_1^2 + \gamma_2^2)^{1/2} = x\frac{-cM_1 \pm \sqrt{(h-c^2)(h-M_1^2)}}{h}. \end{gathered} \tag{4.5}$$

При этом для M_1 получается квадратура

$$\dot{M}_1 = M_2M_3 = \bigl((h - M_1^2)(2z - M_1^2)\bigr)^{1/2}, \tag{4.6}$$

которая при $h = c^2$ является эллиптической. При $c = 0$ можно получить также более простое явное решение, если вместо M_1 использовать переменную M_3.

Из рис. 31 следует, что при увеличении c до $c = \left(\frac{3}{4}\right)^{3/4}$ ветка IV класса Аппельрота «врезается» в решение Делоне и при дальнейшем увеличении c до $c^2 < 2$ разбивает его на три части. При $c^2 = 2$ в точке $h = 2$, $k^2 = 0$ сливаются друг с другом ветки всех четырех классов Аппельрота. Точке их пересечения соответствует неустойчивая неподвижная точка на сфере Пуассона (*вращение Штауде*) (см. § 6 гл. 2) и асимптотическое к ней одномерное движение, которое легко вычисляется из (4.6) в элементарных функциях

$$M_1 = \sqrt{2x}\,\frac{3 + \operatorname{ch}^2 u \pm 4\operatorname{ch} u}{9 - \operatorname{ch}^2 u}, \quad u = 2\sqrt{x}t. \tag{4.7}$$

При $c^2 > 2$ одна ветка IV класса также «врезается» в решение Делоне, а другая его ветвь пересекает часть параболы, соответствующую II классу.

II. Решения второго класса лежат на нижней ветви параболы $(h - c^2)^2 = k^2$, при этом $\frac{1}{2}c^2 - 1 \leqslant h \leqslant c^2$. При $c = 0$ этому классу принадлежат устойчивые периодические траектории, а тело совершает плоские колебания в меридиональной плоскости, проходящей через центр масс, и выполнены условия $M_1 = M_3 = 0$, $\gamma_2 = 0$.

При $c \neq 0$ имеются дополнительные инвариантные соотношения

$$M_3 = c\gamma_3, \quad M_1^2 + M_2^2 + \frac{M_1}{c} = k, \tag{4.8}$$

а явное интегрирование выполнено в [118]. Начиная с $c > \sqrt{2}$, ветви II и IV классов начинают пересекаться.

III. Этому классу соответствует ветвь параболы выше точки касания с осью $k^2 = 0$, которая удовлетворяет условиям

$$(h - c^2)^2 = k^2, \quad c^2 \leqslant h \leqslant c^2 + \frac{1}{2c^2}. \tag{4.9}$$

При $c = 0$ эти условия определяют всю верхнюю ветвь параболы, а при $c \neq 0$ эта ветвь ограничивается сверху одной из ветвей IV класса.

Физически III класс соответствует неустойчивым периодическим и асимптотическим к ним решениям. При $c = 0$ периодическое движение для части ветви IIIa является колебаниями физического маятника в меридиональной плоскости, проходящей через центр масс, а для части IIIb – вращениями в этой же плоскости. Эти решения сходятся в точке $h = 1$, которая является верхним неустойчивым положением равновесия. Его неустойчивость может быть строго доказана различными способами [238]. Далее это доказательство будет получено путем явного построения асимптотического решения.

Воспользуемся следующей параметризацией общего уровня интегралов движения, соответствующего третьему классу Аппельрота при нулевой постоянной площадей $c = 0$ [118] (А. И. Докшевич):

$$\begin{gathered} M_1 = \sqrt{M_1^2 + M_3^2}\sin\varphi, \quad M_3 = \sqrt{M_1^2 + M_3^2}\cos\varphi, \\ k_1 = k\cos 2\theta, \quad k_2 = k\sin 2\theta, \end{gathered} \tag{4.10}$$

где $k_1 = \gamma_1 + \dfrac{M_1^2 - M_2^2}{2}$, $k_2 = \gamma_2 + M_1M_2$ (при $x = 1$), причем интеграл Ковалевской имеет форму $k_1^2 + k_2^2 = k^2$.

Дифференцируя φ по времени, получим

$$\dot{\varphi} = M_2 - \frac{M_1 k_2}{M_1^2 + M_3^2}. \tag{4.11}$$

После еще одного дифференцирования (4.11) и исключения M_2 при помощи (4.11), учитывая $h = k > 0$, имеем

$$2\ddot{\varphi}\cos\varphi + \dot{\varphi}\sin\varphi = 2h\cos^2\varphi\sin\varphi. \tag{4.12}$$

Домножив (4.12) на $\dfrac{\dot{\varphi}}{\cos^2\varphi}$ и проинтегрировав по времени, получаем

$$\frac{\dot{\varphi}^2}{\cos\varphi} + 2h\cos\varphi = c_1 = \mathrm{const}.$$

Постоянная интегрирования находится из условия $\varphi = 0$, при котором $M_1 = 0$, $\dot{\varphi} = M_2$, а поэтому $c_1^2 = 4x^2$. Таким образом,

$$\dot{\varphi}^2 = 2(x - k\cos\varphi)\cos\varphi, \quad k > 0. \tag{4.13}$$

Замечание. При $c \neq 0$ для аналогичной (но несколько иной) угловой переменной получается уравнение [118]

$$\dot{\varphi}^2 = 2(x - (k + c^2)\cos\varphi)\cos\varphi.$$

Для угла θ получается уравнение

$$\dot{\theta} = -M_3 = -\sqrt{M_1^2 + M_3^2}\cos\varphi,$$

которое после учета интеграла энергии $M_1^2 + M_3^2 - k_1 = h$ и условия $h = k$, приводящих к равенству $\sqrt{M_1^2 + M_3^2} = \pm\sqrt{2k}\cos\theta$, сводится к следующему:

$$\dot{\theta} = \sqrt{2k}\cos\varphi\cos\theta.$$

После замены $\cos\theta = (\operatorname{ch} u)^{-1}$ его можно записать в виде

$$\dot{u} = \sqrt{2k}\cos\varphi.$$

Таким образом, полная система уравнений, определяющая асимптотические траектории III класса Аппельрота при условиях $c = 0$, $h = k > 0$ приводится к виду

$$\begin{gathered} 2\dot{\zeta} = (1 - \zeta^2)(x - k + (x + k)\zeta^2), \quad \zeta = \operatorname{tg}\frac{\varphi}{2}, \\ \dot{u} = \sqrt{2k}\cos\varphi, \quad \operatorname{ch} u = (\cos\theta)^{-1}. \end{gathered} \tag{4.14}$$

Ее решения имеют вид

$$\begin{aligned}
&1.\quad k < x, \quad \zeta = \operatorname{cn}(\sqrt{x}t,\, k_0), && k_0^2 = \frac{x+k}{2x},\\
&2.\quad k > x, \quad \zeta = \operatorname{dn}\Big(\sqrt{\frac{x+k}{2}}t,\, k_0\Big), && k_0^2 = \frac{2x}{x+k},\\
&3.\quad k = x, \quad \zeta = (\operatorname{ch}\sqrt{x}t)^{-1},
\end{aligned}$$

где k_0 — модуль соответствующих эллиптических функций Якоби.

Используя I–III, можно показать, что $\dot{u}$ является знакопостоянной функцией, т. е. эти решения в случае I–II описывают асимптотические движения к периодическому решению, а в случае III — к неподвижной точке. (Аналитические квадратуры в случае $c \neq 0$ являются более громоздкими [118].)

Замечание. В работе [281] для второго и третьего классов Аппельрота инвариантные соотношения указаны в алгебраической форме, несколько отличной от (4.8):

$$M_3 = (\boldsymbol{M}, \boldsymbol{\gamma})\gamma_3, \quad 2\gamma_1\gamma_2 k_1 - (\gamma_1^2 - \gamma_2^2)k_2 = 0.$$

IV. Этот класс состоит из двух ветвей (см. рис. 31), одна из которых соответствует устойчивым периодическим движениям, а другая — неустойчивым и сепаратрисам. При $c = 0$ эти ветви сходятся в точке $k^2 = x^2 = 1$, $h = 0$.

При $c \neq 0$ параметрические уравнения ветвей имеют вид

$$k^2 = 1 + tc + \frac{t^4}{4}, \quad h = \frac{t^2}{2} - \frac{c}{t}, \quad \begin{cases} t \in (-\infty,\, 0) \cup (c,\, +\infty), & \text{при } c > 0,\\ t \in (-\infty,\, +\infty) \setminus \{0\}, & \text{при } c < 0, \end{cases} \tag{4.15}$$

при $c = 0$

$$\begin{aligned}
&1.\quad k^2 = x^2, \quad h < 0, \quad h^2 = k^2 + x^2 && \text{(ветвь IVa);}\\
&2.\quad k^2 = x^2, \quad h > 0 && \text{(ветвь IVb).}
\end{aligned}$$

Устойчивые и неустойчивые периодические решения для IV класса Аппельрота в случае Ковалевской (а также в более общем случае, когда тензор инерции имеет вид $\mathbf{I} = \operatorname{diag}(1,\, a,\, 2)$, $a = \mathrm{const}$, а само решение при этом не зависит от a) были найдены Д. К. Бобылевым [19] и В. А. Стекловым [267] (см. также § 6).

Решение Бобылева – Стеклова. Для этого решения всегда выполнены соотношения

$$M_2 = 0, \quad M_1 = m = \mathrm{const},$$

которые позволяют выразить $\boldsymbol{\gamma}$ через M_3

$$\gamma_1 = \frac{c}{m} - M_3^2, \quad \gamma_2 = \left(k^2 - \left(\frac{1}{2}m^2 - \frac{c}{m} + M_3^2\right)^2\right)^{1/2}, \quad \gamma_3 = mM_3,$$

и получить эллиптическую квадратуру для M_3

$$\dot{M}_3 = -\left(k^2 - \left(\frac{1}{2}m^2 - \frac{c}{m} + M_3^2\right)^2\right)^{1/2}. \tag{4.16}$$

При этом h и k^2 заданы параметрическим уравнением

$$h = \frac{1}{2}m^2 - \frac{c}{m}, \quad k^2 = 1 + \frac{1}{2}m^4 + cm,$$

т. е. совпадают с (4.15). При $c = 0$ в четвертом классе появляются движения, соответствующие колебаниям и вращениям по закону физического маятника в экваториальной плоскости эллипсоида инерции. Для этих решений

$$M_1 = m = 0, \quad \gamma_3 = 0, \quad \dot{M}_3 = -(1 - (h - M_3^2)^2)^{1/2}.$$

Асимптотические решения для произвольных значений $c \neq 0$ найдены в [118], но являются очень громоздкими. Укажем эти решения при дополнительных условиях

$$k^2 = x^2, \quad h > 0, \quad c = 0. \tag{4.17}$$

Для этого используем найденное А. И. Докшевичем любопытное *инволютивное преобразование* $(\boldsymbol{M}, \boldsymbol{\gamma}) \mapsto (\boldsymbol{L}, \boldsymbol{s})$ (квадрат которого является тождественным):

$$\begin{aligned}
L_1 &= -\frac{M_1}{M_1^2 + M_2^2}, & s_1 &= -\gamma_1 + 2x\gamma_3^2 \frac{M_1^2 - M_2^2}{(M_1^2 + M_2^2)^2}, \\
L_2 &= -\frac{M_2}{M_1^2 + M_2^2}, & s_2 &= -\gamma_2 + 4x\gamma_3^2 \frac{M_1 M_2}{(M_1^2 + M_2^2)^2}, \\
L_3 &= M_3 + 2x\gamma_3 \frac{M_1}{M_1^2 + M_2^2}, & s_3 &= \frac{\gamma_3}{M_1^2 + M_2^2}.
\end{aligned} \tag{4.18}$$

В новых переменных $(\boldsymbol{L}, \boldsymbol{s})$ уравнения движения имеют вид

$$\begin{aligned}
\dot{L}_1 &= L_2 L_3, & \dot{s}_1 &= 2L_3 s_2 - 4(k^2 - x^2) s_3 L_2, \\
\dot{L}_2 &= -L_1 L_3 - x s_3, & \dot{s}_2 &= -2L_3 s_1 + 4(k^2 - x^2) s_1 L_3, \\
\dot{L}_3 &= -2xc L_2 + x s_2, & \dot{s}_3 &= s_1 L_2 - s_2 L_1.
\end{aligned} \tag{4.19}$$

При условии (4.17) в системе (4.19) уравнения для L_3, s_1, s_2 отделяются и сводятся к квадратурам

$$\begin{gathered} s_2 = (1 - s_1^2)^{1/2}, \quad L_3 = (h + xs_1)^{1/2}, \\ \dot{s}_1 = 2\sqrt{(h + xs_1)(1 - s_1^2)}. \end{gathered} \tag{4.20}$$

Для получения решения полной системы (4.19) оказывается достаточно найти решение линейного уравнения второго порядка с коэффициентами, явно зависящими от времени:

$$\begin{gathered} L_1 = s_1^{-1}\Big(-L_3 s_3 \mp s_2\sqrt{hs_3^2 - \frac{1}{4x}s_1}\Big), \quad L_2 = \sqrt{hs_3^2 - \frac{1}{4x}s_1}, \\ \ddot{s}_3 = -x(1 + 2s_1)s_3. \end{gathered} \tag{4.21}$$

Уравнения (4.20), (4.21) описывают асимптотические решения к периодическим движениям при условиях (4.17) (см. рис. 44).

При $h = x$, что соответствует энергии верхнего неустойчивого положения равновесия, получим еще одно (в дополнение к III классу) асимптотическое к нему решение в элементарных функциях:

$$s_1 = 1 - 2\,\mathrm{th}\,u, \quad s_2 = 2\frac{\mathrm{th}\,u}{\mathrm{ch}\,u}, \quad L_3 = -\frac{\sqrt{2x}}{\mathrm{ch}\,u}, \quad u = \sqrt{2x}t.$$

Классы Аппельрота определяют наиболее простые движения как в приведенном, так и в абсолютном фазовом пространстве. Остальные движения волчка Ковалевской имеют квазипериодический характер и зависят от соответствующей области бифуркационной диаграммы. При возмущении случая Ковалевской вблизи неустойчивых решений и их сепаратрис возникает стохастический слой (рис. 66). К сожалению, приведенные в этом параграфе (асимптотические) решения по разным соображениями не позволили пока продвинуться в аналитическом исследовании неинтегрируемости возмущенного волчка Ковалевской (вариационными методами при $c = 0$ доказательство неинтегрируемости получено в [27]).

3. Фазовый портрет и визуализация особозамечательных решений

При каждом фиксированном значении постоянной площадей $(\boldsymbol{M}, \boldsymbol{\gamma}) = c$, задающем различные типы бифуркационных диаграмм на плоскости (k^2, h), существует свой набор фазовых портретов. Фиксируя уровень энергии h, мы получим несколько различных типов фазовых портретов, которые задаются пересечениями прямой $h = \mathrm{const}$ с бифуркационной диаграммой. Здесь мы приводим две серии фазовых портретов, соответствующих наиболее простой (при $c = 0$, рис. 32) и наиболее сложной (при $1 < c < \left(\frac{4}{3}\right)^{3/4}$, рис. 33) бифуркационным диаграммам. Далее приводится также вид некоторых особозамечательных решений на сфере Пуассона и в абсолютном пространстве.

Замечание. Исследование топологии инвариантных торов с помощью сечений Пуанкаре выполнено также в [344, 364], в переменных Эйлера (ψ, θ, φ, ρ_ψ, ρ_θ, ρ_φ). В этих же работах рассматривается введение переменных действие в зависимости от констант интегралов.

Фазовый портрет при $c = 0$. В этом случае бифуркационная диаграмма состоит из двух частей парабол и двух прямых (см. рис. 31 *a*). Физический смысл ветвей, соответствующих параболе $h^2 = k^2$ и прямой $k^2 = 1$, особенно прост и описан выше. На параболе находятся решения, описывающие плоские колебания и вращения твердого тела в меридиональной плоскости (вокруг оси Oy, перпендикулярной оси Ox, на которой располагается центр масс), а на прямой — плоские колебания и вращения в экваториальной плоскости (вокруг оси Oz). На оставшихся ветвях $k^2 = 0$ и $h^2 = k^2 - 1$ располагаются, соответственно, решения Делоне и Бобылева–Стеклова.

Выше мы привели фазовые портреты с указанием, в каком месте бифуркационной диаграммы они находятся. Как следует из рисунка 31*a*, существуют три интервала для постоянной энергии h: $(-1, 0)$, (0,1), $(1, \infty)$, каждому из которых соответствуют качественно различные типы фазовых портретов (см. рис. 32).

Фазовый портрет при $c = 1.15$ $\left(1 < c < \left(\frac{4}{3}\right)^{3/4}\right)$. При помощи бифуркационной диаграммы (рис. 31*c*) можно установить, что существует пять интервалов энергий, каждому из которых соответствует свой тип фазового портрета (см. рис. 33). В этом случае периодические решения, соответствующие ветвям бифуркационной диаграммы, не имеют такого простого вида, как при $c = 0$, хотя и приближаются к ним при $h \gg c$.

Замечание. Для построения фазовых портретов мы используем сечения Пуанкаре в переменных Андуайе, описанных в § 3 гл. 1. Для $c = 0$ секущую плоскость мы выбираем в виде $g = \frac{\pi}{2}$, а для $c = 1.15$ выбираем $g = \pi$. Это связано с тем, что в этом случае не все периодические решения пересекают плоскость $g = \frac{\pi}{2}$. Отме-

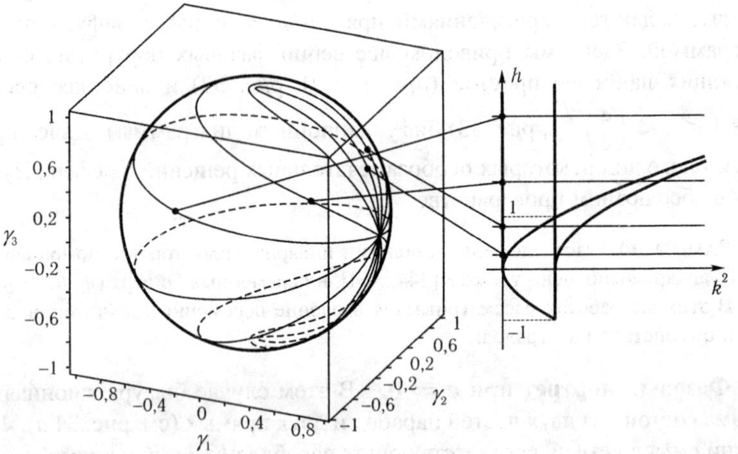

Рис. 34. Решение Делоне. Движение орта γ при нулевой постоянной площадей ($c = 0$) и различных значениях энергии.

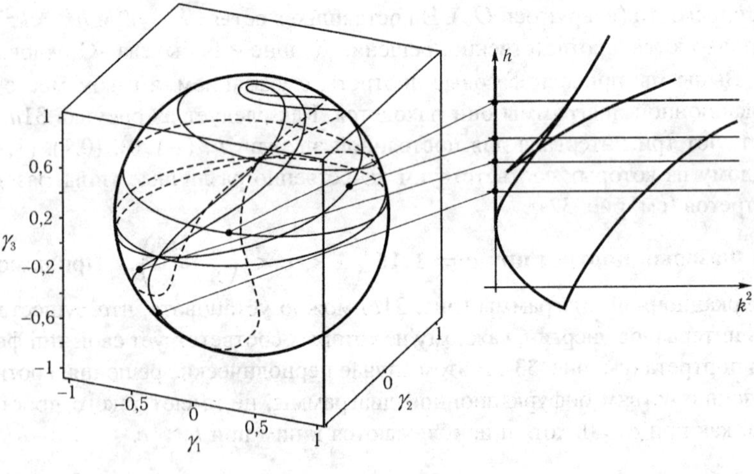

Рис. 35. Решение Делоне. Движение орта γ при ненулевой постоянной площадей ($c = 1.15$) и различных значениях энергии h.

тим также разный тип симметрии фазовых портретов на сфере $(l,\ L/G)$: при $g = \dfrac{\pi}{2}$ портрет симметричен относительно экватора (оси $L/G = 0$), а при $g = \pi$ — относительно меридиональной плоскости $\left(l = \dfrac{\pi}{2},\ \dfrac{3}{2}\pi\right)$.

Перейдем к визуализации в приведенном и абсолютном пространстве некоторых наиболее интересных движений твердого тела.

Решение Делоне ($k^2 = 0$). В этом случае траектория орта вертикали γ на сфере Пуассона представляет собой кривые типа восьмерки (см. рис. 34, 35), причем при $c = 0$ (рис. 34) точки самопересечения этих «восьмерок» совпадают и имеют координаты $\gamma = (1,\ 0,\ 0)$. Эта точка определяет нижнее положение центра масс тела. При увеличении c на сфере Пуассона также возникают неправильные «восьмерки», все они пересекаются в двух точках на экваторе сферы Пуассона (см. рис. 35).

Известно, что при $c = 0$ решение Делоне определяет периодические движения не только в приведенной системе, но и в абсолютном пространстве [93]. При $c \neq 0$ это уже не справедливо и движение тела в абсолютном пространстве является квазипериодическим. На рис. 36–39 показаны траектории трех апексов твердого тела при $c = 0$ и различных значениях энергии. На всех рисунках неподвижные оси $OXYZ$ развернуты произвольно, чтобы лучше показать получившиеся траектории.

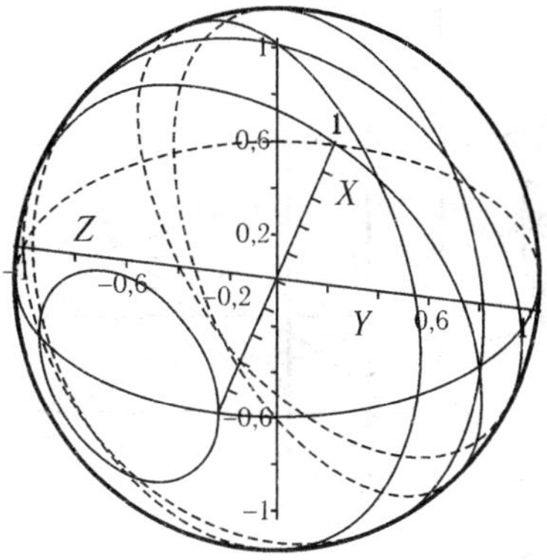

Рис. 36. Решение Делоне. Движение апексов в неподвижной системе координат при нулевой константе площадей ($c = 0$).

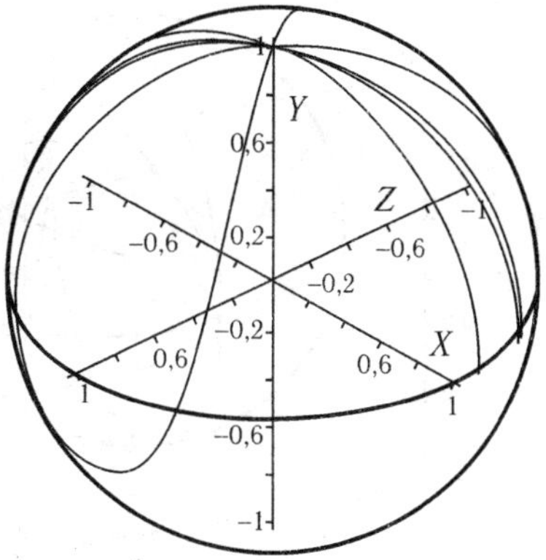

Рис. 37. Решение Делоне. Движение апекса центра масс при $c = 0$ и различных h.

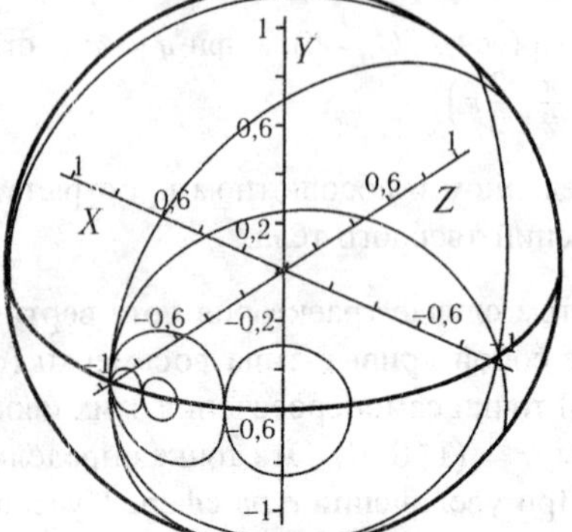

Рис. 38. Решение Делоне. Движение апекса, лежащего в экваториальной плоскости перпендикулярно радиус-вектору центра масс при $c = 0$ и различных h.

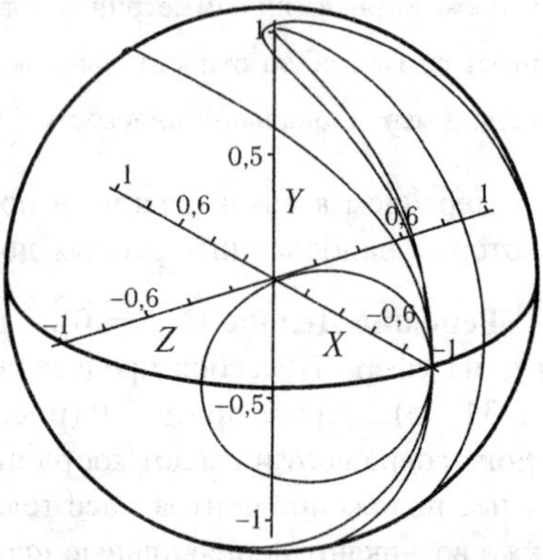

Рис. 39. Решение Делоне. Движение апекса оси динамической симметрии при $c = 0$ и различных h.

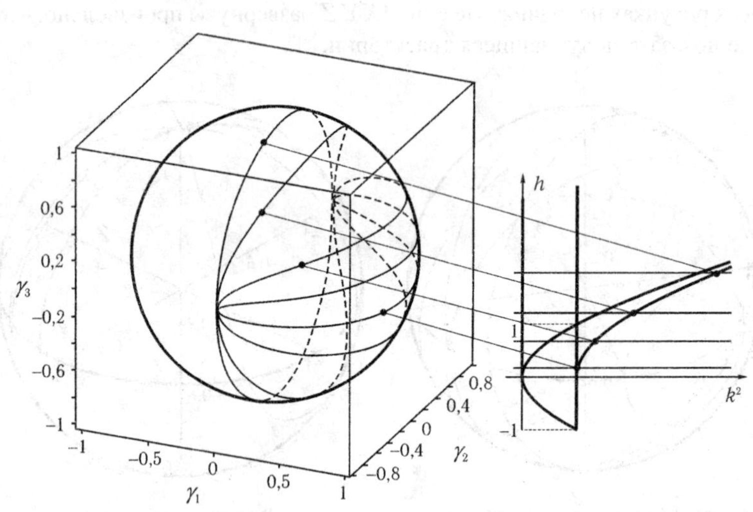

Рис. 40. Решение Бобылева – Стеклова. Движение орта вертикали на сфере Пуассона при $c = 0$ и различных значениях энергии.

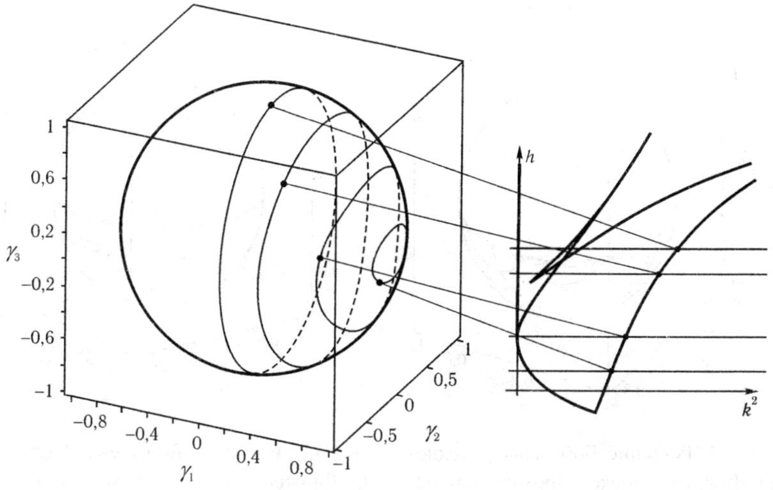

Рис. 41. Решение Бобылева – Стеклова. Движение орта вертикали на сфере Пуассона при $c \neq 0$ $(c = 1.15)$ и различных значениях энергии.

Решение Бобылева – Стеклова. Решение Бобылева – Стеклова на бифуркационной диаграмме (см. рис. 31) находится на нижней правой ветви, и ему соответствует устойчивое периодическое решение на сфере Пуассона (см. рис. 40, 41).

Из рис. 40 хорошо видно, что при $c = 0$ все траектории на сфере Пуассона проходят через точки экватора $(0, 1, 0)$ и $(0, -1, 0)$, не пересекая при этом меридиональной плоскости $\gamma_1 = 0$. Этому соответствует замечательное движение центра масс в абсолютном пространстве – *он описывает кривые с точками возврата, которые при любых энергиях лежат на экваторе* (см. рис. 42).

При $c \neq 0$ траектории на сфере Пуассона приведены на рис. 41, в этом случае апекс центра масс описывает в неподвижном пространстве кривые с точками возврата, лежащими на одной широте, которая зависит от постоянной энергии h (см. рис. 43). Физически решение Бобылева – Стеклова может быть реализовано следующим образом: тело закручивают вокруг оси, проходящей через центр масс и произвольно расположенной в абсолютном пространстве, и отпускают без начального толчка.

Замечание. Движение остальных апексов в неподвижном пространстве достаточно запутанно, поэтому мы его не приводим.

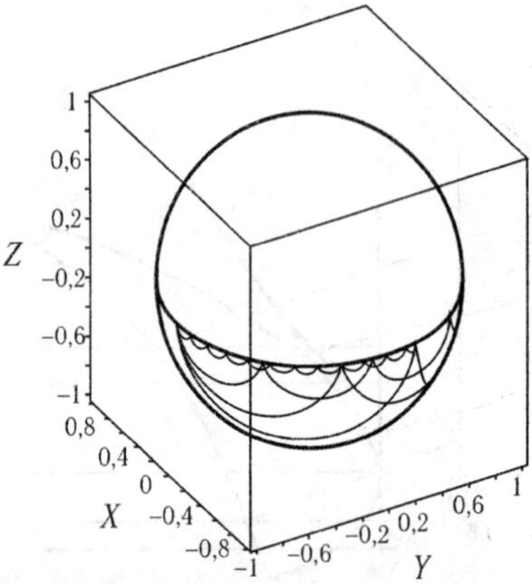

Рис. 42. Решение Бобылева – Стеклова. Движение апекса, проходящего через центр масс в неподвижном пространстве при $c = 0$ и различных h.

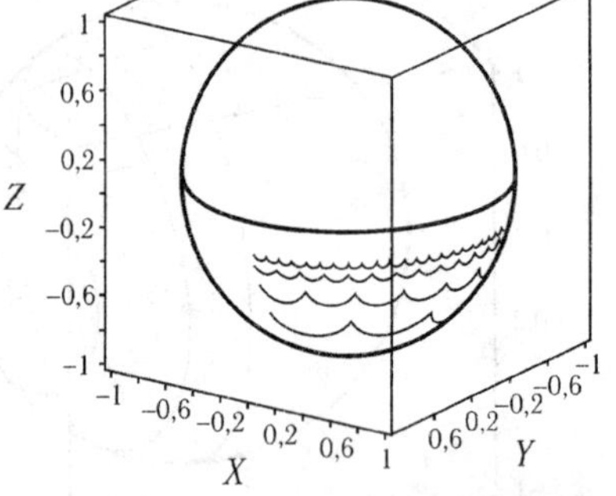

Рис. 43. Решение Бобылева – Стеклова. Движение апекса, проходящего через центр масс в неподвижном пространстве при $c \neq 0$ $(c = 1.15)$ и различных h.

Неустойчивые периодические решения и сепаратрисы для случая Ковалевской имеют довольно запутанный вид как на сфере Пуассона, так и в неподвижном пространстве. На рис. 44 приведены траектории движения, соответствующие сепаратрисам при $c \neq 0$ $(c = 1.15)$ и одном и том же значении энергии $h = 2$. Хорошо видно, что траектория большую часть времени проводит вблизи периодического решения, на рисунке этому соответствует более плотная закраска в этой области.

Эти траектории в некотором смысле представляют всю сложность интегрируемого случая Ковалевской, некоторые движения в котором имеют визуально хаотический характер (в абсолютном пространстве движение выглядит еще более неупорядоченным).

Замечание. Укажем еще одно представление интеграла Ковалевской в виде суммы квадратов. Для этого воспользуемся проекциями момента на полуподвижные оси

$$S_1 = M_1\gamma_1 + M_2\gamma_2, \quad S_3 = M_1\gamma_2 - M_2\gamma_1.$$

Можно показать, что интеграл Ковалевской допускает запись в форме

$$F = \left(\frac{M_1^2 + M_2^2}{2}\right)^2 + x(M_1S_1 + M_2S_2) + x^2(\gamma_1^2 + \gamma_2^2).$$

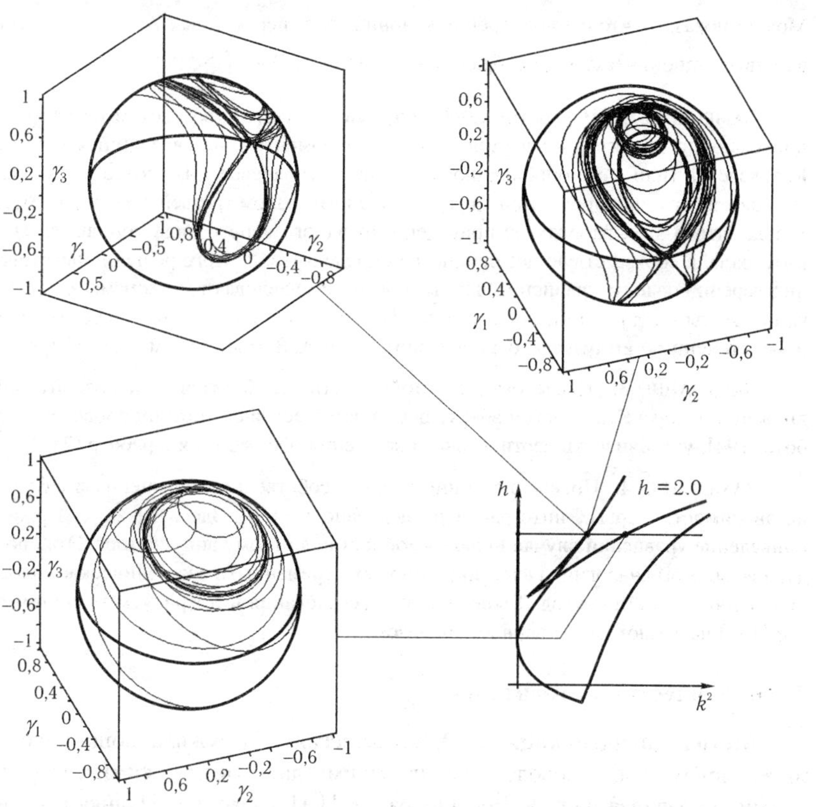

Рис. 44. Траектории на сфере Пуассона для решений, асимптотических к неустойчивым периодическим решениям.

Полагая $\boldsymbol{S} = (S_1, S_2)$ и $\widetilde{\boldsymbol{M}} = (M_1, M_2)$ двумерными векторами, угол между ними обозначим через λ (см. рис. 45). Учитывая, что $\gamma_1^2 + \gamma_2^2 = \sin^2\theta$, где θ – угол между вертикалью и осью симметрии эллипсоида инерции, запишем интеграл Ковалевской в форме

$$F = \frac{1}{4}G^4 \sin^2\lambda + \left(\frac{G^2\cos\lambda}{2} + x\sin\theta\right)^2 = k^2, \quad G^2 = \boldsymbol{M}^2.$$

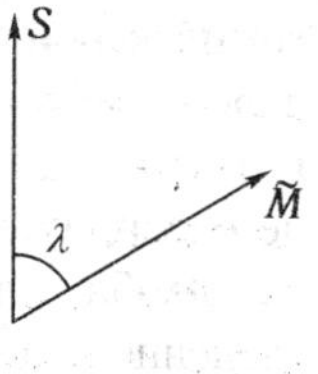

Рис. 45

Замечание 1. Укажем также любопытное нелинейное преобразование, сохраняющее структуру алгебры $so(3)$:

$$K_1 = \frac{M_1^2 - M_2^2}{2\sqrt{M_1^2 + M_2^2}}, \quad K_2 = \frac{M_1 M_2}{\sqrt{M_1^2 + M_2^2}}, \quad K_3 = \frac{1}{2}M_3.$$

Можно показать, что с точки зрения канонических переменных Андуайе оно соответствует каноническому преобразованию типа $(L, l) \mapsto \left(\frac{L}{2}, 2l\right)$.

Замечание 2. В работах [398, 486] указано семейство систем на сфере S^2, допускающих интеграл четвертой степени по моментам, не сводящийся к случаю Ковалевской (или к его обобщению, указанному Горячевым). В работе [485] аналогичная конструкция предложена для систем с интегралом третьей степени. Отметим только, что в этих работах не приведено ни одного явного вида дополнительного интеграла, а соответствующее семейство определяется в итоге решения некоторого дифференциального уравнения, для которого устанавливаются теоремы существования. Явный вид различных систем на сфере S^2 с дополнительным интегралом 3-й и 4-й степени по импульсам был недавно указан А. В. Цыгановым [508, 510].

Замечание 3. Исследование устойчивости колебательных и вращательных движений волчка Ковалевской вокруг оси динамической симметрии проведено в работе [194], устойчивость вертикального вращения обсуждается в работе [242].

Замечание 4. Поведение линии узлов и собственного вращения в ситуации независимости первых интегралов исследовано в [150]. Здесь также содержится приведение уравнений случая Ковалевской к стандартному виду на торе. Эта процедура во многом аналогична введению угловых переменных из канонического набора переменных действие-угол. Такие методы исследования интегрируемых систем после [150] называют качественным анализом.

4. Исторические комментарии

Метод Ковалевской. С. В. Ковалевская обнаружила общий случай интегрируемости, руководствуясь не какими-либо физическими соображениями, а развивая идеи К. Вейерштрасса, П. Пенлеве и А. Пуанкаре об исследовании аналитического продолжения решений системы обыкновенных дифференциальных уравнений в комплексную плоскость времени. С. В. Ковалевская предположила, что в интегрируемых случаях общее решение на комплексной плоскости не имеет других особенностей, кроме полюсов. Это дало возможность найти условия, при которых существует дополнительный интеграл. Кроме самого первого интеграла, С. В. Ковалевская нашла далеко не очевидную систему переменных, в которых уравнения имеют вид Абеля – Якоби, а также получила явное решение в тэта-функциях. До сих пор сведение к квадратурам случая Ковалевской считается очень сложным и не поддается какому-либо существенному упрощению.

А. М. Ляпунов в работе [184] уточнил анализ Ковалевской (тем же занимался Г. Г. Аппельрот [3]) в ответ на критику работ Ковалевской академиком А. А. Марковым, потребовав для интегрируемости однозначность (мероморфность) общего решения как комплексной функции времени. Он предложил метод, основанный на введении малого параметра и исследовании уравнений в вариациях. Метод Ляпунова несколько отличается от подхода Ковалевской, который далее был развит в работах М. Адлера, П. ван Мёрбеке, связавших наличие полнопараметрического семейства однозначных лорановских (полюсных) разложений с *алгебраической* интегрируемостью системы (в некотором узком смысле [315, 316]). Наиболее полный анализ полнопараметрических разложений в уравнениях Эйлера–Пуассона содержится в работе [441]. Классическое изложение результатов Ковалевской и Ляпунова имеется в нескольких учебниках [10, 87].

Соображения Ковалевской заложили основу нового метода анализа системы на интегрируемость и в то же время явились первым образцом поиска препятствий к интегрируемости, выросших в последнее время в отдельное направление исследований [159]. Отметим также, что несмотря на отдельные строгие результаты, связывающие ветвление общего решения с несуществованием первых интегралов [159], метод Ковалевской все же остается тестом на интегрируемость, он во многом неоднозначен и его применение в различных задачах требует определенного искусства и дополнительных соображений. В физической литературе этот метод обычно называется *тестом Пенлеве–Ковалевской*.

Случай Ковалевской, его анализ и обобщения. Геометрическую интерпретацию случая Ковалевской, не являющуюся, однако, достаточно естественной, и свой способ сведения к квадратурам случая Ковалевской предложил Н. Е. Жуковский [122]. Он также использовал переменные Ковалевской для построения некоторых криволинейных координат на плоскости (плоскость M_1, M_2), соответствующих разделяющимся переменным волчка Ковалевской. Его рассуждения упростили В. Танненберг и Г. К. Суслов [268, 503].

Ф. Кёттер также несколько упростил метод явного интегрирования случая Ковалевской [427, 429] и предложил исследовать движение в равномерно вращающейся вокруг вертикальной оси системе координат. С современных позиций введение переменных Ковалевской и сведение к уравнениям Абеля обсуждается в [150]. Качественный анализ движения оси динамической симметрии приведен в [150], топологический и бифуркационный анализ содержится в [284]. Переменные действие-угол для волчка Ковалевской построены в работах [365, 170, 284] (см. также [170, 365]). Мы приводим их в § 2 гл. 6. Н. И. Мерцалов проделал натурные эксперименты, не выявив, однако, каких-либо особенностей в движении волчка [106]. Одно из простейших решений в дробно-рациональных функциях времени при условиях Ковалевской было получено Б. К. Млодзеевским [202].

Г. В. Колосов проинтегрировал случай Ковалевской, сведя его при помощи нелинейного преобразования переменных и времени к задаче о движении точки на плоскости в потенциале, допускающем разделение переменных. Это – известная аналогия Колосова, классический вариант и новые обобщения которой рассмотрены нами в § 2 гл. 6. Отметим также, что Г. В. Колосов изучал в работе [168] траекторию конца вектора кинетического момента, указав ее регулярные особенности.

Строение комплексных торов с помощью методов алгебраической геометрии исследовано в [379, 216]. Бифуркационные диаграммы для случая Ковалевской в связи с аналогией Колосова рассматриваются в [390].

Квантование волчка Ковалевской также является вопросом, обсуждаемым еще с момента создания квантовой механики [437] (О. Лапорт, 1933), но до сих пор в нем нет полной ясности [170, 472]. В работе [365] выписано уравнение Пикара–Фукса, возникающее при интегрировании случая Ковалевской. Первое представление Лакса для n-мерного случая Ковалевской, не содержащее спектрального параметра, было построено А. М. Переломовым [225]. Представление, содержащее спектральный параметр в общей постановке (при движении в двух однородных полях), предложено А. Г. Рейманом, М. А. Семеновым-Тян-Шанским [233]. Это обобщение случая Ковалевской до сих пор мало изучено (в частности, оно не проинтегрировано в квадратурах, отсутствует также топологический и качественный анализ).

§ 5. Случай Горячева – Чаплыгина

Рассмотрим частный интегрируемый случай Горячева – Чаплыгина, для которого, как мы знаем, вектор кинетического момента лежит в горизонтальной плоскости, т. е. $(\boldsymbol{M}, \boldsymbol{\gamma}) = 0$. Он реализуется почти при тех же ограничениях на динамические параметры, что и случай Ковалевской, но отношение моментов инерции теперь равно не двум, а четырем: $\frac{a_3}{a_1} = 4$. Гамильтониан и дополнительный интеграл имеют вид:

$$H = \frac{1}{2}(M_1^2 + M_2^2 + 4M_3^2) - x\gamma,$$

$$F = M_3(M_1^2 + M_2^2) + xM_1\gamma_3.$$

1. Явное интегрирование

Переменные типа Ковалевской, приводящие систему к уравнениям Абеля – Якоби, были указаны С. А. Чаплыгиным [297]. Они определяются формулами

$$M_1^2 + M_2^2 = 4uv, \qquad M_3 = u - v \tag{5.1}$$

и удовлетворяют уравнениям

$$\begin{aligned} \frac{du}{\sqrt{P_1(u)}} - \frac{dv}{\sqrt{P_2(v)}} &= 0, \\ \frac{2u\,du}{\sqrt{P_1(u)}} + \frac{2v\,dv}{\sqrt{P_2(v)}} &= dt, \end{aligned} \tag{5.2}$$

$$P_1(u) = -\Big(u^3 - \frac{1}{2}(h - x)u - \frac{1}{4}f\Big)\Big(u^3 - \frac{1}{2}(h + x)u - \frac{1}{4}f\Big),$$

$$P_2(v) = -\Big(v^3 - \frac{1}{2}(h - x)v + \frac{1}{4}f\Big)\Big(v^3 - \frac{1}{2}(h + x)v + \frac{1}{4}f\Big),$$

где h, f — постоянные интегралов энергии и Чаплыгина ($H = h$, $F = f$).

Замечание 1. При введении переменных u, v Чаплыгин, по существу, построил систему переменных Андуайе, а точнее, связанных с ними соотношениями $L = u - v$, $G = u + v$ [150]. В § 2 гл. 6 с помощью анализа переменных Андуайе для пучка скобок Пуассона, включающего алгебры $so(4)$, $e(3)$, $so(3, 1)$, построено обобщение случая Горячева – Чаплыгина и найдены соответствующие разделяющие переменные.

Замечание 2. В работе [322] была замечена аналогия между волчком Горячева – Чаплыгина и трехчастичной замкнутой цепочкой Тоды.

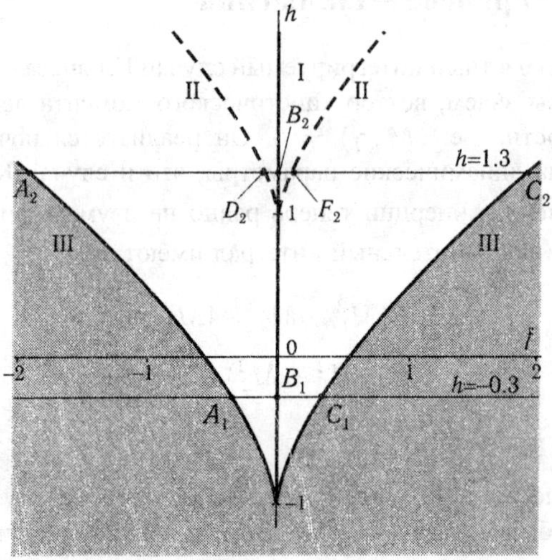

Рис. 46. Бифуркационная диаграмма случая Горячева – Чаплыгина. Серым цветом заштрихована нефизическая область интегралов. Указаны также два уровня энергии, для которых построены фазовые портреты (см. рис. 47, 48). Буквами A_i, B_i, C_i, ... обозначены периодические решения и сепаратрисы, которые аналогично обозначены на фазовых портретах.

2. Бифуркационная диаграмма и фазовый портрет

Используя функции $P_1(u)$, $P_2(v)$, из условия кратности корней этих полиномов несложно построить бифуркационную диаграмму [284]. На плоскости (f, h) она состоит из трех ветвей (рис. 46):

$$\text{I.}\quad f = 0, \quad h > -1,$$

$$\text{II.}\quad h = \frac{3}{2}t^2 + 1, \qquad f = t^3, \quad t \in (-\infty, +\infty),$$

$$\text{III.}\quad h = \frac{3}{2}t^2 - 1, \qquad f = t^3, \quad t \in (-\infty, +\infty).$$

К первому классу (I) относятся три периодических решения:

1) вращения и колебания в экваториальной плоскости эллипсоида инерции ($M_1 = M_3 = 0$, $\gamma_2 = 0$);
2) вращения и колебания в меридиональной плоскости эллипсоида инерции ($M_1 = M_2 = 0$, $\gamma_3 = 0$);
3) частные решения Горячева, соответствующие $f = 0$.

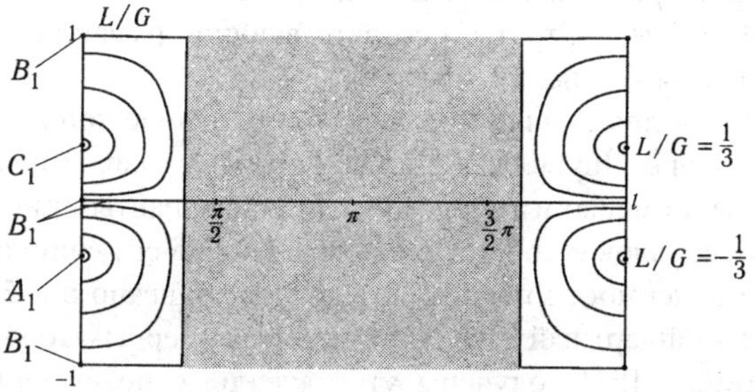

Рис. 47. Фазовый портрет случая Горячева – Чаплыгина при $h = 0.3$ (сечение плоскостью $g = \pi/2$). Буквами A_1, B_1, C_1 отмечены периодические решения, расположенные на ветвях бифуркационной диаграммы (рис. 46). Точке B_1 на бифуркационной диаграмме, для которой $f = 0$, соответствует, во-первых, два маятниковых периодических решения (они расположены на фазовом портрете в полюсах сферы $L/G = \pm 1$ и в точке $l = 0$, $L/G = 0$) и, во-вторых, целая прямая $L/G = 0$, $l \neq 0$, также заполненная периодическими решениями (решение Горячева) маятникового типа (см. также п. 3).

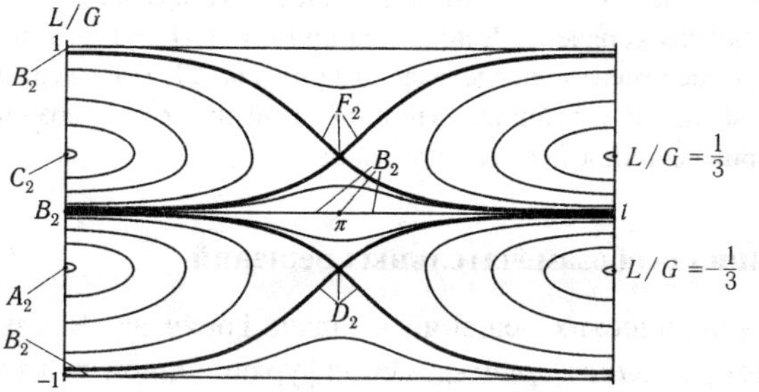

Рис. 48. Фазовый портрет случая Горячева – Чаплыгина при $h = 1.3$ (сечение плоскостью $g = \pi/2$). Буквами A_2, B_2, C_2, D_2, F_2 отмечены периодические решения, расположенные на ветвях бифуркационной диаграммы (рис. 46). По сравнению с предыдущим портретом добавились неустойчивые решения (и сепаратрисы к ним) – D_2 и F_2. Как и выше, точке B_2 на бифуркационной диаграмме соответствует четыре вращательных периодических решения (вращения в экваториальной и меридиональной плоскости с учетом направления) – это точки $L/G = \pm 1$ и $l = 0$, π, $L/G = 0$, а также прямая $L/G = 0$, которая целиком заполнена периодическими решениями (решения Горячева) приведенной системы (см. п. 3).

К сожалению, решения, лежащие на ветках II, III, практически совсем не изучены. Фазовые портреты, соответствующие различным значениями энергии, приведены на рис. 47, 48.

Так же, как и для волчка Ковалевской, описание топологических типов слоения на торы Лиувилля в случае Горячева – Чаплыгина содержится в [284], а графы Фоменко и топологические инварианты приведены в [31]. Поведение линии узлов и собственного вращения в ситуации общего положения (т. е. независимости первых интегралов) описано в [150], где представлен также стандартный вид системы на двумерных торах. Исходя из этих результатов, в [83] получены утверждения о поведении годографов угловой скорости. В работе Г. Горра [88] дана качественная картина движения тела в некоторых вырожденных случаях, когда первые интегралы зависимы. В работе [259] Л. Н. Сретенский изучил быстрые вращения волчка Горячева – Чаплыгина относительно горизонтально расположенной главной оси эллипсоида инерции, на которой лежит центр тяжести. При исследовании он вводит малый параметр, соответствующий быстрому вращению тела, и исследует первое приближение.

Замечание. Отсутствие явных аналитических выражений для асимптотических решений также является препятствием к исследованию возмущенной системы. Отметим, что Н. И. Мерцалов в работе [199] сделал утверждение об интегрируемости уравнений волчка Горячева – Чаплыгина при $c = (\boldsymbol{M}, \boldsymbol{\gamma}) \neq 0$. Как показывают компьютерные эксперименты, представленные на рис. 49, это утверждение является ошибочным, и вблизи неустойчивых многообразий при $c \neq 0$ возникает стохастический слой, приводящий к неинтегрируемости.

3. Визуализация особозамечательных решений

Среди периодических решений в задаче Горячева – Чаплыгина особое место занимает *решение Горячева*. На бифуркационной диаграмме оно находится на прямой $f = 0$, помимо него на этой прямой располагаются также периодические решения уравнений Эйлера – Пуассона, соответствующие колебаниям (при $h < 1$) и вращениям ($h > 1$) твердого тела в плоскостях Oxy и Oxz, происходящие по закону физического маятника. Остановимся подробнее на решении Горячева и решениях, расположенных на ветвях II и III (см. рис. 46).

Решение Горячева [99] Для этого решения имеются два дополнительных инвариантных соотношения [118]:

$$M_1^2 + M_2^2 = bM_1^{2/3}, \quad f = M_3(M_1^2 + M_2^2) + M_1\gamma_3 = 0, \quad (b > 0). \quad (5.3)$$

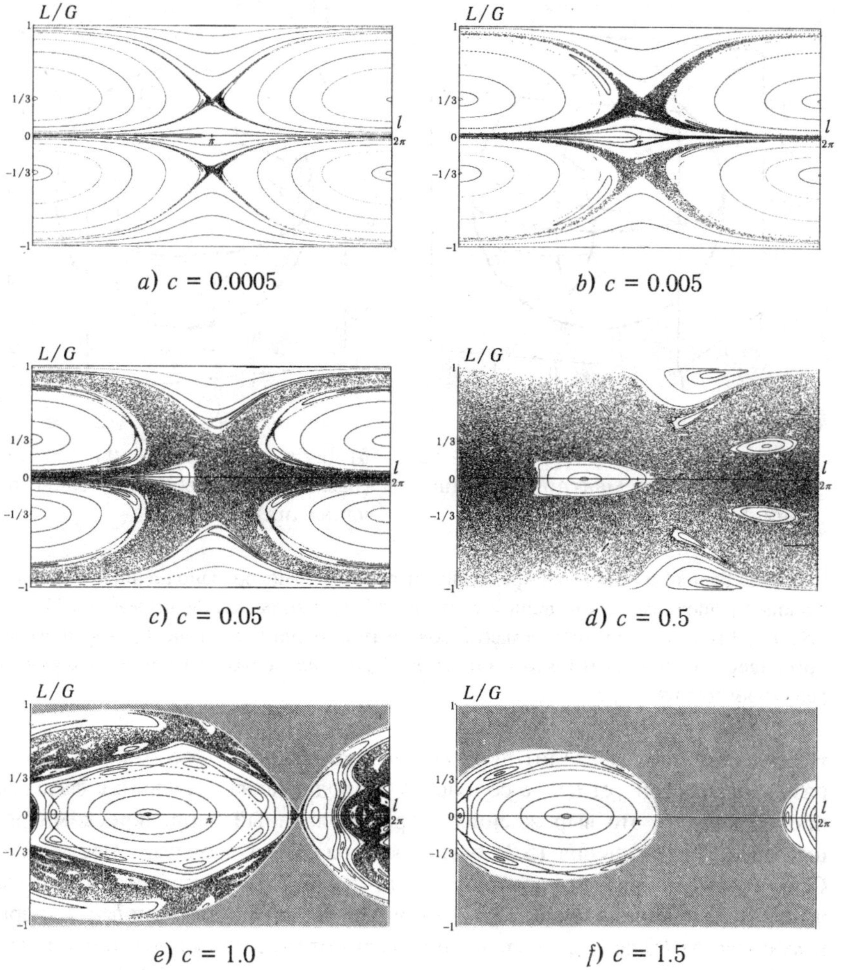

Рис. 49. Возмущение случая Горячева – Чаплыгина при фиксированной энергии ($h = 1.5$) и увеличении константы площадей (приведено сечение плоскостью $g = \pi/2$, серым цветом закрашены области невозможности движения). На рисунках видно, что вблизи сепаратрис возникает стохастический слой, который сначала увеличивается; затем уменьшается вместе с областью возможного движения. Любопытно, что при дальнейшем увеличении c ОВД уменьшается вместе со стохастическим слоем до полного исчезновения.

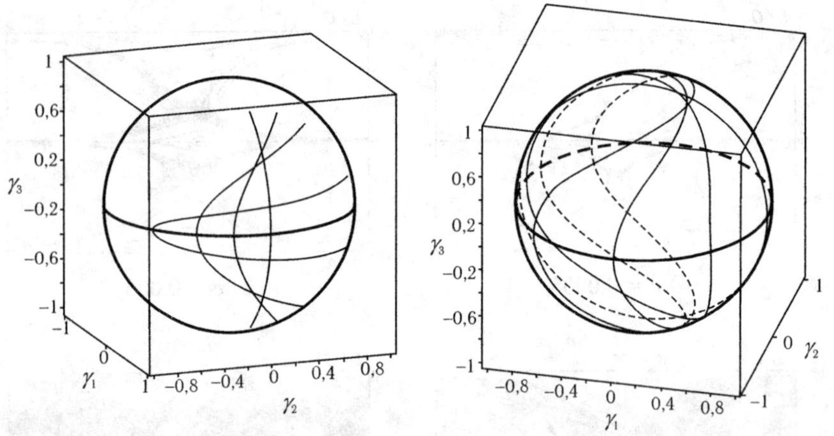

a) Движение γ при $f = 0$ и $h = -0.5$ (различные типы маятникового движения).

b) Движение γ при $f = 0$ и $h = 1.5$ (различные типы вращательного движения).

Рис. 50. «Решение Горячева» представляет собой целый тор, заполненный периодическими решениями приведенной системы $\boldsymbol{M}$, $\boldsymbol{\gamma}$ (так называемый резонанс 1 : 1), при $h < 1$ (рис. a) это решения маятникового типа, а при $h > 1$ (рис. b) – вращательного. Здесь приведены траектории на сфере Пуассона, соответствующие различным решениям на этом торе.

В эти соотношения входит произвольная константа b, которая, таким образом, параметризует целое семейство периодических решений: в фазовом пространстве – это вырожденный тор, заполненный периодическими решениями. Соотношения (5.3) были указаны Д. Н. Горячевым, после чего С. А. Чаплыгин сразу же обнаружил, что условие $f = 0$ является слишком жестким, и получил решение (5.2) в общепринятой форме. При $h < 1$ и при изменении b от 0 до $b_{\max}$ решение переходит от колебания в экваториальной плоскости к колебанию в меридиональной плоскости (рис. 50). На фазовом портрете (см. рис. 47) это прямая $L/G = 0$ и соединяющий ее с полюсами меридиан. При $h > 1$ и при изменении b от 0 до $b_{\max}$ решение переходит от одного вращения в экваториальной плоскости в другое (в противоположном направлении, рис. 48).

Движение апекса на сфере Пуассона приведено на рис. 50. Замечательным феноменом, ранее не отмечавшимся, является то, что для решений

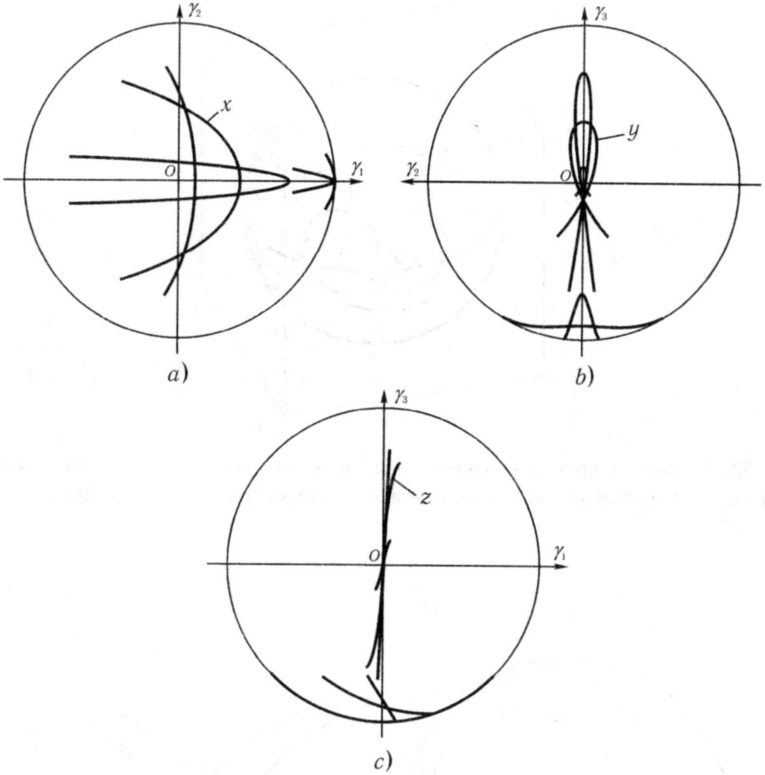

Рис. 51. Этот рисунок иллюстрирует поведение главных осей твердого тела в неподвижной системе координат для решений Горячева при фиксированной энергии $h < 1$ $(h = -0.7)$. Хорошо видно, что это – *периодические* решения в абсолютном пространстве, которые при изменении параметра b переходят от колебаний в плоскости Oxy к колебаниям в плоскости Oxz. (Буквами x, y, z обозначены оси, связанные с телом.)

Горячева в абсолютном пространстве при $h < 1$ движение является периодическим колебательного типа (рис. 51). При $h > 1$ соответствующее движение является квазипериодическим двухчастотным (рис. 52).

Все указанные факты практически невозможно увидеть непосредственно из аналитического решения, которое впервые было получено Горячевым в очень громоздкой форме [99]. Несмотря на некоторые упрощения,

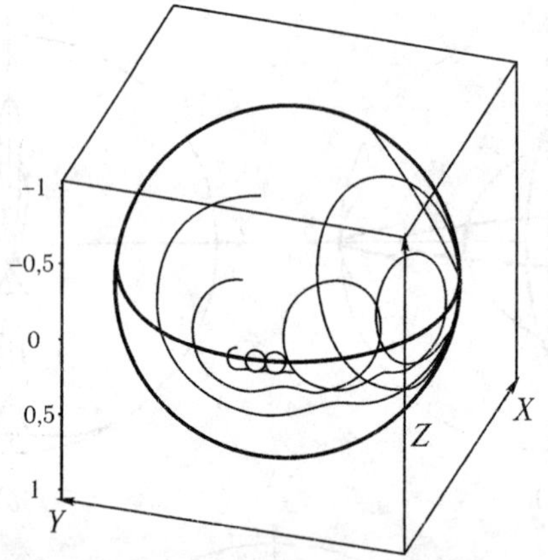

Рис. 52. Рисунок, иллюстрирующий квазипериодическое движение в абсолютном пространстве (показано движение главной оси Oy) для решения Горячева при $h > 1$ ($h = 1.7$).

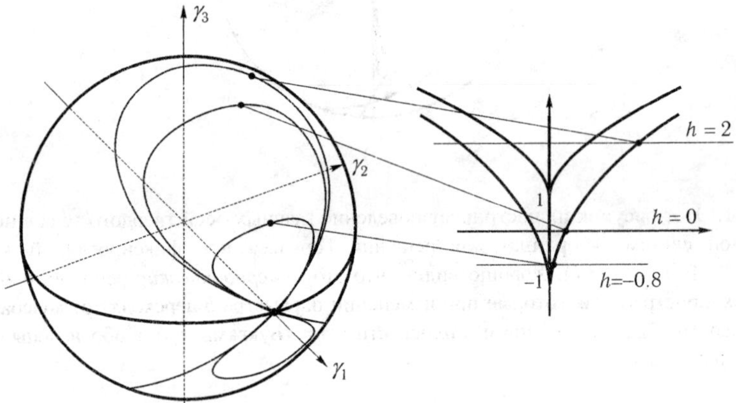

Рис. 53. Движение орта вертикали γ на сфере Пуассона для устойчивого периодического движения в случае Горячева – Чаплыгина при различных значениях энергии.

имеющиеся, например, в [118], явные формулы лишь частично позволяют дать представление об обнаруженных на компьютере движениях. Отметим

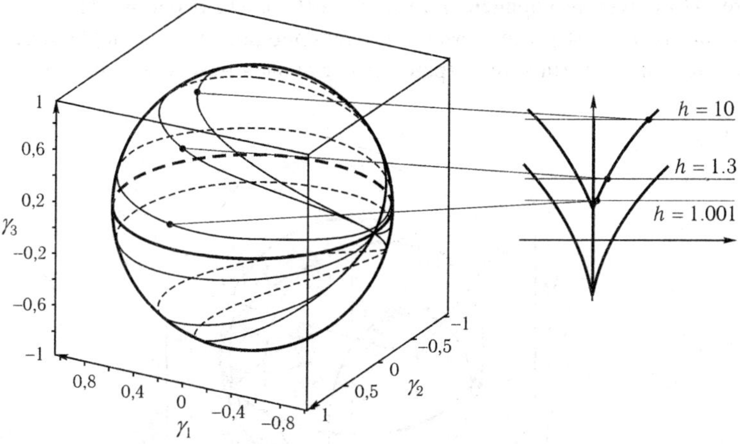

Рис. 54. Движение орта вертикали $\boldsymbol{\gamma}$ на сфере Пуассона для неустойчивого периодического решения в случае Горячева – Чаплыгина при различных значениях энергии.

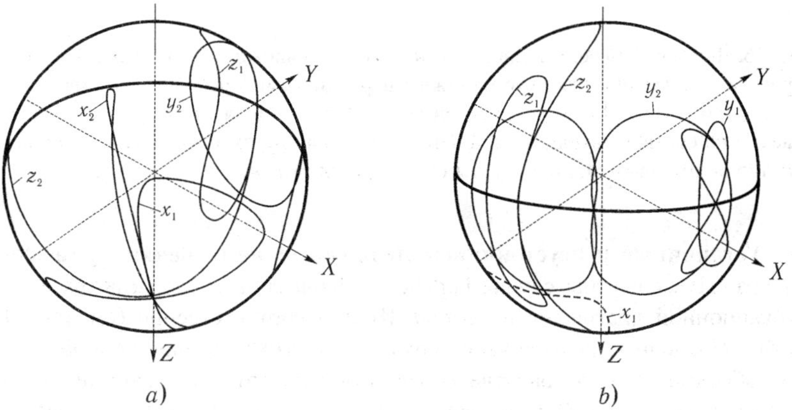

Рис. 55. Движение апексов главных осей тела в неподвижном пространстве в случае Горячева – Чаплыгина для устойчивого периодического решения, расположенного на ветви III (рис. 46), при двух различных значениях энергии h_1, h_2 с разных точек зрения. Буквами x_i, y_i, z_i, $i = 1, 2$ обозначены траектории соответствующих осей, относящихся к одной и той же энергии.

также, что решение Горячева при дополнительных ограничениях на b и h исследовались в [88], где указаны квазипериодические (и периодические) движения в абсолютном пространстве (исключая некоторое значение b^*).

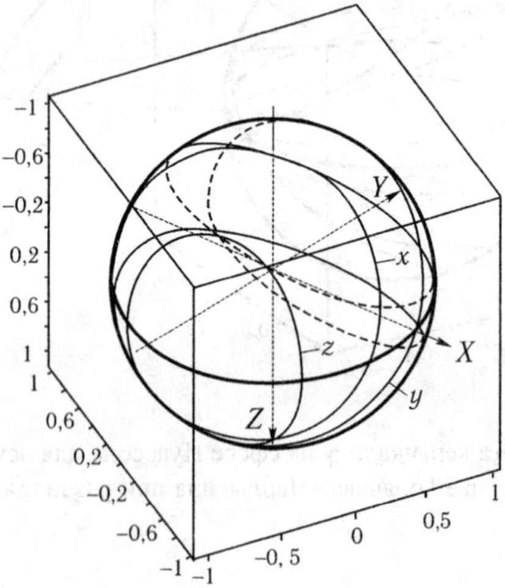

Рис. 56. Движение апексов главных осей тела в неподвижном пространстве в случае Горячева – Чаплыгина для неустойчивого периодического решения, расположенного на ветви II (рис. 46), при одном значении энергии. Буквами x, y, z обозначены траектории соответствующих осей. (Движения при других значениях энергии качественно не отличаются, поэтому мы их не приводим.)

Устойчивые и неустойчивые периодические решения уравнений Эйлера – Пуассона для случая Горячева – Чаплыгина располагаются на бифуркационной диаграмме на ветвях III и II соответственно (см. рис. 46, 53–56). Численные исследования показывают, что движения полной системы в абсолютном пространстве, соответствующие этим решениями, *также периодические при любых значениях энергии* (см. рис. 55, 56). Этот факт отражает специфику динамики твердого тела на нулевой постоянной площадей $(\boldsymbol{M}, \gamma) = 0$. Вместо формального доказательства мы приводим серию рисунков, наглядно подтверждающих это утверждение (см. [337]). На них представлены траектории системы как на сфере Пуассона, так и траекторий апексов в абсолютном пространстве, большинство из них достаточно сложны.

Частное решение III исследовалось аналитически в [92], где показана его периодичность в абсолютном пространстве.

Исследование устойчивости колебательных и вращательных движений вокруг оси динамической симметрии (маятникообразных движений) в случае Горячева – Чаплыгина содержится в работе [192].

Замечательным выводом относительно случая Горячева – Чаплыгина (при некоторых дополнительных условиях) является наблюдение, что при его анализе возникают любопытные колебательные (вращательные) движения *в абсолютном пространстве*, т. е. можно говорить о некотором сложном маятнике. Однако область применения таких колебаний пока не очень ясна. Отметим также сравнительную простоту движений волчка Горячева – Чаплыгина по сравнению с волчком Ковалевской. Немногочисленные аналитические результаты, полученные при изучении случая Горячева – Чаплыгина, лишь частично способны дать наглядное представление о движении. Компьютерное исследование движения дополняет эти результаты и обнаруживает его замечательные свойства, типичные также для родственных интегрируемых систем.

§ 6. Частные решения уравнений Эйлера–Пуассона

Приведем несколько наиболее известных частных решений уравнений Эйлера–Пуассона, отсылая за более полными списками к [91, 118, 439]. Эти решения выделяются тем, что могут быть получены с использованием несложных квадратур, некоторые из них обладают замечательными свойствами. Тем не менее, они представляют лишь небольшую «горстку» из периодических и асимптотических решений, которые могут быть найдены компьютерными методами, но которые не даются с помощью явных аналитических выражений. Компьютерное моделирование всех приведенных ниже решений было выполнено в [80].

1. Решение Гесса [403]

Случай Гесса является в некотором смысле еще более частным. В отличие от предыдущих случаев (см. §§ 2–5), он определяет лишь однопараметрическое семейство частных решений, задаваемых инвариантным соотношением (см. таблицу 2.1)

$$r_1M_1 + r_3M_3 = 0, \tag{6.1}$$

т. е. изолированное инвариантное многообразие в фазовом пространстве (см. рис. 58).

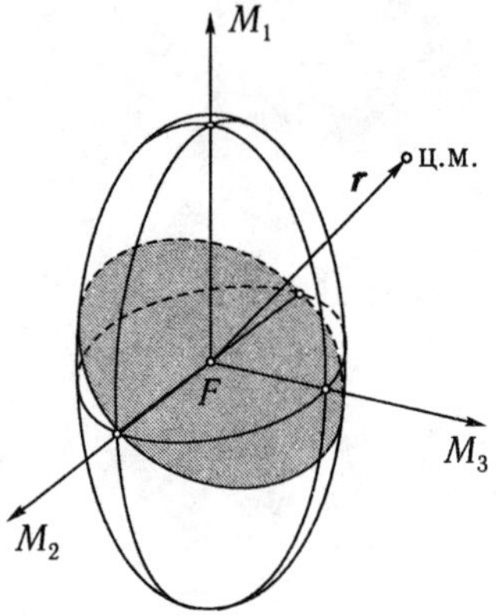

Рис. 57. Гирационный эллипсоид и расположение центра масс для случая Гесса.

Физический смысл ограничений на параметры в случае Гесса

$$r_1\sqrt{a_3-a_2} \pm r_3\sqrt{a_2-a_1} = 0,\qquad r_2 = 0 \tag{6.2}$$

заключается в следующем. Рассмотрим *гирационный эллипсоид* — поверхность уровня кинетической энергии в пространстве момента $\boldsymbol{M}$ (см. рис. 57)

$$\frac{1}{2}(\boldsymbol{M},\, \mathbf{A}\boldsymbol{M}) = \text{const}. \tag{6.3}$$

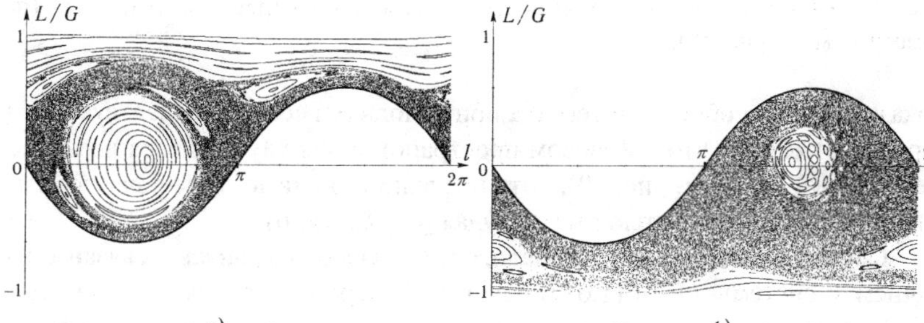

Рис. 58. Фазовый портрет (сечение плоскостью $g = \pi/2$) для случая Гесса при условиях $\mathbf{I} = \mathrm{diag}(1, 0.625, 0.375)$, $\boldsymbol{r} = (3, 0, 4)$, $\mu = 1.995$ при постоянных интегралов $h = 50.0$, $c = 5.0$. Хорошо видны два стохастических слоя, разделенные сдвоенной сепаратрисой Гесса, — точки из одного слоя не проникают в другой. На рис. b) виден также возникающий при этих условиях *меандровый тор* (см. рис. 59).

Поскольку все собственные значения матрицы $\mathbf{A}$ различны, гирационный эллипсоид обладает двумя круговыми сечениями, проходящими через среднюю ось. Условия (6.2) означают, что центр масс тела лежит на оси, перпендикулярной одному из круговых сечений эллипсоида (6.3). Линейный интеграл Гесса (точнее, инвариантное соотношение) (6.1) означает, что проекция момента на эту ось равна нулю. Динамика на этом инвариантном многообразии, вообще говоря, отличается от обычного квазипериодического движения, возникающего при выполнении условий теоремы Лиувилля – Арнольда. Случай Гесса, вообще говоря, не интегрируется на (6.1) в квадратурах, но, тем не менее, допускает полное качественное исследование.

Соотношение Гесса при определенных значениях констант энергии и площадей на фазовом портрете может определять пару сдвоенных сепаратрис (см. рис. 58), которые разделяют две хаотические зоны (которые

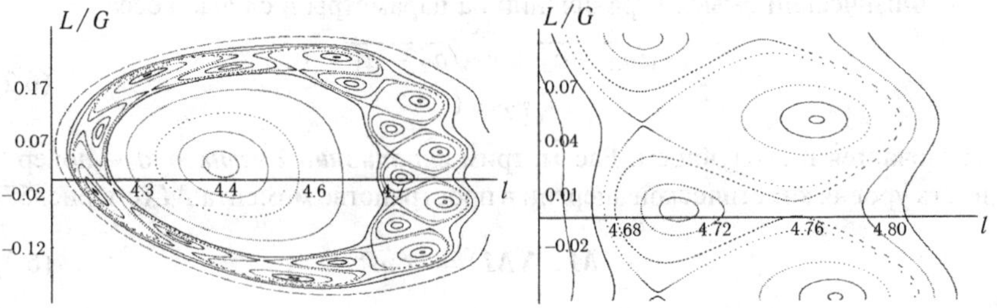

Рис. 59. Меандровые торы, возникающие на фазовом портрете в случае Гесса (параметры см. на рис. 58).

показывают, что общего интеграла при условиях Гесса не существует). Интересно отметить, что в фазовом пространстве для случая Гесса возникает *меандровый тор* (см. рис. 59), хотя последний, видимо, и не является специфической особенностью этого случая (см. § 5 гл. 6).

Случай Гесса во многом аналогичен случаю Лагранжа и связан с наличием у системы (1.4), (1.6) циклической переменной (явная симметрия гамильтониана относительно вращений) на одном из уровней некоторого «циклического» интеграла. Для того чтобы показать это явно, запишем гамильтониан (1.4) в системе координат, для которой одна из осей Ox_3 совпадет с осью, перпендикулярной круговому сечению гирационного эллипсоида (рис. 57):

$$H = \frac{1}{2}\left(a_1'(M_1^2 + M_2^2) + a_3'M_3^2 + 2bM_3M_1\right) - \mu\gamma_3, \quad \mu = \text{const}. \tag{6.4}$$

Такая система координат уже не является главной. Матрица перехода к новым координатам (из системы главных осей) может быть выражена через компоненты матрицы $\mathbf{A}$ по формулам

$$\mathbf{U} = \begin{pmatrix} \sqrt{\dfrac{a_3 - a_2}{a_3 - a_1}} & 0 & \mp\sqrt{\dfrac{a_2 - a_1}{a_3 - a_1}} \\ 0 & 1 & 0 \\ \pm\sqrt{\dfrac{a_2 - a_1}{a_3 - a_1}} & 0 & \sqrt{\dfrac{a_3 - a_2}{a_3 - a_1}} \end{pmatrix}. \tag{6.5}$$

Инвариантное соотношение Гесса (6.1) при этом принимает вид

$$M_3 = 0. \tag{6.6}$$

Легко видеть, что гамильтониан (6.4) на уровне $M_3 = 0$ совпадает с гамильтонианом Лагранжа и его интегрирование выполняется аналогично. Положим, без ограничения общности, $a_1' = 1$, $a_3' = a_3$, $b = a_{13}$. Опишем сначала многообразие, определяемое соотношением Гесса (6.1).

Предложение. *Инвариантное многообразие* (6.1): 1) *при* $c \neq 0$ *диффеоморфно тору,* 2) *при* $c = 0$ *диффеоморфно сфере* (*либо паре сфер*).

Доказательство.

Разрешая систему уравнений

$$\begin{aligned} &M_1^2 + M_2^2 = h + \mu\gamma_3, \\ &M_1\gamma_1 + M_2\gamma_2 = c, \qquad h, c = \text{const}, \\ &\gamma_1^2 + \gamma_2^2 + \gamma_3^2 = 1, \end{aligned} \tag{6.7}$$

относительно M_1, M_2, находим

$$\begin{aligned} M_1^{\pm} &= \frac{c\gamma_1}{\gamma_1^2 + \gamma_2^2} \pm \sqrt{\frac{2(h - U_*)}{1 - \gamma_3^2}}\gamma_2, \\ M_2^{\pm} &= \frac{c\gamma_2}{\gamma_1^2 + \gamma_2^2} \pm \sqrt{\frac{2(h - U_*)}{1 - \gamma_3^2}}\gamma_1, \end{aligned} \tag{6.8}$$

где

$$U_* = \frac{c^2}{2(1 - \gamma_3^2)} - \mu\gamma_3.$$

Из этих соотношений видно, что поверхность (6.1) проецируется на сферу Пуассона $\boldsymbol{\gamma}^2 = 1$ на область, заданную неравенством

$$h - U_* \geqslant 0. \tag{6.9}$$

При $c \neq 0$, $h > h_{\min}$ эта область является кольцом, над каждой точкой которого в фазовом пространстве имеется два прообраза при проекции $\pi(M_1, M_2, \gamma_1, \gamma_2, \gamma_3) \to (\gamma_1, \gamma_2, \gamma_3)$ за исключением границы $h = U_*$, над которой имеется по одной точке. Таким образом, многообразие (6.1) является тором. При $c = 0$ мы имеем $U_* = -\mu\gamma_3$, и при $h^* > h > h_{\min} = -\mu$ область, определяемая неравенством (6.9), является кругом, над каждой точкой которого имеется два прообраза π^{-1} за исключением границы, которая имеет один прообраз. Это приводит к одной сфере, а в случае $h > h^*$ многообразие (6.1) представляет собой две несвязные сферы. ■

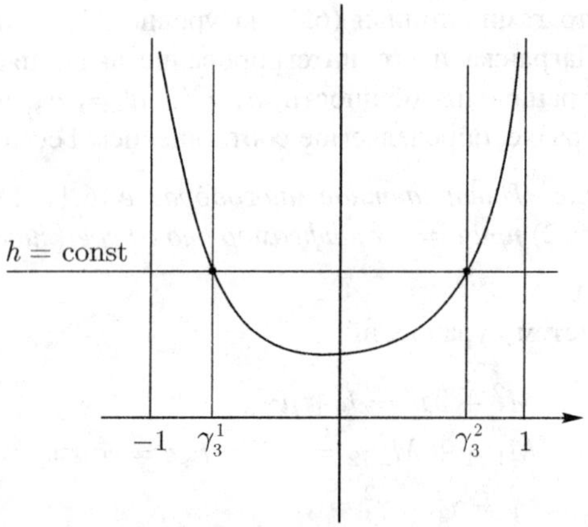

Рис. 60

Опишем векторное поле на инвариантном многообразии (6.1). Для этого мы параметризуем его переменные (γ_3, φ) с учетом двукратного накрытия:

$$\gamma_1 = \sqrt{1-\gamma_3^2}\sin\varphi, \quad \gamma_2 = \sqrt{1-\gamma_3^2}\cos\varphi, \tag{6.10}$$

для которых имеем уравнения

$$\begin{aligned} \dot\gamma_3 &= \pm\sqrt{2(1-\gamma_3^2)(h-U_*)}, \\ \dot\varphi &= \frac{c\left(\gamma_3 - b\sqrt{1-\gamma_3^2}\sin\varphi\right)}{1-\gamma_3^2} \mp b\cos\varphi\sqrt{2(h-U_*)}. \end{aligned} \tag{6.11}$$

При $c \neq 0$ векторное поле (6.11) не имеет сингулярностей, так как $\gamma_3 \neq \pm 1$. Неподвижные точки могут лишь располагаться на границах области возможного движения, определяемой уравнением $h = U_*(\gamma_3) = \frac{1}{2}\frac{c^2}{1-\gamma_3^2} - \mu\gamma_3$ (рис. 60). Из системы (6.11) можно найти условие для неподвижных точек:

$$\frac{\gamma_3^i}{\mu b\sqrt{1-(\gamma_3^i)^2}} = \sin\varphi_i, \quad i = 1, 2.$$

Если

$$g^i(c,h) = \left|\frac{\gamma_3^i(c,h)}{\mu b\sqrt{1-\left(\gamma_3^i(c,h)\right)^2}}\right| > 1, \quad i = 1, 2,$$

то векторное поле на торе не имеет особых точек и на нем имеется обычная квазипериодическая обмотка. Если $g^i(c,h) \leqslant 1$, то для $g^1 < 1$, $g^2 > 1$ имеется две особые точки, а для случая $g^1 < 1$, $g^2 < 1$ — четыре особые точки. Таким образом, при достаточно больших h, когда заведомо $g^i(c,h) > 1$, многообразие представляет собой многообразие нерасщепившихся сепаратрис к неустойчивым периодическим решениям, которые могут быть получены продолжением из неустойчивых перманентных вращений задачи Эйлера – Пуансо [150] (рис. 61, 62).

Кроме квадратуры, для γ_3 укажем также уравнение для прецессии:

$$\dot{\psi} = \frac{c}{1-\gamma_3^2}. \tag{6.12}$$

Используя квадратуры для γ_3, ψ из (6.11), Н. Е. Жуковский описал движение центра масс [123]. Несложно видеть, что он движется по закону сферического маятника. Решение для угла собственного вращения φ не может быть получено обычной квадратурой. Обычно, следуя П. А. Некрасову [212], его определение сводят к решению уравнения типа Риккати.

Действительно, для комплексной переменной $z = M_1 + iM_2$ легко получить

$$e^{-i\varphi} = -\frac{\dot{\gamma}_3 + ic}{\sqrt{1-\gamma_3^2}}\frac{z}{K^2}, \quad K^2 = M_1^2 + M_2^2 = 2(h - \mu\gamma_3),$$

что приводит для z к нелинейному уравнению первого порядка

$$\dot{z} + \frac{ia_{13}}{2}z^2 + \mu\frac{\dot{\gamma}_3 + ic}{K^2}z + \frac{1}{2}ia_{13}K = 0. \tag{6.13}$$

В случае $c = 0$ система (6.11) упрощается:

$$\begin{aligned} \dot{\gamma}_3 &= \sqrt{2(1-\gamma_3^2)(h+\mu\gamma_3)}, \\ \dot{\varphi} &= \mp b\cos\varphi\sqrt{2(h+\mu\gamma_3)}, \end{aligned} \quad \left(\text{или } \dot{\theta} = -\sqrt{2(h+\mu\gamma_3)}\right). \tag{6.14}$$

Жуковский в [123] показал, что траектория движения средней оси гирационного эллипсоида в каждый момент времени образует постоянный угол θ с плоскостью кругового сечения

$$\sin\theta = \frac{a_2}{\sqrt{a_2(a_1+a_3) - a_1a_3}}. \tag{6.15}$$

С помощью этого результата можно показать, что при нулевой постоянной площадей $c = 0$ средняя ось инерции движется по локсодроме. Вследствие такого характерного движения Жуковский ввел название *локсодромического маятника* (Гесса), указал практические условия осуществления такого движения и предложил механическую модель для его наблюдения [123].

Рассмотрим случай локсодромического маятника ($c = 0$) более подробно (см. рис. 61). Из соотношений (6.14) находим

$$\dot{\gamma}_3^2 = 2(h - \widetilde{\mu}\gamma_3)(1 - \gamma_3^2), \quad \dot{\psi} = 0, \quad \ln\Bigl(\operatorname{tg}\frac{l}{2}\Bigr) = \pm a_{13}K, \tag{6.16}$$

где $M_1 = K\sin l$, $M_2 = K\cos l$.

Выделяются два качественно различных случая:

$\boldsymbol{h > \widetilde{\mu}}$. Центр масс вращается по главному кругу (так как $\psi = \mathrm{const}$). При этом средняя ось движется по всей локсодроме (см. рис. 18). В этом случае на фазовом портрете (рис. 61 e,f), который содержит также хаотические траектории, решение Гесса разделяет два «несмешивающихся» стохастических слоя (см. также рис. 58). Фактически решение Гесса в этом случае нереализуемо, вследствие неустойчивости траектория сваливается в тот или другой слой.

При $h \to \infty$ (либо $\widetilde{\mu} \to 0$) все сводится к обычному случаю Эйлера, при этом решение Гесса стремится к сепаратрисе перманентного вращения вокруг средней оси [150].

$\boldsymbol{h < \widetilde{\mu}}$. Центр масс совершает плоские колебания по закону физического маятника, а средняя ось движется согласно (6.15) по отрезку локсодромы. Решение при этом периодическое в абсолютном пространстве (одночастотное, как и решение Горячева, § 5 гл. 2). На фазовом портрете (см. рис. 61 a,b,c) соотношение Гесса задает целиком заполненную неподвижными точками инвариантную кривую, которая располагается внутри регулярного слоения.

При $c \neq 0$ исследование движения является существенно сложным и не может быть выполнено аналитическим образом. На рис. 62 приведена серия фазовых портретов, которые иллюстрируют эффект расхождения стохастических слоев (при уменьшении энергии h) вблизи решения Гесса, которое приобретает устойчивость.

При этом динамика абсолютного движения для малых энергий является трехчастотной, при увеличении же энергии движение по одной переменной будет носить асимптотический характер и остается всего две частоты.

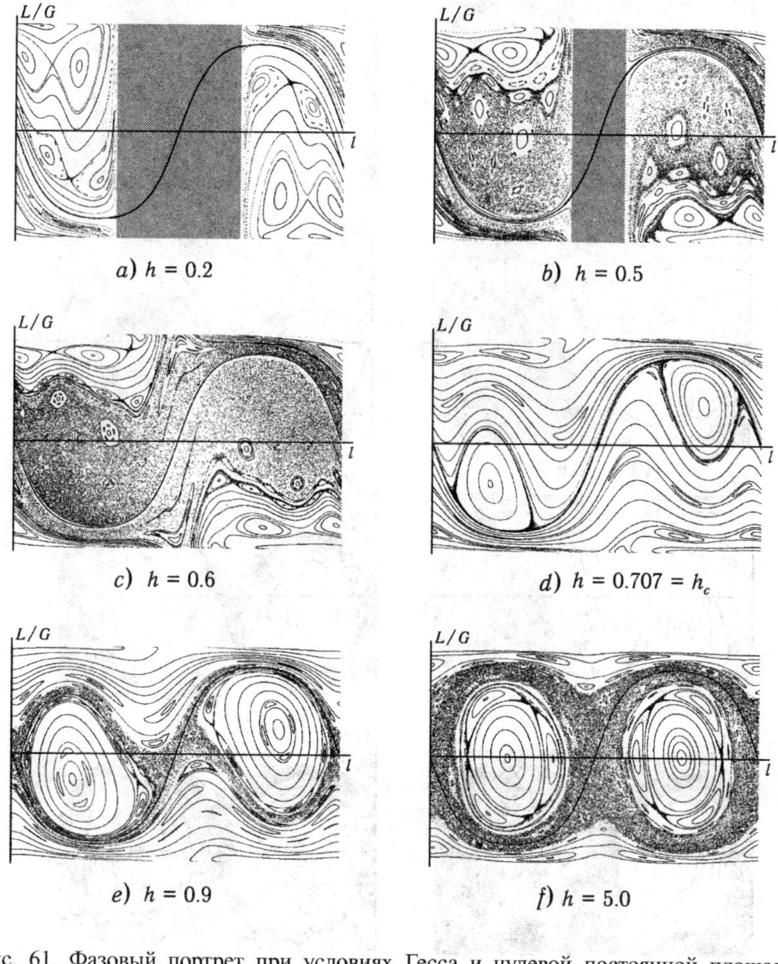

Рис. 61. Фазовый портрет при условиях Гесса и нулевой постоянной площадей $\left(H = \frac{1}{2}\left(M_1^2 + \frac{2}{3}M_2^2 + \frac{1}{2}M_3^2\right) + \frac{1}{\sqrt{3}}\gamma_1 + \frac{1}{\sqrt{6}}\gamma_3, \widetilde{\mu} = h_c\right)$. На рисунках хорошо видно, что тор, соответствующий интегралу Гесса при малых энергиях, расположен в регулярном слоении. Серым цветом обозначается физически невозможная область значений переменных.

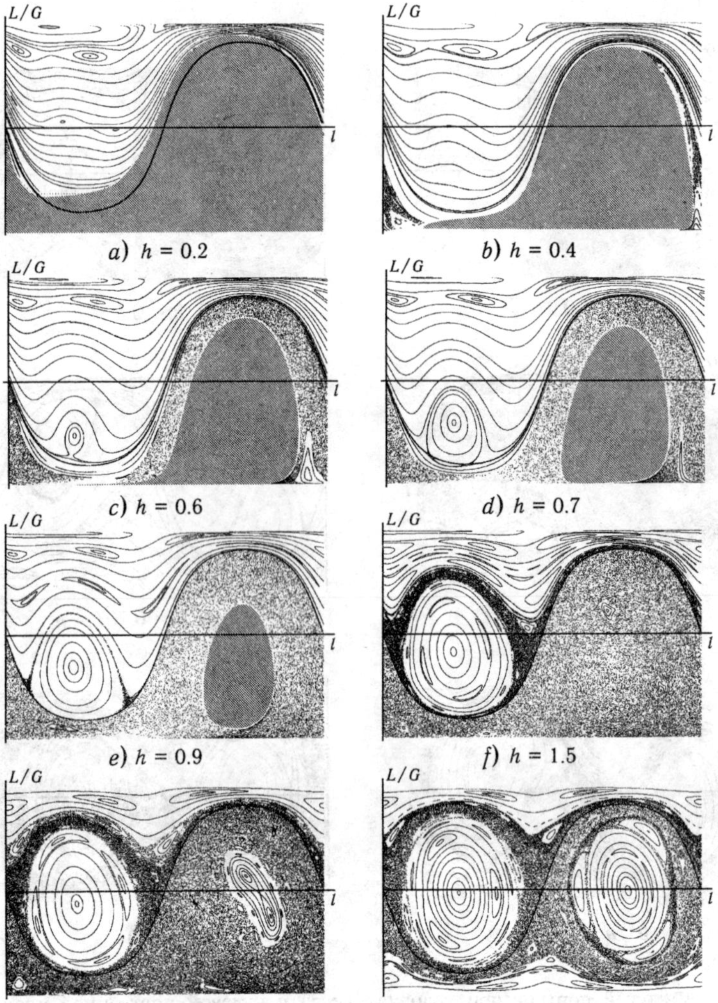

Рис. 62. Фазовый портрет при условиях Гесса и ненулевой постоянной площадей $c = 1$ $\left(H = \frac{1}{2}\left(M_1^2 + \frac{2}{3}M_3^2 + \frac{1}{2}M_3^2\right) + \frac{1}{\sqrt{3}}\gamma_1 + \frac{1}{\sqrt{6}}\gamma_3\right)$. Так же, как и выше, при больших h решение Гесса разделяет два стохастических слоя, а при малых h лежит в регулярном слоении.

Замечание. Как уже указывалось, если рассматривать возмущения задачи Эйлера – Пуансо при условиях Гесса, то оказывается, что пара сепаратрис, исходящих из неустойчивых перманентных вращений, не расщепляется при возмущении [150] (см. рис. 61 f, 62 h). При этом интеграл (6.1) и определяет особый тор, заполненный двоякоасимптотическими траекториями, приближающимися к некоторым неустойчивым периодическим решениям, которые при $\widetilde{\mu} \to 0$ переходят в перманентные вращения вокруг средней оси. Такое описание динамики приведенной системы не противоречит результату Жуковского о квазипериодическом движении центра масс тела [123], так как система, описывающая движение центра масс, получается редукцией не по углу прецессии, а по углу собственного вращения вокруг оси, перпендикулярной круговому сечению.

Исторический комментарий. Свой интеграл Гесс получил при поиске различных форм уравнений движения тяжелого твердого тела, имеющих некоторые преимущества по сравнению с уравнениями Эйлера – Пуассона [403] (1890 г.). Идея использования неглавных осей и ее систематическое применение к различным задачам механики принадлежит П. В. Харламову (см. [10, 289]). Ему принадлежит также специальная форма уравнений движения в неглавных осях. Условия существования интеграла Гесса получил и Г. Г. Аппельрот, пытаясь восполнить пробелы в анализе Ковалевской [3]. В исследовании самой Ковалевской этот случай был пропущен, что не повлияло на правильность ее результатов – решение при условиях Гесса ветвится на комплексной плоскости времени [3]. Тем не менее, случай Гесса иногда называют случаем Гесса – Аппельрота. Как уже было отмечено, геометрический анализ и моделирование волчка Гесса было предложено Жуковским [123], развернутый аналитический мемуар по явному решению (сведению к уравнению Риккати) принадлежит Некрасову [212]. Интеграл Гесса был независимо переоткрыт Рожером Лиувиллем [445] (1895 г.) (заметка которого в Comp. Rend. Acad. Sc. была представлена, кстати, А. Пуанкаре). С. А. Чаплыгин в [305] показал, что движение Гесса может быть получено у любого тела при условии, что среди главных центральных моментов инерции нет равных. На связь между инвариантными соотношениями Гесса и парой нерасщепившихся сепаратрис возмущенной задачи Эйлера – Пуансо указал В. В. Козлов [150]. Множество интересных работ по различным аспектам движения в случае Гесса было выполнено А. М. Ковалевым (см., например, [139]).

В уравнениях Кирхгофа аналог случая Гесса (см. следующий параграф) был замечен Чаплыгиным [303] (который сразу использовал неглавные оси), а из условия расщепления сепаратрис тождественный случай был получен в [160]. Для этого аналога справедливы большинство геометрических и аналитических динамических выводов, указанных для обычного случая Гесса.

2. Перманентные вращения Штауде

Рассмотрим положения относительного равновесия (т. е. положения равновесия приведенной системы на сфере Пуассона) для уравнений Гамильтона на алгебре $e(3)$ с произвольным потенциалом, зависящем от γ:

$$H = \frac{1}{2}(\mathbf{A}\boldsymbol{M}, \boldsymbol{M}) + V(\gamma). \tag{6.17}$$

Из условия относительного равновесия $\dot{\boldsymbol{M}} = \dot{\gamma} = 0$ и интеграла площадей $(\boldsymbol{M}, \gamma) = c$ находим $\mathbf{A}\boldsymbol{M} = \lambda\gamma$, $\lambda = \dfrac{c}{(\mathbf{A}^{-1}\gamma, \gamma)}$, а уравнения движения приводят к соотношению

$$\begin{gathered} c^2(\mathbf{A}^{-1}\boldsymbol{\gamma} \times \boldsymbol{\gamma}) + \left(\boldsymbol{\gamma} \times \frac{\partial V}{\partial \boldsymbol{\gamma}}\right)(\mathbf{A}^{-1}\gamma, \gamma)^2 = 0, \\ \boldsymbol{\gamma}^2 = 1. \end{gathered} \tag{6.18}$$

Этот результат получен О. Штауде [499] в 1894 г. (а также независимо и одновременно Б. К. Млодзеевским [201]). В подвижной системе первое уравнение (6.18) определяет некоторый конус, называемый *конусом Штауде*. Относительно каждой образующей конуса, которые Штауде назвал допустимыми, тело равномерно вращается вокруг оси симметрии силового поля (для поля тяжести вокруг вертикальной оси) с угловой скоростью $|\omega| = \dfrac{|c|}{(\mathbf{A}^{-1}\gamma, \gamma)}$.

Как несложно проверить [270], равномерные вращения Штауде, являющиеся относительными равновесиями для гамильтониана (6.17), находятся во взаимно-однозначном соответствии с особыми изоэнергетическими многообразиями и критическими точками приведенного интеграла

$$V_c(\gamma) = V(\gamma) + \frac{c^2}{2\,(A^{-1}\gamma, \gamma)}. \tag{6.19}$$

Критические точки приведенного потенциала совпадают, в свою очередь, с критическими точками *отображения момента*

$$F\colon\ (\boldsymbol{M}, \gamma) \to (h, c), \tag{6.20}$$

где h, c являются, соответственно, константами энергии и площадей. Каждая пара (h, c) определяет трехмерное изоэнергетическое компактное многообразие в фазовом пространстве

$$\mathscr{E}^3_{j,c} = \{H = h,\ (\boldsymbol{M}, \gamma) = c,\ (\gamma, \gamma) = 1\} \subset \mathbb{R}^3(\boldsymbol{M}) \times \mathbb{R}^3(\gamma). \tag{6.21}$$

Для регулярных значений отображения момента многообразие (6.21) является гладким многообразием. Топологический тип $\mathscr{E}^3_{h,c}$ изменяется в критических значениях (h, c), которые принадлежат множеству $\Sigma \subset \mathbb{R}^2(h, c)$ и образуют на плоскости первых интегралов *бифуркационную диаграмму*. Эта диаграмма часто называется также диаграммой Смейла, который предложил общий метод исследования топологии изоэнергетического многообразия и его построения, а также применил его к плоской задаче трех тел. На бифуркационных кривых происходит смена топологического типа не только изоэнергетических многообразий, но и их проекций $\pi(\boldsymbol{M}, \boldsymbol{\gamma} \in \mathscr{E}^3_{h,c}) \to \boldsymbol{\gamma}$ на сферу Пуассона $(\boldsymbol{\gamma}, \boldsymbol{\gamma}) = 1$, называемых *областями возможности движения* (ОВД):

$$U_{h,c} = \{V_c(\boldsymbol{\gamma}) \leqslant h\} \subset S^2. \tag{6.22}$$

Слой над произвольной точкой $\boldsymbol{\gamma} \in S^2$ либо гомеоморфен окружности (если $\boldsymbol{\gamma} \in U_{h,c} \setminus \partial U_{h,c}$), либо точке (если $\boldsymbol{\gamma} \subset \partial U_{h,c}$), либо пуст (если $\boldsymbol{\gamma} \notin U_{h,c}$). Поэтому топологически изоэнергетическое многообразие может быть описано следующим образом [31]. Если проекция $U_{h,c}$ совпадает со всей сферой Пуассона, то $\mathscr{E}^3_{h,c}$ представляет собой S^1-расслоение над сферой, топологически эквивалентное расслоению единичных касательных векторов. Если $U_{h,c}$ не совпадает со сферой, то есть имеет дырки, то $\mathscr{E}^3_{h,c}$ можно получить из прямого произведения $U_{h,c} \times S^1$, если над каждой граничной точкой проекции $U_{h,c}$ слой S^1 сжать в точку.

Справедливы следующие утверждения:

- если h меньше минимального значения функции $U_c(\gamma)$, то $\mathscr{E}^3_{h,c}$ — пусто;
- если h больше максимального значения функции $U_c(\gamma)$, то $\mathscr{E}^3_{h,c}$ гомеоморфно проективному пространству $\mathbb{R}P^3$;
- если h не является критическим значением функции U_g, то $\mathscr{E}^3_{h,}$ является гладким трехмерным ориентируемым многообразием. Здесь множество $U_{h,c}$ представляет собой объединение $D^2_{i_1} \cup \ldots \cup D^2_{i_m}$ непересекающихся двумерных многообразий с краем, где D^2_k — 2-диск с k дырками, а многообразие $\mathscr{E}^3_{h,c}$ гомеоморфно несвязному объединению $N^3_{i_1} \cup \ldots \cup N^3_{i_n}$ трехмерных многообразий, где $N^3_0 \equiv S^3$ — трехмерная сфера, а N^3_k (при $k \geqslant 1$) — связная сумма k экземпляров $S^1 \times S^2$.

Для уравнений Эйлера–Пуассона приведенный интеграл равен

$$V_c(\gamma) = \frac{c^2}{2\,(A^{-1}\boldsymbol{\gamma}, \boldsymbol{\gamma})} - (\boldsymbol{r}, \boldsymbol{\gamma}). \tag{6.23}$$

Для потенциала (6.23) изоэнергетические многообразия и их бифуркации при дополнительных ограничениях изучались в работах А. Якоба [406], С. Б. Каток [137], Я. В. Татаринова [270] (см. также работу Р. П. Кузьминой [175]). Наиболее полные результаты получены в недавних работах И. Н. Гашененко. На рис. 63 приведены численно построенные бифуркационные кривые для уравнений Эйлера–Пуассона в ситуации динамической несимметрии и при различных положениях радиус-вектора центра масс.

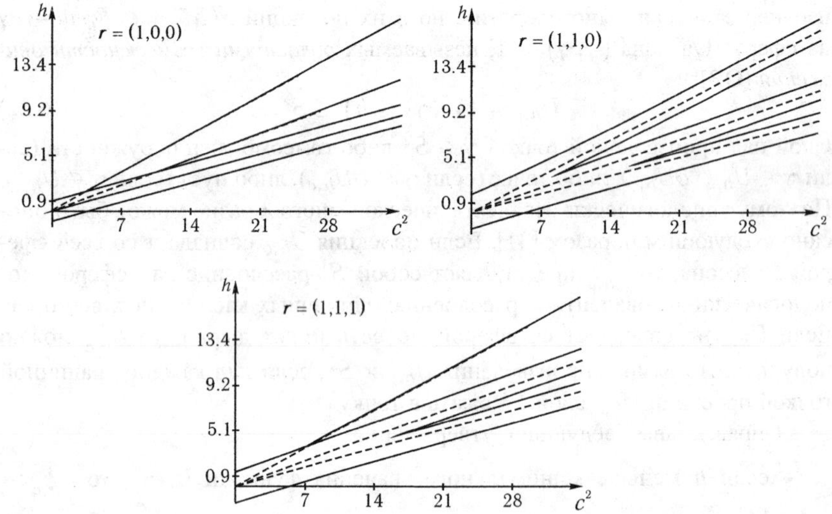

Рис. 63. Диаграммы Смейла для различных положений центра масс $\boldsymbol{r}$ ($\mathbf{I} = \mathrm{diag}(2,\ 1.5,\ 1)$).

3. Топологические типы трехмерных изоэнергетических многообразий при условии, что центр масс находится в главной плоскости

В работе [137] С. Б. Каток проделала полный анализ топологии изоэнергетических многообразий уравнений Эйлера–Пуассона при условии, что центр масс находится на одной из главных осей. Она обнаружила четыре типа связных компонент неособых изоэнергетических многообразий: S^3 (трехмерная сфера), $\mathbb{R}P^3$ (вещественное проективное пространство), произведение $S^1 \times S^2$ и связную сумму $N_2^3 = (S^1 \times S^2)\#(S^1 \times S^2)$. Последнее многообразие может быть получено приклейкой двух «ручек» в форме $S^1 \times D^2$ (D^2 – двумерный диск) к трехмерной сфере [7]. Я. В. Татаринов в [270] пытался обобщить результаты С. Б. Каток на случай общего положения центра масс, однако он пропустил возникающие новые типы интегральных многообразий. Новую связную компоненту изоэнергетических многообразий обнаружил И. Н. Гашененко [80] в случае, когда центр масс лежит в одной из главных плоскостей инерции. Им были получены 46 типов невырожденных бифуркационных диаграмм и указано новое гладкое интегральное многообразие $\mathscr{E}^3_{h,c} = N_3^3$, представляющее собой связную сумму трех экземпляров $S^1 \times S^2$. Приведем результаты [80] более подробно.

При условии, что центр масс расположен в главной плоскости инерции, без ограничения общности можно положить

$$|\boldsymbol{r}| = 1, \quad r_1 > 0, \quad r_2 > 0, \quad r_3 = 0, \quad I_1 > I_2. \tag{6.24}$$

Конус Штауде (6.18) при условиях (6.24) вырождается в пару перпендикулярных плоскостей

$$\gamma_3 = 0, \quad (I_2 - I_3)\gamma_2 r_1 + (I_3 - I_1)\gamma_1 r_2 = 0, \tag{6.25}$$

а соответствующая сферическая кривая, являющаяся пересечением конуса со сферой Пуассона, состоит из двух ортогональных больших кругов. Компоненты векторов $\boldsymbol{\omega}$, $\boldsymbol{\gamma}$, соответствующих равномерным вращениям, можно записать в виде двух однопараметрических (параметры τ, σ) семейств:

1. $$\gamma_3 = \omega_3 = 0, \quad \gamma_1 = -(1+\tau^2)^{-1/2},$$
$$\omega_1 = \mu\gamma_1, \quad \omega_2 = \mu\gamma_2,$$
$$\mu = \left|\frac{(r_1\tau + r_2)(1+\tau^2)^{1/2}}{(I_1 - I_2)\tau}\right|^{1/2}, \quad \tau \in \mathbb{R}; \tag{6.26}$$

2. $$\gamma_1 = \frac{r_1\sigma^2}{I_3 - I_1}, \quad \gamma_2 = \frac{r_2\sigma^2}{I_3 - I_2},$$
$$\gamma_2 = \pm(1 - \sigma_0\sigma^4)^{1/2},$$
$$\omega_i = \sigma^{-1}\gamma_i, \quad \sigma_0 = \frac{r_1^2}{(I_1 - I_3)^2} + \frac{r_2^2}{(I_2 - I_3)^2}, \quad \sigma \in \mathbb{R}. \tag{6.27}$$

Знак функции $(1+\tau^2)^{1/2}$ должен совпадать со знаком выражения $\tau/(r_1\tau + r_2)$. В случае осевой симметрии эллипсоида инерции ($I_1 = I_3$ или $I_2 = I_3$) семейства (6.27) не существует.

После подстановки выражений (6.26), (6.27) в интегралы движения получим параметрическое выражение для бифуркационного множества $\Sigma \subset \mathbb{R}^2(h,c)$. Множеству (6.26) соответствует бифуркационная кривая B_1, записываемая уравнениями

$$h = \frac{I_2 r_1 \tau^2 + (3I_2 - 2I_1) r_2 \tau^2 + (3I_1 - 2I_2) r_1 \tau + I_1 r_2}{2(I_1 - I_2)\tau(\tau^2+1)^{1/2}},$$
$$c = \frac{(I_1 + I_2\tau^2)|r_1\tau + r_2|^{1/2}}{|\tau|^{1/2}(I_1 - I_2)^{1/2}(1+\tau)^{3/4}}, \tag{6.28}$$

где $\tau \in (-\infty, -r_2 r_1^{-1}] \cup [-r_2 r_1^{-1}, 0) \cup (0, \infty)$. Множеству критических точек (6.27) соответствует бифуркационная кривая B_2:

$$h = \frac{1}{2}\frac{I_3}{\sigma^2} + \frac{3}{2}\sigma^* \sigma_*,$$
$$c = \frac{I_3}{\sigma} + \sigma^3 \sigma_*, \quad 0 < |\sigma| < \sigma_0^{-1/4}, \tag{6.29}$$
$$\text{где } \sigma_* = r_1^2 (I_1 - I_3)^{-1} + r_2^2 (I_2 - I_3)^{-1}.$$

Уравнения (6.28), (6.29) определят трехпараметрическое семейство бифуркационных диаграмм на плоскости (h, c), где существенными параметрами являются

$$\alpha = \frac{I_2}{I_1}, \quad \beta = \frac{I_3}{I_1}, \quad r_* = \frac{r_2}{r_1}. \tag{6.30}$$

Бифуркационная диаграмма Σ в общем случае состоит из гладких дуг, которые могут пересекаться или касаться друг друга в некоторых особых точках. Их детальное изучение выполнено в [80].

Если центр масс тела находится на главной оси инерции, то из результатов С. Б. Каток [137] следует, что существует семь типов бифуркационных диаграмм общего положения. Случай $r_1 r_2 r_3 \neq 0$, когда центр масс находится вблизи главной оси инерции, рассмотрен в [270]. При этом допущена неточность в описании возможных типов многообразий $\mathscr{E}^3_{h,c}$, $U_{h,c}$ — их оказалось меньше, чем в предельном случае, рассмотренном в [137]. Все неточности были устранены в [80], где было показано, что в случае, когда центр масс твердого тела лежит в одной из главных плоскостей инерции, бифуркационное множество отображения момента, описываемое уравнениями (6.28), (6.29), включает, как уже указывалось, 46 качественно различных невырожденных бифуркационных диаграмм на плоскости $\mathbb{R}^2(h,c)$.

В работе [80] также показано, что при условиях (6.24) на любой особой поверхности $\mathscr{E}^3_{h,c}$ могут существовать не более четырех критических точек отображения момента F. Оказывается, что при том же условии (6.24) и любом фиксированном значении интеграла площадей c приведенный потенциал имеет не менее двух, но не более десяти критических точек на сфере Пуассона.

Из этих утверждений несложно сделать заключение о количестве равномерных вращений Штауде при фиксированных значениях интеграла c: для асимметричного тела (при условии (6.24)) их не меньше двух, но не больше десяти, а для осесимметричного тела, центр масс которого не лежит на оси динамической симметрии, их не меньше двух, но не больше шести.

Следуя [270], будем называть родом l связных многообразий $U_{h,c}$, $\mathscr{E}^3_{h,c}$ количество дисков D^2, которые следует удалить из сферы, чтобы получить $U_{h,c}$. Если интегральное многообразие несвязно, то ему присваивается многозначный род $l = l_1 l_2 \ldots$, где l_i – род его отдельной связной компоненты. В пределах одной области из $\mathbb{R}^2(h,c) \setminus \Sigma$ многозначный род постоянен; он сохраняется также при трансформации бифуркационной диаграммы до тех пор, пока соответствующая область не стянется в кривую или точку.

При условии (6.24), как показано И. Н. Гашененко [80], топологическая структура неособых многообразий $\mathscr{E}^3_{h,c}$, $U_{h,c}$ определяется таблицей:

род l	0	1	2	3	4	11	12	111
$U_{h,c}$	S^2	D^2	$D^1 \times S^1$	D^2_2	D^2_3	$D^2 \cup D^2$	$D^2 \cup (D^1 \times S^1)$	$D^2 \cup D^2 \cup D^2$
$\mathscr{E}^3_{h,c}$	$\mathbb{R}P^3$	S^3	$S^1 \times S^2$	N^3_2	N^3_3	$S^3 \cup S^3$	$S^3 \cup (S^1 \times S^2)$	$S^3 \cup S^3 \cup S^3$

Как уже указывалось, многообразие N^3_3 является новым, в отличие от ситуации С. Б. Каток. Оно реализуется, например, при условии

$$I = \mathrm{diag}(2.0, 1.18, 1.13), \quad \boldsymbol{r} = (0.99849, 0.054917, 0),$$
$$h = 2.034237, \quad c = 2.02485.$$

Область на плоскости (h, c), в которой реализуется тип N^3_3, очень мала, поэтому не случайно, что она была пропущена в [270]. Отметим также, что в нескольких работах И. Н. Гашененко [79, 387, 84, 386, 81] предлагается, кроме проекции π изоэнергетического многообразия $\mathscr{E}^3_{h,c}$ на сферу Пуассона, использовать его проекцию в пространство угловых скоростей ω_1, ω_2, ω_3. Эта проекция обладает многими замечательными свойствами и позволяет определить в пространстве ω_1, ω_2, ω_3 глобальное сечение Пуанкаре.

Такое сечение является очень полезным для компьютерного изучения глобальной динамики системы. Несколько более подробно оно рассмотрено в гл. 6.

4. Устойчивость вращений Штауде

Характер критических точек приведенного потенциала определяет устойчивость вращений Штауде. Если функция $U_c(\gamma)$ имеет минимум, то равномерное вращение в этой точке устойчиво; если функция $U_c(\gamma)$ имеет седло, то равномерное вращение неустойчиво; если $U_c(\gamma)$ имеет максимум, то непосредственных выводов об устойчивости сделать нельзя. Как показано в работах [137, 270], гладкие кривые, соответствующие минимумам, максимумам, седлам приведенного потенциала, могут быть достаточно просто указаны на любой бифуркационной диаграмме. При этом на каждом фиксированном уровне интеграла площадей c разность числа минимаксных и числа седловых точек приведенного потенциала $U_c(\gamma)$ равна эйлеровой характеристике сферы, т. е. двум.

Исследование устойчивости при помощи построения функции Ляпунова в форме связки интегралов линеаризованных уравнений возмущенного движения было начато Н. Г. Четаевым и В. В. Румянцевым [244]. В работе [244] выделены области устойчивости на конусе Штауде, при этом границы областей устойчивости соответствуют бесконечно удаленным точкам, точкам ветвления и возврата бифуркационных кривых. Найденные в работе [244] устойчивые вращения соответствуют только точкам минимума приведенного потенциала. Исследование устойчивости было продолжено в ряде работ ([243, 140, 254]), включая применение КАМ-теории. Элементарное исследование линейной устойчивости имеется в монографиях Р. Граммеля [100] и К. Магнуса [185]. Тем не менее, до сих пор нельзя сказать, что вопрос об устойчивости является полностью решенным, и в общей постановке задача является достаточно сложной.

По сравнению со случаем Эйлера, бифуркационные кривые (перманентные вращения) которого отмечены пунктиром (рис. 63), при наличии поля тяжести ветви перманентных вращений расщепляются, причем расщепление наблюдается у ветвей, соответствующих вращениям вокруг осей, вдоль которых имеется ненулевая составляющая смещения радиус-вектора центра масс.

Замечание 1. В случае однородного поля тяжести конус Штауде представляет собой обычный конус второго порядка. При частных предположениях относительно параметров a_i, r_i этот конус может выродиться в пару плоскостей (различных или совпадающих) или сделаться неопределенным. Очевидно, что следующие пять прямых полностью определяют весь конус:

1) три главные оси инерции относительно точки закрепления,
2) прямая, соединяющая точку закрепления с центром масс,
3) прямая, задаваемая вектором $\mathbf{A}\boldsymbol{r}$, по которой направлен $\boldsymbol{\omega}$, если вектор $\boldsymbol{M} = \mathbf{I}\boldsymbol{\omega}$ направлен по прямой, задаваемой вектором $\boldsymbol{r}$.

ЗАМЕЧАНИЕ 2. Как заметил Ван-дер-Воуде (W. van der Woude) [523], конус Штауде (именно для однородного поля тяжести) представляет собой конус прямых в теле, выходящих из точки закрепления и являющихся главными осями эллипсоида инерции хотя бы для одной из своих точек. Именно такой конус рассматривал А. М. Ампер [318], анализируя геометрию масс в твердом теле без какого-либо учета силы тяжести. Для других потенциалов в (6.17) этот результат, очевидно, уже не является справедливым.

ЗАМЕЧАНИЕ 3. Кроме устойчивости вращений Штауде, традиционно в динамике твердого тела изучается устойчивость плоских (маятникообразных) движений (см., например, [312, 193, 541, 114]). В этой области имеется обширная литература, которую мы здесь не приводим, считая, что эти вопросы более связаны с теорией колебаний и развитием общих методов теории устойчивости.

5. Регулярные прецессии Гриоли

Решения Штауде представляют собой регулярные прецессии вокруг вертикальной оси. Эти решения реализуются при любом распределении масс в теле.

Более общее определение регулярных прецессий предполагает, что при таких движениях существуют две выделенные оси, одна неподвижная в пространстве, а другая — в теле, угол между которыми остается неизменным. Например, для волчка Лагранжа возможны прецессии апекса оси динамической симметрии вокруг вертикали (см. § 3). Оказывается, как показал итальянский механик Д. Гриоли в 1947 г. [394], для уравнений Эйлера – Пуассона возможны также «невертикальные» прецессии, которые, однако, имеются при дополнительных ограничениях на моменты инерции и положение центра масс.

Для этих прецессий центр масс лежит на перпендикуляре, проведенном из неподвижной точки к круговому сечению *эллипсоида инерции*, и в этом смысле случай Гриоли взаимен случаю Гесса, в котором центр масс лежит на перпендикуляре, проведенном из неподвижной точки к круговому сечению *гирационного эллипсоида*. Такая связь с эллипсоидом инерции обусловливает также то, что все рассуждения для решения Гриоли удобней проводить для угловых скоростей $\boldsymbol{\omega}$, а не для кинетического момента $\boldsymbol{M}$.

Наиболее просто явные аналитические выражения для случая Гриоли [394, 91, 118] можно получить, используя неглавную подвижную систему с осью Oz, проходящей через центр масс тела. Сам Гриоли использовал для решения углы Эйлера [394]; выражения для направляющих косинусов были получены М. П. Гуляевым [105].

В выбранной системе гамильтониан H имеет вид

$$H = \frac{1}{2}(\boldsymbol{M}, \mathbf{A}\boldsymbol{M}) - x\gamma_3 = \frac{1}{2}(\mathbf{I}\boldsymbol{\omega}, \boldsymbol{\omega}) - x\gamma_3, \qquad \boldsymbol{M} = \mathbf{I}\boldsymbol{\omega}, \quad \mathbf{A} = \mathbf{I}^{-1}, \tag{6.31}$$

где тензор инерции

$$\mathbf{I} = \begin{pmatrix} I_1 & 0 & I_{13} \\ 0 & I_1 & 0 \\ I_{13} & 0 & I_3 \end{pmatrix}, \quad x = \text{const}.$$

Будем искать условия, при которых проекция угловой скорости на радиус-вектор центра масс постоянна: $\omega_3 = \text{const}$. Дифференцируя это соотношение вдоль системы (6.31), получим четыре независимых дополнительных инвариантных соотношения, которые и определяют искомые периодические решения в приведенном фазовом пространстве:

$$\begin{gathered} \omega_1^2 + \omega_2^2 = \omega_3^2, \\ x\gamma_1 + I_{13}(\omega_1^2 - \omega_3^2) + I_3\omega_1\omega_3 = 0, \\ x\gamma_2 + \omega_2(I_{13}\omega_1 + I_3\omega_3) = 0, \\ x\gamma_3 - I_{13}\omega_1\omega_3 = 0. \end{gathered} \tag{6.32}$$

Из соотношений (6.32) следует, что $(\boldsymbol{\omega}, \boldsymbol{\omega}) = 2\omega_3^2 = \text{const}$ и, кроме того,

$$\omega_1 = \omega_3 \sin\tau, \quad \omega_2 = \omega_3 \cos\tau, \quad \tau = \omega_3(t - t_0).$$

Выражения для констант первых интегралов можно также получить через ω_3, используя (6.32):

$$H = \frac{1}{2}(I_1 + I_3)\omega_3^2 = h, \quad (\boldsymbol{M}, \boldsymbol{\gamma}) = \frac{I_{13}^2 - I_1 I_3}{x}\omega_3^3 = c, \tag{6.33}$$

причем само ω_3 находится из уравнения

$$(\boldsymbol{\gamma}, \boldsymbol{\gamma}) = \frac{I_3^2 + I_{13}^2}{x^2}\omega_3^4 = 1.$$

Таким образом, для заданных параметров тела (I_1, I_3, I_{13}, x) *существует лишь одно (с точностью до знака) значение* ω_3 *и остальных констант интегралов, определяющих решение Гриоли.*

После нахождения явных зависимостей $\omega_1, \omega_2, \omega_3$ от времени получение всех направляющих косинусов $\boldsymbol{\alpha}, \boldsymbol{\beta}, \boldsymbol{\gamma}$ не представляет труда — тем самым мы определим движение твердого тела в абсолютном пространстве. Из кинематических уравнений Пуассона для центра масс, имеющего координаты $(\alpha_3, \beta_3, \gamma_3)$, легко получить $\alpha_3'' = -\alpha_3$, $\beta_3'' = -\beta_3$ (где два штриха означают двойное дифференцирование по τ), интегрируя которые, найдем $\alpha_3 = \cos\tau$, $\beta_3 = \dfrac{I_3}{\sqrt{I_3^2 + I_{13}^2}}\sin\tau$. Из соотношений (6.32) получим также $\gamma_3 = \dfrac{I_{13}}{\sqrt{I_3^2 + I_{13}^2}}\sin\tau$. По известным $\alpha_3, \beta_3, \gamma_1, \gamma_2, \gamma_3$ оставшиеся направляющие косинусы можно вычислить по формулам вида

$$\alpha_1 = -\frac{\alpha_3\gamma_3\gamma_1 \pm \gamma_2\sqrt{\gamma_1^2 + \gamma_2^2 - \alpha_3^2(\boldsymbol{\gamma}, \boldsymbol{\gamma})}}{\gamma_1^2 + \gamma_2^2},$$

$$\alpha_2 = -\frac{\alpha_3\gamma_3\gamma_2 \mp \gamma_1\sqrt{\gamma_1^2 + \gamma_2^2 - \alpha_3^2(\boldsymbol{\gamma}, \boldsymbol{\gamma})}}{\gamma_1^2 + \gamma_2^2}$$

и аналогично для β_1, β_2.

Таким образом, общее решение Гриоли является периодическим (в абсолютном пространстве и по отношению ко всем апексам — в этом смысле такая регулярная прецессия является сильно вырожденной), а центр масс равномерно движется по окружности большого круга, перпендикулярного оси, наклоненной к вертикали под углом θ_0, определенным из равенства $\operatorname{tg}\theta_0 = \dfrac{\gamma_3}{\beta_3} = \dfrac{I_{13}}{I_3}$ (рис. 64). В этом смысле решение Гриоли похоже на вращательное движение маятникового типа.

На рисунке 65 приведен характерный фазовый портрет при условиях (6.33), при этом имеются стохастические слои, а само решение Гриоли в этом случае определяется неподвижной точкой устойчивого типа. Численно-аналитическое исследование устойчивости в случае Гриоли проведено недавно в работах [275, 190, 195]. Визуализация нескольких (замкнутых) характерных траекторий апексов приведена на рис. 64.

Замечание. Некоторые авторы (см., например, [100]) под прецессией понимают такое движение тела, при котором для некоторой фиксированной оси в теле ее линия узлов вращается равномерно.

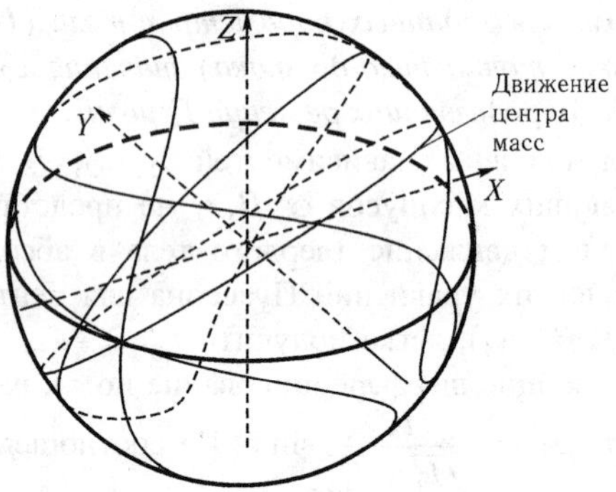

Рис. 64. Движение главных осей тела и центра масс для решения Гриоли при $I_1 = 1$, $I_3 = \frac{1}{2}$, $I_{13} = 0{,}4$, $\boldsymbol{r} = (0, 0, -1)$ (центр масс движется по большому кругу).

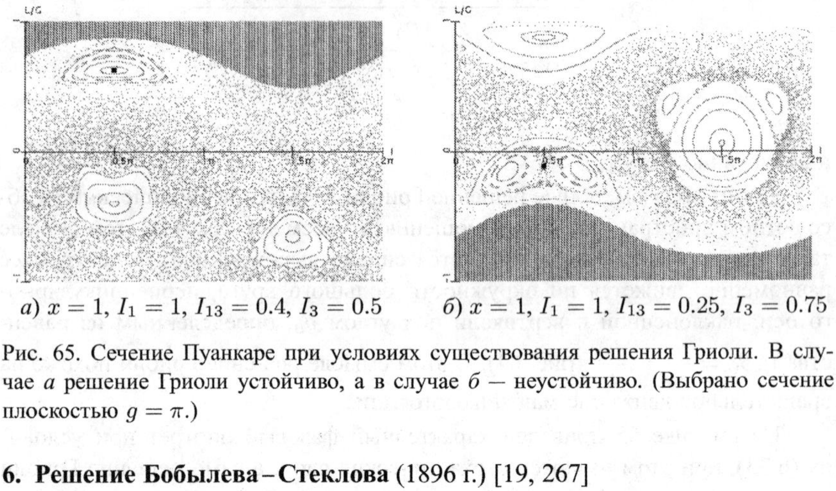

а) $x = 1$, $I_1 = 1$, $I_{13} = 0.4$, $I_3 = 0.5$ *б*) $x = 1$, $I_1 = 1$, $I_{13} = 0.25$, $I_3 = 0.75$

Рис. 65. Сечение Пуанкаре при условиях существования решения Гриоли. В случае *а* решение Гриоли устойчиво, а в случае *б* — неустойчиво. (Выбрано сечение плоскостью $g = \pi$.)

6. Решение Бобылева–Стеклова (1896 г.) [19, 267]

Приведем еще одно частное решение, которое получается в эллиптических квадратурах и при дополнительном условии совпадает с особым решением волчка Ковалевской, определяемым четвертым классом Аппельрота. Для него гамильтониан H имеет вид

$$H = \frac{1}{2}(M_1^2 + aM_2^2 + 2M_3^2) + r\gamma_1, \quad a = \text{const}, \quad r = \text{const},$$

т. е. в отличие от случая Ковалевской здесь не требуется условий вращательной симметрии эллипсоида инерции ($a \neq 1$). Инвариантное многообразие в этом случае задается соотношениями

$$M_1 = a_0, \quad M_2 = 0, \quad \gamma_1 = \zeta_0 + \zeta_1 M_3^2, \quad \gamma_2^2 = \eta_0 + \eta_1 M_3^2 + \eta_2 M_3^4, \quad \gamma_3 = \xi_0 M_3,$$

где a_0, ζ_i, η_i, ξ_0 зависят от h и c. Если константы интегралов h, c удовлетворяют неравенству $h \leqslant \dfrac{c^2}{2} - r_1$, то решения Бобылева–Стеклова не существует.

Полагая $M_2 = 0$, $M_1 = m = \mathrm{const}$, несложно получить $M_3 = -\frac{r}{m}\gamma_3$ и, используя интеграл площадей и геометрический, — эллиптическую квадратуру для γ_3:

$$\dot{\gamma}_3 = -m\sqrt{1 - \gamma_3^2 - \left(\frac{cm + r\gamma_3^2}{m^2}\right)^2},$$

где $c = (\boldsymbol{M}, \boldsymbol{\gamma}) = \mathrm{const}$.

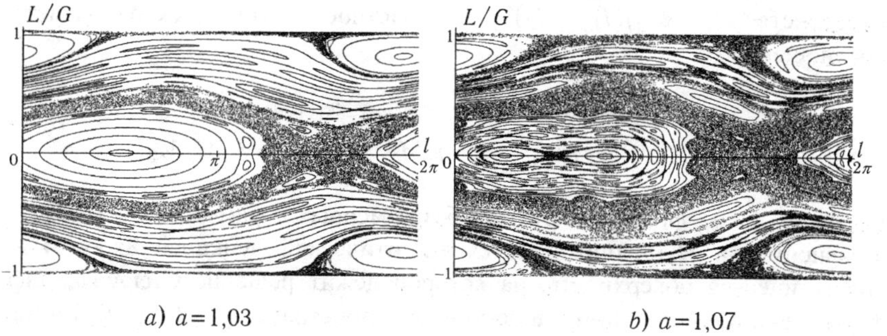

Рис. 66. «Неустойчивость» интегрируемого случая Ковалевской. Фазовый портрет (сечения плоскостью $g = \pi/2$) возмущения случая Ковалевской при небольшом отклонении от динамической симметрии $\mathbf{A} = \mathrm{diag}(1, a, 2)$. Периодическое решение Бобылева–Стеклова сохраняется при любом значении a, на фазовом портрете ему соответствует неподвижная точка $l = \pi/2$, $L/G = 0$. Значения интегралов энергии и площадей: $h = 4$, $c = 1$. (Видна бифуркация удвоения периода.) Можно показать, что для решения Бобылева–Стеклова вектор угловой скорости ω вычерчивает в теле отрезок прямой, параллельный третьей координатной оси.

Как показано на рис. 66, при увеличении a это решение теряет устойчивость и бифурцирует — из одного устойчивого периодического решения рождается два устойчивых и одно неустойчивое. Вблизи неустойчивого решения, сохраняющего общие черты динамики, приведенной на рис. 43, образуется стохастический слой, который, расширяясь при увеличении a, определяет общую хаотизацию фазового потока. Более полные компьютерные исследования остаются за рамками этой книги. Любопытно, что очень незначительное (порядка процента) отклонение от динамический симметрии (т. е. от случая Ковалевской) приводит к ощутимой хаотизации портрета. Это иллюстрирует своего рода «неустойчивость» интегрируемости описываемого случая, так как соблюсти условия точной динамической симметрии технологически очень сложно. Кстати, Н. И. Мерцалов в своих натурных экспериментах имел лишь очень небольшую точность как в изготовлении самого волчка, так и в задании начальных данных. Поэтому, естественно, его фотографии не были способны хоть что-нибудь прояснить [106]. Более полный анализ рассмотренного решения имеется в работе [84].

7. **Решение Стеклова** (1899 г.) [263]

Если центр масс лежит на главной оси ($r_2 = r_3 = 0$) и выполняется неравенство $(I_1 - 2I_2)(I_1 - 2I_3) < 0$, то частное решение Стеклова задается соотношениями

$$\begin{gathered} M_2^2 = a_0 + a_1 M_1^2, \quad M_3^2 = b_0 + b_1 M_1^2, \\ \gamma_1 = \zeta_0 + \zeta_1 M_1^2, \quad \gamma_2 = \eta_0 M_1 M_2, \quad \gamma_3 = \xi_0 M_1 M_3, \end{gathered} \tag{6.34}$$

где a_i, b_i, ζ_i, η_0, ξ_0 зависят от двух безразмерных параметров I_2/I_1, I_3/I_1, а зависимость $M_1(t)$ определяется эллиптической функцией Якоби. Изоэнергетическая поверхность, на которой лежит решение Стеклова, диффеоморфна вещественному проективному пространству $\mathbb{R}P^3$ [80]. На ней всегда расположены две траектории этого семейства. Для решения Стеклова всегда выполняется $(\boldsymbol{M}, \boldsymbol{\gamma}) = 0$ и $h = \left| r_1 + \dfrac{I_1^2 r_1}{2(I_1 - I_2)(I_3 - I_1)} \right| \in$ $\in (|r_1|, +\infty)$. Решение Стеклова принадлежит к классу изоконических движений и является периодическим в абсолютном пространстве [288].

В. А. Стеклов указал лишь один вариант решения (6.34) в эллиптических функциях t. Второй вариант был отмечен П. А. Кузьминым [174]. Орбитальная устойчивость двух вариантов решений Стеклова изучена в [176] (в строгой нелинейной постановке – в [453]).

Для решения Стеклова два из трех апексов (и радиус-вектор центра масс) описывают в неподвижном пространстве кривые типа восьмерки

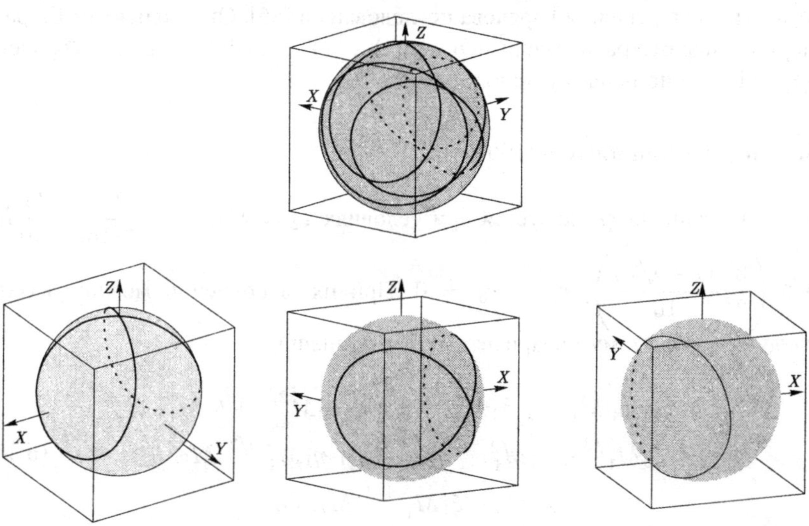

Рис. 67. Траектории апексов в неподвижном пространстве для решений Стеклова

(рис. 67). Оказывается, что это решение, задаваемое с помощью явных соотношений, является одним из представителей общего семейства решений, которые уже не задаются аналитическими выражениями. Эти решения также периодичны в абсолютном пространстве, а два из апексов также описывают кривые типа восьмерок. Указанное семейство подробно рассмотрено в § 4 гл. 6.

8. Решение Горячева (1899 г.) [96]

Для тела с параметрами $I_3 = \lambda I_2$, $I_1 = \dfrac{16\lambda(1-\lambda)}{9-8\lambda} I_2$, $\lambda \in \left(\dfrac{3}{8}, \dfrac{1}{2}\right)$ (или же $8(I_1 - 2I_3)(I_2 - I_3) + I_1 I_2 = 0$), $r_2 = r_3 = 0$ имеются частные решения, определяемые соотношениями:

$$M_2^2 = a_0 + a_1 M_1^2, \quad M_3^2 = b_0 + b_1 M_1^2 + b_2 M_1^4,$$
$$\gamma_1 = \zeta_0 + \zeta_1 M_1^2 + \zeta_2 M_1^4, \quad \gamma_2 = (\eta_0 + \eta_1 M_1^2) M_1 M_2, \quad \gamma_3 = \xi_0 M_1 M_3, \tag{6.35}$$

где a_i, b_i, ζ_i, η_i, ξ_0 зависят от h, c. Они определяют две замкнутые траектории на общем уровне первых интегралов. При этом переменная $z = M_1^2$ является эллиптической функцией Якоби в зависимости от времени.

Устойчивость решения Горячева исследована в [85]. Она зависит от безразмерного параметра λ. Например, при $\lambda \in \left(\frac{3}{8}, 0.38492\right)$ решение Горячева неустойчиво по первому приближению.

9. Решение Чаплыгина (1904 г.) [297]

Это решение реализуется при условиях $I_2 = \lambda I_1$, $I_3 = \dfrac{9(2\lambda-1)}{2(16\lambda-9)} I_1$, $\lambda \in \left(\dfrac{3}{2}, \dfrac{17+\sqrt{73}}{16}\right)$, $r_2 = r_3 = 0$. При их выполнении можно указать следующую систему инвариантных соотношений:

$$\begin{gathered}
M_2^2 = a_0 M_1^{2/3} + a_1 M_1^2, \quad M_2^2 = b_0 M_1^{2/3} + b_1 M_1^2, \\
\gamma_1 = \zeta_0 M_1^{2/3} + \zeta_1 M_1^2, \quad \gamma_2 = (\eta_0 + \eta_1 M_1^{-4/3}) M_1 M_2, \\
\gamma_3 = (\xi_0 + \xi_1 M_1^{-4/3}) M_1 M_3,
\end{gathered} \tag{6.36}$$

где a_i, b_i, ζ_i, η_i, ξ_i зависят от λ. Для этого решения значения постоянных энергии и площадей равны нулю ($h = c = 0$), а трехмерная изоэнергетическая поверхность диффеоморфна S^3. Переменная $z = M_1^{2/3}$ выражается через время гиперэллиптической квадратурой. Решение Чаплыгина всегда является неустойчивым, даже в линейном приближении [176].

10. Решение Ковалевского (1908 г.) [431]

Пусть $I_3 = \lambda I_2$, $I_1 = \dfrac{18\lambda(1-\lambda)}{10-9\lambda} I_2$, $\lambda \in \left(\dfrac{10}{27}, \lambda_*\right)$, $\gamma_* \approx 0.6219$, $r_2 = r_3 = 0$. В этом случае частное решение определяется соотношениями

$$\begin{gathered}
M_2^2 = a_0 + a_1 M_1 + a_2 M_1^2, \quad M_3^2 = b_0 + b_1 M_1 + b_2 M_1^2 + b_3 M_1^3, \\
\gamma_1 = \zeta_0 + \zeta_1 M_1 + \zeta_2 M_1^2 + \zeta_3 M_1^3, \quad \gamma_2 = (\eta_0 + \eta_1 M_1 + \eta_2 M_2^2) M_2, \\
\gamma_3 (\xi_0 + \xi_1 M_1) M_3,
\end{gathered} \tag{6.37}$$

где a_i, b_i, ζ_i, η_i, ξ_i зависят от λ, а зависимость констант интегралов h, c от λ имеет достаточно громоздкий вид. Функция $\omega_1(t)$ является гиперэллиптической. При $\lambda \to \lambda_*$ решение Ковалевского стремится к устойчивому равномерному вращению вокруг вертикали. Исследование устойчивости решения (6.37) в зависимости от параметра λ имеется в [85].

Кроме указанных частных решений, имеются близкие по форме решения, принадлежащие Докшевичу, Коносевичу, Поздняковичу и др. С ними можно ознакомиться по работам [91, 118, 80, 439].

§ 7. Уравнения движения тяжелого гиростата

1. Гиростат

Уравнения Эйлера – Пуассона (1.6) можно обобщить, если ввести постоянный гиростатический момент, моделируемый, например, уравновешенным ротором, который вращается с постоянной угловой скоростью вокруг оси, неподвижно закрепленной в твердом теле. Такая система называется *уравновешенным гиростатом*. Аналогичный момент возникает при рассмотрении движения твердого тела с многосвязными полостями, содержащими идеальную несжимаемую жидкость и допускающими возможность возникновения ненулевой циркуляции [125] (см. приложение А).

При таком обобщении уравнения (1.6) остаются без изменения, а в гамильтониане (1.4) появляется линейное по моментам слагаемое:

$$H = \frac{1}{2}(\boldsymbol{M}, \mathbf{A}\boldsymbol{M}) - (\boldsymbol{r}, \boldsymbol{\gamma}) - (\boldsymbol{k}, \boldsymbol{M}), \tag{7.1}$$

где $\boldsymbol{k}$ – некоторый постоянный вектор, возникающий вследствие наличия ротора.

Замечание. Уравнения движения гиростата, представляющие собой уравнения Гамильтона на алгебре $e(3)$ с гамильтонианом (7.1), физически могут быть получены из теоремы о кинетическом моменте, которая применяется для полного момента всей системы

$$\mathfrak{M} = \boldsymbol{M} + \boldsymbol{k}, \quad \frac{\tilde{d}\mathfrak{M}}{dt} = \frac{d\mathfrak{M}}{dt} + \boldsymbol{\omega} \times \mathfrak{M} = \boldsymbol{F}, \tag{7.2}$$

где $\boldsymbol{M}$ – кинетический момент твердого тела без ротора, $\boldsymbol{k}$ – в общем случае зависящий от времени $\boldsymbol{k} = \boldsymbol{k}(t)$ – кинетический момент ротора, $\boldsymbol{F}$ – момент внешних сил, а $\frac{\tilde{d}}{dt}$, $\frac{d}{dt}$ – производные вектора в неподвижной и подвижной системах координат. При этом зависимость $\boldsymbol{k}(t)$ поддерживается принудительно (например, при помощи электрических моторчиков), что не нарушает условий применимости теоремы (7.2). Этого нельзя сказать про теорему о сохранении энергии вследствие притока энергии извне, обеспечивающей принудительное вращение. В рассматриваемом нами случае $\boldsymbol{F} = \boldsymbol{r} \times \boldsymbol{\gamma}$, а ротор вращается с постоянной скоростью $\boldsymbol{k} = \mathbf{I}\boldsymbol{\omega}_0 = \mathrm{const}$. Более подробное обсуждение гиростатов – систем с внутренними циклическими движениями – имеется в книгах [180, 76].

Оказывается, что все случаи из таблицы 2.1 (гл. 3, § 2) могут быть интегрируемым образом обобщены при дополнительных ограничениях на вектор $\boldsymbol{k}$, т. е. на положение гиростата в твердом теле (см. таблицу 2.2).

Таблица 2.2

Обобщение случая	Автор	Гамильтониан и интеграл
Эйлера – Пуансо	Жуковский (1885), Вольтерра (1899)	$H = \frac{1}{2}(\boldsymbol{M} - \boldsymbol{k}, \mathbf{A}(\boldsymbol{M} - \boldsymbol{k}))$
		$F = \boldsymbol{M}^2$
Лагранжа		$H = \frac{1}{2}(M_1^2 + M_2^2 + aM_3^2) + r_3\gamma_3 + k_3M_3$
		$F = M_3$
Ковалевской	Яхья (1986), Комаров (1987), Гаврилов (1987)	$H = \frac{1}{2}\Big(M_1^2 + M_2^2 + 2\Big(M_3 - \frac{\lambda}{2}\Big)^2\Big) + r_1\gamma_1$
		$F = (M_1^2 - M_2^2 - 2r_1\gamma_1)^2 + (2M_1M_2 - 2r_1\gamma_2)^2 + 4\lambda(M_3 - \lambda)(M_1^2 + M_2^2) - 8r_1\lambda M_1\gamma_3$
Горячева – Чаплыгина	Сретенский (1963)	$H = \frac{1}{2}\Big(M_1^2 + M_2^2 + 4\Big(M_3 - \frac{k}{2}\Big)^2\Big) + r_1\gamma_1$
		$F = (M_3 - k)(M_1^2 + M_2^2) - r_1M_1\gamma_3$
Гесса	Сретенский (1963)	$H = \frac{1}{2}\left(a_1(M_1+k_1)^2 + a_2M_2^2 + a_3(M_3+k_3)^2\right) + r_1\gamma_1 + r_3\gamma_3$, $r_1\sqrt{a_3 - a_2} = r_3\sqrt{a_2 - a_1}$
		$F = \sqrt{(a_2 - a_1)(a_3 - a_2)}(r_1M_1 + r_3M_3) + r_1a_3k_3 - r_3a_1k_1 = 0$, $\dot{F}\Big\|_{F=0} = 0$

2. Случай Жуковского – Вольтерра

Рассмотрим подробнее динамику твердого тела с гиростатом в отсутствие поля. При этом уравнения для $\boldsymbol{M}$ отделяются и интегрируются независимо. Представим их в форме

$$\dot{\boldsymbol{M}} = \boldsymbol{M} \times \mathbf{A}(\boldsymbol{M} - \boldsymbol{k}).$$

Гамильтониан и дополнительный интеграл также не зависят от конфигурационных переменных, и их можно представить в виде

$$H = \frac{1}{2}(\boldsymbol{M} - \boldsymbol{k}, \mathbf{A}(\boldsymbol{M} - \boldsymbol{k})) = h, \quad F = \boldsymbol{M}^2 = f \tag{7.3}$$

(гамильтониан (7.3) отличается от (7.1) заменой $\boldsymbol{k} \to \mathbf{A}\boldsymbol{k}$ и постоянным слагаемым). Следовательно, траектория в пространстве (M_1, M_2, M_3) представляет собой пересечение сферы и эллипсоида, центры которых не совпадают. Эти кривые являются непосредственным обобщением полодий задачи Эйлера (§ 2 гл. 2), но имеют гораздо более сложный вид (рис. 68).

Рис. 68. Полодии задачи Жуковского – Вольтерра.

Ветви бифуркационной диаграммы на плоскости интегралов (7.3) (h, f) удобно представить в параметрическом виде. Его несложно получить из условия зависимости интегралов (7.3) [284]:

$$h = \frac{t^2}{2}\left(\frac{a_1k_1^2}{(a_1 - t)^2} + \frac{a_2k_2^2}{(a_2 - t)^2} + \frac{a_3k_3^2}{(a_3 - t)^2}\right),$$
$$f = \frac{a_1^2k_1^2}{(a_1 - t)^2} + \frac{a_2^2k_2^2}{(a_2 - t)^2} + \frac{a_3^2k_3^2}{(a_3 - t)^2}. \tag{7.4}$$

Пусть $a_1 > a_2 > a_3 > 0$, тогда при изменении t от $-\infty$ до $+\infty$ бифуркационная кривая разбивается на четыре ветви, соответствующие из-

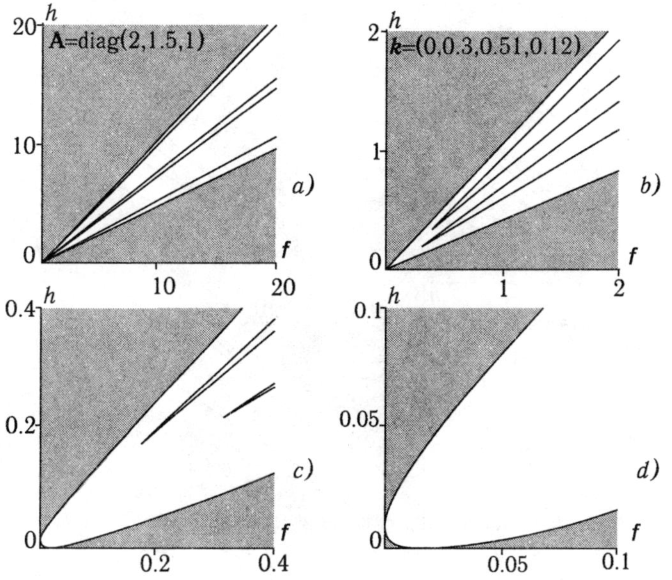

Рис. 69. Бифуркационная диаграмма случая Жуковского – Вольтерра на плоскости интегралов $h = H$ и $f = \boldsymbol{M}^2$ на различных масштабах. Заштрихована область нефизических значений интегралов. Кроме указанных кривых, область возможного движения ограничена слева вертикальной прямой $f = c^2$, $c = (\boldsymbol{M}, \boldsymbol{\gamma})$, так что $f > c^2$. Устойчивые ветви отмечены сплошными линиями, неустойчивые — пунктирными.

менению t в следующих интервалах (см. рис. 69):

I. $t \in (-\infty, a_3)$ — нижняя ветвь,

II. $t \in (a_1, a_2)$ — вторая снизу ветвь с точкой возврата,

III. $t \in (a_2, a_1)$ — третья снизу ветвь, также с точкой возврата,

IV. $t \in (a_1, \infty)$ — верхняя ветвь.

Верхняя и нижняя ветви сходятся непрерывно в точке $t = \infty$.

Рисунок 69*a* наглядно показывает, как при стремлении $\boldsymbol{k} \to 0$ диаграмма переходит в диаграмму случая Эйлера – Пуансо (см. рис. 17).

Если рассматривать уравнения движения только для переменных M_1, M_2, M_3 (которые отделяются) вне зависимости от позиционных переменных $\boldsymbol{\gamma}$, то вышеперечисленными ветвями бифуркационная диаграмма ис-

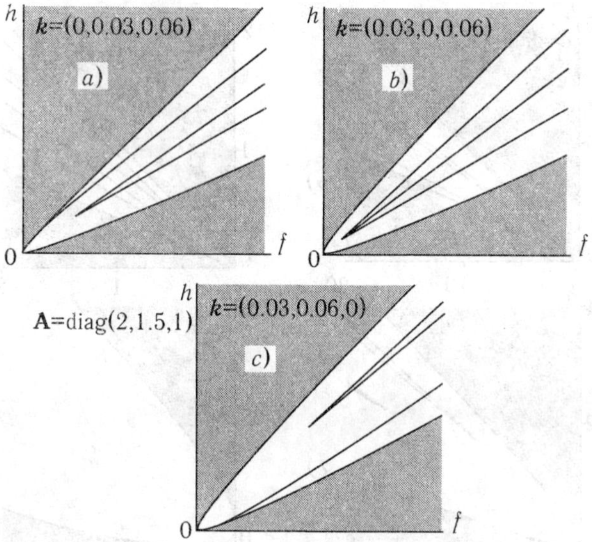

Рис. 70. Бифуркационная диаграмма для случаев, когда вектор гиростатического момента лежит в главной плоскости:

a) $k_1 = 0$, в этом случае сливается верхняя часть ветви III с ветвью IV, (то есть ветвь III начинается из «середины» ветки IV),

b) $k_2 = 0$ сливаются средние две части ветвей II и III,

c) $k_3 = 0$ сливаются нижние ветви (аналогично случаю a).

черпывается. Для полной системы переменных $(\boldsymbol{M}, \gamma)$ на диаграмме добавляется вертикальная прямая $f = c^2$, где $c = (\boldsymbol{M}, \gamma)$, причем движение возможно лишь при условии $f > c^2$.

На прямой $f = c^2$ лежат движения твердого тела, для которых момент тела в неподвижном пространстве вертикален:

$$\boldsymbol{M} = c\gamma. \tag{7.5}$$

Из этого соотношения следует, что для вектора γ на сфере Пуассона траектория также представляет собой полодии, конгруэнтные приведенным на рис. 68 и получающиеся при пересечении сферы и эллипсоида:

$$\begin{gathered}\frac{1}{2}\Big(\gamma - \frac{\boldsymbol{k}}{c}, \mathbf{A}\Big(\gamma - \frac{\boldsymbol{k}}{c}\Big)\Big) = \frac{h}{c^2},\\ \gamma^2 = 1.\end{gathered} \tag{7.6}$$

Если вектор $\boldsymbol{k}$ лежит в одной из главных плоскостей, то соответствующая пара ветвей на бифуркационной диаграмме сливается (см. рис. 70); если же $\boldsymbol{k}$ направлен вдоль главной оси эллипсоида инерции, то сливается две пары ветвей.

Устойчивость ветвей диаграммы показана на рис. 69; она была исследована в линейном приближении еще В. Вольтерра, наиболее же полные результаты получены в [235, 76]. Некоторым общим выводом по устойчивости является то, что добавление ротора приводит к двукратному увеличению как устойчивых стационарных движений, так и неустойчивых. При этом неустойчивые решения исчезают при малых h, c, соответствующих быстрому вращению ротора.

Фазовая топология задачи Жуковского – Вольтерра изучается в [284, 31]. Различные вопросы, связанные с устойчивостью и бифуркациями в задаче о движении гиростата, разобраны также в цикле работ [367, 368, 369]. В них предполагается, что гиростатический момент направлен вдоль главной оси инерции. Наиболее полно исследуются бифуркации фазовых портретов, зависящих от двух параметров на фазовом пространстве, представляющем собой двумерную сферу S^2.

Разделение переменных для случая Жуковского – Вольтерра. Случай Жуковского – Вольтерра был проинтегрирован в эллиптических функциях В. Вольтерра в [517] (см. также [76]). Н. Е. Жуковский указал лишь дополнительный интеграл и исследовал различные механические постановки задачи [125] (см. также [204]). Разделение может быть наиболее просто выполнено в *переменных Андуайе* [134], так как гамильтониан (7.1) при $r = 0$ имеет вид

$$\begin{gathered} H = \frac{1}{2}(L^2 + \delta(G^2 - L^2)\cos^2 l) - \\ -\lambda_1\sqrt{G^2 - L^2}\sin l - \lambda_2\sqrt{G^2 - L^2}\cos l - \lambda_3 L, \end{gathered} \tag{7.7}$$

где $\delta = \dfrac{a_2 - a_1}{a_3 - a_1}$, $\lambda_i = \dfrac{a_i k_i}{a_3 - a_1}$, $i = 1, 2, 3$.

Как следует из (7.7), переменная g циклическая. Явное решение сводится к квадратуре, содержащей полином, который необходимо выразить через эллиптические интегралы стандартных видов. В § 2 гл. 6 разобрана более геометрическая процедура явного решения.

Замечание. Уравнения свободного гиростата рассматривались на заре квантовой механики в связи с проблемой спектров молекул. Так, в книге М. Борна [56] принимается, что «адекватная модель молекулы не есть просто волчок, но что она представляет жесткое тело, в котором как бы замуровано маховое колесо с крепкими подшипниками». При этом твердое тело играет роль системы ядер, а маховик — роль импульса электронов. Крамерс и Паули, пользуясь этой моделью, пытались построить теорию спектров молекул, обладающих произвольно расположенным импульсом электронов.

Рис. 71. В. Паули и Н. Бор наблюдают за вращением волчка Томсона. Известный эффект смены оси устойчивого вращения объясняется при условии наличия трения

Вместе с тем, М. Борном и В. Гейзенбергом было показано, что в молекуле, представляющей собой сложную систему, состоящую из большого числа ядер и элементов, с большим приближением ядра движутся подобно жестким системам. Однако при этом общий кинетический момент молекул не равен импульсу вращения при движении ядер, так как система электронов по отношению к ядрам сама обладает кинетическим моментом, имеющим такой же порядок величины.

Эти работы из классической квантовой теории положили начало целому направлению по квантованию различных интегрируемых динамических систем, связанных с «волчками» (магнетики Годена, XYZ-модель и пр.).

Явное решение В. Вольтерра. Для получения явного решения в эллиптических функциях В. Вольтерра использовал проективные координаты

$$M_i = \frac{z_i}{z_4}, \quad i = 1, 2, 3 \tag{7.8}$$

и линейное невырожденное преобразование

$$z_r = \sum_{s=1}^{4} C_{rs}\xi_s, \quad r = 1, 2, 3, 4, \tag{7.9}$$

которое приводит уравнения движения к виду

$$\begin{aligned} \xi_4\dot{\xi}_i - \xi_i\dot{\xi}_4 &= (\lambda_k - \lambda_j)\xi_j\xi_k/C, \\ \dot{\xi}_i\xi_j - \dot{\xi}_j\xi_i &= (\lambda_k - \lambda_4)\xi_k\xi_4/C, \end{aligned} \tag{7.10}$$

где $C = \det||C_{rs}||$, а коэффициенты C_{rs} определяются как решения уравнения четвертой степени, в которые входят константы интегралов.

Система (7.10) обладает той же структурой, что и дифференциальные соотношения для четырех сигма-функций Вейерштрасса $\sigma_1(u)$, $\sigma_2(u)$, $\sigma_3(u)$, $\sigma_4(u)$ комплексного аргумента u, причем λ_i выражаются через параметры дифференциального уравнения для $\wp$-функции Вейерштрасса. Это соображение является ключевым в обширной работе В. Вольтерра [517], основная цель которой состояла в явном получении всех направляющих косинусов (т. е. абсолютного движения). Мы не будем приводить здесь подробных вычислений, а ограничимся лишь замечаниями о недостатках такого «явного» решения. Уравнение четвертой степени для коэффициентов матрицы C_{rs}, определяющей преобразование (7.9), не решается явно. Вследствие этого подобное решение во многом имеет лишь формальный (комплексный) характер. Все результаты, полученные после Вольтерра (анализ устойчивости, топологический анализ и пр.) [76, 235], не используют его явных квадратур, которые являются мало приспособленными для такого сорта задач. Аналогичные проблемы имеются с решениями Кёттера [428, 430] для случаев Клебша и Стеклова, которые также практически не используются при анализе динамики. Любопытно, что некоторые естественные и достаточно простые механические задачи приводят к столь сложным и иногда неразрешимым проблемам алгебраической геометрии [216].

3. Явное интегрирование остальных случаев

В обобщениях случаев Ковалевской и Горячева – Чаплыгина гиростатический момент направлен по оси динамической симметрии. Разделение переменных для случая Сретенского (обобщение Горячева – Чаплыгина) указано в [261, 260]. В гл. 5 оно приведено на целом пучке скобок Пуассона. Анализ решения Сретенского выполнен в работе [280]. Гиростатическое обобщение случая Ковалевской почти одновременно было получено Х. Яхьей (1986) [533, 313], И. В. Комаровым (1987) [170, 421], Л. Н. Гавриловым (1987) [388]. Оно проинтегрировано в квадратурах только на нулевой постоянной площадей [295]. Для ненулевой постоянной площадей, как показано И. В. Комаровым и А. В. Цыгановым, эта система траекторно изоморфна случаю Клебша, который был проинтегрирован Ф. Кёттером в XIX веке в некотором комплексном смысле (см. гл. 3). Существуют также более современные работы по этому вопросу (см. комментарий в § 1 гл. 3). В § 1 гл. 6 мы укажем обобщение этого случая на пучок скобок Пуассона и предъявим соответствующие дополнительные интегралы. На ненулевой постоянной площадей известно также решение И. Н. Гашененко через эллиптические функции только для ситуации вырождения характеристического полинома типа $P(s)$ [82]. Это решение является обобщением четвертого класса Аппельрота.

Второй случай Сретенского, обобщающий интеграл Гесса, может быть проинтегрирован по общей схеме, разобранной нами далее в гл. 4. Отметим также результат Л. Гаврилова [389] о том, что общие случаи интегрируемости, приведенные в таблице (2.2), исчерпывают все возможности существования у системы (7.1) дополнительного алгебраического интеграла движения.

Вопросы, связанные с изучением топологии трехмерных изоэнергетических многообразий для общей системы (7.1), рассматриваются в недавних работах И. Н. Гашененко [81, 79]. Полная классификация перестроек изоэнергетических многообразий в зависимости от констант первых интегралов и параметров системы еще далека от завершения.

§ 8. Связки твердых тел. Ротатор

Приведем также различные постановки задач о движении связки двух (в общем случае — нескольких) твердых тел, частным случаем которых является гиростат, описанный выше.

Связка двух волчков. Рассмотрим систему, состоящую из *несущего* тела τ_0 с неподвижной точкой O и *несомого* тела τ_1, которое закреплено в несущем одной своей точкой O_1 (рис. 72), при этом распределение масс системы, вообще говоря, изменяется при поворотах несомого тела.

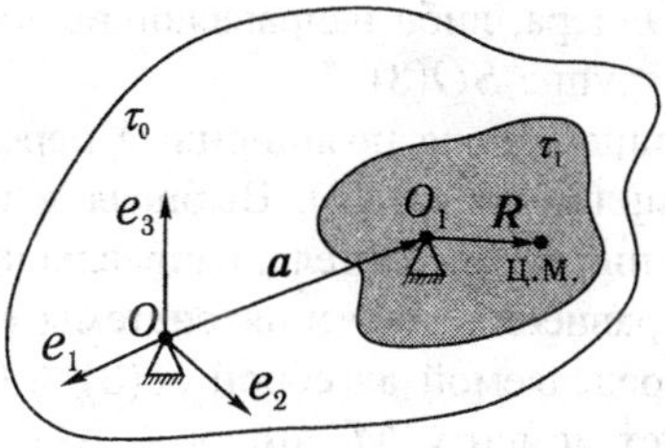

Рис. 72.

Обозначим через $\boldsymbol{a} = (a_1, a_2, a_3)$ вектор, соединяющий точки O и O_1 в проекциях на оси, связанные с несущим телом, а через $\boldsymbol{R} = (R_1, R_2, R_3)$ — вектор из точки O_1 в центр масс несомого тела в проекциях на те же оси (см. рис. 72).

Кинетическая энергия системы может быть представлена в форме

$$\begin{gathered} T = \frac{1}{2}(\boldsymbol{\omega}, \mathbf{U}\boldsymbol{\omega}) + (\boldsymbol{\omega}, \mathbf{V}\boldsymbol{\omega}_1) + \frac{1}{2}(\boldsymbol{\omega}_1, \mathbf{W}\boldsymbol{\omega}_1), \\ \mathbf{U} = \mathbf{I}_0 + \mathbf{I}_a + \mathbf{I}_1 + \frac{1}{2}(\mathbf{I}_2 + \mathbf{I}_2^T), \quad \mathbf{V} = \mathbf{I}_1 + \mathbf{I}_2, \quad \mathbf{W} = \mathbf{I}_1, \end{gathered} \tag{8.1}$$

где $\boldsymbol{\omega}$ — угловая скорость тела τ_0, $\boldsymbol{\omega}_1$ — угловая скорость несомого тела относительно несущего, $\mathbf{I}_0$ — тензор инерции несущего тела относительно точки O, $\mathbf{I}_1$ — тензор инерции несомого тела относительно O_1, $\mathbf{I}_a = ||\delta_{ij}\boldsymbol{a}^2 - a_i a_j||$, $\mathbf{I}_2 = ||\delta_{ij}(\boldsymbol{a}, \boldsymbol{R}) - a_i R_j||$.

После преобразования Лежандра

$$\begin{gathered} \boldsymbol{M} = \frac{\partial T}{\partial \boldsymbol{\omega}} = \mathbf{U}\boldsymbol{\omega} + \mathbf{V}\boldsymbol{\omega}_1, \quad \boldsymbol{M}_1 = \frac{\partial T}{\partial \boldsymbol{\omega}_1} = \mathbf{V}\boldsymbol{\omega} + \mathbf{W}\boldsymbol{\omega}_1, \\ H = (\boldsymbol{M}, \boldsymbol{\omega}) + (\boldsymbol{M}_1, \boldsymbol{\omega}_1) - T\Big|_{\boldsymbol{\omega}, \boldsymbol{\omega}_1 \to \boldsymbol{M}, \boldsymbol{M}_1} \end{gathered} \tag{8.2}$$

получим гамильтониан в виде однородной квадратичной функции моментов $\boldsymbol{M}$, $\boldsymbol{M}_1$:

$$H = \frac{1}{2}(\boldsymbol{M}, \mathbf{A}\boldsymbol{M}) + (\boldsymbol{M}, \mathbf{B}\boldsymbol{M}) + \frac{1}{2}(\boldsymbol{M}_1, \mathbf{C}\boldsymbol{M}_1). \tag{8.3}$$

В отличие от рассматриваемых далее уравнений Пуанкаре–Жуковского, описывающих движение тела с полостью, заполненной вихревой жидкостью (см. гл. 3, § 2), матрицы $\mathbf{A}$, $\mathbf{B}$, $\mathbf{C}$ зависят от позиционных переменных, которые определяют положение несомого тела относительно несущего, задаваемое элементом группы $SO(3)$. В качестве таких переменных можно выбрать углы Эйлера, либо направляющие косинусы, либо другую систему координат на группе $SO(3)$.

В отсутствие внешнего поля позиционные переменные несущего тела τ_0 не входят в гамильтониан (8.3). Выбирая в качестве переменных, определяющих положение несомого тела, направляющие косинусы $\boldsymbol{\alpha}, \boldsymbol{\beta}, \boldsymbol{\gamma}$, мы можем записать уравнения движения системы (8.3) в гамильтоновой форме со скобкой, определяемой алгеброй $so(3) \oplus (so(3) \oplus_s \mathbb{R}^9)$; первое слагаемое соответствует моменту $\boldsymbol{M}$, второе — $\boldsymbol{M}_1$, а третье — позиционным переменным тела τ_1.

В координатной записи скобка Пуассона имеет вид

$$\{M_i, M_j\} = -\varepsilon_{ijk}M_k, \quad \{M_{1i}, M_{1j}\} = -\varepsilon_{ijk}M_{1k},$$
$$\{M_i, \alpha_j\} = -\varepsilon_{ijk}\alpha_k, \quad \{M_{1i}, \beta_i\} = -\varepsilon_{ijk}\beta_k, \quad \{M_{1i}, \gamma_j\} = -\varepsilon_{ijk}\gamma_k.$$

Остальные скобки нулевые. Эта система имеет четыре степени свободы (во внешнем поле — шесть степеней свободы).

Тело с ротатором представляет собой систему, состоящую из несущего тела τ_0 с неподвижной точкой O и несомого тела — *ротатора*, — которое свободно вращается вокруг оси, фиксированной в несущем теле. Угол поворота несомого тела вокруг своей оси вращения обозначим через β.

Рассмотрим частный случай такой системы, когда ось ротатора проходит через точку закрепления (рис. 73); более общая постановка имеется в [133]. Кинетическую энергию можно представить в форме

$$T = \frac{1}{2}(\boldsymbol{\omega}, \mathbf{I}_0\boldsymbol{\omega}) + \frac{1}{2}(\boldsymbol{\omega} + \dot{\beta}\boldsymbol{n}, \mathbf{I}_1(\boldsymbol{\omega} + \dot{\beta}\boldsymbol{n})), \tag{8.4}$$

где $\boldsymbol{\omega}$ — угловая скорость несущего тела, $\boldsymbol{n}$ — единичный вектор, направленный вдоль оси ротатора, $\mathbf{I}_0$ — тензор инерции несущего тела, а $\mathbf{I}_1$ —

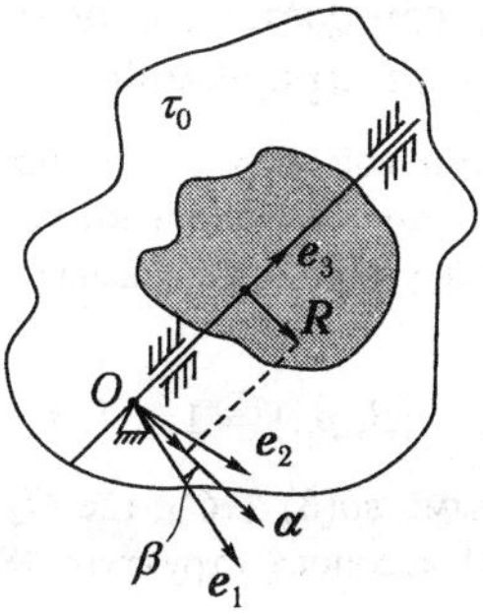

Рис. 73. Тело с ротатором.

тензор инерции ротатора. Если ротатор неуравновешен, то $\mathbf{I}_1$ зависит от угла поворота β.

Выберем систему координат, связанную с несущим телом таким образом, что ось Ox_3 направлена вдоль оси ротатора $\boldsymbol{n}$. Пусть единичный вектор $\boldsymbol{\alpha} = (\alpha_1, \alpha_2, 0)$ определяет направление проекции центра масс ротатора на плоскость x_1x_2 (рис. 73). Определим моменты и гамильтониан при помощи преобразования Лежандра:

$$\boldsymbol{M} = \frac{\partial T}{\partial \boldsymbol{\omega}} = (\mathbf{I}_0 + \mathbf{I}_1)\boldsymbol{\omega} + \mathbf{I}_1\dot{\beta}\boldsymbol{n}, \quad L = \frac{\partial T}{\partial \dot{\beta}} = (\boldsymbol{n}, \mathbf{I}_1(\boldsymbol{\omega} + \dot{\beta}\boldsymbol{n})),$$

$$H = \frac{1}{2}(\boldsymbol{M} - L\boldsymbol{m}, \mathbf{J}^{-1}(\boldsymbol{M} - L\boldsymbol{m})) + \frac{L^2}{2(\boldsymbol{n}, \mathbf{I}_1\boldsymbol{n})}, \tag{8.5}$$

$$\boldsymbol{m} = \frac{\mathbf{I}_1\boldsymbol{n}}{(\mathbf{I}_1\boldsymbol{n}, \boldsymbol{n})}, \quad \mathbf{J} = \mathbf{I}_0 + \mathbf{I}_1 - (\boldsymbol{n}, \mathbf{I}_1\boldsymbol{n})\boldsymbol{m} \otimes \boldsymbol{m}.$$

Условия коммутации между компонентами $\boldsymbol{M}, L, \boldsymbol{\alpha}$ имеют естественный вид

$$\begin{gathered} \{M_i, M_j\} = -\varepsilon_{ijk}M_k, \quad \{L, \alpha_1\} = \alpha_2, \quad \{L, \alpha_2\} = -\alpha_1, \\ \{M_i, L\} = \{M_i, \alpha_1\} = \{M_i, \alpha_2\} = \{\alpha_1, \alpha_2\} = 0. \end{gathered} \tag{8.6}$$

Скобка (8.6) соответствует прямой сумме алгебр $so(2) \oplus e(2)$ и обладает двумя функциями Казимира:

$$F_1 = M_1^2 + M_2^2 + M_3^2, \quad F_2 = \alpha_1^2 + \alpha_2^2 = 1.$$

Таким образом, мы имеем систему с двумя степенями свободы. В общем случае она является неинтегрируемой.

Замечание. В гамильтоновой форме эту систему записывают чаще в других переменных. Вместо позиционных переменных вектора $\boldsymbol{\alpha}$ положение ротатора в несущем теле характеризуют углом β. Обозначая $p_\beta = L$, запишем скобку Пуассона для этих образующих:

$$\{M_i, M_j\} = -\varepsilon_{ijk}M_k, \quad \{\beta, p_\beta\} = 1, \quad \{M_i, \beta\} = \{M_i, p_\beta\} = 0, \tag{8.7}$$

что соответствует прямой сумме $so(3) \oplus C_2$, где C_2 — постоянная скобка канонических переменных β, p_β. Пуассонова структура (8.7) обладает одной функцией Казимира $F = \boldsymbol{M}^2$.

Рассмотрим два известных интегрируемых случая системы (8.5) с циклическим интегралом, найденных Е. А. Ивиным в [133] и являющихся различными механическими реализациями уже известной нам системы Жуковского–Вольтерра.

1. Если $\mathbf{I}_1$ не зависит от $\boldsymbol{\alpha}$ (*уравновешенный ротатор*), то β — циклическая переменная, а L — циклический интеграл.

В этом случае гамильтониан (8.5) определяет на алгебре $so(3) = \{(M_1, M_2, M_3)\}$ систему Жуковского–Вольтерра с вектором гиростатического момента $\boldsymbol{k} = L\boldsymbol{m}$.

2. *Пусть несущее тело динамически симметрично с осью симметрии, совпадающей с осью ротатора* — $\mathbf{I}_0 = \operatorname{diag}(I_1, I_1, I_3)$. В этом случае циклический интеграл имеет вид

$$F = M_3 - L; \tag{8.8}$$

он соответствует циклической переменной $\beta - \varphi$, где φ — угол собственного вращения (угол прецессии ψ также циклический).

Рассмотрим систему переменных, коммутирующих с интегралом (8.8),

$$K_1 = M_1\alpha_1 + M_2\alpha_2, \quad K_2 = -M_1\alpha_2 + M_2\alpha_1, \quad K_3 = M_3. \tag{8.9}$$

Они образуют алгебру $so(3)$:

$$\{K_i, K_j\} = -\varepsilon_{ijk}K_k. \tag{8.10}$$

Переменные (8.9) имеют прозрачный механический смысл — это проекции кинетического момента оболочки на оси, жестко связанные с ротатором. Записывая гамильтониан (8.5) в новых переменных (8.9), получим

$$H = \frac{1}{2}\Big(\boldsymbol{K} - F\boldsymbol{e}_3, (\widetilde{\mathbf{I}}_1^0)^{-1}(\boldsymbol{K} - F\boldsymbol{e}_3)\Big) + \frac{1}{2I_3}F^2, \quad \boldsymbol{e}_3 = (0, 0, 1), \tag{8.11}$$

$$\widetilde{\mathbf{I}}_1^0 = \begin{pmatrix} x_1 + I_1 & 0 & z_1 \\ 0 & x_2 + I_1 & z_2 \\ z_1 & z_2 & x_3 \end{pmatrix},$$

где x_i, z_i — компоненты тензора инерции ротатора относительно точки O в выбранной системе координат ротатора. Таким образом, снова приходим к задаче Жуковского – Вольтерра, которая определяется гамильтонианом (8.11).

Комментарий. В работе Е. А. Ивина [133] и его диссертации указанные в этом разделе интегрируемые случаи приведены в сложной и громоздкой форме. Это связано с отсутствием в [133] приемлемой алгебраизации уравнений движения ротатора; она была получена нами при помощи общего формализма пуассоновых структур [44]. Такая алгебраизация позволяет заметить связь с задачей Жуковского – Вольтерра, которая фактически явно не была указана. Отметим также, что динамика связки твердых тел до сих пор является малоизученной.

Уравнения Лиувилля описывают движение свободного твердого тела, динамические параметры которого являются заданными функциями времени. Они были получены Ж. Лиувиллем в работе [444] и более подробно разобраны в трактате Ф. Тиссерана [506], где также указаны их возможные физические приложения к проблеме движения небесных тел, параметры которых меняются периодическим образом (вследствие таяния ледников, приливных факторов и пр.). Уравнения движения такой системы имеют вид (7.2) (где $\boldsymbol{k}(t)$ — известные функции времени), то есть являются частным случаем уравнений гиростата, ротор которого неуравновешен, но совершает в теле заданное движение (вследствие чего не добавляются степени свободы, связанные с ротатором).

В гамильтоновой форме уравнения могут быть записаны на алгебре $so(3)$

$$\{M_i, M_j\} = -\varepsilon_{ijk} M_k \tag{8.12}$$

с гамильтонианом

$$H = \frac{1}{2}(\boldsymbol{M}, \mathbf{A}(t)\boldsymbol{M}) - (\boldsymbol{k}(t), \boldsymbol{M}). \tag{8.13}$$

Задача о неинтегрируемости уравнений Лиувилля с периодической зависимостью моментов инерции и гиростатического момента от времени впервые решена в [32] (1991 г.) с применением метода расщепления сепаратрис. Аналогичный результат для адиабатического (медленного и периодического) возмущения был получен в [38] (1997 г.), где также изучена диффузия адиабатического инварианта при переходе через сепаратрису. В работе [366] (2002 г.) результат о неинтегрируемости был получен независимо от [32] при достаточно специальной периодической зависимости от времени для одного момента инерции. Численные исследования хаотических движений уравнений Лиувилля имеются в [34]. Для адиабатического случая они приведены нами в § 6 гл. 6.

В виде уравнений Лиувилля могут быть представлены уравнения прецессии для планет, центр масс которых совершает известное орбитальное движение. Если предположить, что планета является осесимметричной, то одной из наиболее известных аппроксимаций вращательного движения является гамильтонова система с полутора степенями свободы вида [438]

$$\frac{d\psi}{dt} = \frac{\partial H}{\partial X}, \quad \frac{dX}{dt} = -\frac{\partial H}{\partial \psi}$$

с гамильтонианом

$$H(X, \psi, t) = \frac{\alpha}{2}\left(1 - e(t)^2\right)^{-3/2} X^2 + \sqrt{1 - X^2}\left(A(t)\sin\psi + B(t)\cos\psi\right).$$

Здесь переменные X, ψ представляют собой наклонение и угол прецессии, а функции $A(t)$, $B(t)$ и эксцентриситет $e(t)$ орбитального движения являются известными функциями времени. В зависимости от точности описания эти функции могут зависеть от времени периодически, квазипериодически или хаотически. Если положить $e(t) = \text{const}$, а в разложении для $A(t)$, $B(t)$ ограничиться периодическими членами, то получим интегрируемую систему, называемую *волчком Коломбо*. Его состояния равновесия определяют так называемые состояния Кассини. Более общие зависимости $A(t)$, $B(t)$ от времени, получающиеся при интегрировании уравнений планетной динамики с большим количеством степеней свободы, проанализированы в ряде работ Ж. Ласкара (см., например, [438]) при исследовании динамических ограничений в процессе формирования Солнечной системы. Общие модели хаотизации вращательного движения планет в связи с проблемами долгопериодической эволюции, учитывающие приливные эффекты, сплюснутость планет, вязкое трение, взаимодействие коры и мантии, разобраны (на примере захвата Венеры в спин-орбитальный резонанс 1:1) в работах [438, 351] и примыкающей к ним серии работ, список которых в них имеется.

Глава 3

Уравнения Кирхгофа и родственные проблемы динамики твердого тела

§ 1. Уравнения Кирхгофа

1. Уравнения движения и физические интерпретации

Динамика твердого тела в жидкости. Если твердое тело движется в идеальной несжимаемой жидкости, которая обладает однозначным потенциалом скоростей и покоится на бесконечности, то уравнения движения твердого тела, представляющие собой систему шести обыкновенных дифференциальных уравнений, отделяются от дифференциальных уравнений в частных производных, описывающих движение жидкости [138] (подробный вывод см. в приложении А).

В гамильтоновой форме уравнения движения твердого тела при этих условиях были получены и изучены *Г. Кирхгофом.* Они могут быть записаны на алгебре $e(3) = so(3) \oplus_s \mathbb{R}^3$ (см. соотношения (1.3) гл. 2), и при соответствующем обозначении переменных по форме не отличаются от уравнений Эйлера–Пуассона (§ 1 гл. 2):

$$\begin{cases} \dot{\boldsymbol{M}} = \boldsymbol{M} \times \dfrac{\partial H}{\partial \boldsymbol{M}} + \boldsymbol{\gamma} \times \dfrac{\partial H}{\partial \boldsymbol{\gamma}}, \\ \dot{\boldsymbol{\gamma}} = \boldsymbol{\gamma} \times \dfrac{\partial H}{\partial \boldsymbol{M}}, \end{cases} \tag{1.1}$$

здесь $\boldsymbol{M}$, $\boldsymbol{\gamma}$ представляют собой, соответственно, трехмерные векторы «*импульсивного момента*» и «*импульсивной силы*» в проекциях на оси, жестко связанные с твердым телом [138] (см. также [44]).

Гамильтониан H, представляющий собой кинетическую энергию системы «тело+жидкость», является положительно определенной квадратичной формой переменных $\boldsymbol{M}$, $\boldsymbol{\gamma}$

$$H = \frac{1}{2}(\mathbf{A}\boldsymbol{M}, \boldsymbol{M}) + (\mathbf{B}\boldsymbol{M}, \boldsymbol{\gamma}) + \frac{1}{2}(\mathbf{C}\boldsymbol{\gamma}, \boldsymbol{\gamma}), \tag{1.2}$$

где матрицы $\mathbf{A}$, $\mathbf{C}$ — симметрические, а матрица $\mathbf{B}$ произвольна. Форму (1.1–1.2) уравнениям Кирхгофа придал *А. Клебш* [350].

ЗАМЕЧАНИЕ. Г. Кирхгоф получил уравнения (1.1) в лагранжевой форме (см. приложение А):

$$\frac{d}{dt}\left(\frac{\partial L}{\partial \boldsymbol{\omega}}\right) = \frac{\partial L}{\partial \boldsymbol{\omega}} \times \boldsymbol{\omega} + \frac{\partial L}{\partial \boldsymbol{v}} \times \boldsymbol{v},$$
$$\frac{d}{dt}\left(\frac{\partial L}{\partial \boldsymbol{v}}\right) = \frac{\partial L}{\partial \boldsymbol{v}} \times \boldsymbol{\omega}.$$

Лагранжиан L, представляющий собой кинетическую энергию, также является квадратичной формой от компонент линейной $\boldsymbol{v}$ и угловой $\boldsymbol{\omega}$ скоростей. При этом Кирхгоф несколько модифицировал рассуждения В. Томсона, которые были очень близки к окончательному выводу [505].

Уравнения (1.1) всегда обладают следующими интегралами:

$$F_1 = (\boldsymbol{M}, \boldsymbol{\gamma}) = c_1, \quad F_2 = \boldsymbol{\gamma}^2 = c_2, \quad F_3 = H = h. \tag{1.3}$$

Функции F_1 и F_2, которые называются *интегралами импульсивного момента и импульсивной силы* соответственно, являются функциями Казимира и фиксируют симплектический лист (в дальнейшем интеграл F_1, по аналогии с уравнениями Эйлера–Пуассона, мы называем интегралом площадей). Для интегрируемости возникающей на листе гамильтоновой системы с гамильтонианом (1.2) не хватает еще одного дополнительного интеграла (это следует также из теории последнего множителя — вследствие наличия стандартной инвариантной меры). В общем случае уравнения Кирхгофа не являются интегрируемыми. Их неинтегрируемость и стохастичность обсуждается, например, в [44].

В отличие от уравнений Эйлера–Пуассона, значение константы c_2 в интеграле F_2, выражающего неизменность величины импульсивной силы, не обязательно равняется единице.

Физический смысл матриц $\mathbf{A}, \mathbf{B}, \mathbf{C}$ объясняется в приложении А: они связаны с присоединенными массами и моментами инерции тела в жидкости. При помощи выбора системы координат, связанной с твердым телом, матрицу $\mathbf{A}$ можно привести к диагональному виду, а $\mathbf{B}$ — к симметрическому. В дальнейшем это приведение будет считаться выполненным, что позволяет уменьшить общее число параметров системы (1.2) до пятнадцати.

Поскольку произвольной линейной комбинации функций Казимира $\alpha F_1 + \beta F_2$ соответствует нулевое векторное поле, ее можно добавлять к гамильтониану, что не влечет за собой изменение уравнений движения.

Это позволяет уменьшить число параметров в гамильтониане на два. В частности, условия $\mathbf{B} = \lambda\mathbf{E}$ и $\mathbf{B} = 0$ (а также $\mathbf{C} = \lambda\mathbf{E}$ и $\mathbf{C} = 0$), где $\lambda = \mathrm{const}$, эквивалентны. Один параметр можно убрать с помощью замены времени $t \to t/\alpha$, что влечет домножение гамильтониана на произвольную константу $H \to \alpha H$, $\alpha = \mathrm{const}$. Таким образом, число параметров, определяющих семейство (1.2), равняется двенадцати.

Задача Бруна. В виде (1.1) с квадратичным гамильтонианом (1.2) может быть представлена задача о движении твердого тела вокруг неподвижной точки в линейном силовом поле, т. е. случай, когда сила, действующая на каждую частицу тела, пропорциональна расстоянию от некоторой плоскости. Как несложно показать, гамильтониан H в этом случае имеет вид

$$H = \frac{1}{2}(\mathbf{A}\boldsymbol{M}, \boldsymbol{M}) + \mu(\mathbf{I}\boldsymbol{\gamma}, \boldsymbol{\gamma}), \qquad \mathbf{A} = \mathbf{I}^{-1}, \tag{1.4}$$

где $\mathbf{I}$ — тензор инерции.

Эта задача рассматривалась Бруном [345]. Ф. Тиссеран рассматривал ту же задачу в связи с движением твердого тела под действием ньютоновского гравитирующего центра [506]. При этом квадратичный потенциал в (1.4) появляется как квадрупольное приближение в разложении ньютоновского потенциала по отношению размеров тела к удалению от ньютоновского центра. Оказывается, что задача Бруна эквивалентна интегрируемому случаю Клебша в уравнениях Кирхгофа (см. § 4 гл. 3). Эта аналогия (1.4) была замечена *В. А. Стекловым* [500].

Задача Гриоли. Под ней понимается задача о движении заряженного твердого тела со стационарным распределением зарядов (диэлектрика) вокруг неподвижной точки в постоянном магнитном поле [395, 397, 328]. Гамильтониан системы содержит перекрестные (обобщенно-потенциальные) по $\boldsymbol{M}$ и $\boldsymbol{\gamma}$ члены и имеет вид

$$H = \frac{1}{2}(\mathbf{A}\boldsymbol{M}, \boldsymbol{M}) - \frac{1}{2}(\mathbf{J}\boldsymbol{\gamma}, \mathbf{A}\boldsymbol{M}), \qquad \mathbf{A} = \mathbf{I}^{-1},$$

здесь $\mathbf{I}$ — тензор инерции, $\mathbf{J}$ — симметричный тензор распределения зарядов.

Можно рассмотреть более общее силовое поле, являющееся суперпозицией квадратичных по $\boldsymbol{M}$, $\boldsymbol{\gamma}$ гироскопических и потенциальных сил; уравнения движения такой системы также сводятся к уравнениям Кирхгофа. Аналогия между этими задачами указана в нескольких источниках [26, 221]. Однако она сильно усложнена вследствие того, что устанавливается на уровне уравнений движения, а не на уровне гамильтонианов и соответствующих скобок Пуассона. Последнее представляется более естественным, и именно таким путем она установлена в [14].

В многочисленных работах, список которых можно найти в [525], Х. Яхья предлагает обобщать классические интегрируемые случаи динамики твердого тела при помощи преобразования $\boldsymbol{\omega} = \boldsymbol{\omega}' + f(\boldsymbol{\gamma})\boldsymbol{\gamma}$ ($\boldsymbol{\omega}'$ — новая угловая скорость, $f(\boldsymbol{\gamma})$ — произвольная функция). При этом предполагается, что в систему вводятся дополнительные гироскопические силы и мы имеем дело с физически новой постановкой задачи. Однако необходимость таких преобразований отпадает, если обе задачи (типа уравнений Кирхгофа и задачи Гриоли) записывать в универсальной гамильтоновой форме на $e(3)$. Тем не менее, в некоторых работах Х. Яхьи использование этого преобразования, представляющего переход во вращающуюся систему координат (в случае $f(\boldsymbol{\gamma}) = \mathrm{const}$ она использовалась еще Ф. Тиссераном), позволяет более наглядно представить динамические закономерности движения.

Система Неймана [462]. Классическая интегрируемая задача К. Неймана о движении материальной точки по сфере в поле сил с квадратичным потенциалом $U = \frac{1}{2}(\mathbf{B}\boldsymbol{q}, \boldsymbol{q})$, $\mathbf{B} = \mathrm{diag}(b_1, b_2, b_3)$ описывается уравнениями

$$\begin{gathered} \ddot{q}_i = b_i q_i + \lambda q_i, \quad i = 1, 2, 3, \\ \lambda = -(\mathbf{B}\boldsymbol{q}, \boldsymbol{q}) - \dot{\boldsymbol{q}}^2, \end{gathered} \tag{1.5}$$

где q_i — избыточные декартовы координаты точки на сфере $\boldsymbol{q}^2 = 1$, λ — неопределенный множитель связи. Переходя к переменным $\boldsymbol{M} = \boldsymbol{q} \times \dot{\boldsymbol{q}}$, $\boldsymbol{\gamma} = \boldsymbol{q}$, уравнения (1.5) можно записать в виде

$$\dot{\boldsymbol{M}} = \boldsymbol{\gamma} \times \mathbf{B}\boldsymbol{\gamma}, \quad \dot{\boldsymbol{\gamma}} = \boldsymbol{\gamma} \times \boldsymbol{M}, \tag{1.6}$$

то есть представить их как систему на $e(3)$ с гамильтонианом

$$H = \frac{1}{2}(\boldsymbol{M}, \boldsymbol{M}) + \frac{1}{2}(\mathbf{B}\boldsymbol{\gamma}, \boldsymbol{\gamma})$$

на уровне $(\boldsymbol{M}, \boldsymbol{\gamma}) = 0$, что следует из определения $\boldsymbol{M}$, $\boldsymbol{\gamma}$ для этой задачи.

Этот гамильтониан соответствует случаю Клебша (см. далее) при дополнительном условии $(\boldsymbol{M}, \boldsymbol{\gamma}) = 0$, то есть зафиксирован нулевой уровень функции Казимира F_2 (1.3). Отмеченная аналогия между движением точки по сфере и движением твердого тела сохраняется и в n-мерной ситуации (см. [340]). Связь задачи Неймана и случая Клебша с автомодельными решениями уравнений Ландау–Лифшица рассматриваются в приложении Е.

Задача Якоби о геодезических на эллипсоиде [311]. Пусть эллипсоид в трехмерном пространстве задается уравнением

$$(\boldsymbol{q}, \mathbf{B}\boldsymbol{q}) = 1, \quad \mathbf{B} = \operatorname{diag}(b_1, b_2, b_3).$$

Динамика свободной частицы на нем описывается уравнениями

$$\ddot{\boldsymbol{q}} = \lambda \mathbf{B}\boldsymbol{q}, \quad \lambda = -\frac{(\dot{\boldsymbol{q}}, \mathbf{B}\boldsymbol{q})}{(\mathbf{B}\boldsymbol{q}, \mathbf{B}\boldsymbol{q})}\mathbf{B}\boldsymbol{q}. \tag{1.7}$$

Переходя к новым переменным

$$\boldsymbol{\gamma} = \mathbf{B}^{1/2}\boldsymbol{q}, \quad \boldsymbol{M} = (\mathbf{A}\dot{\boldsymbol{\gamma}}) \times \boldsymbol{\gamma}, \quad \mathbf{A} = \mathbf{B}^{-1},$$

уравнения движения (1.7) можно представить в гамильтоновой форме (1.1) на алгебре $e(3)$ с гамильтонианом

$$H = \frac{1}{2}\det \mathbf{B}\frac{(\boldsymbol{M}, \mathbf{A}\boldsymbol{M})}{(\boldsymbol{\gamma}, \mathbf{B}\boldsymbol{\gamma})} \tag{1.8}$$

на нулевой постоянной площадей $(\boldsymbol{M}, \boldsymbol{\gamma}) = 0$.

После замены времени $\dfrac{\det \mathbf{B}}{(\boldsymbol{\gamma}, \mathbf{B}\boldsymbol{\gamma})}\,dt = d\tau$ система (1.8) на уровне энергии $H = c\dfrac{\det \mathbf{B}}{2}$ приводится к системе Клебша (см. далее) с гамильтонианом

$$H' = \frac{1}{2}(\boldsymbol{M}, \mathbf{A}\boldsymbol{M}) - \frac{1}{2}c(\boldsymbol{\gamma}, \mathbf{B}\boldsymbol{\gamma}),$$

на нулевом уровне энергии $H' = 0$ (В. В. Козлов [144]). При этом c является произвольной постоянной.

Эта аналогия сохраняется также в многомерном случае [340]. В книге [44] этот изоморфизм подробно разобран для случая кватернионных уравнений динамики твердого тела.

Замечание 1. К. Якоби показал, что интегрируемой является также задача о движении материальной точки по эллипсоиду в поле с квадратичным потенциалом

$$U(\boldsymbol{q}) = \frac{1}{2}k\boldsymbol{q}^2, \tag{1.9}$$

т. е. точка скреплена с центром эллипсоида гуковской пружинкой [311].

Для гамильтоновой формы (1.1) в этом случае гамильтониан можно представить в виде:

$$H = \frac{1}{2}\det \mathbf{B}\frac{(\boldsymbol{M}, \mathbf{A}\boldsymbol{M})}{(\boldsymbol{\gamma}, \mathbf{B}\boldsymbol{\gamma})} + \frac{1}{2}k(\boldsymbol{\gamma}, \mathbf{A}\boldsymbol{\gamma}). \tag{1.10}$$

После замены времени на уровне $(\boldsymbol{M}, \boldsymbol{\gamma}) = 0$ получим новую интегрируемую систему в динамике твердого тела с потенциалом четвертой степени:

$$H' = \frac{1}{2}(\boldsymbol{M}, \mathbf{A}\boldsymbol{M}) + \frac{1}{2}(\boldsymbol{\gamma}, \mathbf{B}\boldsymbol{\gamma})(k'(\boldsymbol{\gamma}, \mathbf{A}\boldsymbol{\gamma}) - c), \quad k' = \frac{k}{\det \mathbf{B}}, \tag{1.11}$$

которая на уровне $H' = 0$ изоморфна системе (1.10) на уровне $H = \frac{1}{2}c \det \mathbf{B}$.

Интегрируемая система (1.11) возникает также при исследовании разделения переменных для полиномиальных потенциалов на сфере [23, 522].

Замечание 2. В работе [71] замечена связь n-мерной задачи Якоби о геодезических и устойчивого нулевого положения равновесия линейного уравнения типа Хилла с периодическими коэффициентами. Оказывается, что число резонансных зон конечно и не превосходит размерности эллипсоида тогда и только тогда, когда периодическая функция $R(t)$ в уравнении $\ddot{x} = -R(t)x$ есть множитель Лагранжа для некоторой геодезической на эллипсоиде (точнее, $R(t) = -\lambda(t)$).

2. Интегрируемые случаи

В таблице 3.1 приведены все известные случаи интегрируемости уравнений Кирхгофа. Случаи 1, 2, 3, 4 являются общими случаями интегрируемости, а 5, 6 — частными, для них помимо ограничений на параметры системы также необходимо накладывать дополнительные ограничения на значения интегралов, т. е. начальные условия.

Необходимые, а также достаточные условия интегрируемости уравнений Кирхгофа обсуждаются в работах [14, 33].

Как показано *В. А. Стекловым* [264], *если гамильтониан* (1.2) *является положительно определенной формой* (*что заведомо выполняется при движении тела в жидкости*), *то случаями* 1, 2, 3, 4 *из таблицы* 3.1 *исчерпывается возможность существования у уравнений Кирхгофа дополнительного независимого интеграла в виде линейной и квадратичной формы от* $\boldsymbol{M}$, $\boldsymbol{\gamma}$. Результат Стеклова был перепроверен и обобщен на случай линейных слагаемых в гамильтониане в работах [236, 220].

Комментарии. **1.** В случае, когда в гамильтониане (1.2) матрицы $\mathbf{B}$ и $\mathbf{C}$ не являются диагональными, вопрос об алгебраической интегрируемости изучался *Рожером Лиувиллем* [446] (которого не следует путать с Жозефом Лиувиллем — крупнейшим математиком XIX века; Р. Лиувилль был его достаточно дальним родственником). В этой работе *Р. Лиувилль* указывает условия существования дополнительного интеграла в случае, когда $b_{ij} \neq 0$ при $i \neq j$. Однако в явном виде этот интеграл не выписан.

Таблица 3.1. Интегрируемые случаи и инвариантные соотношения уравнений Кирхгофа

	Автор	Условия на параметры и первый интеграл F
1	Кирхгоф (1870) [138]	$\mathbf{A} = \mathrm{diag}(a_1,\, a_2,\, a_3)$, $\mathbf{B} = \mathrm{diag}(b_1,\, b_2,\, b_3)$, $\mathbf{C} = \mathrm{diag}(c_1,\, c_2,\, c_3)$, $a_1 = a_2$, $b_1 = b_2$, $c_1 = c_2$ $F = M_3$ (аналог случая Лагранжа)
2	Клебш (1871) [350]	I $\begin{cases} \mathbf{A} = \mathrm{diag}(a_1,\, a_2,\, a_3),\ \mathbf{B} = 0, \mathbf{C} = \mathrm{diag}(c_1,\, c_2,\, c_3), \\ \dfrac{c_2 - c_3}{a_1} + \dfrac{c_3 - c_1}{a_2} + \dfrac{c_1 - c_2}{a_3} = 0,\ a_1 \neq a_2 \neq a_3 \neq a_1 \\ F = \boldsymbol{M}^2 - (\mathbf{A}\boldsymbol{\gamma}, \boldsymbol{\gamma}) \end{cases}$ II $\begin{cases} \mathbf{B} = 0,\ a_1 = a_2 = a_3, \quad \mathbf{C} \text{ — произвольная} \\ F = (\boldsymbol{M}, \mathbf{C}\boldsymbol{M}) - \mu(\boldsymbol{\gamma}, \mathbf{C}^{-1}\boldsymbol{\gamma}), \quad \mu = \mathrm{const} \end{cases}$
3	Ляпунов (1893) [182]	$\mathbf{A} = \mathbf{E} = \Vert\delta_{ij}\Vert, \mathbf{B} = \mathrm{diag}(b_1, b_2, b_3), \mathbf{C} = \mathrm{diag}(c_1, c_2, c_3),$ $b_j = -2\mu(d_j + \nu), \quad c_k = (d_i - d_j)^2 + \nu', \ldots, \quad d_i = \mathrm{const},$ $F = \sum \left(d_i M_i^2 + \left(2\mu \dfrac{d_1 d_2 d_3}{d_i} + \nu \right) M_i \gamma_i \right) + \mu^2 d_1 (d_2 - d_3)^2 \gamma_1^2 + \ldots$
4	Стеклов (1893) [264]	$\mathbf{B} = \mathrm{diag}(b_1,\, b_2,\, b_3), \mathbf{C} = \mathrm{diag}(c_1,\, c_2,\, c_3),$ $b_j = \mu \dfrac{a_1 a_2 a_3}{a_j} + \nu, \ \ c_k = \mu^2 a_k (a_i - a_j)^2 + \nu', \mu,\, \nu,\, \nu' = \mathrm{const}$ $F = \sum\limits_j (M_j^2 - 2\mu(a_j + \nu) M_j \gamma_j) + \mu^2((a_2 - a_3)^2 + \nu')\gamma_1^2 + \ldots$
5	Чаплыгин (1902) [303]	$\mathbf{B} = 0, \mathbf{C} = \mathrm{diag}(c, -c, 0), \mathbf{A} = \mathrm{diag}(a, a, 2a),$ $F = (M_1^2 - M_2^2 + \frac{c}{a}\gamma_3^2)^2 + 4M_1^2 M_2^2, \quad (\boldsymbol{M}, \boldsymbol{\gamma}) = 0$
6	Соколов (2001) [255]	$\mathbf{A} = \mathrm{diag}(1, 1, 2), b_{13} = \alpha, b_{11} = b_{22} = b_{33} = b_{12} = b_{23} = 0,$ $c_{22} = 2\alpha^2, c_{33} = -2\alpha^2, c_{11} = c_{12} = c_{13} = c_{23} = 0,$ $F = (M_3 - \alpha\gamma_1)\big[(M_3 - \alpha\gamma_1)(\boldsymbol{M}^2 + 4\alpha(M_3\gamma_1 - M_1\gamma_3) +$ $+ 4\alpha^2(\gamma_1^2 + \gamma_3^2)) + 6\alpha(M_1 - 2\alpha\gamma_3)(\boldsymbol{M}, \boldsymbol{\gamma})\big]$
7	Чаплыгин (1897) [303] Козлов, Онищенко (1982) [160]	$\mathbf{A} = \mathrm{diag}(a_1,\, a_2,\, a_3), a_1 > a_2 > a_3,$ $b_{12} = b_{23} = 0, \quad c_{12} = c_{23} = 0,$ $b_{11} = b_{22} \mp b_{13}\sqrt{\frac{a_1 - a_2}{a_2 - a_3}}, \quad b_{33} = b_{22} \mp b_{13}\sqrt{\frac{a_2 - a_3}{a_1 - a_2}}$ $c_{11} = c_{22} \mp c_{13}\sqrt{\frac{a_1 - a_2}{a_2 - a_3}}, \quad c_{33} = c_{22} \mp c_{13}\sqrt{\frac{a_2 - a_3}{a_1 - a_2}},$ $F_{\mp} = M_1\sqrt{a_1 - a_2} \mp M_3\sqrt{a_2 - a_3} = 0$ (т. е. $\dot{F}\vert_{F=0} = 0$)
8	Цыганов, Соколов (2001) [258]	$A = \mathrm{diag}(1, 1, 4), \quad b_{31} = 2a_1, \quad b_{13} = -a_1,$ $b_{23} = 2a_2, \quad b_{32} = -a_2, \quad a_1, a_2 = \mathrm{const}, \quad (\boldsymbol{M}, \boldsymbol{\gamma}) = 0,$ $c_{ij} = 0, \quad b_{11} = b_{22} = b_{33} = b_{12} = b_{21} = 0,$ $F = (M_3 + a_1\gamma_1 + a_2\gamma_2)(M_1^2 + M_2^2)$

С. А. Чаплыгин пытался получить этот интеграл, но безуспешно. Численный эксперимент, проведенный авторами, показал хаотическое поведение системы при общих условиях Лиувилля, что указывает на неточности выводов работы [446].

Перед сдачей первого издания этой книги в печать (летом 2001 года) авторам стало известно об открытии нового общего интегрируемого случая уравнений (1.1), (1.2) В. В. Соколовым [255]. Этот случай имеет дополнительный интеграл четвертой степени. Совместными усилиями мы перенесли этот случай на уравнения Пуанкаре – Жуковского на SO(4) (см. § 2) [50]. Через несколько месяцев В. В. Соколову и А. В. Цыганову удалось найти взаимосвязь вновь открытого случая со случаем С. В. Ковалевской: оказалось, что интегрируемой является их совместная комбинация и они допускают сведение к уравнениям Абеля – Якоби, аналогичное классическому случаю Ковалевской.

2. Кроме случаев интегрируемости, указанных в таблице 3.1, существует еще один общий случай интегрируемости с дополнительным квадратичным интегралом. Он реализуется при $\mathbf{A} \equiv 0$, что не соответствует реальной физической ситуации. Дополнительный интеграл $F = (\mathbf{B}\boldsymbol{\gamma}, \boldsymbol{\gamma})$ позволяет свести систему к квадратурам, которая особо просто выполнима с помощью винтового исчисления (*А. А. Буров, В. Н. Рубановский* [63]).

3. Еще один вырожденный случай интегрируемости был указан В. В. Соколовым в [150]. При этом гамильтониан имеет вид $H = aM_1^2 - M_1\gamma_2 - M_2\gamma_1$, а дополнительный интеграл — четвертую степень по моментам. Этот случай является частным представителем общего семейства на некотором пучке скобок Пуассона. Этому семейству уже может быть придан некоторый механический смысл, и оно рассмотрено в гл. 5.

3. Случай осевой симметрии

Этот случай был указан Г. Кирхгофом для динамически симметричного тела вращения, движущегося в идеальной жидкости. Он также проинтегрировал уравнения движения в эллиптических функциях.

Данный случай интегрируемости аналогичен случаю Лагранжа в уравнениях Эйлера – Пуассона (§ 3 гл. 2), а дополнительный интеграл $F = M_3$ связан с наличием циклической координаты (угла собственного вращения). Редукция к одной степени свободы и явное интегрирование приведено нами в § 1 гл. 4.

Плоские движения и частные решения (типа винтовых) твердого тела при условиях интегрируемости Кирхгофа описаны в книге Ламба [178].

4. Случай Клебша

А. Клебш нашел два родственных случая интегрируемости из условий существования дополнительного квадратичного интеграла. Один из них взаимен другому, т. е. гамильтониан одного из них можно принять в качестве интеграла второго. Фактически они образуют единое интегрируемое семейство квадратичных гамильтонианов, в которых отсутствуют перекрестные члены ($\mathbf{B} = 0$).

В таблице указаны классические формы записи интегралов Клебша. Это интегрируемое семейство также можно представить в более симметричном виде:

$$\begin{aligned} \widetilde{G}_1 &= \mu\gamma_1^2 + \frac{M_3^2}{\lambda_1^2 - \lambda_2^2} + \frac{M_2^2}{\lambda_1^2 - \lambda_3^2}, \\ \widetilde{G}_2 &= \mu\gamma_2^2 + \frac{M_3^2}{\lambda_2^2 - \lambda_1^2} + \frac{M_1^2}{\lambda_2^2 - \lambda_3^2}, \\ \widetilde{G}_3 &= \mu\gamma_3^2 + \frac{M_2^2}{\lambda_3^2 - \lambda_1^2} + \frac{M_1^2}{\lambda_3^2 - \lambda_2^2}. \end{aligned} \tag{1.12}$$

При этом справедливы следующие соотношения:

$$\sum_{i=1}^{3} \widetilde{G}_i = \mu\gamma^2, \quad \sum_{i=1}^{3} \lambda_i \widetilde{G}_i = H_I, \quad \sum_{i=1}^{3} \lambda_i^2 \widetilde{G}_i = H_{II},$$

где H_I и H_{II} — гамильтонианы двух взаимных случаев Клебша соответственно.

Такой вид интегралов движения (1.12), допускающий обобщение на многомерный случай [203], был указан *К. Уленбек* [515] в 1975 г. (они встречаются также у Р. Деванея [361]) при исследовании задачи Неймана, которая была проинтегрирована *К. Нейманом* еще в 1859 г. при помощи разделения переменных (см. § 7 гл. 1). В двумерном случае интегралы (1.12) были известны еще *Г. Веберу* (1878 г.) [519].

Обобщение случаев интегрируемости Клебша на пучок скобок Пуассона (в частности, система Шоттки–Манакова) приведено в § 2 гл. 3, где также указана ретракция и линейный изоморфизм этих случаев. Интегрируемое семейство Клебша допускает два различных представления Лакса со спектральным параметром, которые приведены в книге [44].

Замечание 3. Ф. Кёттер [430] указал интегрируемое семейство Клебша в симметричной форме, содержащей произвольный (спектральный) параметр

$$Q(s) = \sum_{i=1}^{3} \left(\sqrt{s - D_i} M_i + \sqrt{(s - D_j)(s - D_k)} \gamma_i \right)^2,$$

где D_i — произвольные константы, s — параметр. Связь этого представления с существованием **L**-**A**-пары на лиевых пучках рассматривается в [44].

ЗАМЕЧАНИЕ 4. В работе [457] *Г. Минковский* указал на аналогию случая Клебша с задачей Якоби о геодезических на эллипсоиде, тем самым предложив свой способ его интегрирования. Развитие этой аналогии приведено выше в п. 1 этого параграфа (см. также [340]).

ЗАМЕЧАНИЕ 5. Первую геометрическую интерпретацию движения в случае Клебша при $(\boldsymbol{M}, \boldsymbol{\gamma}) = 0$ дал С. А. Чаплыгин [296], который представил движение как качение без скольжения некоторого гиперболоида по винтовой поверхности. В работе [291] Е. И. Харламова показала, что при $(\boldsymbol{M}, \boldsymbol{\gamma}) = 0$ соответствующее движение может быть получено как более естественное обобщение интерпретации Пуансо: эллипсоид инерции катится без скольжения по поверхности неподвижного в пространстве эллиптического цилиндра, ось которого направлена вдоль вектора $\boldsymbol{\gamma}$ и проходит через неподвижную точку тела.

ЗАМЕЧАНИЕ 6. В работе [540] показано, что гамильтоновы уравнения на $e(3)$ с гамильтонианом $H = \frac{1}{2}(\boldsymbol{M}, \mathbf{A}\boldsymbol{M}) + U(\boldsymbol{\gamma})$ допускают дополнительный квадратичный интеграл при произвольных значениях энергии и площадей только в случае потенциала Бруна.

5. Семейство Стеклова – Ляпунова

Анализ А. Клебша условий существования квадратичных интегралов был не полным. В своей магистерской диссертации (вышедшей в 1893 году в виде отдельной книги [264]) В. А. Стеклов исправил его рассуждения и указал случай с квадратичным интегралом, гамильтониан которого содержит перекрестные по $\boldsymbol{M}$, $\boldsymbol{\gamma}$ слагаемые. Взаимный этому случай указал А. М. Ляпунов [182], теперь уже подправивший выкладки Стеклова, научным руководителем которого он был. В таблице 3.1 гамильтонианы и интегралы приведены в классической форме, указанной В. А. Стекловым и А. М. Ляпуновым.

Семейство Стеклова – Ляпунова может быть записано в симметричном виде при помощи трех инволютивных интегралов

$$\widetilde{G}_i = \sum_{j\neq i}^{3} \frac{\left(M_{ij} + \frac{1}{2}(\lambda_i - \lambda_j)P_{ij}\right)^2}{\lambda_i - \lambda_j}, \quad i = 1, 2, 3, \tag{1.13}$$

где компоненты матриц $\mathbf{M} = \|M_{ij}\|$, $\mathbf{P} = \|P_{ij}\|$ связаны с векторами $\boldsymbol{M}, \boldsymbol{\gamma}$ по формулам

$$M_{ij} = -\varepsilon_{ijk} M_k, \quad P_{ij} = -\varepsilon_{ijk}\gamma_k.$$

Например, $\widetilde{G}_1$ имеет вид

$$\widetilde{G}_1 = \frac{\left(M_3 + \frac{1}{2}(\lambda_1 - \lambda_2)\gamma_3\right)^2}{\lambda_1 - \lambda_2} + \frac{\left(M_2 + \frac{1}{2}(\lambda_1 - \lambda_3)\gamma_2\right)^2}{\lambda_1 - \lambda_3},$$

остальные $\widetilde{G}_i$ получаются циклической перестановкой.

Для функций (1.13) справедливо соотношение

$$\sum_{i=1}^{3} \widetilde{G}_i = 2(\boldsymbol{M}, \boldsymbol{\gamma}).$$

Замечание. Гамильтониан случая Ляпунова (см. таблицу 3.1) получается следующим образом

$$H_{\text{Л}} = \frac{1}{2}\sum_{i=1}^{3} \lambda_i \widetilde{G}_i = \frac{1}{2}\boldsymbol{M}^2 + (\boldsymbol{M}, \mathbf{B}\boldsymbol{\gamma}) + \frac{1}{2}(\boldsymbol{\gamma}, \mathbf{C}\boldsymbol{\gamma}),$$

где $\mathbf{B} = \operatorname{diag}(b_1, b_2, b_3)$, $\mathbf{C} = \operatorname{diag}\left((b_2 - b_3)^2, (b_3 - b_1)^2, (b_1 - b_2)^2\right)$ и $b_k = \frac{1}{2}(\lambda_i + \lambda_j)$, $i, j, k = 1, 2, 3$.

Гамильтониан случая Стеклова имеет вид

$$H_{\text{С}} = \frac{1}{2}\sum_{i=1}^{3} \lambda_i^2 \widetilde{G}_i = \frac{1}{2}\sum_{\text{цикл}} (\lambda_i + \lambda_j)M_k^2 + (\lambda_i^2 + \lambda_j^2)M_k\gamma_k + \frac{1}{4}(\lambda_i + \lambda_j)(\lambda_i - \lambda_j)^2\gamma_k^2,$$

с помощью замены $a_k = \frac{1}{2}(\lambda_i + \lambda_j)$ и исключения интеграла $(\boldsymbol{M}, \boldsymbol{\gamma})$ он приводится к стандартному виду (см. табл. 3.1).

Представление (1.13) является наиболее симметричной параметризацией случаев *Стеклова* и *Ляпунова* (см. также § 2 гл. 3) [315]. Оно может быть получено (и в многомерном случае) с использованием указанной в [29, 44] **L**-**A**-пары с гиперэллиптическим спектральным параметром.

Обобщение этого семейства на уравнения Пуанкаре – Жуковского приведено в § 2 гл. 3. Кроме того, это семейство, в отличие от случая Клебша, допускает также добавление линейных по $\boldsymbol{M}$, $\boldsymbol{\gamma}$ членов (гироскопические добавки) (см. ниже).

Замечание. В работе [165] *Г. В. Колосов* указал четвертый интеграл уравнений движения системы с гамильтонианом

$$H = \frac{1}{2}\left(c_1M_1^2 + c_2M_2^2 + c_3M_3^2 + 2b_1M_1\gamma_1 + 2b_2M_2\gamma_2 + 2b_3M_3\gamma_3 + a_1\gamma_1^2 + a_2\gamma_2^2 + a_3\gamma_3^2\right)$$

при условиях на постоянные a_i, b_i, c_i (i=1, 2, 3)

$$\begin{gathered}\frac{c_1(c_2-c_3)}{b_3-b_2}=\frac{c_2(c_3-c_1)}{b_1-b_3}=\frac{c_3(c_1-c_2)}{b_2-b_1},\\ a_1-\frac{(b_2-b_3)^2}{c_1}=a_2-\frac{(b_3-b_1)^2}{c_2}=a_3-\frac{(b_1-b_2)^2}{c_3}\end{gathered}\tag{1.14}$$

в виде

$$F=\frac{b_3-b_1}{c_2}\left(M_1-\frac{b_3-b_2}{c_1}\gamma_1\right)^2+\frac{b_3-b_2}{c_1}\left(M_2-\frac{b_3-b_1}{c_2}\gamma_2\right)^2$$

и показал, что частными случаями условий (1.14) являются *случаи Стеклова и Ляпунова*. Таким образом он включил их в единое интегрируемое семейство, частными представителями которого являются также интегралы (1.13). Это семейство иногда иногда называется «случаем Ляпунова – Стеклова – Колосова».

Комментарии. 1. Для исследования случаев Клебша и Стеклова – Ляпунова, начиная с момента их открытия и следуя общей идеологии математики XIX века, их старались проинтегрировать в эллиптических функциях. Этим вопросом занимались Г. Вебер, Г. Г. Альфан, Ф. Кёттер. Г. Вебер проинтегрировал второй случай Клебша [519] при $(\boldsymbol{M},\boldsymbol{\gamma})=0$, т. е., по существу, задачу Неймана. Ж. Альфан [401] рассмотрел подробно случай динамической симметрии, интегрируемость которого в эллиптических функциях выполняется аналогично волчку Лагранжа. Ф. Кёттер предложил свою методику интегрирования для двух случаев Клебша при ненулевой константе площадей $(\boldsymbol{M},\boldsymbol{\gamma})\neq 0$ [430]. Работа Кёттера вызвала непонимание еще у современников вследствие своей сложности. В. А. Стеклов и М. А. Тихомандрицкий указывали на неточности в рассуждениях Кёттера [264, 91]. С. А. Чаплыгин, также считавший анализ Кёттера неполным [303], пытался проинтегрировать случай Клебша самостоятельно [306].

В кратких сообщениях «Sitzungsberichte» Прусской Королевской Академии наук Кёттер анонсировал явное интегрирование случаев Стеклова и Ляпунова. При первоначальном знакомстве с этим результатом объем вычислений, необходимых для их верификации, кажется грандиозным и не оставляет никаких надежд. Недавно Ю. Н. Фёдоров предложил собственную интерпретацию замен Кёттера, основанную на построении **L**-**A**-пары из матриц размера 2×2 [336]. В нашей книге [48] эти рассуждения приведены в модифицированной форме. Отметим, что до сих пор неясно, как Ф. Кёттер пришел к своим заменам. Одним из возможных объяснений этому является виртуозное владение учениками К. Вейерштрасса теорией тэта-функций, достигшей самых высоких вершин в конце XIX века, и возникающей теорией аналитических многообразий и алгебраической геометрией. Отметим также книгу [375], где приведены геометрические доводы, частично объясняющие идею замен Кёттера.

Тем не менее, особо заметим, что в своей методике интегрирования случая Стеклова – Ляпунова Кёттер фактически получил исторически первую **L-A**-пару со спектральным параметром (см. [44]) и симметричное однопараметрическое представление интегралов

$$Q(s) = \sum_{i=1}^{3}(s - b_i)(z_i + s\gamma_i)^2,$$

где $2z_i = M_i - (d_j + d_k)\gamma_i$, $d_i = \mathrm{const}$.

В работах Кёттера [428, 430] не содержится явного выражения для характеристических полиномов в уравнениях Абеля – Якоби через константы интегралов. Такое «неявное» решение практически делает его бесполезным, так как не позволяет построить бифуркационные диаграммы, выделить особозамечательные решения (см. гл. 2) и пр.

2. Приведем родственные и более новые результаты относительно явного интегрирования случаев Клебша и Стеклова. Указанные в работах [420, 291] (и в книге [10]) методы сведения к квадратурам случая Клебша, принадлежащие Г. Коббу и Е. И. Харламовой, используют формализм получения полного интеграла уравнений Гамильтона – Якоби (первое сведение случая Клебша к уравнениям Гамильтона – Якоби принадлежит Г. Минковскому [457]). Г. Кобб записал гамильтониан системы в углах Эйлера [420], а Е. И. Харламова [291] — в сфероконических координатах. Отметим также, что в неопубликованных рукописях [306] С. А. Чаплыгин также использовал метод Гамильтона – Якоби для интегрирования двух случаев Клебша в сфероконических координатах. Однако он достиг успеха только на нулевой постоянной площадей. При этом аналогичная процедура предлагается им для интегрирования полной (т. е. для $\boldsymbol{M}, \gamma$) системы уравнений для случая Эйлера – Пуансо.

В последнее время появилось несколько работ, посвященных интегрированию случая Клебша (а также изоморфного ему случая Шоттки – Манакова, см. далее). Работа В. Г. Марихина и В. В. Соколова [452], являясь наиболее общей, модифицирует и усиливает результаты Кобба и Харламовой. В ней приведен полный интеграл соответствующего уравнения Гамильтона – Якоби и построены переменные действия. Однако в работе [452] также не получены уравнения Абеля–Якоби и выражения для характеристических полиномов, что сужает возможность использования этих результатов (например, для качественного анализа). Отметим также, что разделение в [452] существенно отличается от разделения Кёттера вследствие несовпадения рода гиперэллиптических кривых.

В недавней работе А. М. Переломова [466] предложен «элементарный» подход для интегрирования случая Клебша (точнее, изоморфного ему волчка на $so(4)$). Это решение построено на идеях Кёттера и Шоттки, использует тэта-функции двух аргументов и является существенно комплексным. Все это также обесценивает его роль для динамики. Укажем еще очень общий метод разделения [493] (Е. К. Склянин, Т. Такебе), с помощью которого, как считается, несложно разрешить случай Клебша. Однако в явном виде этот шаг еще не проделан.

Похоже, что все возможные интегрирования случая Клебша являются очень сложными и почти бесполезными для приложения. Это согласуется с мнением С. А. Чаплыгина, считавшего [303], что «формулы, аналитически разрешающие задачи (*для случаев Клебша и Стеклова* – авт.), отличаются значительной сложностью, и поэтому изучение по ним последовательного хода движения является почти недоступным». Мы также полностью согласны с К. Магнусом [185], что такого сорта проблемы относятся скорее к области математического спорта и ровно ничего не добавляют к описанию движения.

В книге [325] приведены общие формулы для решения Стеклова в тэта-функциях. Они лишь частично позволяют убедиться в результатах Кёттера и дают лишь общее представление о структуре общего решения. Эти общие формулы фактически бесполезны для динамики.

Существенное упрощение явного интегрирования Кеттера для случая Стеклова было недавно получено А. В. Цыгановым [513], который «достроил» преобразования Кёттера до некоторого преобразования скобки Пуассона алгебры $e(3)$ и указал явный изоморфизм с некоторой системой на сфере, разделенной в сфероконических координатах [513]. Эти результаты изложены в § 3 гл. 5.

Вопросы топологического анализа случая Клебша обсуждались М. П. Харламовым, Т. И. Погосяном, А. А. Ошемковым (см. обзор [463]), а случая Стеклова – О. И. Богоявленским, Г. Ф. Ивах (кстати говоря, эти исследования выполнены без разделяющих переменных). Вычисление топологических инвариантов для указанных случаев имеется в книге [31], по которой можно ознакомиться со всеми необходимыми подробностями.

6. Случай Чаплыгина (I)

С. А. Чаплыгин указал частный случай интегрируемости на нулевой постоянной площадей $(\boldsymbol{M}, \gamma) = 0$ и интегралом четвертой степени. Гамильтониан и интеграл можно представить в форме

$$\begin{aligned} H &= \frac{1}{2}\big(M_1^2 + M_2^2 + 2M_3^2\big) + \frac{1}{2}c(\gamma_1^2 - \gamma_2^2), \\ F &= \big(M_1^2 - M_2^2 + c\gamma_3^2\big)^2 + 4M_1^2M_2^2. \end{aligned} \tag{1.15}$$

Эта система родственна случаю Ковалевской в уравнениях Эйлера–Пуассона. Его явное интегрирование также было выполнено С. А. Чаплыгиным [298].

Обобщение случая Чаплыгина на уравнения Пуанкаре–Жуковского выполнено О. И. Богоявленским (см. § 2 гл. 3), при этом в гамильтониане (1.15) нарушается динамическая симметрия. В § 2 гл. 6 мы приводим обобщение этих случаев на пучке скобок и их явное интегрирование.

Связь этой системы с динамикой твердого тела в суперпозиции однородных полей указана в § 1 гл. 4; там же показано, каким образом этот случай может быть продолжен до общего интегрируемого случая в кватернионных уравнениях, являющегося непосредственным обобщением случая Ковалевской. Случай Чаплыгина допускает также добавление гиростата вдоль оси динамической симметрии (см. п. 10). Кроме того, на нулевой постоянной площадей интегрируется система, потенциальная энергия которой представляет собой суперпозицию случаев Чаплыгина и Ковалевской (гл. 5).

7. Случай Чаплыгина (II)

Этот случай аналогичен случаю Гесса в уравнениях Эйлера–Пуассона, и связан с наличием инвариантного соотношения вида

$$M_1\sqrt{a_2 - a_1} \mp M_3\sqrt{a_3 - a_2} = 0, \qquad a_1 < a_2 < a_3. \tag{1.16}$$

Громоздкие условия, приведенные в таблице 3.1, с геометрической точки зрения имеют простой смысл. Как и для уравнений Эйлера–Пуассона, гирационный эллипсоид, определяемый уравнением $(\boldsymbol{x}, \mathbf{A}\boldsymbol{x}) = 1$, имеет пару круговых сечений, нормальные векторы которых $\boldsymbol{n}_{\mp} = (\sqrt{a_1 - a_2}, 0, \mp\sqrt{a_2 - a_3})$; несложно показать, что при условиях, указанных в таблице 3.1, функция $H' = (\mathbf{B}\boldsymbol{M}, \gamma) + \frac{1}{2}(\gamma, \mathbf{C}\gamma)$ инвариантна относительно вращения векторов $\boldsymbol{M}, \gamma$ вокруг $\boldsymbol{n}_-$ (либо $\boldsymbol{n}_+$) (ср. с § 6 гл. 2).

С. А. Чаплыгин указал условия и способ явного интегрирования этого случая в своей магистерской диссертации (1897 г.) [303]. Однако он не отметил явно его связи со случаем Гесса. В 1982 г. независимо и в более общем виде этот случай был обнаружен В. В. Козловым и Д. А. Онищенко [160], которые получили его из условия расщепления сепаратрис. Оказалось, что в этом случае, так же как и в случае Гесса, одна пара сепаратрис приведенной системы (задаваемая соотношением (1.16)) является сдвоенной и определяет однопараметрическое семейство двоякоасимптотических движений.

Связь этого случая с наличием циклической переменной на уровне (1.16) (углом вращения вокруг перпендикуляра к круговому сечению гирационного эллипсоида) и возможная редукция по ней подробно обсуждается в гл. 4.

8. Случай Соколова [255]

Гамильтониан и дополнительный интеграл в этом случае можно представить в виде

$$H = \frac{1}{2}(M_1^2 + M_2^2 + 2M_3^2) + M_3\alpha\gamma_1 - \frac{1}{2}\alpha^2\gamma_3^2, \quad \alpha = \mathrm{const},$$

$$F = k_1 k_2, \quad k_1 = M_3,$$

$$k_2 = M_3\big(\boldsymbol{M}^2 + 2\alpha(M_3\gamma_1 - M_1\gamma_3) + \alpha^2(\gamma_1^2 + \gamma_3^2)\big) + 2\alpha(\boldsymbol{M}, \boldsymbol{\gamma})(M_1 - \alpha\gamma_3).$$

Для функций k_1 и k_2 соотношения

$$\dot{k}_1 = \alpha\gamma_2 k_1, \quad \dot{k}_2 = -\alpha\gamma_2 k_2,$$

т. е. равенства $k_1 = 0$ и $k_2 = 0$ являются *инвариантными соотношениями*. Этот интеграл можно также представить в виде суммы двух квадратов $F = k_1^2 + k_2^2$, где $k_1 = 0$, $k_2 = 0$ представляют собой систему инвариантных соотношений. Это представление указывает на сходство этого случая со случаем Ковалевской. Для этого гамильтониан и интеграл удобнее представить в виде

$$H = \frac{1}{2}(M_1^2 + M_2^2 + 2M_3^2) + c(M_3\gamma_1 - \gamma_3 M_1), \quad c = \mathrm{const},$$

$$F = (M_1^2 - M_2^2 + 2c(M_3\gamma_1 - \gamma_3 M_1) + c^2\boldsymbol{\gamma}^2)^2 + 4(M_1M_2 - c(M_3\gamma_2 - M_2\gamma_3))^2.$$

Для такой формы, как замечено В. В. Соколовым, на рассматриваемый случай непосредственно можно перенести процедуру явного интегрирования случая Ковалевской и таким образом получить его решение в квадратурах.

9. Случай Соколова – Цыганова [258, 257]

Этот случай является аналогом частного случая Горячева – Чаплыгина для уравнений Эйлера – Пуассона и также допускает кубичный интеграл движения на нулевом уровне интеграла площадей $(M, \gamma) = 0$:

$$H = \frac{1}{2}(M_1^2 + M_2^2 + 4M_3^2) + a_1(2M_3\gamma_1 - M_1\gamma_3) + a_2(2M_3\gamma_2 - M_2\gamma_3),$$
$$F = (M_3 + a_1\gamma_1 + a_2\gamma_2)(M_1^2 + M_2^2).$$

Разделения переменных на фазовом пространстве здесь можно достигнуть, используя переменные Андуайе. Интегрируемой является также совместная комбинация указанного случая и случая Горячева – Чаплыгина [258, 257].

10. Интегрируемые обобщения с линейными слагаемыми в гамильтониане

Кроме рассмотренных случаев интегрируемости, для которых гамильтониан (1.2) является однородной квадратичной формой переменных $\boldsymbol{M}, \boldsymbol{\gamma}$, значительный физический и механический интерес представляют случаи, когда в гамильтониане добавляются линейные по $\boldsymbol{M}, \boldsymbol{\gamma}$ слагаемые. Для различных постановок, приводимых в п. 1, интерпретация этих добавок также различна. Так, для динамики твердого тела в жидкости эти слагаемые могут быть обусловлены неодносвязностью твердого тела (см. приложение A), для системы Бруна — наличием ротора и однородного постоянного силового поля, для динамики точки на сфере — наличием постоянного электрического (магнитного) поля.

Уравнения движения многосвязного тела. Если тело, движущееся при условиях Кирхгофа, имеет отверстия, т. е. является многосвязным, то его уравнения также имеют вид (1.1), однако в гамильтониане появляются линейные по $\boldsymbol{M}$, $\boldsymbol{\gamma}$ слагаемые [178, 290]:

$$H = \frac{1}{2}(\mathbf{A}\boldsymbol{M}, \boldsymbol{M}) + (\mathbf{B}\boldsymbol{M}, \boldsymbol{\gamma}) + \frac{1}{2}(\mathbf{C}\boldsymbol{\gamma}, \boldsymbol{\gamma}) + (\boldsymbol{a}, \boldsymbol{M}) + (\boldsymbol{b}, \boldsymbol{\gamma}). \qquad (1.17)$$

где $\boldsymbol{a}, \boldsymbol{b}$ — постоянные векторы, которые линейно выражаются через циркуляции скорости жидкости вдоль контуров, охватывающих отверстия в теле (см. приложение A). Условия интегрируемости таких систем изучались в [234, 237].

При этом тривиальное обобщение допускает интегрируемые случаи Кирхгофа и Чаплыгина (II) (таблица 3.1; см. также § 7 гл. 2, §§ 1, 2 гл. 4).

Здесь добавляется постоянный гиростатический момент вдоль соответствующей оси (для Кирхгофа — это ось динамической симметрии, а для Чаплыгина (II) — перпендикуляр к круговому сечению гирационного эллипсоида).

Интегрируемое обобщение случая Клебша не известно, обобщение семейства Стеклова–Ляпунова получено В. Н. Рубановским [234], а соответствующее представление Лакса указано в работе [374]. Гиростатическое обобщение случая Чаплыгина (I) получено Х. Яхьей [534] (оно рассматривается также в § 1 гл. 6).

Обобщение Рубановского интегрируемого семейства Стеклова–Ляпунова. В работе [234] было показано, что интегрируемое семейство Стеклова–Ляпунова допускает интегрируемое обобщение, при котором в гамильтониане добавляются линейные слагаемые. Запишем этот случай интегрируемости в виде семейства трех инволютивных интегралов вида

$$\widetilde{J}_s = \widetilde{G}_s + \frac{1}{(\lambda_2-\lambda_1)(\lambda_2-\lambda_3)}\Biggl(\sum_{\text{цикл. пер. } ijk} r_k\bigl(M_k + \tfrac{1}{2}(\lambda_i-\lambda_j)\gamma_k\bigr) + \\ + \frac{1}{2} r_s(2\lambda_s - \lambda_m - \lambda_n)\gamma_s\Biggr), \\ s, m, n = 1, 2, 3,$$

например, $\widetilde{J}_1$ имеет вид (остальные получаются циклической перестановкой индексов)

$$\widetilde{J}_1 = \widetilde{G}_1 + \frac{1}{(\lambda_1-\lambda_2)(\lambda_1-\lambda_3)}\Biggl(r_1\left(M_1 - \frac{\lambda_2+\lambda_3-2\lambda_1}{2}\gamma_1\right) + \\ + r_2\left(M_2 - \frac{\lambda_3-\lambda_1}{2}\gamma_2\right) + r_3\left(M_3 - \frac{\lambda_2-\lambda_1}{2}\gamma_3\right)\Biggr), \tag{1.18}$$

где $\widetilde{G}_i$, $i = 1, 2, 3$ — интегралы Стеклова–Ляпунова (1.13). Для интегралов $\widetilde{J}_i$ справедливо соотношение

$$\sum_{i=1}^{3} \widetilde{J}_i = 2(\boldsymbol{M}, \boldsymbol{p}).$$

Гамильтониан и интеграл, найденные В. Н. Рубановским [234], могут быть получены из $\widetilde{J}_i$ следующим образом:

$$H = \frac{1}{2}\sum_{i=1}^{3}\lambda_i^2\widetilde{J}_i = \frac{1}{2}\sum_{\text{цикл}}\big((\lambda_i^2+\lambda_j^2)M_k^2 + (\lambda_i^2+\lambda_j^2)M_k\gamma_k +$$

$$+\frac{1}{4}\big((\lambda_i^2-\lambda_j^2)^2\gamma_k^2\big) + \frac{1}{2}(\lambda_i+\lambda_j+2\lambda_k)r_k\gamma_k\big) + (\boldsymbol{r},\boldsymbol{M}), \tag{1.19}$$

$$F = \frac{1}{2}\sum_{i=3}^{3}\lambda_i\widetilde{J}_i = \frac{1}{2}\boldsymbol{M}^2 + (\boldsymbol{M},\mathbf{B}\boldsymbol{\gamma}) + \frac{1}{2}(\boldsymbol{\gamma},\mathbf{C}\boldsymbol{\gamma}) + (\boldsymbol{r},\boldsymbol{\gamma}),$$

с последующей заменой $a_k = \frac{1}{2}(\lambda_i + \lambda_j)$, где $\mathbf{B} = \operatorname{diag}(b_1, b_2, b_3)$, $\mathbf{C} = \operatorname{diag}(b_2 - b_3,\, b_3 - b_1,\, b_1 - b_2)$ и $b_k = \frac{1}{2}(\lambda_i + \lambda_j)$, $i, j, k = 1, 2, 3$.

Представление Лакса для этого интегрируемого случая приведено в [374].

Замечание. Интегралы (1.18) могут быть получены также с помощью ретракции из аналогичного обобщения (2.26) на $so(4)$ (§ 2 гл. 3).

Обобщение случая Чаплыгина (I). Этот частный случай интегрируемости может быть обобщен при помощи добавления постоянного гиростатического момента вдоль оси динамической симметрии (Х. Яхья [534]) (1987 г.). Гамильтониан и интеграл можно представить в форме

$$\begin{aligned} H &= \frac{1}{2}\Big(M_1^2 + M_2^2 + 2\Big(M_3 - \frac{\lambda}{2}\Big)^2\Big) + \frac{c}{2}(\gamma_1^2 - \gamma_2^2),\\ F &= \big(M_1^2 - M_2^2 + c\gamma_3^2\big) + 4M_1^2M_2^2 +\\ &\quad + 4\lambda\big(M_3(M_1^2 + M_2^2) - c\gamma_3(M_1\gamma_1 - M_2\gamma_2)\big) -\\ &\quad - 4\lambda^2(M_1^2 + M_2^2). \end{aligned} \tag{1.20}$$

В гл. 5 разобраны обобщения этого случая на пучок скобок Пуассона и на случай добавления к гамильтониану H (1.20) линейных по γ_i слагаемых.

Обобщение случая Соколова. Укажем сначала замечательное обобщение этого случая, позволяющее в единой форме представить случай Соколова и случай Ковалевской (оно найдено Соколовым в [494])

$$H = \frac{1}{2}(M_1^2 + M_2^2 + 2M_3^2) + c(M_3\gamma_1 - \gamma_3M_1) - c_1\gamma_2, \quad c, c_1 = \text{const},$$

$$F = (M_1^2 - M_2^2 + 2c(M_3\gamma_1 - \gamma_3M_1) + c^2\boldsymbol{\gamma}^2 - 2c_1\gamma_2)^2 +$$

$$+4(M_1M_2 + c(M_3\gamma_2 - M_2\gamma_3) + c_1\gamma_1)^2.$$

Это обобщение также допускает разделение в переменных Ковалевской. В это семейство можно добавить также гиростатический параметр λ, однако уже здесь интеграл F получается достаточно громоздким и непредставимым в виде суммы квадратов. Его вид на $e(3)$ содержится в семействе, указанном в § 2 гл. 3 (см. также [494]).

Обобщение случая Соколова–Цыганова. Здесь к квадратичным слагаемым также можно добавить интегрируемый потенциал случая Горячева–Чаплыгина (на уровне $(\boldsymbol{M}, \boldsymbol{\gamma}) = 0$):

$$H = \frac{1}{2}(M_1^2 + M_2^2 + 4M_3^2) + \lambda M_3 + \mu_1\gamma_1 + \mu_2\gamma_2 + \\ + a_1(2M_3\gamma_1 - M_1\gamma_3) + a_2(2M_3\gamma_2 - M_2\gamma_3),$$

$$F = \left(M_3 + a_1\gamma_1 + a_2\gamma_2 + \frac{\lambda}{2}\right)(M_1^2 + M_2^2) - (\mu_1 M_1 + \mu_2 M_2)\gamma_3,$$

$$\lambda, \mu_1, \mu_2, a_1, a_2 = \mathrm{const}.$$

Он разделяется в переменных Андуайе.

Частные решения Стеклова. В отличие от уравнений Эйлера–Пуассона, для уравнений Кирхгофа найдено не так много частных решений. Простейшие из них принадлежат Ламбу [178], а Стеклов в [264] указал частные движения для тела, имеющие одну плоскость симметрии.

Обширная работа по геометрической интерпретации различных частных решений принадлежит С. А. Чаплыгину [303] (см. также [296]). А. М. Ляпунову [183] принадлежат результаты относительно устойчивости равномерных винтовых движений. В [303] С. А. Чаплыгиным также указаны различные условия существования частных решений и интегралов для уравнений Кирхгофа.

Интересные частные решения уравнений Кирхгофа были указаны В. А. Стекловым в более поздней работе [266]. В ней он рассматривал гамильтониан (1.2) в формах

$$\text{I} \quad \mathbf{A} = \mathrm{diag}(a_1, a_2, a_3), \ \mathbf{B} = \mathrm{diag}(b_1, b_2, b_3), \ \mathbf{C} = \mathrm{diag}(c_1, c_2, c_3);$$

$$\text{II} \quad \mathbf{A} = \mathrm{diag}(a_1, a_2, a_3), \ \mathbf{C} = \mathrm{diag}(c_1, c_2, c_3), \ \mathbf{B} \equiv 0$$

и предполагал выполненными следующие системы инвариантных соотношений:

1. $M_i = \lambda_i\gamma_i$, $\lambda_i = \mathrm{const}$, $i = 1, 2, 3$;
2. $M_1 = \lambda_1\gamma_1$, $M_2 = \lambda_2\gamma_2$, $M_3 = 0$, $\lambda_i = \mathrm{const}$, $i = 1, 2$;
3. $M_1 = \lambda_1\gamma_2$, $M_2 = \lambda_2\gamma_1$, $M_3 = 0$, $\lambda_i = \mathrm{const}$, $i = 1, 2$.

В. А. Стеклов [266] получил условия существования таких движений, а также при их выполнении свел задачу к квадратурам. Часть из них оказалась выполнима в эллиптических функциях времени, другие потребовали более сложных квадратур (которые приводятся к эллиптическим и ультраэллиптическим лишь в некоторых частных случаях). Там же указаны некоторые соображения геометрического характера, частично проясняющие поведение твердого тела. К сожалению, эти движения до сих пор мало изучены. Еще один класс частных решений Кирхгофа был недавно получен в [276].

Замечание. В недавней работе [408] указаны некоторые частные решения уравнений Кирхгофа в случае Соколова типа винтовых движений. С помощью системы аналитических вычислений «Mathematica» были найдены необходимые и достаточные условия устойчивости этих частных решений.

11. Об уравнениях М. П. Харламова

В работе [283] М. П. Харламовым указано обобщение классических уравнений динамики твердого тела с неподвижной точкой при наличии гироскопических сил (например, в магнитном поле). Эти уравнения имеют вид

$$\mathbf{I}\dot{\boldsymbol{\omega}} = (\mathbf{I}\boldsymbol{\omega} + \boldsymbol{\varkappa}) \times \boldsymbol{\omega} + \boldsymbol{\gamma} \times \frac{\partial \widetilde{U}}{\partial \boldsymbol{\gamma}}, \quad \dot{\boldsymbol{\gamma}} = \boldsymbol{\gamma} \times \boldsymbol{\omega}, \tag{1.21}$$

где $\mathbf{I} = \operatorname{diag}(I_1, I_2, I_3)$, $\boldsymbol{\varkappa} = \boldsymbol{\gamma} F + \dfrac{\partial f}{\partial \boldsymbol{\gamma}}$ с произвольными функциями F, f от $\boldsymbol{\gamma}$. Уравнения (1.21) допускают классические интегралы:

$$H = \frac{1}{2}(\mathbf{I}\boldsymbol{\omega}, \boldsymbol{\omega}) + \widetilde{U}(\boldsymbol{\gamma}), \quad F_1 = (\mathbf{I}\boldsymbol{\omega}, \boldsymbol{\gamma}) + f(\boldsymbol{\gamma}), \quad F_2 = \boldsymbol{\gamma}^2 = 1. \tag{1.22}$$

Уравнения (1.21) являются гамильтоновыми, скобку Пуассона удобнее представить в переменных $\boldsymbol{L} = \mathbf{I}\boldsymbol{\omega}$, $\boldsymbol{\gamma}$:

$$\{L_i, L_j\} = -\varepsilon_{ijk}(L_k + \varkappa_k), \quad \{L_i, \gamma_j\} = -\varepsilon_{ijk}\gamma_k, \quad \{\gamma_i, \gamma_j\} = 0, \tag{1.23}$$

а гамильтониан совпадает с функцией H из (1.22). Интегралы F_1, F_2 являются функциями Казимира скобки (1.23).

Замечание. Если, априори, задать скобку в форме (1.23) с произвольным вектором $\boldsymbol{\varkappa}(\boldsymbol{\gamma})$, то выполнение тождества Якоби эквивалентно уравнению

$$(\boldsymbol{\gamma} \times \nabla, \boldsymbol{\varkappa}) = 0,$$

общее решение которого как раз можно представить в вышеупомянутой форме $\varkappa = \boldsymbol{\gamma} F + \nabla f$.

Ранг скобки (1.23) равен двум и ее (неособый) симплектический лист диффеоморфен (ко)касательному расслоению S^2 (если f не имеет особенностей на сфере). В этом случае, как правило, можно представить систему в гамильтоновой форме на T^*S^2, но с гамильтонианом, имеющим дополнительные особенности, возникающие вследствие такого приведения [44].

Как известно, T^*S^2 симплектоморфно орбите с нулевой постоянной площадей (ко)алгебры $e(3)$. Поэтому рассмотрим подробнее вопрос о возможности приведения структуры (1.23) к скобке Ли–Пуассона, определяемой алгеброй $e(3)$, при помощи преобразования $\boldsymbol{M} = \boldsymbol{L} + \boldsymbol{\xi}(\boldsymbol{\gamma})$. Получим следующую систему уравнений в частных производных:

$$\operatorname{grad}(\boldsymbol{\gamma}, \boldsymbol{\xi}) - \boldsymbol{\gamma} \operatorname{div} \boldsymbol{\xi} = \varkappa = \nabla f + \boldsymbol{\gamma} F.$$

На сфере $\boldsymbol{\gamma}^2 = 1$ это уравнение разрешимо. Полагая $\boldsymbol{\xi} = \nabla\varphi$, получим задачу Пуассона с граничными условиями Неймана для потенциала φ:

$$\Delta\varphi = F, \quad \frac{\partial\varphi}{\partial\boldsymbol{n}}\bigg|_{S^2} = f(\boldsymbol{\gamma}).$$

Решая ее в окрестности S^2 и ограничивая затем $\boldsymbol{\xi} = \nabla\varphi$ на сферу, получим искомое решение. Однако это решение не всегда представимо в алгебраической форме для F и f.

Таким образом, уравнения в форме М. П. Харламова эквивалентны стандартным уравнениям динамики твердого тела, но с гамильтонианом, содержащим линейные по моментам M_i слагаемым.

Замечание. Такая нестандартная запись уравнений движения твердого тела с гироскопическими (или магнитными) силами приводит в некоторых случаях к открытию в динамике твердого тела «новых» интегрируемых случаев, которые после приведения к стандартному виду уравнений на $e(3)$ оказываются ранее известными. Примером могут служить «нетривиальные и сложные» случаи интегрируемости, указанные в работах Л. Н. Орешкиной [222], Л. Н. Харламовой [293], когда уравнения (1.21) имеют дополнительный квадратичный интеграл. Можно показать, что после приведения всех интегралов и функций f и F к однородной форме подходящим сдвигом $\boldsymbol{\xi}(\boldsymbol{\gamma})$ (удовлетворяющему уравнениям $(\boldsymbol{\xi}, \boldsymbol{\gamma}) = f$ и $\operatorname{div} \boldsymbol{\xi} = -F$) эти случаи *сводятся к случаю Клебша в уравнениях Кирхгофа*.

Интересно отметить, что слабое использование теории пуассоновых преобразований в донецкой школе привело к тем же ошибкам при нахождении новых интегрируемых случаев, против которых эта школа многократно выступала в связи с «новыми» интегрируемыми случаями, открытыми многочисленными авторами

(В. В. Лунёв, Х. Яхья и др.) [292]. Теория пуассоновых структур позволяет записать уравнения движения в универсальном виде, чтобы исключить возможность нахождения одного и того же решения для эквивалентных (но различных) форм уравнений.

12. Обобщение уравнений Лиувилля. Задача о самопродвижении и «падающей кошке»

В работах [384, 385, 456, 161, 162] были получены уравнения, описывающие пространственные движения изменяемого твердого тела. Их также можно представить в форме Кирхгофа, т. е. в гамильтоновой форме на алгебре $e(3)$ скобок Пуассона. В работах [384, 385, 162] эти уравнения применяются к исследованию деформируемого твердого тела в безграничном объеме идеальной жидкости, совершающей вихревое движение и покоящейся на бесконечности. Предполагается, что изменение геометрии масс и формы тела происходит за счет действия внутренних сил и в некоторой подвижной системе отсчета перемещения частиц тела считается известными функциями времени. В работах [161, 432] считается, что оболочка тела является жесткой, а перемещение тела происходит только за счет заданной, но переменой геометрии масс.

Обобщая рассуждения, используемые при выводе уравнений Кирхгофа, несложно показать, что при указанных условиях уравнения движения имеют форму (1.1), (1.17), где коэффициенты матриц $\mathbf{A}$, $\mathbf{B}$, $\mathbf{C}$ и векторов $\boldsymbol{a}$, $\boldsymbol{b}$, $\boldsymbol{c}$ являются известными функциями времени.

Самопродвижение. Исследование такой системы является частным случаем общей проблемы о движении деформируемого тела в жидкости; она возникает в связи с исследованием механизма плавания рыб, а также явления кавитации. Первые результаты в этом направлении были получены Тэйлором и Лайтхиллом, которые рассматривали движение в вязкой жидкости и считали, что обмен энергией между телом и жидкостью происходит вследствие схода вихрей с острых кромок тела, а также благодаря инерционному воздействию жидкости на тело.

Вопрос о движении твердого тела за счет деформирования внешней границы в идеальной жидкости, совершающей безвихревое движение, рассматривался Ф. Дж. Сэффменом [482] в связи с проблемой *самопродвижения*, т. е. возможности создания направленной тяговой силы. Оказалось, что в некоторых частных случаях эта проблема может быть решена положительно. Общий подход к задаче о самопродвижении, включающий некоторое подходящее управление геометрией масс (без деформации внешней границы), при котором тело можно переставить из одного положения в любое другое, был предложен в [161, 162]. Оказалось, что тело, имеющее три взаимно ортогональные плоскости симметрии, обладает свойством полной управляемости, если не все присоединенные массы (зависящие лишь от формы границы) равны между собой. Указанное свойство теряется, если все присоединенные массы совпадают. В работах [161, 162] для доказательства используется теорема Рашевского – Чжоу из неголономной геометрии, что, однако, не позволяет указать явный способ управления в общем случае. Тем не менее, в простейших случаях (например, в плоскости) телом можно управлять, используя несложные кусочно-линейные движения точечной массы внутри тела.

Отметим также, что в работе [162] рассмотрено явное интегрирование уравнений в квадратурах для плоского случая. При этом тело периодически меняет геометрию масс и форму тела. Указано резонансное условие, при котором может быть создана тяговая сила и тело покидает ограниченную область. Этот результат, представляющий особый интерес, получен несколько другим путем в [436] для модельного примера о движении тела периодической формы. Плоское движение твердого тела с жесткой оболочкой и периодически изменяющейся геометрией масс детально изучено также в [432], где приведены траектории твердого тела, полученные путем численного интегрирования. В работе [432] рассмотрен механизм ускорения твердого тела, его движение в однородном поле, а также в отсутствие внешних сил, но при наличии случайных перемещений точки внутри корпуса. В последнем случае поведение твердого тела обладает всеми свойствами случайного блуждания на плоскости.

Отметим также серию работ [456, 385, 384], в которой разбираются различные гидродинамические постановки задач, связанные с самопродвижением в идеальной жидкости за счет деформации внешней оболочки тела. В работе [385] рассмотрены вопросы гамильтоновости, интегрируемости и стохастизации соответствующих уравнений движения, а также исследуется устойчивость простейших частных решений.

Если изучать механизм передвижения рыб, то кроме указанных результатов, полученных при использовании уравнений (1.1), (1.17) с изменяющимися во времени коэффициентами, можно использовать другие механические модели (как легко видеть, они тесно связаны между собой). Одной из них является система сочлененных твердых тел, движущихся в идеальной безвихревой жидкости. Для плоского случая эта модель рассмотрена в [412]. Однако следует иметь в виду, что все модели, не учитывающие завихренность жидкости, имеют малое отношение к реальному движению рыб. В биомеханике существует много экспериментальных и теоретических данных о том, что при движении рыб очень существенны вихри, создаваемые как самой рыбой, так и неподвижными границами. Оказывается, что, используя сорвавшиеся вихри, рыба экономит затраты своей мускульной энергии, создавая при движении некоторую вихревую дорожку, подобную дорожке Кармана [443].

Одной из модельных задач, описывающих это взаимодействие, является исследование совместного движения твердого тела и системы вихрей в идеальной жидкости. В плоском случае такое взаимодействие изучено в работах [489, 40, 342, 488]. В частности, в [40, 396] было показано, что задача о плоском движении кругового цилиндра и одного точечного вихря является *интегрируемой*.

Проблема падающей кошки. Одной из возможных моделей описания известного эффекта, связанного с тем, что падающая из произвольного состояния кошка всегда приземляется на свои лапы (и никогда не падает на спину) (рис. 74), состоит в использовании обобщений уравнений (1.1), (1.17), содержащих линейные по M, γ члены. Действительно, можно считать, что кошка в процессе падения меняет свою геометрию и перераспределяет массы. В первой публикации на эту тему [451] (1894) приведены фотографии (подобные рис. 74), показывающие, как падающая кошка меняет пространственную ориентацию на противоположную. В работе [145] управление осуществляется маховиками, закрепленными в теле. В частности, показано, что управляя, только двумя маховиками (не лежащими на одной оси), тело можно повернуть из любого положения в любое заданное.

Рис. 74

Задача о падающей кошке является замечательным примером приложения теории калибровочных полей к задачам механики и управления. Кошка резко поворачивает переднюю часть тела вниз, задняя часть тела при этом поворачивается в противоположную сторону. Прижимая передние лапы и вытягивая задние, она уменьшает момент инерции передней части тела и увеличивает момент инерции задней части. Момент импульса равен произведению момента инерции на угловую скорость, поэтому, несмотря на то, что момент импульса передней части тела равен моменту импульса задней части, угловая скорость у передней части будет больше и, следовательно, в результате она повернется больше, чем повернется задняя часть тела в обратную сторону. После этого кошка повторяет трюк в обратном направлении, на этот раз прижимая задние лапы и вытягивая передние, вследствие чего угол поворота задней части тела на этот раз будет больше, чем передней части. Когда оба этапа завершены, кошка восстанавливает свою форму и оказывается повернутой на нужный угол. Эти манипуляции кошка проделывает посредством изменения своей формы. В терминах теории калибровочных полей пространство ее формы образует базовое пространство пучка на SO(4).

В работах [370, 411] обсуждается наиболее общепринятая модель описания падающей кошки (модель Кейна и Шера). Для объяснения особенностей ее падения оно моделируется двумя шарнирно связанными гироскопами Лагранжа, т. е. конфигурационным пространством является прямое произведение $SO(3) \times SO(3)$ (рис. 74). В [319, 411] рассматривается также задача о быстродействии. В работе [458] задача оптимального управления связывается с проблемой выбора хорошей метрики и с общей проблемой минимизации геодезических в субримановой геометрии.

§ 2. Уравнения Пуанкаре–Жуковского

1. Уравнения движения и физические интерпретации

Пуассонова структура и уравнения движения. Рассмотрим сначала формально гамильтонову систему на алгебре $so(4)$ и предпошлем динамическому описанию ряд следствий из теории алгебр Ли. В зависимости от динамического происхождения рассматриваемых уравнений удобнее пользоваться различными системами переменных, обозначаемых $(\boldsymbol{M}, \boldsymbol{p})$ или $(\boldsymbol{K}, \boldsymbol{S})$ и связанных между собой простыми соотношениями

$$\boldsymbol{M} = \frac{\boldsymbol{K} + \boldsymbol{S}}{2}, \quad \boldsymbol{p} = \frac{\boldsymbol{K} - \boldsymbol{S}}{2}.$$

Переменные $(\boldsymbol{M}, \boldsymbol{p})$ соответствуют «стандартному» (матричному) представлению $so(4)$, а коммутационные соотношения имеют вид

$$\{M_i, M_j\} = -\varepsilon_{ijk} M_k, \quad \{M_i, p_j\} = -\varepsilon_{ijk} p_k, \quad \{p_i, p_j\} = -\varepsilon_{ijk} M_k. \tag{2.1}$$

Функции Казимира структуры (2.1) следующие:

$$F_1 = \boldsymbol{M}^2 + \boldsymbol{p}^2, \quad F_2 = (\boldsymbol{M}, \boldsymbol{p}). \tag{2.2}$$

Поверхности уровня этих интегралов диффеоморфны $S^2 \times S^2$, что очевидно, если записать интегралы в переменных $(\boldsymbol{K}, \boldsymbol{S})$ (см. (2.6)).

Уравнения движения можно представить в векторной форме:

$$\dot{\boldsymbol{M}} = \boldsymbol{M} \times \frac{\partial H}{\partial \boldsymbol{M}} + \boldsymbol{p} \times \frac{\partial H}{\partial \boldsymbol{p}}, \qquad \dot{\boldsymbol{p}} = \boldsymbol{p} \times \frac{\partial H}{\partial \boldsymbol{M}} + \boldsymbol{M} \times \frac{\partial H}{\partial \boldsymbol{p}}. \tag{2.3}$$

Эта система переменных удобна также для описания *линейного пучка пуассоновых структур* $\mathscr{L}_x$ (он регулярно используется нами далее), включающего алгебры $so(4)$, $e(3)$, $so(3,1)$. Коммутационные соотношения для него имеют вид

$$\{M_i, M_j\} = -\varepsilon_{ijk} M_k, \quad \{M_i, p_j\} = -\varepsilon_{ijk} p_k, \quad \{p_i, p_j\} = -x\varepsilon_{ijk} M_k, \tag{2.4}$$

где $x = \mathrm{const}$ – произвольная постоянная. При $x > 0$ коммутационные соотношения (2.4) задают алгебру $so(4)$, при $x = 0$ – алгебру $e(3)$, а при $x < 0$ – алгебру $so(3,1)$. Действительно, преобразование $\boldsymbol{M} \to \boldsymbol{M}$, $\boldsymbol{p} \to |x|^{1/2}\boldsymbol{p}$ при $|x| \neq 1$, $x \neq 0$, приводит к виду (2.1) или аналогичному виду для $so(3,1)$.

При предельном переходе $x \to 0$ в коммутационных соотношениях (2.4) получается алгебра $e(3)$. Эта процедура носит название *контракции* алгебр Ли и в некоторых случаях позволяет установить взаимосвязь между интегрируемыми случаями, имеющимися для уравнений на различных представителях пучка $\mathscr{L}_x$ (см. также [214]).

Переменные $(\boldsymbol{K}, \boldsymbol{S})$ соответствуют «каноническому» разложению алгебры $so(4)$ в прямую сумму $so(3) \oplus so(3)$, что является хорошо известным алгебраическим фактом:

$$\{K_i, K_j\} = -\varepsilon_{ijk} K_k, \quad \{K_i, S_j\} = 0, \quad \{S_i, S_j\} = -\varepsilon_{ijk} S_k. \tag{2.5}$$

В новых переменных функции Казимира принимают форму

$$F_1 = (\boldsymbol{K}, \boldsymbol{K}), \quad F_2 = (\boldsymbol{S}, \boldsymbol{S}). \tag{2.6}$$

Уравнения движения имеют вид

$$\dot{\boldsymbol{K}} = \boldsymbol{K} \times \frac{\partial H}{\partial \boldsymbol{K}}, \qquad \dot{\boldsymbol{S}} = \boldsymbol{S} \times \frac{\partial H}{\partial \boldsymbol{S}} \tag{2.7}$$

и в случае квадратичного гамильтониана H могут интерпретироваться как уравнения двух связанных трехмерных волчков Эйлера (на $so(3)$).

Уравнения Пуанкаре–Жуковского. Под этими уравнениями понимается гамильтонова система на $so(4)$ с квадратичным гамильтонианом (уравнения Эйлера–Пуанкаре на $so(4)$, см. § 2 гл. 1). В векторном представлении функция Гамильтона может быть представлена в двух эквивалентных формах:

$$H = \frac{1}{2}(\boldsymbol{M}, \mathbf{A}\boldsymbol{M}) + (\boldsymbol{M}, \mathbf{B}\boldsymbol{p}) + \frac{1}{2}(\boldsymbol{p}, \mathbf{C}\boldsymbol{p}) \tag{2.8}$$

либо

$$H = \frac{1}{2}(\boldsymbol{K}, \mathbf{A}'\boldsymbol{K}) + (\boldsymbol{K}, \mathbf{B}'\boldsymbol{S}) + \frac{1}{2}(\boldsymbol{S}, \mathbf{C}'\boldsymbol{S}), \tag{2.9}$$

где $\mathbf{A}, \mathbf{A}', \mathbf{C}, \mathbf{C}'$ — некоторые симметричные, а $\mathbf{B}, \mathbf{B}'$ — произвольные матрицы. Между ними имеется следующая очевидная зависимость:

$$\mathbf{A} = \mathbf{A}' + \mathbf{B}' + \mathbf{B}'^{\mathrm{T}} + \mathbf{C}', \quad \mathbf{B} = \mathbf{A}' - \mathbf{B}' + \mathbf{B}'^{\mathrm{T}} - \mathbf{C}',$$
$$\mathbf{C} = \mathbf{A}' - \mathbf{B}' - \mathbf{B}'^{\mathrm{T}} + \mathbf{C}'.$$

Для определенности мы будем придерживаться этих обозначений в дальнейшем.

Гамильтониан (2.8), (2.9) зависит от 21 параметра. Существует три типа простейших преобразований, которые изменяют (в частности, исключают) параметры в гамильтониане без изменения уравнений движения. К первому типу относятся групповые преобразования $SO(3) \times SO(3)$. С их помощью в представлении (2.9) матрицы $\mathbf{A}'$ и $\mathbf{C}'$ могут быть одновременно приведены к диагональному виду. Добавление к гамильтониану произвольной линейной комбинации функций Казимира F_1, F_2, которые являются однородными квадратичными функциями, позволяет исключить еще два параметра. Умножение гамильтониана на произвольную константу $H \to \alpha H$ с заменой времени $t \to \frac{1}{\alpha}t$ позволяет уменьшить число параметров еще на единицу. *Таким образом, квадратичное семейство гамильтонианов* (2.8) (*либо* (2.9)) *определяется двенадцатью параметрами.*

В дальнейшем мы обычно при подсчете числа параметров в интегрируемых семействах исключаем преобразование времени, поэтому число параметров получается на единицу больше.

Исторические комментарии. **1.** Систему (2.8) связывают с А. Пуанкаре и Н. Е. Жуковским вследствие того, что они получили ее, рассматривая задачу о движении тела с полостями, заполненными вихревой жидкостью. Она рассмотрена в следующем пункте, а подробный вывод уравнений движения, использующий основные гидродинамические принципы, содержится в приложении А (в своем известном трактате [178] Г. Ламб приводит вывод уравнений и некоторые результаты А. Пуанкаре по устойчивости). В дальнейшем оказалось, что те же уравнения описывают и другие механические и физические системы.

2. В своей работе [468] А. Пуанкаре привел вполне современный вывод уравнений (2.3), (2.8), опираясь на развитый им формализм общих уравнений движения на группах Ли. Он также явно указал сведение к эллиптическим квадратурам для осесимметричного случая и рассмотрел устойчивость регулярных прецессий. По этому поводу интересна его полемика с В. Кельвином относительно поведения частоты и устойчивости прецессии тела при наличии жидкой полости. При этом Пуанкаре использует систему (2.7) для описания движения Земли, представляющей собой твердую оболочку (мантию) и жидкое ядро. В дальнейшем эту модель изучает также В. А. Стеклов, приводя в работе [501] открытые им случаи интегрируемости.

3. Н. Е. Жуковский получил уравнения (2.7) в своей магистерской диссертации [125] из более простых механических и гидродинамических соображений. Далее он сосредоточился на вычислении динамических характеристик для полостей различной геометрии. Рассматривая многосвязные полости, допускающие циркуляционные течения, Н. Е. Жуковский установил случай интегрируемости, который несколько позже В. Вольтерра проинтегрировал в эллиптических функциях [517] (см. § 7 гл. 2, § 2 гл. 6). Циркуляционные течения в полостях приводят к появлению линейных членов в гамильтониане (2.8).

Динамика твердого тела с полостью, содержащей жидкость. *Уравнения Пуанкаре–Жуковского* (2.7), (2.9) описывают движение вокруг неподвижной точки твердого тела, имеющего эллипсоидальную полость, полностью заполненную однородной идеальной несжимаемой жидкостью, совершающей вихревое движение [178, 198, 290, 204]; подробный вывод этих уравнений приведен в приложении А.

Выберем систему координат, жестко связанную с оболочкой, оси которой параллельны главным осям полости. В представлении $(\boldsymbol{K}, \boldsymbol{S})$ вектор $\boldsymbol{S}$ пропорционален *завихренности жидкости* $\boldsymbol{\Omega} = \frac{1}{2}\operatorname{rot}\boldsymbol{v}$, и в системе координат оболочки его компоненты имеют вид

$$S_1 = \frac{2}{5}m_0 d_2 d_3 \Omega_1, \quad S_2 = \frac{2}{5}m_0 d_1 d_3 \Omega_2, \quad S_1 = \frac{2}{5}m_0 d_1 d_2 \Omega_3,$$

где d_1, d_2, d_3 — полуоси полости, а m_0 — масса жидкости. Его эволюция определяется *гидродинамическими уравнениями Гельмгольца* [178].

Вектор $\boldsymbol{K}$ имеет смысл кинетического момента системы «тело+жидкость» и равен

$$\boldsymbol{K} = \mathbf{I}\boldsymbol{\omega} + \mathbf{J}\boldsymbol{\Omega},$$

где $\mathbf{I}$ — тензор инерции системы «тело+жидкость», а компоненты матрицы $\mathbf{J} = \operatorname{diag}(J_1, J_2, J_3)$ имеют вид

$$J_i = \frac{4}{5}m_0 \varepsilon_{ijk}\frac{d_j^2 d_k^2}{d_j^2 + d_k^2},$$

здесь $\boldsymbol{\omega}$ — угловая скорость твердой оболочки.

Гамильтониан представляет собой кинетическую энергию, выраженную через переменные $(\boldsymbol{K}, \boldsymbol{S})$ [204]:

$$H = \frac{1}{2}(\boldsymbol{K}, \mathbf{A}'\boldsymbol{K}) + (\boldsymbol{K}, \mathbf{B}'\boldsymbol{S}) + \frac{1}{2}(\boldsymbol{S}, \mathbf{C}'\boldsymbol{S}), \tag{2.10}$$

где $\mathbf{A}' = \mathbf{I}^{-1}$, $\mathbf{B}' = -\mathbf{D}\mathbf{I}^{-1}$, $\mathbf{C}' = \mathbf{D}(\mathbf{I}^{-1} + \mathbf{J}^{-1})\mathbf{D}$ и

$$\mathbf{D} = \operatorname{diag}\left(\frac{2d_2d_3}{d_2^2 + d_3^2}, \frac{2d_1d_3}{d_1^2 + d_3^2}, \frac{2d_1d_2}{d_1^2 + d_2^2}\right).$$

Функция (2.10) *зависит от девяти параметров*: шести моментов инерции оболочки, отношений главных полуосей полости и массы жидкости.

Замечание. Обобщение уравнений Пуанкаре–Жуковского на случай наличия силового поля рассматривалось в [75]. При этом получается гамильтонова система на прямой сумме $e(3) \oplus so(3)$. В [75] приведены, без доказательства, некоторые необходимые условия существования дополнительных аналитических и полиномиальных интегралов и указан тривиальный аналог случая Лагранжа, заведомо существующий у подобных систем.

Динамика твердого тела в $\mathbb{R}^4$. Четырехмерный волчок Эйлера. Аналогичную, но менее общую форму имеют уравнения движения вокруг неподвижной точки свободного четырехмерного твердого тела в системе координат, связанной с телом. С этой точки зрения задача рассматривалась в XIX веке *В. Фрамом* (1875 г.) и *Ф. Шоттки* (1891 г.) [378, 484, 26] (см. приложение А). Постановка задачи о движении четырехмерного твердого тела восходит к А. Кэли. Для n-мерного случая уравнения движения были получены В. Фрамом [378], который нашел также ряд первых интегралов. Он отметил, что для $n = 4$, т. е. для системы (2.8), достаточно найти еще один интеграл, чтобы проинтегрировать систему в квадратурах.

Выберем систему главных осей тела — в этой системе тензор моментов инерции $\mathbf{J} = \|J_{\mu\nu}\| = \|\int x_\mu x_\nu dm\|$ имеет диагональный вид $\mathbf{J} = \operatorname{diag}(\lambda_0, \lambda_1, \lambda_2, \lambda_3)$. При этом гамильтониан можно представить в форме

$$H = \frac{1}{2}(\boldsymbol{M}, \mathbf{A}\boldsymbol{M}) + \frac{1}{2}(\boldsymbol{p}, \mathbf{C}\boldsymbol{p}), \tag{2.11}$$

где

$$\begin{aligned} \mathbf{A} &= \operatorname{diag}\left(\frac{1}{\lambda_2+\lambda_3}, \frac{1}{\lambda_1+\lambda_3}, \frac{1}{\lambda_1+\lambda_2}\right), \\ \mathbf{C} &= \operatorname{diag}\left(\frac{1}{\lambda_0+\lambda_1}, \frac{1}{\lambda_0+\lambda_2}, \frac{1}{\lambda_0+\lambda_3}\right). \end{aligned} \tag{2.12}$$

Матрица $\mathbf{X} \in so^*(4)$ кинетического момента твердого тела связана с его угловой скоростью $\boldsymbol{\Omega} \in so(4)$ по формуле

$$\mathbf{X} = \frac{1}{2}(\mathbf{J}\boldsymbol{\Omega} + \boldsymbol{\Omega}\mathbf{J}),$$

где

$$\mathbf{X} = \begin{pmatrix} 0 & p_1 & p_2 & p_3 \\ -p_1 & 0 & -M_3 & M_2 \\ -p_2 & M_3 & 0 & -M_1 \\ -p_3 & -M_2 & M_1 & 0 \end{pmatrix},$$

$$\boldsymbol{\Omega} = \begin{pmatrix} 0 & \frac{p_1}{\lambda_0+\lambda_1} & \frac{p_2}{\lambda_0+\lambda_2} & \frac{p_3}{\lambda_0+\lambda_3} \\ -\frac{p_1}{\lambda_0+\lambda_1} & 0 & -\frac{M_3}{\lambda_1+\lambda_2} & \frac{M_2}{\lambda_1+\lambda_3} \\ -\frac{p_2}{\lambda_0+\lambda_2} & \frac{M_3}{\lambda_1+\lambda_2} & 0 & -\frac{M_1}{\lambda_2+\lambda_3} \\ -\frac{p_3}{\lambda_0+\lambda_3} & -\frac{M_2}{\lambda_1+\lambda_3} & \frac{M_1}{\lambda_2+\lambda_3} & 0 \end{pmatrix}. \tag{2.13}$$

Как будет показано далее, эта система является интегрируемой (случай Шоттки–Манакова). Система (2.11) описывает также интегрируемый геодезический поток некоторой метрики на группе $SO(4)$ [5].

Твердое тело в искривленном пространстве. В виде (2.3) и (2.8) могут быть записаны также уравнения свободного движения трехмерного твердого тела в пространстве постоянной положительной кривизны — S^3 [44]. Это является следствием аналогии этой задачи с движением четырехмерного твердого тела, которую проще представить себе для случая движения «плоского» твердого тела (пластинки) в S^2. Действительно, можно считать, что пластинка на сфере эквивалентна твердому телу в $\mathbb{R}^3$ с неподвижной точкой в центре сферы, который соединен с пластинкой «невесомыми» образующими.

ЗАМЕЧАНИЕ. Развитие кинематики, статики и динамики твердого тела (а также системы материальных точек) в искривленных пространствах восходит к В. Клиффорду (W. K. Clifford), Р. Боллу (R. S. Ball), Р. Хиту (R. S. Heath) (см. [172]), которые развивали теорию винтов, моторов и бикватернионов. В общем эти исследования не привели к реальным результатам и сейчас представляют лишь исторический интерес. В современной форме уравнения движения твердого тела для n-мерных пространств постоянной кривизны (S^n, L^n — соответственно, n-мерные сфера и псевдосфера) были получены В. Киллингом в обширной работе [416]. Как уже было указано, эти уравнения совпадают с уравнениями движения «свободного» $(n+1)$-мерного тела в евклидовом пространстве. В. Киллинг не смог проинтегрировать свои уравнения даже в случае $n = 4$ и ограничился изучением частных решений.

Твердое тело в S^3 в жидкости. Если рассматривать свободное движение твердого тела в искривленном пространстве S^3 (трехмерная сфера) в однородной несжимаемой идеальной жидкости (аналог уравнений Кирхгофа (1.1) на $e(3)$), то гамильтониан имеет более общую форму по сравнению с (2.11):

$$H = \frac{1}{2}(\boldsymbol{M}, \mathbf{A}\boldsymbol{M}) + (\boldsymbol{M}, \mathbf{B}\boldsymbol{p}) + \frac{1}{2}(\boldsymbol{p}, \mathbf{C}\boldsymbol{p}), \tag{2.14}$$

где $\mathbf{A}, \mathbf{B}, \mathbf{C}$ — произвольные матрицы, коэффициенты которых зависят от присоединенных масс и моментов инерции тела. При этом квадратичная форма (2.14) представляет собой кинетическую энергию и является положительно определенной. Аналогично можно выписать уравнения движения твердого тела в жидкости (или пустоте) в пространстве Лобачевского L^3. Эту задачу рассматривал *Г. Биркгоф* в своей книге [16], а также Н. Е. Жуковский — в двумерном случае (для свободного падения) [124]. При этом получается гамильтонова система на алгебре $so(3,1)$ с гамильтонианом (2.14). В нашей книге [44] приводится вывод уравнений движения твердого тела с гиростатом в искривленном пространстве. При этом в гамильтониан (2.14) добавляются линейные по $(\boldsymbol{M}, \boldsymbol{p})$ слагаемые. Там же приведен вывод соответствующих уравнений для движения в пространстве Лобачевского.

Система взаимодействующих спинов. Классическая динамика двух взаимодействующих *спинов* (*сферических ротаторов*), соответствующих векторному представлению группы вращений, также описывается гамильтоновой системой на $so(4)$ [449, 377, 497, 498]. Переходя от операторов спина $\widehat{\boldsymbol{S}}_1$, $\widehat{\boldsymbol{S}}_2$ к классическим векторам $\boldsymbol{K} = \boldsymbol{S}_1$, $\boldsymbol{S} = \boldsymbol{S}_2$, получим динамическую систему (2.7). Различным классическим спиновым системам соответствует гамильтонианы вида (2.9). Перекрестные члены в этом случае описывают так называемое *обменное взаимодействие спинов*. Для спинов во внешнем магнитном поле в гамильтониан необходимо добавить линейные слагаемые.

Наиболее общая из рассматриваемых двухспиновых систем задается гамильтонианом [449]

$$H = -(\mathbf{B}'\boldsymbol{K}, \boldsymbol{S}) + \frac{1}{2}(\mathbf{A}'\boldsymbol{K}, \boldsymbol{K}) + \frac{1}{2}(\mathbf{A}'\boldsymbol{S}, \boldsymbol{S}), \tag{2.15}$$

где $\mathbf{A}'$, $\mathbf{B}'$ — некоторые диагональные матрицы.

Случай $\mathbf{A}' = 0$ соответствует так называемой *двухспиновой XYZ-модели*, случай $a'_{33} = b'_{33} = 0$ соответствует *обобщенной двухспиновой XY-модели* (модели Гейзенберга, см. приложение E).

Система (2.15) описывает также динамику двух связанных классических волчков (связку двух тел, см. § 8 гл. 2), энергия взаимодействия которых зависит лишь от компонент кинетических моментов и не зависит от позиционных переменных.

2. Случаи интегрируемости

Так как пуассонова структура (2.1), (2.5) имеет две центральные функции, для интегрируемости соответствующих уравнений движения не хватает еще одного первого интеграла. В общем случае он не существует, и в фазовом пространстве имеются области с хаотическим поведением.

Известные до настоящего времени интегрируемые случаи системы (2.8), (2.9) представлены в таблице 3.2.

Таблица 3.2. Случаи интегрируемости уравнений Пуанкаре – Жуковского.

	Автор	Условия на параметры и первый интеграл
1	Пуанкаре (1910) [468]	$\mathbf{A}' = \operatorname{diag}(a'_1, a'_2, a'_3), \quad \mathbf{B}' = \operatorname{diag}(b'_1, b'_2, b'_3), \quad \mathbf{C}' = \operatorname{diag}(c'_1, c'_2, c'_3),$ $a'_1 = a'_2, \quad b'_1 = b'_2, \quad c'_1 = c'_2$ $F = M_3$
2	Шоттки (1891) [484] Манаков (1976) [187]	$\mathbf{A} = \operatorname{diag}\Big(\frac{1}{\lambda_2+\lambda_3}, \frac{1}{\lambda_3+\lambda_1}, \frac{1}{\lambda_1+\lambda_2}\Big),$ $\mathbf{B} = 0, \quad \mathbf{C} = \operatorname{diag}\Big(\frac{1}{\lambda_0+\lambda_1}, \frac{1}{\lambda_0+\lambda_2}, \frac{1}{\lambda_0+\lambda_3}\Big)$ $F = M_1^2 + M_2^2 + M_3^2 + \Big(\frac{\lambda_1^2}{\lambda_1^2-\lambda_0^2}p_1^2 + \frac{\lambda_2^2}{\lambda_2^2-\lambda_0^2}p_2^2 + \frac{\lambda_3^2}{\lambda_3^2-\lambda_0^2}p_3^2\Big)$
3	Стеклов (1909) [501]	$\mathbf{A}' = \operatorname{diag}(\lambda_2^2\lambda_3^2, \lambda_1^2\lambda_3^2, \lambda_1^2\lambda_2^2),$ $\mathbf{B}' = \operatorname{diag}(\lambda_2\lambda_3(\lambda_2^2+\lambda_3^2), \lambda_1\lambda_3(\lambda_1^2+\lambda_3^2), \lambda_1\lambda_2(\lambda_1^2+\lambda_2^2)),$ $\mathbf{C}' = \operatorname{diag}(\lambda_2^4+\lambda_3^4+\lambda_2^2\lambda_3^2, \lambda_1^4+\lambda_3^4+\lambda_1^2\lambda_3^2, \lambda_1^4+\lambda_2^4+\lambda_1^2\lambda_2^2),$ $F = S_1((\lambda_2^2+\lambda_3^2)S_1 + 2\lambda_2\lambda_3K_1) +$ $+ S_2((\lambda_1^2+\lambda_3^2)S_2 + 2\lambda_1\lambda_3K_2) + S_3((\lambda_1^2+\lambda_2^2)S_3 + 2\lambda_1\lambda_2K_3)$

4	Адлер, ван Мёрбеке, 1982, [316]	$\mathbf{A}' = \operatorname{diag}(a_1', a_2', a_3'),\ \mathbf{B}' = \operatorname{diag}(b_1', b_2', b_3'),\ \mathbf{C}' = \operatorname{diag}(c_1', c_2', c_3'),\ \boldsymbol{\lambda} = (\lambda_1, \lambda_2, \lambda_3)$ $a_i' = -3\lambda_j^2\lambda_k^2,\ b_i' = (\lambda_i^4 - \lambda_j^4 - 2\lambda_j^3\lambda_k - \lambda_j^2\lambda_k^2 - 2\lambda_j\lambda_k^3 - \lambda_k^4)$ $c_i' = \frac{4}{3}(\lambda_i^4 - \lambda_j\lambda_k(\lambda_j^2 + \lambda_k^2 + \frac{5}{4}\lambda_j\lambda_k)), \quad \lambda_1 + \lambda_2 + \lambda_3 = 0$ $F = \frac{1}{2}\boldsymbol{K}^2\Big((\boldsymbol{\lambda}, \boldsymbol{\lambda})(\boldsymbol{K}, \boldsymbol{S}) + \sum\limits_k\Big(\big(\lambda_i\lambda_j - \frac{1}{3}\lambda_k^2\big)S_k^2 + (\lambda_i\lambda_j - 2\lambda_k^2)K_kS_k\Big)\Big) +$ $+ \frac{1}{18}\boldsymbol{S}^2\Big(3(\boldsymbol{\lambda}, \boldsymbol{\lambda})(\boldsymbol{K}, \boldsymbol{S}) + \sum\limits_k\Big(\frac{5}{3}(\lambda_i\lambda_j - \lambda_k^2)S_k^2 + (7\lambda_i\lambda_j - 4\lambda_k^2)K_kS_k\Big) -$ $- \frac{1}{9}\sum\limits_{i<j}(\lambda_i - \lambda_j)^2(K_iS_j + K_jS_i)S_iS_j$
5	Богоявленский 1983, [26]	$\mathbf{A} = \operatorname{diag}(\alpha_2, \alpha_1, \alpha_1 + \alpha_2),\ \alpha_1 = 1 - a_1,\ \alpha_2 = 1 - a_2,$ $\mathbf{B} = 0, \quad \mathbf{C} = \operatorname{diag}(a_2 - a_1, a_1 - a_2, 0),$ $F = \big(\alpha_1 M_1^2 - \alpha_2 M_2^2 - (a_1 - a_2)p_3^2\big)^2 + 4\alpha_1\alpha_2 M_1^2 M_2^2, \quad (\boldsymbol{M}, \boldsymbol{p}) = 0,$
6	Борисов, Мамаев, 2000	$\mathbf{A} = \operatorname{diag}(a_1, a_2, a_3),\ \mathbf{B} = \lVert b_{ij}\rVert,\ \mathbf{C} = \lVert c_{ij}\rVert$ $b_{13}\sqrt{a_2 - a_1} \mp (b_{22} - b_{11})\sqrt{a_3 - a_2} = 0, \quad b_{12} = 0,$ $b_{13}\sqrt{a_3 - a_2} \pm (b_{33} - b_{22})\sqrt{a_2 - a_1} = 0, \quad b_{23} = 0,$ $c_{13}\sqrt{a_2 - a_1} \mp (c_{22} - c_{11})\sqrt{a_3 - a_2} = 0, \quad c_{12} = 0,$ $c_{13}\sqrt{a_3 - a_2} \pm (c_{33} - c_{22})\sqrt{a_2 - a_1} = 0, \quad c_{23} = 0,$ $F = M_1\sqrt{a_2 - a_1} \mp M_3\sqrt{a_3 - a_2} = 0$
7	Борисов, Мамаев, Соколов, 2001	$H = \frac{1}{2}\big(M_1^2 + M_2^2 + 2M_3^2\big) + \alpha M_3 p_1 - \frac{1}{2}\alpha^2 p_3^2, \quad \alpha = \mathrm{const}$ $F = M_3\big[M_3\big(\boldsymbol{M}^2 + \alpha^2 M_2^2 + 2\alpha(M_3p_1 - M_1p_3) + \alpha^2(p_1^2 + p_3^2)\big) + 2\alpha(M_1 - \alpha p_3)(\boldsymbol{M}, \boldsymbol{p})\big]$
8	Цыганов, Соколов, 2002 [511, 256]	$H = aM_1^2 - \frac{1}{a}M_2^2 + M_1p_2 - M_2p_1 = aM_1^2 - \frac{1}{a}M_2^2 + Q_3,$ $F = -a^2(Q_2^2 + Q_3^2) + aQ_3(\boldsymbol{M}^2 - \boldsymbol{p}^2) + (Q_1^2 + Q_3^2), \quad$ где $\boldsymbol{Q} = \boldsymbol{M} \times \boldsymbol{p}$

Поскольку алгебра $so(4)$ допускает стандартное и каноническое представления, условия на параметры в таблице 3.2 приведены лишь для того из представлений, где они выглядят более просто.

Замечание 1. Не все интегрируемые случаи, указанные в таблице 3.2, обладают физическим содержанием, так как для уравнений Пуанкаре–Жуковского коэффициенты матриц $\mathbf{A}, \mathbf{B}, \mathbf{C}$ не являются произвольными и имеют достаточно ограниченную область изменения.

Замечание 2. Случаи интегрируемости уравнений на алгебре $e(3)$, дополнительный интеграл которых зависит лишь от переменных $\boldsymbol{M}$ (типа случаев Лагранжа и Гесса для уравнений Эйлера–Пуассона или типа случаев Кирхгофа, Чаплыгина (II) для уравнений Кирхгофа), очевидным образом переносятся на системы на пучке скобок (2.4), включающих при $x = 1$ алгебру $so(4)$. Это связано с тем, что уравнения для $\dot{\boldsymbol{M}}$ для всех скобок пучка совпадают (см. ниже).

Замечание 3. Относительные равновесия системы (2.3), для которых $\dot{\boldsymbol{K}} = \dot{\boldsymbol{S}} = \dot{\boldsymbol{M}} = \dot{\gamma} = 0$ могут быть интерпретированы различным образом в зависимости от физических постановок задач. Для движения тела с вихревыми полостями они определяют частные решения, для которых движение тела представляет собой равномерное вращение вокруг некоторой оси, а вектор завихренности «заморожен» в теле. Особый интерес представляет исследование стационарных конфигураций для модели связанных волчков, определяющей динамику цепочки спинов. Такие конфигурации, задающие некоторое когерентное состояние, имеют большое значение в квантовой физике, они рассмотрены нами в гл. 6 для конечномерного и бесконечномерного случаев.

3. Случай осевой симметрии (А. Пуанкаре)

Это простейший случай интегрируемости, для которого совпадает пара собственных значений диагональных матриц $\mathbf{A}, \mathbf{B}, \mathbf{C}$ (либо $\mathbf{A}', \mathbf{B}', \mathbf{C}'$), т. е. $a_{11} = a_{22}$, $b_{11} = b_{22}$, $c_{11} = c_{22}$. Гамильтониан (после исключения функций (2.2)) можно представить в форме

$$H = \frac{1}{2}\big(M_1^2 + M_2^2 + aM_3^2\big) + b\big(M_1p_1 + M_2p_2\big) + \frac{1}{2}c(p_1^2 + p_2^2).$$

Дополнительный интеграл имеет вид $M_3 = \mathrm{const}$ или $K_3 + S_3 = \mathrm{const}$. Этот интеграл можно отнести к типу Лагранжа. Сведение к квадратурам, приводящее к эллиптическим функциям, было выполнено А. Пуанкаре [468] (см. также § 2 гл. 4).

4. Случай Шоттки–Манакова

В 1891 г. *Ф. Шоттки* в работе [484] открыл первый интегрируемый случай системы (2.8) и заметил его связь со случаем Клебша в уравнениях

Кирхгофа. При этом $\mathbf{B} = 0$ и гамильтониан задается формулой (2.11), а коэффициенты матриц $\mathbf{A}$, $\mathbf{C}$ удовлетворяют соотношениям (2.12) с произвольными параметрами λ_μ, $\mu = 0, \ldots, 3$. Этот случай обычно связывают также с именем *С. В. Манакова*, который показал интегрируемость его n-мерного аналога (1976, [187]).

В представлении (2.9) для случая Шоттки – Манакова справедливо равенство $\mathbf{A}' = \mathbf{C}'$. При этих ограничениях данный случай интегрируемости является единственным в классе систем с квадратичным интегралом. Действительно, справедливо следующее утверждение (см., например [70]):

Если $\mathbf{A}' = \mathbf{C}'$ *и собственные значения матрицы* $\mathbf{A}'$ *различны, а матрица* $\mathbf{B}'$ *невырожденна, то система* (2.9) *допускает квадратичный интеграл тогда и только тогда, когда выполнены условия*

$$\begin{gathered}\mathbf{A}' = \operatorname{diag}(a_1', a_2', a_3'), \quad \mathbf{B}' = \operatorname{diag}(b_1', b_2', b_3'),\\ b_1'^2(a_2' - a_3') + b_2'^2(a_3' - a_1') + b_3'^2(a_1' - a_2') +\\ +(a_1' - a_2')(a_2' - a_3')(a_3' - a_1')k^2 = 0, \quad k^2 = 1.\end{gathered} \tag{2.16}$$

Те же условия интегрируемости указаны в физических работах [449, 497], посвященных динамике двухспиновой модели (2.15). Кроме того, авторы [449] независимо открыли случай Шоттки, известный более чем за столетие до них.

Замечание. Исследование алгебраической интегрируемости системы (2.3), (2.8) содержится в работе [399]; при помощи метода Ковалевской данная система исследована *М. Адлером* и *П. ван Мёрбеке* [316, 315, 314], где также обсуждается интегрируемость. В работе [314] найден новый интегрируемый случай с интегралом четвертой степени. Условия мероморфности решения на комплексной плоскости времени получены в работах [55, 54]. Они заключаются в том, что в равенстве (2.16) k должно быть целым нечетным числом. Необходимые условия алгебраической интегрируемости получены также в работе [372], при этом k должно быть рациональным.

Известно следующее симметричное представление инволютивных интегралов (см., например, [467]). При помощи кососимметрической матрицы $\mathbf{X} = ||X_{\mu\nu}||$ (2.13) их можно записать в виде:

$$G_\mu = \sum_{\nu=0}^{3} \frac{X_{\mu\nu}^2}{\lambda_\mu^2 - \lambda_\nu^2}, \quad \mu = 0, \ldots, 3. \tag{2.17}$$

Справедливы следующие равенства:

$$\sum_{\mu=0}^{3} G_\mu = 0, \quad \sum_{\mu=0}^{3} \lambda_\mu G_\mu = 2H, \quad \sum_{\mu=0}^{3} \lambda_\mu^2 G_\mu = F_1, \tag{2.18}$$

где $F_1 = \boldsymbol{M}^2 + \boldsymbol{p}^2$ — функция Казимира, H — гамильтониан Шоттки (2.11).

Таким образом, линейная комбинация четырех интегралов (2.17) *на каждой поверхности уровня функций Казимира задает пятипараметрическое семейство интегрируемых квадратичных гамильтонианов (три параметра — разности $\lambda_\mu^2 - \lambda_\nu^2$, два параметра — коэффициенты линейной комбинации, после исключения функций Казимира). Гамильтониан случая Шотки–Манакова входит в семейство* (2.17).

В несколько иной форме, содержащей произвольный параметр, квадратичное семейство (2.17) было записано Ф. Шоттки [484]. Оно имеет вид

$$Q(s) = \sum_{\text{цикл. } i,j,k} \left(\sqrt{(s-a_i)(s-a_4)} M_i + \sqrt{(s-a_j)(s-a_k)} p_i \right)^2 .$$

Это семейство было переоткрыто *Л. Хайне* в работе [399].

Впервые представление Лакса с рациональным спектральным параметром (для общего n-мерного случая) найдено в работе С. В. Манакова [187]. *Уравнения движения* (2.3) *с гамильтонианом* (2.11) *допускают представление в форме Лакса на матрицах, линейно зависящих от произвольного параметра λ:*

$$\frac{d}{dt}(\mathbf{X} + \lambda \mathbf{J}^2) = [\mathbf{X} + \lambda \mathbf{J}^2, \boldsymbol{\Omega} + \lambda \mathbf{J}],$$

где $\mathbf{X}$, $\boldsymbol{\Omega}$ определены формулой (2.13), *а $\mathbf{J}$ — тензор инерции (симметричная положительно определенная матрица).*

Инволютивные интегралы движения получаются разложением в ряд по λ функций $P_k(\lambda) = \operatorname{tr}(\mathbf{X} + \lambda \mathbf{J}^2)^k$. Это семейство является полным, т. е. интегралов достаточно для интегрируемости. Другие представления Лакса со спектральным параметром (а также их связь с бигамильтоновостью) рассмотрены в [30, 44, 279].

При помощи ретракции алгебра $so(4)$ переходит в алгебру $e(3)$, при этом случай Шоттки–Манакова переходит в случай Клебша (С. П. Новиков, [214]). Действительно, выполним следующие замены переменных и параметров:

$$\boldsymbol{p} \to \frac{\boldsymbol{\gamma}}{\sqrt{x}}, \quad \lambda_0 \to -\frac{1}{\sqrt{cx}}, \tag{2.19}$$

где c — некоторая константа. Рассмотрим предельный переход $x \to 0$ в получающихся коммутационных соотношениях и соответствующих интегралах (2.4). Интегралы (2.17) при данной параметризации принимают форму (1.12).

Исключая из гамильтониана (указанного в таблице 3.2) бесконечное (при $x \to 0$) слагаемое, пропорциональное функции Казимира по правилу $H \to H + \frac{\sqrt{c}}{2\sqrt{x}}(\gamma^2 + xM^2)$, получим функцию Гамильтона для случая Клебша (см. § 1 гл. 3) на $e(3)$ в виде

$$H = \frac{1}{2}\left(\frac{M_1^2}{\lambda_2+\lambda_3} + \frac{M_2^2}{\lambda_3+\lambda_1} + \frac{M_3^2}{\lambda_1+\lambda_2}\right) + \frac{c}{2}\left(\lambda_1\gamma_1 + \lambda_2\gamma_2 + \lambda_3\gamma_3\right).$$

Интеграл Клебша в этом случае представляется в форме

$$K = M_1^2 + M_2^2 + M_3^2 + c\left(\lambda_1^2\gamma_1^2 + \lambda_2^2\gamma_2^2 + \lambda_3^2\gamma_3^2\right).$$

Замечание. При замене (2.19) получается семейство интегралов, зависящих от параметра — $G_\mu(x)$, $\mu = 0, \ldots, 3$ и остающихся инволютивными при произвольном x, т. е. на всем пучке $\mathscr{L}_x$.

Оказывается, что случаи Шоттки – Манакова и Клебша *не только связаны ретракцией, но и являются линейно изоморфными* (А. И. Бобенко, [18]). Соответствующее преобразование имеет вид

$$\begin{gathered} M_1 = \sqrt{(\lambda_2^2-\lambda_0^2)(\lambda_3^2-\lambda_0^2)}L_1, \quad M_2 = \sqrt{(\lambda_1^2-\lambda_0^2)(\lambda_3^2-\lambda_0^2)}L_2, \\ M_3 = \sqrt{(\lambda_1^2-\lambda_0^2)(\lambda_2^2-\lambda_0^2)}L_3, \\ p_1 = \sqrt{\lambda_1^2-\lambda_0^2}\gamma_1, \quad p_2 = \sqrt{\lambda_2^2-\lambda_0^2}\gamma_2, \quad p_3 = \sqrt{\lambda_3^2-\lambda_0^2}\gamma_3. \end{gathered} \tag{2.20}$$

Уравнения движения для переменных $(\boldsymbol{L}, \boldsymbol{\gamma})$ соответствуют случаю Клебша на алгебре $e(3)$ с гамильтонианом вида

$$H = \frac{1}{2}(\boldsymbol{L}, \mathbf{A}\boldsymbol{L}) + \frac{1}{2}(\boldsymbol{\gamma}, \mathbf{C}\boldsymbol{\gamma}),$$

$$\mathbf{A} = \operatorname{diag}\left(-\frac{(\lambda_2-\lambda_0)(\lambda_3-\lambda_0)}{\lambda_2+\lambda_3}, -\frac{(\lambda_1-\lambda_0)(\lambda_3-\lambda_0)}{\lambda_1+\lambda_3}, -\frac{(\lambda_1-\lambda_0)(\lambda_2-\lambda_0)}{\lambda_1+\lambda_2}\right),$$

$$\mathbf{C} = \left(\frac{1}{\lambda_1+\lambda_0}, \frac{1}{\lambda_2+\lambda_0}, \frac{1}{\lambda_3+\lambda_0}\right).$$

Как показано *А. В. Болсиновым* [29], линейный изоморфизм существует и для многомерных аналогов рассматриваемых задач. Хотя явное преобразование (2.20) было указано в [18], на уровне сходства интегралов движения обеих систем его неявно использовал еще Ф. Шоттки (1891 г.) [484]. Топологический анализ и бифуркационные диаграммы имеются в работе А. А. Ошемкова [223] (см. также [31]). В силу линейного изоморфизма со случаем Клебша результаты этого анализа эквивалентны полученным в работе [226].

5. Случай Стеклова

Другой случай интегрируемости, для которого в гамильтониане (2.8) имеются перекрестные члены (т. е. матрица $\mathbf{B} \not\equiv 0$), найден в работе В. А. Стеклова [501]. Необходимые и достаточные условия квадратичной интегрируемости были анонсированы А. П. Веселовым в [70] и в более подробной форме имеются в работе [410].

Пусть гамильтониан H задан в представлении (2.10)*, причем собственные значения как матрицы $\mathbf{A}'$, так и матрицы $\mathbf{C}'$ различны, а матрица $\mathbf{B}'$ невырожденна* ($\det \mathbf{B}' \neq 0$). *Тогда для существования дополнительного квадратичного независимого с H, F_1, F_2 интеграла движения необходимо и достаточно выполнения следующих условий*:

$$\begin{gathered}\mathbf{A}' = \operatorname{diag}(a_1', a_2', a_3'), \quad \mathbf{B}' = \operatorname{diag}(b_1', b_2', b_3'), \quad \mathbf{C}' = \operatorname{diag}(c_1', c_2', c_3'),\\ {b_1'}^2(a_2' - a_3') + {b_2'}^2(a_3' - a_1') + {b_3'}^2(a_1' - a_2') + \\ + (a_1' - a_2')(a_2' - a_3')(a_3' - a_1') = 0, \\ {b_1'}^2(c_2' - c_3') + {b_2'}^2(c_3' - c_1') + {b_3'}^2(c_1' - c_2') + \\ + (c_1' - c_2')(c_2' - c_3')(c_3' - c_1') = 0.\end{gathered} \tag{2.21}$$

Для описания инволютивного семейства интегралов, аналогичного (2.17), введем кососимметричные матрицы $\mathbf{K}, \mathbf{S}, \mathbf{M}, \mathbf{P}$, соответствующие векторам $\boldsymbol{K}, \boldsymbol{S}, \boldsymbol{M}, \boldsymbol{P}$, компоненты которых определим по формулам

$$\begin{aligned}K_{ij} &= -\varepsilon_{ijk} K_k, \quad S_{ij} = -\varepsilon_{ijk} S_k, \\ M_{ij} &= -\varepsilon_{ijk} M_k, \quad P_{ij} = -\varepsilon_{ijk} p_k.\end{aligned} \tag{2.22}$$

Интегралы могут быть представлены через компоненты этих матриц в форме [30, 44]

$$G_i = \sum_{j \neq i}^{3} \frac{(\lambda_j K_{ij} + \lambda_i S_{ij})^2}{\lambda_i^2 - \lambda_j^2}, \quad i = 1, 2, 3; \tag{2.23}$$

например, G_1 имеет вид (остальные получаются циклической перестановкой индексов)

$$G_1 = \frac{(\lambda_2 K_3 + \lambda_1 S_3)^2}{\lambda_1^2 - \lambda_2^2} + \frac{(\lambda_3 K_2 + \lambda_1 S_2)^2}{\lambda_1^2 - \lambda_3^2}.$$

Для функций G_i выполнено соотношение

$$\sum_{i=1}^{3} G_i = -\boldsymbol{K}^2 + \boldsymbol{S}^2. \tag{2.24}$$

Следовательно, набор (2.23) определяет двумерное семейство интегрируемых случаев, которое задается двумя параметрами (в случае $\lambda_3 \neq 0$ можно использовать, например, отношения $\frac{\lambda_1}{\lambda_3}, \frac{\lambda_2}{\lambda_3}$).

Случай Стеклова обычно связывают с гамильтонианом вида (по аналогии с уравнениями Кирхгофа, см. § 1 гл. 3)

$$H = \frac{1}{2}\sum_{i=1}^{3} \lambda_i^4 G_i = \frac{1}{2} \sum_{\text{цикл.пер. } i,j,k} \Big[\big(\lambda_i \lambda_j K_k + (\lambda_i^2 + \lambda_j^2) S_k\big)^2 - \lambda_i^2 \lambda_j^2 S_k^2 \Big].$$

Он получается из семейства (2.23) суммированием и последующей заменой параметров.

Для *семейства Стеклова*, по аналогии со случаем Шоттки–Манакова, *может быть выполнена ретракция к интегрируемому семейству Стеклова–Ляпунова для уравнений Кирхгофа* (1.1). Чтобы показать это, выполним следующую замену переменных, параметров и интегралов (2.23):

$$\begin{gathered} \boldsymbol{p} \to \frac{\boldsymbol{\gamma}}{\sqrt{x}}, \\ \lambda_i \to 1 + \sqrt{x}\lambda_i, \quad G_i \to \sqrt{x} G_i, \quad i = 1, 2, 3. \end{gathered} \tag{2.25}$$

Семейство получающихся интегралов, зависящих от параметра $G_i(x)$, *остается инволютивным на всем пучке* (2.4), *и при* $x \to 0$ *они принимают форму* (1.13), *указанную в предыдущем параграфе.*

Замечание. В работе [18] ретракция интегрируемых случаев выполнена несколько иным образом. При этом используется симметричная форма параметризации случаев Стеклова на $so(4)$ при помощи эллиптических функций.

Линейная замена переменных вида

$$\mathbf{M} = \mathbf{JKJ} + \frac{1}{2}\left(\mathbf{J}^2\mathbf{S} + \mathbf{SJ}^2\right), \quad \mathbf{P} = \mathbf{S},$$
$$\mathbf{J} = \operatorname{diag}(\lambda_1,\, \lambda_2,\, \lambda_3)$$

переводит семейство (2.23) в семейство Стеклова – Ляпунова (1.13) уравнений Кирхгофа [30, 44], т. е. они, аналогично случаям Клебша и Шоттки – Манакова, являются линейно изоморфными.

Другое, менее симметричное представление семейства инволютивных интегралов в случае Стеклова найдено О. И. Богоявленским [26] (см. также [24, 25]):

$$\begin{aligned}
I_1 &= \left(\sqrt{\frac{\alpha_1-\alpha_3}{\alpha_1-\alpha_2}}K_1 + \sqrt{\frac{\beta_1-\beta_3}{\beta_1-\beta_2}}S_1\right)^2 + \left(\sqrt{\frac{\alpha_2-\alpha_3}{\alpha_1-\alpha_2}}K_2 + \sqrt{\frac{\beta_2-\beta_3}{\beta_1-\beta_2}}S_2\right)^2,\\
I_2 &= \left(\sqrt{\frac{\alpha_1-\alpha_2}{\alpha_1-\alpha_3}}K_1 + \sqrt{\frac{\beta_1-\beta_2}{\beta_1-\beta_3}}S_1\right)^2 - \left(\sqrt{\frac{\alpha_2-\alpha_3}{\alpha_1-\alpha_3}}K_3 + \sqrt{\frac{\beta_2-\beta_3}{\beta_1-\beta_3}}S_3\right)^2,\\
I_3 &= \left(\sqrt{\frac{\alpha_1-\alpha_2}{\alpha_2-\alpha_3}}K_2 + \sqrt{\frac{\beta_1-\beta_2}{\beta_2-\beta_3}}S_2\right)^2 + \left(\sqrt{\frac{\alpha_1-\alpha_3}{\alpha_2-\alpha_3}}K_3 + \sqrt{\frac{\beta_1-\beta_3}{\beta_2-\beta_3}}S_3\right)^2,
\end{aligned} \tag{2.26}$$

где α_i, β_i — произвольные параметры.

6. Случай интегрируемости с интегралом четвертой степени (М. Адлер, П. ван Мёрбеке)

Общий случай интегрируемости, найденный М. Адлером и П. ван Мёрбеке [314], до сих пор является в динамике твердого тела наиболее сложным и наименее изученным. Он не имеет аналогов для уравнений Кирхгофа, а при ретракции гамильтониан вырождается в функцию Казимира алгебры $e(3)$.

В оригинальной статье [314] дополнительный интеграл, имеющий четвертую степень, был указан в очень громоздкой и несимметричной форме. А. Рейман и М. Семенов-Тян-Шанский несколько позже указали для этого случая спектральное представление Лакса, использовав для его построения особую алгебру $\mathfrak{g}_2$ [475]. В работе [30] аналогичная **L**-**A**-пара получена более естественным образом, соответствующая конструкция также связана с алгеброй $\mathfrak{g}_2$ и наличием согласованной пуассоновой структуры. Однако получающийся из **L**-**A**-пары интеграл требует дополнительных и нетривиальных упрощений, проведенных нами, — после которых и получается указанная в таблице 3.2 форма.

Отметим, что А. С. Мищенко и А. Т. Фоменко в работе [200] имели все возможности найти этот случай с помощью развиваемого ими метода сдвига аргумента, но этому, видимо, препятствовал слишком формализованный и общий стиль рассуждений. Любопытно, что в своих последующих книгах А. Т. Фоменко (см., например, [274]), приводя этот случай, ссылается на работу [475], так и не замечая связи со своей конструкцией.

Для случая Адлера – ван Мёрбеке до сих пор неизвестны разделяющие переменные и не выполнен топологический анализ. Его существование во многом связано с особой симметрией $so(4)$, допускающей вещественное представление в виде прямой суммы $so(3)\oplus so(3)$; он отсутствует на $so(3,1)$ и не допускает многомерных обобщений.

При представлении на прямой сумме $(\boldsymbol{K}, \boldsymbol{S}) \in so(3)\oplus so(3)$ этот случай может быть записан в несколько другой симметричной форме, отличной от приведенной нами в таблице 3.2 и найденной В. В. Соколовым:

$$H=\sum_{i=1}^{3}\big[-9\alpha_j^2\alpha_k^2K_i^2+6\alpha_j\alpha_k(\alpha_i-\alpha_j)(\alpha_i-\alpha_k)K_iS_i+\alpha_j\alpha_k(4\alpha_i^2-\alpha_j\alpha_k)S_i^2\big],$$

$$F=3\sum_{i,j}\alpha_j(\alpha_i-\alpha_j)K_iS_iS_j^2-9(\boldsymbol{K},\boldsymbol{K})\sum_i\alpha_j\alpha_kK_iS_i+$$

$$+\sum_i(\alpha_i-\alpha_j)(\alpha_i-\alpha_k)K_iS_i^3+\frac{3}{2}(\boldsymbol{S},\boldsymbol{S})\sum_i(3\alpha_i^2-\alpha_j^2-\alpha_k^2)S_i^2,$$

где $\alpha_1+\alpha_2+\alpha_3=0$, $\alpha_i=\mathrm{const}$.

7. Случай Борисова – Мамаева – Соколова [50]

Этот случай при ретракции переходит в случай Соколова для уравнений Кирхгофа, поэтому мы сразу запишем его для пучка скобок $\mathscr{L}_x$: (2.4)

$$\begin{gathered}H=\frac{1}{2}(M_1^2+M_2^2+2M_3^2)+M_3(\alpha p_1+\beta p_2)-\frac{1}{2}(\alpha^2+\beta^2)p_3^2,\\ \alpha,\beta=\mathrm{const};\\ F=k_1k_2,\quad k_1=M_3,\\ k_2=M_3(M_1^2+M_2^2+M_3^2+x(\beta M_1-\alpha M_2)^2)+\\ +2(\alpha M_1+\beta M_2)(M_1p_1+M_2p_2)+2M_3^2(\alpha p_1+\beta p_2)+\\ +M_3(\alpha p_1+\beta p_2)^2-(\alpha^2+\beta^2)(2M_1p_1+2M_2p_2+M_3p_3)p_3.\end{gathered}\tag{2.27}$$

Функции k_1, k_2 удовлетворяют соотношению

$$\dot{k}_1=-2(\beta p_1-\alpha p_2)k_1,\quad \dot{k}_2=2(\beta p_1-\alpha p_2)k_2,$$

т. е. $k_1 = 0$ и $k_2 = 0$ являются инвариантными соотношениями. Этот случай на всем пучке скобок L_x (2.4) допускает интегрируемое добавление линейных слагаемых вида $\widetilde{H} = c_1M_3 + c_2p_2$, $c_1, c_2 = \mathrm{const}$. Дополнительный интеграл довольно громоздок, но он легко может быть воспроизведен, так как его неизвестные коэффициенты находятся из линейной системы алгебраических уравнений [494, 256].

Случай (2.27) до сих пор не проинтегрирован в квадратурах (для него также неизвестно соответствующее представление Лакса и пр.).

8. Случай Цыганова – Соколова

Этот случай при ретракции дает упомянутый в § 1 гл. 3 случай интегрируемости уравнений Кирхгофа, поэтому мы приведем интегрируемое семейство на всем пучке $\mathscr{L}_x$:

$$H = aM_1^2 - \frac{x}{a}M_2^2 + M_1p_2 - M_2p_1 = aM_1^2 - \frac{x}{a}M_2^2 + Q_3,$$
$$F = -a^2(Q_2^2 + Q_3^2) + aQ_3(x\boldsymbol{M}^2 - \boldsymbol{p}^2) + x(Q_1^2 + Q_3^2),$$

где $\boldsymbol{Q} = \boldsymbol{M} \times \boldsymbol{p}$. Этот случай до сих пор не проинтегрирован в квадратурах и пока мало изучен.

9. Частный случай Богоявленского при $(\boldsymbol{M}, \boldsymbol{p}) = 0$

О. И. Богоявленский указал два частных случая интегрируемости уравнений Пуанкаре – Жуковского с интегралом четвертой степени [21]; как было замечено А. В. Цыгановым, второй случай линейным групповым преобразованием, сохраняющим скобки Пуассона, сводится к первому.

«Первый» случай Богоявленского при ретракции переходит в случай Чаплыгина (I) уравнений Кирхгофа; чтобы сделать эту связь более очевидной, запишем гамильтониан и интеграл на пучке скобок $\mathscr{L}_x$ (2.4)

$$\begin{gathered}
H = \frac{1}{2}\left(\alpha_2M_1^2 + \alpha_1M_2^2 + (\alpha_1 + \alpha_2)M_3^2\right) - \frac{1}{2}(a_1 - a_2)\left(p_1^2 - p_2^2\right), \\
F = \left(\alpha_1M_1^2 - \alpha_2M_2^2 - (a_1 - a_2)p_3^2\right)^2 + 4\alpha_1\alpha_2M_1^2M_2^2, \\
\alpha_1 = 1 - xa_1, \quad \alpha_2 = 1 - xa_2, \quad a_1, a_2 = \mathrm{const}.
\end{gathered} \tag{2.28}$$

При $x = 1$ получим случай интегрируемости, указанный в таблице 3.2. Отметим, что при $x \neq 0$ гамильтониан (2.28) описывает движение динамически несимметричного тела, моменты инерции которого подчиняются соотношению $I_1^{-1} + I_2^{-1} = I_3^{-1}$.

Сделав преобразование (определенное при $x \neq 0$), сохраняющее скобки Пуассона, получим

$$\bar{M}_1 = \frac{p_1}{\sqrt{x}}, \ \ \bar{M}_2 = \frac{p_2}{\sqrt{x}}, \ \ \bar{M}_3 = M_3, \ \ \bar{p}_1 = \sqrt{x}M_1, \ \ \bar{p}_2 = \sqrt{x}M_2, \ \ \bar{p}_3 = p_3. \tag{2.29}$$

Подставим новые переменные в (2.28) и сделаем замену параметров

$$a_1 = -\frac{b_3 - b_2 - 2}{2x}, \quad a_2 = -\frac{b_3 - b_1 - 2}{2x};$$

находим, что функция

$$H_2 = H + \frac{b_1 + b_2}{4x}(x\bar{\boldsymbol{M}}^2 + \bar{\boldsymbol{p}}^2) = \frac{1}{2}(b_1\bar{M}_1^2 + b_2\bar{M}_2^2 + b_3\bar{M}_3)+ \\ + \frac{1}{4x}\big((b_2 + b_3)\bar{p}_1^2 + (b_1 + b_3)\bar{p}_2^2 + (b_1 + b_2)\bar{p}_3^2\big) \tag{2.30}$$

в точности совпадает с гамильтонианом «второго» случая Богоявленского. Отметим также, что при $x < 0$ $\sqrt{x} = i\sqrt{|x|}$; следовательно, преобразование (2.29) комплексное, но, тем не менее, гамильтониан (2.30) при этом вещественный.

В § 1 гл. 6 приведено более общее семейство частных интегрируемых случаев на пучке скобок $\mathscr{L}_x$, частными случаями которого являются: случай Ковалевской уравнений Эйлера – Пуассона, случай Чаплыгина (I) уравнений Кирхгофа и случай Богоявленского (I) уравнений Пуанкаре – Жуковского, а также различные гиростатические обобщения.

10. Обобщение случая Гесса

Как отмечено выше (см. п. 2), вследствие того, что для уравнений Пуанкаре – Жуковского тройка уравнений для вектора $\dot{\boldsymbol{M}}$ совпадает с аналогичными в уравнениях Кирхгофа, существует также инвариантное соотношение типа Гесса

$$\sqrt{a_3 - a_2}M_3 \pm \sqrt{a_2 - a_1}M_1 = 0, \quad a_1 < a_2 < a_3. \tag{2.31}$$

При этом, так же как и в уравнениях Кирхгофа, слагаемые в гамильтониане (2.8), содержащие $\boldsymbol{p}$, должны быть инвариантны относительно вращений вокруг перпендикуляра к круговому сечению гирационного эллипсоида. Инвариантное соотношение (2.31) определяет выделенный тор в фазовом пространстве, на котором решение может быть получено в квадратурах. Процедура интегрирования может быть выполнена при помощи результатов из гл. 4. Это обобщение случая Гесса ранее, по-видимому, не указывалось, хотя и является достаточно естественным.

11. Интегрируемые обобщения с линейными слагаемыми в гамильтониане

Аналогично уравнениям Кирхгофа, можно придать механический смысл уравнениям (2.3), (2.7), если гамильтониан H, помимо квадратичных, содержит линейные слагаемые. В зависимости от физических постановок, описанных в первом пункте, их можно интерпретировать по-разному. Так, для динамики твердого тела с жидкостью эти слагаемые возникают при наличии многосвязных полостей в теле, для четырехмерного волчка Эйлера — при добавлении уравновешенного четырехмерного гиростата, для твердого тела в искривленном пространстве — при добавлении уравновешенного трехмерного гиростата (соответствующий вывод см. в приложении А), для твердого тела на S^3 в жидкости — при наличии многосвязности твердого тела, движущегося в жидкости, для цепочки спинов — при наличии постоянного внешнего магнитного поля, в которое помещена цепочка спинов.

Аналогично уравнениям Кирхгофа, здесь также можно указать интегрируемые случаи, обобщающие указанные в таблице 3.2. Случаи 1 и 6, связанные с вращательной симметрией, обобщаются очень просто — добавляется гиростат вдоль оси симметрии (см. подробнее гл. 4). Для случаев Шоттки, Адлера–ван Мёрбеке, Богоявленского (II) подобных обобщений не найдено.

Обобщение случая Стеклова приводит к интегрируемому случаю, являющемуся аналогом случая Рубановского для уравнений Кирхгофа. Впервые он был указан О. И. Богоявленским [26] в плохо обозримом виде, другое представление было указано Х. Яхьей [532]. Мы укажем здесь наиболее симметричное выражение.

Аналог случая Рубановского на $so(4)$. В симметричной форме соответствующее инволютивное семейство интегралов можно представить следующим образом:

$$J_s = G_s + \frac{1}{(\lambda_s^2 - \lambda_m^2)(\lambda_s^2 - \lambda_n^2)} \sum_{\text{цикл.пер. } ijk} r_k(\lambda_i \lambda_j K_k + \lambda_s^2 S_k), \tag{2.32}$$

$$s, m, n = 1, 2, 3,$$

где r_i, $i = 1, 2, 3$ — три дополнительных произвольных параметра. Например, интеграл J_1 имеет следующее явное выражение (остальные получаются циклической перестановкой):

$$J_1 = G_1 + \frac{r_1(\lambda_2\lambda_3 K_1 + \lambda_1^2 S_1) + r_2(\lambda_3\lambda_1 K_2 + \lambda_1^2 S_2) + r_3(\lambda_1\lambda_2 K_3 + \lambda_1^2 S_3)}{(\lambda_1^2 - \lambda_2^2)(\lambda_1^2 - \lambda_3^2)}.$$

Для этих интегралов также справедливо соотношение (2.24), с учетом замены $G_i \to J_i$, $i = 1, 2, 3$. Гамильтониан и дополнительный интеграл можно представить в форме

$$H = \sum_i \lambda_i J_i = \sum_{\text{цикл.}} \Big((\lambda_i + \lambda_j) S_k^2 - \frac{\lambda_i \lambda_j}{\lambda_i + \lambda_j}(S_k + K_k)^2 - \\ - \lambda_i \lambda_j r_k (S_k + K_k) + (\lambda_i + \lambda_j)^2 r_k S_k \Big),$$

$$F = \sum_i \lambda_i^2 J_i = \sum_{\text{цикл.}} \big((\lambda_i^2 + \lambda_j^2) S_k^2 + 2\lambda_i \lambda_j S_k K_k \big) + (\boldsymbol{r}, \boldsymbol{S}).$$

Представление Лакса для этого случая приведено в [374].

Обобщение случая Богоявленского. Интегрируемая система (2.28) также допускает обобщение, при котором добавляется постоянный гиростатический момент λ вдоль оси OM_3, хотя в данном случае она и не является осью симметрии. Гамильтониан и интеграл имеют вид (мы используем их представление на пучке $\mathscr{L}_x$ для большей ясности)

$$H = \frac{1}{2}\big(\alpha_2 M_1^2 + \alpha_1 M_2^2 + (\alpha_1 + \alpha_2) M_3^2\big) - \lambda M_3 - \frac{1}{2}(a_1 - a_2)(p_1^2 - p_2^2),$$

$$F = \big(\alpha_1 M_1^2 - \alpha_2 M_2^2 - (a_1 - a_2)\gamma_3^2\big)^2 + 4\alpha_1\alpha_2 M_1^2 M_2^2 + \\ + 4\lambda\big(M_3(\alpha_1 M_1^2 + \alpha_2 M_2^2) + (a_1 - a_2) p_3 (M_1 p_1 - M_2 p_2)\big) - 4\lambda^2 (M_1^2 + M_2^2),$$

где $\alpha_1 = 1 - x a_1$, $\alpha_2 = 1 - x a_2$, $a_1, a_2 = \text{const}$. В приведенном виде это обобщение указано авторами [51, 341]. В § 1 гл. 6 этот случай включен в еще более богатое по числу свободных параметров семейство, определенное на пучке $\mathscr{L}_x$ скобок Пуассона.

§ 3. Замечательный предельный случай уравнений Пуанкаре–Жуковского. Счетное семейство первых интегралов

1. В этом параграфе рассмотрены уравнения движения твердого тела в случае, когда в уравнениях Пуанкаре–Жуковского (2.3) сделан предельный переход. Он отличается от аналогичного перехода, используемого при ретракции, и приводит к потере гамильтоновости. Действительно, если в уравнениях (2.3) с гамильтонианом (2.8) сделать замену $\gamma \to \mu\gamma$ и μ устремить к нулю, то в коммутационных соотношениях (2.1) возникает сингулярность; тем не менее, на уровне уравнений движения получим

$$\begin{gathered} \dot{\boldsymbol{M}} = \boldsymbol{M} \times \mathbf{A}\boldsymbol{M}, \quad \dot{\boldsymbol{\gamma}} = \boldsymbol{\gamma} \times \mathbf{B}\boldsymbol{M}, \\ \mathbf{A} = \operatorname{diag}(a_1, a_2, a_3), \quad \mathbf{B} = \operatorname{diag}(b_1, b_2, b_3). \end{gathered} \tag{3.1}$$

Система (3.1) описывает вращение тела в случае, если интенсивность вихря жидкости в полости мала по сравнению с кинетическим моментом (или наоборот). Можно также указать другие интерпретации этого предельного перехода, если использовать различные физические постановки задачи (см. § 2), описываемые уравнениями (2.3).

Первое векторное уравнение в (3.1) интегрируется независимо и представляет собой обычный случай Эйлера с интегралами

$$I_1 = \frac{1}{2}(\boldsymbol{M}, \mathbf{A}\boldsymbol{M}), \quad I_2 = (\boldsymbol{M}, \boldsymbol{M}).$$

Второе уравнение в (3.1), родственное кинематическому уравнению Пуассона, после подстановки в него уже известной функции $\boldsymbol{M}(t)$ представляет собой линейную гамильтонову систему на $so(3)$

$$\dot{\boldsymbol{\gamma}} = \boldsymbol{\gamma} \times \boldsymbol{B}\boldsymbol{M}(t), \quad \{\gamma_i, \gamma_j\} = \varepsilon_{ijk}\gamma_k \tag{3.2}$$

с периодическими коэффициентами и линейным гамильтонианом $H = (\mathbf{B}\boldsymbol{M}(t), \boldsymbol{\gamma})$. Уравнение (3.2), как и система (3.1), обладает геометрическим интегралом $I_3 = (\boldsymbol{\gamma}, \boldsymbol{\gamma})$. Для интегрируемости (3.2) не хватает еще одного интеграла с периодическими по t коэффициентами $I_4^*(\boldsymbol{\gamma}, t)$. Для интегрируемости системы (3.1) поэтому не хватает еще одного первого интеграла $I_4(\boldsymbol{M}, \boldsymbol{\gamma})$. Это следует также из теории последнего множителя.

2. Дополнительный интеграл систем (3.1), (3.2) всегда существует в вещественно-аналитическом классе функций. Это связано с тем, что уравнение (3.2) задает линейное отображение двумерной сферы за период, которое также сохраняет меру. Такие отображения интегрируемы.

Дополнительный интеграл, как легко видеть, является линейным по γ:

$$I_4 = I_4(\boldsymbol{M}, \gamma) = (\boldsymbol{\Omega}(\boldsymbol{M}), \gamma),$$

$$I_4^* = I_4^*(\gamma, t) = (\boldsymbol{\Omega}^*(t), \gamma), \quad \boldsymbol{\Omega}^*(t) = \boldsymbol{\Omega}(\boldsymbol{M}(t)),$$

причем для функции $\boldsymbol{\Omega}^*(t)$ получаются уравнения, аналогичные (3.2). Таким образом, для нахождения первого интеграла I_4 или I_4^* достаточно найти частные решения уравнений (3.2).

Однако ни частные решения (3.2), ни соответствующие интегралы (3.1), (3.2) в общем случае не удается получить в замкнутом алгебраическим виде. Такое решение возможно только в форме бесконечного ряда, оно является неоднозначным в комплексном смысле (и не алгебраическим) [159].

Замечание. В работе [55] вычислены показатели Ковалевской системы (3.1). Они равны

$$\rho_1 = -1, \quad \rho_2 = \rho_3 = 2, \quad \rho_4 = 1, \quad \rho_{5,6} = 1 \pm n,$$

$$n = \left[\frac{b_1^2 a_{32} + b_2^2 a_{13} + b_3^2 a_{21}}{a_{23} a_{21} a_{13}}\right], \tag{3.3}$$

$$a_{ij} = a_i - a_j.$$

Общее решение (3.1) имеет конечнолистное ветвление на комплексной плоскости времени при условии $n = p/q$, p, $q \in \mathbb{Z}$. Это условие является также необходимым для существования дополнительного алгебраического интеграла [372].

Физически факт отсутствия в общем случае у системы (3.1) достаточно «хорошего» (алгебраического, полиномиального) дополнительного интеграла связан с потерей симметрий, обусловленных гамильтоновостью (пуассонова структура является тензорным инвариантом). Тем не менее, поведение траектории (3.1), (3.2) всегда является регулярным, показатели Ляпунова равны нулю и вещественно-аналитический интеграл формально существует.

3. Укажем условия, при которых дополнительный интеграл можно найти явно. В остальных случаях аналогичные построения вряд ли возможны. Для этого необходимо, чтобы в (3.3) $n = 2k + 1$, $k \in \mathbb{Z}$. Дополнительные интегралы при различных k, связанные некоторым итерационным процессом, впервые указаны А. В. Борисовым и А. В. Цыгвинцевым в [55, 54] без подробного доказательства. Здесь мы приведем естественную процедуру построения этих интегралов, существование которых пока кажется несколько таинственным.

4. После замены времени $d\tau = M_1M_2M_3\,dt$ в новых переменных $u_i = M_i^2$, $s_i = \dfrac{\gamma_i}{M_i}$ система (3.1) примет вид

$$\dot{\boldsymbol{u}} = \boldsymbol{c}, \quad \dot{\boldsymbol{s}} = \mathbf{U}^{-1}\mathbf{A}_b\boldsymbol{s},$$
$$\boldsymbol{u} = (u_1,\, u_2,\, u_3), \quad \boldsymbol{s} = (s_1,\, s_2,\, s_3), \quad \boldsymbol{c} = (-2a_{23},\, -2a_{31},\, -2a_{12}),$$
$$a_{ij} = a_i - a_j, \quad \mathbf{U} = \mathrm{diag}(u_1,\, u_2,\, u_3), \tag{3.4}$$
$$\mathbf{A}_b = \begin{pmatrix} a_{23} & b_3 & -b_2 \\ -b_3 & a_{31} & b_1 \\ b_2 & -b_1 & a_{12} \end{pmatrix},$$

где точка теперь обозначает дифференцирование по τ.

Интеграл системы (3.4) будем искать в виде

$$F = \sum_i s_i u_i f_i(\boldsymbol{u}), \tag{3.5}$$

что приводит для вектора $\boldsymbol{f} = (f_1,\, f_2,\, f_3)$ к системе дифференциальных уравнений в частных производных первого порядка

$$\mathbf{U}\widehat{D}\boldsymbol{f} = -\mathbf{A}_b\boldsymbol{f}, \tag{3.6}$$

где скалярный дифференциальный оператор $\widehat{D}$ имеет вид

$$\widehat{D} = -2a_{23}\frac{\partial}{\partial u_1} - 2a_{31}\frac{\partial}{\partial u_2} - 2a_{12}\frac{\partial}{\partial u_3}. \tag{3.7}$$

Для нахождения интеграла необходимо найти частное решение (3.6).

Теорема. *При выполнении условий*

$$\begin{aligned} &1.\ n^2a_{23}a_{31}a_{12} + b_1^2a_{23} + b_2^2a_{31} + b_3^2a_{12} = 0, \\ &2.\ n = 2k+1, \quad k \in \mathbb{Z} = \{0,\, \pm1,\, \pm2,\, \ldots\} \end{aligned} \tag{3.8}$$

уравнение (3.6) *допускает полиномиальное частное решение* (*которое можно выписать в явном виде*).

ДОКАЗАТЕЛЬСТВО проводится по индукции.

Действительно, при $n = 1$ ($k = 0$) частное решение определяется без труда. Оно соответствует постоянному собственному вектору $\boldsymbol{f}_1$ матрицы $\mathbf{A}_b$, определенному нулевым собственным числом, так как $\det \mathbf{A}_b = a_{23}a_{31}a_{12} + b_1^2a_{23} + b_2^2a_{31} + b_3^2a_{12} = 0$, что как раз соответствует условиям (3.8) при $n = 1$.

При $n \neq 1$ будем искать решение (3.6) в виде

$$\boldsymbol{f} = \mathbf{B}_1 \mathbf{U} \widetilde{\boldsymbol{f}}, \quad \text{где} \quad \mathbf{B}_1 = \mathbf{A}_b^{-1} \tag{3.9}$$

(так как $n \neq 1$, то $\det \mathbf{A}_b \neq 0$). Учитывая, что $\widehat{D}\mathbf{U} = \mathbf{C}$, $\mathbf{C} = \mathrm{diag}(-2a_{23}, -2a_{31}, -2a_{12})$, из (3.6) получим алгебраическое векторное уравнение

$$\mathbf{U}\mathbf{B}_1\mathbf{C}\widetilde{\boldsymbol{f}} + \mathbf{U}\mathbf{B}_1\mathbf{U}\widehat{D}\widetilde{\boldsymbol{f}} = -\mathbf{U}\widetilde{\boldsymbol{f}},$$

которое после умножения слева на матрицу $\mathbf{A}_b\mathbf{U}^{-1}$ и приведения подобных можно записать в виде, аналогичном (3.6):

$$\mathbf{U}\widehat{D}\widetilde{\boldsymbol{f}} = -(\mathbf{A}_b - \mathbf{C})\widetilde{\boldsymbol{f}} = -\mathbf{A}_{b,3}\widetilde{\boldsymbol{f}},$$

где

$$\mathbf{A}_{b,n} = \begin{pmatrix} na_{23} & b_3 & -b_2 \\ -b_3 & na_{31} & b_1 \\ b_2 & -b_1 & na_{12} \end{pmatrix}.$$

Вследствие того, что $\det \mathbf{A}_{b,n} = n(n^2 a_{23}a_{31}a_{12} + b_1^2 a_{23} + b_2^2 a_{31} + b_3^2 a_{12})$, индуктивный процесс можно продолжить до необходимого n, представляя $\widetilde{\boldsymbol{f}}$ в таком же виде (3.9), и получить решение в форме

$$\boldsymbol{f} = \mathbf{A}_{b,1}^{-1}\mathbf{U}\mathbf{A}_{b,3}^{-1}\mathbf{U}\ldots\mathbf{A}_{b,n-2}^{-1}\mathbf{U}\boldsymbol{f}_n, \tag{3.10}$$

где $\boldsymbol{f}_n$ — собственный вектор матрицы $\mathbf{A}_{b,n}$, соответствующий нулевому собственному значению $\mathbf{A}_{b,n}\boldsymbol{f}_n = 0$. ■

5. Рассмотрим более подробно частный случай $\mathbf{B} = n\mathbf{A}$, $n = 2k+1$, $k \in \mathbb{Z}$. При $n > 0$ имеем

$$\mathbf{A}_{b,n} = n\mathbf{A}_a = n\begin{pmatrix} a_{23} & a_3 & -a_2 \\ -a_3 & a_{31} & a_1 \\ a_2 & -a_1 & a_{12} \end{pmatrix},$$

а собственный вектор $\boldsymbol{f}_n$ для всех значений n одинаков и равен $\boldsymbol{f}_n = \boldsymbol{v}_+ = (1, 1, 1)$.

При $n < 0$ имеем

$$\mathbf{A}_{b,n} = |n|\mathbf{A}_{-a} = |n|\begin{pmatrix} a_{23} & -a_3 & a_2 \\ a_3 & a_{31} & -a_1 \\ -a_2 & a_1 & a_{12} \end{pmatrix},$$

а собственный вектор $\boldsymbol{f}_n$ также одинаков для всех n и может быть записан в виде

$$\boldsymbol{f}_n = \boldsymbol{v}_- = (a_1^{-1} - a_2^{-1} - a_3^{-1}, \, -a_1^{-1} + a_2^{-1} - a_3^{-1}, \, -a_1^{-1} - a_2^{-1} + a_3^{-1}).$$

Укажем явные выражения интеграла для еще более частных случаев.

1) $n = 1$.

$I_4 = (\boldsymbol{M}, \gamma)$ – это обычный интеграл площадей для случая Эйлера (см. § 2 гл. 2).

2) $n = -1$.

$$I_4 = (\boldsymbol{\Omega M}, \gamma), \quad \boldsymbol{\Omega} = \mathbf{E} - \frac{2\mathbf{A}^{-1}}{\operatorname{Tr} \mathbf{A}^{-1}} \tag{3.11}$$

– некоторый аналог интеграла площадей. Как будет показано далее (см. п. 6), при $n = -1$ уравнения (3.1) сводятся к случаю $n = 1$ при помощи линейного преобразования.

3) $n = \pm 3$.

При этом решение (3.10) можно представить в виде

$$\boldsymbol{f} = (\mathbf{B}^s \pm \mathbf{B}^a)\mathbf{U}\boldsymbol{v}_\pm,$$

где $\mathbf{B}^s$ и $\mathbf{B}^a$ представляют собой, соответственно, симметричную и кососимметричную матрицы с компонентами

$$b_{ij}^s = \begin{cases} 9a_i a_j, & i \neq j, \\ 9a_i^2 - \varepsilon_{ilm} a_{il} a_{im}, & i = j, \end{cases}$$

$$b_{ij}^a = -3a_{ij} a_k, \quad i \neq j \neq k.$$

а векторы $\boldsymbol{v}_\pm$ определены в п. 5. По переменным $\boldsymbol{M}, \gamma$ дополнительный интеграл I_4 будет иметь четвертую степень, в общем случае эта степень равна $2|k| + 2$.

6. Оказывается [53], что в случае $n = -1$, $\mathbf{B} = -\mathbf{A}$ интеграл I_4 (3.11) продолжает существовать без изменений для более общей системы

$$\begin{cases} \dot{\boldsymbol{M}} = \boldsymbol{M} \times \mathbf{A}\boldsymbol{M} + \varepsilon\gamma \times \mathbf{A}^{-1}\gamma, \\ \dot{\gamma} = n\gamma \times \mathbf{A}\boldsymbol{M}, \end{cases} \tag{3.12}$$

соответствующей добавлению в (3.1) поля задачи Бруна (см. § 1 гл. 2) с потенциалом $V = \frac{1}{2}\varepsilon(\boldsymbol{\gamma},\, \mathbf{A}^{-1}\boldsymbol{\gamma})$. Мера уравнений (3.12) остается стандартной. При этом интегралы I_1, I_2 следует несколько модифицировать:

$$\begin{aligned} I_1 &= \frac{1}{2}(\boldsymbol{M},\, \mathbf{A}\boldsymbol{M}) - \frac{1}{2}\varepsilon(\boldsymbol{\gamma},\, \mathbf{A}^{-1}\boldsymbol{\gamma}), \\ I_2 &= (\boldsymbol{M},\, \boldsymbol{M}) + \varepsilon \det \mathbf{A}^{-1}(\boldsymbol{\gamma},\, \mathbf{A}\boldsymbol{\gamma}). \end{aligned} \tag{3.13}$$

Легко показать также, что интегралы системы (3.12), аналогичные I_1, I_2, существуют при $\mathbf{B} = n\mathbf{A}$ для любого значения n, интеграл же типа I_4 будет существовать лишь при $n = \pm 1$. Обобщить его при $\varepsilon \neq 0$ для других $n = 2k + 1 = \pm 3,\, \pm 5,\, \ldots$, видимо, невозможно.

Замечание. В переменных $\boldsymbol{u}$, $\boldsymbol{s}$ систему (3.12) можно представить в виде

$$\dot{u}_i = c_i + \varepsilon\lambda_k b_{kj} s_k s_j, \quad \dot{\boldsymbol{s}} = \mathbf{U}^{-1}\mathbf{A}_b \boldsymbol{s},$$

$\lambda_k = a_k^{-1}$, $b_{kj} = b_k - b_j$, однако при проведении рассуждений п. 3 оказывается, что при $n \neq \pm 1$ соответствующая индукция невозможна.

Случай $n = -1$ в (3.12), как замечено в [53], сводится к $n = 1$, соответствующему задаче Бруна (или случаю Клебша) при помощи линейного преобразования

$$\boldsymbol{W} = \boldsymbol{\Omega}\boldsymbol{M}, \quad \boldsymbol{\Omega} = \mathbf{E} - \frac{2\mathbf{A}^{-1}}{\operatorname{Tr}\mathbf{A}^{-1}}, \tag{3.14}$$

после которого система (3.12) преобразуется к виду

$$\begin{cases} \dot{\boldsymbol{W}} = \mathbf{J}^{-1}\boldsymbol{W} \times \boldsymbol{W} - \varepsilon\boldsymbol{\gamma} \times \mathbf{J}\boldsymbol{\gamma}, \\ \dot{\boldsymbol{\gamma}} = \mathbf{J}^{-1}\boldsymbol{W} \times \boldsymbol{\gamma}, \quad \mathbf{J} = \boldsymbol{\Omega}\mathbf{A}^{-1}, \end{cases} \tag{3.15}$$

аналогичному (3.12) при $n = 1$ с точностью до замены $t \to -t$.

Отметим, что добавление в систему (3.1) постоянного гиростатического момента, т. е. построение обобщения задачи Жуковского – Вольтерра, не приводит к новой интегрируемой задаче уже при $n = -1$. Вообще, вопрос о других возможных обобщениях счетного семейства интегралов I_4 (например, на $so(4)$, гиростат и пр.) пока не является решенным. Возможно, что их просто не существует.

Замечание 1. В общем случае для произвольных матриц $\mathbf{A}$ и $\mathbf{B}$ в (3.1) общий интеграл не является однозначным и ветвится на комплексной плоскости времени.

При условии $b_1 = b_2 = 0$, $b_3 \neq 0$ он может быть выписан явно

$$I_4 = \gamma_1 \sin\varphi + \gamma_2 \cos\varphi,$$
$$\varphi = \frac{b_3}{\sqrt{a_{13}a_{32}}} \ln(\sqrt{a_{13}}M_1 + \sqrt{a_{32}}M_2). \tag{3.16}$$

Существование таких сложных интегралов у системы (3.1) также связано с потерей гамильтоновости, хотя последний факт не является достаточно обоснованным.

Замечание 2. Кроме случаев $n = \pm 1$ для системы (3.1) при наличии интегралов (3.5), общее решение до сих пор не получено в квадратурах; не ясно также, выражается ли оно в эллиптических функциях. Не исследована топология соответствующих уровней набора интегралов.

7. Система (3.1) может быть получена также при исследовании неголономной задачи о качении без проскальзывания динамически несимметричного уравновешенного шара (*шара Чаплыгина*) по поверхности сферы (рис. 75).

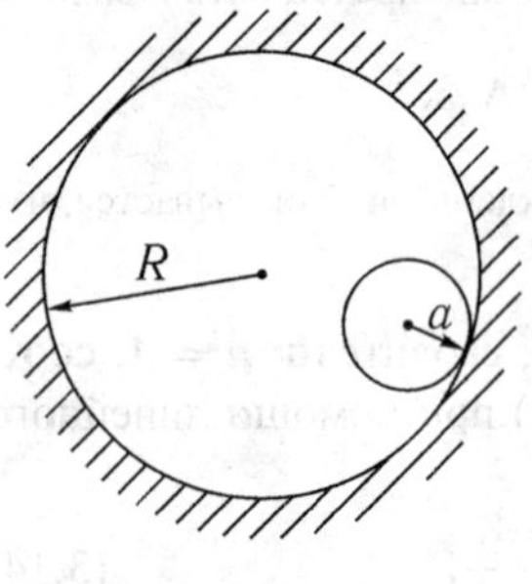

Рис. 75

При отсутствии силового поля уравнения движения будут иметь вид [53]

$$\begin{cases} \dot{\boldsymbol{M}} = \boldsymbol{M} \times \boldsymbol{\omega}, \\ \dot{\boldsymbol{\gamma}} = \dfrac{R}{R-a}\boldsymbol{\gamma} \times \boldsymbol{\omega}, \end{cases} \tag{3.17}$$

$$\boldsymbol{M} = \mathbf{I}\boldsymbol{\omega} + D\boldsymbol{\gamma} \times (\boldsymbol{\omega} \times \boldsymbol{\gamma}), \quad D = ma^2,$$

где m — масса шара, $\mathbf{I}$— тензор инерции относительно геометрического центра.

Здесь мы не будем останавливаться на изучении интегрируемости системы (3.17), а отметим только, что при стремлении параметра неголономности D к нулю получается система (3.1) с матрицей $\mathbf{B} = \lambda\mathbf{A}$, $\lambda = \dfrac{R}{R-a}$. Это еще раз указывает на необходимость изучения уравнений (3.1), а также позволяет обобщить на уравнения (3.17) интегралы I_1, I_2, I_3, I_4. Пока такое обобщение, найденное в [53], известно лишь для $\lambda = \pm 1$, причем в обоих случаях можно рассматривать более общую ситуацию (3.12), соответствующую добавлению поля Бруна.

Случай $\lambda = 1$, $R = \infty$ приводится к классической задаче Чаплыгина о качении шара по горизонтальной плоскости [302].

Случай $\lambda = -1$, $a = 2R$ соответствует так называемому *сферическому подвесу*, когда динамически несимметричная сфера удвоенного радиуса обкатывает неподвижный шар. Эта интегрируемая задача (а также ее обобщения для поля Бруна) была обнаружена А. В. Борисовым и Ю. Н. Федоровым [53].

8. При $\mathbf{B} = \lambda\mathbf{A}$ и совпадении двух собственных чисел матрицы $\mathbf{A}$, например, при $a_1 = a_2$ система (3.1), а также более общая система

$$\begin{cases} \dot{\boldsymbol{M}} = \boldsymbol{M} \times \mathbf{A}\boldsymbol{M} + \boldsymbol{\gamma} \times \dfrac{\partial V}{\partial \boldsymbol{\gamma}}, \\ \dot{\boldsymbol{\gamma}} = \lambda\boldsymbol{\gamma} \times \mathbf{A}\boldsymbol{M}, \quad V = V(\gamma_3), \end{cases} \tag{3.18}$$

является алгебраически интегрируемой. Полный набор интегралов имеет вид

$$\begin{aligned} I_1 &= \frac{1}{2}(M_1^2 + M_2^2) + (\lambda a_1)^{-1} V(\gamma_3), \\ I_2 &= M_3, \quad I_3 = \boldsymbol{\gamma}^2, \\ I_4 &= M_1\gamma_1 + M_2\gamma_2 + \frac{a_1 - a_3 + \lambda a_3}{\lambda a_1} M_3\gamma_3, \end{aligned} \tag{3.19}$$

который обеспечивает интегрируемость по Эйлеру–Якоби (система (3.18) обладает стандартной инвариантной мерой). Интегралы (3.19) аналогичны интегралам случая Лагранжа и допускают соответствующие неголономные обобщения [339].

§ 4. Твердое тело в произвольном потенциальном поле

Как показано в § 4 гл. 1, динамика твердого тела с неподвижной точкой в произвольном потенциальном поле с потенциалом V описывается гамильтоновой системой с тремя степенями свободы (4.17) (либо (4.24)). При этом функция Гамильтона имеет вид

$$\begin{gathered} H = \frac{1}{2}(\boldsymbol{M}, \mathbf{A}\boldsymbol{M}) + V, \quad \mathbf{A} = \mathbf{I}^{-1}, \\ V \equiv V(\boldsymbol{\alpha}, \boldsymbol{\beta}, \boldsymbol{\gamma}) \equiv V(\lambda_0, \lambda_1, \lambda_2, \lambda_3) \equiv V(\theta, \varphi, \psi), \end{gathered} \tag{4.1}$$

а для полной интегрируемости (по Лиувиллю) не хватает двух независимых инволютивных интегралов.

Интегрируемые случаи для системы (4.1) известны для трех видов потенциалов $V(\boldsymbol{\alpha}, \boldsymbol{\beta}, \boldsymbol{\gamma}) \equiv V(\lambda_0, \lambda_1, \lambda_2, \lambda_3)$ (здесь $\boldsymbol{\alpha}, \boldsymbol{\beta}, \boldsymbol{\gamma}$ — направляющие косинусы, а λ — параметры Родрига – Гамильтона).

1) Потенциал V линеен по компонентам $\boldsymbol{\alpha}$, $\boldsymbol{\beta}$, $\boldsymbol{\gamma}$ (и квадратичен по λ). Для частного вида V при наличии осевой симметрии силового поля получаются уравнения Эйлера – Пуассона, а поэтому в общем случае будем называть систему *обобщенными уравнениями Эйлера – Пуассона*.

2) Потенциал V квадратичен по $\boldsymbol{\alpha}$, $\boldsymbol{\beta}$, $\boldsymbol{\gamma}$ (и имеет четвертую степень по кватернионам). Эта задача рассматривалась Бруном и Горячевым.

3) Потенциал V линеен по кватернионам λ. Хотя этот случай в некотором смысле проще предыдущих, мы поместили его на последнее место в силу того, что он ранее не рассматривался. Возможно, это связано с отсутствием его разумной механической интерпретации. Мы назвали его *кватернионными уравнениями Эйлера – Пуассона*.

Рассмотрим три случая последовательно и приведем все известные условия интегрируемости, характеризующиеся необходимыми дополнительными ограничениями на свободные параметры. При этом движение является регулярным, а траектории, в неособом случае, являются квазипериодическими обмотками трехмерных торов — совместных поверхностей уровня первых интегралов.

1. Обобщенные уравнения Эйлера – Пуассона

Прежде всего заметим, что любое количество линейных силовых полей сводится к трем взаимно перпендикулярным силовым полям единичной интенсивности, *силовые центры* которых (аналоги центра масс для поля тяжести) располагаются в теле произвольным образом [44].

Функция Гамильтона имеет вид

$$H = \frac{1}{2}(\mathbf{A}\boldsymbol{M},\, \boldsymbol{M}) + (\boldsymbol{r}_1,\, \boldsymbol{\alpha}) + (\boldsymbol{r}_2,\, \boldsymbol{\beta}) + (\boldsymbol{r}_3,\, \boldsymbol{\gamma}), \tag{4.2}$$

где $\boldsymbol{r}_1$, $\boldsymbol{r}_2$, $\boldsymbol{r}_3$ — радиус-векторы силовых центров различной природы — электрической, гравитационной. Мы называем их центрами приложения. В случае одного поля они сводятся к обычному центру тяжести.

Приведем основные результаты по приведению потенциальной энергии системы (4.2) к наиболее простому виду для различного расположения силовых центров $\boldsymbol{r}_1, \boldsymbol{r}_2, \boldsymbol{r}_3$, учитывающих также геометрию тела; подробности имеются в [44].

1) *Центры приложения всех полей лежат на одной оси.*

   С помощью подходящего выбора неподвижных осей в пространстве потенциальная энергия может быть приведена к виду

$$V = \sqrt{a^2 + b^2 + c^2}\alpha_1,$$

   где a, b, c — расстояния силовых центров от точки закрепления.

   Таким образом, этот случай сводится к одному силовому полю, причем его силовой центр $\boldsymbol{r}_1$ лежит на вышеупомянутой оси.

2) *Центры приложения всех полей лежат в одной плоскости.*

   Посредством выбора неподвижных осей потенциал приводится к виду

$$V = u\alpha_1 + v\alpha_2 + w\beta_2.$$

   Таким образом, система сил приводится к двум взаимно ортогональным полям, у которых радиус-векторы силовых центров $\boldsymbol{r}_1 = (u, v, 0)$, $\boldsymbol{r}_2 = (0, w, 0)$ в общем случае неортогональны.

3) *Центры приложения полей произвольны, но тензор инерции тела шаровой* $(a_1 = a_2 = a_3)$.

   В этом случае, используя дополнительный произвол в выборе подвижных главных осей, можно привести потенциальную энергию к виду

$$U = a\alpha_1 + b\beta_2 + c\gamma_3.$$

В зависимости от расположения силовых центров в твердом теле и ограничений на моменты инерции возможны следующие случаи интегрируемости, обобщающие соответствующие случаи в уравнениях Эйлера–Пуассона.

Случай Эйлера. В гамильтониане (4.2) необходимо положить $\boldsymbol{r}_1 = \boldsymbol{r}_2 = \boldsymbol{r}_3 = 0$. Дополнительными интегралами являются проекции кинетического момента на неподвижные оси, образующие векторный интеграл $\boldsymbol{N} = (N_1, N_2, N_3)$:

$$N_1 = (\boldsymbol{M}, \boldsymbol{\alpha}), \qquad N_2 = (\boldsymbol{M}, \boldsymbol{\beta}), \qquad N_3 = (\boldsymbol{M}, \gamma). \tag{4.3}$$

Они образуют алгебру $so(3)$: $\{N_i, N_j\} = \varepsilon_{ijk} N_k$; следовательно, интегрируемость является некоммутативной (см. подробнее § 2 гл. 2).

Обобщенный случай Лагранжа. При этом тело является динамически симметричным, а все три силовых центра лежат на оси динамической симметрии. Согласно результатам по приведению, этот случай сводится к обычному волчку Лагранжа в одном поле с соответствующим интегралами $F_1 = (\boldsymbol{M}, \boldsymbol{\gamma})$, $F_2 = M_3$ (§ 3 гл. 2).

Обобщенный случай Ковалевской. Эллипсоид инерции является эллипсоидом вращения, между моментами инерции выполняются соотношения $a_1 = a_2 = \frac{1}{2}a_3$, $(a_i = I_i^{-1})$, а три силовых центра произвольно располагаются в экваториальной плоскости эллипсоида инерции. Как показано выше, здесь можно ограничиться рассмотрением лишь двух силовых центров.

Соответствующий полный набор инволютивных независимых интегралов указан А. Г. Рейманом и М. А. Семеновым-Тян-Шанским [233, 476, 333]: один интеграл квадратичен по моментам, а другой (аналог интеграла Ковалевской) имеет по ним четвертую степень.

В этом случае, как и в обычном случае Ковалевской, система допускает обобщение, при котором добавляется постоянный гиростатический момент вдоль оси динамической симметрии. При этом гамильтониан и интегралы имеют вид [44, 476]

$$\begin{aligned}
H &= \frac{1}{2}(M_1^2 + M_2^2 + 2(M_3 + \lambda)^2) - (\boldsymbol{r}_1, \boldsymbol{\alpha}) - (\boldsymbol{r}_2, \boldsymbol{\beta}),\\
F_1 &= (N_1\boldsymbol{r}_1 + N_2\boldsymbol{r}_2)^2 + 2N_3(\boldsymbol{r}_1 \times \boldsymbol{r}_2, \boldsymbol{M}) +\\
&\quad + 2(\boldsymbol{r}_1 \times \boldsymbol{r}_2, \boldsymbol{r}_2 \times \boldsymbol{\alpha} - \boldsymbol{r}_1 \times \boldsymbol{\beta}) + 4\lambda(\boldsymbol{r}_1 \times \boldsymbol{r}_2, \boldsymbol{N}),\\
F_2 &= \Big(\frac{M_1^2 - M_2^2}{2} + g_\alpha\alpha_1 - h_\alpha\alpha_2 + g_\beta\beta_1 - h_\beta\beta_2\Big)^2 +\\
&\quad + (M_1M_2 + g_\alpha\alpha_2 + h_\alpha\alpha_1 + g_\beta\beta_2 + h_\beta\beta_1)^2 -\\
&\quad - 2\lambda(M_3 + 2\lambda)(M_1^2 + M_2^2) - 4\lambda\left(\alpha_3(\boldsymbol{M}, \boldsymbol{r}_1) + \beta_3(\boldsymbol{M}, \boldsymbol{r}_2)\right).
\end{aligned} \tag{4.4}$$

где $\boldsymbol{r}_1 = (g_\alpha, h_\alpha, 0)$, $\boldsymbol{r}_2 = (g_\beta, h_\beta, 0)$, $\lambda = \mathrm{const}$ — гиростатический момент, N_i — определено соотношениями (4.3).

Явное интегрирование этого случая, так же как и качественный и топологический анализ, до сих пор не выполнены.

Замечание 1. А. Г. Рейман, М. А. Семенов-Тян-Шанский указали этот интегрируемый случай в n-мерной ситуации, но при дополнительных ограничениях: центры приведения $\boldsymbol{r}_1, \boldsymbol{r}_2$ взаимно перпендикулярных полей располагаются *на одинаковых* расстояниях от неподвижной точки, не обязательно под прямым углом (либо можно считать, что $\boldsymbol{r}_1 \perp \boldsymbol{r}_2$, а поля $\boldsymbol{\alpha}, \boldsymbol{\beta}$ неперпендикулярны). Как показывают результаты по приведению, эти ограничения несущественны.

Замечание 2. В. В. Соколов и А. В. Цыганов [258] нашли обобщение указанного случая интегрируемости и соответствующие **L-A**-пары при добавлении к гамильтониану (4.4) перекрестных по M_i, α_i, β_i слагаемых, а точнее,

$$H = \frac{1}{2}(M_1^2 + M_2^2 + 2M_3^2) - c_1\alpha_2 - b_1\beta_1 + \lambda M_3 + \\ + c_2(M_3\alpha_1 - M_1\alpha_3) - b_2(M_3\beta_2 - M_2\beta_3), \\ c_i, b_i, \lambda = \mathrm{const},$$

где для постоянных c_i, b_i выполнено соотношение $c_1b_2 - c_2b_1 = 0$. Дополнительные интегралы F_1, F_2 здесь еще более упрощаются. Они получаются из **L-A**-пары [258], обобщающей найденную А. Г. Рейманом и М. А. Семеновым-Тян-Шанским (эти обобщения справедливы и в многомерной ситуации).

При $\boldsymbol{r}_2 = 0$ (либо $\boldsymbol{r}_1 = 0$) интеграл F_1 (4.4) переходит в интеграл площадей $(\boldsymbol{M}, \boldsymbol{\alpha}) = 0$ (или, соответственно, $(\boldsymbol{M}, \boldsymbol{\beta})$). В этом случае циклической переменной является угол прецессии ψ, редукция по нему приводит к обычному случаю Ковалевской в уравнениях Эйлера – Пуассона (§ 4 гл. 2). Аналогичная редукция возможна в случае $\boldsymbol{r}_1 \parallel \boldsymbol{r}_2$.

При $\boldsymbol{r}_1 \perp \boldsymbol{r}_2$, например, можно выбрать $g_\alpha = h_\beta$, $h_\alpha = g_\beta = 0$ или $h_\alpha = g_\beta$, $g_\alpha = h_\beta = 0$, тогда вместо F_1 возникает линейный интеграл $M_3 \pm N_3 = M_3 \pm (\boldsymbol{M}, \boldsymbol{\gamma})$, циклическая переменная $\varphi \mp \psi$. Соответствующая редукция и связанный с этим изоморфизм с интегрируемым случаем Чаплыгина в уравнениях Кирхгофа подробно рассмотрены в § 1 гл. 4. Этот интегрируемый случай был указан Х. Яхьей [313] до появления работы [233, 476].

Обобщение случая Делоне (1-го класса Аппельрота). Кроме понижения порядка по циклическим переменным, для обобщенного волчка Ковалевской (4.4) возможен случай сведения к двум степеням свободы с использованием редукции Дирака [44]. Для этого рассмотрим интеграл Ковалевской F_2 (4.4) при условиях $\lambda = 0$, $F_2 = z_1^2 + z_2^2 = 0$, определяющих *обобщенный случай Делоне* (О. И. Богоявленский [24]). Легко видеть, что система корректно ограничивается по Дираку на инвариантные соотношения

$$
\begin{aligned}
z_1 &= \frac{M_1^2 - M_2^2}{2} + g_\alpha\alpha_1 - h_\alpha\alpha_2 + g_\beta\beta_1 - h_\beta\beta_2 = 0, \\
z_2 &= M_1M_2 + g_\alpha\alpha_2 + h_\alpha\alpha_1 + g_\beta\beta_2 + h_\beta\beta_1 = 0,
\end{aligned} \tag{4.5}
$$

которые являются центральными функциями структуры Дирака [44]. На четырехмерном симплектическом листе скобки Дирака имеются два интеграла (4.4), позволяющие полностью проинтегрировать систему.

На уровне инвариантных соотношений (4.5) имеется дополнительный интеграл третьей степени

$$
\begin{aligned}
F_3 = \{z_1, z_2\} = -M_3(M_1^2 + M_2^2) &+ \\
+ 2\alpha_3(M_1g_\alpha + M_2h_\alpha) &+ 2\beta_3(M_1g_\beta + M_2h_\beta).
\end{aligned} \tag{4.6}
$$

Действительно,

$$
\begin{aligned}
\{F_3, H\} = 2z_1(-g_\alpha\alpha_2 - h_\alpha\alpha_1 - g_\beta\beta_2 - h_\beta\beta_1) &- \\
- 2z_2(-g_\alpha\alpha_1 + h_\alpha\alpha_2 - g\beta\beta_1 + h_\beta\beta_2)&,
\end{aligned} \tag{4.7}
$$

хотя в общем случае теорема Якоби о том, что коммутатор двух интегралов также является интегралом, не обобщается на инвариантные соотношения.

При помощи (4.5) и (4.7) интегрируемость обобщенного волчка Ковалевской в случае Делоне может быть установлена и без использования интеграла F_1 (4.4). Оказывается, что полный набор интегралов, включающий в себя F_1, z_1, z_2, F_3, уже оказывается зависимым. Кроме того, интересно отметить, что в случае одного силового поля ($g_\alpha = g_\beta = h_\beta = 0$) кубичный по моментам интеграл (4.6) имеет структуру, почти аналогичную частному интегралу Горячева–Чаплыгина для уравнений Эйлера–Пуассона (см. § 5 гл. 2). Топологический анализ этого случая и вычисление инвариантов Фоменко–Цишанга выполнено Д. В. Зотьевым в [546].

Обобщение 2-го и 3-го классов Аппельрота (случай М. П. Харламова). Еще один случай, когда для обобщенного волчка Ковалевской возможно сведение к системе с двумя степенями свободы, указан М. П. Харламовым в работе [281]. Соответствующие соотношения записываются проще всего, если мы откажемся от нормированности векторов $\boldsymbol{\alpha}$, $\boldsymbol{\beta}$ и будем полагать

$$
\begin{aligned}
\boldsymbol{\alpha}^2 = b^2, \quad \boldsymbol{\beta}^2 = b^2, \quad (\boldsymbol{\alpha}, \boldsymbol{\beta}) = c, \\
\boldsymbol{r}_1 = (1, 0, 0), \quad \boldsymbol{r}_2 = (0, 1, 0).
\end{aligned} \tag{4.8}
$$

(Как отмечено в [44], простейшей линейной заменой этот случай приводится к (4.4).) Инвариантные соотношения при этом имеют вид

$$\begin{gathered}(\xi_1^2+\xi_2^2)M_3-(\alpha_3(\xi_1M_1+\xi_2M_2)+\beta_3(\xi_2M_1-\xi_1M_2))=0,\\ \left(\frac{M_1^2-M_2^2}{2}+\xi_1\right)\left(c(\xi_1^2-\xi_2^2)-(a^2-b^2)\xi_1\xi_2\right)+\\ +(M_1M_2+\xi_2)\left((a^2-b^2)(\xi_1^2-\xi_2^2)+4c\xi_1\xi_2\right)=0,\\ \xi_1=\alpha_1-\beta_2,\quad \xi_2=\alpha+\beta_1.\end{gathered}\tag{4.9}$$

Полагая $\beta_i=0$ (либо $\alpha_i=0$), приходим к инвариантным соотношениям, определяющим классические 2-й и 3-й классы Аппельрота (гл. 2, § 4).

На четырехмерном инвариантном многообразии, определяемом инвариантными соотношениями (4.9), имеется два независимых первых интеграла, например H и F_2, определенные в (4.4). Разделение переменных и сведение к (вырожденным) уравнениям Абеля–Якоби рассмотрено в гл. 5. Топологический анализ случая Харламова выполнен в [287, 414].

Обобщенный шаровой волчок. При этом $a_1=a_2=a_3$, и при любом расположении центров приведения $\boldsymbol{r}_1,\boldsymbol{r}_2,\boldsymbol{r}_3$ в теле система остается интегрируемой. Кроме того, вследствие инвариантности кинетической энергии относительно выбора осей в теле потенциальную энергию можно привести к виду

$$V=x\alpha_1+y\beta_2+z\gamma_3.$$

В кватернионном представлении его можно считать произвольной квадратичной формой $V=\sum\limits_{i=0}^{3}b_{ij}\lambda_i\lambda_j$. Следовательно, согласно аналогии, обсуждаемой в [44] (см. также приложение В), этот случай изоморфен задаче Неймана о движении точки на трехмерной сфере S^3. Инволютивный набор ее интегралов (квадратичных) может быть извлечен из работы Ю. Мозера [203], где приведено разделение переменных для системы Неймана на S^n, выполненное в XIX веке Росохатиусом [479], который добавил также любопытные сингулярные слагаемые, механический смысл которых обсуждается в § 1 гл. 4. Представим интегралы в необходимых нам переменных и в наиболее симметричном виде:

$$\begin{gathered}H=4\boldsymbol{M}^2+\frac{1}{4}(a_0^2+a_1^2-a_2^2-a_3^2)\alpha_1+\\ +\frac{1}{4}(a_0^2-a_1^2+a_2^2-a_3^2)\beta_2+\frac{1}{4}(a_0^2-a_1^2-a_2^2+a_3^2)\gamma_3,\end{gathered}$$

$$F_1 = (\boldsymbol{M}+\boldsymbol{N}, \mathbf{A}(\boldsymbol{M}+\boldsymbol{N})) + (\boldsymbol{M}-\boldsymbol{N}, \mathbf{B}(\boldsymbol{M}-\boldsymbol{N})) +$$
$$+\frac{1}{4}(a_0+a_1-a_2-a_3)\alpha_1 + \frac{1}{4}(a_0-a_1+a_2-a_3)\beta_3 + \frac{1}{4}(a_0-a_1-a_2+a_3)\gamma_3,$$
$$\mathbf{A} = \operatorname{diag}\Big(\frac{1}{a_0+a_1}, \frac{1}{a_0+a_2}, \frac{1}{a_0+a_3}\Big), \quad \mathbf{B} = \operatorname{diag}\Big(\frac{1}{a_2+a_3}, \frac{1}{a_1+a_3}, \frac{1}{a_1+a_2}\Big),$$
$$F_2 = a^2(\boldsymbol{M}+\boldsymbol{N})^2 - 4(\mathbf{C}\boldsymbol{M}, \boldsymbol{N}) + \frac{1}{4}(a_0^4+a_1^4-a_2^4-a_3^4)\alpha_1 +$$
$$+\frac{1}{4}(a_0^4-a_1^4+a_2^4-a_3^4)\beta_2 + \frac{1}{4}(a_0^4-a_1^4-a_2^4+a_3^4)\gamma_3,$$
$$\mathbf{C} = \operatorname{diag}\big(a_2^2+a_3^2, a_1^2+a_3^2, a_1^2+a_2^2\big),$$

где $\boldsymbol{N}$ определено формулами (4.3) и $a^2 = a_0^2+a_1^2+a_2^2+a_3^2$.

Замечание. Рассматривая F_1 в качестве гамильтониана и используя кватернионное представление (см. приложение В), получим интегрируемую задачу о движении четырехмерного твердого тела в квадратичном потенциале специального вида. Эта система также может рассматриваться как обобщение случая Клебша (§ 1 гл. 3).

Аналог случая Гесса. Если эллипсоид инерции твердого тела относительно точки закрепления несимметричен и центры приведения всех трех полей $\boldsymbol{r}_1, \boldsymbol{r}_2, \boldsymbol{r}_3$ располагаются на перпендикуляре к его круговому сечению (которое проходит через среднюю ось), то, как сказано выше, потенциал сводится к случаю одного поля с центром приведения на той же оси. Таким образом, мы приходим к обычному случаю Гесса для движения твердого тела в поле тяжести (§ 6 гл. 2), инвариантное соотношение для которого имеет вид

$$\sqrt{a_2-a_1}M_1 \pm \sqrt{a_3-a_2}M_3 = 0, \qquad a_1 < a_2 < a_3.$$

Как отмечено Н. Е. Жуковским [123], центр тяжести в этом случае движется по закону сферического маятника.

Подробное исследование случая Гесса для линейного поля и более общего вида полей содержится в § 3 гл. 4, там же указана его связь с существованием циклической переменной и случаем Лагранжа.

2. Система Бруна

Рассмотрим случай, когда потенциал $V(\boldsymbol{\alpha}, \boldsymbol{\beta}, \boldsymbol{\gamma})$ квадратично зависит от направляющих косинусов. Эта задача изучалась Ф. Бруном еще в XIX веке [345], но наиболее полные результаты были получены О. И. Богоявленским [23, 24, 25, 26, 231]. Брун нашел два независимых интеграла движения, но не смог установить интегрируемость. Для этого необходимо воспользоваться гамильтоновой структурой уравнений движения и теоремой Лиувилля (вместо теории последнего множителя, которую обычно использовали для интегрирования в динамике твердого тела в XIX веке), а также инволютивностью двух недостающих первых интегралов. Хотя интегрируемость волчка в n-мерном случае в квадратичном потенциале была формально изучена в [231] (А. Г. Рейман, М. А. Семенов-Тян-Шанский), наиболее законченные результаты имеются в работах О. И. Богоявленского [23, 26]. В них также содержатся различные физические интерпретации этой задачи.

Замечание. В небольшой книге [95] Д. Н. Горячев изучал системы с квадратичным потенциалом. Он получил общие условия существования у такой системы дополнительного линейного и квадратичного интегралов. Он, независимо от Бруна, указывает случай интегрируемости при наличии одного поля и находит возможности одного квадратичного интеграла для двух силовых полей (в одном частном случае он указывает и второй необходимый интеграл). Все эти интегралы могут быть получены из рассмотренной ниже более общей системы.

Представление Лакса и первые интегралы [26, 44]. Рассмотрим гамильтонову систему в переменных $\boldsymbol{M}, \boldsymbol{\alpha}, \boldsymbol{\beta}, \boldsymbol{\gamma}$, определенную уравнениями (4.17), условиями коммутации (4.16) гл. 1 и гамильтонианом

$$H = \frac{1}{2}(\mathbf{I}^{-1}\boldsymbol{M}, \boldsymbol{M}) - x(\mathbf{I}\boldsymbol{\alpha}, \boldsymbol{\alpha}) - y(\mathbf{I}\boldsymbol{\beta}, \boldsymbol{\beta}) - z(\mathbf{I}\boldsymbol{\gamma}, \boldsymbol{\gamma}), \tag{4.10}$$

где $x, y, z \in \mathbb{R}, \mathbf{I} = \operatorname{diag}(I_1, I_2, I_3)$ — тензор инерции тела. Гамильтониан (4.10) получается из (6.4) гл. 1 при $x = 0$, поэтому для такой системы справедливы соответствующие физические заключения: такой потенциал получается из ньютоновского при разложении вблизи гравитирующего тела.

Отождествим трехмерные векторы $\boldsymbol{M}, \boldsymbol{\alpha}, \boldsymbol{\beta}, \boldsymbol{\gamma}$ с кососимметрическими матрицами $\mathrm{M}, \widetilde{\alpha}, \widetilde{\beta}, \widetilde{\gamma}$ по формулам

$$M_{ij} = \varepsilon_{ijk} M_k, \quad \widetilde{\alpha}_{ij} = \varepsilon_{ijk}\alpha_k, \quad \widetilde{\beta}_{ij} = \varepsilon_{ijk}\beta_k, \quad \widetilde{\gamma}_{ij} = \varepsilon_{ijk}\gamma_k \tag{4.11}$$

и определим также симметричную матрицу

$$\mathbf{u} = x\widetilde{\boldsymbol{\alpha}}^2 + y\widetilde{\boldsymbol{\beta}}^2 + z\widetilde{\boldsymbol{\gamma}}^2, \tag{4.12}$$

где x, y, z определены в (4.10). Формулами (4.11) и (4.12) определено вложение фазового пространства системы в пространство L^9 матриц 3×3, поскольку любая матрица $\mathbf{l}$ представима в форме $\mathbf{l} = \mathbf{M} + \mathbf{u}$. Коммутационные соотношения (5.7) гл. 1 задают в этом пространстве структуру алгебры

Ли, соответствующую полупрямой сумме $L^9 = so(3) \oplus_s \mathbb{R}^6$, где $so(3)$ — алгебра матриц $\mathbf{M}$, а $\mathbb{R}^6$ — пространство симметрических матриц $\mathbf{u}$, коммутатор которых необходимо положить равным нулю. В матричном виде коммутационные соотношения для $\mathbf{l}_1 = \mathbf{M}_1 + \mathbf{u}_1$ и $\mathbf{l}_2 = \mathbf{M}_2 + \mathbf{u}_2$ можно записать как

$$[\mathbf{M}, \mathbf{u}] = \mathbf{M}\mathbf{u} - \mathbf{u}\mathbf{M} \in \mathbb{R}^6, \quad [\mathbf{M}_1, \mathbf{M}_2] = \mathbf{M}_1\mathbf{M}_2 - \mathbf{M}_2\mathbf{M}_1 \in so(3),$$
$$[\mathbf{u}_1, \mathbf{u}_2] = 0. \tag{4.13}$$

Замечание. Стандартный матричный коммутатор для $gl(3)$ задает коммутационные соотношения, отличные от (4.13) тем, что $[\boldsymbol{u}_1, \boldsymbol{u}_2] \neq 0$. Эти два набора коммутационных соотношений согласованы и задают пучок скобок Пуассона (см. подробнее [44]).

Пуассонова структура (4.13), соответствующая алгебре L^9, обладает функциями Казимира

$$F_1 = \mathrm{Tr}(\mathbf{u}), \quad F_2 = \mathrm{Tr}(\mathbf{u}^2), \quad F_3 = \mathrm{Tr}(\mathbf{u}^3),$$

и при ограничении на шестимерное многообразие M^6, определяемое этими функциями Казимира, уже является невырожденной. Для интегрируемости системы по Лиувиллю не хватает еще двух дополнительных инволютивных интегралов, задающих трехмерные торы, несущие квазипериодические движения.

Гамильтониан (4.10) в переменных $\mathbf{M}, \mathbf{u}$ имеет вид

$$H = -\,\mathrm{Tr}\Big(\frac{1}{4}\mathbf{M}\boldsymbol{\omega} + \mathbf{u}\mathbf{I}\Big),$$

а сами уравнения можно записать в компактной форме

$$\dot{\mathbf{M}} = [\mathbf{M}, \boldsymbol{\omega}] + \left[\mathbf{u}, \frac{\partial H}{\partial \mathbf{u}}\right], \quad \dot{\mathbf{u}} = [\mathbf{u}, \boldsymbol{\omega}], \tag{4.14}$$

где $\boldsymbol{\omega} = \|\omega_{ij}\|$ — кососимметрическая матрица, соответствующая угловой скорости, с компонентами $\omega_{ij} = \dfrac{\partial H}{\partial M_{ij}} = I_k^{-1} M_{ij}$, а $\dfrac{\partial H}{\partial \mathbf{u}} = \left\|\dfrac{\partial H}{\partial u_{ij}}\right\| = -\mathbf{I}$.

Уравнения (4.14) можно также представить в виде пары Лакса со спектральным параметром λ, входящим в это представление рациональным образом:

$$\begin{gathered}\dot{\mathbf{L}} = [\mathbf{L}, \mathbf{A}], \\ \mathbf{L} = \lambda\mathbf{M} + \mathbf{u} + \lambda^2\mathbf{B}, \quad \mathbf{A} = \boldsymbol{\omega} - \lambda\mathbf{I},\end{gathered} \tag{4.15}$$

где $\mathbf{B} = (\det \mathbf{I})\mathbf{I}^{-1}$.

Два необходимых независимых и инволютивных интеграла движения получены как коэффициенты при λ^k в следах степеней матрицы $\mathbf{L}$:

$$G_1 = \operatorname{Tr}\Big(\frac{1}{2}\mathbf{M}^2 + \mathbf{B}\mathbf{u}\Big), \qquad G_2 = \operatorname{Tr}(\mathbf{M}^2\mathbf{u} + \mathbf{B}\mathbf{u}^2).$$

С точностью до функций Казимира их можно представить в явном виде

$$G_1 = \frac{1}{2}\boldsymbol{M}^2 + \det\mathbf{I}\left(x(\boldsymbol{\alpha},\, \mathbf{I}^{-1}\boldsymbol{\alpha}) + y(\boldsymbol{\beta},\, \mathbf{I}^{-1}\boldsymbol{\beta}) + z(\boldsymbol{\gamma},\, \mathbf{I}^{-1}\boldsymbol{\gamma})\right),$$

$$G_2 = (x+y+z)\boldsymbol{M}^2 + x(\boldsymbol{M},\, \boldsymbol{\alpha})^2 + y(\boldsymbol{M},\, \boldsymbol{\beta})^2 + z(\boldsymbol{M},\, \boldsymbol{\gamma})^2 + V,$$

$$V = \det\mathbf{I}\left[I_1^{-1}(\boldsymbol{p},\, \mathbf{C}\boldsymbol{p}) + I_2^{-1}(\boldsymbol{q},\, \mathbf{C}\boldsymbol{q}) + I_3^{-1}(\boldsymbol{r},\, \mathbf{C}\boldsymbol{r})\right],$$

где $\mathbf{C} = \operatorname{diag}(2yz - x^2,\, 2xz - y^2,\, 2xy - z^2)$, $\boldsymbol{p} = (\alpha_1,\, \beta_1,\, \gamma_1)$, $\boldsymbol{q} = (\alpha_2,\, \beta_2,\, \gamma_2)$, $\boldsymbol{r} = (\alpha_3,\, \beta_3,\, \gamma_3)$.

Интегрируемая система с гамильтонианом $H = G_1$ может рассматриваться как задача о движении шарового волчка или материальной точки на S^3 в силовом поле с потенциалом четвертой степени (по параметрам Родрига–Гамильтона или избыточным переменным соответственно) [23, 146] (см. приложения А, В).

Интегрируемая система с гамильтонианом $H = G_2$, которая после введения вектора $\boldsymbol{N} = (N_1, N_2, N_3)$ (4.3), представляющего собой проекции кинетического момента на неподвижные оси, может рассматриваться как некоторая система на алгебре $e(4)$ (см. приложение В), интегрируемая на сингулярной орбите, определяемой переменными $\boldsymbol{N} = (N_1,\, N_2,\, N_3)$, $\boldsymbol{p} = (\alpha_1,\, \beta_1,\, \gamma_1)$, $\boldsymbol{q} = (\alpha_2,\, \beta_2,\, \gamma_2)$, $\boldsymbol{r} = (\alpha_3,\, \beta_3,\, \gamma_3)$. Действительно, как несложно увидеть, алгебра переменных $\boldsymbol{N}$, $\boldsymbol{p}$, $\boldsymbol{q}$, $\boldsymbol{r}$ изоморфна алгебре переменных $\boldsymbol{M}$, $\boldsymbol{\alpha}$, $\boldsymbol{\beta}$, $\boldsymbol{\gamma}$. Но в силу того, что $\boldsymbol{M}^2 = \boldsymbol{N}^2$, интеграл G_2 на алгебре $\boldsymbol{N}$, $\boldsymbol{p}$, $\boldsymbol{q}$, $\boldsymbol{r}$ подобен гамильтониану H (4.10) на алгебре $\boldsymbol{M}$, $\boldsymbol{\alpha}$, $\boldsymbol{\beta}$, $\boldsymbol{\gamma}$. В этом смысле интегралы H и G_2 являются взаимными. *Определяемые ими гамильтонианы задают одну и ту же интегрируемую систему в разных системах переменных, связанных с подвижной и неподвижной системами координат.*

Замечание 3. В работе [22] на основе рассмотренной интегрируемой задачи получены интегрируемые случаи для специальных систем связанных твердых тел. Однако эти системы не являются принципиально новыми динамическими проблемами, так как их динамика сводится к уравнениям (4.14).

Замечание 4. В работе [64] дана гидродинамическая интерпретация системы (4.14). При этом можно считать, что свободное линейно намагничивающееся твердое тело движется в однородном магнитном поле (или — поляризующееся непроводящее твердое тело свободно движется в однородном электрическом поле). Условия существования двух дополнительных интегралов, указанные в [64], как и сами интегралы, имеются также в общей *системе Бруна*. Другие физические интерпретации общей системы Бруна приведены в книге [26].

Случай динамической симметрии. Рассмотрим систему (4.10) при условии динамической симметрии ($I_1 = I_2 = 1$). Оказывается, что она сводится к двум степеням свободы и к системе Неймана. Гамильтониан (4.10) системы в этом случае может быть представлен в виде

$$H = \frac{1}{2}(M_1^2 + M_2^2 + aM_3^2) - \frac{a-1}{a}(x\alpha_3^2 + y\beta_3^2 + z\gamma_3^2), \tag{4.16}$$

где $x, y, z,\ a = I_3^{-1} \in \mathbb{R}$. Из уравнений движения (4.14) следует, что компонента M_3 является интегралом движения.

Кроме того, как следует из непосредственных вычислений, проекции моментов на оси, связанные с абсолютным пространством $\boldsymbol{N}$ (4.3), а также проекции на те же оси единичного орта, направленного вдоль оси динамической симметрии (с компонентами $(p_1, p_2, p_3) = (\alpha_3, \beta_3, \gamma_3)$), образуют алгебру Ли $e(3)$:

$$\{N_i, N_j\} = \varepsilon_{ijk}N_k, \quad \{N_i, p_j\} = \varepsilon_{ijk}p_k, \quad \{p_i, p_j\} = 0; \tag{4.17}$$

эта коммутация уже была отмечена нами в § 4 гл. 1. Исключая интеграл $M_3 = \mathrm{const}$, который является функцией Казимира структуры (4.17), гамильтониан (4.16) можно записать в переменных N_i, p_j (пользуясь также тем, что $\boldsymbol{M}^2 = \boldsymbol{N}^2$):

$$H = \frac{1}{2}\boldsymbol{N}^2 - \frac{a-1}{a}(xp_1^2 + yp_2^2 + zp_3^2). \tag{4.18}$$

Уравнения движения с гамильтонианом (4.18) совпадают с уравнениями движения точки по двумерной сфере в поле сил с квадратичным потенциалом (задача Неймана). Эта аналогия была замечена в [23] без использования уравнений на алгебре скобок (4.17) (см. [44]).

Задача Бруна в одном поле наиболее известна. В этом случае уравнения движения имеют вид гамильтоновой системы на $e(3)$ с гамильтонианом

$$H = \frac{1}{2}(\mathbf{A}\boldsymbol{M}, \boldsymbol{M}) + \frac{1}{2}\mu(\mathbf{A}^{-1}\boldsymbol{\gamma}, \boldsymbol{\gamma})$$

и дополнительным интегралом

$$F = \frac{1}{2}(\boldsymbol{M}, \boldsymbol{M}) - \frac{\mu}{2\det\mathbf{A}}(\mathbf{A}\boldsymbol{\gamma}, \boldsymbol{\gamma}).$$

Эта задача оказывается эквивалентной многим другим интегрируемым динамическим системам, возникающим в различных разделах механики и физики, например, случай Клебша в уравнениях Кирхгофа (§ 1 гл. 3).

3. Кватернионные уравнения Эйлера–Пуассона

Рассмотрим последний, наименее естественный случай уравнений движения твердого тела с потенциалом, являющимся линейным не по направляющим косинусам, а по параметрам Родрига–Гамильтона

$$H = \frac{1}{2}(\mathbf{A}\boldsymbol{M}, \boldsymbol{M}) + \sum_{i=0}^{3} r_i \lambda_i, \quad r_i = \mathrm{const}, \tag{4.19}$$

предполагая, что уравнения движения имеют вид (4.24) гл. 1. Как мы уже отмечали, в механике такие потенциалы не встречаются, так как их зависимость от положения тела является неоднозначной (двузначной). В качестве обоснования рассмотрения таких уравнений можно сослаться на задачи квантовой механики, динамики точечных масс в искривленном пространстве S^3 [44], а также на некоторые формальные приемы построения **L**-**A**-пар [44] (см. приложение С). Оказывается также, что при понижении порядка системы (4.19) возникают обычные уравнения Эйлера–Пуассона с дополнительными слагаемыми, имеющими различные физические интерпретации (§ 1 гл. 4).

Любопытной особенностью системы (4.19) является то, что посредством линейных по λ_i преобразований общую форму потенциала

$$V = \sum_{i=0}^{3} r_i \lambda_i \tag{4.20}$$

можно привести к виду

$$V = r_0 \lambda_0. \tag{4.21}$$

Действительно, линейные преобразования кватернионного пространства λ_i (не изменяющие коммутационных соотношений и нормы кватерниона) вида

$$\begin{aligned}
\widetilde{\lambda}_0 &= R^{-1}(r_0\lambda_0 + r_1\lambda_1 + r_2\lambda_2 + r_3\lambda_3),\\
\widetilde{\lambda}_1 &= R^{-1}(r_0\lambda_1 - r_1\lambda_0 - r_2\lambda_3 + r_3\lambda_2),\\
\widetilde{\lambda}_2 &= R^{-1}(r_0\lambda_2 + r_1\lambda_3 - r_2\lambda_0 - r_3\lambda_1),\\
\widetilde{\lambda}_3 &= R^{-1}(r_0\lambda_3 - r_1\lambda_2 + r_2\lambda_1 - r_3\lambda_0),\\
R^2 &= r_0^2 + r_1^2 + r_2^2 + r_3^2
\end{aligned} \tag{4.22}$$

приводят потенциал (4.20) к виду (4.21). Существование такого линейного преобразования является замечательной особенностью кватернионных переменных и скобки (4.22) гл. 1, его аналогов не существует для скобок алгебры $e(3)$ и $so(4)$.

В общем, динамически несимметричном случае $a_1 \neq a_2 \neq a_3 \neq a_1$ система (4.19), видимо, не является интегрируемой и не существует ни одного из двух необходимых дополнительных интегралов. Это, однако, нигде не доказано, и доказательство, по разным причинам, не является естественным. Отметим, что даже применение метода Ковалевской для системы (4.19) не вполне аналогично классической задаче Эйлера–Пуассона.

При $a_1 = a_2$ всегда существует линейный интеграл

$$\begin{aligned} F_1 = M_3(r_0^2 + r_1^2 + r_2^2 + r_3^2) + N_3(r_1^2 + r_2^2 - r_0^2 - r_3^2) + \\ + 2N_2(r_1 r_0 - r_3 r_2) - 2N_1(r_1 r_2 - r_0 r_3), \end{aligned} \tag{4.23}$$

где N_i – проекции кинетического момента на неподвижные оси. При условиях $r_1 = r_2 = r_3 = 0$ этот интеграл принимает естественную форму

$$F_1 = M_3 - N_3. \tag{4.24}$$

Оказывается (и это подробно рассмотрено в § 1 гл. 4, посвященной понижению порядка), этот (линейный) интеграл соответствует циклической переменной $\varphi + \psi$. Редукция Рауса, выполненная по этой циклической переменной (см. подробнее § 1 гл. 4), приводит к гамильтоновой системе на алгебре $e(3)$ с нулевой постоянной площадей $(\boldsymbol{M}, \boldsymbol{\gamma}) = 0$ и гамильтонианом

$$H = \frac{1}{2}(M_1^2 + M_2^2 + a_3 M_3^2) + c(a_3 - 1)M_3 + r_0\gamma_2 + \frac{1}{2}\frac{c^2}{\gamma_3^2}, \tag{4.25}$$

где c – константа интеграла (4.24). Гамильтониан (4.25) соответствует добавлению в обычные уравнения Эйлера–Пуассона гиростатического члена, линейного по $\boldsymbol{M}$, а также сингулярного слагаемого $\dfrac{c^2}{2\gamma_3^2}$, физический смысл которого обсуждается в гл. 4.

Приведем здесь интегрируемые случаи системы (4.19), которые оказываются эквивалентными интегрируемым случаям системы (4.25).

Шаровой волчок ($a_1 = a_2 = a_3$). Гамильтониан имеет вид

$$H = \frac{1}{2}\boldsymbol{M}^2 + r_0\lambda_0,$$

и, как показано в [44], система эквивалентна задаче о движении материальной точки по трехмерной сфере S^3. В силу того, что потенциал зависит лишь от λ_0, можно считать, что материальная точка движется в поле неподвижного центра, помещенного в северный (южный) полюс, а сила взаимодействия зависит лишь от расстояния до него (аналог задачи о движении в центральном поле для $\mathbb{R}^3$). Как и в плоском случае, сохраняется вектор кинетического момента частицы:

$$\boldsymbol{L} = \frac{1}{2}(\boldsymbol{N} - \boldsymbol{M}) = \mathrm{const}, \tag{4.26}$$

где $\boldsymbol{N}$ — вектор кинетического момента в неподвижных осях.

Компоненты вектора $\boldsymbol{L}$ образуют алгебру $so(3)$: $\{L_i, L_j\} = \varepsilon_{ijk}L_k$, а *интегрируемость является некоммутативной*. О такой системе говорят, что она *суперинтегрируема*, а ее трехмерные торы расслоены на двумерные.

Случай Ковалевской. Гамильтониан и дополнительный, инволютивный к F_1 интеграл (четвертой степени) имеют вид

$$\begin{gathered} H = \frac{1}{2}(M_1^2 + M_2^2 + 2M_3^2) + r_0\lambda_0, \\ F_2 = (M_1N_1 + M_2N_2 + 2r_0\lambda_0)^2 + (N_1M_2 - N_2M_1 - 2r_0\lambda_3)^2 + \\ +(N_3 - M_3)\big(M_3(\boldsymbol{M}^2 - M_3N_3) + 2r_0(M_2\lambda_1 - M_1\lambda_2 + \frac{\lambda_0}{2}(M_3 - N_3))\big). \end{gathered} \tag{4.27}$$

При редукции к системе (4.25) получается интегрируемый случай, вкладывающийся в обобщенное семейство Ковалевской, найденное Горячевым и Яхьей (см. § 1 гл. 6, а также § 1 гл. 4).

Случай Горячева–Чаплыгина. Гамильтониан и дополнительный интеграл имеют форму

$$\begin{gathered} H = \frac{1}{2}(M_1^2 + M_2^2 + 4M_3^2) + r_0\lambda_0, \\ F_2 = M_3(M_1^2 + M_2^2) + r_0(M_2\lambda_1 - M_1\lambda_2). \end{gathered} \tag{4.28}$$

При редукции к системе (4.25) этот случай вкладывается в обобщенное семейство, которое указано в § 1 гл. 4.

Замечание 5. Несколько неожиданным является то обстоятельство, что случаи Лагранжа и Гесса не обобщаются на систему (4.19).

Замечание 6. При добавлении постоянного гиростатического момента вдоль оси динамической симметрии в (4.27) и (4.28) получаются случаи интегрируемости, соответствующие обобщенным случаям Яхьи и Сретенского в уравнениях Эйлера – Пуассона, интегралы для которых несложно получить из (4.25) при помощи процедуры реконструкции, описанной в гл. 4.

В заключение отметим, что для кватернионных уравнений Эйлера – Пуассона как случай Ковалевской, так и случай Горячева – Чаплыгина являются общими случаями интегрируемости. Это их позволяет использовать для некоторых алгебраических конструкций (построение **L**-**A**-пар и пр.) и установить некоторые нетривиальные взаимосвязи и аналогии соответствующих случаев интегрируемости в классических уравнениях Эйлера – Пуассона (§ 1 гл. 6).

Глава 4

Линейные интегралы и редукция

§ 1. Линейные интегралы в динамике твердого тела

В этой главе мы остановимся на вопросах, связанных с существованием для различных форм уравнений движения твердого тела, приведенных в § 4 гл. 1, линейных по моментам $\boldsymbol{M}$ (или, что эквивалентно, по угловым скоростям $\boldsymbol{\omega}$, обобщенным импульсам $p_\theta, p_\varphi, p_\psi$ и пр.) первых интегралов. Как известно в гамильтоновой механике [7, 9], линейные интегралы связаны с наличием циклической переменной и с возможностью понижения порядка. Для канонической и лагранжевой формы записи метод понижения порядка был разработан Э. Раусом (и часто называется *редукцией Рауса*). Благодаря многочисленным исследованиям, инициированным школой Марсдена, теперь редукция различных типов динамических систем выросла в целое направление. Мы не будем здесь обсуждать эти вопросы, отсылая к книге [454]. В книге [44] мы предложили более специализированный алгоритм редукции (приведения) при наличии линейных интегралов. Он позволяет при проведении редукции не переходить к каноническому виду и сохраняет алгебраическую форму уравнений движения. При этом в приведенной системе переменных видоизменяется не только гамильтониан, но и скобка Пуассона, которая может стать нелинейной. В некоторых случаях, указанных далее, редуцированная система оказывается эквивалентной совершенно другой системе, т. е. мы имеем здесь некоторый метод нахождения изоморфных задач в динамике, который также переносится на соответствующие интегрируемые задачи.

В этом параграфе мы сформулируем несколько теорем относительно понижения порядка для трех различных типичных линейных интегралов и соответствующих циклических переменных. Далее мы сосредоточимся на обратной процедуре, связанной с перенесением результатов, касающихся приведенной системы, на общие уравнения. При помощи этой схемы из интегрируемых семейств для приведенной системы (с двумя степенями свободы) можно получить интегрируемые случаи более общих уравнений движения твердого тела в потенциальном поле (см. § 4 гл. 3), т. е. для системы с тремя степенями свободы. Кроме того, на этом пути удается понять смысл различных добавок, носящих сингулярный характер, типа $\frac{a}{\gamma_3^2}$, $a = \mathrm{const}$, в обобщениях интегрируемых случаев. Их ввел Д. Н. Горячев при исследовании и обобщении случаев Горячева – Чаплыгина и Ковалевской. Собственно, их механический смысл долгое время оставался неясным, несмотря на некоторые «квантовомеханические» объяснения. В работе [44] они были интерпретированы как результаты редукции. Кроме этой главы, с родственными вопросами можно ознакомиться в гл. 3 (§ 4), гл. 6 (§ 1).

Отметим, что линейные интегралы в общих уравнениях динамики твердого тела вокруг неподвижной точки изучались Д. Н. Горячевым в работе [95]. В ней он привел три типичные рассмотренные ниже возможности, которые, в некотором смысле, являются единственными (доказательство последнего, видимо, не является простым). В § 3 этой главы соответствующие редукции применены к линейным инвариантным соотношениям, систематическое введение которых в динамику принадлежит Т. Леви-Чивите, который также пытался использовать их в динамике твердого тела (наряду с небесной механикой) [180]. Однако наиболее явное и значительное развитие идей Леви-Чивиты получается при рассмотрении инвариантных соотношений типа Гесса, которые, как оказывается, имеются у многих родственных задач динамики твердого тела. В этом случае также существует некоторая циклическая переменная, возможно понижение порядка и имеется аналогия со случаем Лагранжа и его обобщениями. Из нее, в частности, вытекает ряд качественных особенностей движения обобщенных случаев Гесса (например, наблюдение Н. Е. Жуковского о движении центра масс по закону сферического маятника в случае Гесса), типичных для движения тяжелого симметричного гироскопа.

Как известно, существование первых интегралов связано с наличием некоторого поля симметрий и с возможностью понижения порядка — по крайней мере локально. Это известная *теорема Нётер*, использование которой для гамильтоновых систем с линейными по импульсам интегралами связано с некоторыми упрощениями. Для простоты мы рассмотрим каноническую ситуацию, хотя рассуждения без труда переносятся и на общие уравнения Пуанкаре – Четаева, в частности, на уравнения динамики твердого тела в матричных реализациях групп Ли (задающих конфигурационные пространства).

Действительно, для систем на кокасательном расслоении TM с канонической структурой $\{q_i, p_j\} = \delta_{ij}$ наличие линейного по импульсам интеграла

$$F = \sum_i v_i(\boldsymbol{q})p_i, \qquad \{F, H\} = 0, \tag{1.1}$$

приводит к фазовому потоку, задаваемому гамильтонианом F

$$\frac{d\boldsymbol{q}}{ds} = \frac{\partial F}{\partial \boldsymbol{p}} = v(\boldsymbol{q}), \qquad \frac{d\boldsymbol{p}}{ds} = -\frac{\partial F}{\partial \boldsymbol{q}} \tag{1.2}$$

и определяющему действие однопараметрической группы симметрий гамильтониана H. При этом система уравнений на конфигурационном пространстве M отделяется:

$$\frac{d\boldsymbol{q}}{ds} = \boldsymbol{v}(\boldsymbol{q}). \tag{1.3}$$

Вблизи неособой точки поле (1.3) можно выпрямить и представить в некоторых координатах $Q_1, \ldots, Q_{n-1}, Q_n$ в форме

$$\frac{dQ_1}{ds} = \ldots = \frac{dQ_{n-1}}{ds} = 0, \quad \frac{dQ_n}{ds} = 1.$$

Очевидно, что канонический импульс P_n, соответствующий координате Q_n, совпадает с интегралом (1.1) $F = P_n$, а вследствие соотношения $\{H, P_n\} = \frac{\partial H}{\partial Q_n} = 0$ координата Q_n — циклическая, т. е. достигнуто понижение порядка. ■

В описанных далее понижениях порядка, которые выполняются уже глобально и алгебраическим образом, мы действуем по весьма схожей схеме. По имеющемуся линейному интегралу записываются системы (1.2) и (1.3). Вследствие того, что система (1.3) отделяется, оказывается несложным указать ее первые интегралы, а также интегралы совместной системы (1.3).

Руководящей идеей далее является использование этого набора интегралов (как правило, избыточного) в качестве новых переменных для первоначальной системы. Если алгебра новых переменных относительно скобок Пуассона является замкнутой (но, вообще говоря, нелинейной) и гамильтониан выражается только через эти переменные, то мы получаем новую гамильтонову систему, для которой циклический интеграл (1.1) является функцией Казимира, ранг скобок Пуассона падает на две единицы, т. е. система является приведенной. Преимущества описанной процедуры редукции, сохраняющей алгебраичность системы, и различные ее динамические приложения рассматриваются в нашей книге [44]. Здесь мы только остановимся на ее использовании в динамике твердого тела в трех различных вариантах, описываемых приведенными ниже теоремами.

Рассмотрим движение твердого тела вокруг неподвижной точки в обобщенно-потенциальном поле, т. е. кроме потенциальных имеются также гироскопические силы, описываемые векторным потенциалом и приводящие к линейным по $\boldsymbol{M}$ слагаемым в гамильтониане

$$H = \frac{1}{2}(\mathbf{A}\boldsymbol{M}, \boldsymbol{M}) + (\boldsymbol{M}, \boldsymbol{W}) + U, \tag{1.4}$$

где функции $\boldsymbol{U}$, $\boldsymbol{W} = (W_1, W_2, W_3)$, задающие обобщенный потенциал, предполагаются зависящими от всех переменных $\boldsymbol{q}$, задающих положение твердого тела. Ими могут быть углы Эйлера θ, φ, ψ, направляющие косинусы $\boldsymbol{\alpha}$, $\boldsymbol{\beta}$, $\boldsymbol{\gamma}$ и параметры Родрига – Гамильтона λ_0, λ_1, λ_2, λ_3. В зависимости от системы переменных используется соответствующая система уравнений, описывающих движение (см. § 3 гл. 1). Для наибольшей общности мы будем предполагать также $\mathbf{A} = \mathbf{A}(\boldsymbol{q})$, что необходимо для изучения скольжения тела по плоскости и для гироскопа в кардановом подвесе. Здесь и далее $\boldsymbol{N} = (N_1, N_2, N_3)$ – проекции вектора кинетического момента на неподвижные оси.

1. Классический интеграл площадей $N_3 = (\boldsymbol{M}, \boldsymbol{\gamma}) = c = \mathrm{const}$

Симметрии, приводящие к такому интегралу, являются естественными: они связаны с инвариантностью обобщенного потенциала относительно вращений вокруг некоторой неподвижной оси. К таким осесимметричным полям относятся однородные — в частности, поле тяжести.

Циклической переменной является угол прецессии ψ, и уравнения движения могут быть представлены на алгебре $e(3)$.

Гамильтониан (1.4) в этом случае можно записать, выбирая в качестве образующих переменные M_1, M_2, M_3 и γ_1, γ_2, γ_3, задающие орт симметрии поля в неподвижном пространстве:

$$\begin{aligned} H &= \frac{1}{2}(\mathbf{A}\boldsymbol{M}, \boldsymbol{M}) + (\boldsymbol{M}, \boldsymbol{W}(\theta, \varphi)) + U(\theta, \varphi) = \\ &= \frac{1}{2}(\mathbf{A}\boldsymbol{M}, \boldsymbol{M}) + (\boldsymbol{M}, \boldsymbol{W}(\boldsymbol{\gamma})) + U(\boldsymbol{\gamma}), \end{aligned} \tag{1.5}$$

где

$$\gamma_1 = 2(\lambda_1\lambda_3 - \lambda_0\lambda_2), \quad \gamma_2 = 2(\lambda_0\lambda_1 + \lambda_2\lambda_3), \quad \gamma_3 = \lambda_0^2 - \lambda_1^2 - \lambda_2^2 + \lambda_3^2.$$

Скобка Пуассона в переменных $(\boldsymbol{M}, \boldsymbol{\gamma})$ определяется алгеброй $e(3)$ (см. § 1 гл. 2). Симплектический лист алгебры $e(3)$: $\{\boldsymbol{\gamma}^2 = 1, (\boldsymbol{M}, \boldsymbol{\gamma}) = c\}$ диффеоморфен кокасательному расслоению к двумерной сфере $S^2 = \{\boldsymbol{\gamma}^2 = 1\}$. Эта сфера, являющаяся конфигурационным пространством приведенной (по ψ) системы, называется *сферой Пуассона.*

При $c \neq 0$ при понижении порядка появляются дополнительные гироскопические члены, содержащие особенность, которая может быть интерпретирована как некоторый *монополь.* В работе [214] введение монополя рассматривают как неканоническое искажение скобки Пуассона.

Здесь мы произведем редукцию на нулевую постоянную площадей в алгебраической форме, не меняя самой скобки, — в этом случае особенность, соответствующая монополю, появится только в гамильтониане.

Теорема 1. *Уравнения движения тела с гамильтонианом* (1.5) *на уровне интеграла* $N_3 = c$ *эквивалентны уравнениям Гамильтона на* $e(3)$ *на нулевой постоянной площадей* $(\boldsymbol{M}, \boldsymbol{\gamma}) = 0$ *с гамильтонианом*

$$\begin{gathered}H = \frac{1}{2}(\mathbf{A}\boldsymbol{M}, \boldsymbol{M}) + (\boldsymbol{M}, \boldsymbol{W}) + c\frac{a_1\gamma_1 M_1 + a_2\gamma_2 M_2}{\gamma_1^2 + \gamma_2^2} + \\ + \frac{c^2}{2}\frac{a_1\gamma_1^2 + a_2\gamma_2^2}{(\gamma_1^2 + \gamma_2^2)^2} + \frac{c(W_1\gamma_1 + W_2\gamma_2)}{\gamma_1^2 + \gamma_2^2} + U(\boldsymbol{\gamma}).\end{gathered} \tag{1.6}$$

Доказательство.

Достаточно произвести преобразование $(\boldsymbol{M}, \boldsymbol{\gamma}) \to (\boldsymbol{M}, \boldsymbol{\gamma})$, которое *сохраняет структуру алгебры* $e(3)$ и переводит интеграл $(\boldsymbol{M}, \boldsymbol{\gamma}) = c$ в $(\boldsymbol{M}, \boldsymbol{\gamma}) = 0$. Оно имеет вид

$$\begin{gathered}M_1 \to M_1 - c\frac{\gamma_1}{\gamma_1^2 + \gamma_2^2}, \quad M_2 \to M_2 - c\frac{\gamma_2}{\gamma_1^2 + \gamma_2^2}, \quad M_3 \to M_3, \\ \boldsymbol{\gamma} \to \boldsymbol{\gamma}.\end{gathered} \tag{1.7}$$

■

Замечание 1. При $c = 0$ и $W \equiv 0$ приведенная система является натуральной, монополь отсутствует.

Замечание 2. Преобразование (1.7) было впервые указано нами в книге [44]. При этом мы старались усовершенствовать преобразование $\boldsymbol{M} \to \boldsymbol{M} + c\boldsymbol{\gamma}$, $c = (\boldsymbol{M}, \boldsymbol{\gamma})$, применяемое в [214] для сведения на нулевую константу площадей, которое, однако, не сохраняет структуру $e(3)$.

Динамическое значение доказанного утверждения состоит в том, что в отличие от классического и хорошо известного локального понижения порядка методом Рауса по углу прецессии мы получаем все дополнительные слагаемые, возникающие при редукции, в алгебраическом виде. При этом, вследствие $(\boldsymbol{M}, \boldsymbol{\gamma}) = 0$, приведенная система с двумя степенями свободы описывает движение некоторой изображающей точки (задаваемой ортом вертикали) на сфере (Пуассона) в обобщенно-потенциальном поле (даже при $\boldsymbol{W} \equiv 0$, когда $c \neq 0$), в метрике, определяемой формой кинетической энергии. Для перехода к каноническим переменным в гамильтониане (1.6) следует произвести подстановку

$$M_1 = -p_\varphi \operatorname{ctg}\theta \sin\varphi + p_\theta \cos\varphi, \; M_2 = -p_\varphi \operatorname{ctg}\theta \cos\varphi - p_\theta \sin\varphi, \; M_3 = p_\varphi,$$
$$\gamma_1 = \sin\theta \sin\varphi, \quad \gamma_2 = \sin\theta\cos\varphi, \quad \gamma_3 = \cos\theta,$$

для которой $(\boldsymbol{M}, \boldsymbol{\gamma}) = 0$, а между p_θ, p_φ, θ, φ имеются канонические правила коммутации. При этом θ и φ представляют собой сферические координаты на сфере Пуассона. Алгебраическая форма записи (1.6), а также ее аналоги для других циклических переменных позволяют, в отличие от канонической формы записи, заметить различные аналогии между задачами, указать связи между интегрируемыми случаями, глубже понять алгебраическую природу соответствующих первых интегралов.

Замечание. При $a_1 = a_2$ гамильтониан (1.6) упрощается (с учетом $(\boldsymbol{M}, \boldsymbol{\gamma}) = 0$):

$$H = \frac{1}{2}(\mathbf{A}\boldsymbol{M}, \boldsymbol{M}) + (\boldsymbol{M}, \boldsymbol{W}) + U(\boldsymbol{\gamma}) - \frac{cM_3\gamma_3}{\gamma_1^2+\gamma_2^2} + \frac{c^2}{2(\gamma_1^2+\gamma_2^2)} + \frac{c(W_1\gamma_1 + W_2\gamma_2)}{\gamma_1^2+\gamma_2^2}. \tag{1.8}$$

2. Интеграл $N_3 - M_3 = (\boldsymbol{M}, \boldsymbol{\gamma}) - M_3 = c = \mathrm{const}$

Этот интеграл соответствует циклической переменной $\psi - \varphi$ (аналогично рассматривается $N_3 + M_3$ и $\psi + \varphi$), его впервые изучил Д. Н. Горячев [95]. Соответствующие симметрии уже не являются достаточно физически очевидными и связаны как с самим силовым полем в пространстве, так и с динамическими характеристиками твердого тела. При этом тело является динамически симметричными. Гамильтониан (1.4) в этом случае допускает запись в виде

$$\begin{aligned} H = \frac{1}{2}(M_1^2 + M_2^2 + aM_3^2) + 2\frac{M_1\lambda_1 + M_2\lambda_2}{\sqrt{\lambda_1^2+\lambda_2^2}} W_1(\lambda_0, \lambda_3) + \\ + 2\frac{M_2\lambda_1 - M_1\lambda_2}{\sqrt{\lambda_1^2+\lambda_2^2}} W_2(\lambda_0, \lambda_3) - 2M_3W_3(\lambda_0, \lambda_3) + U(\theta, \varphi+\psi), \end{aligned} \tag{1.9}$$

где a является некоторой произвольной постоянной. Введем новую систему переменных

$$K_1 = 2\frac{M_1\lambda_1 + M_2\lambda_2}{\sqrt{\lambda_1^2+\lambda_2^2}}, \quad K_2 = 2\frac{M_2\lambda_1 - M_1\lambda_2}{\sqrt{\lambda_1^2+\lambda_2^2}}, \quad K_3 = -2M_3,$$
$$s_1 = \lambda_3, \quad s_2 = \lambda_0, \quad s_3 = \sqrt{\lambda_1^2+\lambda_2^2}, \tag{1.10}$$

которые коммутируют между собой следующим образом

$$\{K_3,\, K_1\} = K_2, \quad \{K_2,\, K_3\} = K_1, \quad \{K_1,\, K_2\} = K_3 + \frac{s_3(\boldsymbol{s},\, \boldsymbol{K})}{s_3^2},$$
$$\{K_i,\, s_j\} = \varepsilon_{ijk}s_k, \quad \{s_i,\, s_j\} = 0 \tag{1.11}$$

и образуют замкнутую алгебру относительно порождаемой соотношениями (1.11) нелинейной скобки Пуассона, которая является вырожденной и обладает функциями Казимира

$$F_1 = s_3(\boldsymbol{s},\, \boldsymbol{K}) = (\boldsymbol{M},\, \boldsymbol{\gamma}) - M_3 = c, \quad F_2 = (\boldsymbol{s},\, \boldsymbol{s}) = 1.$$

Однопараметрическое преобразование

$$\boldsymbol{L} = \boldsymbol{K} - \alpha\frac{\boldsymbol{s}}{s_3}, \quad \alpha = \mathrm{const} \tag{1.12}$$

сохраняет скобку (1.11), при этом

$$s_3(\boldsymbol{L},\, \boldsymbol{s}) = s_3(\boldsymbol{K},\, \boldsymbol{s}) - \alpha. \tag{1.13}$$

Замечание. Преобразование (1.10) было указано нами в книге [44] и в работе [43].

Если зафиксировать интеграл $(\boldsymbol{K},\, \boldsymbol{s})s_3 = c$ и выбрать $\alpha = c$, это приведет вследствие $s_3(\boldsymbol{L},\, \boldsymbol{s}) = 0$ к исчезновению нелинейных членов в скобке (1.11), которая теперь определяется алгеброй $e(3)$. При этом гамильтониан (1.11) перепишется в виде

$$H = \frac{1}{8}(L_1^2 + L_2^2 + aL_3^2) + (\boldsymbol{L},\, \boldsymbol{W}(\boldsymbol{s})) + U(\boldsymbol{s}) +$$
$$+ c\frac{(\boldsymbol{s},\, \boldsymbol{W}(\boldsymbol{s}))}{s_3^2} + \frac{1}{2}\frac{c^2}{s_3^2} + c(a-1)L_3. \tag{1.14}$$

Итак, доказана

Теорема 2. *Система с тремя степенями свободы* (1.9) *на уровне циклического интеграла* $N_3 - M_3 = c$ *при понижении порядка переходит в систему на* $e(3)$ *с нулевой постоянной площадей* $(\boldsymbol{L}, \boldsymbol{s}) = 0$ *и функцией Гамильтона* (1.14).

Заметим, что при описанной редукции в гамильтониане (1.14) при $c \neq 0$ возникают дополнительные слагаемые, одно из которых можно интерпретировать как гиростатический момент, направленный вдоль оси динамической симметрии. Сингулярное слагаемое типа $\frac{c}{s_3^2}$ введено в динамику Д. Н. Горячевым [97, 98].

Если в динамике твердого тела симметрийное происхождение интеграла $F = N_3 \pm M_3$ неочевидно, то его смысл легко понять из аналогии с небесной механикой искривленного пространства [41], а точнее, с движением материальной точки по сферам S^2, S^3. Этот интеграл как раз соответствует проекции кинетического момента частицы на неподвижную ось, относительно которой потенциал сохраняет осевую симметрию.

3. Интеграл $M_3 = c = \mathrm{const}$ (интеграл Лагранжа)

При этом твердое тело должно быть динамически симметричным, а силовое поле инвариантным относительно оси динамической симметрии. Соответствующая циклическая переменная в этом случае — угол собственного вращения φ. Гамильтониан удобнее записать в направляющих косинусах $\boldsymbol{\alpha}$, $\boldsymbol{\beta}$, $\boldsymbol{\gamma}$:

$$\begin{gathered} H = \frac{1}{2}(M_1^2 + M_2^2 + aM_3^2) + (M_1\alpha_1 + M_2\alpha_2)W_1^{(\alpha)}(\theta, \psi) + \\ + (M_1\alpha_2 - M_2\alpha_1)W_2^{(\alpha)}(\theta, \psi) + \ldots + M_3W_3(\theta, \psi) + U(\theta, \psi), \end{gathered} \tag{1.15}$$

где опущены линейные по M_1, M_2 слагаемые, содержащие $\boldsymbol{\beta}$, $\boldsymbol{\gamma}$. Введем новые переменные, коммутирующие с M_3 и определяющие редуцированную систему:

$$\begin{gathered} N_1 = (\boldsymbol{M}, \boldsymbol{\alpha}), \qquad N_2 = (\boldsymbol{M}, \boldsymbol{\beta}), \qquad N_3 = (\boldsymbol{M}, \boldsymbol{\gamma}), \\ \boldsymbol{p} = (\alpha_3, \beta_3, \gamma_3). \end{gathered} \tag{1.16}$$

Геометрический смысл этих переменных очевиден: вектор $\boldsymbol{N}$ составлен из компонент кинетического момента в неподвижной системе координат, а $\boldsymbol{p}$ — компоненты вектора оси симметрии в той же системе.

Коммутационные соотношения для образующих $(\boldsymbol{N}, \boldsymbol{p})$ (1.16) соответствуют коалгебре $e(3)$ (см. § 3 гл. 1). Ее функции Казимира имеют вид

$$F_1 = \boldsymbol{p}^2 = 1, \qquad F_2 = (\boldsymbol{N}, \boldsymbol{p}) = \boldsymbol{p}^2 M_3 = c.$$

Линейные по $\boldsymbol{M}$ слагаемые в гамильтониане (1.15) могут быть найдены из следующих соотношений:

$$\begin{gathered}
M_1\alpha_1 + M_2\alpha_2 = N_1 - p_1 M_3, \quad M_1\alpha_2 - M_2\alpha_1 = p_2 N_3 - p_3 N_2, \\
M_1\beta_1 + M_2\beta_2 = N_2 - p_2 M_3, \quad M_1\beta_2 - M_2\beta_1 = p_3 N_1 - p_1 N_3, \\
M_1\gamma_1 + M_2\gamma_2 = N_3 - p_3 M_3, \quad M_1\gamma_2 - M_2\gamma_1 = p_1 N_2 - p_2 N_1.
\end{gathered}$$

Отбрасывая постоянные слагаемые, гамильтониан приведенной системы можно представить в форме

$$\begin{gathered}
H = \frac{1}{2}\boldsymbol{N}^2 + \big(\boldsymbol{N}, \boldsymbol{W}^{(1)}\big) + \big(\boldsymbol{p} \times \boldsymbol{N}, \boldsymbol{W}^{(2)}\big) + \\
+ c\big(W_3(\boldsymbol{p}) - \big(\boldsymbol{p}, \boldsymbol{W}^{(1)}\big)\big) + U(\boldsymbol{p}), \qquad (1.17) \\
\boldsymbol{W}^{(1)}(\boldsymbol{p}) = (W_1^{(\alpha)}, W_1^{(\beta)}, W_1^{(\gamma)}), \quad \boldsymbol{W}^{(2)}(\boldsymbol{p}) = (W_2^{(\alpha)}, W_2^{(\beta)}, W_2^{(\gamma)}).
\end{gathered}$$

Редукция по интегралу $M_3 = \mathrm{const}$ и переменные (1.16) уже использовались нами в § 4 гл. 3 для установления взаимосвязи между задачей Бруна (при условии динамической симметрии) и интегрируемым случаем Клебша уравнений Кирхгофа.

4. Реконструкция интегрируемых систем

Наибольший интерес представляет обратная задача – получение новых интегрируемых случаев трехстепенной системы (1.4) из имеющихся интегрируемых случаев гамильтоновых уравнений на $e(3)$, определяющих приведенную двухстепенную систему. Здесь мы укажем также, каким образом интегрируемые системы на нулевой постоянной площадей $(\boldsymbol{L}, \boldsymbol{s}) = 0$ алгебры $e(3)$ могут быть реконструированы до общей интегрируемой системы (1.4), обладающей линейным интегралом $M_3 \pm N_3$. Сформулируем сначала один общий результат, доказательство которого получается прямой проверкой.

Теорема 3. 1. *Пусть на алгебре $e(3)$ задана интегрируемая при $(\boldsymbol{L}, \boldsymbol{s}) = 0$ система с функцией Гамильтона*

$$H = \frac{1}{2}(L_1^2 + L_2^2 + aL_3^2) + (\boldsymbol{L}, \boldsymbol{W}) + U(\boldsymbol{s})$$

(*т. е. имеется некоторый частный дополнительный первый интеграл*).

Тогда при помощи преобразований

$$\boldsymbol{L} = \boldsymbol{K} - \alpha \frac{\boldsymbol{s}}{s_3} \tag{1.18}$$

и замены (1.10) *получим систему на кватернионной алгебре скобок переменных* $\boldsymbol{M}, \lambda_0, \lambda_1, \lambda_2, \lambda_3$ (§ 3 гл. 1, формула (3.11)), *интегрируемую на фиксированном уровне интеграла* $N_3 - M_3 = \alpha$ *с функцией Гамильтона*

$$H' = H - \alpha \frac{\lambda_3 W_1 + \lambda_0 W_2 + \sqrt{\lambda_1^2 + \lambda_2^2} W_3}{\lambda_1^2 + \lambda_2^2} - \frac{1}{2} \frac{\alpha^2}{\lambda_1^2 + \lambda_2^2} + \alpha(a-1) M_3. \tag{1.19}$$

2. *Если константы в гамильтониане H можно подобрать таким образом, что H' не зависит от α, то система* (1.19) *является интегрируемой при произвольном значении линейного интеграла $N_3 - M_3$. При этом в дополнительном интеграле после преобразований* (1.18) *и замены* (1.10) *необходимо положить* $\alpha = (M_1\lambda_1 + M_2\lambda_2 + M_1\lambda_2 - M_2\lambda_1 - \sqrt{\lambda_1^2 + \lambda_2^2} M_3)$.

Замечание. Аналогичная реконструкция интегрируемых случаев может быть выполнена при помощи линейных интегралов $M_3 = \text{const}$ и $N_3 = \text{const}$. Однако получающиеся при этом обобщения интегрируемых случаев содержат слагаемые, линейные по скоростям, не имеющие прямого механического истолкования.

Проиллюстрируем теорему 3 на двух примерах.

Обобщение семейства Яхьи–Ковалевской. В работе Х. Яхьи [531] приведен частный случай интегрируемости $(\boldsymbol{L}, \boldsymbol{s}) = 0$, обобщающий случай Ковалевской с гамильтонианом

$$\begin{gathered} H = \frac{1}{2}\left(L_1^2 + L_2^2 + 2(L_3 + \xi)^2\right) + \\ + a\frac{\boldsymbol{s}^2}{s_3^2} + c_1 s_1 + c_2 s_2 + 2b_1 s_1 s_2 + b_2(s_2^2 - s_1^2) \end{gathered} \tag{1.20}$$

и дополнительным интегралом, приведенном в § 1 гл. 6, (1.4). После преобразования

$$\boldsymbol{L} = \boldsymbol{K} - \alpha \frac{\boldsymbol{s}}{s_3}$$

получим гамильтониан в форме

$$\begin{gathered} H = \frac{1}{2}(K_1^2 + K_2^2 + 2K_3^2) + c_1 s_1 + c_2 s_2 + 2b_1 s_1 s_1 + b_2(s_2^2 - s_1^2) + \\ + (2\xi - \alpha) K_3 + \frac{1}{2} \frac{2a\boldsymbol{s}^2 - 2\alpha s_3(\boldsymbol{K}, \boldsymbol{s}) + \alpha^2 \boldsymbol{s}^2}{s_3^2}, \end{gathered} \tag{1.21}$$

который определяет интегрируемую систему с нелинейной скобкой (1.11) на симплектическом листе, задаваемым соотношением

$$s_3(\boldsymbol{K},\,\boldsymbol{s}) = \alpha, \qquad \boldsymbol{s}^2 = 1.$$

Кроме того, поскольку структура гамильтониана (1.21) не изменилась — в числителе последнего слагаемого стоит функция Казимира, которая эквивалентна константе, — можно заключить, что гамильтониан (1.20) определяет общий случай интегрируемости на нелинейной скобке (1.11). Для того чтобы получить интеграл на произвольном листе, переопределим константы в гамильтониане и интеграле по правилу

$$\xi \to \xi + \frac{\alpha}{2}, \qquad a \to a + \frac{\alpha^2}{2} \tag{1.22}$$

и положим

$$\alpha = \frac{s_3(\boldsymbol{K},\,\boldsymbol{s})}{\boldsymbol{s}^2}.$$

В результате получим дополнительный интеграл, который уже является общим, в виде

$$\begin{gathered}
F_2 = \Big(K_1^2 - K_2^2 - 2\frac{K_1 s_1 - K_2 s_2}{s_3}F_0 - 2a\frac{s_1^2 - s_2^2}{s_3^2} - 2c_1 s_1 + 2c_2 s_2 - 2b_2 s_3^2\Big)^2 + \\
+ 4\Big(K_1 K_2 - F_0\frac{M_1 s_2 + M_2 s_1}{s_3} - 2a\frac{s_1 s_2}{s_3^2} - c_1 s_2 - c_2 s_1 + b_1 s_3^2\Big)^2 + \\
+ 4(\xi + F_0)\Big[-(K_3 + \xi)\Big(K_1^2 + K_2^2 + 2F_0 K_3 + 2a\frac{s_1^2 + s_2^2 + 2s_3^2}{s_3^2}\Big) - \\
- 2F_0(c_1 s_1 + c_2 s_2 + 2b_1 s_1 s_2 - b_2(s_1^2 - s_2^2)) + \\
+ 2s_3(c_1 K_1 + c_2 K_2 + b_1(K_1 s_2 + K_2 s_1) - b_2(K_1 s_1 - K_2 s_2))\Big], \\
F_0 = \frac{s_3(\boldsymbol{K},\,\boldsymbol{s})}{\boldsymbol{s}^2}.
\end{gathered} \tag{1.23}$$

Подставляя в (1.20) и (1.23) выражения $(\boldsymbol{K},\,\boldsymbol{s})$ через моменты $\boldsymbol{M}$ и кватернионные параметры λ (1.10), получаем общую интегрируемую систему на кватернионной скобке в переменных $\boldsymbol{M}$, λ с линейными интегралом $F_1 = (\boldsymbol{M},\,\gamma) - M_3$ и интегралом четвертой степени (1.23).

Используя систему (1.20) при $c_1 = c_2 = 0$, можно привести новое обобщение случая Ковалевской в направляющих косинусах. При этом гамильтониан и два дополнительных интеграла имеют вид

$$\begin{gathered}
H = 2(M_1^2 + M_2^2 + 2M_3^2 - \xi M_3) + \frac{1}{2}b_1(-\alpha_2 + \beta_1) + \\
+ \frac{1}{2}b_2(\alpha_1 + \beta_2) + \frac{2a}{1-\gamma_3}, \quad \xi, b_1, b_2, a = \mathrm{const}, \\
F_1 = M_3 - (\boldsymbol{M}, \boldsymbol{\gamma}), \\
F_2 = k_1^2 + k_2^2 + 4k_3(k_4 + k_5 + k_6), \\
k_1 = 4(M_1N_1 + M_2N_2) - b_2(1-\gamma_3) + \frac{2a(\alpha_1 + \beta_2)}{1-\gamma_3}, \\
k_2 = 4(M_2N_1 - M_1N_2) + b_1(1-\gamma_3) + \frac{2a(\alpha_2 - \beta_1)}{1-\gamma_3}, \\
k_3 = \xi + N_3 - M_3, \\
k_4 = (2M_3 - \xi)\left(4(\boldsymbol{M}^2 - M_3N_3) + \frac{2a(3-\gamma_3)}{1-\gamma_3}\right), \\
k_5 = (M_3 - N_3)\left(b_1(-\alpha_2 + \beta_1) + b_2(\alpha_1 + \beta_2)\right), \\
k_6 = 2b_1(M_2\alpha_3 - M_1\beta_3) - 2b_2(M_1\alpha_3 + M_2\beta_3).
\end{gathered} \tag{1.24}$$

При условии $a = 0$ мы получаем случай Яхьи [313] (1987 г.) в обобщенном случае Ковалевской (см. § 4 гл. 3). Наши рассуждения показывают, что он изоморфен семейству (1.20), открытому Горячевым и Чаплыгиным [97, 298]. Это семейство обсуждается в § 1 гл. 6. Изоморфизм был указан нами в [43] (1997 г.), хотя несколько ранее Х. Яхья [527] (1988 г.) рассмотрел его в ограниченной постановке (при $M_3 \pm N_3 = 0$). В работе [528] (2000 г.) эта аналогия была переоткрыта при использовании классического лагранжева представления уравнений движения.

В общем случае $a \neq 0$ интегрируемый гамильтониан указан нами в кватернионном представлении в первом издании этой книги (2001 г.); в направляющих косинусах он независимо приведен в [529] (2003 г.).

Замечание. Интеграл (1.23) может быть записан в направляющих косинусах при помощи соотношений

$$\begin{gathered}
\frac{K_1s_1 - K_2s_2}{s_3} = 2\frac{M_1\alpha_3 + M_2\beta_3}{1-\gamma_3}, \qquad \frac{K_1s_2 + K_2s_1}{s_3} = 2\frac{M_1\beta_3 - M_2\alpha_3}{1-\gamma_3}, \\
K_1^2 - K_2^2 = \frac{(\alpha_1 - \beta_2)(M_1^2 - M_2^2) + 2(\alpha_2 + \beta_1)M_1M_2}{1-\gamma_3}, \\
2K_1K_2 = \frac{(\alpha_2 + \beta_1)(M_1^2 - M_2^2) - 2(\alpha_1 - \beta_2)M_1M_2}{1-\gamma_3}.
\end{gathered} \tag{1.25}$$

Обобщенное семейство Горячева–Чаплыгина. Рассмотрим аналогичное обобщение интегрируемого случая Горячева–Чаплыгина на нулевом листе с сингулярными слагаемыми [97] (см. § 1 гл. 6). Гамильтониан имеет вид

$$H = \frac{1}{2}(L_1^2 + L_2^2 + 4L_3^2) + \xi L_3 + \frac{a\boldsymbol{s}^2}{s_3^2} + b_1 s_1 + b_2 s_2. \tag{1.26}$$

После преобразований $\boldsymbol{L} = \boldsymbol{K} - \alpha\frac{\boldsymbol{s}}{s_3}$, $\alpha = \mathrm{const}$, отбрасывая несущественные постоянные, получим преобразованный гамильтониан в виде

$$\begin{gathered} H = \frac{1}{2}(K_1^2 + K_2^2 + 4K_3^2) + b_1 s_1 + b_2 s_2 + \\ +(\xi - 3\alpha)K_3 + \frac{1}{2}\frac{2a\boldsymbol{s}^2 - 2\alpha s_3(\boldsymbol{K}, \boldsymbol{s}) + \alpha^2\boldsymbol{s}^2}{s_3^2}. \end{gathered} \tag{1.27}$$

По аналогии с предыдущим случаем получаем, что система (1.26) определяет общий случай интегрируемости на нелинейной (и, соответственно, кватернионной в переменных $\boldsymbol{M}$, λ) скобке с интегралом третьей степени вида

$$F = (K_3 + \frac{1}{2}\xi)\left(K_1^2 + K_2^2 + 2a\frac{\boldsymbol{s}^2}{s_3^2}\right) - s_3(b_1 K_1 + b_2 K_2).$$

Интересно отметить, что интеграл не меняет своей формы по сравнению с его видом для алгебры $e(3)$ (см. § 5 гл. 2).

В заключение заметим, что процедуры приведения и реконструкции, описанные в этом разделе, используются нами в § 4 гл. 3 и приложении С для анализа кватернионных уравнений Эйлера–Пуассона и их интегрируемых случаев.

§ 2. Динамическая симметрия и интеграл Лагранжа

В этом параграфе мы с единой точки зрения рассмотрим динамические проблемы, в которых имеется аналог интеграла Лагранжа, существующего в уравнениях Эйлера–Пуассона. Напомним, что он был связан с наличием двух циклических координат: ψ-угла прецессии и φ-угла собственного вращения. Последняя координата обусловливала наличие интеграла Лагранжа $M_3 = \mathrm{const}$, $\omega_3 = \mathrm{const}$ и сохранение проекции на ось динамической симметрии угловой скорости и кинетического момента. Этот интеграл связан с инвариантностью системы относительно вращений вокруг оси динамической симметрии.

Оказывается, что интеграл типа Лагранжа существует почти для всех задач динамики твердого тела, представляющих теоретический интерес, а его наличие приводит к интегрируемым случаям, как правило, имеющим важное прикладное значение. Например, аналог случая Лагранжа для уравнений Кирхгофа был указан самим Кирхгофом, который сам же и проинтегрировал его и указал наиболее простые движения. Для уравнений Пуанкаре–Жуковского (на $so(4)$) аналог случая Лагранжа указал Пуанкаре для обоснования своих теоретических выводов относительно прецессии оси вращения Земли. В двух указанных случаях, как и в классической задаче Лагранжа, можно получить явную (эллиптическую) квадратуру для угла нутации θ, определяемую гироскопической функцией, а также использовать все результаты качественного анализа движения, приведенные нами в § 3 гл. 2.

1. Явная квадратура обобщенного случая Лагранжа. Условия существования интеграла

Мы здесь укажем и дадим явную квадратуру для случая Лагранжа в наиболее общей форме, предполагая, что движение твердого тела описывается гамильтонианом

$$H = \frac{1}{2}(\mathbf{A}\boldsymbol{M},\, \boldsymbol{M}) + (\boldsymbol{M},\ \boldsymbol{W}(\gamma)) + U(\gamma), \tag{2.1}$$

где $\mathbf{A}$ – постоянная, но не обязательно диагональная матрица и задана пуассонова структура, определяемая пучком $\mathscr{L}_x$

$$\{M_i, M_j\} = -\varepsilon_{ijk}M_k,\ \{M_i, \gamma_j\} = -\varepsilon_{ijk}\gamma_k,\ \{\gamma_i, \gamma_j\} = -\varepsilon_{ijk}xM_k, \tag{2.2}$$

где x – параметр пучка. Далее мы рассмотрим соответствующие условия для несколько более общей ситуации $\mathbf{A} = \mathbf{A}(\gamma)$, встречающейся при скольжении тела по плоскости и при движении тела в кардановом подвесе.

При помощи явных вычислений можно доказать справедливость следующего утверждения.

Теорема 4. *Система* (2.1) *со скобкой* (2.2) *допускает линейный интеграл вида*

$$F = M_3 = c, \quad c = \mathrm{const} \tag{2.3}$$

при выполнении следующих условий:

$$\begin{gathered}\mathbf{A} = \mathrm{diag}(a_1,\, a_1,\, a_3),\\ U(\boldsymbol{\gamma}) = U\left(\gamma_3, \sqrt{\gamma_1^2+\gamma_2^2}\right), \quad W_3(\boldsymbol{\gamma}) = W_3\left(\gamma_3, \sqrt{\gamma_1^2+\gamma_2^2}\right),\\ \gamma_1\frac{\partial W_1}{\partial\gamma_2} - \gamma_2\frac{\partial W_1}{\partial\gamma_1} + W_2 = 0, \quad \gamma_1\frac{\partial W_2}{\partial\gamma_2} - \gamma_2\frac{\partial W_2}{\partial\gamma_1} - W_1 = 0.\end{gathered} \tag{2.4}$$

Гамильтониан (2.1) при условиях (2.4) можно представить в форме

$$\begin{gathered}H = \frac{1}{2}(M_1^2+M_2^2+aM_3^2) + M_3W_3\left(\gamma_3, \sqrt{\gamma_1^2+\gamma_2^2}\right) + U\left(\gamma_3, \sqrt{\gamma_1^2+\gamma_2^2}\right) +\\ + \frac{M_1\gamma_1+M_2\gamma_2}{\sqrt{\gamma_1^2+\gamma_2^2}}\widetilde{W}_1\left(\gamma_3, \sqrt{\gamma_1^2+\gamma_2^2}\right) + \frac{M_1\gamma_2-M_2\gamma_1}{\sqrt{\gamma_1^2+\gamma_2^2}}\widetilde{W}_2\left(\gamma_3, \sqrt{\gamma_1^2+\gamma_2^2}\right).\end{gathered} \tag{2.5}$$

Система (2.5) на уровне $M_3 = c$ может быть в общей алгебраической форме редуцирована к системе с одной степенью свободы. Приведем эту редукцию в явном виде.

Соответствующие редуцированные переменные имеют вид

$$\begin{gathered}K_1 = \frac{M_1\gamma_1+M_2\gamma_2}{\sqrt{\gamma_1^2+\gamma_2^2}}, \quad K_2 = \frac{M_1\gamma_2-M_2\gamma_1}{\sqrt{\gamma_1^2+\gamma_2^2}},\\ \sigma_1 = \sqrt{\gamma_1^2+\gamma_2^2}, \quad \sigma_2 = \gamma_3,\end{gathered} \tag{2.6}$$

при этом очевидно, что $M_1^2 + M_2^2 = K_1^2 + K_2^2$. Отметим, что аналогичная система переменных использовалась Пуанкаре при интегрировании указанного им интегрируемого случая в уравнениях Пуанкаре–Жуковского.

Пуассонова структура для переменных (2.6) следующая:

$$\begin{aligned}&\{K_1,\, K_2\} = -c + K_1\frac{\sigma_2}{\sigma_1}, && \{\sigma_1,\, \sigma_2\} = xK_2,\\ &\{K_1,\, \sigma_1\} = xc\frac{K_2}{\sigma_1}, && \{K_1,\, \sigma_2\} = -x\frac{K_1K_2}{\sigma_1},\\ &\{K_2,\, \sigma_1\} = -\sigma_2 - xc\frac{K_1}{\sigma_1}, && \{K_2,\, \sigma_2\} = -\sigma_1 + x\frac{K_1^2}{\sigma_1};\end{aligned} \tag{2.7}$$

остальные скобки равны нулю. Ранг скобки (2.7) равен двум. Ее функциями Казимира являются

$$F_1 = \boldsymbol{\sigma}^2 + x\boldsymbol{K}^2 + xc = c_1, \qquad F_2 = K_1\sigma_1 + c\sigma_2 = c_2,$$

где $\boldsymbol{K} = (K_1, K_2)$, $\boldsymbol{\sigma} = (\sigma_1, \sigma_2)$, $\widetilde{\boldsymbol{W}} = (\widetilde{W}_1, \widetilde{W}_2)$, а гамильтониан имеет вид

$$H = \frac{1}{2}\boldsymbol{K}^2 + (\boldsymbol{K}, \widetilde{\boldsymbol{W}}(\boldsymbol{\sigma})) + U(\boldsymbol{\sigma}) + cW_3(\boldsymbol{\sigma}). \tag{2.8}$$

Эта система, имеющая одну степень свободы, легко сводится к квадратурам. Действительно, на уровне функций Казимира и интеграла энергии $H = h$ получаем

$$\begin{gathered}\dot{\sigma}_2 = K_2\left(\sigma_1 - x\frac{\partial U_*}{\partial \sigma_1}\right), \qquad U_*(\boldsymbol{\sigma}) = U(\boldsymbol{\sigma}) + cW_3(\boldsymbol{\sigma}),\\ K_2^2 = 2(h - U_*) - \left(\frac{c_2 - c\sigma_2}{\sigma_1}\right)^2.\end{gathered} \tag{2.9}$$

Исключая σ_1 из совместного уравнения для энергии (2.8) и функции Казимира F_1

$$\boldsymbol{\sigma}^2 - 2xU_* = c_1 - x(c + 2h),$$

получим квадратуру для σ_2. Для уравнений Эйлера–Пуассона геометрический смысл переменной σ_2 очевиден — это косинус угла нутации. Для уравнений на $so(4)$ угол не обладает такой простой интерпретацией.

Для однородной квадратичной потенциальной энергии $U_* = r_1\sigma_1^2 + r_2\sigma_2^2$ из (2.9) получим эллиптическую квадратуру вида

$$\begin{aligned}\dot{\sigma}_2^2 = 2\left((h - r_2\sigma_2^2)(1 - 2xr_1) - a_1(c' - (1 - 2xr_2)\sigma_2^2)\right)(c' - (1 - 2xr_2)\sigma_2^2) -\\ - (1 - 2xr_1)^2(c_2 - c\sigma_2)^2 = f(\sigma_2), \qquad c' = c_1 - x(2h + c).\end{aligned} \tag{2.10}$$

Выражения (2.9), (2.10) обобщают известную квадратуру для случая Лагранжа в динамике твердого тела [185]. Функция $f(\sigma_2)$ называется также гироскопической.

При $x = 0$ из (2.10) получается гироскопическая функция случая Кирхгофа, при $x = 1$ — случая Пуанкаре. Для классического случая Лагранжа, соответствующего $x = 0$, $W_3 = 0$, $U = -r\sigma_2$, уравнение для σ_2 имеет вид

$$\dot{\sigma_2}^2 = -2r\sigma_2^3 - (2h + c)\sigma_2^2 + (2cc_2 - 2rc_1)\sigma_2 - c_2^2 + 2hc_1. \tag{2.11}$$

Для получения абсолютного движения оси динамической симметрии необходимо выполнить квадратуру для угла прецессии ψ. Для $x = 0$ она имеет вид $\dot{\psi} = a_1 \dfrac{M_1\gamma_1 + M_2\gamma_2}{\gamma_1^2 + \gamma_2^2} = a_1 \dfrac{K_1}{\sigma_1}$, т. е. определяется эволюцией переменных приведенной системы. Аналогичное заключение справедливо для квадратуры угла собственного вращения φ.

Мы не будем здесь останавливаться на получении общего решения в абсолютном пространстве — для него справедливы большинство результатов, приведенных в § 3 гл. 2. Отметим только, что решение в эллиптических функциях для системы (2.9) получается только при линейной и квадратичной зависимости потенциала (или обобщенного потенциала) от компонент γ (соответственно, $\boldsymbol{M}$, γ). В остальных случаях гироскопическая функция представляет собой полином степени выше четвертой и решение на комплексной плоскости времени уже является ветвящимся. Однако методы качественного анализа, изложенные в гл. 2, способны описать движение с достаточной полнотой. Это еще раз подчеркивает бесперспективность явного интегрирования таких систем в тэта-функциях (включая и классический волчок Лагранжа), не способного ничего дать для исследования действительных движений.

2. Волчок на гладкой плоскости в поле тяжести

Этот волчок отличается от приведенных систем тем, что матрица $\mathbf{A}$ зависит от позиционных переменных (см. гл. 1, § 4). Если тело динамически симметрично $I_1 = I_2$ и ограничено осесимметричной поверхностью, причем оси динамической и геометрической симметрии совпадают, гамильтониан можно представить в форме (см. гл. 1, § 6)

$$H = \frac{1}{2}a_1 f\left(M_1^2 + M_2^2 + ma_1(\gamma_3 g_1 - g_2)^2(M_1\gamma_1 + M_2\gamma_2)^2\right) + \\ + \frac{1}{2}a_3 M_3^2 + \mu\left((\gamma_1^2 + \gamma_2^2)g_1 + \gamma_3 g_2\right), \tag{2.12}$$

$$f^{-1} = 1 + ma_1(\gamma_1^2 + \gamma_2^2)(\gamma_3 g_1 - g_2)^2, \quad \mathbf{I}^{-1} = \operatorname{diag}(a_1, a_1, a_3),$$

здесь $\mathbf{I}$ — тензор инерции тела относительно центра масс, μ — вес тела, $g_1 = g_1(\gamma_3)$, $g_2 = g_2(\gamma_3)$ — функции, которые зависят от геометрии поверхности тела и определяются уравнениями

$$\gamma = -\frac{\operatorname{grad} F(\boldsymbol{r})}{|\operatorname{grad} F(\boldsymbol{r})|}, \quad \boldsymbol{r} = (g_1(\gamma_3)\gamma_1,\, g_1(\gamma_3)\gamma_2,\, g_2(\gamma_3)). \tag{2.13}$$

В формуле (2.13) уравнение $F(\boldsymbol{r}) = 0$ задает поверхность тела, причем вследствие осевой симметрии $F = F(r_1^2 + r_2^2, r_3)$. Система (2.12) также приводится к одной степени свободы при помощи переменных (2.6), квадратура для косинуса угла нутации $\gamma_3 = \cos\theta$ может быть получена в виде

$$\dot{\gamma}_3^2 = a_1 f(1-\gamma_3^2)\Big(2\big(h - \mu((1-\gamma_3^2)g_1 + \gamma_3 g_2)\big) - \frac{a_1(c - M_3\gamma_3)}{1-\gamma_3^2} - a_3 M_3^2\Big),$$
$$M_3 = \mathrm{const}, \quad (\boldsymbol{M}, \boldsymbol{\gamma}) = c = \mathrm{const}. \tag{2.14}$$

Комментарии. Прежде всего мы обратим внимание на уже сделанные комментарии (§ 6 гл. 1). Наиболее изучены ситуации, когда осесимметричное тело опирается на плоскость одной точкой (подошвой) или окружностью (типа диска обруча или монеты). В первом случае, называемом *волчком Лагранжа на гладкой плоскости*, или игрушечным волчком, анализ движения может быть выполнен аналогично § 3 гл. 2. При явном интегрировании (2.14) здесь получается гиперэллиптическая квадратура (изучение которой имеется еще у Клейна [418, 419]). Однако после несложной замены времени, исключающей знаменатель в (2.14), легко показать, что все бифуркационные диаграммы, приведенные в § 3 гл. 2, практически останутся без изменения. При этом подошва волчка на плоскости будет рисовать кривые, аналогичные тем, которые чертит апекс волчка Лагранжа на неподвижной сфере. Они содержатся, например, в книге Граммеля [100].

Вследствие трения подошвы волчка о плоскость его общая эволюция сводится к тому, что ось динамической симметрии (при надлежащей закрутке) быстро становится вертикальной и он на время «засыпает». Различные обобщения этого эффекта приведены в [67, 100, 135, 191, 230].

В случае движения диска наиболее изучены регулярные прецессии и их устойчивость [191]. В книге [191] исследована также устойчивость вертикальных плоских движений тяжелого эллиптического диска, уравнения которого, вообще говоря, неинтегрируемы. В работе [12] доказана неинтегрируемость уравнений движения по абсолютно гладкой плоскости круглого, но неуравновешенного диска.

Отметим также, что при полном отсутствии проскальзывания (в классической неголономной постановке) уравнения качения круглого диска также являются интегрируемыми (задача Чаплыгина, Аппеля, Кортевега [1, 191]), однако описываемая ими динамика существенно сложнее.

Неинтегрируемость задачи о движении твердого тела по гладкой плоскости изучалась в [62] с помощью метода расщепления сепаратрис. Однако полученные в [62] результаты не являются достаточными и пока не позволили установить какие-либо нетривиальные случаи интегрируемости.

3. Гироскоп в кардановом подвесе в осесимметричном поле

Используя переменные (2.6), получим следующую квадратуру для косинуса угла нутации

$$\dot{\sigma_2}^2 = a_1 f(1 + a_1 g\sigma_1^2)\left(2(\widehat{h} - U(\sigma_2))\sigma_1^2 - a_1 f(c_2 - c\sigma_2)^2(1 + a_1 I_1^i\sigma_1^2)\right),$$
$$f^{-1} = (1 + a_1 I_1^i)\left(1 + a_1\left(I^e + (I_3^i - I_2^i)\frac{\sigma_2^2}{\sigma_1^2}\right)\right), \qquad (2.15)$$
$$g = I^e + (I_3^i - I_2)\frac{\sigma_2^2}{\sigma_1^2}, \quad \sigma_1^2 = 1 - \sigma_2^2,$$

где $\widehat{h} = h - \frac{1}{2}a_3c^2$; смысл параметров I^e, I_k^i, I_k объясняется в § 4 гл. 1. Относительно анализа движения для системы (2.15) можно сослаться на книгу [185]. Наличие наружного кольца приводит к тому, что даже при отсутствии внешних сил вектор кинетического момента имеет вековой уход в пространстве. Этот уход, называемый *эффектом Магнуса*, объясняется появлением моментов реакций наружного кольца, перпендикулярных оси его вращения. В общем случае уравнения несимметричного гироскопа в кардановом подвесе не являются интегрируемыми [58].

4. Случай осевой симметрии в уравнениях Чаплыгина

Как показано в § 7 гл. 1, динамика твердого тела в жидкости в поле тяжести без начального типа может быть описана гамильтоновой системой на $e(3)$ с гамильтонианом

$$H = \frac{1}{2}(\boldsymbol{M}, \mathbf{A}\boldsymbol{M}) + \frac{1}{2}\mu^2 t^2(\boldsymbol{\gamma}, \mathbf{C}\boldsymbol{\gamma}). \qquad (2.16)$$

При условиях осевой симметрии гамильтониан (2.16) можно представить в форме

$$H = \frac{1}{2}(M_1^2 + M_2^2 + aM_3^2) + \frac{1}{2}\mu^2 t^2\gamma_3^2. \qquad (2.17)$$

Дополнительный интеграл имеет вид $F = M_3$.

Для редукции можно пользоваться системой переменных (2.6), однако удобнее записать уравнение второго порядка для угла нутации. Действительно, для $\gamma_3 = \cos\theta$ с учетом соотношений $(M_1^2 + M_2^2)(\gamma_1^2 + \gamma_2^2) = (M_1\gamma_2 + M_2\gamma_2)^2 + (M_1\gamma_2 - M_2\gamma_1)^2$, $\dot\gamma_3 = M_2\gamma_1 - M_1\gamma_2$ находим

$$-\sin\theta\ddot\theta = \frac{(M_3 - c\cos\theta)(M_3\cos\theta - c)}{\sin^2\theta} - \mu^2 t^2 \sin^2\theta\cos\theta, \quad c = (\boldsymbol{M}, \boldsymbol{\gamma}). \tag{2.18}$$

Если тело падает из состояния покоя, то $M_3 = 0$, $c = 0$, и для угла нутации получим неавтономное уравнение маятникового типа [297]

$$\ddot\theta = \mu^2 t^2 \sin\theta\cos\theta. \tag{2.19}$$

Остальные углы даются уравнениями

$$\dot\varphi = (a-1)M_3 + \frac{M_3 - c\cos\theta}{\sin^2\theta}, \quad \dot\psi = \frac{c - M_3\cos\theta}{\sin^2\theta}. \tag{2.20}$$

Более общие, чем (2.18), уравнения для описания падения твердого тела при выполнении условий осевой симметрии рассмотрены нами в § 7 гл. 6.

5. Аналогия между волчком Лагранжа и системой Леггетта

Выше были описаны способы редукции (и соответствующие системы переменных) для тех задач динамики твердого тела, которые допускают один линейный интеграл. В то же время имеется ряд систем, когда в задаче существует избыточный набор линейных интегралов, которые некоммутативны. В этом случае последовательное применение описанной редукции не всегда возможно, так как инволютивный набор, образованный из линейных интегралов, содержит, как правило, нелинейные интегралы. В этом случае, следуя описанной в § 1 схеме, можно сразу понизить порядок на две степени свободы, что достигается выбором соответствующего набора редуцированных (алгебраических) переменных.

В работе [450] было рассмотрено явное интегрирование одного варианта системы Леггетта, описывающей поведение спина атома жидкого гелия He^3 в β-фазе при наличии магнитного поля. Если рассматривать кватернионные уравнения динамики (см. § 4 гл. 1), то гамильтониан такой системы можно записать в виде

$$H = \frac{1}{2}(M_1^2 + M_2^2 + M_3^2) + bM_3 + U(\lambda_0), \tag{2.21}$$

где $U = C\left(4\lambda_0^2 - \frac{3}{2}\right)^2$, b, $c = \mathrm{const}$. Такой вид гамильтониана встречается также в задачах о движении материальной точки в искривленном пространстве S^3 (см. приложение А).

Система вида (2.21) всегда обладает циклическим интегралом $F = (\boldsymbol{M}, \boldsymbol{\gamma}) - M_3 = \mathrm{const}$. Еще один дополнительный интеграл возникает при условии $b = 0$ (отсутствие магнитного поля). В переменных (1.8) он имеет вид

$$F = K_2^2(s_1^2 + s_3^2) + (K_1 s_1 + K_2 s_3)^2.$$

Интегрирование этой системы в [450] сильно усложнено. Вместе с тем, как было показано в [44], она фактически является одним из обобщений случая Лагранжа (после надлежащей редукции). Действительно, в этом случае уравнения (2.21) обладают векторным интегралом движения

$$\boldsymbol{L} = ((\boldsymbol{M}, \boldsymbol{\alpha}) - M_1, (\boldsymbol{M}, \boldsymbol{\beta}) - M_2, (\boldsymbol{M}, \boldsymbol{\gamma}) - M_3)),$$

компоненты которого образуют алгебру $so(3)$. Выберем новые переменные, которые коммутируют одновременно со всеми компонентами вектора $\boldsymbol{L}$.

$$\begin{gathered} K_1 = \frac{\sqrt{(\boldsymbol{M} \times \boldsymbol{\lambda})^2}}{\sqrt{\boldsymbol{\lambda}^2}}, \quad K_2 = \frac{(\boldsymbol{M}, \boldsymbol{\lambda})}{\sqrt{\boldsymbol{\lambda}^2}}, \\ \sigma_1 = \sqrt{\boldsymbol{\lambda}^2}, \quad \sigma_2 = \lambda_0, \\ \boldsymbol{\lambda}^2 = \lambda_1^2 + \lambda_2^2 + \lambda_3^2. \end{gathered} \tag{2.22}$$

Они образуют нелинейную алгебру

$$\begin{aligned} &\{K_2, K_1\} = \frac{p_1\sigma_2}{2\sigma_1}, \quad \{K_2, \sigma_1\} = -\frac{\sigma_2}{2}, \\ &\{K_2, \sigma_2\} = \frac{\sigma_1}{2}, \qquad \{K_1, \sigma_1\} = \{K_1, \sigma_2\} = 0 \end{aligned} \tag{2.23}$$

с функциями Казимира

$$F_1 = \boldsymbol{\sigma}^2, \qquad F_2 = K_1\sigma_1 = \mathrm{const},$$

где $\boldsymbol{\sigma} = (\sigma_1\sigma_2)$, $\boldsymbol{K} = (K_1, K_2)$. (Менее удачные образующие используются в [214, 391].)

Ранг скобки (2.22) равен двум, и потому любая гамильтонова система на ней интегрируема – в частности, система (2.21) при $b = 0$, гамильтониан которой в новых переменных может быть представлен в виде

$$H = \frac{1}{2}\boldsymbol{K}^2 + U(\sigma_2).$$

Аналогичное представление было получено для обобщения случая Лагранжа (см. (2.7), (2.8)) при $c = 0$, $\boldsymbol{W} = 0$, $x = 0$. Указанную аналогию можно установить и непосредственно (например, в углах Эйлера), однако алгебраический подход к вопросам редукции и понижения порядка, развиваемый в [44], имеет особенную наглядность и простоту.

§ 3. Обобщения случая Гесса

Следуя общей схеме исследования, предложенной при анализе аналогов случая Лагранжа, укажем сначала общие динамические условия, приводящие к существованию инвариантного соотношения типа Гесса, а затем проиллюстрируем их на различных механических системах [47].

Мы сформулируем сначала даже более общее утверждение относительно существования инвариантного соотношения вида

$$M_3 - c = 0, \quad c = \mathrm{const} \tag{3.1}$$

(которое при произвольном c даст условия существования интеграла типа Лагранжа, они также указаны нами в § 1, формула (1.13)) для наиболее полного вида обобщенно-потенциальной системы с гамильтонианом

$$\begin{gathered} H = \frac{1}{2}(\boldsymbol{M}, \mathbf{A}'\boldsymbol{M}) + (\boldsymbol{M}, \boldsymbol{W}(\boldsymbol{q})) + U(\boldsymbol{q}), \\ \boldsymbol{q} \approx (\boldsymbol{\alpha}, \boldsymbol{\beta}, \gamma) \approx (\theta, \varphi, \psi) \approx (\lambda_0, \lambda_1, \lambda_2, \lambda_3), \end{gathered} \tag{3.2}$$

где $\mathbf{A}'$ — постоянная, не обязательно диагональная матрица (предполагается использование системы неглавных осей). Гамильтониан (3.2) описывает также движение твердого тела с неподвижной точкой в суперпозиции силовых полей (см. § 4 гл. 3, в котором разобраны несколько обобщений случаев Лагранжа и Гесса на специальные формы потенциала $U(\boldsymbol{q})$, $W(\boldsymbol{q}) \equiv 0$). С помощью непосредственных вычислений можно показать, что условия существования соотношения (3.1) имеют вид

$$\begin{gathered} a'_{11} = a'_{22}, \quad a'_{12} = 0, \\ (\widehat{L}_\alpha + \widehat{L}_\beta + \widehat{L}_\gamma)(U + cW_3) = 0, \\ (\widehat{L}_\alpha + \widehat{L}_\beta + \widehat{L}_\gamma)W_1 + W_2 + ca'_{23} = 0, \\ (\widehat{L}_\alpha + \widehat{L}_\beta + \widehat{L}_\gamma)W_2 - W_1 - ca'_{13} = 0, \end{gathered} \tag{3.3}$$

где $\widehat{L}_\alpha$, $\widehat{L}_\beta$, $\widehat{L}_\gamma$ — дифференциальные операторы вида

$$\hat{L}_\alpha = \alpha_1\frac{\partial}{\partial\alpha_2} - \alpha_2\frac{\partial}{\partial\alpha_1}, \quad \hat{L}_\beta = \beta_1\frac{\partial}{\partial\beta_2} - \beta_2\frac{\partial}{\partial\beta_1}, \quad \hat{L}_\gamma = \gamma_1\frac{\partial}{\partial\gamma_2} - \gamma_2\frac{\partial}{\partial\gamma_1}.$$

Замечание. Условия (3.3) в несколько иной форме были указаны Х. Яхьей в [542].

Линейные и квадратичные потенциалы. Укажем в явном виде условия существования интеграла Гесса (3.1) для частного вида векторного и скалярного потенциалов $\boldsymbol{W}, U$ в (3.2), предполагая

$$\begin{gathered} \boldsymbol{W} = \boldsymbol{K} + \sum_{i=1}^{3} \mathbf{B}^{(i)} \boldsymbol{\alpha}_i, \\ U = \sum_{i=1}^{3} (\boldsymbol{r}^{(i)}, \boldsymbol{\alpha}_i) + \frac{1}{2} \sum_{i=1}^{3} (\boldsymbol{\alpha}_i, \mathbf{C}^{(i)} \boldsymbol{\alpha}_i), \end{gathered} \tag{3.4}$$

где $\boldsymbol{\alpha}_1 = \boldsymbol{\alpha}$, $\boldsymbol{\alpha}_2 = \boldsymbol{\beta}$, $\boldsymbol{\alpha}_3 = \boldsymbol{\gamma}$, $\boldsymbol{K}$, $\boldsymbol{r}_i$ — постоянные векторы, $\mathbf{C}^{(i)}$ — симметричные, $\mathbf{B}^{(i)}$ — произвольные матрицы 3×3 $(i = 1, 2, 3)$.

Условия существования интеграла Гесса для некоторых (еще более частных) случаев системы (3.4) приведены в работах [542, 160, 64] (см. далее).

Используя соотношения (3.1) и (3.3), находим

$$\boldsymbol{K} = (-ca'_{13},\, -ca'_{23},\, k_3 a'_{33}),$$

k_3 — произвольная постоянная,

$$\begin{gathered} b_{11}^{(i)} = b_{22}^{(i)}, \quad b_{12}^{(i)} = -b_{12}^{(i)}, \quad b_{13}^{(i)} = b_{23}^{(i)} = 0, \\ r_1^{(i)} = cb_{31}^{(i)}, \quad r_2^{(i)} = cb_{32}^{(i)}, \\ \mathbf{C}^{(i)} = \operatorname{diag}(c_{11}^{(i)}, c_{11}^{(i)}, c_{33}^{(i)}). \end{gathered}$$

При этом гамильтониан можно представить в форме

$$\begin{gathered} H = \frac{1}{2}(a'_{11}(M_1^2 + M_2^2) + a'_{33}(M_3 + k_3)^2) + \\ +(M_3 - c)(a'_{13}M_1 + a'_{23}M_2) + b_{11}^{(1)}(M_1\alpha_1 + M_2\alpha_2) + \\ +b_{12}^{(1)}(M_1\alpha_2 - M_2\alpha_1) + b_{33}^{(1)}M_3\alpha_3 + (M_3 - c)(b_{31}^{(1)}\alpha_1 + b_{32}^{(1)}\alpha_2) + \\ +\frac{1}{2}(c_{11}^{(1)}(\alpha_1^2 + \alpha_2^2) + c_{33}^{(1)}\alpha_3^2) + r_3^{(1)}\alpha_3 + \ldots, \end{gathered} \tag{3.5}$$

где опущены аналогичные слагаемые, содержащие $\boldsymbol{\beta}$, γ.

Рассмотрим взаимную систему переменных — проекции вектора кинетического момента на неподвижные оси $\boldsymbol{N} = (N_1, N_2, N_3) = ((\boldsymbol{M}, \boldsymbol{\alpha}), (\boldsymbol{M}, \boldsymbol{\beta}), (\boldsymbol{M}, \boldsymbol{\gamma}))$ и вектор $\boldsymbol{p} = (\alpha_3, \beta_3, \gamma_3)$. Их коммутация образует алгебру $e(3)$ (§ 4 гл. 1). В этих переменных гамильтониан (3.2) при условиях (3.3), (3.4) имеет вид

$$H = \frac{1}{2}a'_{11}\boldsymbol{N}^2 + (\boldsymbol{b}_1, \boldsymbol{N}) + (\boldsymbol{b}_2 \times \boldsymbol{p}, \boldsymbol{N}) + (\boldsymbol{r} + c\boldsymbol{b}_3 - c\boldsymbol{b}_1, \boldsymbol{p}) + \frac{1}{2}(\boldsymbol{p}, \mathbf{C}\mathbf{p}) + \\ +(M_3 - c)f(\boldsymbol{M}, \boldsymbol{\alpha}, \boldsymbol{\beta}, \boldsymbol{\gamma}), \qquad (3.6)$$

где $\boldsymbol{b}_1 = (b_{11}^{(1)}, b_{11}^{(2)}, b_{11}^{(3)})$, $\boldsymbol{b}_2 = (b_{12}^{(1)}, b_{12}^{(2)}, b_{13}^{(3)})$, $\boldsymbol{b}_3 = (b_{33}^{(1)}, b_{33}^{(2)}, b_{33}^{(3)})$, $\boldsymbol{r} = (r_3^{(1)}, r_3^{(2)}, r_3^{(3)})$, $\mathbf{C} = \mathrm{diag}(c_{33}^{(1)} - c_{11}^{(1)}, c_{33}^{(2)} - c_{11}^{(2)}, c_{33}^{(3)} - c_{11}^{(3)})$, причем функция $f(\boldsymbol{M}, \boldsymbol{\alpha}, \boldsymbol{\beta}, \boldsymbol{\gamma})$ не может быть выражена через переменные $\boldsymbol{N}$, $\boldsymbol{p}$. (В противном случае мы получили бы волчок типа Лагранжа.)

Поскольку $\boldsymbol{N}$, $\boldsymbol{p}$ коммутируют с M_3, уравнения движения для них на уровне $M_3 = c$ отделяются и описываются гамильтоновой системой на $e(3)$ с гамильтонианом (3.6), взятом при условии $M_3 - c = 0$, т. е. системой с двумя степенями свободы.

Таким образом, в качестве приведенной системы мы получаем поток, изоморфный уравнениям движения шарового волчка в обобщенно потенциальном поле на фиксированном уровне постоянной площадей $(\boldsymbol{N}, \boldsymbol{p}) = M_3 = c$.

Система (3.6) в общем случае не является интегрируемой, т. е. существование инвариантного соотношения Гесса для системы (3.2) не означает еще полной интегрируемости. Как мы уже видели в § 1, аналогичное замечание справедливо относительно наличия общего интеграла Лагранжа, который только обеспечивает возможность понижения порядка на одну степень свободы.

Укажем дополнительные условия, при которых система (3.6) вполне интегрируема. Действительно, при $b_1 = b_2 = b_3 = r = 0$ мы имеем интегрируемый случай Клебша (при $c = 0$ — систему Неймана), а при $b_1 = b_2 = b_3 = 0$, $c = 0$ — случай Лагранжа для одного поля.

Замечание 1. До сих пор мы использовали специальную систему координат, в которой оси не совпадают с главными осями тела и $\mathbf{A}$ не диагональна. В системе координат, для которой тензор инерции диагонален $\mathbf{A} = \mathrm{diag}(a_1, a_2, a_3)$, интеграл типа Гесса (3.1) имеет вид

$$F = \sqrt{a_2 - a_1}\sqrt{a_3 - a_2}(M_1\sqrt{a_2 - a_1} \pm M_3\sqrt{a_3 - a_2}) - \\ -(K_1\sqrt{a_3 - a_2} \pm K_3\sqrt{a_2 - a_1}) = 0, \qquad (3.7)$$

где $\boldsymbol{K}$ — постоянный вектор в (3.4). Преобразование к системе главных осей тела выполняется при помощи матрицы $\mathbf{U}$ (6.5).

Замечание 2. Интеграл Гесса, равно как и интеграл Лагранжа, имеется в более сложной системе с пятью степенями свободы [59] — тело, подвешенное на невесомом *жестком стержне* (*струне*), движется в поле тяжести [240]. Для интегрируемости этой системы даже при наличии указанных интегралов не хватает еще трех инволютивных интегралов. Они неизвестны, а единственный случай интегрируемости связан с полным разделением движений, когда точка закрепления тела на струне совпадает с центром масс.

Известные интегрируемые случаи. В случае одного силового поля, осесимметричного в пространстве, т. е. при $U = U(\gamma)$, $\boldsymbol{W} = \boldsymbol{W}(\gamma)$ различными авторами были отмечены следующие аналоги интеграла Гесса, которого в этом случае достаточно для полной интегрируемости:

1. $U(\gamma) = \mu\gamma_3$, $\boldsymbol{W}(\gamma) = 0$ — классический случай Гесса уравнений Эйлера–Пуассона [403];
2. $U(\gamma) = \mu\gamma_3$, $\boldsymbol{W} = (ca'_{13}, ca'_{23}, k_3)$, $k_3 = \text{const}$ — гиростатическое обобщение случая Гесса, указанное Л. Н. Сретенским [260];
3. $U(\gamma) = (\gamma, \mathbf{C}\gamma)$, $\mathbf{C} = \operatorname{diag}(c_1, c_1, c_3)$, $\boldsymbol{W} = (b_{11}\gamma_1 + b_{12}\gamma_2, -b_{12}\gamma_1 + b_{11}\gamma_2, b_{31}\gamma_1 + b_{32}\gamma_2 + b_{33}\gamma_3)$ — частный случай интегрируемости (С. А. Чаплыгин [303], В. В. Козлов, Д. А. Онищенко [160]) уравнений Кирхгофа.

Случаи 1, 2, 3, очевидно, удовлетворяют общим условиям (3.3), (3.5).

Замечание. Все обобщения случая Гесса, указанные на алгебре $e(3)$, могут быть естественным образом перенесены на случай пучка скобок $\mathscr{L}_x$ вследствие того, что уравнения для $\boldsymbol{M}$ одинаковы на всем пучке. Инвариантное соотношение Гесса при этом не зависит от параметра пучка.

В случае двух силовых полей система (3.4) рассматривалась в работе [64] (А. А. Буров, Г. И. Субханкулов), хотя в ней потенциалы (3.4) имеют гидродинамическую интерпретацию. В работе [64] указаны два частных случая существования у системы интеграла Гесса $M_3 = 0$, однако вопрос о полной интегрируемости не обсуждается. Оказывается, что в одном из этих случаев система является интегрируемой, а в другом — нет.

1-*й случай*:

$$U = \frac{1}{2}\left(c_{11}^{(1)}(\alpha_1^2 + \alpha_2^2) + c_{33}^{(1)}\alpha_3^2\right) + \frac{1}{2}\left(c_{11}^{(2)}(\beta_1^2 + \beta_2^2) + c_{33}^{(2)}\beta_3^2\right).$$

Гамильтониан приведенной системы (3.6) в этом случае можно представить в форме

$$H = \frac{1}{2}a'_{11}\boldsymbol{N}^2 + \frac{1}{2}(c_{33}^{(1)} - c_{11}^{(1)})p_1^2 + \frac{1}{2}(c_{33}^{(2)} - c_{11}^{(2)})p_2^2.$$

Вследствие соотношения $(\boldsymbol{N}, \boldsymbol{p}) = M_3 = 0$ этот случай *изоморфен системе Неймана*, которая интегрируема.

2-й случай:

$$U = r_3\alpha_3 + \frac{1}{2}\left(c_{11}(\beta_1^2 + \beta_2^2) + c_{33}\beta_3^2\right).$$

Приведенная система имеет вид

$$H = \frac{1}{2}a'_{11}\boldsymbol{N}^2 + r_3p_1 + \frac{1}{2}(c_{33} - c_{11})p_2^2, \quad (\boldsymbol{N}, \boldsymbol{p}) = 0.$$

Этот гамильтониан соответствует сферическому маятнику в поле тяжести и перпендикулярном ему поле Бруна. Такая система, по-видимому, неинтегрируема. Уже традиционно мы рассмотрим применение указанных общих условий к трем несколько более смежным задачам динамики твердого тела.

Твердое тело на гладкой плоскости. В работе [60] (А. А. Буров) найдено инвариантное соотношение Гесса для динамики твердого тела с гиростатом на гладкой горизонтальной плоскости. Вследствие того, что при этом используются угловые скорости $\boldsymbol{\omega}$ и система главных осей, это соотношение выглядит несколько неожиданным. Здесь мы приведем условия существования интеграла Гесса для уравнений в гамильтоновой форме на алгебре $e(3)$ в случае, когда потенциал силового поля симметричен относительно вращений вокруг вертикали.

Как показано в гл. 1, уравнения движения могут быть записаны в гамильтоновой форме на алгебре $e(3)$ с функцией Гамильтона

$$\begin{gathered} H = \frac{1}{2}(\mathbf{A}(\boldsymbol{M} - \boldsymbol{K}), \mathbf{IA}(\boldsymbol{M} - \boldsymbol{K})) + \frac{1}{2}m(\boldsymbol{a}, \mathbf{A}(\boldsymbol{M} - \boldsymbol{K})) + U(\boldsymbol{\gamma}), \\ \boldsymbol{a} = \boldsymbol{r} \times \boldsymbol{\gamma}, \qquad \mathbf{A} = (\mathbf{I} + m\boldsymbol{a} \otimes \boldsymbol{a})^{-1}, \end{gathered} \tag{3.8}$$

где $\boldsymbol{K}$ — постоянный в теле вектор гиростатического момента, $\boldsymbol{\gamma}$ — вектор нормали к плоскости, $\boldsymbol{M}$ — вектор кинетического момента относительно точки контакта, который связан с угловой скоростью по формуле

$$\boldsymbol{M} = \mathbf{I}\boldsymbol{\omega} + m\boldsymbol{a}(\boldsymbol{a}, \boldsymbol{\omega}). \tag{3.9}$$

Здесь $\mathbf{I}$ — тензор инерции относительно центра масс, m — масса тела.

Вектор $\boldsymbol{r}(\boldsymbol{\gamma})$ находится из условия

$$\boldsymbol{\gamma} = -\frac{\operatorname{grad} F(\boldsymbol{r})}{|\operatorname{grad} F(\boldsymbol{r})|},$$

где $F(\boldsymbol{r}) = 0$ задает уравнение (всюду выпуклой) поверхности тела.

Пусть тело ограничено осесимметричной поверхностью, ось симметрии которой перпендикулярна круговому сечению гирационного эллипсоида вида

$$(\boldsymbol{M}, \mathbf{I}^{-1}\boldsymbol{M}) = \text{const}.$$

Выберем систему координат, одна из осей которой Ox_3 перпендикулярна круговому сечению, а другая — Ox_2 — направлена вдоль средней оси инерции; тогда, если U зависит лишь от γ_3 и выполнено соотношение

$$K_2 = 0, \qquad a_{11}^{(0)} K_1 + a_{13}^{(0)} K_3 = c a_{13}^{(0)},$$

где $\mathbf{A}^{(0)} = \|a_{ij}^{(0)}\| = \mathbf{I}^{-1}$, инвариантное соотношение Гесса принимает вид

$$M_3 - c = 0.$$

Доказательство этого утверждения — прямая проверка, которую удобнее выполнять при помощи любого средства аналитических вычислений.

Гамильтониан в случае Гесса отличается от гамильтониана случая Лагранжа на гладкой плоскости (2.12) (§ 1 гл. 3) наличием дополнительного слагаемого вида $(M_3 - c)f(\boldsymbol{M}, \boldsymbol{\gamma})$. Оно обращается в нуль на уровне интеграла Гесса, где также возможен переход к редуцированной системе, определяемой переменными (2.6) (§ 1 гл. 3).

Замечание 3. В выбранной системе координат

$$\mathbf{A}^{(0)} = \begin{pmatrix} a_{11}^{(0)} & 0 & a_{13}^{(0)} \\ 0 & a_{11}^{(0)} & 0 \\ a_{13}^{(0)} & 0 & a_{33}^{(0)} \end{pmatrix},$$

уравнение поверхности тела имеет вид

$$F = F(x_1^2 + x_2^2, x_3) = 0,$$

а вектор $\boldsymbol{a}$ в (3.8) можно представить в форме

$$\boldsymbol{a} = (-f(\gamma_3)\gamma_2, f(\gamma_3)\gamma_1, 0),$$

где f зависит лишь от γ_3.

Замечание 4. Аналог случая Гесса при движении твердого тела по абсолютно шероховатой плоскости (неголономная система) до сих пор не найден. Тем не менее, обобщение задачи Лагранжа о качении без проскальзывания осесимметричного тела по плоскости существует и проинтегрировано С. А. Чаплыгиным [191].

Гироскоп в кардановом подвесе. В этой задаче кинетическая энергия также зависит от позиционных переменных, что и обусловливает дополнительные сложности. Здесь снова удобно воспользоваться гамильтоновой формой записи системы (см. подробно § 4 гл. 1). По причине громоздкости получающихся выражений приведем здесь лишь окончательный результат при отсутствии гиростатического момента.

Пусть динамически несимметричное твердое тело закреплено в кардановом подвесе, так что ось закрепления на внутренней рамке (см. рис. 6 гл. 1) *совпадает с перпендикуляром к круговому сечению гирационного эллипсоида и потенциальная энергия тела во внешнем поле инвариантна относительно поворотов тела на оси внутренней рамки. Тогда существует инвариантное соотношение типа Гесса, которое в системе координат, одна из осей которой* (Ox_3) *совпадает с перпендикуляром к круговому сечению, имеет вид*

$$M_3 = 0. \tag{3.10}$$

Этот случай (по-видимому, впервые) отмечен авторами в [47, 39].

Для случая поля тяжести центр масс тела должен располагаться на оси внутренней рамки.

Замечание. Несложно указать обобщение этого результата на случай гиростата, при этом соотношение (3.10) примет вид $M_3 = c$, где c — фиксированная константа, зависящая от гиростатического момента.

Интеграл Гесса в уравнениях Чаплыгина. Укажем еще один случай [39, 47] существования инвариантного соотношения Гесса для неавтономной системы, описывающей падение твердого тела в жидкости без начального толчка (§ 7 гл. 1). При этом поверхность, ограничивающая тело, осесимметрична, а ось симметрии перпендикулярна круговому сечению гирационного эллипсоида. Гамильтониан можно представить в форме

$$H = \frac{1}{2}(M_1^2 + M_2^2 + aM_3^2 + 2a_{13}M_1M_3) + \frac{1}{2}\mu^2t^2\gamma_3^2. \tag{3.11}$$

В выбранной системе координат инвариантное соотношение имеет вид

$$M_3 = 0, \tag{3.12}$$

и на этом можно получить уравнение для угла нутации, которое не отличается от осесимметричного случая (см. § 2):

$$-\sin\theta\ddot{\theta} = -\frac{c^2\cos^2\theta}{\sin^2\theta} - \mu^2t^2\sin^2\theta\cos\theta, \quad c = (\boldsymbol{M}, \boldsymbol{\gamma}). \tag{3.13}$$

Угол собственного вращения в этом случае дается системой

$$\dot{\varphi} = -\frac{c\cos\theta}{\sin^2\theta} + a_{13}M_1, \quad \dot{M}_1 = a_3 M_1 M_2 + \mu t^2 \gamma_2 \gamma_3,$$

где $\gamma_3 = \cos\theta$, $\gamma_1 = \sin\theta\sin\varphi$, $\gamma_2 = \sin\theta\cos\varphi$, а M_2 может быть найдено из соотношения

$$M_1^2 + M_2^2 = \frac{c^2 + \dot{\gamma}_3^2}{1 - \gamma_3^2}.$$

При $c = 0$ уравнение (3.13) совпадает с уравнением Чаплыгина. В этом случае можно воспользоваться методами качественного анализа движения, приведенными в [154] (см. § 5 гл. 6).

Глава 5
Обобщение случаев интегрируемости. Явное интегрирование

§ 1. Различные обобщения случаев Ковалевской и Горячева – Чаплыгина

В силу особого математического и прикладного значения уравнений Эйлера – Пуассона, изучение их интегрируемых случаев привело к появлению ряда работ, в которых эти случаи были обобщены в разных направлениях. Одним из них является добавление в гамильтониан гиростатического момента и дополнительных потенциальных слагаемых. Другое возможное обобщение связано с тем, что случаи интегрируемости рассматриваются на пучке скобок Пуассона. Наконец, можно рассмотреть самый общий случай — когда дополнительные параметры появляются как в гамильтониане, так и в скобках Пуассона. В качестве оправдания рассмотрения таких задач, т. е. включения интегрируемого случая в более общее интегрируемое семейство, укажем, что оно помогает глубже понять его динамическое происхождение, а также отделить специфические свойства (например, возможность интегрирования в эллиптических функциях), не типичные для всех представителей семейства.

Отметим, что один класс обобщений, связанный с редукциями и реконструкциями различных механических систем, был уже рассмотрен нами в гл. 4.

1. Обобщение случая Ковалевской

Первое обобщение принадлежит С. А. Чаплыгину [303], который на нулевом уровне интеграла площадей $(\boldsymbol{M}, \boldsymbol{\gamma})$ рассмотрел суперпозицию случая Ковалевской и своего случая в уравнениях Кирхгофа. Д. Н. Горячев добавил [98] в это семейство сингулярное слагаемое вида $\frac{a}{\gamma_3^2}$, не ссылаясь на более ранний результат Чаплыгина. Последнее связано, видимо, с тем, что Чаплыгин и Горячев рассматривали разные задачи (уравнения Кирхгофа и движение тела с неподвижной точкой в потенциальных полях соответственно), а в то время взаимосвязь между этими задачами не была отчетливо понята. Между прочим, в работе [97] Д. Н. Горячев добавил аналогичное сингулярное слагаемое в случай Горячева – Чаплыгина. Метод Горячева в обоих случаях связан с исследованием возможных потенциалов, допускающих дополнительный интеграл, соответственно, третьей и четвертой степени.

1. Первое обобщение связывает случай Ковалевской и случай Чаплыгина в единое интегрируемое семейство на нулевом уровне $(\boldsymbol{M}, \boldsymbol{\gamma}) = 0$. Наиболее общий гамильтониан имеет вид

$$H = \frac{1}{2}(M_1^2 + M_2^2 + 2M_3^2) + \lambda M_3 + \\ + r_1\gamma_1 + r_2\gamma_2 + 2b_1\gamma_1\gamma_2 + b_2(\gamma_2^2 - \gamma_1^2) + \frac{1}{2}\frac{a}{\gamma_3^2}, \qquad (1.1)$$

$$\lambda, r_1, r_2, b_1, b_2, a = \mathrm{const}.$$

Соответствующий интеграл четвертой степени можно представить в форме

$$F = \Big(M_1^2 - M_2^2 - a\frac{\gamma_1^2 - \gamma_2^2}{\gamma_3^2} - 2r_1\gamma_1 + 2r_2\gamma_2 - 2b_2\gamma_3^2\Big)^2 + \\ + 4\Big(M_1^2M_2^2 - a\frac{\gamma_1\gamma_2}{\gamma_3^2} - r_1\gamma_2 - r_2\gamma_1 + b_1\gamma_3^2\Big)^2 - \\ - 4\lambda(M_3 + \lambda)\Big(M_1^2 + M_2^2 + a\Big(1 + \frac{1}{\gamma_3^2}\Big)\Big) + \\ + 8\lambda\gamma_3\big(M_1(r_1 + b_1\gamma_2 - b_2\gamma_1) + M_2(r_2 + b_1\gamma_1 + b_2\gamma_2)\big); \qquad (1.2)$$

с помощью поворота вокруг оси Ox_3 можно исключить один из параметров r_1, r_2, b_1, b_2 (традиционно полагают $b_1 = 0$).

Наиболее общее семейство (1.1) было указано Х. Яхьей (1996 г.) [535]. (В более ранней работе Х. Яхьи (1987 г.) [534] интегрируемое семейство (1.1) было указано без добавления сингулярного слагаемого $\frac{a}{\gamma_3^2}$.) Как уже указывалось, существенно более ранние результаты, содержащие дополнительные ограничения на свободные параметры в (1.1), принадлежат Д. Н. Горячеву ($\lambda = 0$) (1915 г.) [97] и С. А. Чаплыгину ($a = 0, \lambda = 0$) (1903 г.) [298].

2. Другое обобщение на нулевом уровне постоянной площадей $(\boldsymbol{M}, \boldsymbol{\gamma}) = 0$, предложенное Х. Яхьей и Н. Бедвейхи (1987 г.) [545, 538] (см. также [531]), связано с добавлением двух различных сингулярных добавок. Гамильтониан и интеграл имеют вид

$$H = \frac{1}{2}(M_1^2 + M_2^2 + 2M_3^2) + r_1\gamma_1 + r_2\gamma_2 + \frac{\varepsilon}{\sqrt{\gamma_1^2 + \gamma_2^2}} + \frac{1}{2}\frac{a}{\gamma_3^2},$$

$$a,\ \varepsilon,\ r_1,\ r_2 = \mathrm{const},$$

при этом на нулевой константе площадей частный интеграл имеет вид

$$F = \left(M_1^2 - M_2^2 - 2r_1\gamma_1 + 2r_2\gamma_2 - \frac{a(\gamma_1^2 - \gamma_2^2)}{\gamma_3^2}\right)^2 + \\ + 4\left(M_1M_2 - r_1\gamma_2 - r_2\gamma_1 - \frac{a\gamma_1\gamma_2}{\gamma_3^2}\right)^2 + \\ + 4\varepsilon\left(\frac{M_1^2 + M_2^2}{\sqrt{\gamma_1^2 + \gamma_2^2}} + \frac{\varepsilon}{\gamma_1^2 + \gamma_2^2} + \frac{a\sqrt{\gamma_1^2 + \gamma_2^2}}{\gamma_3^2}\right).$$

Интересно отметить, что при $a = 0$ этот случай является общим случаем интегрируемости (и не связан с нулевым уровнем интеграла площадей).

3. Укажем еще один недавний результат Х. Яхьи (2003 г.) [529], рассмотревшего систему вида

$$H = \frac{1}{2}(M_1^2 + M_2^2 + 2M_3^2) + c(\gamma_1^2 - \gamma_2^2) + 2d\gamma_1\gamma_2 + \frac{\lambda}{\gamma_3^2} + \varepsilon\left(\frac{1}{\gamma_3^4} - \frac{1}{\gamma_3^6}\right),$$

$$c, d, \lambda, \varepsilon = \mathrm{const},$$

обладающую дополнительным интегралом четвертой степени (при условии $(\boldsymbol{M}, \boldsymbol{\gamma}) = 0$)

$$F = \left[M_1^2 - M_2^2 + c\gamma_3^2 - \frac{\lambda(\gamma_1^2 - \gamma_2^2)}{\gamma_3^2}\right]^2 + \left[M_1M_2 + d\gamma_3^2 - \frac{2\lambda\gamma_1\gamma_2}{\gamma_3^2}\right] + \\ + 2\varepsilon(M_1^2 + M_2^2)\left(\frac{1}{\gamma_3^4} - \frac{1}{\gamma_3^6}\right) + \varepsilon\frac{(\gamma_1^2 + \gamma_2^2)^2}{\gamma_3^{12}}(\varepsilon - 2\lambda\gamma_3^4) + \frac{2\varepsilon}{\gamma_3^4}\left[c(\gamma_1^2 - \gamma_2^2) + 2d\gamma_1\gamma_2\right].$$

При $\varepsilon = 0$ мы получаем классический результат Д. Н. Горячева [97]. В работе [529] анонсирована интегрируемая система с гамильтонианом

$$H = \frac{1}{2}(M_1^2 + M_2^2 + 2M_3^2) + \frac{a\gamma_3}{(\gamma_1^2 + \gamma_2^2)^{3/4}} + \frac{b}{\sqrt{\gamma_1^2 + \gamma_2^2}} + \\ + \frac{\gamma_3\sqrt{c\gamma_1 + d\gamma_2 + \sqrt{(c^2 + d^2)(\gamma_1^2 + \gamma_2^2)}}}{\sqrt{\gamma_1^2 + \gamma_2^2}},$$

однако явно вид дополнительного интеграла не указан.

4. Еще более общим является следующее семейство на $e(3)$ (также при условии $(\boldsymbol{M}, \boldsymbol{\gamma}) = 0$), указанное В. В. Соколовым [494]. Мы укажем его в виде, приведенном самим автором (H — гамильтониан, F — дополнительный интеграл):

$$H = M_1^2 + M_2^2 + 2M_3^2 + 2(a_1\gamma_1 + a_2\gamma_2)M_3 - (a_1^2 + a_2^2)\gamma_3^2 + \\ + 2\lambda_1(a_2\gamma_1 - a_1\gamma_2) + \frac{\lambda_2}{\sqrt{\gamma_1^2 + \gamma_2^2}},$$

$$F = k_1k_2 + T, \quad a_1, a_2, \lambda_1, \lambda_2 = \mathrm{const},$$

$$k_1 = M_3,$$

$$k_2 = (M_1^2 + M_2^2 + M_2^2)M_3 + 2(a_1M_1 + a_2M_2)(M_1\gamma_1 + M_2\gamma_2) + \\ + 2(a_1\gamma_1 + a_2\gamma_2)M_3^2 + (a_1\gamma_1 + a_2\gamma_2)^2M_3 - \\ - (a_1^2 + a_2^2)(2M_1\gamma_1 + 2M_2\gamma_2 + M_3\gamma_3)\gamma_3,$$

$$T = 2a_2\lambda_1\gamma_1M_1^2 + 2\lambda_1(a_2\gamma_2 - a_1\gamma_1)M_1M_2 - 2a_1\lambda_1\gamma_2M_2^2 + \\ + \left(2a_2\lambda_1\gamma_1 - 2a_1\lambda_1\gamma_2 + \frac{\lambda_2}{\sqrt{\gamma_1^2 + \gamma_2^2}}\right)M_3^2 + \\ + (a_1\gamma_1 + a_2\gamma_2)\left(2a_2\lambda_1\gamma_1 - 2a_1\lambda_1\gamma_2 + \frac{\lambda_2}{\sqrt{\gamma_1^2 + \gamma_2^2}}\right)M_3 - \\ - \lambda_1\left(\lambda_1(a_1\gamma_1 + a_2\gamma_2)^2 + (a_1\gamma_2 - a_2\gamma_1)\frac{\lambda_2}{\sqrt{\gamma_1^2 + \gamma_2^2}}\right).$$

В это семейство, видимо, можно добавить слагаемое вида $\frac{a}{\gamma_3^2}$, $a = \mathrm{const}$, на нулевом уровне $(M, \gamma) = 0$. К сожалению, это пока не выполнено.

В работе [508] (А. В. Цыганов) рассмотрены интегрируемые системы на двумерной сфере S^2, обладающие дополнительным интегралом четвертой степени по импульсам. В отличие от [486], дополнительные интегралы здесь указаны явно, причем в частном случае получается интеграл Чаплыгина [298] для движения твердого тела в жидкости (при $(\boldsymbol{M}, \boldsymbol{\gamma}) = 0$).

Совершенно экзотические интегрируемые системы, связанные с добавлением различных потенциальных членов к случаям Ковалевской и Горячева–Чаплыгина, были недавно указаны Х. Яхьей [544], что во многом иллюстрирует всё возрастающие возможности систем аналитических вычислений. К сожалению, для таких исследований всё более теряется их обозримость, не говоря уже о каком-либо физическом значении. Попытки представить такие результаты в виде таблиц имеются в [530].

5. *Другое направление обобщений* связано с изменением структуры скобок Пуассона, возможно, с соответствующим изменением формы гамильтониана (см. § 2 гл. 3).

Рассмотрим следующее однопараметрическое семейство скобок Пуассона — пучок $\mathscr{L}_x$:

$$\{M_i, M_j\} = -\varepsilon_{ijk}M_k, \quad \{M_i, \gamma_j\} = -\varepsilon_{ijk}\gamma_k, \quad \{\gamma_i, \gamma_j\} = -x\varepsilon_{ijk}M_k, \tag{1.3}$$

где $x = \mathrm{const}$ — параметр. При $x = 1$ скобка (1.3) соответствует алгебре $so(4)$, при $x = 0$ — алгебре $e(3)$, при $x = -1$ — алгебре $so(1, 3)$.

Полагая $x = \pm R^2, \boldsymbol{\gamma} \to R\boldsymbol{\gamma}$ и устремляя R к бесконечности, получим ретракцию от алгебр $so(4)$ и $so(1, 3)$ к $e(3)$.

Скобка (1.3) имеет две квадратичные функции Казимира

$$F_1 = (\boldsymbol{M}, \boldsymbol{\gamma}), \qquad F_2 = x(\boldsymbol{M}, \boldsymbol{M}) + (\boldsymbol{\gamma}, \boldsymbol{\gamma}), \tag{1.4}$$

их постоянные всюду в дальнейшем обозначим $F_1 = c_1$, $F_2 = c_2$.

Классический случай Ковалевской (§ 4 гл. 2) допускает обобщение на пучок скобок, причем сохраняется возможность добавить гиростат

$$H = \frac{1}{2}(M_1^2 + M_2^2 + 2M_3^2) + \lambda M_3 + \mu\gamma_1. \tag{1.5}$$

Дополнительный интеграл несколько видоизменяется (в него входит параметр пучка x), его можно представить в следующей форме:

$$\begin{gathered} F = k_1^2 + k_2^2 - \lambda\{k_1, k_2\} - 4\lambda^2(M_1^2 + M_2^2) = \\ = (M_1^2 - M_2^2 - 2\mu\gamma_1 + \mu^2 x)^2 + 4(M_1M_2 - \mu\gamma_2)^2 - \\ - 4\lambda\bigl(M_3(M_1^2 + M_2^2 + \mu^2 x) - 2\mu M_1\gamma_3\bigr) - 4\lambda^2(M_1^2 + M_2^2), \end{gathered} \tag{1.6}$$

здесь $k_1 = M_1^2 - M_2^2 - 2\mu\gamma_1 + \mu^2 x$, $k_2 = 2(M_1M_2 - \mu\gamma_2)$.

Это обобщение было указано в работе И. В. Комарова [421]. Явное интегрирование при $\lambda = 0$ с помощью обобщенного метода Ковалевской выполнено в [423, 51, 341] (см. также § 2 гл. 6). При $\lambda \neq 0$ интегрирование системы (1.6) сводится к интегрированию случая Клебша на ненулевой постоянной площадей. Это сведение использует обобщенное преобразование Хайне – Хорозова, указанное в § 2 гл. 5.

Бифуркационный анализ системы (1.5) при $x = 0$ (как при $\lambda = 0$, так и при $\lambda \neq 0$) также не выполнен, и вопрос о (траекторном, топологическом) изоморфизме систем при $x = 0$ и при $x \neq 0$ остается открытым. Можно лишь показать, что они не переводятся друг в друга при помощи неоднородного вещественного линейного преобразования. Спектральное представление Лакса для системы (1.6) построено в [258].

Отметим, что коммутатор $\{k_1, k_2\}$, входящий также в выражение интеграла (1.6) при гиростатическом параметре λ, имеет структуру, сходную с интегралом Горячева–Чаплыгина,

$$\{k_1, k_2\} = 4\big(M_3(M_1^2 + M_2^2 + \mu^2 x) - 2\mu M_1\gamma_3\big). \tag{1.7}$$

Этот факт пока не имеет разумного объяснения. Укажем только, что между волчками Ковалевской и Горячева–Чаплыгина имеется также несколько странная взаимосвязь на уровне пар Лакса, отмеченная в [332].

При $\lambda = 0$ для системы (1.5) существует аналог частного (периодического) решения Делоне при $k_1 = k_2 = 0$; в этом случае коммутатор (1.7) на уровне инвариантных соотношений $k_1 = k_2 = 0$ также задает интеграл третьей степени (см. § 4 гл. 2).

6. *Интерпретация Г. К. Суслова интегрируемости волчка Ковалевской.* Г. К. Суслов указал в своем известном учебнике [268] систему трех новых переменных для волчка Ковалевской, которые в некотором новом времени изменяются весьма простым образом — их траекторией является эллипс, получающийся пересечением цилиндра с плоскостью. Рассуждения обобщаются на случай системы (1.5) при $\lambda = 0$ и $x \neq 0$.

Действительно, если положить

$$k_1 = M_1^2 - M_2^2 - 2\mu\gamma_1 + \mu^2 x, \quad k_2 = 2(M_1 M_2 - \mu\gamma_2),$$
$$z = M_1^2 + M_3^2,$$

то для них получаются простые уравнения

$$\dot{k}_1 = 2M_3 k_2, \quad \dot{k}_2 = -2M_3 k_1, \quad \dot{z} = M_3 k_2,$$

которые заменой времени $d\tau = M_3\,dt$ сводятся к линейным. Эти уравнения обладают интегралами

$$h = z - \frac{1}{2}k_1 + \mu^2 x = \text{const}, \quad k^2 = k_1^2 + k_2^2 = \text{const},$$

задающими указанный эллипс в пространстве переменных (k_1, k_2, z).

7. *«Суперпозиция» случаев Ковалевской и Чаплыгина.* Существует обобщение интегрируемых случаев Ковалевской и Чаплыгина (с гиростатом), включающее их в единое семейство на всем пучке $\mathscr{L}_x$. В этом случае аналог константы площадей также полагается равным нулю $(\boldsymbol{M}, \boldsymbol{\gamma}) = 0$, т. е. указанное обобщение является частным случаем интегрируемости. Гамильтониан удобнее представить в форме [26]

$$
\begin{aligned}
H = \frac{1}{2}\Big(\alpha_2 M_1^2 + \alpha_1 M_2^2 + (\alpha_1+\alpha_2)M_3^2\Big) - \lambda M_3 + \\
+ r_1\gamma_1 + r_2\gamma_2 - \frac{1}{2}(a_1-a_2)(\gamma_1^2-\gamma_2^2),
\end{aligned}
\tag{1.8}
$$

где $\alpha_1 = 1 - xa_1$, $\alpha_2 = 1 - xa_2$, $a_1, a_2 = \mathrm{const}$.

Интеграл в этом случае имеет вид

$$
\begin{aligned}
F &= k_1^2 + \alpha_1\alpha_2 k_1^2 - \lambda\{k_1,\, k_2\} - 4\lambda^2(M_1^2+M_2^2),\\
k_1 &= \alpha_1 M_1^2 - \alpha_2 M_2^2 - (a_1-a_2)\gamma_3^2 - 2(\gamma_1 r_1 - \gamma_2 r_2) + x\frac{\alpha_1 r_1^2 - \alpha_2 r_2^2}{\alpha_1\alpha_2},\\
k_2 &= M_1M_2 - 2\frac{\alpha_1 r_1\gamma_2 + \alpha_2 r_2\gamma_1}{\alpha_1\alpha_2} + 2x\frac{r_1 r_2}{\alpha_1\alpha_2},\\
\{k_1,\, k_2\} &= 4M_3\Big(\alpha_1 M_1^2 - \alpha_2 M_2^2 - x\frac{\alpha_1 r_1^2 + \alpha_2 r_2^2}{\alpha_1\alpha_2}\Big) - \\
&\quad - 4\gamma_3((a_1-a_2)(M_1\gamma_1 - M_2\gamma_2) - 2(M_1 r_1 + M_2 r_2)).
\end{aligned}
\tag{1.9}
$$

Замечание. Уравнения движения для F можно представить в форме

$$
\dot F = \{F,\, H\} = (a_1-a_2)(\boldsymbol{M},\, \boldsymbol{\gamma}) f(\boldsymbol{M},\, \boldsymbol{\gamma}),
$$

где $f(\boldsymbol{M},\boldsymbol{\gamma})$ — некоторая (полиномиальная) функция от $\boldsymbol{M},\boldsymbol{\gamma}$. Таким образом, при $a_1 = a_2$ этот случай становится общим случаем интегрируемости, соответствующий гиростатическому обобщению случая Ковалевской.

2. Случай Цыганова – Соколова с интегралом четвертой степени

Приведем недавно найденный Цыгановым [511] и Соколовым [256] случай интегрируемости на пучке скобок (1.3) как с однородным квадратичным гамильтонианом, так и с более общим, содержащим линейные по $\boldsymbol{M}$, $\boldsymbol{\gamma}$ слагаемые. При этом дополнительный интеграл является полиномом четвертой степени по переменным $\boldsymbol{M}$, $\boldsymbol{\gamma}$.

1. Как мы уже указывали, в однородном случае гамильтониан H_0 и дополнительный интеграл F имеют вид

$$
\begin{aligned}
H_0 &= aM_1^2 - \frac{x}{a}M_2^2 + M_1\gamma_2 - M_2\gamma_1 = aM_1^2 - \frac{x}{a}M_2^2 + Q_3,\\
F_0 &= -a^2(Q_2^2 + Q_3^2) + aQ_3(x\boldsymbol{M}^2 - \boldsymbol{\gamma}^2) + x(Q_1^2 + Q_3^2),
\end{aligned}
\tag{1.10}
$$

где $a = \mathrm{const}$, $\boldsymbol{Q} = \boldsymbol{M} \times \boldsymbol{\gamma}$, $\boldsymbol{M} = (\boldsymbol{M}, \boldsymbol{M})$, $\gamma^2 = (\boldsymbol{\gamma}, \boldsymbol{\gamma})$. Интеграл F_0 при $x > 0$ (т. е. для $so(4)$) можно записать в виде произведения линейного и кубического инвариантного соотношения

$$F_0 = -f_1 \cdot f_2, \quad f_1 = a\left(M_1 + \frac{\gamma_1}{\sqrt{x}}\right) - \sqrt{x}\left(M_2 + \frac{\gamma_2}{\sqrt{x}}\right),$$

$$f_2 = \boldsymbol{M}^2\left(a\left(M_1 - \frac{\gamma_1}{\sqrt{x}}\right) - \sqrt{x}\left(M_2 - \frac{\gamma_2}{\sqrt{x}}\right)\right) + \frac{2(\boldsymbol{M}, \boldsymbol{\gamma})}{\sqrt{x}}\left(aM_1 - \sqrt{x}M\right)\big),$$

где

$$\dot{f}_1 = -\left(M_3\sqrt{x} + \gamma_3\right) f_1, \quad \dot{f}_2 = \left(M_3\sqrt{x} + \gamma_3\right) f_2.$$

В предельном случае $x \to 0$ (т. е. для $e(3)$) интеграл также может быть записан через инвариантные соотношения

$$\widetilde{F}_0 = \gamma_1\left(\gamma_1 \boldsymbol{M}^2 - 2M_1(\boldsymbol{M}, \boldsymbol{\gamma})\right).$$

Интересно, что на алгебре $e(3)$, т. е. при $x = 0$, случай (1.10) может быть приведен к простой интегрируемой системе на $so(3,1)$ с дополнительным квадратичным интегралом. Действительно, для $x = 0$ компоненты векторов $\boldsymbol{M}$ и $\boldsymbol{Q}$ коммутируют следующим образом:

$$\{M_i, M_j\} = \varepsilon_{ijk} M_k, \ \{M_i, Q_j\} = \varepsilon_{ijk} Q_k, \ \{Q_i, Q_j\} = -\boldsymbol{\gamma}^2 \varepsilon_{ijk} M_k, \tag{1.11}$$

т. е. образуют алгебру $so(3,1)$. При этом интеграл F_0 может быть выражен через переменные M, Q:

$$F_0 = -a^2(Q_2^2 + Q_3^2) - a\boldsymbol{\gamma}^2 Q_3 \quad (\boldsymbol{\gamma}^2 = c = \mathrm{const}),$$

т. е. содержит только квадратичные и линейные по Q члены.

2. Интегрируемый случай (1.10) может быть обобщен с помощью линейных по M_i, γ_i добавок к H_0 (при всех x). Выпишем соответствующий гамильтониан H и дополнительный интеграл F:

$$\begin{aligned}
&H = H_0 + (\boldsymbol{\lambda}, \boldsymbol{M}) + \delta\gamma_3, \quad \text{где } \boldsymbol{\lambda} = (\lambda_1, \lambda_2, \lambda_3) = \mathrm{const}, \ \delta = \mathrm{const},\\
&F = F_0 + F_1 + F_2 + F_3,\\
&F_3 = 2a^2\big(\lambda_2(M_3Q_2 - M_2Q_3) - Q_1(\lambda_1 M_1 - \delta\gamma_1)\big) +\\
&\quad + a(x\boldsymbol{M}^2 - \boldsymbol{\gamma}^2)\big(\lambda_1 M_1 + \lambda_2 M_2 - (\lambda_3 M_3 - \delta\gamma_3)\big) +\\
&\quad + 2x\big(\lambda_1(M_1Q_3 - M_3Q_1) + Q_2(M_2\lambda_3 - \delta\gamma_2)\big),
\end{aligned}$$

$$\begin{aligned} F_2 = a^2\big((2\lambda_3^2 - x\delta^2)M_1^2 - (\lambda_2^2 + \lambda_3^2 - x\delta^2)M^2 - 2\delta\lambda_2 Q_1 - \\ - \delta\gamma_1(2\lambda_3 M_1 - \delta\gamma_1)\big) - 2a\lambda_3(\lambda_1 Q_1 + \lambda_2 Q_2) - \\ - x\big((2\lambda_3^2 - x\delta^2)M_2^2 - (\lambda_1^2 + \lambda_3^2 - x\delta^2)\boldsymbol{M}^2 + \\ + 2\delta\lambda_1 Q_2 - \delta\gamma_2(2\lambda_3 M_2 - \delta\gamma_2)\big), \\ F_1 = 2a\lambda_3\big(\lambda_1(\lambda_3 M - \delta\gamma_1) + \lambda_2(\lambda_3 M_2 - \delta\gamma_2) + (\lambda_3^2 - x\delta^2)M_3\big). \end{aligned} \tag{1.12}$$

Комментарий. Нахождение указанного семейства происходило следующим образом. В работе [511] А. В. Цыганов указал интегрируемое семейство на $so(4)$, гамильтониан которого необходимо содержал квадратичные и линейные по $\boldsymbol{M}$, γ слагаемые. При этом гамильтониан и дополнительный интеграл были записаны в чрезвычайно громоздкой форме, что не позволило в [511] (см. также [48]) выделить однородный квадратичный случай (1.10).

Отметим, что в работе [511] для поиска указанных интегрируемых случаев использовался r-матричный метод, в котором была обобщена матрица Лакса для двухузельной модели XXX магнетика Гейзенберга (этот метод позволяет непосредственно записать систему в разделяющих переменных, используя симплектические координаты на второй скобке Склянина (см. [31])).

С другой стороны, случай (1.10) в работе [256] получил В. В. Соколов с помощью метода неопределенных коэффициентов, используя компьютерную систему аналитических вычислений (не только на $so(4)$, но и на всем пучке). Он также указал на возможность добавления линейных слагаемых (1.12), хотя и не выписал явно соответствующие интегралы (мы привели их в своей — возможно, не самой простой — форме). Поэтому представляется корректным все семейство (1.12) называть семейством Цыганова – Соколова, связывая, тем не менее, случай на $so(4)$ с А. В. Цыгановым и В. В. Соколовым (для которого А. В. Цыганов нашел также разделение переменных [511]), а случаи на $e(3)$ и $so(3,1)$ — только В. В. Соколовым.

3. Обобщение случая Горячева – Чаплыгина

В этом разделе мы приведем аналогичные случаю Ковалевской обобщения случая Горячева – Чаплыгина. Отметим, что обобщение на пучок (1.3) связано с введением на нем аналога переменных Андуайе, которые оказываются разделяющими для всех представителей пучка. Эта идея нахождения аналога случая Горячева – Чаплыгина принадлежит авторам [51, 341] и, как показано в приложении, связана с некоторым нелинейным преобразованием скобок Пуассона.

1. Рассмотрим сначала обобщение, при котором к гамильтониану добавляется гиростатический момент и сингулярное слагаемое

$$H = \frac{1}{2}(M_1^2 + M_2^2 + 4M_3^2) + \lambda M_3 + \mu\gamma_1 + \frac{1}{2}\frac{a}{\gamma_3^2}, \qquad (1.13)$$

где $\lambda, \mu, a = \mathrm{const}$. При этом дополнительный интеграл имеет третью степень по моментам:

$$F = \Big(M_3 + \frac{\lambda}{2}\Big)\Big(M_1^2 + M_2^2 + \frac{a}{\gamma_3^2}\Big) - \mu M_1\gamma_3.$$

Сам Д. Н. Горячев в работе [97] указал обобщение (1.13) при нулевом гиростатическом моменте $\lambda = 0$ (при $\lambda \neq 0$, $a = 0$ оно было указано Л. Н. Сретенским [260]). В полной форме обобщение (1.13) было предложено И. В. Комаровым и В. Б. Кузнецовым (1987 г.) [171], которые, кроме того, привели некоторую квантовомеханическую интерпретацию сингулярного слагаемого. Семейство (1.13) было указано также Х. Яхьей [537], хотя и с существенным опозданием (1996 г.). Это обусловлено тем, что работа [171] была опубликована только на русском языке в малодоступном издании.

2. В. В. Соколов и А. В. Цыганов получили еще более общую форму случая (1.13), включив в гамильтониан квадратичные члены, содержащие перекрестные слагаемые по M_i, γ_i. Гамильтониан и дополнительный кубический интеграл этого семейства имеют вид (на уровне $(\boldsymbol{M}, \boldsymbol{\gamma}) = 0$) [258]

$$\begin{gathered}
H = \frac{1}{2}\Big(M_1^2 + M_2^2 + 4M_3^2 + \frac{\varepsilon}{\gamma_3^2}\Big) + \lambda M_3 + \mu_1\gamma_1 + \mu_2\gamma_2 + \\
+ a_1(2M_3\gamma_1 - M_1\gamma_3) + a_2(2M_3\gamma_2 - M_2\gamma_3), \\
F = \Big(M_3 + a_1\gamma_1 + a_2\gamma_2 + \frac{\lambda}{2}\Big)\Big(M_1^2 + M_2^2 + \frac{\varepsilon}{\gamma_3^2}\Big) - (\mu_1 M_1 + \mu_2 M_2)\gamma_3.
\end{gathered} \qquad (1.14)$$

При $\varepsilon = 0$ приведение к уравнениям Абеля–Якоби достигается с использованием переменных Андуайе. Если поле тяжести отсутствует, $\mu_1 = \mu_2 = 0$, то интеграл F может быть представлен как произведение двух инвариантных соотношений — линейного и квадратичного,

$$F = k_1 k_2, \quad k_1 = M_3 + a_1\gamma_1 + a_2\gamma_2 + \frac{\lambda}{2}, \quad k_2 = M_1^2 + M_2^2 + \frac{\varepsilon}{\gamma_3^2},$$

для которых выполнены соотношения (на уровне $(\boldsymbol{M}, \boldsymbol{\gamma}) = 0$)

$$\dot{k}_1 = 2(a_1\gamma_2 - a_2\gamma_1)k_1, \quad \dot{k}_2 = -2(a_1\gamma_2 - a_2\gamma_1)k_2.$$

Интегрирование системы (1.14) при $\varepsilon \neq 0$ проведено в [257].

3. Для получения обобщения случая Горячева – Чаплыгина на пучок скобок (1.3) построим на нем аналог переменных Андуайе.

Положим компоненту M_3 равной одной из импульсных переменных

$$L = M_3. \tag{1.15}$$

Канонически сопряженная ей координата l ($\{l, L\} = 1$) на подалгебре $so(3)$ с образующими M_1, M_2, M_3 может быть найдена путем интегрирования гамильтонова потока с функцией Гамильтона $\mathscr{H} = L$:

$$\begin{gathered} \frac{dM_1}{dl} = \{M_1, L\} = M_2, \quad \frac{dM_2}{dl} = \{M_2, L\} = -M_1, \\ \frac{dM_3}{dl} = \{M_3, L\} = 0. \end{gathered} \tag{1.16}$$

Отсюда с учетом коммутационного соотношения $\{M_2, M_2\} = -M_3$ находим

$$M_1 = \sqrt{G^2 - L^2}\sin l, \qquad M_2 = \sqrt{G^2 - L^2}\cos l, \tag{1.17}$$

где $G^2 = M_1^2 + M_2^2 + M_3^2$ — функция Казимира подалгебры $so(3)$.

Положим G в качестве второй импульсной переменной и построим канонически сопряженную ей координату g. Для этого выберем $H = G$ в качестве нового гамильтониана; тогда соответствующий ей поток на всем пучке $\mathscr{L}_x$ имеет вид

$$\frac{d\boldsymbol{M}}{dg} = 0, \qquad \frac{d\boldsymbol{\gamma}}{dg} = \frac{1}{G}\boldsymbol{\gamma} \times \boldsymbol{M}, \tag{1.18}$$

где g — переменная, канонически сопряженная G.

Согласно (1.18), $\boldsymbol{M}$ не зависит от g, а для $\boldsymbol{\gamma}$ при помощи уравнений (1.18) и функций Казимира (1.4) находим

$$\begin{gathered} \boldsymbol{\gamma} = \frac{H}{G^2}\boldsymbol{M} + \frac{\alpha}{G}(\boldsymbol{M} \times \boldsymbol{e}_3 \sin g + G\boldsymbol{M} \times (\boldsymbol{M} \times \boldsymbol{e}_3)\cos g), \\ \alpha^2 = \frac{c_2 - xG^2 - \dfrac{H^2}{G^2}}{G^2 - L^2}, \qquad \boldsymbol{e}_3 = (0, 0, 1), \end{gathered} \tag{1.19}$$

здесь $c_2 = x\boldsymbol{M}^2 + \boldsymbol{\gamma}^2$, а через H традиционно обозначена постоянная площадей $c_1 = (\boldsymbol{M}, \boldsymbol{\gamma})$.

Таким образом, (1.15), (1.17), (1.19) задают симплектические координаты на всем пучке $\mathscr{L}_x$, которые при $x=0$, $c=1$ переходят в известные координаты Андуайе в динамике твердого тела.

4. Используя (1.15), (1.19), найдем обобщение случая Горячева–Чаплыгина частной интегрируемости для пучка $\mathscr{L}_x$. Выберем гамильтониан в форме

$$\mathscr{H}=\frac{1}{2}(G^2+3L^2)+\lambda L+a\Big(\cos l\cos g+\frac{L}{G}\sin l\sin g\Big), \tag{1.20}$$

где a, λ — константы.

По сравнению с [150] в (1.20) добавлено линейное по L слагаемое, интерпретируемое на алгебре $e(3)$ как компонента гиростатического момента.

Система (1.20) *допускает разделение переменных.* Действительно, выполним каноническую замену переменных

$$L=p_1+p_2,\quad G=p_1-p_2,\qquad q_1=l+g,\quad q_2=l-g. \tag{1.21}$$

При этом гамильтониан (1.20) может быть представлен в форме

$$\mathscr{H}=\frac{1}{2}\frac{p_1^3-p_2^3}{p_1-p_2}-\lambda\frac{p_1^2-p_2^2}{p_1-p_2}+\frac{a}{p_1-p_2}(p_1\sin q_1+p_2\sin q_2). \tag{1.22}$$

Выражая гамильтониан (1.20) с помощью (1.15), (1.17), (1.19) в переменных $\boldsymbol{M}$, $\boldsymbol{\gamma}$ при нулевой постоянной площадей $(\boldsymbol{M},\boldsymbol{\gamma})=H=0$, находим

$$\mathscr{H}=\frac{1}{2}(M_1^2+M_2^2+4M_3^2)+\lambda M_3+\mu\frac{\gamma_1}{|\boldsymbol{\gamma}|},\quad |\boldsymbol{\gamma}|=\sqrt{\gamma_1^2+\gamma_2^2+\gamma_3^2}. \tag{1.23}$$

Дополнительный интеграл в этом случае имеет вид

$$F=\Big(M_3+\frac{\lambda}{2}\Big)(M_1^2+M_2^2)-\mu M_1\frac{\gamma_3}{|\boldsymbol{\gamma}|}. \tag{1.24}$$

Для алгебры $e(3)$ имеем $|\boldsymbol{\gamma}|=1$ и получаем классический случай Горячева–Чаплыгина, для которого указанный метод разделения переменных был предложен В. В. Козловым [150]. При $x\neq 0$ семейство (1.23), (1.24) было найдено авторами [51, 341]. Приведенное обобщение связано с тем, что замена $\gamma_i\to\dfrac{\gamma_i}{|\boldsymbol{\gamma}|}$ при $(\boldsymbol{M},\boldsymbol{\gamma})=0$ сводит скобку пучка (1.3) к скобке алгебры $e(3)$. С помощью указанного преобразования могут быть обобщены и другие системы. Вопросы, связанные с нелинейными преобразованиями скобок Пуассона и порождаемыми ими изоморфизмами между различными интегрируемыми системами, рассматриваются в § 3 гл. 5.

4. Три интегрируемых семейства на $so(3, 1)$

Рассмотрим три экзотических интегрируемых семейства на алгебре скобок Пуассона $so(3,1)$ с квадратичным гамильтонианом вида

$$H = \frac{1}{2}(\boldsymbol{M}, A\boldsymbol{M}) + \frac{1}{2}(\boldsymbol{b}, \boldsymbol{M} \times \boldsymbol{\gamma}), \tag{1.25}$$

указанные Соколовым [494, 256, 495] и Цыгановым, Горемыкиным [514]. Отметим прежде всего, что на $so(3,1)$ без труда могут быть перенесены случаи квадратичной интегрируемости Шоттки – Манакова, Стеклова – Ляпунова и Рубановского. Они приведены, например, в [25, 26] и получаются разрешением линейной системы для неопределенных коэффициентов. Здесь мы не приводим их в силу отсутствия какой-либо реальной механической интерпретации уравнений Гамильтона на $so(3,1)$, которые имеет смысл рассматривать лишь как уравнения Кирхгофа, описывающие движение твердого тела в жидкости, заполняющей пространство Лобачевского. Приведенные ниже случаи следует рассматривать не столько с точки зрения их физического смысла, сколько с позиций их нетривиальности и развития теории интегрируемых систем. Оказывается, что эти случаи существуют только для выделенной алгебры $so(3,1)$, не могут быть обобщены на весь пучок $\mathscr{L}_x$ (подобно случаю Адлера – ван Мёрбеке на $so(4)$), при этом встречаются интегралы не только третьей и четвертой, но и шестой степени по фазовым переменным.

Прежде всего отметим (и это существенно в ходе рассуждений В. В. Соколова), что гамильтонианы на $so(3,1)$, обладающие линейным по M_i инвариантным соотношением $F = (\boldsymbol{\lambda}, \boldsymbol{M}) = 0$ ($\boldsymbol{\lambda}$ — постоянный вектор), могут быть представлены в форме

$$H = c_1(\boldsymbol{\lambda}, \boldsymbol{a})\boldsymbol{M}^2 + c_2(\boldsymbol{\lambda}, \boldsymbol{M})(\boldsymbol{a}, \boldsymbol{M}) + (\boldsymbol{\lambda}, \boldsymbol{M} \times \boldsymbol{\gamma}), \tag{1.26}$$

где $c_1, c_2 = \text{const}$, $\boldsymbol{a}$ — произвольный постоянный вектор. В дальнейшем мы полагаем $\boldsymbol{\lambda} = \boldsymbol{b}$ из (1.25). Укажем три случая Соколова с интегралами третьей, четвертой и шестой степеней соответственно; при этом всегда выполнено условие $x = -(a_1^2 + a_2^2 + a_3^2)$.

1. $c_1 = 1$, $c_2 = -2$:

$$F = (\boldsymbol{b}, \boldsymbol{M})\left(2(\boldsymbol{a}, \boldsymbol{M} \times \boldsymbol{\gamma}) + \boldsymbol{\gamma}^2 - x\boldsymbol{M}^2\right). \tag{1.27}$$

2. $c_1 = 1$, $c_2 = -1$:

$$F = (\boldsymbol{b}, \boldsymbol{M})^2\left(2(\boldsymbol{a}, \boldsymbol{M} \times \boldsymbol{\gamma}) - (\boldsymbol{a}, \boldsymbol{M})^2 + \boldsymbol{\gamma}^2 - x\boldsymbol{M}^2\right). \tag{1.28}$$

Случай (1.27) был указан А. В. Цыгановым и О. В. Горемыкиным в работе [514], случай (1.28) — В. В. Соколовым в [494, 256], последний указал также на справедливость классификационной теоремы, утверждающей, что случаями (1.27), (1.28) исчерпываются все возможности существования для системы на $so(3,1)$ с гамильтонианом (1.25) интегралов третьей и четвертой степеней.

Третий интегрируемый случай, найденный В. В. Соколовым совместно с Т. Вольфом [495], имеет шестую степень.

3. $c_1 = 1, c_2 = -\frac{1}{2}$:

$$F = (\boldsymbol{b}, \boldsymbol{M}) \left\{ \boldsymbol{M}^2 (\boldsymbol{d}, \boldsymbol{M} \times \boldsymbol{a})^2 + 2(\boldsymbol{d}, \boldsymbol{M} \times \boldsymbol{a}) (\boldsymbol{d}, \boldsymbol{M} \times (\boldsymbol{M} \times \boldsymbol{\gamma})) - \right.$$
$$\left. - \boldsymbol{\gamma}^2 (\boldsymbol{M}, \boldsymbol{d})^2 - (\boldsymbol{d}, \boldsymbol{M} \times \boldsymbol{\gamma})^2 - \left((\boldsymbol{a}, \boldsymbol{b})^2 + x \boldsymbol{b}^2 \right) \boldsymbol{M}^2 \boldsymbol{\gamma}^2 \right\}, \qquad (1.29)$$

где $\boldsymbol{d} = \boldsymbol{b} \times \boldsymbol{a}$.

Интегралы (1.27), (1.28), (1.29) могут быть обобщены с помощью линейных добавок в гамильтониан (1.25) [495]. Эти добавки имеют, соответственно, вид

1. $H_1 = (\boldsymbol{k}, \boldsymbol{M}) + \mu_1 (\boldsymbol{b}, \boldsymbol{\gamma})$, $\boldsymbol{k} = (k_1, k_2, k_3)$, $k_i, \mu = \mathrm{const}$;
2. $H_1 = (\mu_1 \boldsymbol{a} + \mu_2 \boldsymbol{a} \times \boldsymbol{b}, \boldsymbol{M}) + \mu_3 (\boldsymbol{b}, \boldsymbol{\gamma})$, $\mu_1, \mu_2, \mu_3 = \mathrm{const}$;
3. $H_1 = \mu_1 (\boldsymbol{a} \times \boldsymbol{b}, \boldsymbol{M})$, $\mu_1 = \mathrm{const}$.

Вследствие громоздкости мы не приводим обобщения указанных интегралов, они получаются с помощью простого разрешения линейных систем.

5. Случай Горячева

В заключение приведем один экзотический частный интегрируемый случай, не имеющий непосредственного отношения к уравнениям Эйлера – Пуассона, но обладающий интегралом третьей степени, близким к интегралу Горячева – Чаплыгина. Он был указан Д. Н. Горячевым [97]: при $(\boldsymbol{M}, \boldsymbol{\gamma}) = 0$ гамильтониан и дополнительный интеграл имеют вид

$$H = \frac{1}{2}\left(M_1^2 + M_2^2 + \frac{4}{3} M_3^2\right) - \frac{3}{4}\left(\frac{b_1}{3}\gamma_1 + b_2\right)\gamma_3^{-2/3}, \qquad (1.30)$$

$$F = \frac{8}{3}(M_1^2 + M_2^2) M_3 + \frac{64}{27} M_3^3 + \left(\left(2M_1 - \frac{4}{3}\frac{M_3 \gamma_1}{\gamma_3}\right) b_1 - 4 \frac{b_2 M_3}{\gamma_3}\right) \gamma_3^{1/3},$$

$$b_1, b_2 = \mathrm{const}.$$

К системе (1.30) может быть добавлен гиростат вдоль оси динамической симметрии [539]. Еще более странные, чем (1.30), системы на сфере, обладающие интегралом третьей степени, приведены в [510].

Некоторые обобщения системы (1.30), обладающие интегралом третьей степени по моментам, построены в работах [510, 363]. Они также не имеют прямой механической интерпретации.

§ 2. Разделение переменных

1. Разделяющие преобразования в интегрируемых задачах динамики твердого тела

В этом параграфе собраны основные приемы явного решения интегрируемых случаев динамики твердого тела. При этом мы ограничиваемся указанием разделяющих преобразований (которые, вообще говоря, связаны не только с конфигурационным, но и со всем фазовым пространством), а не приводим всю процедуру интегрирования, связанную в динамике твердого тела с обращениями абелевых интегралов и манипуляциями с тэта-функциями различных видов.

Ценность разделяющихся переменных заключается в том, что с их помощью становится возможным упростить решение некоторых задач. Одна из таких задач связана с топологическим анализом: имея разделяющиеся переменные, исследование бифуркаций поверхностей уровня первых интегралов можно свести к анализу кратных корней некоторого характеристического полинома. Вторая — построение набора переменных типа действие-угол, необходимых для применения теории возмущений и различных процедур квантования (в частности, квазиклассического).

К сожалению, для многих интегрируемых задач динамики твердого тела, обладающих необходимым набором первых интегралов, разделяющие преобразования не найдены. Однако это не препятствует, например, проведению топологического анализа, где можно получить бифуркационные множества непосредственно с помощью исследования критических уровней первых интегралов. Возможно, для того, чтобы «разделить» такие системы, необходимо по-иному сформулировать цель исследования.

В то же время известные разделяющиеся преобразования, которые мы постараемся здесь привести в наиболее естественном виде, составляют «золотой фонд» динамики и подчеркивают своеобразие динамических задач, связанных с динамикой волчка. Напомним, что в гл. 2 и 3 некоторые явные решения — для случаев Эйлера, Лагранжа, Клебша — уже были приведены, и мы здесь не будем на них останавливаться. Следует подчеркнуть, что в последнем случае явное решение известно на нулевой постоянной площадей $(\boldsymbol{M}, \gamma) = 0$, где система эквивалентна задаче Неймана, интегрируемой при помощи разделяющих сфероконических координат на сфере Пуассона (см. § 7 гл. 1). Для задачи Жуковского–Вольтерра мы в дополнение к двум уже указанным в § 7 гл. 2 решениям приводим еще одно, более геометрическое решение, позволяющее понять характер затруднений, связанных с явными выражениями через эллиптические функции.

Отметим, что метод разделения переменных случая Горячева – Чаплыгина, приведенный в предыдущем параграфе, позволяет указать его обобщение на алгебру $so(4)$. Он связан с некоторой универсальной системой фазовых переменных, которые являются разделяющими для целого семейства интегрируемых систем. Такой подход близок к первоначальной идее Якоби, который советовал «идти обратным путем» и, найдя какую-нибудь замечательную подстановку, разыскивать задачи, в которых она может быть с успехом применена [311]. При этом Якоби рассматривал только преобразования конфигурационного пространства, что является слишком ограничительным. Идея Якоби нашла новое воплощение в недавних работах [435, 512, 295, 257] (их результаты описаны в [48, 294]); в них процесс явного интегрирования (например, гиростата Ковалевской, обобщенного случая Горячева – Чаплыгина, см. § 7) сводится к представлению задачи в виде гамильтоновой системы с квадратичной скобкой Пуассона (скобкой Склянина), для которых существуют универсальные наборы симплектических координат. Они также являются разделяющими для целого класса интегрируемых задач. Основной задачей явного интегрирования при таком подходе становится нахождение вложения заданной системы в одну из известных квадратичных алгебр. Это всегда требует определенного опыта и представляет некоторое искусство.

Система Жуковского – Вольтерра. Рассмотрим явное решение для случая Жуковского – Вольтерра, основываясь на методе, предложенном А. Вангерином в 1889 г. [518] и развитым в [76]. По сравнению с оригинальным аналитическим решением В. Вольтерра, которое обсуждается в § 7 гл. 2, этот метод является более наглядным и геометрическим.

В дальнейшем при интегрировании случая Жуковского – Вольтерра мы пользуемся уравнениями движения в форме

$$\dot{\boldsymbol{M}} = \boldsymbol{M} \times \mathbf{A}\boldsymbol{M} + \boldsymbol{M} \times \boldsymbol{K}, \tag{2.1}$$

которое обладает интегралами (энергия и величины момента) вида

$$\begin{gathered}(\boldsymbol{M}, \mathbf{A}\boldsymbol{M}) + (\boldsymbol{M}, 2\boldsymbol{K}) = 2h = \text{const},\\ \boldsymbol{M}^2 = f = \text{const},\end{gathered} \tag{2.2}$$

где $\mathbf{A} = \operatorname{diag}(a_1, a_2, a_3)$, $\boldsymbol{K} = (k_1, k_2, k_3) \in \mathbb{R}^3$.

Воспользуемся следующим геометрическим наблюдением.

Линия пересечения двух квадрик общего положения вида

$$(\mathbf{A}_i\boldsymbol{M},\,\boldsymbol{M})+(\boldsymbol{M},\,\boldsymbol{K}_i)=c_i,\qquad i=1,\,2 \tag{2.3}$$

(*где* $\boldsymbol{M},\,\boldsymbol{K}_i\in\mathbb{R}^3, c_i=\mathrm{const},\ \mathbf{A}_i$ — *матрицы* 3×3), *лежит на некотором конусе в* $\mathbb{R}^3$.

Действительно, сделаем замену $\widetilde{\boldsymbol{M}}=\boldsymbol{M}-\boldsymbol{\xi}$ и сложим уравнения (2.3) с постоянными коэффициентами $\lambda,\ \mu$. Полагая, что вектор $\boldsymbol{\xi}$ и отношение $\dfrac{\lambda}{\mu}$ удовлетворяют системе уравнений

$$\begin{gathered}(\lambda\mathbf{A}_1+\mu\mathbf{A}_2)\boldsymbol{\xi}=-\frac{1}{2}(\lambda\boldsymbol{K}_1+\mu\boldsymbol{K}_2),\\((\lambda\mathbf{A}_1+\mu\mathbf{A}_2)\boldsymbol{\xi},\,\boldsymbol{\xi})+(\boldsymbol{\xi},\,\lambda\boldsymbol{K}_1+\mu\boldsymbol{K}_2)=\lambda c_1+\mu c_2,\end{gathered} \tag{2.4}$$

находим уравнение конуса в виде

$$((\lambda\mathbf{A}_1+\mu\mathbf{A}_2)\widetilde{\boldsymbol{M}},\,\widetilde{\boldsymbol{M}})=0. \tag{2.5}$$

■

Применим это наблюдение к интегралам (2.2). Используя (2.4), находим в данном случае вектор $\boldsymbol{\xi}$ в виде

$$\boldsymbol{\xi}=-(\mathbf{A}+x\mathbf{E})^{-1}\boldsymbol{K},\qquad \lambda=1,\,\mu=x,$$

где $\mathbf{E}$ — единичная матрица. Из (2.4) получим уравнение четвертой степени для определения x:

$$-((\mathbf{A}+x\mathbf{E})^{-1}\boldsymbol{K},\,\boldsymbol{K})=2h+xf. \tag{2.6}$$

Поскольку уравнение (2.6) имеет полюсы на вещественной оси, оно допускает некоторое вещественное решение x_0, для которого найдем также соответствующий вектор $\boldsymbol{\xi}(x_0)$. Запишем уравнение (2.5) в виде

$$\frac{\widetilde{M}_1^2}{b_1^2}+\frac{\widetilde{M}_2^2}{b_2^2}=\widetilde{M}_3^2,\qquad \widetilde{\boldsymbol{M}}=\boldsymbol{M}-\boldsymbol{\xi}(x_0), \tag{2.7}$$

где

$$b_1^2=\frac{x_0+a_3}{x_0+a_1},\qquad b_2^2=\frac{x_0+a_3}{x_0+a_2}.$$

Воспользуемся однородностью (2.7) и выразим $\widetilde{M}_1,\ \widetilde{M}_2$ следующим образом:

$$\widetilde{M}_1=b_1\widetilde{M}_3\sin\varphi,\qquad \widetilde{M}_2=b_2\widetilde{M}_3\cos\varphi. \tag{2.8}$$

Подставив найденные соотношения в интеграл энергии (2.2), получим квадратное уравнение для M_3:

$$a(\varphi)\widetilde{M}_3^2 + b(\varphi)\widetilde{M}_3 + c = 0, \tag{2.9}$$

где коэффициенты $a(\varphi)$, $b(\varphi)$ имеют вид

$$\begin{aligned} a(\varphi) &= \frac{1}{2}(a_1 b_1^2 \sin^2\varphi + a_2 b_2^2 \cos^2\varphi + a_3),\\ b(\varphi) &= x_0\Big(\frac{k_1 b_1}{x_0+a_1}\sin\varphi + \frac{k_2 b_2}{x_0+a_2}\cos\varphi + \frac{k_3}{x_0+a_3}\Big),\\ c &= -h + (\boldsymbol{K},\, (\mathbf{A}+x_0\mathbf{E})^{-1}\boldsymbol{K}) +\\ &+ \frac{1}{2}((\mathbf{A}+x_0\mathbf{E})^{-1}\boldsymbol{K},\, \mathbf{A}(\mathbf{A}+x_0\mathbf{E})^{-1}\boldsymbol{K}). \end{aligned} \tag{2.10}$$

Для того чтобы получить уравнение, описывающее эволюцию угла φ, воспользуемся системой (2.1), из которой, учитывая (2.7), находим уравнение для $\widetilde{M}_3$

$$\dot{\widetilde{M}}_3 = (a_2 - a_1)\widetilde{M}_1\widetilde{M}_2 + \frac{b_2^2}{b_1^2}\widetilde{M}_1 k_2 - \frac{b_1^2}{b_2^2}\widetilde{M}_2 k_1.$$

Используя (2.7), (2.8), (2.9) и производя прямые вычисления, находим уравнение для φ

$$\dot{\varphi}^2 = \frac{(x_0+a_1)(x_0+a_2)}{x_0^2}(b(\varphi)^2 - 4a(\varphi)c) = P_2(\cos\varphi,\, \sin\varphi), \tag{2.11}$$

где $a(\varphi)$, $b(\varphi)$, c определены согласно (2.10), а $P_2(x,\, y)$ — полином второй степени от двух переменных. Квадратура уравнения (2.11) выполняется при помощи эллиптических функций. Можно показать [76], что подходящим выбором знаков и корня x_0 проекции угловой скорости в этом случае могут быть найдены как вещественные функции времени. В заключение еще раз отметим неявный характер решения четвертой степени (происходящий хотя бы из того, что приходится решать для x уравнение (2.6)), не позволяющий сделать никаких динамических выводов; кроме того, преобразования к эллиптическим функциям (2.11) в этом случае не связаны с пуассоновой структурой задачи.

Случай Ковалевской является исторически первым случаем, в котором разделение переменных не может быть получено методом Гамильтона – Якоби, т. е. разделяющие переменные не находятся на конфигурационном пространстве. В этом случае, однако, имеется нетривиальное преобразование фазовых переменных, включающее как обобщенные координаты, так и импульсы, приводящие к уравнениям Абеля–Якоби и к разделяющимся переменным на плоскости. Возникающая при этом интегрируемая система, описывающая движение материальной точки на евклидовой плоскости под действием некоторого потенциала приводит к известной аналогии Колосова (см. ниже).

Остановимся на общем случае Ковалевской с гамильтонианом

$$H = \frac{1}{2}(M_1^2 + M_2^2 + 2M_3^2) + \gamma_1, \tag{2.12}$$

определенном на пучке скобок

$$\{M_i, M_j\} = -\varepsilon_{ijk}M_k,\ \{M_i, \gamma_j\} = -\varepsilon_{ijk}\gamma_k,\ \{\gamma_i, \gamma_j\} = -x\varepsilon_{ijk}M_k. \tag{2.13}$$

Его явное интегрирование было впервые проведено в [423] при помощи аналогии Хайне–Хорозова (см. далее). Приведенное здесь (см. [51, 341]) сведение к уравнениям Абеля–Якоби при $x \neq 0$ использует рассуждения Г.К. Суслова, предложившего свой метод интегрирования случая Ковалевской [268].

Скобка (2.13) имеет две квадратичные функции Казимира:

$$\begin{aligned} l &= (\boldsymbol{M}, \boldsymbol{\gamma}), \\ c &= x(\boldsymbol{M}, \boldsymbol{M}) + (\boldsymbol{\gamma}, \boldsymbol{\gamma}). \end{aligned} \tag{2.14}$$

При этом дополнительный интеграл (обобщенный интеграл Ковалевской, указанный в [169], см. также § 1) имеет вид

$$\begin{gathered} k^2 = k_1^2 + k_2^2, \\ k_1 = M_1^2 - M_2^2 - 2\gamma_1 + x, \quad k_2 = 2M_1M_2 - 2\gamma_2. \end{gathered} \tag{2.15}$$

Определим новые переменные

$$\begin{aligned} z_1 &= M_1 + iM_2, \qquad & z_2 &= M_1 - iM_2, \\ \zeta_1 &= k_1 + ik_2, \qquad & \zeta_2 &= k_1 - ik_2, \\ \zeta_1\zeta_2 &= k^2. \end{aligned}$$

Воспользуемся уравнениями движения для z_1, z_2

$$i\dot z_1 = M_3 z_1 - \gamma_3, \quad -i\dot z_2 = M_3 z_2 - \gamma_3,$$

а также соотношениями (2.15) и выразим $\gamma_1, \gamma_2, \gamma_3, M_3$ по формулам

$$\begin{gathered}\gamma_1 = \frac{1}{4}\left(z_1^2 + z_2^2\right) - \frac{1}{4}\left(\zeta_1 + \zeta_2\right) + \frac{x}{2},\\ \gamma_2 = -\frac{i}{4}\left(z_1^2 - z_2^2\right) + \frac{i}{4}(\zeta_1 - \zeta_2),\\ \gamma_3 = i\frac{\dot z_1 z_2 + \dot z_2 z_1}{z_1 - z_2}, \qquad M_3 = i\frac{\dot z_1 + \dot z_2}{z_1 - z_2}.\end{gathered} \tag{2.16}$$

Подставим теперь найденные выражения в интегралы (2.14) и гамильтониан (2.12). Разрешая полученные уравнения относительно z_1, z_2, находим

$$\begin{gathered}\dot z_1^2 = R_1 - \frac{\zeta_1}{4}\left(z_1 - z_2\right)^2, \quad \dot z_2^2 = R_2 - \frac{\zeta_2}{4}\left(z_1 - z_2\right)^2,\\ \dot z_1 \dot z_2 = -R - \frac{1}{4}\left(2h - x\right)\left(z_1 - z_2\right)^2,\end{gathered} \tag{2.17}$$

где

$$\begin{gathered}R = R(z_1, z_2) = \frac{1}{4}z_1^2 z_2^2 - \frac{h}{2}\left(z_1^2 + z_2^2\right) + l\left(z_1 + z_2\right) + \frac{k^2}{4} - c + xh - \frac{x^2}{4},\\ R_1 = R(z_1, z_1), \qquad R_2 = R(z_2, z_2),\end{gathered} \tag{2.18}$$

здесь h – константа интеграла энергии (2.12).

Осталось исключить из полученных уравнений ζ_1, ζ_2, для чего воспользуемся интегралом Ковалевской (2.15):

$$\left(R_1 - \dot z_1^2\right)\left(R_2 - \dot z_2^2\right) = \frac{\zeta_1\zeta_2}{16}(z_1 - z_2)^4 = \frac{k^2}{16}(z_1 - z_2)^4.$$

Перегруппируем слагаемые в полученном выражении и представим его в форме

$$\begin{gathered}\left(\frac{\dot z_1}{\sqrt{R_1}} + \frac{\dot z_2}{\sqrt{R_2}}\right)^2 = \left(\frac{\dot z_1 \dot z_2}{\sqrt{R_1 R_2}} + 1\right)^2 - \frac{k^2(z_1 - z_2)^4}{16 R_1 R_2} = f_1,\\ \left(\frac{\dot z_1}{\sqrt{R_1}} - \frac{\dot z_2}{\sqrt{R_2}}\right)^2 = \left(\frac{\dot z_1 \dot z_2}{\sqrt{R_1 R_2}} - 1\right)^2 - \frac{k^2(z_1 - z_2)^4}{16 R_1 R_2} = f_2,\end{gathered} \tag{2.19}$$

где функции f_1, f_2 могут быть выражены через z_1, z_2, если произведение $\dot z_1 \dot z_2$ подставляется из уравнений (2.17).

Последним шагом является введение переменных Ковалевской по формулам

$$s_1 = \frac{R - \sqrt{R_1 R_2}}{2(z_1 - z_2)^2}, \qquad s_2 = \frac{R + \sqrt{R_1 R_2}}{2(z_1 - z_2)^2}. \tag{2.20}$$

Выразим из этих соотношений $R = (s_1 + s_2)(z_1 - z_2)^2$, $\sqrt{R_1 R_2} = (s_2 - s_1)(z_1 - z_2)^2$ и подставим в правые части (2.19). В результате находим

$$\begin{gathered} f_1 = \frac{f(s_1)}{(s_1 - s_2)^2}, \quad f_2 = \frac{f(s_2)}{(s_1 - s_2)^2}, \\ f(s) = \left(2s + \frac{1}{4}(2h - x) + \frac{1}{4}k\right)\left(2s + \frac{1}{4}(2h - x) - \frac{1}{4}k\right). \end{gathered} \tag{2.21}$$

Для левых частей (2.19) получаются соотношения, задающие переход к некоторым криволинейным координатам

$$\frac{dz_1}{\sqrt{R_1}} + \frac{dz_2}{\sqrt{R_2}} = \frac{ds_1}{\sqrt{\varphi(s_1)}}, \qquad \frac{dz_1}{\sqrt{R_1}} - \frac{dz_2}{\sqrt{R_2}} = \frac{ds_2}{\sqrt{\varphi(s_2)}}, \tag{2.22}$$

где $\varphi(s)$ — полином третьей степени,

$$\varphi(s) = 4s^3 + 2hs^2 + \left(\frac{1}{16}(2h - x)^2 - \frac{k^2}{16} + \frac{c}{4}\right)s + \frac{l^2}{16}.$$

Подставляя (2.22) в уравнения (2.19) и учитывая (2.21), находим уравнения движения в переменных s_1, s_2:

$$\dot{s}_1 = \frac{\sqrt{f(s_1)\varphi(s_1)}}{s_1 - s_2}, \quad \dot{s}_2 = \frac{\sqrt{f(s_2)\varphi(s_2)}}{s_2 - s_1}. \tag{2.23}$$

Полином $\varphi(s)$ можно определить стандартными методами, использующими приведение эллиптических интегралов к стандартному виду. Приведем здесь рассуждения, сходные с проведенными Сусловым [268].

Переменные Ковалевской являются решениями квадратного уравнения

$$Q(z_1, z_2, s) = (z_1 - z_2)^2 s^2 - Rs + G = 0, \tag{2.24}$$

где

$$G = \frac{R^2 - R_1 R_2}{4(z_1 - z_2)^2} = -\frac{l}{8} z_1 z_2 (z_1 + z_2) + \\ + \frac{1}{64}\left((2h - x)^2 - k^2 + 4c\right)(z_1 + z_2)^2 - \frac{lh}{4}(z_1 + z_2) + \frac{l^2}{4}.$$

Вычислим квадраты производных $\left(\frac{\partial Q}{\partial s}\right)^2, \left(\frac{\partial Q}{\partial z_1}\right)^2, \left(\frac{\partial Q}{\partial z_2}\right)^2$ и исключим из них с помощью уравнения (2.24) s, z_1, z_2 соответственно. Прямым вычислением можно проверить, что

$$\left(\frac{\partial Q}{\partial s}\right)^2 = R_1R_2, \quad \left(\frac{\partial Q}{\partial z_1}\right)^2 = \varphi(s)R_2, \quad \left(\frac{\partial Q}{\partial z_2}\right)^2 = \varphi(s)R_1.$$

Составим теперь полный дифференциал функции Q:

$$dQ = \frac{\partial Q}{\partial z_1}dz_1 + \frac{\partial Q}{\partial z_2}dz_2 + \frac{\partial Q}{\partial s}ds = 0.$$

Разделив его на произведение $\sqrt{\varphi(s)R_1R_2}$ и учитывая возможность извлечения корня с разными знаками, получим соотношение (2.22).

Изоморфизм гиростата Ковалевской–(Комарова, Яхьи) на пучке $\mathscr{L}_x$ и систем Клебша на $e(3)$. Гамильтониан и дополнительный интеграл гиростата Ковалевской на пучке $\mathscr{L}_x$ могут быть записаны в форме

$$\begin{gathered}H = \frac{1}{2}(M_1^2 + M_2^2 + 2M_3^2 - 2M_3\lambda) + \mu\gamma_1,\\ K = \left(\frac{M_1^2 - M_2^2}{2} - \mu\gamma_1 + x\frac{\mu^2}{2}\right)^2 + (M_1M_2 - \mu\gamma_2)^2 + \\ + \lambda\left((M_3 - \lambda)(M_1^2 + M_2^2 + x\mu^2) - 2\mu M_1\gamma_3\right), \quad \lambda, \mu = \text{const}.\end{gathered} \tag{2.25}$$

В случае $\lambda = 0$, $x = 0$ известно (Хайне, Хорозов [400]) нелинейное комплексное преобразование, которое переводит систему Ковалевской в систему Неймана. Оно имеет вид

$$\begin{gathered}q_1 = -\frac{iM_1}{M_2}, \quad q_2 = \frac{M_1^2 + M_2^2 + 1}{2M_2}, \quad q_3 = \frac{i(M_1^2 + M_2^2 - 1)}{2M_2},\\ L_1 = -\frac{i\mu\gamma_3}{M_2}, \quad L_2 = \frac{2\mu M_1\gamma_3 - M_3(M_1^2 + M_2^2 - 1)}{2M_2},\\ L_3 = \frac{i\left(2\mu M_1\gamma_3 - M_3(M_1^2 + M_2^2 + 1)\right)}{2M_2},\end{gathered} \tag{2.26}$$

причем для $\boldsymbol{q}$ и $\boldsymbol{L}$ справедливы соотношения $\boldsymbol{q}^2 = 1$, $(\boldsymbol{L}, \boldsymbol{q}) = 0$. Уравнения движения в переменных $\boldsymbol{L}$, $\boldsymbol{q}$ на фиксированном уровне интегралов (2.25) $H = h$, $K = k$ и (2.14) при $x \neq 0$ могут быть записаны в форме

$$\dot{\boldsymbol{q}} = \boldsymbol{q} \times \boldsymbol{L}, \quad \dot{\boldsymbol{L}} = \boldsymbol{q} \times \mathbf{Q}\boldsymbol{q}, \tag{2.27}$$

где симметричная матрица $\mathbf{Q}$ выражается через параметры и константы интегралов по формуле

$$\mathbf{Q} = \begin{pmatrix} -h & -i\mu l & \mu l \\ -i\mu l & -\frac{1}{4}+m & i\left(\frac{1}{4}+m\right) \\ \mu l & i\left(\frac{1}{4}+m\right) & \frac{1}{4}-m \end{pmatrix}, \quad m = \mu^2(\gamma^2 + x\boldsymbol{M}^2) - \mu^2 x\Big(h - \frac{\mu^2 x}{4}\Big) - k. \tag{2.28}$$

Таким образом, при $\lambda = 0$ преобразование (2.26) сводит волчок Ковалевской к задаче Неймана (которая разделяется в сферических координатах). Тем самым оно позволяет несколько глубже понять природу необычных манипуляций Ковалевской. Переменные Ковалевской по существу являются сфероконическими координатами для системы (2.27), а само преобразование (2.26) определяет один из методов явного интегрирования случая Ковалевской. Интересно заметить, что преобразование (2.26) необходимо является комплексным. При $\lambda \neq 0$ оно может быть расширено и связывает две не вполне явно проинтегрированные системы: задачу о гиростате Ковалевской и случай Клебша на ненулевой постоянной площадей. В дальнейшем мы также полагаем $\lambda \neq 0$. (Как уже указывалось, для интегрирования случая Ковалевской $\lambda = 0$ на $so(4)$, $so(3,1)$ преобразование (2.25) было впервые использовано в [423].)

Рассмотрим обобщение преобразования (2.26), при котором векторы $\boldsymbol{q}$, $\boldsymbol{L}$ необходимо поправить следующим образом:

$$\boldsymbol{q} \to \boldsymbol{q}, \quad \boldsymbol{L} \to \boldsymbol{L} + \lambda(\boldsymbol{q} + i\boldsymbol{e}_1 \times \boldsymbol{q}),$$

где $\boldsymbol{e}_1 = (1, 0, 0)$. Здесь мы имеем

$$\boldsymbol{q}^2 = 1, \quad (\boldsymbol{q}, \boldsymbol{L}) = \lambda, \tag{2.29}$$

при $\lambda \neq 0$ в матрице $\mathbf{Q}$ необходимо преобразовать параметр m следующим образом:

$$m = \mu^2(\gamma^2 + x\boldsymbol{M}^2) - \mu^2 x\Big(h + \lambda^2 - \frac{\mu^2 x}{4}\Big) - k.$$

Замечание. Для случая $x = 0$, $\lambda \neq 0$ рассматриваемая аналогия была указана И. В. Комаровым и А. В. Цыгановым в работах [425, 426]. Для $\lambda, x \neq 0$ она указана здесь нами впервые.

Уравнения движения (2.27) представляют собой систему на симплектическом листе на алгебре $e(3)$, определяемом соотношениями (2.29) с гамильтонианом и интегралом, квадратичными по $\boldsymbol{L}$, $\boldsymbol{q}$:

$$\widetilde{H} = (\boldsymbol{L}, \boldsymbol{L}) + (\boldsymbol{q}, \mathbf{Q}\boldsymbol{q}) = \lambda^2 + \mu^2 x - h,$$

$$\widetilde{K} = (\mathbf{Q}\boldsymbol{L}, \boldsymbol{L}) - \det\mathbf{Q}(\boldsymbol{q}, \mathbf{Q}^{-1}\boldsymbol{q}) = k - \lambda^2 h + \mu^2 x(\lambda^2 - \mu^2 x),$$

т. е. задает систему Клебша на ненулевой постоянной площадей.

Аналогия Колосова и ее обобщения. В работе Г. В. Колосова [167] приведено преобразование фазовых переменных и времени, сводящее задачу Ковалевской на $e(3)$ к динамике точки на евклидовой плоскости в некотором потенциальном поле, для которого разделяющими являются эллиптические координатами. Это – известная аналогия Колосова, позволяющая использовать в динамике твердого тела некоторые соображения из небесной механики. Рассмотрим аналогичную процедуру для задачи Ковалевской на пучке (2.13). В этом случае *аналог преобразования Колосова приводит к динамике частицы на некоторой осесимметричной поверхности непостоянной кривизны.*

Следуя [170], выразим из уравнений движения функцию Гамильтона. Для этого в уравнениях движения (2.23) сделаем замену (здесь мы используем гамильтониан (2.12) и интегралы в форме (2.14) и (2.15))

$$s_i \to s_i - \frac{1}{2}\left(h + \frac{x}{4}\right), \qquad i = 1,\, 2, \tag{2.30}$$

и представим их в форме

$$\frac{(s_1 - s_2)^2 \dot{s}_i^2}{f(s_i)} = g(s_i), \qquad i = 1,\, 2$$

$$\begin{aligned} f(s) &= 4\left(s - \frac{x}{4} + \frac{1}{2}k\right)\left(s - \frac{x}{4} - \frac{1}{2}k\right), \\ g(s) &= 4s^3 - \left(2h + \frac{3}{2}x\right)s^2 + \left(c - k^2 + \frac{x^2}{4}\right)s + \varkappa, \\ \varkappa &= \frac{1}{2}(k^2 h + 2l^2 - ch) + \frac{x}{4}(h^2 + k^2 - c) - \left(\frac{x}{4}\right)^3. \end{aligned} \tag{2.31}$$

Замечание. Вид замены (2.30) определяется требованием, чтобы константа энергии в полиноме $g(s)$ содержалась лишь при четных степенях переменной s.

Вычитая в (2.31) первое уравнение из второго, исключим константу $\varkappa$ и выразим из получившегося уравнения энергию

$$\begin{aligned} H &= \frac{(s_1 - s_2)^2}{2(s_1^2 - s_2^2)}\left(\frac{\dot{s}_1^2}{f(s_1)} - \frac{\dot{s}_2^2}{f(s_2)}\right) + U(s_1,\, s_2), \\ U(s_1,\, s_2) &= \frac{2(s_1^2 + s_1 s_2 + s_2^2) + \frac{1}{2}\left(c - k^2 + \frac{x^2}{4}\right)}{s_1 + s_2}. \end{aligned} \tag{2.32}$$

После замены времени $d\tau = 2(s_1 - s_2)\,dt$ и перехода к каноническим импульсам $p_i = \dfrac{\partial H}{\partial s_i'}$, $s_i' = \dfrac{ds_i}{d\tau}$, $i = 1, 2$, имеем систему с разделяющимися переменными.

Рассмотрим теперь переменные $s_1 - \frac{x}{4}$, $s_2 - \frac{x}{4}$ как эллиптические координаты на плоскости (u, v):

$$u = \frac{2}{k}\Bigl(s_1 - \frac{x}{4}\Bigr)\Bigl(s_2 - \frac{x}{4}\Bigr) + \frac{k}{2},$$

$$v = \pm\frac{2}{k}\sqrt{\Bigl(s_1^2 - \frac{k^2}{4}\Bigr)\Bigl(\frac{k^2}{4} - s_2^2\Bigr)}.$$

Записывая в координатах u, v энергию (2.32), получим выражения

$$\begin{gathered} H = T + U, \\ T = \frac{1}{2}\Bigl(1 + \frac{x}{2\rho}\Bigr)(u'^2 + v'^2), \\ U = \frac{4\rho^2 - 2uk + c + 3x\rho + x^2}{2\rho + x} = \frac{2(\rho^2 + \rho_1^2) - k^2 + c + 3x\rho + x^2}{2\rho + x}, \\ \rho = \sqrt{u^2 + v^2}, \qquad \rho_1 = \sqrt{(u-k)^2 + v^2}. \end{gathered} \tag{2.33}$$

Система (2.33) описывает движение точки в потенциальном поле по искривленной поверхности. Ее *гауссова кривизна*, уже не являющаяся постоянной, может быть вычислена по метрике, определенной кинетической энергией T:

$$K = -\frac{4x}{(2\rho + x)^3}.$$

Как следует из (2.33), кривизна может изменить знак лишь в точках, где потенциальная энергия обращается в бесконечность, поэтому движение происходит лишь в областях с одинаковым знаком кривизны. При $x = 0$ мы также имеем $K = 0$, что совпадает с классическим результатом Колосова об аналогии с движением частицы в плоском пространстве.

Исторический комментарий. В работе [166] Г. В. Колосов развивает метод Гамильтона–Якоби для интегрирования различных задач динамики твердого тела. Он, в частности, рассматривает случаи Горячева–Чаплыгина, Клебша, Бобылева–Стеклова, I-й случай Чаплыгина для уравнений Кирхгофа. Записав уравнения в канонической гамильтоновой форме по аналогии с движением материальной точки, Г. В. Колосов ищет канонические преобразования в фазовом пространстве, разделяющие переменные, тем самым пытаясь обобщить свои результаты относительно случая Ковалевской. В работе [166] указано также частное периодическое решение для случая Клебша, характеризующееся двумя независимыми инвариантными соотношениями вида $F_1 = aM_3 + b\gamma_3$, $F_2 = (\alpha M_1\gamma_1 + \beta M_2\gamma_2)/(\varepsilon M_1^2 + \delta\gamma_2^2)$, $a, b, \alpha, \beta, \varepsilon, \delta = \mathrm{const}$. Эти соотношения возникают при ограничении на константы первых интегралов, получающемся из бифуркационных условий (т. е. потери независимости интегралов).

Описанная выше (на основе работы [170]) технология введения канонических переменных типа действие-угол, использующая уравнения Абеля–Якоби, по существу, развивает наблюдения Колосова, пытавшегося придать нетривиальным алгебраическим преобразованиям, предложенным Ковалевской и Чаплыгиным, разумный геометрический смысл с точки зрения канонических преобразований фазового пространства.

В связи с разделением случая Ковалевской отметим интересную работу [434], в которой построено преобразование, *одновременно* разделяющее как случай Ковалевской, так случай Горячева–Чаплыгина. Разделение случая Ковалевской при помощи вложения в так называемую вторую алгебру Склянина, построение переменных действие и представление Лакса в виде **L-A**-пар 2×2 выполнено в работе [433] (см. также [48]).

Случай Чаплыгина (I). Рассмотрим явное интегрирование в частном случае Чаплыгина на пучке скобок (2.13) при нулевой постоянной площадей. Примем следующие обозначения функций Казимира:

$$(\boldsymbol{M}, \boldsymbol{\gamma}) = 0, \quad x\boldsymbol{M}^2 + \boldsymbol{\gamma}^2 = c. \tag{2.34}$$

Гамильтониан и дополнительный интеграл в этом случае имеют вид (см. § 2 гл. 3)

$$H = \frac{1}{2}(\alpha_2 M_1^2 + \alpha_1 M_2^2 + (\alpha_1 + \alpha_2)M_3^2) - \frac{1}{2}(a_1 - a_2)(\gamma_1^2 - \gamma_2^2) = \frac{h}{2},$$
$$F = (\alpha_1 M_1^2 - \alpha_2 M_2^2 - (a_1 - a_2)\gamma_3^2)^2 + 4\alpha_1\alpha_2 M_1^2 M_2^2 = k^2,$$

где $\alpha_1 = 1 - xa_1$, $\alpha_2 = 1 - xa_2$ $(k > 0)$. Разделение переменных в этой задаче на $e(3)$ было выполнено С. А. Чаплыгиным [298], на $so(4)$ — О. И. Богоявленским [26], а на всем пучке — в работах [341, 51]. Разделяющие переменные s_1 и s_2 определяются по формулам [26, 298]

$$\begin{gathered} s_1 = \frac{u + k}{v}, \quad s_2 = \frac{u - k}{v}, \\ u = \alpha_1 M_1^2 + \alpha_2 M_2^2, \quad v = (a_2 - a_1)\gamma_3^2. \end{gathered} \tag{2.35}$$

Эволюция s_1 и s_2 определяется уравнениями:

$$\dot{s}_1 = -\sqrt{(1 - s_1^2)(\delta_1 - \beta_1 s_1)}, \quad \dot{s}_2 = -\sqrt{(1 - s_2^2)(\delta_2 - \beta_2 s_2)}, \tag{2.36}$$

где

$$\delta_{1,2} = 2(h \pm k) - x\big((h \pm k)(a_1 + a_2) + (a_1 - a_2)^2 c\big),$$

$$\beta_{1,2} = 2(a_1 - a_2)\big(c - \frac{1}{2}x(h \pm k + c(a_1 + a_2))\big),$$

т. е. уравнения движения интегрируются в эллиптических функциях времени.

Случай М. П. Харламова для обобщенного волчка Ковалевской. В работе [281] был указан случай сведения обобщенного волчка Ковалевской в двух полях к системе с двумя степенями свободы (см. гл. 3, § 4). Следуя [281], положим

$$H = \omega_1^2 + \omega_2^2 + \frac{1}{2}\omega_3^2 - \alpha_1 - \beta_2,$$

$$\boldsymbol{\alpha}^2 = a^2, \quad \boldsymbol{\beta}^2 = b^2, \quad (\boldsymbol{\alpha}, \boldsymbol{\beta}) = 0,$$

т. е. векторы $\boldsymbol{\alpha}$, $\boldsymbol{\beta}$ не нормированы.

Разделяющие переменные задаются соотношениями (М. П. Харламов, А. Ю. Савушкин [285, 286])

$$s_1 = \frac{x^2 + z^2 + a^2 - b^2}{2x}, \quad s_2 = \frac{x^2 + z^2 - a^2 + b^2}{2x},$$

$$x^2 = (\alpha_1 - \beta_2)^2 + (\alpha_2 + \beta_1)^2, \quad z^2 = \alpha_3^2 + \beta_3^2$$

и удовлетворяют неравенствам $s_1^2 \geqslant a^2$, $s_2^2 \leqslant b^2$. На совместном уровне инвариантных соотношений и первых интегралов получим (вырожденные) уравнения Абеля–Якоби

$$\dot{s}_1 = \sqrt{-(s_1^2 - a^2)\Phi(s_1)}, \quad \dot{s}_2 = \sqrt{(b^2 - s_2^2)\Phi(s_2)},$$

$$\Phi(s) = ms^2 - ls + \frac{l^2 - 1}{4m},$$

где постоянные m, l связаны с константами интегралов движения соотношениями вида

$$M = \frac{2G - (a^2 + b^2)H}{(a^2 - b^2)^2} = m, \quad L^2 = 2(a^2 + b^2)M^2 + 2HM + 1 = l^2,$$

где G — квадратичный интеграл

$$G = \left(\alpha_1\omega_1 + \alpha_2\omega_2 + \frac{1}{2}\alpha_3\omega_3\right)^2 + \left(\beta_1\omega_1 + \beta_2\omega_2 + \frac{1}{2}\beta_2\omega_3\right)^2 + \\ + \omega_3\left(\gamma_1\omega_1 + \gamma_2\omega_2 + \frac{1}{2}\gamma_3\omega_3\right) - b^2\alpha_1 - a^2\beta_2 + c(\alpha_2 + \beta_1).$$

Разделение волчков Горячева–Чаплыгина и Ковалевской–Горячева–Чаплыгина. Под этими системами мы согласно работам [257, 295] будем, соответственно понимать, системы на $e(3)$ вида

1. (ГЧ) $H = \frac{1}{2}(M_1^2 + M_2^2 + 4M_3^2) + \lambda M_3 + \mu\gamma_1 + \frac{1}{2}\frac{\delta}{\gamma_3^2}$,

где $\lambda, \mu, \delta = \mathrm{const}$, $(\boldsymbol{M}, \boldsymbol{\gamma}) = 0$;

2. (КГЧ) $H = \frac{1}{2}(M_1^2 + M_2^2 + 2M_3^2) + \lambda M_3 + \mu\gamma_1 + 2b_1\gamma_1\gamma_2 + b_2(\gamma_2^2 - \gamma_1^2) + \frac{1}{2}\frac{\delta}{\gamma_2^2}$,

где $\lambda, \mu, b_1, b_2 = \mathrm{const}$, $(\boldsymbol{M}, \boldsymbol{\gamma}) = 0$.

Интегралы для этих случаев, имеющие, соответственно, третью и четвертую степень по $\boldsymbol{M}$, указаны в § 1 (см. случаи (1.1), (1.13)). Основные трудности при явном интегрировании доставляют гиростат $\lambda \neq 0$ и сингулярное слагаемое $\delta \neq 0$. Частично они были преодолены в работах [257, 295] (см. также [48]), где указано разделение переменных, полученное путем вложения системы в алгебру квадратичных скобок Склянина, для которой известна некоторая универсальная система разделяющих симметрических координат. Этот подход близок к подходу Якоби, который ввел некоторую общую систему эллиптических координат, позволившую проинтегрировать ряд содержательных механических задач. В отличие от метода Якоби, разделяющие переменные в упомянутых работах определены не только на конфигурационном, а на всем фазовом пространстве. Недостатком методов [257, 295] является комплексная форма предложенных преобразований, и с механической точки зрения задачу разделения нельзя пока считать вполне решенной. Результаты [257, 295] с некоторыми комментариями изложены в нашей книге [48]. Мы не останавливаемся на них здесь в силу того, что пока такое разделение почти совсем бесполезно для динамики.

2. Переменные действие и разделяющие переменные

Разделяющие переменные могут быть использованы для построения бифуркационных диаграмм и топологического анализа [284]. Другим их использованием является получение переменных действие-угол, необходимых для изучения возмущенной задачи, а также для целей квантования.

Естественный алгоритм введения переменных действие-угол был предложен в [170] для случая Ковалевской. Он использует обычный метод введения переменных действие-угол для систем с разделяющимися переменными по Гамильтону – Якоби. Эта процедура была обобщена и формализована А. П. Веселовым и С. П. Новиковым [73] в общую теорию алгебро-геометрических скобок Пуассона. Мы, однако, воспользуемся первоначальным алгоритмом [170] и введем переменные действие для случаев Ковалевской, Горячева – Чаплыгина и Чаплыгина на всем пучке скобок (2.13).

Указанный алгоритм состоит из нескольких пунктов.

1. Нахождение переменных Абеля s_1, s_2, которые коммутируют в первоначальной пуассоновой структуре: $\{s_1, s_2\} = 0$.

   Замечание. Существование коммутирующего набора переменных Абеля s_1, s_2 может быть установлено также при помощи рассуждений, изложенных в книге [150] и связанных с приведением уравнений типа (2.23) к стандартному виду на торе.

2. Используя уравнение энергии в переменных s_i, $\dot{s}_i$, вводятся канонические импульсы p_i, удовлетворяющие дополнительному требованию, что система p_j, s_i является разделяющей.
3. Имея набор разделенных переменных, переменные действие-угол вводятся по известному алгоритму [196].

Случай Ковалевской. Можно проверить, что переменные Ковалевской (2.20) s_1, s_2 коммутируют [170, 422]. При этом они удовлетворяют уравнениям (2.23)

$$\dot{s}_1 = \frac{\sqrt{f(s_1)\varphi(s_1)}}{s_1 - s_2}, \quad \dot{s}_2 = -\frac{\sqrt{f(s_2)\varphi(s_2)}}{s_1 - s_2}, \tag{2.37}$$

где

$$\begin{gathered} f(s) = \Big(2s + \frac{1}{4}(2h - x) + \frac{1}{4}k\Big)\Big(2s + \frac{1}{4}(2h - x) - \frac{1}{4}k\Big), \\ \varphi(s) = 4s^3 + 2hs^2 + \Big(\frac{1}{16}(2h - x)^2 - \frac{k^2}{16} + \frac{c}{4}\Big)s + \frac{l^2}{16} \end{gathered} \tag{2.38}$$

(переменная s_1 изменяется от 0 до ∞, а s_2 параметризует окружность).

Выделим в (2.38) интеграл движения $\varkappa = \frac{1}{16}\big((2h - x)^2 - k^2\big)$:

$$\begin{aligned} f(s) &= 4s^2 + (2h - x)s + \varkappa, \\ \varphi(s) &= s\big(4s^2 + 2hs + \varkappa + \frac{c}{4}\big) + \frac{l^2}{16} \end{aligned} \tag{2.39}$$

и исключим из (2.39) постоянную $\varkappa$. Из получившегося уравнения найдем энергию h как функцию s_i и $\dot{s}_i$:

$$\begin{gathered} h = -2(s_1 + s_2) + \frac{l^2}{64 s_1 s_2} + \frac{x}{4} + \frac{\sqrt{a_1^2 + x_1^2} - \sqrt{a_2^2 + x_2^2}}{s_1 - s_2}, \\ a_i = \frac{16 s_i^2 x + 4 s_i c + l^2}{64 s_i}, \quad x_i = \frac{(s_1 - s_2)\dot{s}_i}{2\sqrt{s_i}}. \end{gathered} \tag{2.40}$$

Введем вместо скоростей $\dot{s}_i$ обобщенные импульсы p_i по формуле

$$p_i = \int \frac{\partial h}{\partial \dot{s}_i} \frac{d\dot{s}_i}{\dot{s}_i} + F(s_i), \tag{2.41}$$

где $F(s_i)$ — произвольная функция от s_i; добавление $F(s_i)$ не изменяет уравнений движения (поскольку определяет каноническое преобразование).

В результате интегрирования получим

$$p_i = \frac{1}{2\sqrt{s_i}} \ln \frac{x_i + \sqrt{x_i^2 + a_i^2}}{a_i}. \tag{2.42}$$

Запишем гамильтониан системы Ковалевской (2.40) в переменных s_i, p_i:

$$h = -s_1 - s_2 + \frac{l^2}{8 s_1 s_2} + \frac{x}{8} + \frac{a_1 \operatorname{ch}(2p_1\sqrt{s_1}) - a_2 \cos(2p_2\sqrt{-s_2})}{s_1 - s_2}. \tag{2.43}$$

Переменные s_i являются разделяющими для гамильтониана (2.43). Если ввести константу разделения $\varkappa_1$, то получим два уравнения, которые интегрируются независимо друг от друга:

$$\begin{aligned} 2s_1^2 + s_1\Big(h - \frac{x}{4}\Big) + \frac{l^2}{64 s_1} + \varkappa_1 &= a_1 \operatorname{ch}(2p_1\sqrt{s_1}), \\ 2s_2^2 + s_2\Big(h - \frac{x}{4}\Big) + \frac{l^2}{64 s_2} + \varkappa_1 &= a_2 \cos(2p_2\sqrt{-s_2}). \end{aligned} \tag{2.44}$$

Подставляя в (2.44) выражения (2.42), получим уравнения Ковалевской (2.37); константа разделения $\varkappa_1$ связана с постоянной $\varkappa$ по формуле $\varkappa = 2\varkappa_1 - \frac{c}{8}$.

Переменные действие теперь находятся по формуле

$$I_i = \frac{1}{2\pi} \oint p(s_i)\, ds_i,$$

где p_i предполагаются выраженными из (2.44), а область интегрирования зависит от параметров и значений интегралов системы.

Случай Горячева–Чаплыгина. Переменные q_1, q_2 (1.21) уже являются разделяющими. При этом, как легко проверить, они коммутируют между собой на уровне $(\boldsymbol{M}, \gamma) = 0$.

Обозначим через $\varkappa$ постоянную разделения, тогда из (1.20) находим

$$\begin{aligned} &\frac{p_1^3}{2} - \lambda p_1^2 + a p_1 \sin q_1 - h p_1 = \varkappa, \\ &\frac{p_2^3}{2} - \lambda p_2^2 + a p_2 \sin q_2 - h p_2 = \varkappa. \end{aligned} \tag{2.45}$$

Переменные действие могут быть получены по формуле

$$I = -\frac{1}{2\pi} \oint q_i(p_i)\, dp_i,$$

где $q_i(p_i)$ выражаются с помощью (2.45).

Замечание. Так как

$$\dot{p}_i = -\frac{\partial H}{\partial q_i} = -\frac{a p_i \cos q_i}{p_1 - p_2}, \tag{2.46}$$

то, воспользовавшись (2.45), получаем уравнения Абеля в виде

$$\dot{p}_i = -\frac{\sqrt{\Phi(p_i)}}{2(p_1 - p_2)}, \quad \Phi(z) = 4a^2 z^2 - (2\varkappa - z^3 + 2\lambda z^2 + 2hz)^2. \tag{2.47}$$

Случай Чаплыгина (I). На нулевом уровне интеграла $(\boldsymbol{M}, \gamma) = 0$ переменные s_1, s_2 (2.35) коммутируют. Из системы уравнений (2.36) на пучке найдем энергию $E = h + \mathrm{const}$ как функцию s_1, s_2, $\dot{s}_1$, $\dot{s}_2$:

$$E = \frac{1}{2}\Big(\frac{\dot{s}_1^2}{g(s_1)} + \frac{\dot{s}_2^2}{g(s_2)}\Big) - \frac{2c}{x}(1 - x a_1)(1 - x a_2)\big(U(s_1) + U(s_2)\big), \tag{2.48}$$

где

$$g(s) = (1 - s^2)\big(x(a_2 - a_1)s + 2 - x(a_1 + a_2)\big),$$
$$U(s) = \big(x(a_2 - a_1)s + 2 - x(a_1 + a_2)\big)^{-1}.$$

Вводя сопряженные импульсы по формуле (2.41)

$$p_i = \frac{\dot{s}_i}{(1 - s_i^2)(x(a_1 - a_2)s_i + 2 - x(a_1 + a_2))},$$

получим функцию Гамильтона в разделяющихся переменных

$$H = \frac{1}{2}\big(g(s_1)p_1^2 + g(s_2)p_2^2\big) - \frac{2c}{x}(1 - xa_1)(1 - xa_2)\big(U(s_1) + U(s_2)\big). \quad (2.49)$$

Используя константу разделения $\varkappa$, можно записать

$$\begin{gathered} \frac{1}{2}g(s_1)p_1^2 - \frac{2c}{x}(1 - xa_1)(1 - xa_2)U(s_1) = \varkappa, \\ \frac{1}{2}g(s_2)p_2^2 - \frac{2c}{x}(1 - xa_1)(1 - xa_2)U(s_2) = E - \varkappa \end{gathered} \quad (2.50)$$

и вычислить переменные действие

$$I_i = \frac{1}{2\pi}\oint p_i(s_i)\,ds_i.$$

Переменные действие для случаев Клебша и Шоттки–Манакова были недавно построены в [452] (В. Г. Марихин, В. В. Соколов) с помощью нахождения полного уравнения Гамильтона–Якоби, построенного для этих задач. Переменные действие для случая Стеклова без труда получаются при использовании его изоморфизма (указанного в § 3 гл. 5) с системой на сфере S^2 с разделяющимися переменными.

§ 3. Алгебраические преобразования скобок Пуассона. Изоморфизмы и явное интегрирование

В гамильтоновой механике хорошо известны канонические преобразования, сохраняющие (каноническую) скобку Пуассона и применяющиеся, как правило, для упрощения уравнений движения (например в теории возмущений). Они могут быть описаны с помощью производящей функции.

В неканоническом случае, когда скобка Пуассона имеет некоторую алгебраическую форму (например, является линейной или квадратичной), можно поставить задачу поиска преобразований, которые либо сохраняют первоначальную алгебраическую структуру скобки, либо приводят ее в другую, которая также представляет интерес. В случае вырожденной скобки Пуассона эту задачу также можно поставить одновременно не для всех симплектических листов, а для конкретно выделенного и обладающего дополнительными свойствами (в частности, для сингулярных орбит коалгебр Ли).

В случае скобок Ли–Пуассона еще классики [264] рассматривали линейные (т. е. групповые) преобразования, позволяющие добиться некоторых упрощений в гамильтониане.

Первые примеры нелинейных преобразований, сохраняющих структуру линейной скобки (а потому имеющих особенности), были впервые указаны в нашей книге [44]. В ней также указано преобразование квадратичной скобки в линейную на выделенном симплектическом листе, позволившее найти изоморфизм между обобщенным случаем Ковалевской и случаем Чаплыгина и объяснить сингулярные слагаемые Горячева [43, 44].

В работе [338] на выделенном симплектическом листе алгебр $e(3)$ и $so(4)$ было указано алгебраическое преобразование, переводящее одну структуру в другую. Это позволило перенести классический случай Горячева–Чаплыгина с алгебры $e(3)$ на $so(4)$. В работе [512] это преобразование было использовано для обобщенного случая Ковалевской на $(\boldsymbol{M}, \gamma) = 0$.

В работе [424] вопрос о преобразованиях алгебр $e(3)$, $so(4)$, $so(3, 1)$ обсуждается более подробно и, в частности, указаны новые типы преобразований, позволившие обобщить различные интегрируемые случаи и установить взаимосвязи между системами на разных алгебрах (это может быть использовано при явном интегрировании различных систем). Вообще говоря, можно сказать, что исследование алгебраических преобразований скобок Пуассона оказалось задачей, сравнимой по своей важности для динамики с поиском первых интегралов.

Мы здесь приведем все известные нам результаты, полученные в этом направлении, а также укажем некоторые соображения, позволяющие вводить глобальную и универсальную систему симплектических координат на семействах скобок Пуассона.

1. Групповые преобразования пучка

Рассмотрим пучок скобок Ли–Пуассона, неоднократно использованный выше,

$$\{M_i, M_j\} = \varepsilon_{ijk} M_k, \quad \{M_i, \gamma_j\} = \varepsilon_{ijk}\gamma_k, \quad \{\gamma_i, \gamma_j\} = x\varepsilon_{ijk} M_k. \tag{3.1}$$

Как несложно показать, при фиксированном x эта скобка Ли–Пуассона соответствует алгебре Ли группы матриц G, сохраняющих метрику $\mathbf{g} = \operatorname{diag}(1, 1, 1, x)$, т. е.

$$G = \{\mathbf{U} | \mathbf{U}^T \mathbf{g} \mathbf{U} = \mathbf{g}\} \tag{3.2}$$

(при $x > 0 - G \approx SO(4)$, $x = 0 - G \approx E(3)$, $x < 0 - G \approx SO(3,1)$).

Следовательно, скобка (3.1) инвариантна относительно преобразований подобия с элементами группы G. В матричном виде их можно представить следующим образом. Определим матрицу (с помощью отождествления алгебры и коалгебры посредством метрики Киллинга $\operatorname{Tr}(\mathbf{XY})$)

$$\mathbf{X} = \begin{pmatrix} 0 & M_3 & -M_2 & \gamma_1 \\ -M_3 & 0 & M_1 & \gamma_2 \\ M_2 & -M_1 & 0 & \gamma_3 \\ -\frac{1}{x}\gamma_1 & -\frac{1}{x}\gamma_2 & -\frac{1}{x}\gamma_3 & 0 \end{pmatrix}. \tag{3.3}$$

Преобразования подобия, сохраняющие скобку (3.1), запишутся в виде

$$\mathbf{X}' = \mathbf{U}^{-1}\mathbf{X}\mathbf{U}, \quad \mathbf{U} \in G. \tag{3.4}$$

С помощью (3.2) находим $\mathbf{U}^{-1} = \mathbf{g}^{-1}\mathbf{U}^T\mathbf{g}$.

Замечание. Можно показать, что матрица $\mathbf{gX}$ – кососимметрическая.

При $x = 0$ и $x > 0$ преобразования (3.4) могут быть представлены в более простой форме.

При $x = 0$

$$\boldsymbol{M}' = \mathbf{Q}\boldsymbol{M} + \boldsymbol{a} \times \mathbf{Q}\boldsymbol{\gamma}, \quad \boldsymbol{\gamma}' = \mathbf{Q}\boldsymbol{\gamma}, \quad \mathbf{Q} \in SO(3), \quad \boldsymbol{a} \in \mathbb{R}^3. \tag{3.5}$$

При $x > 0$ воспользуемся тем, что группа (3.2) изоморфна $SO(4)$, алгебра Ли которой допускает вещественное разложение $so(4) = so(3) \oplus so(3)$. Для скобок Пуассона получим

$$\begin{gathered} \boldsymbol{K} = \frac{1}{2}\Big(\boldsymbol{M} + \frac{1}{\sqrt{x}}\gamma\Big), \quad \boldsymbol{S} = \frac{1}{2}\Big(\boldsymbol{M} - \frac{1}{\sqrt{x}}\gamma\Big), \\ \{K_i, K_j\} = \varepsilon_{ijk}K_k, \quad \{S_i, S_j\} = \varepsilon_{ijk}S_k, \quad \{K_i, S_j\} = 0. \end{gathered} \tag{3.6}$$

Преобразование (3.4) представляется в форме

$$\boldsymbol{K}' = \mathbf{Q}_1\boldsymbol{K}, \quad \boldsymbol{S}' = \mathbf{Q}_2\boldsymbol{K}, \quad \mathbf{Q}_1, \mathbf{Q}_2 \in so(3),$$

либо в исходных переменных

$$\begin{aligned} \boldsymbol{M}' &= \frac{\mathbf{Q}_1 + \mathbf{Q}_2}{2}\boldsymbol{M} + \frac{1}{\sqrt{x}}\,\frac{\mathbf{Q}_1 - \mathbf{Q}_2}{2}\gamma, \\ \gamma' &= \sqrt{x}\,\frac{\mathbf{Q}_1 - \mathbf{Q}_2}{2}\boldsymbol{M} + \frac{\mathbf{Q}_1 + \mathbf{Q}_2}{2}\gamma. \end{aligned} \tag{3.7}$$

2. Преобразования, связанные с симплектическими переменными Андуайе

Согласно теореме Дарбу (гл. 1) на каждом симплектическом листе можно построить симплектические (канонические) переменные (координаты Дарбу). Для пучка пуассоновых структур (3.1), симплектические листы которых параметризуются константами функций Казимира

$$(\boldsymbol{M}, \gamma) = l_x, \quad \gamma^2 + x\boldsymbol{M}^2 = c_x, \tag{3.8}$$

при произвольных значениях l_x, c_x известны лишь две системы симплектических переменных — это переменные типа Андуайе и переменные типа Ковалевской и сопряженные им [170, 51]. Помимо этого на орбите $l_x = 0$ (с помощью изоморфизмов, указанных ниже) могут быть построены различные канонические переменные, на основе того, что орбита алгебры $e(3)$ с $l_0 = 0$ симплектоморфна кокасательному расслоению к сфере T^*S^2. Алгоритм построения переменных Андуайе на пучке (3.1) подробно описан в § 5 гл. 1.

1. Простейшее преобразование, сохраняющее структуру (3.1) и оставляющее на месте симплектические листы (3.8), имеет вид

$$l \to l + \varphi(L), \quad L, G, g \to L, G, g.$$

Его отличительной особенностью является то, что в исходных переменных оно имеет очень простой вид:

$$
\boldsymbol{M}' = \mathbf{Q}\boldsymbol{M}, \quad \boldsymbol{\gamma}' = \mathbf{Q}\boldsymbol{\gamma},
$$
$$
\mathbf{Q} = \begin{pmatrix} \cos\varphi(M_3) & \sin\varphi(M_3) & 0 \\ -\sin\varphi(M_3) & \cos\varphi(M_3) & 0 \\ 0 & 0 & 1 \end{pmatrix}. \tag{3.9}
$$

В отличие от преобразований (3.5) в данном случае угол поворота может зависеть от M_3. В работе [424] такие преобразования названы обобщенным поворотом.

Интересно, что под действием преобразования (3.9) могут быть получены нетривиальные интегрируемые случаи. Так из случая Ковалевской получается интегрируемый гамильтониан в форме

$$
H' = \frac{1}{2}(M_1'^2 + M_2'^2 + 2M_3'^2) + a\big(\gamma_1' \cos\varphi(M_3') - \gamma_2' \sin\varphi(M_3')\big). \tag{3.10}
$$

2. Можно естественным образом задать приведение алгебры $e(3)$ на нулевой лист ($l_0 = 0$), т.е. на кокасательное расслоение к сфере T^*S^2. Действительно, преобразование

$$
\boldsymbol{M} \to \boldsymbol{M}' = \boldsymbol{M}, \quad \boldsymbol{\gamma} \to \boldsymbol{\gamma}' = \frac{\boldsymbol{M} \times (\boldsymbol{\gamma} \times \boldsymbol{M})}{|\boldsymbol{M} \times (\boldsymbol{\gamma} \times \boldsymbol{M})|}
$$

переводит скобки пучка (3.1) в скобки алгебры $e(3)$, при этом все симплектические листы пучка отображаются в лист $e(3)$, заданный соотношениями $\boldsymbol{\gamma}'^2 = 1$, $(\boldsymbol{M}', \boldsymbol{\gamma}') = 0$, симплектоморфный T^*S^2.

При $(\boldsymbol{M}, \boldsymbol{\gamma}) = l_x = H = 0$ получаем следующее

Предложение 1. *Отображение*

$$
\boldsymbol{M} \to \boldsymbol{M}, \quad \boldsymbol{\gamma} \to \frac{\boldsymbol{\gamma}}{|\boldsymbol{\gamma}|} \tag{3.11}
$$

является симплектическим отображением орбит пучка $l_x = 0$ в орбиту алгебры $e(3)$, для которой $l_0 = 0$ и $c_0 = 1$ (т. е. касательное расслоение к сфере).

Отображение (3.11) позволяет «поднимать» (реконструировать) интегрируемые случаи с $e(3)$ на весь пучок.

Обобщение случая Горячева–Чаплыгина на пучке [338]:

$$H = \frac{1}{2}(M_1^2 + M_2^2 + 4M_3^2) + \mu\frac{\gamma_1}{|\gamma|}. \tag{3.12}$$

Обобщение случая Ковалевской–Горячева–Чаплыгина на пучке [512]:

$$H = M_1^2 + M_2^2 + 2M_3^2 + \delta\frac{\gamma^2}{\gamma_3^2} + 2a_0M_3 + \alpha_1\frac{\gamma_1}{|\gamma|} + \beta_1\frac{\gamma_2}{|\gamma|} - \\ - \alpha_2\beta_2\frac{\gamma_1\gamma_2}{\gamma^2} - \frac{1}{4}(\alpha_2^2 - \beta_2^2)\frac{\gamma_1^2 - \gamma_2^2}{\gamma^2}. \tag{3.13}$$

3. В заключение приведем также нелинейное преобразование, сохраняющее скобки (под)алгебры $so(3)$

$$M_1' = \frac{M_1M_2}{\sqrt{M_1^2 + M_2^2}}, \quad M_2' = \frac{M_2^2 - M_1^2}{2\sqrt{M_1^2 + M_2^2}}, \quad M_3' = \frac{M_3}{2}.$$

Оно соответствует каноническому преобразованию для переменных Андуайе вида

$$(L, l) \to \left(\frac{L}{2}, 2l\right).$$

3. Изоморфизм орбит алгебр $e(3)$ и $so(3, 1)$

Рассмотрим отображение, указанное в [424],

$$\boldsymbol{M} \to \boldsymbol{M}, \quad \boldsymbol{\gamma} \to \boldsymbol{p} = b\boldsymbol{\gamma} + c\boldsymbol{\gamma} \times \boldsymbol{M}; \tag{3.14}$$

при этом мы полагаем, что для переменных $\boldsymbol{M}$, $\boldsymbol{\gamma}$ справедливы коммутационные соотношения (3.1) при $x = 0$. Прямым вычислением проверяется, что скобки для $\boldsymbol{M}$, $\boldsymbol{p}$ имеют вид

$$\{M_i, M_j\} = \varepsilon_{ijk}M_k, \quad \{M_i, p_j\} = \varepsilon_{ijk}p_k, \quad \{p_i, p_j\} = -c^2\gamma^2\varepsilon_{ijk}M_k.$$

Таким образом, орбита алгебры $e(3)$ со значениями функций Казимира c_0, l_0 отображается в орбиту алгебры $so(3, 1)$ с параметром пучка $x = -c^2c_0^2$ и значениями функций Казимира (3.8)

$$c_x = b^2c_0 - c^2l_0, \quad l_x = bl_0. \tag{3.15}$$

Аналогично для обратного к (3.14) отображения имеем

$$\boldsymbol{M} \to \boldsymbol{M}, \quad \gamma \to \boldsymbol{y} = \frac{b^2\gamma + c^2(\gamma, \boldsymbol{M})\boldsymbol{M} - bc(\gamma \times \boldsymbol{M})}{b(b^2 + c^2\boldsymbol{M}^2)}, \tag{3.16}$$

где полагаем, что $\boldsymbol{M}$, γ удовлетворяют соотношениям (3.1) при $x \neq 0$. Скобки для новых переменных имеют вид

$$\begin{gathered} \{M_i, M_j\} = \varepsilon_{ijk}M_k, \quad \{M_i, y_j\} = \varepsilon_{ijk}y_k, \\ \{y_i, y_j\} = \frac{xb^4 + b^2c^2(\boldsymbol{\gamma}^2 + x\boldsymbol{M}^2) + c^4(\boldsymbol{\gamma}, \boldsymbol{M})^2}{b^2(b^2 + c^2\boldsymbol{M}^2)^2}\varepsilon_{ijk}M_k. \end{gathered} \tag{3.17}$$

Если b и c удовлетворяют уравнению

$$xb^4 + b^2c^2c_x + c^4l_x^2 = 0,$$

то соотношения (3.17) соответствуют алгебре $e(3)$. Очевидно, что для вещественных b, c это возможно лишь при $x < 0$; при этом соотношения (3.16) задают отображение орбиты алгебры $so(3,1)$, задаваемой значениями функций Казимира c_x, l_x в орбиту алгебры $e(3)$ с казимирами

$$c_0 = \frac{c_x^2 \pm \sqrt{c_x^2 - 4\sqrt{-x}\,l_x^2}}{2b^2}, \quad l_0 = \frac{l'}{b}. \tag{3.18}$$

Этот изоморфизм орбит задает изоморфизм интегрируемого случая Ковалевской на $so(3,1)$ и случая Ковалевской – Соколова на $e(3)$. Действительно, задавая гамильтониан случая Ковалевской – Соколова на $e(3)$ в форме

$$H = \frac{1}{2}(M_1^2 + M_2^2 + 2M_3^2) + a\big(c(\gamma_3M_2 - \gamma_2M_3) + b\gamma_1\big), \tag{3.19}$$

при отображении (3.14) приходим к гамильтониану Ковалевской на $so(3,1)$

$$H' = \frac{1}{2}(M_1^2 + M_2^2 + 2M_3) + ap_1. \tag{3.20}$$

Тем самым указывается также способ явного интегрирования случая Ковалевской – Соколова на $e(3)$, поскольку случай Ковалевской на всем пучке проинтегрирован различными способами [423, 51].

Используя преобразования (3.14), (3.16), можно также построить обобщения случаев Ковалевской и Горячева – Чаплыгина с алгебры $e(3)$ на $so(3,1)$, которые будут отличны от (3.12) и (3.13). Их динамическое значение пока не ясно.

4. Преобразование, связанное с углами Эйлера

В книге [44] указано преобразование, сохраняющее алгебру $e(3)$ и связанное с углами Эйлера, параметризующими орбиты $e(3)$ по формулам

$$\begin{gathered}\gamma_1 = |\gamma|\sin\theta\sin\varphi, \quad \gamma_2 = |\gamma|\sin\theta\cos\varphi, \quad \gamma_3 = |\gamma|\cos\theta,\\ M_1 = \frac{\sin\varphi}{\sin\theta}(p_\psi - p_\varphi\cos\theta) + p_\theta\cos\varphi,\\ M_2 = \frac{\cos\varphi}{\sin\theta}(p_\psi - p_\varphi\cos\theta) - p_\theta\sin\varphi,\\ M_3 = p_\varphi.\end{gathered} \tag{3.21}$$

Полагая $p_\psi = -l = \mathrm{const}$, с учетом (3.21) получаем

Предложение. *При* $(\boldsymbol{M}, \boldsymbol{\gamma}) = 0$ *отображение*

$$\boldsymbol{\gamma} \to \boldsymbol{\gamma}' = \frac{\boldsymbol{\gamma}}{|\boldsymbol{\gamma}|}, \quad \boldsymbol{M} \to \boldsymbol{M}' = \begin{pmatrix} M_1 + l\dfrac{\gamma_1|\gamma|}{\gamma_1^2+\gamma_2^2} \\ M_2 + l\dfrac{\gamma_2|\gamma|}{\gamma_1^2+\gamma_2^2} \\ M_3 \end{pmatrix} \tag{3.22}$$

является симплектическим преобразованием орбиты пучка (3.1), *заданной соотношениями* $l_x = 0$, *в орбиту алгебры* $e(3)$, *для которой* $\boldsymbol{\gamma}'^2 = 1$, $(\boldsymbol{M}, \boldsymbol{\gamma}') = l$.

При отображении (3.22) в гамильтониане появляются особенности в полюсах сферы Пуассона ($\gamma_1 = \gamma_2 = 0$, $\gamma_3 = \pm 1$) и добавляются гироскопические члены.

Обобщение преобразований (3.22) вида

$$\boldsymbol{\gamma} \to \boldsymbol{\gamma}' = \boldsymbol{\gamma}, \quad \boldsymbol{M} \to \boldsymbol{M}' = \boldsymbol{M} + \boldsymbol{g}(\boldsymbol{x}),$$

а также

$$\boldsymbol{\gamma} \to \boldsymbol{\gamma}' = \boldsymbol{\gamma} + \mathbf{Q}(\boldsymbol{\gamma})\boldsymbol{M}, \quad \boldsymbol{M} \to \boldsymbol{M}' = \boldsymbol{M}$$

содержится в [424].

5. Преобразование, позволяющее явно проинтегрировать случай Стеклова–Ляпунова

Рассмотрим еще одно преобразование всей алгебры $e(3)$ на «нулевой лист» той же алгебры, сохраняющее скобки Пуассона:

$$\boldsymbol{q} = a\frac{(\boldsymbol{M} - \mathbf{B}\boldsymbol{\gamma}) \times \boldsymbol{\gamma}}{|(\boldsymbol{M} - \mathbf{B}\boldsymbol{\gamma}) \times \boldsymbol{\gamma}|}, \quad \boldsymbol{J} = \boldsymbol{M} - a^{-2}\mathbf{C}[\boldsymbol{q}, \boldsymbol{q} \times \boldsymbol{\gamma}]_+, \tag{3.23}$$

где $\mathbf{B} = \operatorname{diag}(b_1, b_2, b_3)$, $\mathbf{C} = \operatorname{diag}(b_2 - b_3, b_3 - b_1, b_1 - b_2)$ и $[\cdot,\cdot]_+$ — антикоммутатор, задаваемый соотношением

$$[\boldsymbol{u}, \boldsymbol{v}]_{+i} = \sum_{j,k} |\varepsilon_{ijk}| u_j u_k.$$

Непосредственными вычислениями при $x = 0$ (в (3.1)) можно показать, что

$$\begin{gathered} \{J_i, J_j\} = \varepsilon_{ijk} J_k, \quad \{J_i, q_j\} = \varepsilon_{ijk} q_k, \quad \{q_i, q_j\} = 0, \\ \boldsymbol{q}^2 = a^2, \quad (\boldsymbol{J}, \boldsymbol{q}) = 0. \end{gathered} \tag{3.24}$$

Тем самым преобразование (3.23) задает симплектическое отображение (вообще говоря, с особенностями) каждой орбиты алгебры $e(3)$ на орбиту, определяемую соотношениями (3.24), т. е. на кокасательное расслоение к сфере T^*S^2. В дальнейшем без ограничения общности положим $a = 1$.

Преобразование (3.23) естественным образом позволяет разделить переменные в системе Стеклова–Ляпунова на $e(3)$ (А. В. Цыганов, [513]). Действительно, зададим гамильтониан на T^*S^2 в форме

$$H = \boldsymbol{J}^2 - 4(\boldsymbol{q}, \mathbf{B}\boldsymbol{q})\left(\nu + \mu(\boldsymbol{q}, \mathbf{B}\boldsymbol{q})\right) - \mu\left(\boldsymbol{q}, (\mathbf{C}^2 - \mathbf{B}^2)\boldsymbol{q}\right). \tag{3.25}$$

Этот гамильтониан описывает известную систему на сфере с потенциалом четвертой степени, разделяющуюся в сфероконических координатах [23]:

$$q_1^2 = \frac{(b_1 - \lambda_1)(b_1 - \lambda_2)}{(b_2 - b_1)(b_3 - b_1)}, \quad q_2^2 = \frac{(b_2 - \lambda_1)(b_2 - \lambda_2)}{(b_1 - b_2)(b_3 - b_2)}, \quad q_3^2 = \frac{(b_3 - \lambda_1)(b_3 - \lambda_2)}{(b_1 - b_3)(b_2 - b_3)}. \tag{3.26}$$

Гамильтониан (3.25) после исключения несущественной постоянной принимает вид

$$H' = \frac{1}{\lambda_1 - \lambda_2}\left(g(\nu_1)p_1^2 + v(\lambda_1) - g(\lambda_2)p_2^2 - v(\lambda_2)\right), \tag{3.27}$$

где $g(\lambda) = (\lambda - b_1)(\lambda - b_2)(\lambda - b_3)$, $v(\lambda) = -4\left[\mu\lambda^3 - \left(\nu + \frac{3}{2}\mu \operatorname{tr}\mathbf{B}\right)\lambda^2\right]$,

После преобразования (3.23) и подстановки в (3.25)

$$\mu = \boldsymbol{\gamma}^2, \quad \nu = (\boldsymbol{M}, \boldsymbol{\gamma}) - \boldsymbol{\gamma}^2 \operatorname{tr}\mathbf{A}$$

получаем гамильтониан на алгебре $e(3)$, совпадающий с гамильтонианом случая Ляпунова (с точностью до добавления функции Казимира):

$$H = \boldsymbol{M}^2 - 2(\boldsymbol{M}, \mathbf{A}\boldsymbol{\gamma}) + (\boldsymbol{\gamma}, \mathbf{C}^2\boldsymbol{\gamma}) - (\boldsymbol{M}, \boldsymbol{\gamma})\operatorname{tr}\mathbf{B} - \boldsymbol{\gamma}^2 \operatorname{tr}(\mathbf{C}^2 - \mathbf{B}^2),$$

где $\mathbf{A} = \frac{1}{2}\operatorname{tr}\mathbf{BE} - \mathbf{B}$.

Таким образом, используя (3.27), несложно получить уравнения движения в разделяющихся переменных (уравнения Абеля–Якоби):

$$\frac{d\lambda_1}{\sqrt{R(\lambda_1)}} = \frac{4dt}{\lambda_1 - \lambda_2}, \qquad \frac{d\lambda_2}{\sqrt{R(\lambda_2)}} = \frac{4dt}{\lambda_1 - \lambda_2},$$
$$R(\lambda) = g(\lambda)\left(\gamma^2\lambda^3 - \left((\boldsymbol{M}, \gamma) + 2\gamma^2 \operatorname{tr} \mathbf{A}\right)\lambda^2 + \alpha_1\lambda + \alpha_0\right),$$

где $\alpha_1 = \frac{1}{4}h$, α_0 – константы разделения, h – фиксированное значение гамильтониана (3.27). (Эти переменные разделения отличаются от переменных Кёттера [48] сдвигом $\lambda_i \to \lambda_i + \operatorname{tr} \mathbf{A}$.) Отметим, что в нашей книге [48] изложен другой, восходящий к Кёттеру [428], метод интегрирования случая Стеклова–Ляпунова. По сравнению с изложенной здесь процедурой, основанной на исследовании преобразования (3.23), он является существенно более сложным, но приводит к тем же результатам.

§ 4. Двоякоасимптотические движения для интегрируемых систем

В этом параграфе приведем явные формулы для двоякоасимптотических движений в интегрируемых системах, которые выражаются через элементарные (гиперболические и тригонометрические) функции. Эти формулы необходимы для анализа возмущенной системы, когда двоякоасимптотические поверхности расщепляются и величина этого расщепления в первом порядке по малому параметру получается из вычисления несобственного интеграла Пуанкаре–Мельникова вдоль двоякоасимптотических траекторий интегрируемой системы. Кроме того, эти решения представляют самостоятельный интерес, поскольку практически только для них можно сделать вывод о поведении системы из анализа явных формул. В остальных случаях явные формулы для решения в тэта-функциях не позволяют сказать о решении практически ничего.

Наиболее подробно динамические эффекты, приводящие к неинтегрируемости и связанные с расщеплением сепаратрис, рассмотрены в книге В. В. Козлова [159] и в § 1 гл. 6.

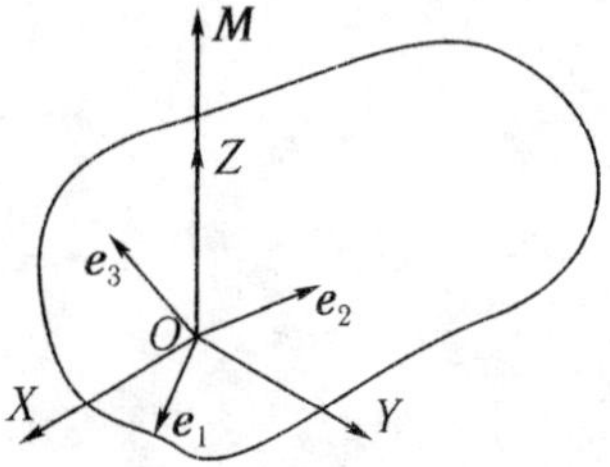

Рис. 76

Случай Эйлера. В § 2 гл. 2 было показано, что неустойчивыми периодическими решениями являются перманентные вращения тела вокруг средней оси эллипсоида инерции. Приведем здесь двоякоасимптотические решения для полной системы (переменные $\boldsymbol{M}, \boldsymbol{\alpha}, \boldsymbol{\beta}, \boldsymbol{\gamma}$). Для упрощения выражений и исключения лишних параметров выберем специальную систему координат в неподвижном пространстве, для которой ось OZ направлена вдоль вектора кинетического момента (он сохраняется в абсолютном пространстве, см. рис. 76). В этом случае в системе главных осей тела имеем

$$\boldsymbol{M}^2 = f = \mathrm{const}, \quad (\boldsymbol{M}, \boldsymbol{\alpha}) = (\boldsymbol{M}, \boldsymbol{\beta}) = 0, \quad (\boldsymbol{M}, \boldsymbol{\gamma}) = \sqrt{f},$$

а зависимость этих величин от времени имеет вид

$$\boldsymbol{M} = \Big(\frac{\sqrt{f} b_{32}}{b_{31}} \frac{1}{\operatorname{ch} \alpha t}, \pm\sqrt{f} \operatorname{th} \alpha t, \frac{\sqrt{f} b_{21}}{b_{31}} \frac{1}{\operatorname{ch} \alpha t}\Big),$$

$$\boldsymbol{\alpha} = \Big(-\frac{b_{21}}{b_{31}} \cos\omega t - \frac{b_{32}}{b_{31}} \operatorname{th} \alpha t \sin\omega t, \pm\frac{\sin\omega t}{\operatorname{ch} \alpha}, \mp\frac{b_{32}}{b_{31}} \cos\omega t \pm \frac{b_{21}}{b_{31}} \operatorname{th} \alpha t \sin\omega t\Big),$$

$$\boldsymbol{\beta}=\Big(\frac{b_{21}}{b_{31}}\sin\omega t-\frac{b_{32}}{b_{31}}\operatorname{th}\alpha t\cos\omega t, \pm\frac{\cos\omega t}{\operatorname{ch}\alpha t}, \pm\frac{b_{32}}{b_{31}}\sin\omega t\pm\frac{b_{21}}{b_{31}}\operatorname{th}\alpha t\cos\omega t\Big),$$

$$\gamma=\Big(\frac{b_{32}}{b_{31}}\frac{1}{\operatorname{ch}\alpha t}, \pm\operatorname{th}\alpha t, \pm\frac{b_{21}}{b_{31}}\frac{1}{\operatorname{ch}\alpha t}\Big), \tag{4.1}$$

где $b_{ij}=\sqrt{a_i-a_j}$, $a_1<a_2<a_3$ — обратные моменты инерции, $\alpha = \sqrt{f(a_3-a_2)(a_2-a_1)}$, $\omega=a_2\sqrt{f}$ — угловая скорость перманентного вращения вокруг средней оси. Различные знаки плюс и минус соответствуют вращениям вокруг средней оси в разных направлениях, которые определяют два разных неустойчивых периодических решения приведенной системы. Двоякоасимптотические решения сматываются с одного периодического решения и наматываются на второе.

Апекс средней оси эллипсоида инерции в неподвижном пространстве задается вектором $\boldsymbol{p}=(\alpha_2,\beta_2,\gamma_2)$; как несложно показать с помощью (4.1), он двигается по *локсодроме* — кривой на сфере, составляющей постоянный угол θ_0 с меридианами, проходящими через точки пересечения с осью OZ (см. рис. 18 гл. 2), причем

$$\cos\theta_0=\frac{b_{32}b_{21}}{\sqrt{a_2a_3+a_1a_2-a_3a_1}}.$$

Кроме того, угол прецессии средней оси меняется с постоянной угловой скоростью, равной $\omega=a_2\sqrt{f}$ — скорости перманентных вращений вокруг средней оси.

Явные выражения для двоякоасимптотических движений были применены к изучению интегрируемости уравнений Эйлера–Пуассона и Кирхгофа в ситуации полной динамической несимметрии (см. [159]).

Случай Лагранжа. Для волчка Лагранжа, гамильтониан которого представим в форме (см. § 3 гл. 2)

$$H=\frac{1}{2}(M_1^2+M_2^2+aM_3^2)+\mu\gamma_3,$$

существует вращение вокруг вертикальной оси

$$M_1=M_2=0,\quad M_3=\mathrm{const},\quad \gamma_1=\gamma_2=0,\quad \gamma_3=1, \tag{4.2}$$

отвечающее положению равновесия (а не периодической орбите) приведенной системы, которое будет неустойчивым при выполнении условия Маиевского $|(\boldsymbol{M},\gamma)|=|c|<2\sqrt{\mu}$. Явные формулы двоякоасимптотических решений для равномерных вертикальных вращений следующие:

$$\begin{gathered}
M_1 = \frac{2\alpha}{\operatorname{ch}\alpha t}\cos\beta t, \quad M_2 = \frac{2\alpha}{\operatorname{ch}\alpha t}\sin\beta t, \quad M_3 = c, \\
\gamma_1 = \frac{\alpha c}{\mu\operatorname{ch}\alpha t}\cos\beta t + \frac{2\alpha^2\operatorname{sh}\alpha t}{\mu\operatorname{ch}^2\alpha t}\sin\beta t, \\
\gamma_2 = \frac{\alpha c}{\mu\operatorname{ch}\alpha t}\sin\beta t - \frac{2\alpha^2\operatorname{sh}\alpha t}{\mu\operatorname{ch}^2\alpha t}\cos\beta t, \\
\gamma_3 = 1 - \frac{2\alpha^2}{\mu\operatorname{ch}^2\alpha t},
\end{gathered} \tag{4.3}$$

где $\alpha = \frac{1}{2}\sqrt{4\mu - c^2}$, $\beta = \frac{1}{2}c - ac$.

Асимптотические решения (4.3) были впервые отмечены Клейном и Зоммерфельдом [419]. Ненулевые характеристические показатели для решения (4.2) равны $\pm\alpha \pm i\beta$. При $M_{30} \neq 0$, выполнении условия Маиевского и $\alpha\beta \neq 0$ приведенное равновесие будет иметь тип седло-фокус. Оказывается, что при возмущении волчка Лагранжа неустойчивое равновесие не исчезает, но вместо сдвоенных асимптотических поверхностей (4.3) возникают трансверсальные гомоклинические траектории, препятствующие существованию дополнительного аналитического интеграла [159].

Траектория апекса оси симметрии волчка Лагранжа задается уравнением [100]

$$\psi = \operatorname{arctg}\left(\frac{\sqrt{4\alpha^2 - 2\mu u}}{c}\right) - \frac{c}{2\alpha}\operatorname{arcth}\left(\frac{\sqrt{4\alpha^2 - 2\mu u}}{2\alpha}\right), \tag{4.4}$$

где $u = 1 - \cos\theta$, а θ, ψ — углы нутации и прецессии. Подставляя (4.3) в (4.4), находим зависимость прецессии от времени:

$$\psi = -\frac{1}{2}ct + \operatorname{arctg}\left(\frac{2\alpha}{c}\operatorname{th}\alpha t\right).$$

При больших t второе слагаемое мало отличается от константы, и, следовательно, ось волчка прецессирует с постоянной скоростью. Тем не менее, визуально это почти не заметно, так как ось занимает фактически вертикальное положение $\gamma_3 \to 1$ (см. рис. 24 гл. 2).

Аналогичные формулы можно записать для обобщений случая Лагранжа в уравнениях Кирхгофа (§ 1 гл. 3) и Пуанкаре – Жуковского (§ 2 гл. 3).

Случай Жуковского – Вольтерра. Приведем вид двоякоасимптотических движений в пространстве моментов (M_1, M_2, M_3). В этом случае, как показано в § 1 гл. 6, траектории, представляющие собой пересечения квадрик

$$\frac{1}{2}(\boldsymbol{M}, \mathbf{A}\boldsymbol{M}) + (\boldsymbol{M}, \boldsymbol{K}) = h, \quad \boldsymbol{M}^2 = f, \tag{4.5}$$

лежат на некотором конусе. Для асимптотических траекторий вершина этого конуса лежит на поверхностях (4.5) и решение может быть получено в элементарных функциях [76]. Наиболее простое решение получается в случае, когда имеется ненулевой гиростатический момент только вдоль средней оси: $\boldsymbol{K} = (0, k, 0)$. Двоякоасимптотические решения при этом можно представить в форме

$$M_3 = \frac{x\sqrt{f}\sin\varphi}{\frac{1}{2}\sqrt{(a_2 + x)(a_3 + x)}\left(\frac{a_1}{a_1 + x}\cos^2\varphi + \frac{a_2}{a_2 + x}\sin^2\varphi + \frac{a_3}{a_3 + x}\right)},$$

$$M_1 = -\sqrt{\frac{a_3 + x}{a_1 + x}}M_3\cos\varphi, \quad M_2 = -(a_2 + x)\sqrt{f} + \sqrt{\frac{a_3 + x}{a_2 + x}}M_3\sin\varphi,$$

$$\ln\left(\operatorname{tg}\frac{\varphi}{2}\right) = \pm\sqrt{(a_1 + x)(a_3 + x)f}(t - t_0), \tag{4.6}$$

где $x = \pm\dfrac{k}{\sqrt{f}} - a_2$.

Решение для вектора γ и других направляющих косинусов в явном виде неизвестно.

Комментарии. 1. Для случаев Ковалевской и Горячева – Чаплыгина возможные аналитические представления для асимптотических решений указаны в §§ 4, 5 гл. 2. Ни одно из этих решений пока не было использовано для изучения неинтегрируемости.

2. В работе [440] указаны явные аналитические выражения для асимптотических решений к неподвижной точке в случае Клебша. Оказывается, что в общем случае $(\boldsymbol{M}, \gamma) = c \neq 0$ в этой задаче существует три типа неподвижных точек: эллиптические, типа седло-центр и типа седло-фокус. В последнем случае характеристические показатели при определенных c имеют вид $\pm(\alpha + i\beta)$, $\alpha, \beta \in \mathbb{R}$, $\alpha\beta \neq 0$ и ситуация аналогична задаче Лагранжа. Указанные двоякоасимптотические решения были использованы для изучения возмущений случая Клебша в работе [181]. Отметим, что (как замечено Деванеем [361]) при $c = 0$, сепаратрисы к гиперболической

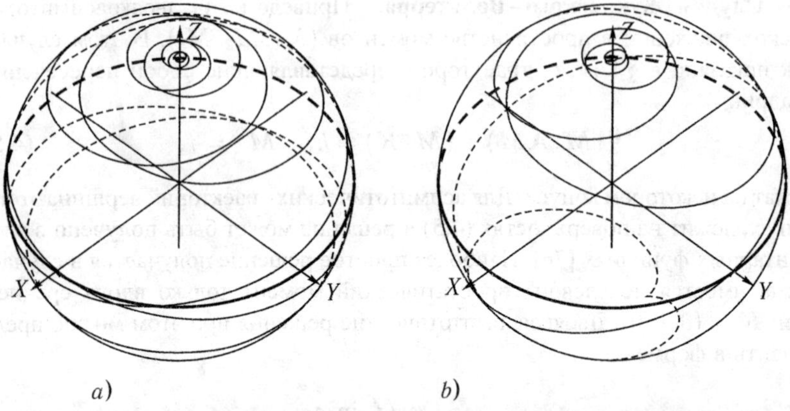

Рис. 77. Движение средней оси эллипсоида инерции гиростата Жуковского – Вольтерра при асимптотических движениях к перманентным вращениям в разные стороны вокруг средней оси.

точке трансверсально пересекаются, но это, тем не менее, не противоречит интегрируемости системы Неймана, а условие $\beta = 0$, возникающее в таком случае, создает дополнительные сложности при исследовании возмущенной ситуации.

Глава 6

Периодические решения, неинтегрируемость и переход к хаосу

§ 1. Неинтегрируемость уравнений динамики твердого тела. Хаотические движения. Обзор результатов и нерешенные проблемы

Для уравнений Эйлера–Пуассона до сих пор не известно ни одного нового интегрируемого случая, кроме найденных еще классиками (Эйлер, Лагранж, Ковалевская) и случая частной интегрируемости при нулевой постоянной площадей (Горячев, Чаплыгин).

Оказывается, что эти уравнения, как и большинство других уравнений динамики твердого тела, являются в общем случае неинтегрируемыми. Под неинтегрируемостью мы понимаем отсутствие дополнительного первого интеграла (требуемого теоремой Лиувилля–Арнольда), обладающего некоторой алгебраической или аналитической структурой. Простейшими интегралами являются линейные и квадратичные (или вообще полиномиальные) в переменных Эйлера–Пуассона $(\boldsymbol{M}, \boldsymbol{\gamma})$. В более общем случае это алгебраические, мероморфные (в комплексном смысле) или вещественно-аналитические функции.

1. Неинтегрируемость уравнений Эйлера–Пуассона

Однозначные и меромофные интегралы. Еще в прошлом веке появился ряд исследований, посвященных доказательству неинтегрируемости этих уравнений. По существу, первой работой было исследование С. В. Ковалевской [141, 142], которая показала, что случаями Эйлера, Лагранжа и найденным ею самой случаем исчерпываются все случаи, в которых общее решение уравнений движения представляется в виде рядов Лорана в комплексной плоскости времени и не имеет других особенностей, кроме полюсов. Ветвление решений на комплексной плоскости времени приводит к накоплению особенностей и невозможности проинтегрировать эти уравнения в классе известных специальных функций (например, в θ-функциях). Это соображение и лежит в основе метода Ковалевской, который называют также методом Ковалевской–Ляпунова и тестом Пенлеве–Ковалевской.

Однако связь между нестрогими рассуждениями метода Ковалевской с отсутствием дополнительных интегралов (так называемая гипотеза Пенлеве–Голубева) была прояснена для уравнений Эйлера–Пуассона не так давно. В работах В. В. Козлова [150] и С. Л. Зиглина [128], основанных на анализе ветвления решений на комплексной плоскости времени, доказываются утверждения о несуществовании, соответственно, однозначного и мероморфного интеграла этих уравнений. В одном из методов доказательства отсутствия однозначных интегралов, предложенного В. В. Козловым, рассматривается только динамически несимметричный случай и исследуется структура векового множества, определяемая разложением возмущающей функции (в качестве которой выступает потенциальная энергия) в переменных действие-угол интегрируемой задачи Эйлера–Пуансо (см. ниже, п. в)). При этом отсутствие однозначных интегралов связывается с ветвлением переменных действия при наложении возмущения.

Второе доказательство идейно восходит к Ляпунову и связано с анализом монодромии уравнений в вариациях для некоторых частных решений. С помощью своего метода А. М. Ляпунов [184] показал, что решение ветвится на комплексной плоскости времени во всех случаях, исключая случаи Эйлера, Лагранжа и Ковалевской. Доказательство Ляпунова существенно использует введение малого параметра. С. Л. Зиглин использовал соображения Ляпунова, чтобы доказать отсутствие мероморфных первых интегралов. В работе [128] показано, что дополнительный мероморфный общий интеграл уравнений Эйлера–Пуассона может существовать только в случаях Эйлера, Лагранжа и Ковалевской, а дополнительный частный интеграл (на уровне $(\boldsymbol{M}, \gamma) = 0$) — еще и в случае Горячева–Чаплыгина.

В недавней работе С. Л. Зиглина [130] сняты некоторые предположения о комплексности дополнительного интеграла, использованные в [128]. В другой работе С. Л. Зиглина ([129]) показана неинтегрируемость в квадратурах уравнений в вариациях для некоторого мероморфного частного решения уравнений Эйлера–Пуассона и случаев Эйлера, Лагранжа, Ковалевской и Горячева–Чаплыгина.

Отметим также недавнее доказательство отсутствия мероморфных интегралов [447], полученное с помощью техники, основанной на дифференциальной теории Галуа.

Алгебраические интегралы. Теорема Гюссона [405] утверждает отсутствие дополнительного алгебраического интеграла в переменных $(\boldsymbol{M}, \boldsymbol{\gamma})$ за исключением случаев Эйлера, Лагранжа и Ковалевской. В основе метода Гюссона лежат рассуждения Брунса, доказавшего отсутствие дополнительных (к уже известным, связанным с очевидными симметриями) алгебраических интегралов в задаче трех тел.

Остановимся вкратце на формулировке теоремы Гюссона. Этот круг вопросов освещен в обзоре П. Я. Кочиной в [106]. Отметим, что само доказательство состоит из достаточно элементарной леммы, что каждый алгебраический интеграл уравнений Эйлера–Пуассона влечет за собой определенный рациональный интеграл, и трех нетривиальных утверждений — два из них доказаны Гюссоном, а одно — Р. Лиувиллем. Первое утверждение Гюссона состоит в том, что для существования дополнительного рационального интеграла, за исключением случая Эйлера–Пуансо, необходима динамическая симметрия тела. Лиувилль показал, что при динамической симметрии каждый рациональный интеграл приводит к полиномиальному интегралу. Во втором утверждении Гюссон показывает, что общий полиномиальный интеграл может существовать только в известных случаях Эйлера, Лагранжа и Ковалевской. Последнее утверждение Гюссона иногда связывают с именем Бургатти [346], который сразу после выхода в свет статьи Гюссона предложил более короткое доказательство, которое, однако, оказалось ошибочным. Уточненные и упрощенные доказательства утверждений Гюссона и Лиувилля были приведены А. И. Докшевичем (см. [118]).

А. Уинтнер в [277, § 129] заметил, что изящные отрицательные результаты Брунса относительно алгебраической неинтегрируемости задачи трех тел «не имеют какого-либо значения в динамике». Он связывал это утверждение с тем, что алгебраическая форма интеграла неинвариантна относительно произвольных (в частном случае — аналитических) замен переменных. Это соображение справедливо также и для теоремы Гюссона, и единственным оправданием таких результатов является то, что почти во всех известных интегрируемых проблемах динамики дополнительный интеграл является полиномиальным по импульсам и алгебраическим (при подходящей алгебраизации уравнений движения) по координатам.

Вещественно-аналитические интегралы. Более сильные результаты, основанные на методе малого параметра Пуанкаре [227, 150], были получены в нескольких работах, которые подробно обсуждаются в книге [159]. Они связаны с доказательством отсутствия дополнительного аналитического интеграла, анализом долгопериодических резонансов (рождением большого числа изолированных периодических решений) и эффекта расщепления сепаратрис. Остановимся вкратце на этих двух методах, восходящих к Пуанкаре. Сначала мы изложим общие аналитические и геометрические идеи таких доказательств, которые оказываются связанными с динамическими эффектами, приводящими к сложному (хаотическому) поведению траекторий системы. Затем мы укажем на работы, в которых эти общие методы применяются к конкретным задачам в динамике твердого тела.

I. Метод Пуанкаре и теория возмущений. В методе Пуанкаре, который мы изложим для двух степеней свободы, рассматривается система, близкая к интегрируемой, которая может быть записана в виде канонической гамильтоновой системы с гамильтонианом

$$H(I,\varphi,\mu) = H_0(I_1,I_2) + \mu H_1(I_1,I_2,\varphi_1,\varphi_2) + \ldots, \tag{1.1}$$

где $I = (I_1,I_2), \varphi = (\varphi_1,\varphi_2) \mod 2\pi \in \mathbb{T}^2$ (D-область в $\mathbb{R}^2$) являются переменными действие-угол для невозмущенной задачи (например, случая Эйлера–Пуансо), μ — малым параметром (для уравнений Эйлера–Пуассона это обычно вес тела). Функция H_1 является возмущающей (пертурбационной). Для уравнений Эйлера–Пуассона она равна $(\boldsymbol{r},\boldsymbol{\gamma})$, где $\boldsymbol{r}$ — радиус-вектор центра масс в связанной с телом системе координат. Исследование гамильтоновой системы (1.1) Пуанкаре называл «основной проблемой динамики». При этом предполагается, что функция $H(I,\varphi,\mu)$ является аналитической не только по фазовым переменным I, φ, но и по малому параметру $\mu \in (-\mu_0,\mu_0)$, $\mu_0 \ll 1$.

Дополнительный интеграл также предполагается аналитическим по (I,φ,μ) и представимым в виде формального ряда

$$F(I,\varphi,\mu) = \sum_{k=0}^{\infty} \mu^k F_k(I,\varphi). \tag{1.2}$$

Невозмущенная система с гамильтонианом H_0 немедленно интегрируется:

$$I = I^0, \quad \varphi = \omega(I^0)t + \varphi^0, \quad \omega = (\omega_1,\omega_2), \quad \omega_i = \frac{\partial H_0}{\partial I_i}, \quad i = 1,2. \tag{1.3}$$

Возмущающая функция H_1 может быть разложена в сходящийся ряд Фурье:

$$H_1(I,\varphi) = \sum_{k\in\mathbb{Z}^2} H_1^k(I) e^{i(k,\varphi)}, \quad k = (k_1,k_2) \in \mathbb{Z}^2. \tag{1.4}$$

Определение. Вековым множеством (множеством Пуанкаре) B называется множество переменных $I \in D$, удовлетворяющих для некоторого ненулевого целочисленного вектора $k \in \mathbb{Z}^2$ следующим условиям:

1) $k_1\omega_1(I) + k_2\omega_2(I) = 0$;

2) $H_1^k(I) \neq 0$.

Основное утверждение Пуанкаре о неинтегрируемости заключается в следующем.

Теорема 1. [227, 150] *При выполнении следующих предположений*:

1) *H — аналитическая функция*;

2) *невозмущенная система невырожденна, т. е.* $\det\left\|\frac{\partial^2 H_0}{\partial I^2}\right\| \neq 0$ *почти везде в* D;

3) *вековое множество B обладает ключевым свойством, т. е. любая вещественно-аналитическая функция, равная нулю на B, обращается в нуль на всем D.*

Тогда возмущенная система (1.1) *не имеет дополнительного аналитического первого интеграла вида* (1.2)*, независимого от H при малых $\mu \neq 0$.*

Отметим, что вековое множество содержит невырожденные резонансные торы невозмущенной системы (1.3), на которых $k_1\omega_1 + k_2\omega_2 = 0$ и $\det\left\|\frac{\partial^2 H_0}{\partial I^2}\right\| \neq 0$. Эти торы целиком заполнены периодическими траекториями, при возмущении они разрушаются и из них рождается конечное число невырожденных (изолированных) периодических решений. Наличие большого числа таких невырожденных резонансов и препятствует слоению на инвариантные торы и интегрируемости по Лиувиллю.

Для уравнений Эйлера–Пуассона разложение возмущающей функции $\mathscr{H}_1$ (потенциальной энергии поля тяжести) в двойной ряд Фурье по угловым гармоникам φ_1, φ_2 переменных действие-угол невозмущенной задачи Эйлера–Пуансо $\mathscr{H}_0$ имеет вид

$$\mathscr{H}_1 = \sum_{-\infty}^{\infty} H_{m,1} e^{i(m\varphi_1 + \varphi_2)} + \sum_{-\infty}^{\infty} H_{m,-1} e^{i(m\varphi_1 - \varphi_2)} + \sum_{-\infty}^{\infty} H_{m,0} e^{im\varphi_1},$$

где коэффициенты разложения зависят от I_1, I_2, а также от постоянной площадей $I_3 = (\boldsymbol{M}, \boldsymbol{\gamma})$. Их выражения через полные эллиптические интегралы можно найти в [245, 10, 150].

Вековым множеством $\mathscr{B}$ системы $\mathscr{H}_0 + \mu\mathscr{H}_1$ будет называться множество точек $I = (I_1, I_2)$, удовлетворяющих условиям

$$1^\circ.\ m\omega_1(I) \pm \omega_2(I) = 0, \omega_i = \frac{\partial \mathscr{H}_0}{\partial I_i}, i = 1, 2, m \in \mathbb{Z};$$

$$2^\circ.\ H_{m,\pm 1}(I) \neq 0.$$

Оказывается [150], что множество $\mathscr{B}$ состоит из бесконечного числа прямых, проходящих через начало координат и накапливающихся у одной из двух прямых линий $2\mathscr{H}_0(I_1, I_2) = I_2^2/B$ (B — средний момент инерции). Легко показать, что в обычном фазовом пространстве (например, в переменных Андуайе) вековое множество представляет собой резонансные торы, накапливающиеся вблизи особого (сепаратрисного) многообразия. В силу условия 2° при возмущении эти торы разрушаются и образуют невырожденные периодические решения. По теореме Пуанкаре [227, 150] рождение большого числа невырожденных решений несовместимо с интегрируемостью задачи.

А. Пуанкаре в «Новых методах небесной механики» [227] сделал замечание о неинтегрируемости уравнений Эйлера–Пуассона, однако не дал строгого доказательства. Трудности этого доказательства, связанные с неаналитичностью невозмущенного гамильтониана на сепаратрисе (образованной двоякоасимптотическими решениями для неустойчивых перманентных вращений вокруг средней оси эллипсоида инерции невозмущенной задачи Эйлера–Пуансо) и с анализом структуры векового множества, были преодолены В. В. Козловым [150], при условии динамической несимметрии. Таким образом была доказана теорема о несуществовании дополнительного аналитического интеграла уравнений Эйлера–Пуассона при условии отсутствия динамической симметрии $A \neq B \neq C \neq A$, где A, B, C — главные моменты инерции тела, независимого от классических интегралов энергии, площадей и геометрического. Этот результат В. В. Козлова существенно усиливает теорему Гюссона об отсутствии нового алгебраического интеграла.

В. В. Козловым было также показано, что в динамически несимметричном случае сепаратрисы неустойчивых перманентных вращений задачи Эйлера–Пуансо расщепляются при возмущении. Расщепление сепаратрис, вообще говоря, приводит к неинтегрируемости. Рассмотрим этот круг вопросов более подробно.

II. Расщепление сепаратрис, гомоклиническая структура и неинтегрируемость. Рассмотрим снова гамильтонову систему с двумя степенями свободы и гамильтонианом

$$H(p,q,\mu) = H_0(p,q) + \mu H_1(p,q) + \ldots, \quad (p,q) \in \mathbb{R}^{2n}, \quad \mu \in (-\mu_0, \mu_0), \tag{1.5}$$

где H_0 — невозмущенный гамильтониан, определяемый некоторой интегрируемой системой, H_1 — возмущающая функция, μ — малый параметр. Предполагается, что функция H — аналитическая по всем аргументам.

Допустим, что у невозмущенной системы на некотором фиксированном уровне энергии имеются гиперболические периодические траектории. Вследствие интегрируемости асимптотические поверхности, соответствующие этим гиперболическим траекториям, являются сдвоенными и определяют особые инвариантные многообразия невозмущенной системы. Они могут быть гетероклиническими (когда асимптотические траектории при $t \to \pm\infty$ стремятся к различным периодическим решениям) или гомоклиническими (когда при $t \to \pm\infty$ асимптотические траектории стремятся к одному и тому же периодическому решению). Как заметил Пуанкаре [227], при возмущении входящая и выходящая сепаратрисы для соответствующих периодических решений перестают совпадать. Это явление, тесно связанное с неинтегрируемостью гамильтоновых систем, называется *расщеплением сепаратрис*. Он также получил необходимое условие расщепления сепаратрис в возмущенной задаче, которое сводится к отличию от нуля некоторого несобственного интеграла от известных функций. Мы здесь приведем одну из наиболее часто используемых форм, обычно называемую *интегралом Пуанкаре–Мельникова*.

Допустим, что гамильтонова система имеет два периодических решения (возможно, совпадающих):

$$z_{pi}(t,\mu) = z_{pi}^{(0)}(t) + \mu z_{pi}^{(1)}(t) + \ldots, \quad z = (p_1, p_2, q_1, q_2), \quad i = 1, 2, \tag{1.6}$$

с однопараметрическим семейством асимптотических решений

$$z_{ai}(t,\alpha,\mu) = z_{ai}^{(0)}(t,\alpha) + \mu z_{ai}^{(1)}(t,\alpha) + \ldots, \quad i = 1, 2. \tag{1.7}$$

Параметр α «нумерует» асимптотические траектории на сепаратрисной поверхности. При этом

$$z_{a1} \xrightarrow{t\to-\infty} z_{p1}, \quad z_{a2} \xrightarrow{t\to+\infty} z_{p2},$$

причем при всех a: $z_{a1}^0 = z_{a2}^0 = z_a^0$ (т. е. z_a^0 является двоякоасимптотическим решением).

Предположим, что невозмущенная система имеет первый интеграл $G_0(z)$, $\{G_0, H_0\} = 0$, причем

$$\operatorname{grad} G_0 \Big|_{z^0_{pi}} = 0, \quad i = 1, 2. \tag{1.8}$$

Интеграл $J(\alpha) = \int\limits_{-\infty}^{\infty} \{G_0, H_0\}(z^0_a(t, \alpha))dt$, который является сходящимся вследствие (1.8), называется *интегралом Пуанкаре–Мельникова*. Для него справедливы следующие утверждения [131, 159].

I. *Если $J(\alpha) \not\equiv 0$, то при малых $\mu \neq 0$ возмущенные сепаратрисы, определяемые решениями* (1.7)*, расщепляются.*

II. *Если $J(\alpha)$ имеет простой корень α^*, т. е. $J(\alpha^*) = 0$, то $\dfrac{dJ}{d\alpha}(\alpha^*) \neq 0$, возмущенные сепаратрисы трансверсально пересекаются и существует невырожденное двоякоасимптотическое решение возмущенных уравнений.*

Из факта расщепления сепаратрис для гамильтоновых систем (вообще говоря, с n степенями свободы) при некоторых дополнительных условиях вытекает несуществование полного набора аналитических интегралов. Эти вопросы подробно обсуждаются в книге [159]. Для двух степеней свободы все доказательства существенно упрощаются и можно воспользоваться элементарным доказательством, используя теорему о неинтегрируемости в окрестности гиперболического положения равновесия двумерного диффеоморфизма [353].

Поэтому справедливо следующее утверждение.

III. *Если $J(\alpha^*) = 0$, $\dfrac{dJ}{d\alpha}(\alpha^*) \neq 0$, то гамильтонова система* (1.5) *не имеет при малых значениях μ дополнительного аналитического первого интеграла.*

В работе [153] установлена аналогичная теорема об отсутствии при тех же условиях нетривиального аналитического поля симметрий. Отметим также, что неинтегрируемость уравнений движения, обусловленная выполнением указанных условий для $J(\alpha)$, связана с существованием вблизи появившейся невырожденной гомо(гетеро)клинической траектории квазислучайных движений на множестве нулевой меры, а также большого (но конечного) числа долгопериодических решений возмущенной системы [159].

Во многих важных задачах несобственный интеграл $J(\alpha)$ может быть вычислен с помощью вычетов.

В работе [131] С. Л. Зиглин из факта расщепления сепаратрис установил отсутствие дополнительного интеграла уравнений Эйлера–Пуассона, сняв при этом условие его аналитической зависимости от малого параметра μ, необходимое в [150] (в качестве невозмущенной задачи им использовался также динамически несимметричный случай Эйлера–Пуансо). В работах [150, 131] при анализе расщепления сепаратрис возникают условия Гесса, при которых одна пара сепаратрис расщепляется, а вторая пара остается сдвоенной, определяя соответствующее инвариантное многообразие. Более подробно структура расщепления сепаратрис, обусловленная возможностью различных вариантов их пересечения в зависимости от параметров системы, и связанные с этим динамические эффекты были исследованы С. А. Довбышем [115, 112]. Результаты [115, 112] получены при помощи детального анализа интегралов Пуанкаре–Мельникова, являющихся в данном случае тригонометрическими полиномами. В работе [113] исследовано расщепление сепаратрис при условиях Гесса. При конечных значениях параметра трансверсальное расщепление сепаратрис было численно установлено в [34].

III. Сепаратрисы неустойчивых положений равновесия. Возмущение случая Лагранжа. Случай динамической симметрии нуждается в отдельном исследовании, так как при $\mu = 0$ отсутствуют сепаратрисы к неустойчивому периодическому решению, расщепление которых приводит к неинтегрируемости. Найти гомоклинические траектории можно при другом введении малого параметра, приводящего к ограниченной задаче о вращении твердого тела, неинтегрируемость которой обсуждается в § 5 гл. 6. Это, однако, доказывает неинтегрируемость осесимметричного случая лишь в некотором предельном варианте. Другое введение малого параметра μ, когда при $\mu = 0$ получается случай Лагранжа, изучалось методом Пуанкаре и с помощью расщепления сепаратрис.

В работе [116] исследуются сепаратрисы не к гиперболическому периодическому решению, а к положению равновесия (вертикальному равномерному вращению волчка), имеющему собственные значения $\pm(\alpha \pm i\beta)$, $\alpha\beta \neq 0$ $(\alpha, \beta \in \mathbb{R})$. Эта ситуация типа седло-фокус возникает, если вращение «спящего» волчка неустойчиво, а константа площадей отлична от нуля. В этом случае возможно применение теоремы Деванея, которая указывает на существование множества квазислучайных решений, что приводит к отсутствию аналитических интегралов и полей симметрий. Действительно, можно показать, что при малых возмущениях задачи Лагранжа равновесие, соответствующее неустойчивому вертикальному вращению волчка, не исчезнет и снова будет точкой типа седло-фокус, но появятся трансверсальные гомоклинические траектории γ. На площадке П, трансверсальной к γ, возникает отображение Пуанкаре, которое на компактном инвариантном гиперболическом множестве сопряжено сдвигу Бернулли из N символов.

Идея доказательства теоремы Деванея как раз основана на том факте, что на площадке П возникает отображение типа подковы Смейла. Строгое доказательство неинтегрируемости возмущенной задачи Лагранжа при $(\boldsymbol{M}, \boldsymbol{\gamma}) = c \neq 0$ получено С. А. Довбышем, который рассматривал возмущения, соответствующие отклонению центра масс от оси динамической симметрии [116] (при этом тензор инерции не является шаровым). В более ранней работе П. Холмса и Дж. Марсдена [404] на основе некоторого аналога метода Мельникова рассматривалось возмущение задачи Лагранжа, при котором изменяется один из двух равных моментов инерции. При $(\boldsymbol{M}, \boldsymbol{\gamma}) = c \neq 0$ трансверсальное пересечение сепаратрис приводит к тому, что на критическом уровне интеграла энергии возникает подкова Смейла и, следовательно, имеет место неинтегрируемость.

При нулевой постоянной площадей $c = 0$ характеристические показатели вещественны и теорема Деванея не применима. В работе С. А. Довбыша [116] для доказательства неинтегрируемости возмущенной задачи Лагранжа используется теорема Тураева – Шильникова.

В работе С. В. Болотина [28] получены достаточные условия неинтегрируемости гамильтоновых систем при наличии вещественных характеристических показателей в терминах нормальной формы Биркгофа и доказана неинтегрируемость возмущенного волчка Лагранжа при нулевой постоянной площадей.

Отметим также работы Т. В. Сальниковой [250, 249]. В [250] неинтегрируемость возмущенной задачи Лагранжа установлена при помощи метода Пуанкаре в более слабом смысле (дополнительный интеграл предполагается аналитическим по малому параметру). В работе [249] изучено ветвление решений и несуществование у возмущенной задачи Лагранжа однозначных интегралов.

При условиях а) динамической симметрии, б) центр масс расположен в экваториальной плоскости эллипсоида инерции, в) нулевой постоянной площадей, неинтегрируемость уравнений Эйлера – Пуассона исследована С. В. Болотиным при помощи вариационных методов (теории Морса) [27]. При указанных условиях имеется наибольшее число известных интегрируемых случаев: шаровой волчок, случай Ковалевской и случай Горячева–Чаплыгина. Характер поведения системы зависит от единственного параметра a — отношения экваториального и осевого моментов инерции (в силу неравенства треугольника $\frac{1}{2} \leqslant a \leqslant \infty$). В работе [27] показано, что при $a > 4$ имеется дополнительное число трансверсальных гомоклинических траекторий, что и приводит к неинтегрируемости и хаотическому поведению.

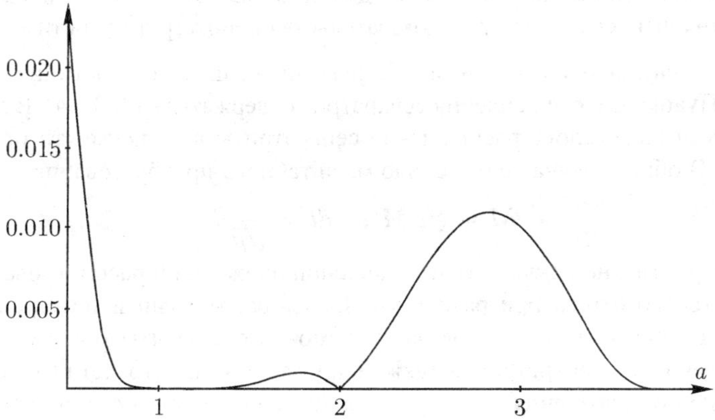

Рис. 78. Зависимость площади расщепления сепаратрис параметра a. $E = 5$, $H = 0$, $r = (1, 1, 0)$, $M = 1.2$, $I = \mathrm{diag}(a, a, 1)$.

Компьютерные эксперименты, проведенные в интервале $\frac{1}{2} \leqslant a \leqslant 4$ (нижняя граница определяется неравенством треугольника), показывают, что интегрируемость с большой достоверностью возможна лишь при $a = 1$ (шаровой волчок), $a = 2$ (случай Ковалевской), $a = 4$ (случай Горячева–Чаплыгина). Авторами численно была исследована величина площади между участками пересекающихся сепаратрис. Эта величина инвариантна относительно канонических преобразований (в отличие от угла между сепаратрисами в точке их пересечения) и была предложена С. В. Болотиным в качестве меры неинтегрируемости (стохастичности). На рисунке 78 показано поведение этой площади в зависимости от параметра a. Она равна нулю только в уже известных интегрируемых случаях. Любопытно отметить, что поскольку случай шарового волчка является сильно вырожденным, то график в точке $a = 1$ практически касается оси абсцисс. В этом случае ошибки счета становятся соизмеримыми с величиной площади и компьютерные вычисления оказываются наиболее сомнительными.

Несмотря на довольно обширный список исследований по неинтегрируемости уравнений Эйлера–Пуансо, в общей форме задача остается нерешенной. До сих пор не найдены достаточные условия существования дополнительного вещественно-аналитического интеграла, хотя, видимо, вряд ли следует сомневаться, что ими являются условия Эйлера–Лагранжа и Ковалевской (а при нулевой постоянной площадей — условия Горячева–Чаплыгина). Сейчас уже ясно, что исследования, посвященные этой проблеме, во многом представляют интерес не для динамики твердого тела, а для развития аналитических методов доказательства неинтегрируемости.

Численные исследования. Первые численные исследования отображения Пуанкаре и расщепления сепаратрис содержатся в [383, 34]. В данных работах исследовалось расщепление сепаратрисы в зависимости от массы тела μ. В общем случае с помощью масштабного преобразования

$$\boldsymbol{M} = \sqrt{\mu}\boldsymbol{M}', \quad dt = \frac{1}{\sqrt{\mu}}d\tau$$

параметр μ можно исключить из уравнений движения и рассматривать движение твердого тела при различных значениях энергии и интеграла площадей. На рисунках 79–82 показаны возможные варианты трансверсального расщепления сепаратрис, а также окружающий их стохастический слой при различных значениях интеграла площадей c и фиксированной энергии. На рисунке 81 показан инвариантный тор, разделяющий сепаратрисы двух гиперболических точек. Его существование при малых значениях μ было предсказано в [112] (С. А. Довбыш) при помощи техники, основанной на теореме Мозера об инвариантных кривых. Так как в этих случаях сепаратрисы трансверсально пересекаются, задача является неинтегрируемой. Таким образом, мы имеем «компьютерное» доказательство неинтегрируемости при конечных значениях μ.

2. Неинтегрируемость уравнений Кирхгофа

Кроме уравнений Эйлера–Пуассона, наиболее систематически с точки зрения интегрируемости и неинтегрируемости рассматривались уравнения Кирхгофа.

Вследствие того, что уравнения Кирхгофа можно записать в виде (см. гл. 3)

$$\begin{gathered}\dot{\boldsymbol{M}} = \boldsymbol{M} \times \frac{\partial \mathscr{H}}{\partial \boldsymbol{M}} + \boldsymbol{p} \times \frac{\partial \mathscr{H}}{\partial \boldsymbol{p}}, \quad \dot{\boldsymbol{p}} = \boldsymbol{p} \times \frac{\partial \mathscr{H}}{\partial \boldsymbol{M}}, \\ \mathscr{H} = \frac{1}{2}(\mathbf{A}\boldsymbol{M}, \boldsymbol{M}) + (\mathbf{B}\boldsymbol{M}, \boldsymbol{p}) + \frac{1}{2}(\mathbf{C}\boldsymbol{p}, \boldsymbol{p});\end{gathered} \tag{1.9}$$

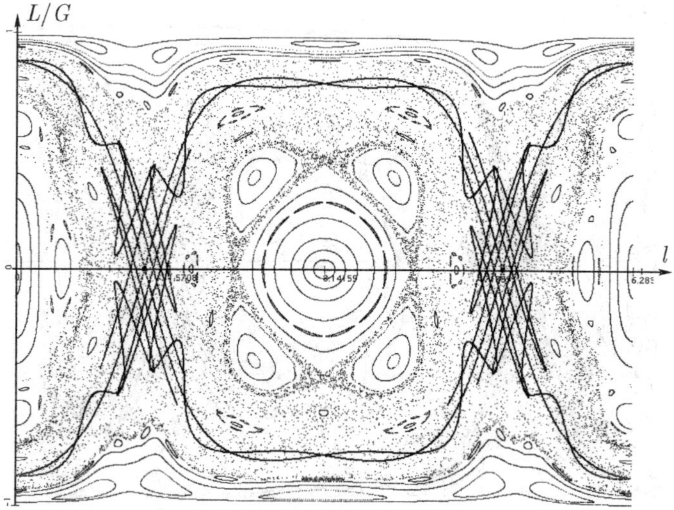

Рис. 79. $E = 1$, $\mathbf{I} = \mathrm{diag}(1, 6/5, 3/2)$, $\mu\boldsymbol{r} = (0,\ 0.5,\ 0)$, $c = 0$.

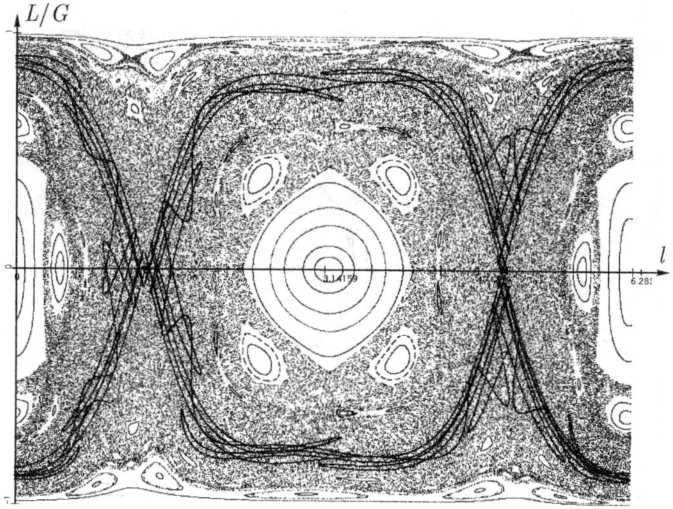

Рис. 80. $E = 1$, $\mathbf{I} = \mathrm{diag}(1, 6/5, 3/2)$, $\mu\boldsymbol{r} = (0,\ 0.5,\ 0)$, $c = 0.04$.

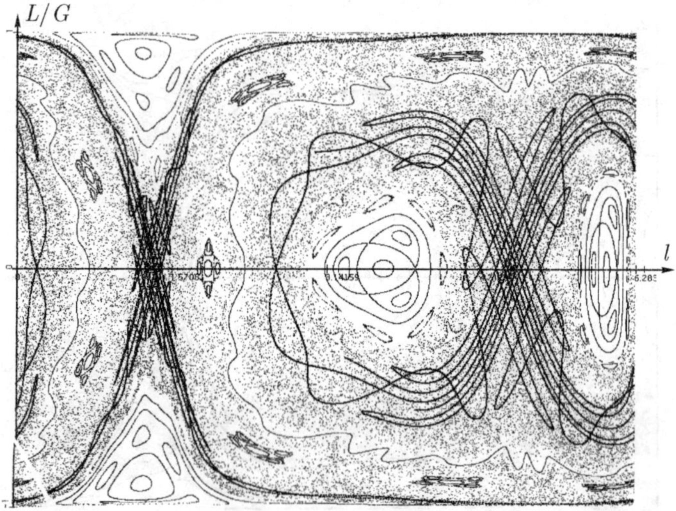

Рис. 81. $E = 1$, $\mathbf{I} = \operatorname{diag}(1, 6/5, 3/2)$, $\mu\boldsymbol{r} = (0,\, 0.5,\, 0)$, $c = 0.5$.

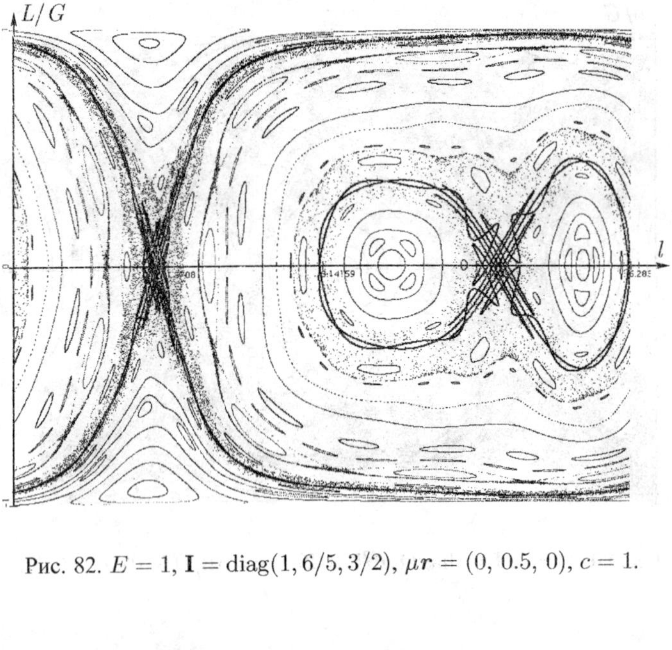

Рис. 82. $E = 1$, $\mathbf{I} = \operatorname{diag}(1, 6/5, 3/2)$, $\mu\boldsymbol{r} = (0,\, 0.5,\, 0)$, $c = 1$.

они сводятся к гамильтоновой системе с двумя степенями свободы на общем уровне интегралов $(\boldsymbol{M}, \boldsymbol{p}) = c_1$, $(\boldsymbol{p}, \boldsymbol{p}) = c_2$.

Введя малый параметр $\boldsymbol{p} \to \mu\boldsymbol{p}$ в уравнения (1.9), запишем гамильтониан $\mathscr{H}$ в виде

$$\mathscr{H} = \mathscr{H}_0 + \mu\mathscr{H}_1 + \mu^2\mathscr{H}_2,$$

где $\mathscr{H}_0 = \frac{1}{2}(\mathbf{A}\boldsymbol{M}, \boldsymbol{M})$ – гамильтониан случая Эйлера–Пуансо, $\mathscr{H}_1 = (\mathbf{B}\boldsymbol{M}, \boldsymbol{p})$, $\mathscr{H}_2 = \frac{1}{2}(\mathbf{C}\boldsymbol{p}, \boldsymbol{p})$ – возмущающие функции. Разложения $\mathscr{H}_1$, $\mathscr{H}_2$ в ряды Фурье по переменным действие-угол I, φ задачи Эйлера–Пуансо получены в [14, 33] и имеют вид

$$\mathscr{H}_1 = \sum_{-\infty}^{\infty} H_{m,0}e^{im\varphi_1} + \sum_{-\infty}^{\infty} H_{m,\pm1}e^{i(m\varphi_1 \pm \varphi_2)},$$

$$\mathscr{H}_2 = \sum_{-\infty}^{\infty} H^*_{m,0}e^{im\varphi_1} + \sum_{-\infty}^{\infty} H^*_{m,\pm1}e^{i(m\varphi_1 \pm \varphi_2)} + \sum_{-\infty}^{\infty} H^*_{m,\pm2}e^{i(m\varphi_1 \pm 2\varphi)}.$$

Зависимость $H_{m,\pm k}$ от I_1, I_2, выраженная через полные эллиптические интегралы, указана также в [14, 33], где построенные разложения для $\mathscr{H}_1$ и $\mathscr{H}_2$ применены для доказательства «сложной» структуры векового множества и отсутствия аналитических, однозначных и алгебраических интегралов в ситуации динамической несимметрии $a_1 \neq a_2 \neq a_3 \neq a_1$, где a_i – собственные значения матрицы $\mathbf{A}$.

Замечание. Разложения направляющих косинусов $\boldsymbol{\alpha}$, $\boldsymbol{\beta}$, $\boldsymbol{\gamma}$ и квадратичных функций от них в ряды Фурье по переменным действие-угол случая Эйлера–Пуансо рассматривались несколькими авторами (М. Аррибас, Ю. В. Баркин, А. В. Борисов, Х. Киношита, Ю. А. Садов, А. Элипе) [14, 33, 321, 417, 245]. С современной точки зрения необходима такая форма рядов, которая позволяет наиболее просто проводить компьютерные расчеты с использованием систем аналитических (символьных) вычислений. Эти постановки наиболее актуальны в небесной механике при исследовании различных эффектов, связанных с ньютоновским взаимодействием твердых тел.

Рассмотрим сначала условия существования вещественно-аналитических, а затем – мероморфных и алгебраических интегралов.

Вещественно-аналитические интегралы. С помощью метода Пуанкаре, связанного с анализом векового множества и большого количества невырожденных долгопериодических орбит, и метода расщепления сепаратрис в случае динамической несимметрии $a_1 \neq a_2 \neq a_3 \neq a_1$ могут быть получены следующие необходимые условия интегрируемости уравнений Кирхгофа [160, 14, 33].

Теорема 2. *В переменных $(\boldsymbol{M}, \boldsymbol{p})$ не существует дополнительного первого интеграла уравнений* (1.9) *при условии $a_1 \neq a_2 \neq a_3 \neq a_1$ и достаточно малых μ, независимого от интеграла энергии, площадей и геометрического, исключая случаи выполнения следующих соотношений между коэффициентами*:

$$\text{а)}\quad \text{при } \mathbf{B} \neq 0\colon\ b_{ij} = 0\ \forall i \neq j,\ (b_{ii} = b_i)$$
$$\frac{b_1 - b_3}{a_2} + \frac{b_2 - b_1}{a_3} + \frac{b_3 - b_2}{a_1} = 0;$$
$$\text{б)}\quad \text{при } \mathbf{B} \equiv 0\colon\ c_{ij} = 0\ \forall i \neq j,\ (c_{ii} = c_i)$$
$$\frac{c_1 - c_3}{a_2} + \frac{c_2 - c_1}{a_3} + \frac{c_3 - c_2}{a_1} = 0.$$

Замечание. При исследовании методом Пуанкаре в утверждениях теоремы требуется также аналитическая зависимость интеграла от малого параметра μ; в методе расщепления сепаратрис этого условия не требуется (при этом μ является достаточно малым).

Условия б) являются также достаточными и определяют интегрируемый случай Клебша (п. 2). Как показывает численные эксперименты, условия а) недостаточны для интегрируемости. При их выполнении расщепление сепаратрис имеет, вообще говоря, более высокий порядок малости и не может быть проанализировано при помощи интеграла Пуанкаре–Мельникова.

При доказательстве теоремы, основанном на исследовании расщепления сапаратрис к неустойчивым перманентным вращениям случая Эйлера–Пуансо при наложении возмущения могут быть получены условия, указанные в таблице 3.1 и приводящие к интегралу типа Гесса. Этот интеграл как раз представляет собой инвариантное многообразие, образованное парой сепаратрис, которые при возмущении не расщепляются, а остаются сдвоенными. Численные исследования хаотических движений и построение сепаратрис имеются в работах [33, 34, 320].

Исследование интегрируемости уравнений (1.9) в динамически симметричном случае является более сложным. В работе [251] (см. также [151]) показано что при $\mathbf{B} = 0$ дополнительный интеграл может существовать лишь при условиях $c_{ij} = 0$, $\forall i \neq j$, $c_1 = c_2$. Малый параметр при этом вводится в виде $c_1 = c_2 + \mu$, $c_{ij} = \mu c'_{ij}$ $(i \neq j)$. В случае $\mu = 0$ имеется дополнительный интеграл $M_3 = c$.

Ветвление решений. Однозначные и алгебраические интегралы. *Методом Ляпунова* при $a_1 \neq a_2 \neq a_3 \neq a_1$ условия мероморфности изучались в [237]. Оказывается, что для уравнений (1.9) общее решение является мероморфным лишь при выполнении условий Клебша и Стеклова, в которых существует дополнительный интеграл, а интегрирование выполняется в θ-функциях. В случае динамической симметрии мероморфность общего решения систематически не изучалась.

Изучение условий существования дополнительного *однозначного интеграла* является в данном случае гораздо более сложной проблемой (оно проведено в [14, 33] и требует тщательного анализа структуры векового множества). Оказывается, что в ситуации $a_1 \neq a_2 \neq a_3 \neq a_1$ ветвление решений действительно приводит к отсутствию однозначных интегралов. Для уравнений (1.9) справедливо следующее утверждение.

Теорема 3. [14, 33] *При выполнении соотношений $a_1 \neq a_2 \neq a_3 \neq a_1$ необходимыми* (*и достаточными*) *условиями существования дополнительного и однозначного интеграла являются условия Клебша и Стеклова.*

Замечание. Вследствие однородности правых частей (1.9), для этой системы справедлива лемма Брунса, согласно которой существование алгебраического первого интеграла влечет за собой существование рационального интеграла. Но рациональный интеграл является однозначным и поэтому его отсутствие следует из теоремы 3. Таким образом, условия Клебша и Стеклова исчерпывают все случаи существования дополнительного алгебраического интеграла. Это – аналог результата Гюссона, полученный для уравнений Эйлера – Пуассона.

При условии $a_1 = a_2$ и диагональных матрицах $\mathbf{A}$, $\mathbf{B}$, $\mathbf{C}$ алгебраическая интегрируемость уравнений (1.9) рассматривалась в [247] при помощи метода Гюссона (отметим, что из-за однородности уравнений вместо алгебраических интегралов можно также рассматривать мероморфные в окрестности начала координат интегралы). Были доказаны следующие утверждения.

Теорема 4. [247, 246] *Дополнительный общий или частный первый интеграл системы* (1.9) *при $a_1 = a_2$, $b_1 = b_2$ не существует, за исключением интегрируемых случаев Клебша* ($b_1 = b_2 = b_3$, $\dfrac{c_2 - c_3}{a_1} + \dfrac{c_3 - c_1}{a_2} + \dfrac{c_1 - c_2}{a_3} = 0$), *Кирхгофа* ($a_1 = a_2$, $b_1 = b_2$, $c_1 = c_2$) *и Чаплыгина* ($b_i = 0$, $a_1 = \frac{1}{2}a_3$, $c_1 + c_2 - c_3 = 0$).

Укажем, что в этой теореме не рассмотрен случай недиагональных членов в матрицах $\mathbf{B}$, $\mathbf{C}$. Именно в недиагональном случае дополнительный интеграл неожиданно был найден В. В. Соколовым [255].

3. Родственные задачи динамики твердого тела

В качестве других работ, в которых рассматриваются вопросы неинтегрируемости уравнений динамики твердого тела, укажем [62], где рассматривается задача о скольжении трехмерного эллипсоида по плоскости (см. также [483]), а также [132], в которой рассмотрена задача о вращении твердого тела с несимметричным ротором по инерции вокруг неподвижной точки. Последняя работа уточняет результаты [404], где в точном выражении функции Гамильтона были отброшены некоторые слагаемые. В работе [38] рассматриваются вопросы хаотизации движения в уравнениях Лиувилля при условии, что возмущение является адиабатическим, т. е. периодически зависит от некоторого медленного времени $\tau = \mu t$. В ней получены условия адиабатического хаоса, а также получены кривые неопределенности, описывающие области хаотических движений. В приложении G содержится анализ расщепления сепаратрис и неинтегрируемости для уравнений Чаплыгина, описывающих плоское движение в жидкости тяжелого твердого тела при наличии циркуляции.

Любопытно, что для уравнений Пуанкаре–Жуковского (т. е. уравнений Кирхгофа на $so(4)$) никаких теорем о неинтегрируемости, кроме теоремы об отсутствии первых интегралов не выше четвертой степени (для третьей и четвертой степени необходимы специальные ограничения на форму гамильтониана), доказано не было.

§ 2. Периодические и асимптотические решения в уравнениях Эйлера–Пуассона и родственных задачах

Как уже было указано, для уравнений движения твердого тела вокруг неподвижной точки в случае осесимметричного потенциала $V(\gamma)$ рассматривают различные типы периодических решений. Это, прежде всего, периодические решения приведенной системы (т. е. замкнутые циклы на сфере Пуассона, для полной системы им, как правило, соответствуют квазипериодические двухчастотные решения). Для тяжелого твердого тела это периодические решения уравнений Эйлера–Пуассона. Кроме того, но существенно реже, рассматривают «настоящие» периодические решения твердого тела в абсолютном пространстве, при которых все три апекса связанного с телом триэдра описывают в неподвижном пространстве замкнутые кривые. Для уравнений тяжелого твердого тела это периодические решения общих уравнений для направляющих косинусов $(\boldsymbol{M}, \boldsymbol{\alpha}, \boldsymbol{\beta}, \boldsymbol{\gamma})$ или кватернионных уравнений $(\boldsymbol{M}, \lambda_0, \boldsymbol{\lambda})$ (см. гл. 1). В случае неустойчивых периодических решений (или положений равновесия) изучают также асимптотические к ним движения. Мы здесь не будем останавливаться на работах (см., например, [402, 13]), в которых изучаются квазипериодические движения твердого тела. Мы также не будем заниматься построением общей теории периодических решений, так как она содержится во многих классических и современных книгах [227, 17, 150], а приведем в обзорной форме классификацию, которая связана с различными методами нахождения таких решений, и библиографические указания относительно применений к динамике волчка.

Все известные на настоящее время периодические и асимптотические решения в динамике твердого тела можно разбить на несколько классов по типу применяемых для их исследования методов.

1) *Точные* (*аналитические*) *решения*, имеющие явное аналитическое представление. Большинство из таких решений уравнений Эйлера–Пуассона собраны в книгах [87, 91, 439], многие из них представляют собой периодические или асимптотические решения. Напомним, что частные решения уравнений Кирхгофа существенно менее изучены; укажем здесь только классические результаты С. А. Чаплыгина [303] и В. А. Стеклова [266].

2) *Решения Ляпунова*, полученные методами малого параметра вблизи известных положений равновесия (например, вращений Штауде) при изменении начальных условий или значений первых интегралов

и фиксированных параметрах. Получение и исследование данных решений основано на теореме Ляпунова о рождении периодических решений вблизи положений равновесия. Первое обстоятельное изучение периодических и асимптотических решений уравнений движения тяжелого твердого тела, выраженных в рядах по степеням формального малого параметра, провел Э. Меттлер [455]. Предполагая, что центр масс лежит в главной плоскости эллипсоида инерции, периодические решения, близкие к вертикальным вращениям, были указаны В. Мак-Милланом [186]. Метод Ляпунова использовался для анализа периодических решений, например, в работах [188, 189, 253]. Ряды для асимптотических решений уравнений Эйлера–Пуассона были построены в [65] (см. также [66, 90]). Эти решения найдены при произвольном распределении масс, они зависят от двух произвольных постоянных и описывают асимптотические движения тела к неустойчивому равномерному вращению.

3) *Решения Пуанкаре*, рождающиеся из резонансных торов задачи Эйлера–Пуансо при малом возмущении. Доказательство существования и анализ устойчивости этих периодических решений основывается на теореме Пуанкаре о рождении пар невырожденных периодических решений при разрушении резонансных торов интегрируемых систем. Эти решения для уравнений Эйлера–Пуассона для динамически несимметричного и динамически симметричного случаев были указаны В. В. Козловым [150]. Простейшим результатом здесь является теорема о том, что перманентные вращения вокруг главных осей инерции задачи Эйлера–Пуансо не исчезают при добавлении возмущения. Более сложным результатом, на котором основано доказательство неинтегрируемости возмущенной системы, является теорема о том, что из любого резонансного тора динамически несимметричной задачи Эйлера–Пуансо, принадлежащего вековому множество, при возмущении рождается по крайней мере два изолированных периодических решения. Они существуют при малых μ, аналитически зависят от этого параметра, одно из них устойчиво в линейном приближении, а другое — неустойчиво. Для квадратичного по γ, например, ньютоновского потенциала (а также квадратичного обобщенного потенциала, соответствующего задаче Гриоли о движении в магнитном поле) решения Пуанкаре были указаны в работах [14, 110]. Известны также периодические решения, рождающиеся из резонансных торов в случаях Лагранжа и Ковалевской [250].

4) *Периодические решения быстро вращающегося твердого тела*. Данные решения и результаты их анализа собраны в монографии [11], их изучение основано на сочетании метода малого параметра и анализа квазилинейных автономных систем. Одним из первых такие решения для случая Горячева – Чаплыгина исследовал Л. Н. Сретенский [259]. В работе [259] предполагается, что волчку сообщена большая начальная угловая скорость вокруг главной оси инерции, проходящей через центр тяжести. Решение для этого случая выражается в почти периодических функциях времени. Квазипериодические решения быстро вращающегося тела изучаются также в [20].

5) *Периодические решения, полученные при помощи топологических методов*, основанных на вариационном исчислении в целом, топологии и теории геодезических [150, 158, 282, 214, 215, 269]. На нулевой постоянной площадей эти решения несложно указать, используя известный геометрический факт, что на двумерной сфере существуют по крайней мере три замкнутые несамопересекающиеся геодезические. Уравнения Эйлера – Пуассона (и вообще уравнения движения тела в осесимметричном потенциальном силовом поле) имеют шесть различных периодических решений — это возмущения равномерных вращений вокруг главных осей эллипсоида инерции (см. В. В. Козлов [158, 150], М. П. Харламов [282]). На ненулевой постоянной площадей имеются большие препятствия для построения соответствующих решений, вызванных гироскопическими членами в функции Рауса. Эти решения построены при сильных ограничениях; более подробное обсуждение вопроса имеется в § 3 гл. 6.

6) *Маятникообразные решения*. Эти решения (которые могут быть колебательными, асимптотическими и вращательными) для уравнений Эйлера – Пуассона изучались, например, в работах [193, 192, 194, 312, 104, 114], в которых имеется подробная библиография по этому обширному вопросу.

Отметим, что рассмотренные методы охватывают достаточно узкую область исследований периодических решений в динамике твердого тела. Так, решения первого типа достаточно сложно обнаружить, к тому же явные аналитические формулы, выраженные с помощью специальных функций, не всегда позволяют сделать качественный анализ движения. Решения второго и третьего типа, как правило, ограничены достаточно малыми возмущениями исходных параметров или начальных условий. Это связано с необходимостью определения радиуса сходимости рассматриваемых рядов по малому параметру. Решения четвертого типа рассматриваются только при достаточно больших угловых скоростях вращения (например, вблизи задачи Эйлера – Пуансо). Пятый же метод является неконструктивным и представляет собой теорему о существовании периодических решений. Поэтому нельзя даже указать конкретные периодические решения, связанные с данным методом. Таким образом, практически полностью остается не исследованным вопрос о периодических решениях вдали от интегрируемых случаев. Эти решения могут быть найдены с применением компьютерных методов. Укажем здесь интересную книгу [323], посвященную в основном «плоским» задачам динамики твердого тела; в этой книге численно указаны различные периодические орбиты, некоторые из которых имеют достаточно экзотическую форму, а другие носят важный прикладной характер.

7) *Компьютерные методы*. Достаточно полное решение проблемы периодических и асимптотических решений может дать анализ, основанный на глобальном исследовании отображения Пуанкаре в зависимости от параметров системы. Это исследование использует алгоритм продолжения периодических решений по параметру, теорию бифуркаций периодических решений, а также численные построения инвариантных многообразий – гомоклинической структуры и расщепленных сепаратрис. Сепаратрисы, как известно, заполнены асимптотическими движениями.

При компьютерном анализе важно иметь, с одной стороны, отображение Пуанкаре, позволяющее ориентироваться в начальных условиях и постоянных первых интегралов, а с другой стороны – наглядное представление о решении, позволяющее сделать некоторые заключения об его свойствах. Последнее может быть достигнуто с помощью компьютерной визуализации движений как приведенной системы (на сфере Пуассона), так и в абсолютном пространстве. В динамике твердого тела, как правило, необходимы более специальные алгоритмы: вычисление чисел вращения, абсолютной величины замыкания траектории при прецессии, вычисление величины расщепления сепаратрис и пр. Все указанные алгоритмы обсуждаются нами в §§ 5, 3 гл. 6, посвященных, соответственно, глобальному анализу ограниченной задачи динамики тяжелого твердого тела и нахождению нового класса периодических (в абсолютном пространстве) решений, обладающего интересными геометрическими свойствами.

§ 3. Абсолютные и относительные хореографии в динамике твердого тела

В этом параграфе указано новое семейство периодических решений на нулевой константе площадей. Данное семейство включает в себя ряд уже известных аналитических периодических решений и связано как с решениям Пуанкаре, так и с решениями Ляпунова. Данное семейство позволяет также связать все эти решения при всевозможных промежуточных значениях параметров и в частности вдали от интегрируемых случаев. Замечательным фактом, отличающим это семейство от остальных, является то, что найденные решения являются периодическими в абсолютном пространстве. Данное свойство, как правило, является исключительным для известных решений, периодических на сфере Пуассона (т. е. в приведенной системе), но не в абсолютном пространстве.

Напомним, что для определения абсолютного движения тела по известным решениями приведенной системы $\boldsymbol{\omega}(t)$, $\boldsymbol{\gamma}(t)$ необходимо выполнить дополнительную квадратуру (см. гл. 1)

$$\dot{\psi} = \frac{\omega_1\gamma_1 + \omega_2\gamma_2}{\gamma_1^2 + \gamma_2^2}. \tag{3.1}$$

Таким обраазом, если $\boldsymbol{\omega}(t)$ и $\boldsymbol{\gamma}(t)$ — T-периодические, то условие периодичности в абсолютном пространстве

$$\Delta\psi = \int\limits_{t_0}^{t_0+T} \frac{\omega_1\gamma_1 + \omega_2\gamma_2}{\gamma_1^2 + \gamma_2^2}\,dt = \frac{m_1}{m_2}\pi, \quad m_1, m_2 \in \mathbb{Z}. \tag{3.2}$$

Число известных на сегодняшний день периодических решений в абсолютном пространстве крайне мало (это, например, некоторые из решений класса Делоне, решения Стеклова, частные решения Горячева – Чаплыгина). Как показывают приводимые ниже результаты, все эти решения входят в единое семейство частных решений — *абсолютных хореографий на нулевой постоянной площадей*.

1. Рождение абсолютных хореографий при $(\boldsymbol{M}, \boldsymbol{\gamma}) = 0$

Случай Эйлера – Пуансо. Напомним, что в интегрируемом случае Эйлера – Пуансо тело движется по инерции ($\boldsymbol{r} = 0$), а гамильтониан и дополнительный интеграл имеют вид

$$\mathscr{H}_0 = \frac{1}{2}(\boldsymbol{M}, \mathbf{A}\boldsymbol{M}), \quad \mathscr{F}_3 = \boldsymbol{M}^2 = \text{const}, \tag{3.3}$$

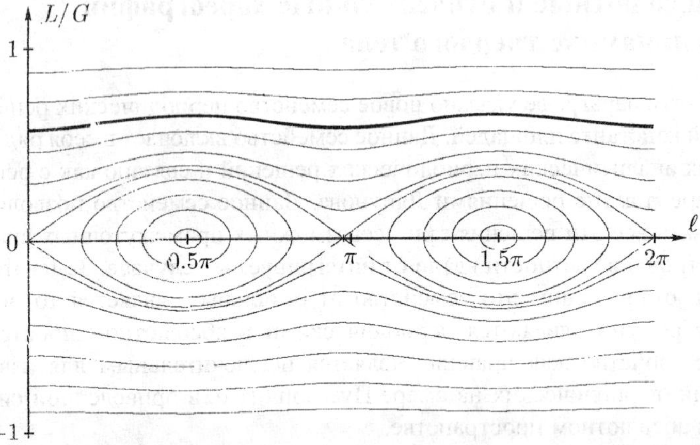

Рис. 83. Отображение Пуанкаре задачи Эйлера – Пуассона при следующих параметрах $E = 2$, $c = 0$, $\mathbf{A} = \mathrm{diag}(1,\, 1.25,\, 3)$, $\mu = 0$. Жирной линией на рисунке изображен резонансный тор с числом вращения $n = 1$, сечение $g = \pi/2$.

где $\mathbf{A} = \mathrm{diag}(a_1, a_2, a_3) = \mathbf{I}^{-1}$, $\mathbf{I} = \mathrm{diag}(I_1, I_2, I_3)$ – тензор инерции тела. В дальнейшем полагаем $I_1 > I_2 > I_3$.

Для построения отображения Пуанкаре на уровне первых интегралов $\boldsymbol{\gamma}^2 = 1$, $(\boldsymbol{M}, \boldsymbol{\gamma}) = 0$ воспользуемся переменными Андуайе l, L, g, G, H (гл. 1). Как уже указывалось (см. гл. 2), невырожденным неподвижным точкам отображения в данном случае соответствуют перманентные вращения тела вокруг главных осей инерции (эти вращения устойчивы вокруг большой и малой, и неустойчивы – вокруг средней). Более сложные интересующие нас периодические решения лежат на резонансных торах. Как известно, частоты движения на резонансных торах становятся соизмеримыми, то есть $p\omega_g + q\omega_l = 0$, $p, q \in \mathbb{Z} \setminus \{0\}$, где ω_l и ω_g – частоты, соответствующие угловым переменным Андуайе l и g. При этом весь тор заполняется периодическими решениями, которым на фазовом портрете (см. рис. 83) соответствуют неподвижные точки порядка q (далее для краткости будем говорить о решениях порядка q). Одним из инструментов поиска резонансных торов является исследование *числа вращения*, равного отношению частот $n = \omega_l/\omega_g$. Число вращения зависит только от выбранного тора и на резонансных торах равно целочисленной несократимой дроби $n = p/q$, $p, q \in \mathbb{Z} \setminus \{0\}$; более подробное описание чисел вращения и их свойств для задачи Эйлера – Пуансо можно найти в [150].

На заданном уровне энергии $\mathscr{H}_0(l, L, G) = E$ торы можно параметризовать одной переменной, в данном случае это $\varepsilon = \frac{2E}{G^2}$. Таким образом, число вращения является функцией одной переменной и может быть записано в виде [150]

$$n(\varepsilon)^{-1} = \begin{cases} \dfrac{1}{\pi} \displaystyle\int\limits_{-\pi/2}^{\pi/2} \dfrac{(a_1 + (a_2 - a_1)\sin^2 y)dy}{\sqrt{(a_2 - a_1 - (\varepsilon - a_1)\sin^2 y)(a_3 - a_1 - (\varepsilon - a_1)\sin^2 y)}}, & \varepsilon \in [a_1, a_2], \\ \dfrac{1}{2\pi} \displaystyle\int\limits_{0}^{2\pi} \dfrac{(a_1 \sin^2 l + a_2 \cos^2 l)\, dl}{\sqrt{(\varepsilon - a_1 \sin^2 l - a_2 \cos^2 l)(a_3 - a_1 \sin^2 l - a_2 \cos^2 l)}}, & \varepsilon \in [a_2, a_3], \end{cases} \tag{3.4}$$

причем значение $\varepsilon = a_1$ соответствует вращению тела вокруг максимальной оси инерции, $\varepsilon = a_3$ — вращению тела вокруг минимальной оси инерции, а $\varepsilon = a_2$ — вращению тела вокруг средней оси инерции. График числа вращения в зависимости от переменной, параметризующей торы, при фиксированных моментах инерции приведен на рис. 84.

Замечание. Вообще говоря, у векторного поля без особых точек на двумерном торе существует не одно, а бесконечно много чисел вращения, связанных между собой соотношением

$$n' = \frac{pn + k}{qn + m}, \tag{3.5}$$

где $\begin{pmatrix} p & k \\ q & m \end{pmatrix}$ — унимодулярная матрица (ее элементы — целые числа, а определитель равен ± 1). В нашем случае конкретное число вращения фиксируется выбором переменных Андуайе и частот ω_g, ω_l.

Рассмотрим наиболее интересный случай равенства частот $\omega_l = \omega_g$, когда число вращения становится равным единице. Как показано в [150], качественный вид графика (рис. 84) сохраняется при любых моментах инерции, следовательно, для существования соответствующего тора необходимо, чтобы выполнялось хотя бы одно из неравенств

$$\lim_{\varepsilon \to a_1} n(\varepsilon) > 1, \quad \lim_{\varepsilon \to a_3} n(\varepsilon) > 1, \tag{3.6}$$

где, как показано в [150],

$$\begin{aligned} &\lim_{\varepsilon \to a_1} n(\varepsilon) = ((I_1/I_3 - 1)(I_1/I_2 - 1))^{1/2}, \\ &\lim_{\varepsilon \to a_3} n(\varepsilon) = (((1 - I_3/I_2)(1 - I_3/I_1))^{-1/2} - 1)^{-1}. \end{aligned} \tag{3.7}$$

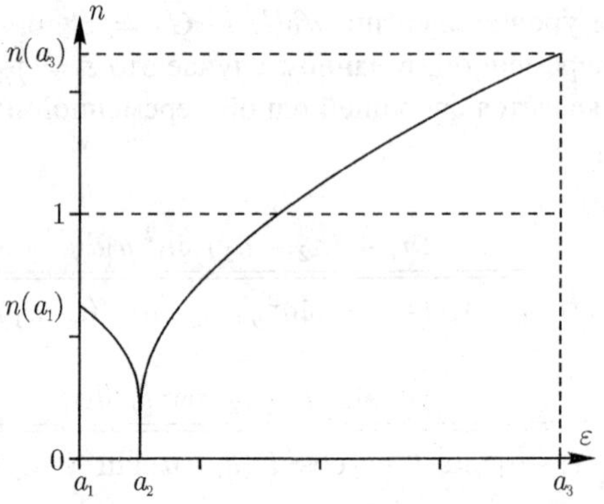

Рис. 84. График числа вращения в зависимости от переменной, параметризующей торы на заданном уровне энергии $E = 2$ при $\mathbf{A} = \mathrm{diag}(1,\, 1.25,\, 3)$, $\mu = 0$.

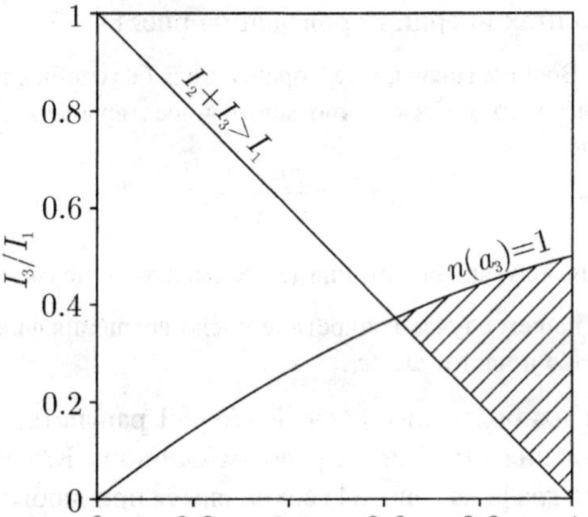

Рис. 85. Область существования резонансного тора $n = 1$.

Заметим, что из первого неравенства (3.6) следует $I_2 + I_3 < I_1$, что противоречит неравенству треугольника. Следовательно, на промежутке $\varepsilon \in (a_1,\, a_2)$ (то есть внутри сепаратрисы на фазовом портрете, рис. 83) тора с числом вращения $n = 1$ быть не может. Второе из неравенств (3.6) определяет некоторую область на плоскости параметров $(I_2/I_1,\ I_3/I_1)$. Та часть этой области, для которой выполняется неравенство треугольника $(I_2 + I_3 > I_1)$, и будет являться областью существования тора с числом вращения $n = 1$ (см. рис. 85). Отображение Пуанкаре (рис. 83) построено для параметров $(I_2/I_1,\ I_3/I_1)$, лежащих в найденной области существования тора с $n = 1$. Инвариантная кривая, заполненная неподвижными точками первого порядка и соответствующая данному тору, изображена на рисунке жирной линией.

Оказывается, что решения, лежащие на резонансном торе, на сфере Пуассона имеют вид замкнутых кривых с самопересечением типа *восьмерки*, причем точки их самопересечения лежат в экваториальной плоскости (см. рис. 86*a*). Более того, все эти решения являются периодическими и в абсолютном пространстве. Для доказательства этого факта можно использовать следующее

Предложение 1. *Все периодические решения приведенной системы в задаче Эйлера–Пуансо являются периодическими в абсолютном пространстве.*

Данное предложение легко доказать, используя явное интегрирование абсолютного движения в задаче Эйлера–Пуансо.

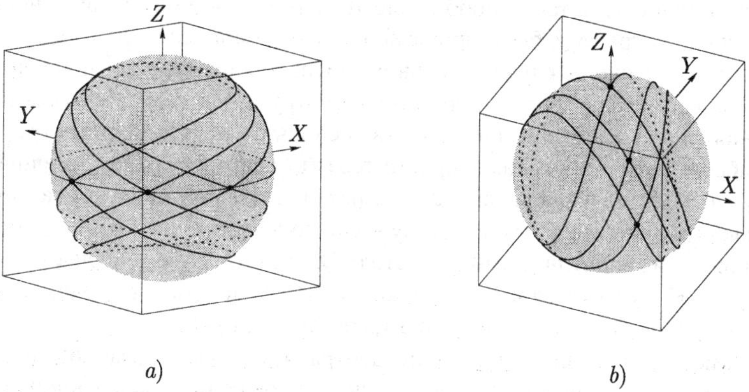

Рис. 86. Периодические решения, лежащие на резонансном торе $n = 1$. а) Движение на сфере Пуассона. b) След апекса максимальной оси в абсолютном пространстве.

На рисунке 86*b* приведены несколько следов единичного вектора e_1 (апекса), жестко связанного с наибольшей осью тела Ox, для периодических решений, лежащих на рассматриваемом торе. Все эти следы также имеют вид восьмерок, причем точки их самопересечения лежат в некоторой вертикальной плоскости. В дальнейшем на всех рисунках для иллюстрации движения в абсолютном пространстве будет приводиться след апекса e_1.

Возмущение случая Эйлера–Пуансо. Поставим вопрос о существовании периодических в абсолютном пространстве решений при возмущении задачи Эйлера–Пуансо $\mathscr{H} = \mathscr{H}_0 + \mu\mathscr{H}_1$. Рассмотрим сначала возмущение на нулевой константе интеграла площадей. В качестве малого параметра выберем смещение центра масс тела относительно неподвижной точки $\mathscr{H}_1 = (\boldsymbol{r}, \boldsymbol{\gamma})$. В данном случае справедливо следующее

Предложение 2. *При смещении центра масс в плоскости, перпендикулярной минимальной оси инерции тела* ($r_1 \neq 0$, $r_2 \neq 0$, $r_3 = 0$), *из резонансного тора с числом вращения* $n = 1$ *задачи Эйлера–Пуансо на нулевой константе интеграла площадей рождается пара периодических в абсолютном пространстве решений (устойчивое и неустойчивое).*

При малых смещениях центра масс существование данных периодических решений приведенной системы доказывается с помощью теоремы Пуанкаре о рождении периодических решений из резонансных торов невозмущенной задачи [150]. Доказательство периодичности решений в абсолютном пространстве, а также обобщение этого результата на случай конечного смещения центра масс было проведено нами с помощью компьютерных методов. Обобщение на случай конечного смещения центра масс проводилось с помощью метода продолжения по параметру, а для доказательства периодичности в абсолютном пространстве использовалось явное интегрирование абсолютного движения твердого тела методами Эверхарта различного порядка. Минимальная величина незамыкания траектории (которую можно определить, например, как величину смещения апекса e_1 за период относительного движения) при выборе метода Эверхарта 27-го порядка составила 10^{-13}. Кроме того, при увеличении точности метода наблюдается явная сходимость величины незамыкания траектории к нулю.

Заметим, что при смещении центра масс вне указанной плоскости ($r_3 \neq 0$) также рождаются периодические решения приведенной системы, однако они уже не являются периодическими в абсолютном пространстве.

Фазовый портрет для случая смещения центра масс вдоль максимальной оси инерции приведен на рисунке 87. Замечательно, что решения, родившиеся из резонансного тора $n = 1$, наряду с перманентными вращени-

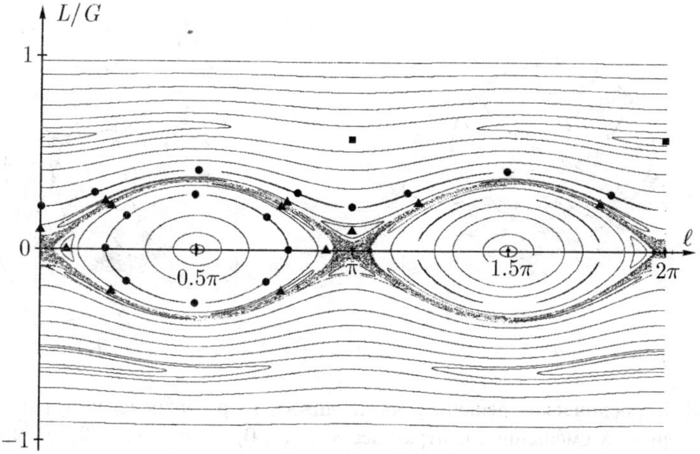

Рис. 87. Отображение Пуанкаре задачи Эйлера – Пуассона при следующих параметрах: $E = 2$, $c = 0$, $\mathbf{A} = \mathrm{diag}(1,\, 1.25,\, 3)$, $\boldsymbol{r} = (1,\, 0,\, 0)$, $\mu = 0.01$, $g = \pi/2$. Маркерами отмечены неподвижные точки, соответствующие нетривиальным абсолютным хореографиям: квадратными — первого порядка, круглыми — второго порядка и треугольными — третьего порядка.

ями, являются определяющими для фазового портрета. Приведем наиболее интересные свойства указанных в предложении 2 решений:

1) Вектор γ на сфере Пуассона описывает восьмерку с точкой самопересечения, лежащей на экваторе ($\gamma_3 = 0$) и симметричную относительно экваториальной плоскости. В случае смещения центра масс вдоль одной из главных осей симметрия восьмерки увеличивается до группы C_{2v} (то есть восьмерка становится центрально-симметричной). Соответствующие траектории на сфере Пуассона для нескольких смещений центра масс приведены на рисунке 88*a*.

2) Указанное решение симметрично относительно преобразования вида $\sigma(\gamma_1,\, \gamma_2,\, \gamma_3,\, \omega_1,\, \omega_2,\, \omega_3) = (\gamma_1,\, \gamma_2,\, -\gamma_3,\, -\omega_1,\, -\omega_2,\, \omega_3)$. Используя данное свойство при вычислении интеграла (3.2), можно доказать, что указанные решения являются периодическими в абсолютном пространстве.

3) Апексы главных осей инерции $\boldsymbol{e}_1$, $\boldsymbol{e}_2$ (максимальной и средней) описывают на сфере восьмерки с той же группой симметрии, что и на

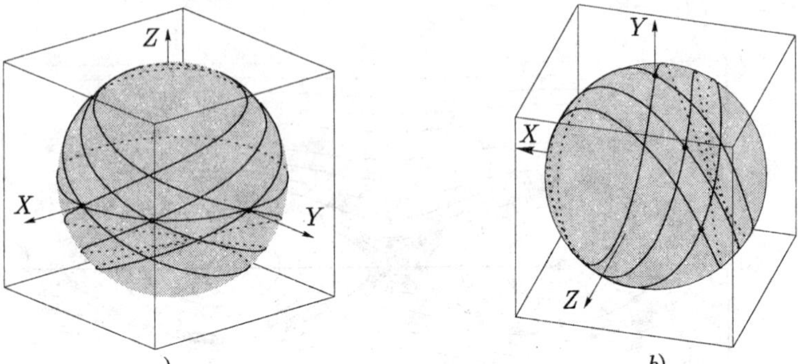

Рис. 88. Периодические решения, рождающиеся из резонансного тора $n = 1$ при трех различных смещениях центра масс $\boldsymbol{r} = (1, 0, 0)$, $\boldsymbol{r} = (1/\sqrt{2}, 1/\sqrt{2}, 0)$, $\boldsymbol{r} = (0, 1, 0)$. a) Движение на сфере Пуассона. b) След апекса e_1 в абсолютном пространстве. ($E = 2$, $c = 0$, $\mathbf{A} = \mathrm{diag}(1, 1.25, 3)$, $\mu = 0.1$.)

сфере Пуассона, а $\boldsymbol{e}_3$ (апекс наименьшей оси) – выпуклую замкнутую кривую без самопересечений. Соответствующие следы апекса $\boldsymbol{e}_1$ для нескольких смещений центра масс приведены на рисунке $88b$.

По аналогии с восьмеркообразными периодическими траекториями в небесномеханической задаче трех тел, открытыми Муром, Шенсине, Монтгомери и Симо [349, 490], в дальнейшем будем называть подобные решения *абсолютными хореографиями*. Термин *хореография* подразумевает, что несколько частиц движутся по некоторому числу замкнутых кривых. Применимость этого термина в данной ситуации объясняется тем, что для абсолютного движения все три апекса (подобно трем материальным точкам) будут двигаться по замкнутым кривым (так называемая трехсвязная хореография), две из которых являются восьмерками.

Рассматриваемые абсолютные хореографии образуют некоторое семейство, зависящее от параметров системы. Выбором единиц измерения, а также с помощью масштабного преобразования количество независимых параметров, от которых зависит семейство, сводится к четырем $(E, I_2/I_1, I_3/I_1, r_2/r_1)$, где $E = \mathscr{H}(\boldsymbol{M}, \boldsymbol{\gamma})$. При этом увеличению возмущения задачи Эйлера–Пуансо соответствует уменьшение энергии E из бесконечности при постоянных смещении центра масс и массе тела. В дальнейшем мы ограничимся рассмотрением трехпараметрического семейства при заданном направлении смещения центра масс $r_2/r_1 = \mathrm{const}$.

Сценарии рождения абсолютных хореографий. Как было указано выше, абсолютные хореографии в задаче о движении тяжелого твердого тела с закрепленной точкой рождаются из резонансного тора задачи Эйлера – Пуансо с числом вращения, равным единице. В случае, когда такого тора не существует (см. рис. 85) также могут рождаться абсолютные хореографии. Причем в этом случае рождение хореографии происходит путем субкритической бифуркации удвоения периода из перманентного вращения вокруг минимальной оси инерции (задачи Эйлера – Пуансо) при уменьшении энергии E. Отметим, что в работе [52] уже изучались бифуркации удвоения периода перманентных вращений. Более того, в указанной работе был найден целый каскад удвоений периода, начинающийся из перманентного вращения задачи Эйлера – Пуансо, однако свойства абсолютного движения рождающихся при этом решений не обсуждались.

Таким образом, в задаче Эйлера – Пуансо при уменьшении энергии из бесконечности существует два сценария рождения абсолютных хореографий:

1) *Рождение из резонансных торов задачи Эйлера – Пуансо. Значения моментов инерции лежат в области существования тора $n = 1$ на рис.* 85.

2) *Рождение из перманентного вращения задачи Эйлера – Пуансо путем бифуркации удвоения периода. Значения моментов инерции лежат вне области существования тора $n = 1$ на рис.* 85.

Приведенные сценарии рождения хореографий можно проиллюстрировать с помощью рис. 91a, b, которые более подробно обсуждаются в п. 2.

Заметим, что если в первом случае хореографии рождаются парами (устойчивая/неустойчивая), то во втором рождается только устойчивая хореография. Связь этих случаев осуществляется путем продолжения по моментам инерции. Причем во время такого продолжения происходит еще одна бифуркация удвоения периода, при которой рождается (или исчезает) неустойчивая хореография.

2. Генеалогия хореографий при $(M, \gamma) = 0$

Здесь мы не будем проводить полный бифуркационный анализ найденного семейства абсолютных хореографий при всех возможных значениях параметров. Укажем лишь связь найденного семейства с уже известными периодическими решениями и интегрируемыми случаями, а также приведем типичные случаи рождения и бифуркаций найденных решений.

Связь с интегрируемыми случаями. Рассмотрим отдельно эволюцию найденных решений для динамически симметричного тела ($I_1 = I_2$) в зависимости от отношения I_3/I_1 (вследствие неравенства треугольников в данном случае $I_3/I_1 \in (0, 2]$) при конечном фиксированном значении энергии и смещении центра масс в экваториальной плоскости ($r_3 = 0$). Точке $I_3/I_1 = 1/2$ соответствует случай Ковалевской, фазовый портрет которого приведен на рисунке 89. В данном случае на портрете присутствует только устойчивая абсолютная хореография, родившаяся из перманентного вращения путем бифуркации удвоения периода. Как оказалось, она совпадает с хорошо известными *решениями Делоне* (см. гл. 2), периодичность которых в абсолютном пространстве доказана аналитически в [93].

При уменьшении параметра I_3/I_1 происходит частичная хаотизация фазового портрета, однако найденная устойчивая хореография при этом сохраняется. Кроме того, при некотором значении I_3/I_1 (зависящем от энергии) из перманентного вращения вокруг минимальной оси инерции рождается неустойчивая абсолютная хореография (также путем бифуркации удвоения периода). При достижении значения $I_3/I_1 = 1/4$ мы приходим к интегрируемому случаю Горячева–Чаплыгина, фазовый портрет которого приведен на рисунке 90. Оба решения, соответствующие абсолютным хореографиям (устойчивое и неустойчивое), в данном случае также хорошо видны на фазовом портрете. Их периодичность в абсолютном пространстве была указана в [39], а аналитическое доказательство данного факта для некоторых частных случаев приведено в [88, 92]. Дальнейшее уменьшение параметра I_3/I_1 опять приводит к частичной хаотизации фазового портрета, при сохранении периодических решений, соответствующих абсолютным хореографиям, вплоть до $I_3/I_1 \to 0$.

Продолжение по энергии и связь с решениями Штауде. Рассмотрим эволюцию абсолютных хореографий при изменении энергии и фиксированных значениях моментов инерции. Для визуализации такой эволюции будем строить одну из координат (L/G) хореографии на сечении Пуанкаре в зависимости от энергии системы.

Сценарий 1. На рисунке 91*a* изображены бифуркации устойчивой и неустойчивой хореографий, рождающихся по первому сценарию (см. п. 2). Устойчивые хореографии $\mathscr{C}_s$ изображены на рисунке сплошной линией, а неустойчивые $\mathscr{C}_u$ – пунктиром. Видно, что при больших энергиях обе хореографии на фазовом портрете стремятся к тору с числом вращения $n = 1$. При уменьшении энергии неустойчивая хореография сливается с вращением вокруг минимальной оси инерции (лежащем на оси $L/G = 1$) через

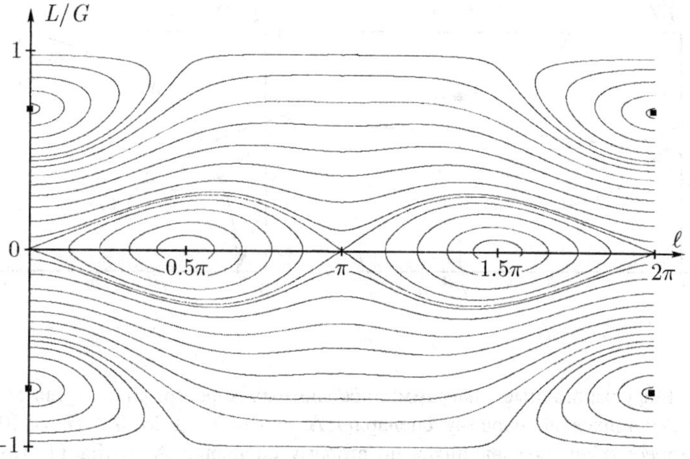

Рис. 89. Фазовый портрет для случая Ковалевской на нулевой константе площадей ($E = 2$, $c = 0$, $\mathbf{A} = \mathrm{diag}(1,\,1,\,2)$, $\mu \boldsymbol{r} = (1,\,0,\,0)$), квадратиками обозначены неподвижные точки, соответствующие абсолютным хореографиям.

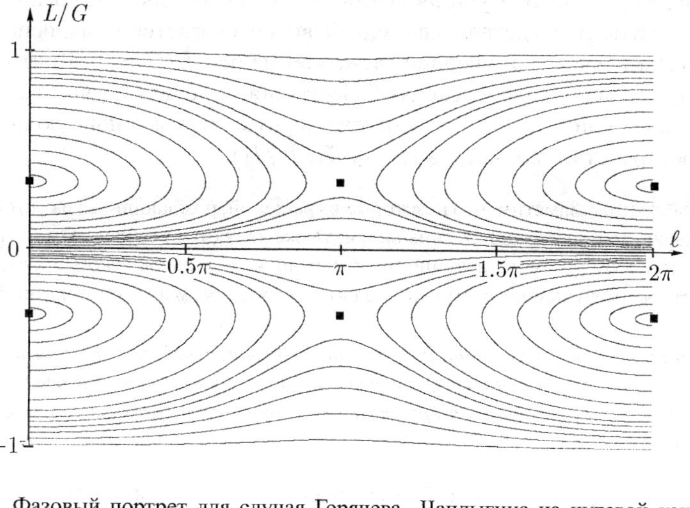

Рис. 90. Фазовый портрет для случая Горячева – Чаплыгина на нулевой константе площадей ($E = 2$, $c = 0$, $\mathbf{A} = \mathrm{diag}(1,\,1,\,4)$, $\mu \boldsymbol{r} = (1,\,0,\,0)$), квадратиками обозначены неподвижные точки, соответствующие абсолютным хореографиям.

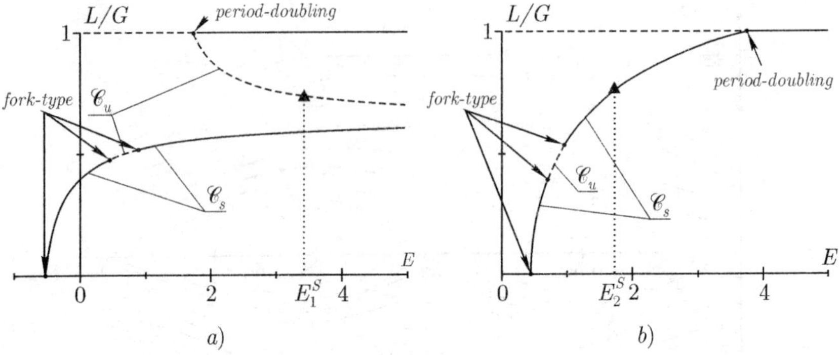

Рис. 91. Бифуркационные диаграммы абсолютных хореографий: а) для хореографий рождающихся по первому сценарию $\mathbf{A} = \operatorname{diag}(1,\, 1.25,\, 3)$, $\mu \boldsymbol{r} = (0,\, 1,\, 0)$; b) для хореографий рождающихся по второму сценарию $\mathbf{A} = \operatorname{diag}(1,\, 1.5,\, 2.25)$, $\mu \boldsymbol{r} = (1,\, 0,\, 0)$. $\mathscr{C}_s$ – устойчивые, а $\mathscr{C}_u$ – неустойчивые хореографии; E_1^s, E_2^s – значения энергии, соответствующие решениям Стеклова.

бифуркацию удвоения периода. Устойчивая хореография при уменьшении энергии два раза меняет устойчивость, проходя через две бифуркации типа вилки, а затем посредством еще одной вилки сливается с вращением вокруг максимальной оси инерции (лежащем на оси $L/G = 0$). Критические энергии, при которых происходят бифуркации, в общем случае зависят от моментов инерции тела и образуют трехмерную бифуркационную диаграмму в пространстве параметров $(E,\, I_2/I_1,\, I_3/I_1)$.

Замечание. Заметим, что некоторые из решений, рождающихся из устойчивой хореографии при бифуркациях типа вилки, также являются абсолютными хореографиями. При этом соответствующие им следы апексов в абсолютном пространстве обладают уже меньшей симметрией – одно из колец восьмерки становится больше другого.

Кроме того, при смещении центра масс вдоль средней оси инерции и продолжении этих несимметричных хореографий по энергии наблюдается каскад удвоений периода. Все рождающиеся при этом решения также являются абсолютными хореографиями.

Сценарий 2. На рисунке 91*b* изображены бифуркации для второго варианта рождения хореографий (см. п. 2). Неустойчивое решение в данном случае отсутствует, а устойчивое рождается из вращения вокруг минимальной оси инерции (лежащего на оси $L/G = 1$) через бифуркацию удвоения периода. Дальнейшая эволюция устойчивой хореографии качественно не отличается от предыдущего случая.

Таким образом, с одной стороны, найденные хореографии являются решениями Пуанкаре, рождающимися из резонансных торов при уменьшении энергии из бесконечности, а с другой стороны, эти же хореографии рождаются при увеличении энергии из вращений вокруг главных осей инерции, которые являются решениями Ляпунова для перманентных вращений Штауде.

Связь с решениями Стеклова. Известно, что решения, указанные В. А. Стекловым [263, 174], являются периодическими в абсолютном пространстве. Их периодичность следует из явного анализа квадратур, которые выражаются в эллиптических функциях [288]. Замечательным фактом является то, что форма движения апексов в абсолютном пространстве для решений Стеклова имеет вид восьмерки [288]. Оказывается, что решение Стеклова является частным случаем найденного нами семейства абсолютных хореографий.

Действительно, при решении Стеклова, кроме неравенства треугольника и принятых нами в начале статьи предположений ($I_1 > I_2 > I_3$), на моменты инерции накладываются дополнительные условия

$$\begin{aligned} &I_2 > 2I_3, \ \boldsymbol{r} = (0,\,1,\,0) \text{ — для решений первого типа;} \\ &I_1 > 2I_3, \ \boldsymbol{r} = (1,\,0,\,0) \text{ — для решений второго типа.} \end{aligned} \tag{3.8}$$

Для моментов инерции, удовлетворяющих условиям (3.8), можно вычислить конкретные значения энергии $E^S_{1,2}(I_1,\,I_2,\,I_3)$, при которых и существуют решения Стеклова первого или второго типа. Следовательно, семейства решений Стеклова являются двухпараметрическими и вкладываются в найденное нами семейство абсолютных хореографий. Хореографии, соответствующие решениям Стеклова, отмечены треугольниками на рисунке 91.

На рисунке 92 приведены области существования решений Стеклова первого и второго типов на плоскости параметров $(I_2/I_1,\,I_3/I_1)$. Как видно из рисунков, все решения первого типа и часть решений второго типа попадает в область существования тора $n=1$ задачи Эйлера–Пуансо. *При продолжении по энергии эти решения переходят в решения Пуанкаре для тора* $n=1$ (*в соответствии с первым сценарием рождения хореографий*).

Решения Стеклова второго типа, которые не попадают в область существования тора $n=1$, *при продолжении по энергии сливаются с вращением вокруг главной оси инерции через бифуркацию удвоения периода* (*в соответствии со вторым сценарием рождения хореографий*).

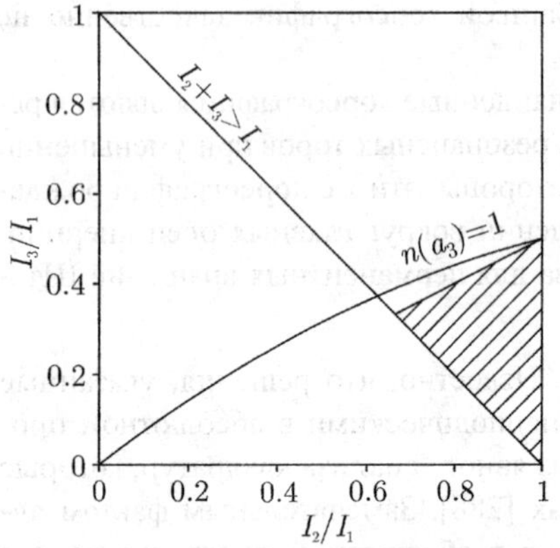

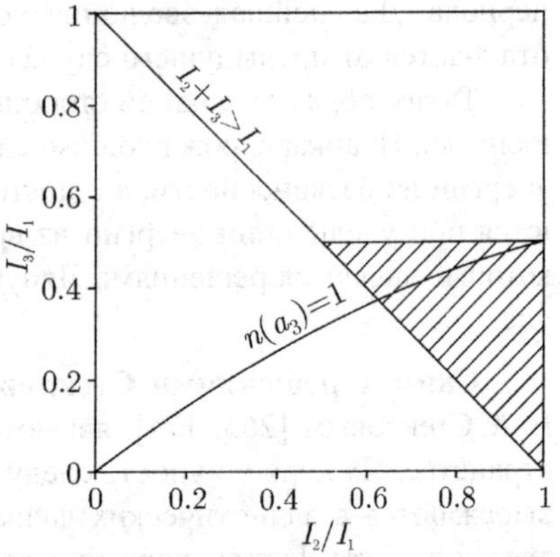

Рис. 92. Области существования решения Стеклова на плоскости $(I_2/I_1,\ I_3/I_1)$: a) I типа; b) II типа.

3. Более сложные хореографии при $(\boldsymbol{M}, \boldsymbol{\gamma}) = 0$

Рассмотрим вопрос о существовании более сложных периодических движений в абсолютном пространстве. Как и ранее, начнем со случая Эйлера–Пуансо. Очевидно, что кроме тора $n = 1$ в задаче Эйлера–Пуансо существует счетное множество резонансных торов (на фиксированном уровне энергии E), заполненных периодическими решениями различного порядка. В силу предложения 1 все эти решения являются абсолютными хореографиями. Соответствующие следы апексов в абсолютном пространстве имеют вид замкнутых кривых с числом самопересечений, не меньшим, чем порядок решения.

Для каждого резонансного тора с помощью неравенств, аналогичных (3.6), можно найти область существования на плоскости $(I_2/I_1,\ I_3/I_1)$. Из тех же неравенств следует, что торы с $n(\varepsilon) \geqslant 1$ лежат только вне сепаратрисы (т. е. $\varepsilon \in (a_2,\ a_3)$), а торы с числами вращения $n < 1$ могут лежать как вне так и внутри сепаратрисы.

Рассмотрим теперь возмущение задачи Эйлера–Пуансо (как и выше на нулевом уровне интеграла площадей). По теореме Пуанкаре, все резонансные торы при возмущении расщепляются на четное число периодических решений (поровну устойчивых и неустойчивых). Некоторые из этих решений также могут быть абсолютными хореографиями. При этом, как показывают проведенные компьютерные исследования, справедливо следующее

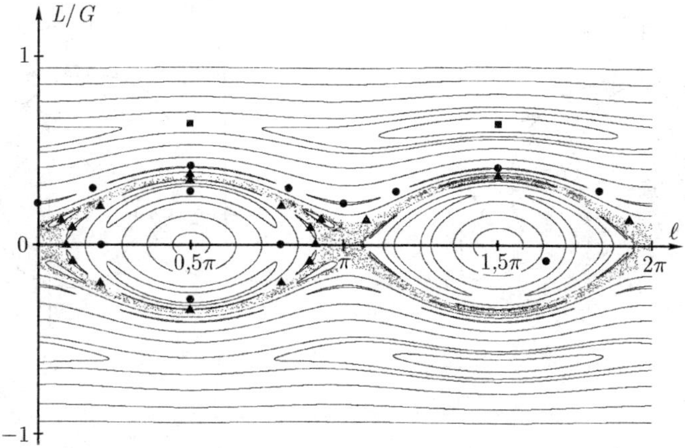

Рис. 93. Отображение Пуанкаре ($g = \pi/2$) задачи Эйлера–Пуассона при следующих параметрах $E = 2$, $c = 0$, $\mathbf{A} = \mathrm{diag}(1,\ 1.25,\ 3)$, $\boldsymbol{r} = (0,\ 1,\ 0)$, $\mu = 0.02$. Маркерами отмечены неподвижные точки, соответствующие нетривиальным абсолютным хореографиям: квадратными — первого порядка, круглыми — второго порядка и треугольными — третьего порядка.

Предложение 3. 1. *При смещении центра масс в плоскости, перпендикулярной минимальной оси инерции* ($r_3 = 0$), *из резонансных торов задачи Эйлера–Пуансо, лежащих вне сепаратрисы* ($\varepsilon \in (a_2,\ a_3)$), *рождаются периодические в абсолютном пространстве решения.*

2. *При смещении центра масс в плоскости, перпендикулярной максимальной оси инерции* ($r_1 = 0$), *из резонансных торов задачи Эйлера–Пуансо, лежащих внутри сепаратрисы* ($\varepsilon \in (a_1,\ a_2)$), *также рождаются периодические в абсолютном пространстве решения.*

Из данного предложения следует, что при смещении центра масс в направлении средней оси инерции все родившиеся из резонансных торов периодические решения приведенной системы являются периодическими в абсолютном пространстве. Соответствующее сечение Пуанкаре, на котором отмечены абсолютные хореографии, родившиеся из резонансных торов с числами вращения $n = 1/2$ и $n = 1/3$, приведено на рисунке 93. Сами хореографии (следы апекса e_1) приведены на рисунке 94.

4. Относительные хореографии

Рассмотрим теперь возмущение задачи Эйлера–Пуансо на ненулевой константе интеграла площадей. В приведенной системе в данном случае

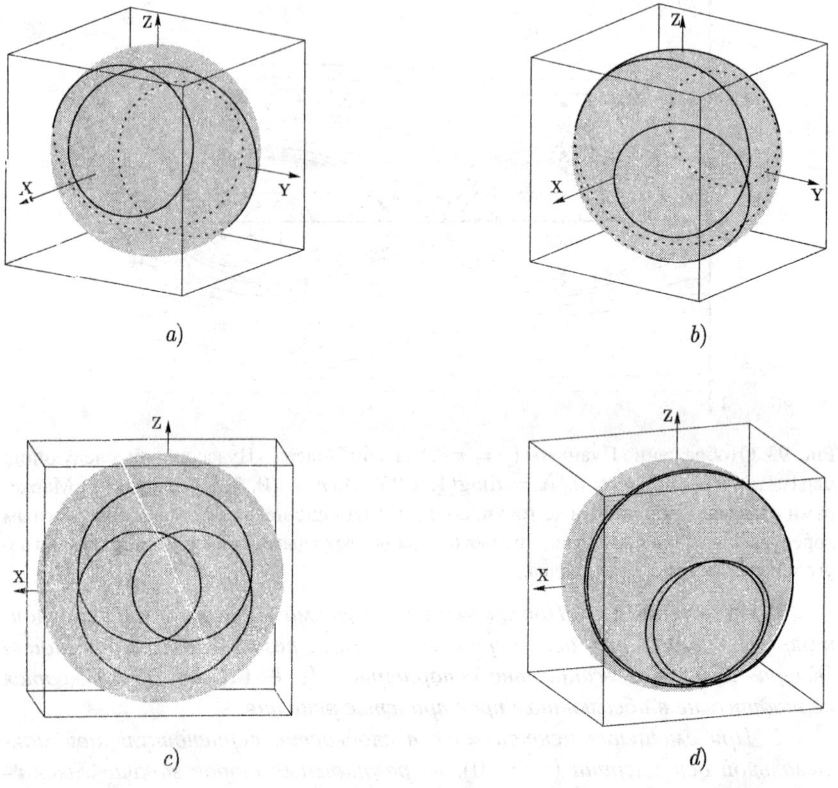

Рис. 94. Примеры абсолютных хореографий, соответствующих периодическим решениям второго и третьего порядков и родившихся из торов $n = 1/2$ и $n = 1/3$ при смещении центра масс вдоль средней оси инерции: $\boldsymbol{r} = (0, 1, 0)$. a), b) – вне сепаратрисы: $\varepsilon \in (a_2, a_3)$; c), d) – внутри сепаратрисы: $\varepsilon \in (a_1, a_2)$. Показан след максимальной оси. Все рисунки приведены при $E = 2$, $\mathbf{A} = \operatorname{diag}(1, 1.25, 3)$, $\mu = 0.01$.

из резонансных торов также рождаются периодические решения Пуанкаре [150]. Однако эти решения уже не являются периодическими в абсолютном пространстве.

Сформулируем некоторые общие свойства абсолютного движения, связанного с периодическими решениями приведенной системы.

Предложение 4. *Всегда существует равномерно вращающаяся вокруг вертикальной оси система координат, в которой абсолютное движение, соответствующее периодическому решению приведенной системы, является периодическим с тем же периодом (т. е. все апексы твердого тела описывают в этой системе замкнутые кривые).*

Доказательство основывается на методе, предложенном в работе [150]. Поскольку для периодического решения приведенной системы $\boldsymbol{\omega}, \boldsymbol{\gamma}$ — периодические функции времени, разложим правую часть (3.1) в сходящийся ряд Фурье

$$\dot{\psi} = \sum_{n=-\infty}^{+\infty} a_n e^{i\frac{2\pi}{T}nt}.$$

Интегрируя это соотношение, находим

$$\psi(t) = a_0 t + \sum_{\substack{n=-\infty \\ n\neq 0}}^{+\infty} \frac{a_n T}{2\pi i n} e^{i\frac{2\pi}{T}nt} + \mathrm{const} = a_0 t + \Psi(t),$$

где $\Psi(t)$ — T-периодическая функция времени. Ясно, что в системе координат, вращающейся вокруг вертикали с угловой скоростью $\Omega = a_0$, для заданного решения все углы Эйлера θ, φ, ψ являются T-периодическими функциями времени. ■

Таким образом, абсолютное движение тела, соответствующее периодическим решениям, родившимся из резонансных торов, в случае ненулевой константы интеграла площадей можно интерпретировать как *относительную хореографию* (термин также заимствован из [349, 490]) — то есть как периодическое движение в системе координат, равномерно вращающейся вокруг вертикали с некоторой угловой скоростью Ω. Точно так же можно интерпретировать и периодические решения, родившиеся на нулевой константе интеграла площадей при смещении центра масс, не удовлетворяющем условиям предложения 2 (то есть при $r_3 \neq 0$).

Вообще говоря, одному периодическому решению соответствует счетное число относительных хореографий. Действительно, замена

$$\Omega' = \Omega + \frac{p}{q}\frac{2\pi}{T}, \qquad p \in \mathbb{Z},\ q \in \mathbb{N}, \tag{3.9}$$

где T — период относительного движения, не меняет свойства замкнутости траектории во вращающейся системе координат.

Примеры различных относительных хореографий, соответствующих одному и тому же периодическому решению, родившемуся из тора $n = 1$, приведены на рисунке 95.

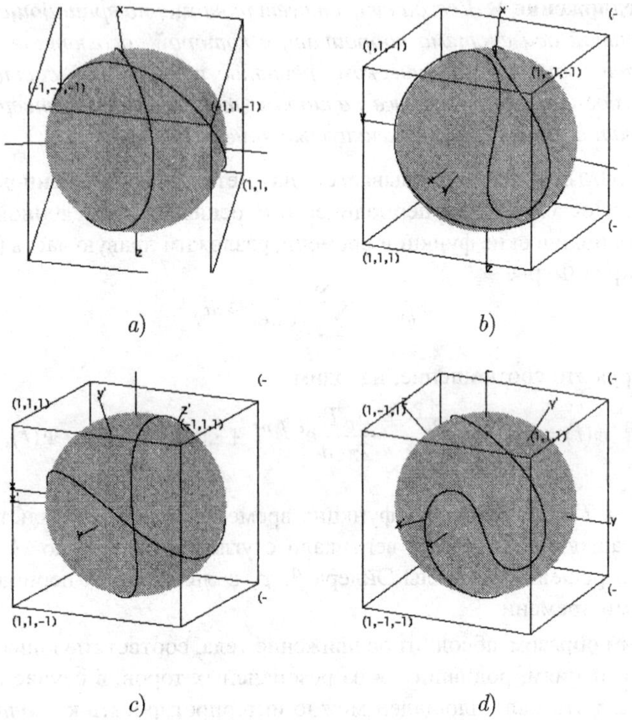

Рис. 95. Следы апекса максимальной оси во вращающейся системе координат, соответствующие периодическому решению, родившемуся из тора $n = 1$. При смещении центра масс вдоль минимальной оси ($\boldsymbol{r} = (0, 0, 1)$) и нулевой константе интеграла площадей ($c = 0$): a) $\Omega = -0.3334243$; b) $\Omega = 2.0623605$. При смещении центра масс вдоль средней оси ($\boldsymbol{r} = (0, 1, 0)$) и ненулевой константе интеграла площадей ($c = 1$): c) $\Omega = 0.0969602$; d) $\Omega = 2.4865794$. Все рисунки приведены при $\mathbf{A} = \mathrm{diag}(1, 1.25, 3)$, $E = 4$, $\mu = 1$.

5. Открытые проблемы

В заключение приведем ряд открытых вопросов, которые, по нашему мнению, заслуживают особого внимания при дальнейшем исследовании найденных хореографий.

1) Аналитическое доказательство периодичности хореографий в абсолютном пространстве. Аналогичное доказательство, основанное на

вариационных и топологических принципах, было приведено А. Шенсине и Р. Монтгомери в [349] для хореографий в задаче трех тел.

2) Полный бифуркационный анализ найденных решений при всех параметрах системы E, I_2/I_1, I_3/I_1, r_2/r_1. Очевидно, что ввиду большого числа параметров и отсутствия аналитического описания найденных решений данный анализ может быть сделан преимущественно с помощью компьютерных методов.

3) Исследование устойчивости найденных решений в зависимости от параметров системы. Данное исследование, по уже описанным в предыдущем пункте причинам, также может быть проведено только с использованием численного анализа.

§ 4. Хаотические движения. Генеалогия периодических орбит

Удвоение периода, каскады и расщепление сепаратрис. Как уже указывалось, отсутствие аналитических интегралов уравнений движения тесно связано со сложным (хаотическим) поведением траекторий системы. При этом аналитическими методами, которые используют малый параметр, удается получить строгие результаты лишь вблизи интегрируемых ситуаций и, в некотором смысле, исследовать лишь самую первую стадию стохастизации движения при наложении возмущения. Реальные системы могут быть достаточно далеки (по параметру μ) от интегрируемых, и для их описания аналитические методы не применимы. На первое место в таких исследованиях выходят компьютерные методы, с помощью которых можно продолжать по параметру μ, который уже не является малым, некоторые инвариантные объекты (периодические решения, инвариантные торы, сепаратрисы), а также вычислять различные характеристики хаотических движений (показатели Ляпунова, энтропию и т. д.). Используя известные теоремы (теорему Пуанкаре – для периодических решений, КАМ-теорию – для квазипериодических), можно получить обоснование возможности такого продолжения в невырожденных ситуациях. Например, невырожденные периодические орбиты (являясь в случае двух степеней свободы неподвижными точками отображения Пуанкаре) могут быть численно продолжены до точки бифуркации, в которой могут происходить различные перестройки. Они подробно описаны, например, в книге [103]. Возможна ситуация, когда первоначальное решение может потерять устойчивость, а вблизи бифуркационного значения параметра μ_1 родится новое устойчивое периодическое решение, но уже удвоенного периода. При определенных условиях такие бифуркации (называемые бифуркациями удвоения периода) могут иметь точку накопления, т. е. бифуркационные значения параметра μ_n образуют сходящуюся последовательность, сходную с геометрической прогрессией. Как показал М. Фейгенбаум, эта последовательность обладает универсальными свойствами; в частности, величина δ_n

$$\delta_n = \frac{\mu_{n-1} - \mu_{n-2}}{\mu_{n-1} - \mu_{n-1}}$$

при $n \to \infty$ стремится к некоторой универсальной постоянной δ (называемой постоянной Фейгенбаума), которая не зависит от вида двумерного отображения, сохраняющего площадь. Она равна $\delta = 8.721\ldots$ Обоснование универсальности может быть получено при помощи ренормгруппового анализа [448].

Кроме рассмотренного свойства универсальности, для двумерных отображений, сохраняющих площадь, существует еще два универсальных фактора. Оказывается, что в надлежащим образом выбранной системе координат структура периодических траекторий повторяет себя с масштабами $\alpha = 4.018\ldots$ и $\beta = 16.363\ldots$ вдоль координатных осей.

Очевидно, что рождение вблизи предельного значения μ_∞ большого количества устойчивых и неустойчивых периодических орбит свидетельствует о сложном поведении системы, а сам процесс лавинообразного удвоения периода может рассматриваться как сценарий перехода к хаосу. Отметим только, что при изменении μ этот сценарий не является единственным, так как различные бифуркации происходят также с неустойчивыми (гиперболическими) орбитами и их сепаратрисами. Методы теории возмущений позволяют лишь оценить расщепление сепаратрис и величину стохастического слоя при малых значениях μ (в случае, когда расщепление сепаратрис может быть оценено интегралом Пуанкаре–Мельникова). При конечных и нарастающих μ стохастический слой и величина расщепления сепаратрис (см. § 2 гл. 5) в ситуации общего положения начинают расти до достижения некоторого значения, которое тоже может быть принято за характеристику глобального хаоса. В общем случае величина стохастического слоя определяется пересечением сепаратрис различных резонансов, в частности, долгопериодических. Такая ситуация более подробно описана нами в § 5 гл. 6.

Для ряда динамических систем важную роль играет продолжение и бифуркации квазипериодических решений (инвариантных торов). Например, согласно гипотезе Грина, глобальная стохатизация стандартного отображения (отображения Чирикова) связана с разрушением последнего плохо соизмеримого инвариантного тора, число вращения которого равно золотому сечению [448]. С физической точки зрения мы имеем несколько сценариев хаотизации, которые в реальных динамических системах сосуществуют друг с другом.

В работе [52] рассматривается продолжение по параметру μ (веса тела) перманентных устойчивых вращений вокруг большой и малой оси инерции задачи Эйлера–Пуансо. При отклонении центра масс от точки подвеса и при условии, что центр масс лежит в главной плоскости эллипсоида инерции при некоторых значениях моментов инерции, был обнаружен каскад удвоений периода, приводящий к глобальной хаотизации движения, при которой на сечении Пуанкаре практически не имеется областей с регулярной динамикой (крупных устойчивых резонансов). Аналогичные каскады могут быть обнаружены при продолжении по энергии.

Глобальное сечение. Генеалогия периодических орбит. Остановимся на одном важном моменте, связанном с анализом стохастичности в уравнениях Эйлера–Пуассона (и вообще в автономных гамильтоновых системах с двумя степенями свободы). Используемые в этой книге иллюстрации хаотического поведения тесно связаны с отображением Пуанкаре, а значит, с выбором некоторого сечения на трехмерной изоэнергетической поверхности $H = E$. Топологическое устройство этой поверхности может быть достаточно сложным; топологическая классификация изоэнергетических поверхностей содержится в целой серии работ (С. Б. Каток [137], Р. П. Кузьмина [175], Я. В. Татаринов [270], И. Н. Гашененко [81]), в которых делаются дополнительные предположения на расположение центра масс.

Для того чтобы сечение Пуанкаре описывало весь фазовый поток (на уровне энергии), каждая траектория должна трансверсально и бесконечно много раз пересекать его во время движения. В этом случае говорят о *глобальном трансверсальном сечении* Пуанкаре. Препятствием к его существованию является топология изоэнергетического многообразия.

Из результатов работы [335] следует, что *если изоэнергетическое многообразие представляет собой $S^1 \times S^2$, то глобальное трансверсальное сечение может существовать и оно гомеоморфно S^2*. В уравнениях Эйлера–Пуассона, даже если центр масс тела принадлежит главной оси инерции, неособые интегрируемые многообразия Q^3 (полный список которых получен С. Б. Каток в [137]) в общем случае являются связными и состоят из нескольких (двух или трех) связных компонент, которые бывают только следующих четырех видов: $\mathbb{R}P^3$, S^3, $S^1 \times S^2$ и $K^3 = (S^1 \times S^2)\#(S^1 \times S^2)$. Представленное в виде связной суммы многообразие K^3 можно также получить из трехмерной сферы S^3 приклеиванием двух ручек.

В работах [81, 79] для исследования частных решений и хаотизации в уравнениях Эйлера–Пуассона предложено использовать глобальное нетрансверсальное сечение. Такое сечение, тем не менее, существенно полезней для изучения динамики, чем обычные локальные сечения, которые почти бесполезны для общего описания динамики и могут лишь исследоваться при изучении окрестности периодических и асимптотических решений. В качестве глобального нетрансверсального сечения в [81, 79] предложено использовать двумерную поверхность

$$P^2_{h,c} = \{H = h,\ (\boldsymbol{M}, \boldsymbol{\gamma}) = c,\ (\boldsymbol{\gamma}, \boldsymbol{\gamma}) = 1,\ F = 0\} \subset Q^3, \tag{4.1}$$

где

$$F = \mu(\boldsymbol{M} \times \boldsymbol{\gamma}, \boldsymbol{r}) = \frac{1}{2}\frac{d}{dt}(\boldsymbol{M}, \boldsymbol{M}) = (\boldsymbol{M}, \dot{\boldsymbol{M}}) = 0.$$

Таким образом, глобальное нетрансверсальное сечение характеризуется достижением экстремума величиной момента $(\boldsymbol{M}, \boldsymbol{M})$. Исследование такого сечения естественно с механической точки зрения, так как в силу компактности изоэнергетического многообразия почти на любом движении экстремум регулярно достигается и зависимость величины момента от времени носит колебательный (но не регулярный) характер. В работе [81] доказано, что такое сечение $P^2_{h,c}$ является замкнутым гладким многообразием в Q^3, оно разделяет каждую компоненту Q^3 на два замкнутых многообразия с общим краем. При этом каждая траектория на Q^3 многократно пересекает сечение $P^2_{h,c}$, а требование трансверсальности к потоку (т. е. траектория касается сечения) нарушается только на некоторой кривой ∂N, которая разделяет $P^2_{h,c}$ на области $N^{\pm}$, каждую из которых траектории пересекают в одном направлении. Причем при пересечении $P^2_{h,c}$ в области N^+ (N^-) величина момента $(\boldsymbol{M}, \boldsymbol{M})$ достигает своего минимума (максимума).

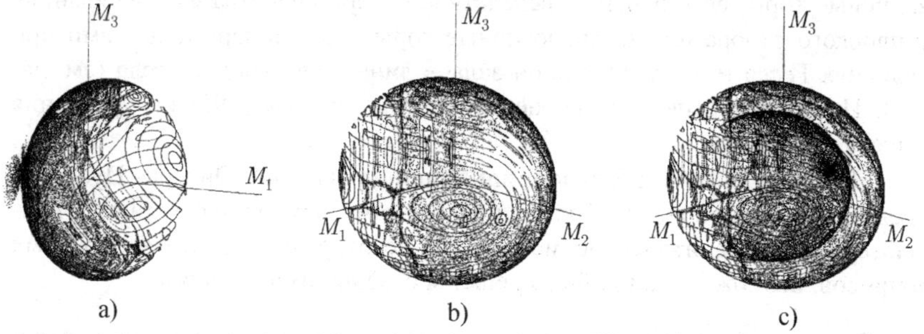

Рис. 96. Отображение Пуанкаре на сечении $P^2_{h,c}$: a) при пересечении поверхности в положительном направлении (N^+); b) в отрицательном направлении (N^-); c) в обоих направлениях.

Пример отображения Пуанкаре на сечении $P^2_{h,c}$, а также отдельно в областях N^+ и N^- в пространстве переменных (M_1, M_2, M_3) приведен на рисунке 96. Для рассмотренного случая сечение $P^2_{h,c}$ представляет собой две вложенные друг в друга поверхности, изоморфные сфере S^2, склеенные друг с другом в двух точках. Общую классификацию топологических типов сечения $P^2_{h,c}$ в зависимости от параметров можно найти в [80, 387] (для тяжелого гиростата в [81, 78]). При минимальном значении энергии h сечение $P^2_{h,c}$ вырождается в точку, соответствующую перманентному вращению Штауде. Эволюция этого вращения при увеличении h приводит к любопытному (неаналитическому) классу периодических движений приведенной системы. Рождение новых периодических решений происходит также при достижении h других критических значений. Соответствующие вращения Штауде также можно продолжить по h и получить новый класс периодических орбит. Кроме описанного пути продолжения периодических решений Штауде, в различных областях фазового пространства «рождаются и умирают» другие периодические решения — резонансы, наиболее крупные из которых определяют всю структуру фазового портрета. Взаимосвязь различных классов периодических решений при изменении параметров h, c определяет их *генеалогию*. Для уравнений Эйлера–Пуассона, обладающих большим числом свободных параметров, эта генеалогия почти совсем не изучена.

Изучение глобальной картины стохастизации небесномеханической задачи Хилла, обладающей лишь одним существенным параметром, проведено недавно К. Симо и Т. Стучи в [492], где были обнаружены также меандровые торы, возникающие вследствие потери свойства «закручивания» у плоского отображения. Аналогичные торы были обнаружены нами при условиях Гесса и в ограниченной задаче динамики твердого тела (см. далее). Интересно было бы перенести методы анализа [492] на уравнения Эйлера–Пуассона.

Если изучение глобальной динамики уравнений Эйлера–Пуассона представляет собой очень обширную программу, в которой сочетаются компьютерные и аналитические методы, то некоторые из более конкретных вопросов, возможно, могут быть решены с меньшими усилиями.

Гипотеза С. П. Новикова и периодические решения на сфере Пуассона. В работах [158, 282] с помощью вариационных методов на нулевой постоянной площадей $c = 0$ было доказано существование не менее шести различных периодических решений Эйлера–Пуассона при условии $h > \max V$, $V = \mu(\boldsymbol{r}, \boldsymbol{\gamma})$, т. е. когда область возможного движения совпадает со всей сферой Пуассона. Проекции периодических решений на сферу Пуассона задают три различные замкнутые несамопересекающиеся кривые.

При $c \neq 0$ имеется утверждение, сформулированное в [214] (С. П. Новиков), согласно которому при $h > \max V_c$ $\left(V_c = V + \dfrac{c^2}{2(I\boldsymbol{\gamma}, \boldsymbol{\gamma})}\right)$ уравнения вращения твердого тела с неподвижной точкой в осесимметричном потенциальном поле с потенциалом V имеют хотя бы одно периодическое решение. Однако, вследствие неточностей в развиваемой в работах [214, 215] расширенной теории Морса и многозначных функционалов, это утверждение нельзя считать доказанным. И. А. Тайманов в [269] доказал существование замкнутой геодезической при большой константе площадей (соответствующей «сильному магнитному полю»). Некорректным также является утверждение автора [214] о том, что такие периодические решения наверняка были известны классикам и могут быть найдены в эллиптических функциях.

При конкретных значениях параметров компьютерные эксперименты позволяют сделать заключение о существовании нескольких (несамопересекающихся) периодических орбит, а также исследовать их устойчивость, однако непонятно, как с помощью компьютерных методов перебрать все значения возможных параметров.

Еще один вопрос, в котором можно продвинуться с использованием компьютерного моделирования, касается поиска решений, периодических в абсолютном пространстве. Такие решения уже рассмотрены в предыдущем параграфе.

Замечание. Исследование периодических орбит в классической системе очень важно для дальнейшего квантования и изучения системы на квантовом (обычно квазиклассическом) уровне. Оказывается, что плотность вероятности квантовой системы распределена крайне неравномерно и имеются области с очень большой амплитудой, получившие название «шрамов». Эти области сосредоточены как раз вблизи неустойчивых периодических орбит и в некотором смысле (по выражению Берри и Маунта) квазиклассическая квантовая механика «одевает плотью классический скелет» [310].

§ 5. Эволюция хаоса в ограниченной задаче о вращении тяжелого твердого тела

В этом параграфе исследован процесс хаотизации фазового портрета в ограниченной задаче о вращении тяжелого твердого тела с закрепленной точкой. Указаны два дополняющих друг друга механизма хаотизации — рост гомоклинической структуры и развитие каскадов бифуркаций удвоения периода. Отмечено адиабатическое поведение системы на нулевом уровне интеграла площадей при стремлении энергии к нулю. Найдены меандровые торы, связанные с нарушением свойства закручивания рассматриваемого отображения.

1. Ограниченная задача динамики твердого тела

Как уже хорошо известно (гл. 2), уравнения Эйлера–Пуассона, описывающие движение твердого тела вокруг неподвижной точки в однородном поле тяжести, имеют вид

$$\mathbf{I}\dot{\boldsymbol{\omega}} + \boldsymbol{\omega} \times \mathbf{I}\boldsymbol{\omega} = \mu \boldsymbol{r} \times \boldsymbol{\gamma}, \quad \dot{\boldsymbol{\gamma}} = \boldsymbol{\gamma} \times \boldsymbol{\omega}, \tag{5.1}$$

где $\boldsymbol{\omega} = (\omega_1, \omega_2, \omega_3)$, $\boldsymbol{r} = (r_1, r_2, r_3)$ $\boldsymbol{\gamma} = (\gamma_1, \gamma_2, \gamma_3)$ — компоненты вектора угловой скорости, радиус-вектора центра масс и единичного орта вертикали в системе главных осей инерции $(\boldsymbol{e}_1, \boldsymbol{e}_2, \boldsymbol{e}_3)$, жестко связанных с твердым телом и проходящих через точку закрепления, $\mathbf{I} = \operatorname{diag}(I_1, I_2, I_3)$ — тензор инерции относительно точки закрепления в тех же осях, $\mu = mg$ — вес тела.

Рассмотрим задачу о движении динамически симметричного тела при следующих предположениях: $I_1 = I_2 = 1$, $I_3 = \delta$, $\boldsymbol{r} = (0,\ \delta,\ 0)$. При достаточно малых $\delta < 2$ для моментов инерции выполнены неравенства треугольников, а следовательно, выбранной конфигурации соответствует некоторое реальное распределение масс. Уравнения движения при этом принимают вид

$$\dot{\omega}_1 = (1-\delta)\omega_2\omega_3 - \delta\gamma_3, \quad \dot{\omega}_2 = (\delta - 1)\omega_1\omega_3, \quad \dot{\omega}_3 = \gamma_1. \tag{5.2}$$

Рассмотрим предельный случай данной задачи при $\delta \to 0$, когда тело вырождается в отрезок прямой. Данный предельный переход вполне аналогичен предельному переходу к ограниченной задаче трех тел в небесной механике. При этом одновременно стремятся к нулю момент инерции и момент силы тяжести относительно оси динамической симметрии. Таким образом, в пределе получается *нетривиальное уравнение для собственного вращения*, которое мы рассмотрим ниже. Впервые этот предельный переход предложен

В. В. Козловым и Д. В. Трещевым в [163]. Аналогичный предельный переход в более общем случае динамически несимметричного тела был рассмотрен А. А. Буровым в [61].

После предельного перехода $\delta \to 0$ уравнения (5.2) примут следующий вид:

$$\dot{\omega}_1 = \omega_2\omega_3, \quad \dot{\omega}_2 = -\omega_1\omega_3, \quad \dot{\omega}_3 = \gamma_1. \tag{5.3}$$

Интегралы для системы (5.3), получающиеся из интегралов энергии и площадей исходной задачи предельным переходом, имеют вид

$$\omega_1^2 + \omega_2^2 = h, \quad \omega_1\gamma_1 + \omega_2\gamma_2 = c, \quad \gamma_1^2 + \gamma_2^2 + \gamma_3^2 = 1. \tag{5.4}$$

Проредуцируем уравнения (5.3) на совместный уровень интегралов (5.4) [163]. Для этого выберем в качестве переменных ξ, η, γ_3, связанные с ω_1, ω_2, ω_3 следующим образом:

$$\omega_1 = \sqrt{2h}\sin\xi, \quad \omega_2 = \sqrt{2h}\cos\xi, \quad \omega_3 = \eta. \tag{5.5}$$

Уравнение для γ_3 отделяется, и после его интегрирования получим $\gamma_3 = A\cos(\sqrt{2h}t)$, где A зависит от величин интегралов (5.4). Подставив полученное решение в уравнения (5.1) для $\dot{\boldsymbol{\gamma}}$ и выражения для интегралов (5.4), находим

$$\begin{gathered}
\gamma_1 = \frac{c}{\sqrt{2h}}\sin\xi - \sqrt{1-\frac{c^2}{2h}}\sin(\sqrt{2h}t)\cos\xi, \\
\gamma_2 = \frac{c}{\sqrt{2h}}\cos\xi + \sqrt{1-\frac{c^2}{2h}}\sin(\sqrt{2h}t)\sin\xi, \\
\gamma_3 = \sqrt{1-\frac{c^2}{2h}}\cos(\sqrt{2h}t).
\end{gathered} \tag{5.6}$$

Легко показать, что для всех движений твердого тела подкоренные выражения в (5.6) неотрицательны. После подстановки (5.5) и (5.6) в уравнения движения (5.3) получим уравнения для оставшихся двух переменных ξ, η:

$$\dot{\xi} = \eta, \quad \dot{\eta} = \frac{c}{\sqrt{2h}}\sin\xi - \sqrt{1-\frac{c^2}{2h}}\sin(\sqrt{2h}t)\cos\xi. \tag{5.7}$$

Уравнения (5.7) можно представить в гамильтоновой форме

$$\begin{gathered}
\dot{\xi} = \frac{\partial\mathscr{H}}{\partial\eta}, \quad \dot{\eta} = -\frac{\partial\mathscr{H}}{\partial\xi}, \\
\mathscr{H} = \frac{\eta^2}{2} + \frac{c}{\sqrt{2h}}\cos\xi + \sqrt{1-\frac{c^2}{2h}}\sin(\sqrt{2h}t)\sin\xi.
\end{gathered} \tag{5.8}$$

Таким образом рассматриваемый предельный случай задачи о вращении тяжелого твердого тела вокруг неподвижной точки сводится к гамильтоновой системе с полутора степенями свободы.

Рассмотрим теперь свойства абсолютного движения в ограниченной задаче о движении твердого тела. Для этого запишем квадратуру для угла прецессии

$$\dot{\psi} = \frac{\omega_1\gamma_1 + \omega_2\gamma_2}{\gamma_1^2 + \gamma_2^2}. \tag{5.9}$$

Подставив (5.4) и (5.6) в (5.9) и проинтегрировав полученное выражение по времени, получим

$$\psi(t) = \begin{cases} \operatorname{arctg}\left(\dfrac{\sqrt{2h}}{c}\operatorname{tg}(\sqrt{2h}t)\right) + \psi(0), & c \neq 0, \\ \psi(0), & c = 0. \end{cases} \tag{5.10}$$

В рассматриваемом предельном случае тело вырождается в отрезок прямой, поэтому его движения в неподвижной системе координат описываются только апексом $\boldsymbol{e}_3$, параллельным третьей оси инерции. Зависимость $\boldsymbol{e}_3$ от углов Эйлера имеет вид

$$\boldsymbol{e}_3 = (\sin\theta\sin\psi,\ -\sin\theta\cos\psi,\ \cos\theta). \tag{5.11}$$

Учитывая равенство $\cos\theta = \gamma_3$ и используя (5.10), приходим к выводу, что при любых значениях интегралов и начальных условий уравнений (5.8) движение стержня является периодическим с частотой $\sqrt{2h}$. В частности, при $c = 0$ отсутствует прецессия и любое движение тела является равномерным вращением в вертикальной плоскости. Таким образом, в предельной постановке уравнения движения разделяются на две части. Первая часть связана с абсолютным движением тела и может быть явно проинтегрирована. Вторая часть связана с собственным вращением тела и, вообще говоря, не имеет отношения к реальному движению тела (так как фактически описывает вращение бесконечно тонкого стержня вокруг своей оси). Интересным фактом является то, что даже в случае хаотического собственного вращения, в неподвижной системе координат тело будет двигаться регулярно и периодически. Кроме того, благодаря предельному переходу в ограниченной задаче мы избегаем проблем, связанных с топологией изоэнергетических уровней и с выбором глобального трансверсального сечения Пуанкаре. Отметим также, что основные свойства развития хаоса, описанные в этой работе, проявляются также в общих уравнениях Эйлера–Пуассона [52].

Отметим, что систему (5.8) можно рассматривать и как задачу о математическом маятнике с периодическим по времени возмущением специального вида. Действительно, положив $\nu = \sqrt{1 - \frac{c^2}{2h}}$ и считая ν малым параметром, получим

$$\mathscr{H} = \mathscr{H}_0 + \nu\mathscr{H}_1 + o(\nu), \quad \mathscr{H}_0 = \frac{\eta^2}{2} + \cos\xi, \quad \mathscr{H}_1 = \sin(\sqrt{2h}t)\sin\xi. \tag{5.12}$$

Таким образом, при $\nu = 0$ система (5.8) интегрируема. Ее аналитическая неинтегрируемость при $\nu \neq 0$ была показана в [163] для случая $c \neq 0$ и в [117] для случая $c = 0$ при помощи численного построения расщепляющихся сепаратрис для неустойчивого периодического решения. Кроме того, в [334] вычислены показатели Ковалевской и тем самым показана алгебраическая неинтегрируемость рассматриваемой задачи. Сначала мы рассмотрим процесс перехода к хаосу в данной задаче при $c = 0$.

2. Переход к хаосу при $c = 0$

Рассмотрим эволюцию фазового портрета системы (5.8) при $c = 0$ и изменении полной энергии тела h (см. (5.4)) от $+\infty$ до 0. Для этого изучим отображение за период возмущения на плоскости $(\xi \bmod 2\pi, \eta)$ для уравнений (5.7).

Рассматриваемое отображение симметрично относительно замен $(\eta \to -\eta, \xi \to \pi - \xi)$ и $(\xi \to -\xi, t \to -t)$. Это позволяет ограничиться рассмотрением динамики системы в области $\eta \geqslant 0, \xi \in (0, \pi)$, однако далее для наглядности мы будем приводить полные фазовые портреты. Заметим также, что основной интерес представляет поведение системы при достаточно малых η, так как при больших η слагаемыми, зависящими от ξ и t в гамильтониане (5.8) можно пренебречь, и движение становится близким к интегрируемому. На фазовом портрете это проявляется в том, что при увеличении η инвариантные кривые все меньше отличаются от горизонтальных прямых.

Отметим, что существует *два дополняющих друг друга механизма хаотизации* фазового портрета:

— *Трансверсальное пересечение неустойчивых инвариантных многообразий — сепаратрис* (и возникающая при этом гомоклиническая структура отображения и подкова Смейла). Данный механизм отвечает за образование хаотического слоя вблизи неустойчивых периодических решений.

— *Каскад бифуркаций удвоения периода.* После прохождения каскада бифуркаций удвоения периода фазовый портрет характеризуется наличием траекторий со сколь угодно большим периодом. Хаос, обусловленный таким поведением, можно назвать локальным, так как он связан с конкретными периодическими решениями. Глобальная же хаотизация фазового портрета вблизи каскада связана с тем, что благодаря каскаду области регулярности «дробятся» на все более мелкие части, вокруг которых образуется хаос по первому механизму хаотизации.

Как мы увидим ниже, в рассматриваемой задаче совместное действие обоих механизмов приводит к полной хаотизации фазового портрета.

Рассмотрим теперь этапы хаотизации фазового портрета описываемой задачи при уменьшении энергии более подробно.

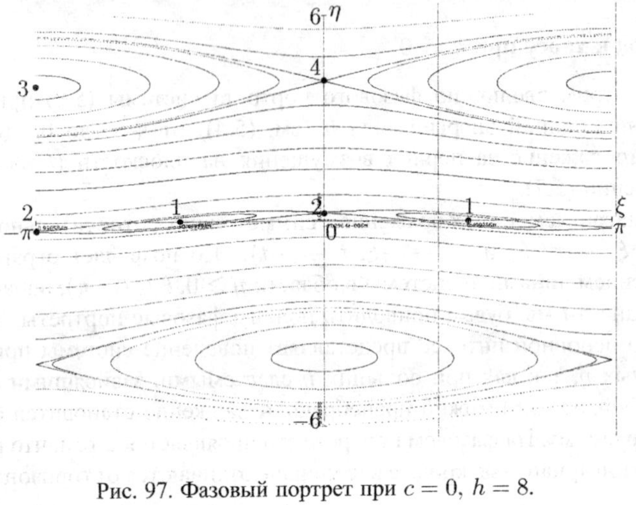

Рис. 97. Фазовый портрет при $c = 0$, $h = 8$.

Расщепление резонансных торов. При $h = +\infty$ система (5.8) является интегрируемой, а соответствующий фазовый портрет на плоскости (ξ, η) имеет вид горизонтальных прямых, причем каждой прямой соответствует своя частота вращения по ξ. При уменьшении энергии инвариантные кривые, для которых частота вращения по ξ соизмерима с частотой вынуждающей силы $\sqrt{2h}$ (так называемые резонансные торы), расщепляются. На рисунке 97 приведен соответствующий фазовый портрет системы при достаточно большой, но уже не бесконечной энергии. Как видно из рисунка, расщепление резонансных торов при этом значении h достаточно значительно, однако фазовый портрет все еще близок к интегрируемому случаю. Определяющими для фазового портрета в данном случае являются резонансы (периодические решения) первого порядка. Все периодические решения, которые «материализовались» при добавлении возмущения (уменьшении энергии), на рисунке 97 пронумерованы. Резонансы более высоких порядков при данном значении энергии не «материализуются», то есть расщепляются слабо и почти не отличаются от обычных торов.

Замечание. Неподвижным точкам под номерами 1 и 2 на рисунке 97 соответствуют перманентные вращения тела вокруг осей Ox и Oy, причем разным точкам с одинаковыми номерами соответствуют одинаковые вращения в противоположных направлениях. Неподвижные точки под номерами 3 и 4 соответствуют периодическим в абсолютном пространстве решениям, которые мы, следуя [35], будем называть хореографиями. Во время движения по соответствующим им периодическим решениям апексы Ox и Oy описывают замкнутые кривые в виде восьмерок, а третий апекс Oz движется по окружности в вертикальной плоскости.

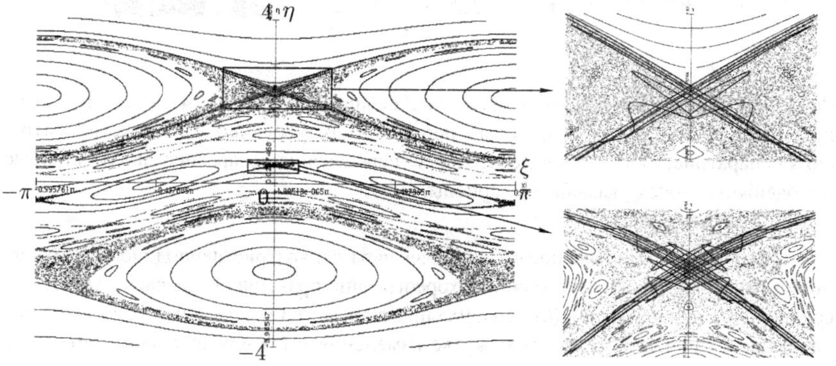

Рис. 98. Фазовый портрет при $c = 0,\ h = 2.5$.

Гомоклиническая структура отображения. При уменьшении энергии происходит расщепление сепаратрис вблизи неустойчивых периодических решений. При этом рождаются узкие хаотические слои вокруг устойчивых периодических решений различного порядка (см. рис. 98). С методикой построения сепаратрис можно ознакомиться по [464].

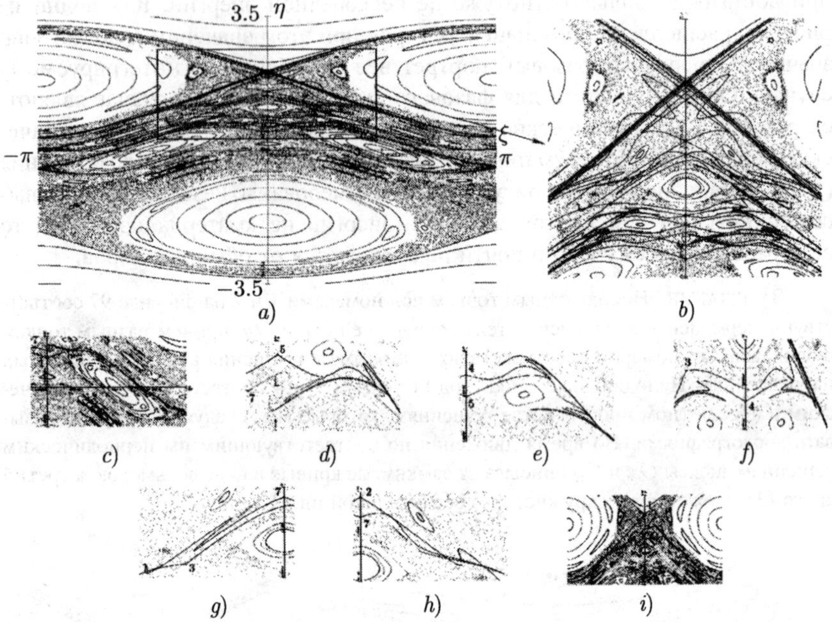

Рис. 99. Фазовый портрет и пересечения сепаратрис 1, 2, 3, 4, 5 и 7 порядков при $c = 0$, $h = 2$. a), b) – фазовый портрет и его увеличение в области построения сепаратрис, c)–i) – последовательные пересечения сепаратрис. Числами около неподвижных точек указаны их периоды.

ЗАМЕЧАНИЕ. Интересно, что верхняя пара сепаратрис периодического решения, соответствующего неустойчивой хореографии, практически не расщепляется по сравнению с нижней парой (см. рис. 98 справа вверху). Отметим, что такая ситуация наблюдается почти во всем промежутке изменения h (за исключением достаточно малых значений).

При дальнейшем уменьшении энергии торы, разделяющие хаотические слои, разрушаются, а хаотические слои сливаются друг с другом. При этом сепаратрисы, соответствующие различным неподвижным точкам, трансверсально пересекают друг друга. После слияния всех хаотических слоев возникает один хаотический слой, образованный сетью пересечений сепаратрис различных порядков. Соответствующий фазовый портрет и пересечения сепаратрис неустойчивых неподвижных точек 1, 2, 3, 4, 5 и 7 порядков приведены на рис. 99.

Замечание. Из теоремы о замыкании [273] и из существования промежуточных пересечений сепаратрис высокого порядка следует, что сепаратрисы, соответствующие верхней и нижней неподвижным точкам первого порядка на рисунке 99, также пересекаются, а их замыкания совпадают. Однако вблизи критического значения h, при котором разрушается последний инвариантный тор, разделяющий хаотические слои, это пересечение может происходить на очень больших расстояниях (в смысле числа итераций) от неподвижных точек. Таким образом, для нахождения первого пересечения сепаратрис понадобится экспоненциально большое время.

Каскады бифуркаций удвоения периода. На следующем этапе хаотизации, при уменьшении энергии оставшиеся острова регулярности разрушаются через каскады бифуркаций удвоения периода. Каскады представляют собой бесконечную последовательность бифуркаций удвоения периода (или кратных увеличений периода) при изменении параметра системы в конечных пределах. После прохождения каскадов образуется достаточно однородный хаотический слой вблизи начала координат (рис. 100).

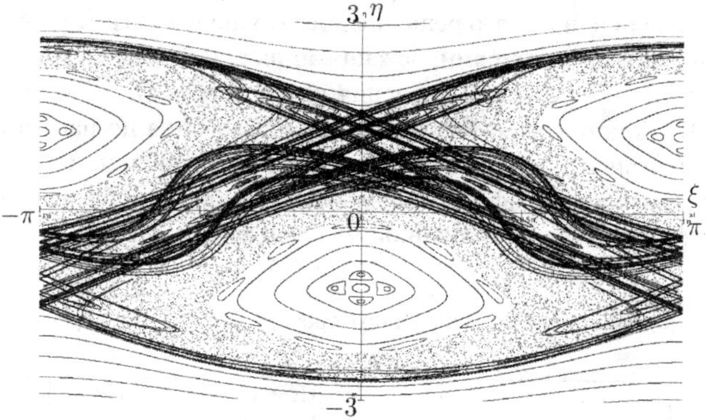

Рис. 100. Фазовый портрет и сепаратрисы неподвижных точек первого порядка при $c = 0$, $h = 1$.

Отметим, что каскадам, как правило, предшествуют некоторые предварительные бифуркации. Приведем для иллюстрации схему бифуркаций при уменьшении энергии для двух наиболее важных устойчивых периодических решений первого порядка.

— *Периодическое решение* 1 (рис. 97).

1) бифуркация удвоения периода;

2) бифуркация типа вилки;

3) каскад бифуркаций удвоения периода.

— *Периодическое решение* 3 (рис. 97).

1) двойная бифуркация удвоения периода, при которой неподвижная точка сохраняет свой тип устойчивости, и из нее рождается две пары устойчивых и две пары неустойчивых решений удвоенного периода;

2) каскад бифуркаций удвоения периода родившейся пары устойчивых периодических решений второго порядка;

3) бифуркация типа вилки основного решения;

4) каскад бифуркаций удвоения периода.

Третье периодическое решение лежит на плоскости симметрии $\xi = \pi$. В работе [478] для обратимого отображения показано, что при бифуркации периодического решения, лежащего на плоскости симметрии, получающиеся при этом новые периодические решения пересекают эту плоскость в двух точках. Кроме того, при продолжении по параметру эти решения не сходят с плоскости симметрии. Таким образом, при изучении бифуркаций удвоения третьего периодического решения достаточно следить за рождающимися периодическими решениями, лежащими на оси $\xi = \pi$. Соответствующая проекция дерева бифуркаций удвоения на плоскость (h, η) изображена на рисунке 101. Константы масштабного преобразования по параметру h для первых шести бифуркаций удвоения приведены в таблице 6.1. Как видно из таблицы, значения коэффициентов масштабного преобразования достаточно быстро сходятся к постоянной Фейгенбаума $\delta = 8.721\ldots$

Таблица 6.1. Коэффициенты масштабного преобразования для дерева бифуркаций (рис. 101).

Номер бифуркации	h_n	δ_n	Номер бифуркации	h_n	δ_n
2	0.287733199		2	0.734936403	
3	0.282333473		3	0.721745207	
4	0.281711468	8.681161784	4	0.720016837	7.632159557
5	0.281640344	8.745399858	5	0.719817826	8.684798818
6	0.28163219	8.721983486	6	0.719795025	8.728028583

Как уже было сказано выше, после прохождения каскадов удвоений периода фазовый портрет системы при малых η практически полностью хаотизуется. Однако, при некотором (достаточно малом) значении энергии, на оси $\xi = \pi$ вновь рождается устойчивое периодическое решение первого порядка. При дальнейшем уменьшении энергии данное решение испытыва-

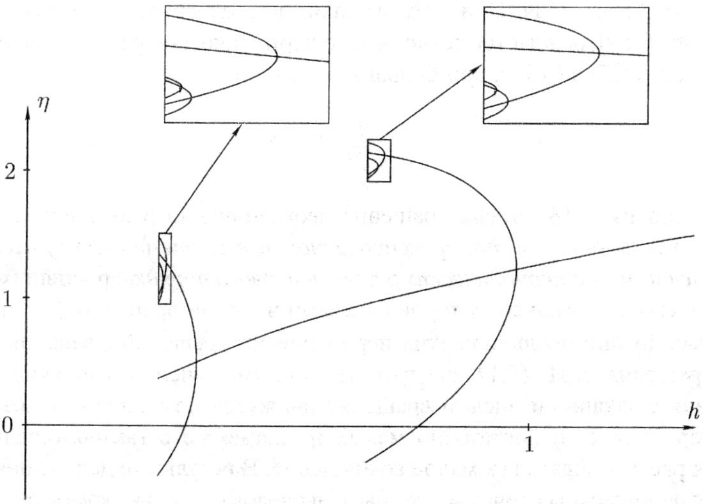

Рис. 101. Проекция дерева бифуркаций удвоения периода, начинающегося с абсолютных хореографий, на плоскость (h, η).

ет бифуркацию типа вилки, а затем образовавшаяся область регулярности хаотизуется через еще один каскад удвоений периода.

Случай $c = 0$, $h \to 0$. Адиабатическое поведение. Рассмотрим эволюцию фазового портрета при стремлении энергии h к нулю. Для этого напомним, что при фиксированном h и бесконечно больших η система (5.8) становится интегрируемой, и все ее движения представляют собой равномерные вращения по ξ при постоянном η. Рассмотрим теперь уравнения (5.8) при больших η как периодическое по времени возмущение такой интегрируемой системы. В качестве возмущения при этом будут выступать второе и третье слагаемые в гамильтониане (5.8), а увеличению возмущения будет соответствовать уменьшение η.

Введем понятие числа вращения следующим образом:

$$n = \frac{1}{2\pi} \int\limits_0^T \dot{\xi} dt, \tag{5.13}$$

где $T = \frac{2\pi}{\sqrt{2h}}$ — период возмущения. Как обычно, добавление возмущения приводит к разрушению резонансных торов, для которых выполнено равенство $n = \frac{p}{q}$, $p, q \in \mathbb{N}$. При этом из таких резонансных торов, по теореме Пуанкаре [159], рождается четное число периодических решений порядка q. Подставив (5.7) в (5.13), при больших η получим

$$n = \frac{\eta}{\sqrt{2h}} + o(\eta). \tag{5.14}$$

Как видно из (5.14), число вращения неограниченно растет при увеличении η. Таким образом, *при фиксированном h в системе* (5.8) *существует бесконечно много периодических решений первого порядка*, родившихся при расщеплении резонансных торов с целыми числами вращения ($q = 1$).

Рассмотрим эволюцию этих периодических решений с заданным числом вращения n. Из (5.14) следует, что при уменьшении h периодические решения с заданным числом вращения движутся по направлению к началу координат. При достаточно малых η слагаемые в гамильтониане уже нельзя рассматривать как малое возмущение. В результате дальнейшая эволюция неподвижных точек может быть исследована только компьютерными методами, в частности, методом продолжения периодического решения по параметру (см. приложение). Оказывается, при дальнейшем уменьшении h неподвижные точки, родившиеся из резонансных торов, продолжают приближаться к хаотическому слою, образовавшемуся после каскадов удвоения периода. При некотором критическом значении h происходит слияние этого слоя с узким хаотическим слоем вблизи неустойчивых периодических решений с числом вращения n. Оставшиеся после этого острова регулярности вблизи устойчивых периодических решений с числом вращения n хаотизуются через каскады удвоений периода.

Описанная эволюция наблюдается для неподвижных точек первого порядка с целыми числами вращения $n \geqslant 3$. Таким образом, *при устремлении энергии h к нулю в системе наблюдается бесконечное число каскадов удвоений периода неподвижных точек первого порядка, спускающихся из бесконечности по η в хаотический слой.*

Отметим, что при любом сколь угодно малом $c \neq 0$ и минимальном значении $h = h_{\min} = c^2/2$ система (5.7) сводится к уравнению математического маятника и является интегрируемой. При $c = 0$ и $h = 0$ также получается интегрируемая система, однако при сколь угодно малых $h > 0$ на фазовом портрете наблюдается хаотический слой конечной ширины (не стремящейся к нулю). Такое поведение в чем-то аналогично поведению систем с адиабатическим хаосом. Действительно, при $c = 0$ уравнения движения с гамильтонианом $\mathcal{H} = \frac{\eta^2}{2} + \sin(\sqrt{2h}t)\sin\xi$ при малых h можно рассматривать как адиабатическую систему с медленно меняющимся параметром $\tau = \sqrt{2h}t$, $\dot{\tau} = \sqrt{2h} \to 0$. Методы исследования таких систем развиты в [207] (см. также [9, 521]). Отметим, что эти методы тесно связаны с изучением скачков адиабатического инварианта при переходе через сепаратрисы гиперболических неподвижных точек (периодических решений), а также получением явных критериев для расщепления этих сепаратрис. Отличительной особенностью нашей задачи является смена устойчивости основных периодических решений в течение периода возмущения. В результате этого техника, развитая в [207], не применима. Тем не менее, эксперименты показывают, что при $h \to 0$ неустранимым образом присутствует некоторая зона хаоса. Интересным представляется вопрос о нахождении предельного при $h \to 0$ значения η, ограничивающего этот хаотический слой.

3. Случай $c \neq 0$

Система (5.8) является двухпараметрической, поэтому в общем случае необходимо исследование системы на плоскости параметров (c, h). Здесь мы ограничимся рассмотрением конкретного значения $c = 1$, хотя, как показывают расчеты при других c, общие закономерности в эволюции хаоса сохраняются.

Опишем кратко основные этапы эволюции фазового портрета.

1) При $h = +\infty$ (так же, как и в случае $c = 0$) система (5.8) является интегрируемой, а фазовый портрет расслоен на параллельные прямые.

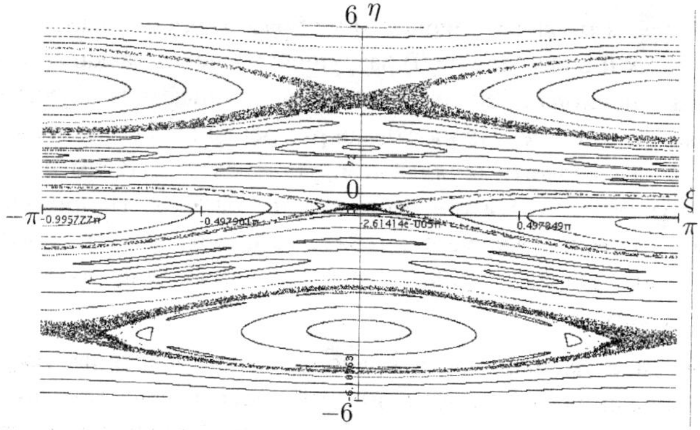

Рис. 102. Фазовый портрет при $c = 1$, $h = 8$.

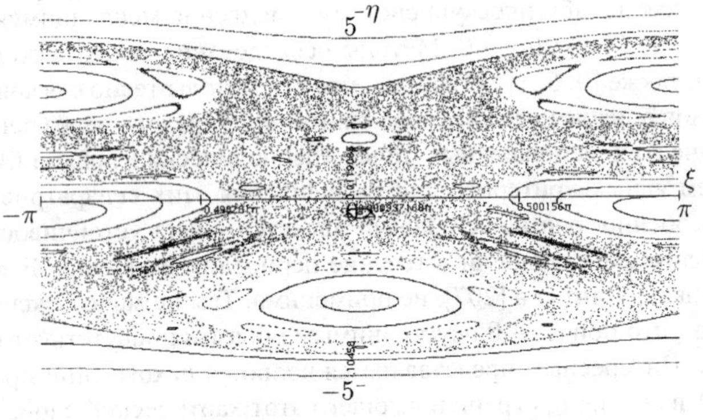

Рис. 103. Фазовый портрет при $c = 1$, $h = 4.5$.

2) При уменьшении h происходит расщепление резонансных торов и увеличение соответствующих хаотических слоев (см. рис. 102). В данном случае уравнения (5.8) инвариантны только относительно замены $(\xi \to -\xi, t \to -t)$, поэтому фазовый портрет симметричен только относительно плоскости $\xi = 0$. Это приводит к тому, что при достаточно больших энергиях решения 1 (рис. 97) отсутствуют, а одно из решений 2 является устойчивым.

3) При дальнейшем уменьшении h образовавшиеся хаотические слои объединяются в один (см. рис. 103). Данный этап качественно ничем не отличается от рассмотренного ранее случая $c = 0$.

4) Почти все острова регулярности в образовавшемся хаотическом слое (так же как и в случае $c = 0$) разрушаются через каскады бифуркаций удвоения периода. Исключение в рассматриваемом случае $c = 1$ составляют остров регулярности вокруг решения 2 и некоторые мелкие резонансы высокого порядка (см. рис. 104). Отметим, что в общем случае (при $c \neq 0$) и они могут хаотизоваться. Например, при достаточно малых c решение 2 теряет устойчивость через бифуркацию типа вилки. Однако в дальнейшем оно снова бифурцирует и становится устойчивым.

5) Дальнейшее уменьшение h приводит к росту острова регулярности вокруг решения 2 и уменьшению хаотического слоя (см. рис. 105). Завершается этот процесс при $h = h_{\min} = c^2/2$ переходом к интегрируемой системе (математический маятник). При переходе появляются так называемые меандровые торы, к описанию которых мы и переходим.

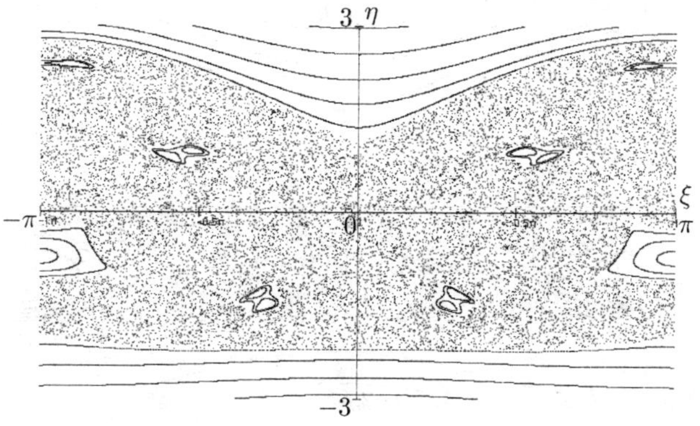

Рис. 104. Фазовый портрет при $c = 1$, $h = 0.935$.

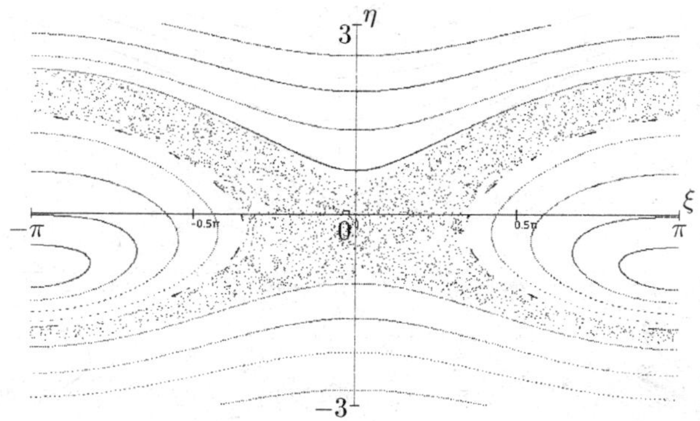

Рис. 105. Фазовый портрет при $c = 1$, $h = 0.510152$.

4. Меандровые торы

Рассмотрим подробней эволюцию фазового портрета вблизи минимального значения энергии, то есть вблизи математического маятника. На фазовом портрете существует пара периодических решений первого порядка (устойчивое и неустойчивое). Оказывается, что при увеличении энергии h (добавлении возмущения) вблизи устойчивого периодического решения свойство закручивания отображения уже не выполняется. Результатом

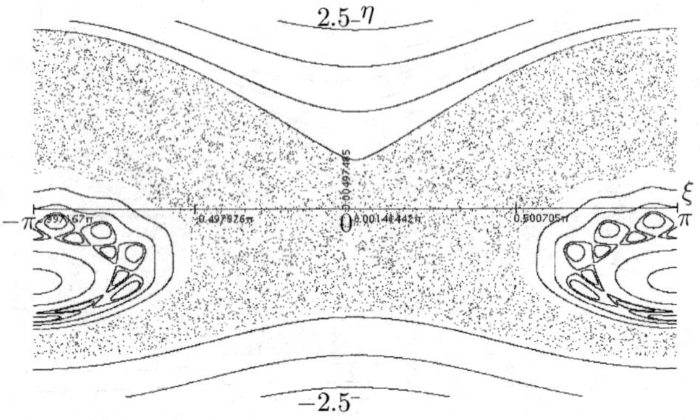

Рис. 106. Меандровые торы вблизи резонансов с числом вращения $n = 2/9$ при $c = 1$, $h = 0.5539$.

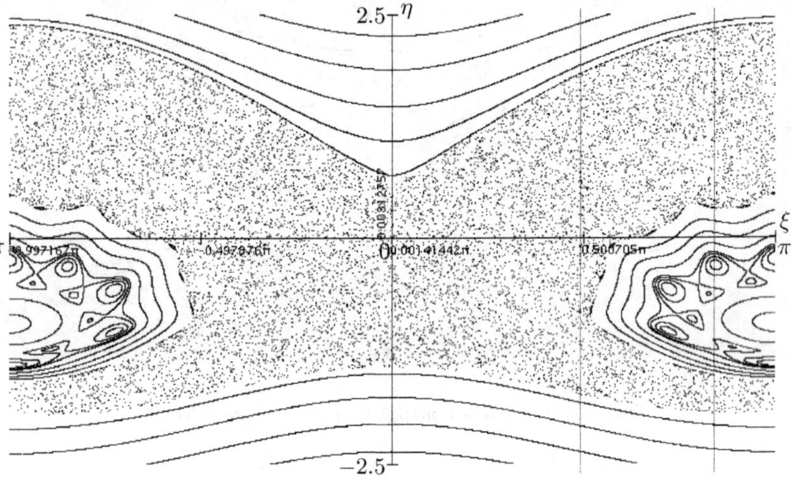

Рис. 107. Меандровые торы вблизи резонансов с числом вращения $n = 1/4$ при $c = 1$, $h = 0.57362$.

нарушения закручивания является появление *меандровых торов* [491], для которых радиус не может быть представлен как однозначная функция угла (см. рис. 106 и 107). Меандровые торы в небесномеханической задаче Хилла были обнаружены в [492].

Вкратце опишем механизм образования меандровых торов. Так как свойство закручивания больше не выполняется, то экстремум (в данном случае максимум) числа вращения не совпадает с основным периодическим решением, а лежит на некоторой инвариантной кривой (торе). В результате, по разные стороны от этой кривой существуют резонансные торы (далее резонансы) с одинаковыми числами вращения $n = p/q$, p, $q \in \mathbb{N}$. При увеличении возмущения (росте h) максимальное значение числа вращения приближается к величине p/q, в результате чего резонансы приближаются друг к другу. Кроме того, с ростом h увеличивается их расщепление. При некотором критическом значении h^* резонансы сливаются, а сепаратрисы принадлежащие разным резонансам пересекаются друг с другом. После этого появляются торы, огибающие устойчивые периодические решения обоих резонансов, которые и называют меандровыми. При дальнейшем увеличении h устойчивые периодические решения одного резонанса приближаются к неустойчивым решениям другого и затем взаимно уничтожаются. Уничтожение происходит в момент, когда максимальное значение числа вращения становится равно p/q.

Отметим, что меандровые торы существуют в достаточно узком интервале энергий $h \in (h^*, h(n_{\max} = p/q))$. Так, для меандровых торов, изображенных на рисунках 106 и 107, этот интервал имеет порядок 10^{-4}. Кроме того, ширина меандрового тора сильно зависит от величины расщепления исходных резонансных торов. Поэтому лучше всего на фазовом портрете видны меандровые торы, рождающиеся из резонансов малого порядка на достаточно большом удалении от интегрируемого случая.

5. Методы исследования отображений

Поиск неподвижных точек отображения. Здесь и далее мы будем рассматривать сохраняющие площадь отображения плоскости на саму себя $T(\boldsymbol{x})$, $\boldsymbol{x} \in \mathbb{R}^2$, возникающие как отображение через период для неавтономной системы с одной степенью свободы или как отображение Пуанкаре для автономной гамильтоновой системы с двумя степенями при фиксированной энергии. Более подробно все рассматриваемые вопросы изложены в книге [448]. Поиск неподвижной точки отображения сводится к численному решению уравнения

$$T(\boldsymbol{x}) = \boldsymbol{x}. \tag{5.15}$$

Если *матрица монодромии* $L = \dfrac{\partial T}{\partial \boldsymbol{x}}$ отображения в окрестности неподвижной точки имеет собственные значения, отличные от 1, то неподвижная точка является изолированной и может быть найдена с помощью метода Ньютона. Итерационная формула для нахождения очередного приближения неподвижной точки в этом случае имеет вид

$$(L-E)(\boldsymbol{x}_{i+1}-\boldsymbol{x}_i) = -(T(\boldsymbol{x}_i)-\boldsymbol{x}_i). \tag{5.16}$$

Если отображение индуцировано фазовым потоком $\dot{\boldsymbol{x}} = f(\boldsymbol{x})$, то матрицу монодромии можно найти с помощью решения уравнений в вариациях

$$\dot{\delta\boldsymbol{x}} = \frac{\partial f}{\partial \boldsymbol{x}}(\boldsymbol{x})\delta\boldsymbol{x}. \tag{5.17}$$

Для этого в качестве начальных условий для δx выберем малые смещения вдоль координатных осей ($\delta\boldsymbol{x}^0_{1,2} = (\varepsilon,\, 0),\, (0,\, \varepsilon)$). Проинтегрируем одновременно уравнения движения и (5.17) от точки $\boldsymbol{x}_0$ до следующего пересечения с плоскостью сечения. Получившиеся в результате этого векторы $\delta\boldsymbol{x}_i$, деленные на ε, представляют собой столбцы матрицы монодромии $L = \frac{1}{\varepsilon}(\delta\boldsymbol{x}_1, \delta\boldsymbol{x}_2)$.

Устойчивость неподвижной точки отображения в линейном приближении определяется *мультипликаторами* — собственными числами матрицы монодромии $\lambda_{1,2}$. Так как отображение $T(\boldsymbol{x})$ сохраняет площадь, что $\det L = \lambda_1\lambda_2 = 1$. Следовательно, собственные числа либо комплексно сопряжены и лежат на единичной окружности, либо действительны и взаимно-обратны. В случае комплексно сопряженных собственных чисел неподвижная точка является устойчивой (эллиптического типа). Если же собственные числа действительны, то неподвижная точка неустойчива (гиперболического типа или гиперболического типа с инверсией, если $\lambda_i < 0$). Вывод об устойчивости параболической ($\lambda_1 = \lambda_2 = -1$) и вырожденной ($\lambda_1 = \lambda_2 = 1$) неподвижных точек в линейном приближении сделать нельзя.

Продолжение неподвижных точек отображения по параметру. Рассмотрим отображение плоскости на саму себя, зависящее от параметра $T(\boldsymbol{x}, \mu)$. Пусть $\boldsymbol{x}_0$ — неподвижная точка отображения при значении параметра $\mu = \mu_0$. При малом изменении параметра $\mu = \mu_0 + \delta\mu$ она переходит в близкую ей неподвижную точку, первое приближение которой $\boldsymbol{x}_1 = \boldsymbol{x}_0 + \delta\boldsymbol{x}$ вычисляется из уравнения

$$(L-E)\delta\boldsymbol{x} = -\frac{\partial T}{\partial \mu}(\boldsymbol{x}_0,\, \mu_0)\delta\mu. \tag{5.18}$$

Дальнейшее уточнение положения неподвижной точки происходит с помощью описанного выше метода Ньютона. Последовательное применение описанной процедуры позволяет строить семейство неподвижных точек отображения при изменении параметра.

6. Бифуркации неподвижных точек отображения

Возможные сценарии бифуркаций неподвижных точек ограничены требованием сохранения индекса Пуанкаре [376]. Индекс Пуанкаре для замкнутой кривой C, не проходящей через неподвижные точки отображения, определяется как число оборотов вектора $\theta(\boldsymbol{x}) = T(\boldsymbol{x}) - \boldsymbol{x}$ при перемещении вдоль кривой. Индекс Пуанкаре неподвижной точки определяется как индекс кривой из окрестности рассматриваемой неподвижной точки и обходящей только ее. Легко показать, что индекс Пуанкаре эллиптической точки равен $+1$, гиперболической -1, и гиперболической с инверсией $+1$. Индекс произвольного контура равен сумме индексов охватываемых им неподвижных точек. По определению, индекс Пуанкаре является целым и должен сохраняться при изменении параметров системы, вследствие аналитичности отображения как функции параметров. Поэтому *сумма индексов неподвижных точек в заданной области при изменении параметров системы сохраняется* (при этом полагается, что ни одна из точек не пересекает границу области). Сформулированное правило жестко ограничивает возможные бифуркации неподвижных точек. Рассмотрим некоторые возможные бифуркации:

1) *Бифуркация типа вилки.* При изменении параметра мультипликаторы неподвижной точки проходят через значение $\lambda_1 = \lambda_2 = 1$. При этом тип точки меняется с эллиптического на гиперболический, а индекс Пуанкаре изменяется с $+1$ на -1. В результате вблизи исходной точки рождаются (поглощаются) две устойчивых (неустойчивых) неподвижных точки с индексами $+1$ (-1).

2) *Бифуркация удвоения периода.* При изменении параметра мультипликаторы неподвижной точки проходят через значение $\lambda_1 = \lambda_2 = -1$. При этом тип точки меняется с эллиптического на гиперболический с инверсией, а индекс Пуанкаре сохраняется. Однако для отображения $T^2(\boldsymbol{x})$ индекс Пуанкаре изменяется с $+1$ на -1, в результате чего вблизи исходной точки рождаются (поглощаются) две устойчивые (неустойчивые) неподвижные точки второго порядка с индексами $+1$ (-1).

Заметим, что при уходе от интегрируемого случая наиболее типична потеря устойчивости неподвижной точки с рождением пары устойчивых неподвижных точек удвоенного периода. Более того, подобные бифуркации могут образовывать бесконечные последовательности, описанные выше.

§ 6. Адиабатический хаос в уравнениях Лиувилля

Рассмотрим уравнения Лиувилля (§ 8 гл. 2) с периодическими и медленно меняющимися по времени параметрами. Оказывается, что такая система в общем случае демонстрирует хаотическое поведение, которое имеет свои особенности. Сначала мы изложим некоторые общие теоретические методы, основанные на анализе скачков адиабатического инварианта и расщепления сепаратрис, а далее сравним их с результатами компьютерных экспериментов.

1. Гамильтоновы системы с полутора степенями свободы. Скачки адиабатического инварианта и адиабатический хаос

Рассмотрим неавтономную гамильтонову систему с одной степенью свободы и медленно меняющимся временем, т. е. явно зависящую от $\tau = \varepsilon t$, $\varepsilon \ll 1$. Отметим, что все приведенные ниже рассуждения, тем не менее, справедливы для автономных гамильтоновых систем с двумя степенями свободы, эволюцию которых можно разделить на медленную и быструю составляющие. Некоторые из таких систем рассмотрены в работах [211, 37].

Для системы с полутора степенями свободы

$$\dot{q} = \frac{\partial H}{\partial p}, \quad \dot{p} = -\frac{\partial H}{\partial q} \tag{6.1}$$

мы предполагаем, что гамильтониан $H = H(p, q, \tau)$ является аналитической (гладкой) функцией переменных q, p, τ и периодически зависит от фазы q и медленного времени $\tau = \tau_0 + \varepsilon\tau$ ($0 < \varepsilon \ll 1$ — малый параметр, $0 \leqslant \tau_0 < 1$). Периодическая зависимость гамильтониана от времени позволяет определить *«медленное» отображение Пуанкаре* как отображение за период $\tau \bmod 2\pi$ $\left(t \bmod \frac{2\pi}{\varepsilon}\right)$. Предполагается также, что при каждом фиксированном значении параметра $\tau = \tau_0$ «замороженная» интегрируемая система с гамильтонианом $H = H(p, q, \tau_0)$ имеет сепаратрисы одного и того же (гомо- или гетероклинического) типа. Уравнениями типа (6.1) описываются, например, маятник с медленно меняющейся длиной и некоторые физические проблемы, возникающие в теории плазмы [9, 520]. Для описания эволюции системы вдали от сепаратрис используют адиабатическое и улучшенное адиабатическое приближение, соответствующие двум первым шагам стандартной теории возмущений [207]. Если в системе (6.1) перейти к переменным действие-угол (I, φ) для каждого фиксированного τ_0

(«замороженная» система), то уравнения движения примут вид

$$\dot{I} = -\varepsilon \frac{\partial H_1}{\partial \varphi}, \quad \dot{\varphi} = \omega_0 + \varepsilon \frac{\partial H_1}{\partial I}, \tag{6.2}$$

а гамильтониан можно представить в форме

$$H = H_0(I, \tau) + \varepsilon H_1(I, \varphi, \tau).$$

Согласно теореме об усреднении в одночастотных системах [9], переменная действие (I) вдали от сепаратрис испытывает изменение порядка ε на временах $\frac{1}{\varepsilon}$, т. е. является адиабатическим инвариантом (АИ) (согласно КАМ-теории, это справедливо на произвольных временах при выполнении условий нелинейности).

Более точное описание поведения системы (6.2) может быть получено при выполнении следующего шага теории возмущений. Можно определить улучшенный адиабатический инвариант (УАИ) J в виде

$$J = I + \varepsilon u(p, q, \tau), \quad u = -\frac{1}{\omega_0}(H_1(p, q, \tau) - \langle H_1 \rangle),$$

где скобками $\langle \ldots \rangle$ обозначено усреднение по φ. Уравнения движения для УАИ

$$\dot{J} = -\varepsilon^2 \frac{\partial H_2}{\partial J}. \tag{6.3}$$

Таким образом, улучшенный адиабатический инвариант вдали от сепаратрис испытывает колебания порядка ε^2.

Замечание. Вблизи сепаратрисы адиабатическое описание системы уже не является корректным и нуждается в уточнении. В зависимости от начальных условий возможны два типа поведения адиабатического инварианта в области вблизи сепаратрисы.

В первом случае, соответствующем прохождению через резонанс, траектория проходит его, не застревая, а УАИ испытывает скачок порядка ε [207, 504], в то время как в областях вдали от сепаратрисы изменение УАИ имеет величину порядка ε^2. Как замечено в работе [461], если изменение УАИ согласовано с изменением фазы, то в этом случае возможно появление периодических устойчивых траекторий. Мера островков устойчивости вблизи них при $\varepsilon \to 0$ имеет порядок единица, хотя и очень мала ($\sim 2\,\%$).

Во второй ситуации [9], соответствующей захвату в резонанс, точка, попавшая в окрестность сепаратрисы, начинает двигаться так, чтобы приблизительно сохранялась возникшая соизмеримость, что приводит к изменению УАИ на величину порядка 1 за времена порядка $\frac{1}{\varepsilon}$. Однако, как показано в [9], мера таких траекторий при $\varepsilon \to 0$ стремится к нулю как $\sqrt{\varepsilon}$.

Здесь мы рассматриваем траектории, которые не захватываются в резонанс и не лежат в окрестности периодических траекторий вблизи сепаратрисы. Мера таких траекторий близка к полной и для них применимо вероятностное описание.

В работе [207] получены формулы для величины скачка УАИ ΔJ при переходе через сепаратрису. Величина скачка является функцией от случайной величины с заданным распределением. При многократном прохождении через сепаратрису изменения АИ носят характер блужданий со случайным шагом и возникает ненулевая вероятность обнаружить значение УАИ, отличающееся от начального на величину порядка единицы через $\sim \frac{1}{\varepsilon}$ шагов отображения Пуанкаре. Такого рода стохастические процессы в динамической системе обычно называют *адиабатическим хаосом*. Отметим, однако, что возникновение такого хаоса сопровождается также обычными эффектами – расщеплением сепаратрис и появлением квазислучайных колебаний [520, 413]. Для адиабатического хаоса характерно то, что *область хаоса не уменьшается при* $\varepsilon \to 0$ в отличие от стандартной ситуации [9, 239].

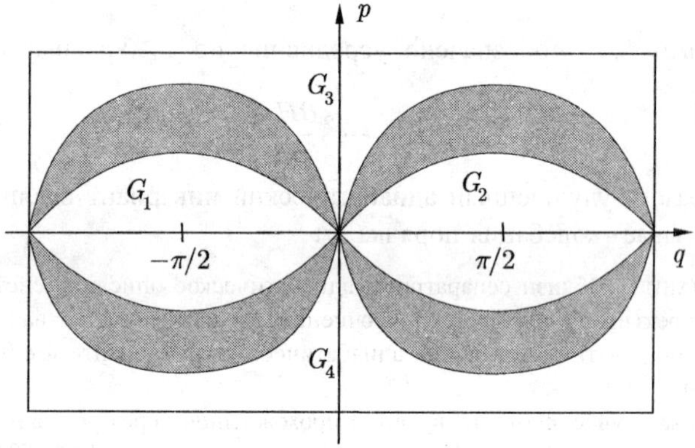

Рис. 108. Сепаратрисы системы (6.8) при $\delta = \delta_{\min} = \frac{1}{4}$ и $\delta = \delta_{\max} = \frac{3}{4}$.

Общие формулы для скачка адиабатического инварианта в гамильтоновых системах, а также их применение к различным задачам механики и физики приведены в [207, 504, 208, 272]. В п. 2 рассматривается система, сепаратрисы которой при фиксированных $\tau = \tau_0$ находятся в областях, заштрихованных на рисунке 108. Если фазовый портрет «замороженной» системы остается симметричным относительно оси Op (рис. 109), то для траекторий, пересекающих сепаратрису, величина скачка УАИ вычисляется по формуле

$$\Delta J = -\frac{\varepsilon\Theta(\tau^*)a}{2\pi}\ln 2\sin\pi\xi + \mathcal{O}\left(\varepsilon^{3/2}\left(|\ln\varepsilon| + \frac{1}{1-\xi}\right)\right), \qquad (6.4)$$

где $\Theta(\tau) = \frac{dS}{dt}$ — скорость изменения площади области, ограниченной одной из сепаратрис, τ^* — момент выхода на сепаратрису, который определяется из уравнения $I(\tau^*) = \frac{S(\tau^*)}{2\pi}$, $a = \left[-\det \left\| \frac{\partial^2 H}{\partial p \partial q} \right\|\right]^{-1/2}$. Значение $\xi \in (0, 1)$ при малом изменении ($\sim \varepsilon$) начальных условий изменяется на величину ~ 1, поэтому ξ можно считать случайной величиной, распределение которой в силу гамильтоновости системы следует считать равномерным [207]. Для несимметричных областей формула (6.4) усложняется [207].

2. Динамика твердого тела с медленно меняющимися параметрами

Уравнения Лиувилля (см. § 8 гл. 2) имеют вид

$$\dot{\boldsymbol{M}} = \boldsymbol{M} \times \frac{\partial H}{\partial \boldsymbol{M}}, \quad H = \frac{1}{2}(\boldsymbol{M}, \mathbf{A}\boldsymbol{M}) - (\boldsymbol{M}, \boldsymbol{K}), \qquad (6.5)$$

где $\mathbf{A} = \mathrm{diag}(a_1, a_2, a_3)$ — матрица с элементами $a_i = 1/I_i$ (I_i — главные моменты инерции), вектор $\boldsymbol{K} = (K_1, K_2, K_3)$ описывает постоянный гиростатический момент в теле.

Замечание. Напомним, что если $\mathbf{A}$, $\boldsymbol{K}$ не зависят от времени, то получается система Жуковского – Вольтерра (§ 7 гл. 2). В случае явной зависимости $\mathbf{A}(t)$, $\boldsymbol{K}(t)$ от времени уравнения (6.5) изучались Ж. Лиувиллем, который заметил также ряд простейших интегрируемых случаев. Более полное изучение интегрируемости и доказательство неинтегрируемости системы в случае периодической зависимости $\mathbf{A}(t)$, $\boldsymbol{K}(t)$ от времени методом расщепления сепаратрис выполнено в работе [32] (и существенно позже в [366]). В работе [32] зависимость от времени не являлась медленной, а система мало отличалась от интегрируемой.

Здесь мы рассмотрим ситуацию, в которой $\mathbf{A}$ и $\boldsymbol{K}$ медленно меняются со временем с периодом $\frac{2\pi}{\varepsilon}$. Уравнения (6.5) можно записать в канонической форме на поверхности интеграла $\boldsymbol{M}^2 = G^2$, если воспользоваться заменой переменных

$$M_1 = G\sqrt{1-p^2}\sin q, \quad M_2 = G\sqrt{1-p^2}\cos q, \quad M_3 = Gp. \qquad (6.6)$$

Если, кроме того, нормировать время и параметры по формулам $dt' = (a_3 - - a_1)dt$, $\delta = (a_2 - a_l)/(a_3 - a_1)$, $v_i = a_i K_i(a_3 - a_1)$, то получим каноническую систему с гамильтонианом:

$$H = \frac{1}{2}p^2 + \frac{1}{2}\delta(1-p^2)\cos^2 q - v_1\sqrt{1-p^2}\sin q - v_2\sqrt{1-p^2}\cos q - v_3 p. \quad (6.7)$$

В случае отсутствия гиростатического момента $\boldsymbol{K} = 0$, гамильтониан (6.7) упрощается:

$$H = \frac{1}{2}p^2 + \frac{1}{2}\delta(1-p^2)\cos^2 q, \quad \delta = \delta(\tau) = \delta(\tau_0 + \varepsilon t). \quad (6.8)$$

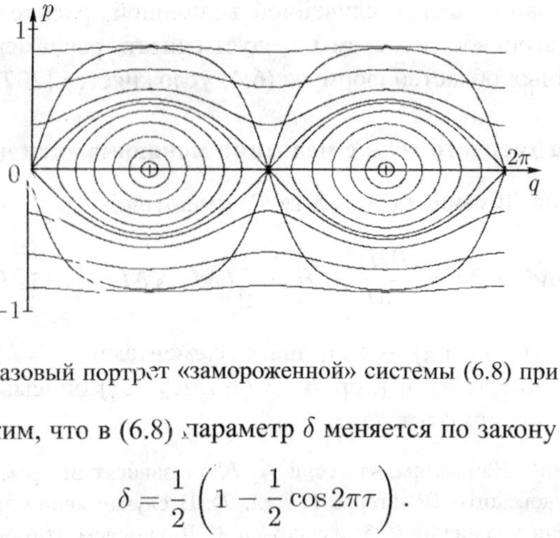

Рис. 109. Фазовый портрет «замороженной» системы (6.8) при $\tau = 0.5$.

Предположим, что в (6.8) параметр δ меняется по закону

$$\delta = \frac{1}{2}\left(1 - \frac{1}{2}\cos 2\pi\tau\right). \quad (6.9)$$

Для всякого $\tau = \tau_0$ фазовый портрет «замороженной» системы содержит симметричные сепаратрисы (рис. 109). Характерные зависимости АИ от медленного времени τ приведены на рисунке 110 (в силу симметрии переменные действия совпадают в областях G_1 и G_2, а также в G_3 и G_4, см. рис. 108). Жирной линией указана кривая изменения АИ для сепаратрисы «замороженной» системы. Вдали от сепаратрисы движение регулярно, и (с точностью до ε) $I = \mathrm{const}$, а области хаоса соответствует отрезок $[I_{\min}, I_{\max}]$ (в данном случае $I_{\min} = 1/3$, $I_{\max} = 2/3$). Для отображения Пуанкаре T через период $\tau \bmod 1$ в области, ограниченной кривыми $I = = I_{\min}$, $I = I_{\max}$, можно наблюдать стохастическое поведение, а поведение АИ носит характер скачков со случайным шагом порядка ε.

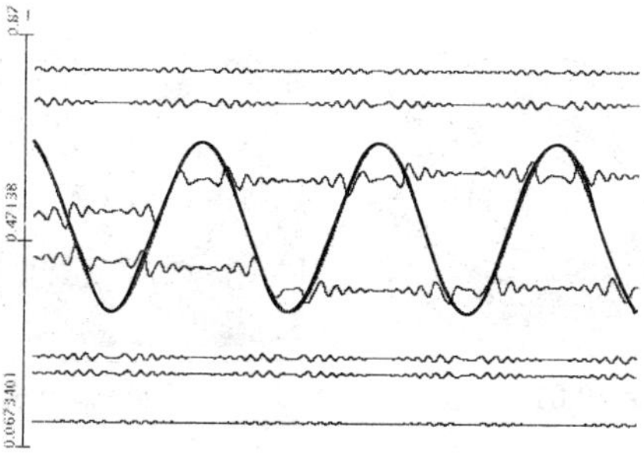

Рис. 110. Зависимость действия от времени для отдельных траекторий из различных областей. (Периодическая кривая соответствует действию для сепаратрисы «замороженной» системы.)

Величина скачка УАИ при однократном пересечении сепаратрисы дается выражением

$$\Delta J = -\frac{1}{2\pi}\varepsilon a\Theta(\tau^*)\ln 2\sin\pi\xi + \mathcal{O}\left(\varepsilon^{3/2}\left(|\ln\varepsilon| + (1-\varepsilon)^{-1}\right)\right), \tag{6.10}$$

где $\Theta(t) = \frac{2\delta'}{\sqrt{\delta(1-\delta)}}$ — скорость роста площади под сепаратрисой для гамильтониана (6.8), $a = \frac{1}{\sqrt{\delta(1-\delta)}}$.

Поскольку за один период по τ траектория пересекает сепаратрису дважды, причем во второй величина $\Theta(\tau^*)$ имеет то же значение с противоположным знаком, то суммарный скачок УАИ равен с точностью до ε

$$\Delta J = -\frac{\varepsilon a\Theta(\tau^*)}{2\pi}\ln\frac{\sin\pi\xi_1}{\sin\pi\xi_2} = -\varepsilon\frac{\delta'(\tau^*)}{2\pi(1-\delta)\delta}\ln\frac{\sin\pi\xi_1}{\sin\pi\xi_2}, \tag{6.11}$$

где средние по случайным величинам ξ_1 и ξ_2 равны

$$\begin{gathered}\langle\Delta J\rangle = 0,\\ \langle(\Delta J)^2\rangle = \varepsilon^2\frac{a^2\Theta^2(\tau^*)}{2\pi^2}\int_0^1 \ln^2(2\sin\pi\xi)d\xi = \frac{a^2\Theta^2(\tau^*)}{24}.\end{gathered} \tag{6.12}$$

Ниже приведем результаты численного исследования отображения Пуанкаре и скачков УАИ при условии ($\mathbf{A} = \mathbf{A}(t)$ и $\boldsymbol{K} = 0$). Фазовые портреты для $\tau_0 = 0.5$ и различных ε приведены на рисунке 111. Видно, что с уменьшением ε область хаоса уменьшается, но остается ограниченной кривыми $I(p, q, \tau_0) = I_{\min}$. Возникновение хаоса обусловлено случайным

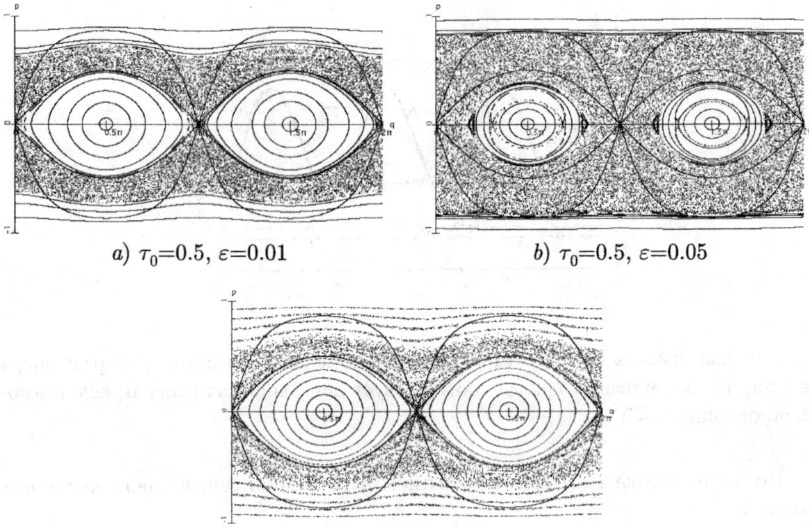

a) τ_0=0.5, ε=0.01

b) τ_0=0.5, ε=0.05

c) τ_0=0.5, ε=0.001

Рис. 111. Фазовый портрет для «медленного» отображения Пуанкаре системы (6.8) при $\varepsilon = 0.01$ (a), $\varepsilon = 0.05$ (b) и $\varepsilon = 0.001$ (c).

изменением УАИ в момент пересечения сепаратрисы. Изменение УАИ через промежуток времени $\sim 1/\varepsilon$ в зависимости от начальных условий приведено на рисунке 112. На нем по оси x отложено начальное значение УАИ J_0, по оси y – скачок $\left(\frac{\Delta J}{\varepsilon}\right)^2$. При пересечении сепаратрисы (если не произошел захват в резонанс) УАИ изменяется на величину порядка $\sim \varepsilon$. Этим моментам соответствуют невысокие пики на зависимости $\left(\frac{\Delta J}{\varepsilon}\right)^2(J_0)$. Если траектория была захвачена в резонанс, тогда $\Delta J \sim 1$, и на зависимости $\left(\frac{\Delta J}{\varepsilon}\right)^2(J_0)$ наблюдаются резкие максимумы. Ширина и высота максимума определяется параметрами и начальными условиями системы (6.8). В некоторых случаях для практически одинаковых в начальный момент траекторий величина УАИ может значительно отличаться после пересечения сепаратрисы (см. рис. 113).

На рисунке 112 также приведена аналитическая функция (6.12), которая отображает изменение УАИ, усредненное по φ [207, 460]. Как видно, она является гладкой и не отражает в полной мере реальное поведение системы.

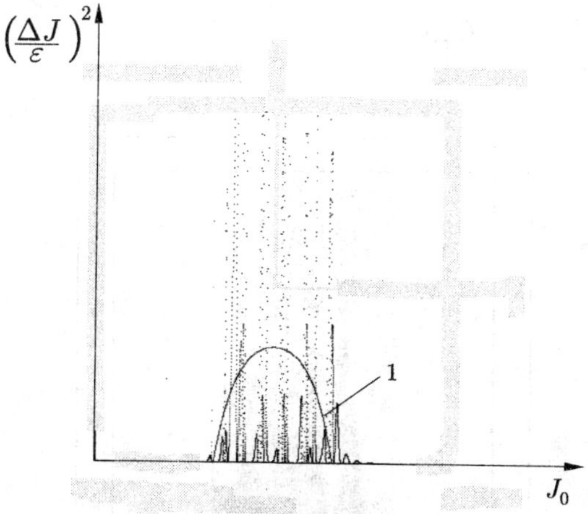

Рис. 112. Изменение УАИ через промежуток времени $\frac{1}{\varepsilon}$ в зависимости от начального значения J_0; цифрой 1 обозначена аналитическая зависимость (6.12).

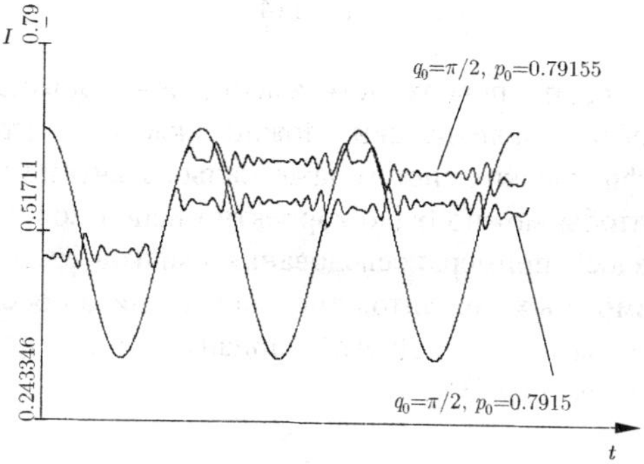

Рис. 113.

В то же время использование численных методов позволяет детально исследовать эволюцию системы в зависимости от всего множества начальных условий при фиксированных параметрах. На рисунке 114 приведен характерный вид поверхности, описывающий изменение УАИ через промежуток времени $\sim 1/\varepsilon$ в зависимости от начального значения J_0 и начальной фа-

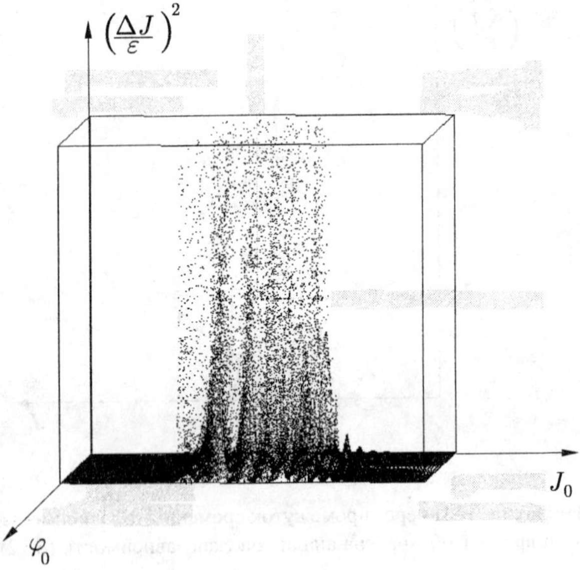

Рис. 114.

зы φ_0. Как видно, эта поверхность имеет очень сложный характер и не может быть описана аналитически. Можно также отметить, что в большинстве реальных физических систем даже малые значения ε, все-таки, достаточно велики, чтобы можно было корректно использовать формулы (6.12). Приведенный здесь пример исследования скачков УАИ представляет собой один из возможных вариантов численного описания систем с медленно меняющимися параметрами. Другой вариант основан на анализе условий расщепления сепаратрис [37].

3. Расщепление сепаратрис и условия адиабатического хаоса

Рассмотрим случай, когда $K \neq 0$. Для простоты примем $K_1 = K_3 = 0$, $K_2 = K(\tau) = K(\varepsilon t)$. Фазовый портрет «замороженной» системы (интегрируемый случай Жуковского – Вольтерра) имеет вид, показанный на рисунке 115. Для системы с гамильтонианом

$$H = \frac{1}{2}p^2 + \frac{1}{2}\delta(1 - p^2)\cos^2 q - v\sqrt{1 - p^2}\cos q \tag{6.13}$$

справедливы условия возникновения адиабатического хаоса, получающиеся из анализа скачков АИ и условий, полученных методом расщепления сепаратрис. На рисунке 116 показан характерный фазовый портрет системы (6.13); аналогично предыдущему случаю, хорошо различимы области хаоса, ограниченные кривыми $I(p,q,\tau_0) = I_{\min}$ и $I(p,q,\tau_0) = I_{\max}$.

Как показано в работах [520, 413, 210], необходимые условия расщепления сепаратрис отображения Пуанкаре системы (6.13) могут быть получены в первом порядке по ε из анализа «адиабатического» интеграла Пуанкаре–Мельникова. Если уравнения движения системы (6.13) записать в виде

$$\dot{q} = \frac{\partial H}{\partial p}(p, q, \delta(z), v(z)), \quad \dot{p} = -\frac{\partial H}{\partial q}(p, q, \delta(z), v(z)), \qquad \dot{z} = \varepsilon, \tag{6.14}$$

где $\delta(z), v(z)$ — периодические функции с периодом $2\pi n$, то в расширенном фазовом пространстве отображение Пуанкаре задается сечением траекторий плоскостями $z = z_0 + 2\pi n$, $n \in Z$. Согласно результатам [413], в первом порядке по ε величина расщепления сепаратрис на плоскости сечения Пуанкаре одинакова вдоль почти всей сепаратрисы «замороженной» системы и зависит от параметра z_0, определяющего сечение Пуанкаре. Эта величина пропорциональна адиабатической функции Пуанкаре–Мельникова

$$M_A(z_0) = \int\limits_{-\infty}^{+\infty} \left[\frac{\partial H}{\partial z}(p_0(t, z_0), q_0(t, z_0), z_0) - \frac{\partial H}{\partial z}(P(z_0), Q(z_0), z_0) \right] dt, \tag{6.15}$$

где (p_0, q_0, z_0) — решение для сепаратрисы «замороженной» системы. Геометрический смысл функции (6.15) состоит в том, что [413, 210]

$$M_A(z) = \frac{dA}{dz(z)}, \tag{6.16}$$

где $A(z)$ — площадь под сепаратрисой «замороженной» системы. Для того чтобы в первом порядке сепаратрисы не расщеплялись, необходимо, чтобы $A(z) = \mathrm{const}$ для любого z.

Рассмотрим систему с гамильтонианом (6.13). В случае $K = 0$ $(v_1 = v_2 = v_3 = 0)$ сепаратрисы «замороженной» системы имеют вид, показанный на рисунке 108, а величина площади $A(z)$ легко вычисляется

$$A(z) = \int p(H(P(z), Q(z), z))dq = \arcsin\sqrt{\delta(z)}. \tag{6.17}$$

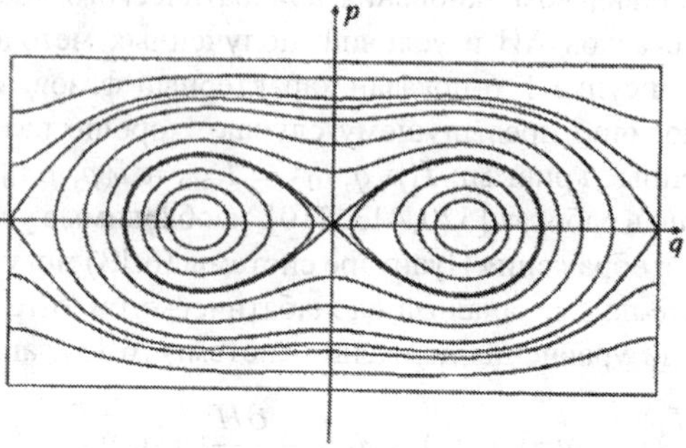

Рис. 115. Фазовый портрет «замороженной» системы (6.14) при $v = 0.1$, $\tau_0 = 0.5$.

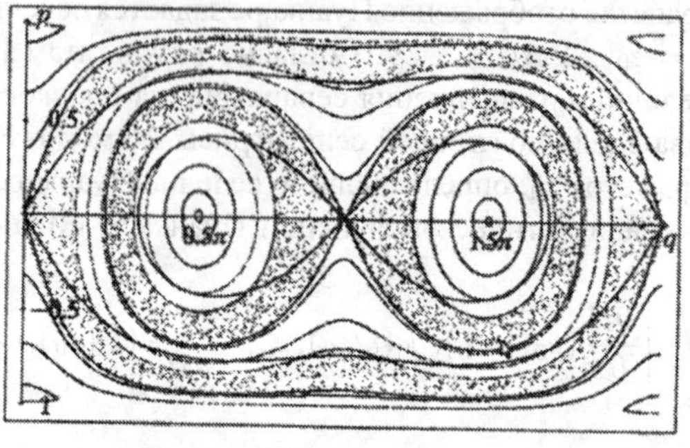

Рис. 116. Фазовый портрет «медленного» отображения Пуанкаре системы (6.14) при $v = 0.1$, $\delta = 0.5(1 + 0.3\cos 2\pi\tau)$, $\varepsilon = 0.05$, $\tau = 0$.

Требование $A(z) = \text{const}$ приводит к условию $\delta(z) = \text{const}$, определяющему обычный случай Эйлера–Пуансо. Вычисление интеграла (6.17) дает выражение

$$M_A(z) = \frac{\delta'(z)}{2\sqrt{\delta(1-\delta)}}, \tag{6.18}$$

которое показывает, что при медленно периодически меняющемся δ сепаратрисы возмущенной задачи всегда расщеплены и трансверсально пересекаются. Это приводит к аналитической неинтегрируемости возмущенной задачи, возникновению квазислучайных колебаний и стохастического слоя.

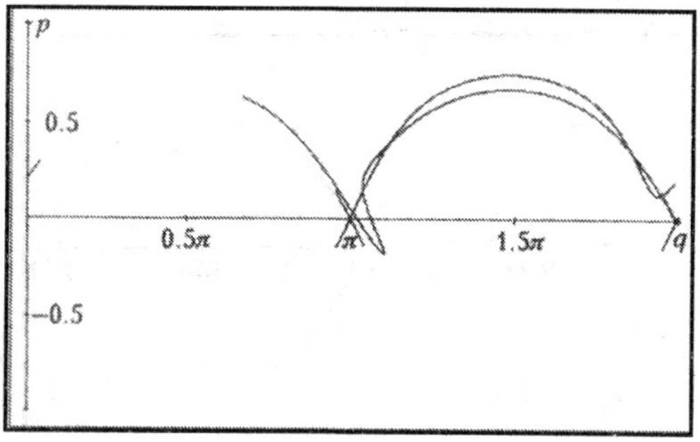

Рис. 117. Сепаратрисы системы (6.14) при $\tau_0 = -\frac{1}{4}$ ($\varepsilon = 0.05$).

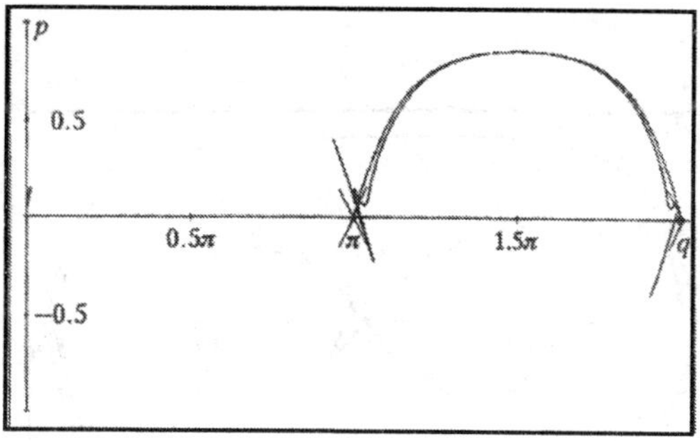

Рис. 118. Сепаратрисы системы (6.14) при $\tau_0 = 0$ ($\varepsilon = 0.05$).

Картина расщепленных сепаратрис при различных значениях параметра $z_0 = \tau_0$ приведена на рисунках 117, 118, 119, на которых видно, что почти вдоль всей длины сепаратрис расстояние между ними постоянно и зависит от z_0, как это и предсказывается формулой (6.15).

В случае, когда $v_1 = v_3 = 0$, $v_2 = v$ $(0 < v < \delta < 1)$, фазовый портрет «замороженной» системы имеет вид, показанный на рисунке 115 (фазовый портрет системы Жуковского – Вольтерра). Заметим, что в данной ситуации условия расщепления разных пар сепаратрис не совпадают и в любом случае одна пара сепаратрис будет расщепляться. Вычисление площади $A(z)$ для одной пары сепаратрис приводит к выражению

$$A_1(z) = 4\left[\arcsin b - \frac{v}{1-\delta}\frac{1}{2a}\ln\left|\frac{a + \frac{b}{\sqrt{1-b^2}}}{a - \frac{b}{\sqrt{1-b^2}}}\right|\right], \tag{6.19}$$

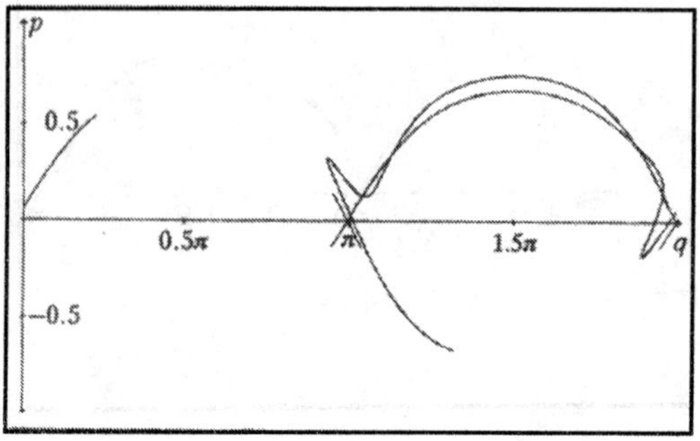

Рис. 119. Сепаратрисы системы (6.14) при $\tau_0 = \frac{1}{2}$ ($\varepsilon = 0.05$).

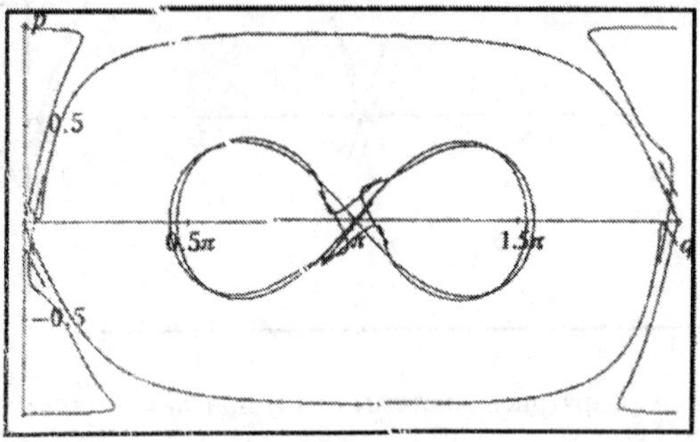

Рис. 120. Сепаратрисы системы (6.14) при $\tau_0 = \frac{1}{4}$ в случае соблюдения условия $A(z) = \mathrm{const}$ ($\varepsilon = 0.05$).

где $b = \sqrt{\delta - v}$, $v = \frac{\delta}{1-\delta}$. (Площадь для другой пары $A_2(z)$ получается из $A_1(z)$ заменой $v \to -v$). На рисунке 120 приведены сепаратрисы возмущенной задачи при соблюдении условий $A_1(z) = \mathrm{const}$; видно, что одна пара сепаратрис «не расщепляется» — для нее расстояние между сепаратрисами непостоянно вдоль длины и пропорционально ε^2, другая пара остается при этом расщепленной пропорционально ε. Картина хаоса при выполнении условий «нерасщепления» показана на рисунке 121, где хорошо заметно, что стохастический слой вблизи «нерасщепленных» сепаратрис имеет толщину порядка ε. Заметим, что для «нерасщепляющихся» сепаратрис $\Theta \equiv 0$, поэто-

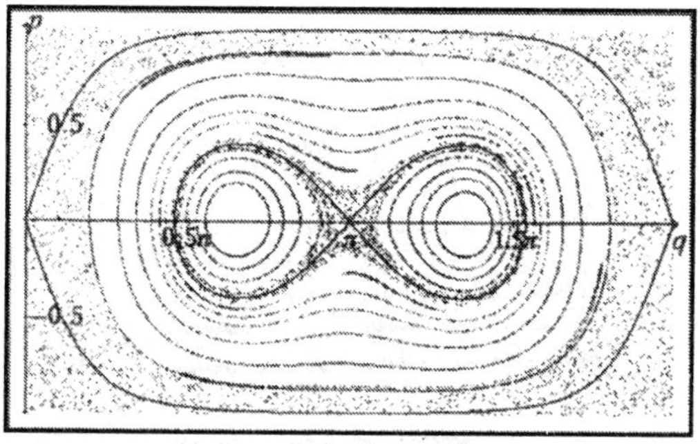

Рис. 121. Фазовый портрет «медленного» отображения Пуанкаре системы (6.14) при $A(z) = \mathrm{const}$, $\tau_0 = \frac{1}{4}$, $\varepsilon = 0.05$.

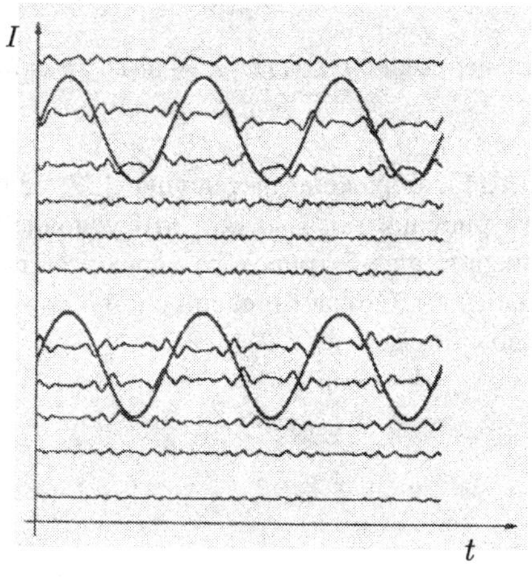

Рис. 122. Зависимость переменной I для различных траекторий системы (6.14) при $v = 0.1$, $\delta = 0.5(1 + 0.3\cos 2\pi\tau)$. Жирной линией указано действие для сепаратрис «замороженной» системы.

му формулы (6.4), (6.10) для скачка УАИ, приведенные выше, несправедливы. Сравним условия возникновения хаоса, полученные из анализа расщепления сепаратрис со сценарием развития адиабатического хаоса вследствие нерегулярных скачков АИ. Если сепаратрисы расщепляются, то в перемен-

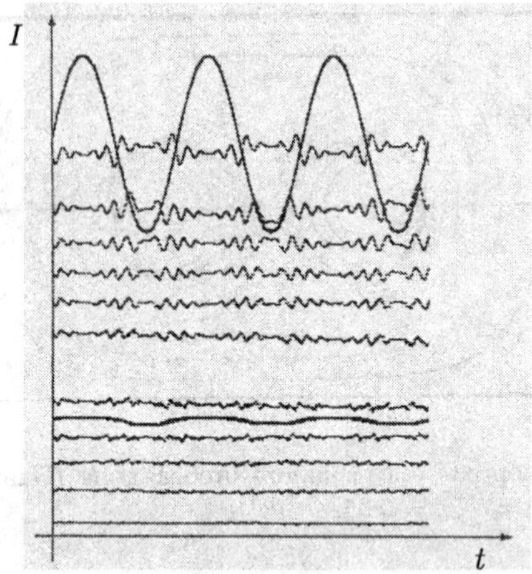

Рис. 123. Зависимость переменной I для различных траекторий системы (6.14) при $A_1(z) = 0.8$.

ных I, τ поведение АИ изображено на рисунке 122; если $A_1(z) \equiv \mathrm{const}$ — на рисунке 123. Эти рисунки показывают, что условие $A(z) \equiv \mathrm{const}$ препятствует возникновению адиабатического хаоса в областях, лежащих вне ε-окрестности сепаратрисы. Стохастический слой в этой окрестности имеет характерные масштабы порядка ε^2.

§ 7. Падение тяжелого твердого тела в идеальной жидкости. Вероятностные эффекты и притягивающие множества

1. Уравнения движения и частные случаи

В § 6 гл. 1 были приведены уравнения, описывающие движение тяжелого твердого тела в безграничном объеме безвихревой несжимаемой жидкости. При наличии начального толчка P_1 они могут быть представлены в виде уравнений Пуанкаре – Четаева на алгебре $so(3)\oplus_s\mathbb{R}^9 = \{\boldsymbol{M}, \boldsymbol{\alpha}, \boldsymbol{\beta}, \boldsymbol{\gamma}\}$

$$\begin{gathered}\dot{\boldsymbol{M}} = \boldsymbol{M}\times\frac{\partial H}{\partial \boldsymbol{M}} + \boldsymbol{\alpha}\times\frac{\partial H}{\partial \boldsymbol{\alpha}} + \boldsymbol{\beta}\times\frac{\partial H}{\partial \boldsymbol{\beta}} + \boldsymbol{\gamma}\times\frac{\partial H}{\partial \boldsymbol{\gamma}},\\ \dot{\boldsymbol{\alpha}} = \boldsymbol{\alpha}\times\frac{\partial H}{\partial \boldsymbol{M}},\quad \dot{\boldsymbol{\beta}} = \boldsymbol{\beta}\times\frac{\partial H}{\partial \boldsymbol{M}},\quad \dot{\boldsymbol{\gamma}} = \boldsymbol{\gamma}\times\frac{\partial H}{\partial \boldsymbol{M}},\end{gathered} \tag{7.1}$$

где

$$H=\frac{1}{2}(\mathbf{A}\boldsymbol{M},\boldsymbol{M})+(\mathbf{B}\boldsymbol{M},P_1\boldsymbol{\alpha}-\mu t\boldsymbol{\gamma})+\frac{1}{2}\big(\mathbf{C}(P_1\boldsymbol{\alpha}-\mu t\boldsymbol{\gamma}),P_1\boldsymbol{\alpha}-\mu t\boldsymbol{\gamma}\big)+\mu(\boldsymbol{r},\boldsymbol{\gamma}); \tag{7.2}$$

$\mathbf{A} = \operatorname{diag}(a_1, a_2, a_3)$, а матрицы $\mathbf{B}$, $\mathbf{C}$ являются симметрическими, $\boldsymbol{r} = (r_1, r_2, r_3)$ — радиус-вектор центра масс, μ — вес тела, P_1 — начальный импульс тела (толчок) в горизонтальном направлении. Рассмотрим более подробно частные случаи системы (7.1), (7.2), отличные от указанных в гл. 1.

Плоскопараллельное движение. Плоскопараллельное движение твердого тела задается инвариантными соотношениями $M_1 = M_2 = 0$, $\alpha_3 = \gamma_3 = 0$. Как несложно показать, необходимым условием существования подобных движений является динамическая симметрия тела относительно рассматриваемой (инвариантной) плоскости, что приводит к соотношениям

$$b_{11} = b_{22} = b_{33} = b_{12} = 0, \quad c_{13} = c_{23} = 0.$$

Кроме того, можно показать, что сдвигом и поворотом осей, связанных с телом, можно добиться $\mathbf{B} = 0$, а матрицу $\mathbf{C}$ сделать диагональной. Пусть угол поворота подвижных осей относительно неподвижных отсчитывается как показано на рисунке 124, тогда для проекций неподвижных ортов на подвижные оси имеем

$$\alpha_1 = \sin\varphi, \quad \alpha_2 = -\cos\varphi, \quad \gamma_1 = \cos\varphi, \quad \gamma_2 = \sin\varphi.$$

Для угла поворота получим неавтономное уравнение второго порядка

$$a_3\ddot{\varphi} = (c_1 - c_3)\left(\mu^2 t^2 \sin\varphi\cos\varphi + P_1\mu t\cos 2\varphi - P_1^2\sin\varphi\cos\varphi\right) + \\ + \mu(x\sin\varphi - y\cos\varphi), \quad (7.3)$$

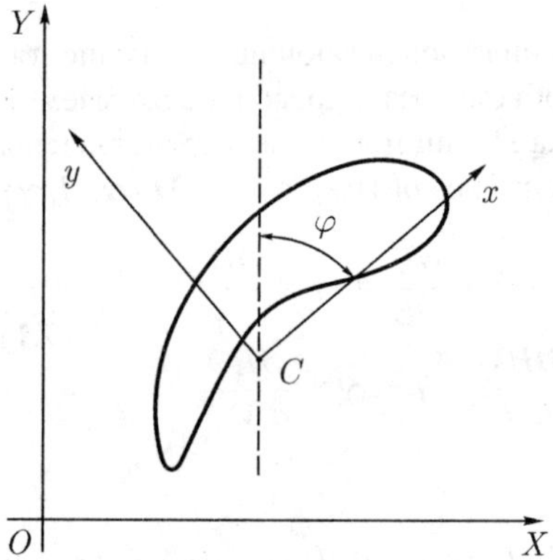

Рис. 124.

где c_1, c_3, a_3 — соответствующие элементы диагональных матриц, а $\boldsymbol{r} = (x, y, 0)$.

Для уравновешенного тела ($x = y = 0$) без начального толчка ($P_1 = 0$) получим замечательное по своей простоте уравнение

$$\ddot{\varphi} = kt^2\sin\varphi\cos\varphi, \quad k = \frac{\mu^2(c_1 - c_3)}{a_3}. \quad (7.4)$$

Замечание. Это уравнение называется в работах [154, 156, 228] уравнением Чаплыгина, однако будем иметь в виду, что хотя оно (вместе с другими интересными результатами) и было получено С. А. Чаплыгиным в 1890 г. в его студенческом сочинении, он воздержался от публикации. Это было связано видимо с тем, что он не смог явно проинтегрировать это уравнение. Тем не менее, С. А. Чаплыгин опубликовал эту работу в первом прижизненном собрании сочинений (1933 г.) [300].

Уравнения (7.4) были также получены независимо Д. Н. Горячевым (1893 г.) [94] и В. А. Стекловым (1894 г.) [264, 262]. Последний отметил и простейшие свойства решений этих уравнений. В частности, В. А. Стеклов показал, что при падении тела амплитуда его колебаний относительно горизонтальной оси убывает, а частота колебаний растет. Этот вывод В. А. Стеклов сделал в дополнении к своей книге [264], в которой при анализе асимптотического поведения тела им был допущен ряд погрешностей. Задача Стеклова об асимптотическом описании поведения решений уравнения [264, 262] была решена В. В. Козловым [154], который показал, что тело при почти всех начальных условиях стремится к равноускоренному падению широкой стороной перпендикулярно полю тяжести и колеблется вокруг горизонтальной оси с возрастающей частотой порядка t и уменьшающейся амплитудой порядка $1/\sqrt{t}$. Численный анализ асимптотических движений с различным числом полуоборотов имеется в [359]. Аналитические выражения для асимптотики падения в различной форме получены в работах [228, 359].

В работе [109] описан и изучен эффект выныривания. В условиях безвихревого обтекания предполагается, что в начальный момент широкая сторона тела горизонтальна, телу сообщается скорость в горизонтальном направлении. В последующие моменты тело начинает опускаться вниз. Однако если его присоединенная масса в поперечном направлении достаточно велика, то тело затем резко всплывает узкой стороной вперед, поднимаясь на бо́льшую высоту, чем в начальный момент.

Экспериментальные и численные результаты о падении пластинки в жидкости содержатся в работах [324, 502], в которых можно найти более подробную библиографию.

Движение осесимметричного тела (круглого диска). Имеется важный частный случай, когда система (7.1), (7.2) имеет дополнительный (автономный) линейный интеграл Лагранжа

$$M_3 = \mathrm{const}.$$

Условием его существования является осевая симметрия тела, при этом можно выбрать подвижные оси таким образом, что

$$\mathbf{A} = \mathrm{diag}(a_1, a_1, a_3), \ \ \mathbf{B} = \mathrm{diag}(b_1, b_1, b_3), \ \ \mathbf{C} = \mathrm{diag}(c_1, c_1, c_3),$$
$$\boldsymbol{r} = (0, 0, z).$$

Как было показано в § 1 гл. 4, в этом случае эволюция проекций момента на неподвижные оси $\boldsymbol{N} = \big((\boldsymbol{M}, \boldsymbol{\alpha}), (\boldsymbol{M}, \boldsymbol{\beta}), (\boldsymbol{M}, \boldsymbol{\gamma})\big)$ и вектора оси симметрии $\boldsymbol{n} = (\alpha_3, \beta_3, \gamma_3)$ описывается гамильтоновой системой на $e(3)$:

$$\dot{\boldsymbol{N}} = \frac{\partial \bar{H}}{\partial \boldsymbol{N}} \times \boldsymbol{N} + \frac{\partial \bar{H}}{\partial \boldsymbol{n}} \times \boldsymbol{n}, \quad \dot{\boldsymbol{n}} = \frac{\partial \bar{H}}{\partial \boldsymbol{N}} \times \boldsymbol{n}. \tag{7.5}$$

Гамильтониан (6.25) после исключения несущественных слагаемых может быть записан в форме

$$\bar{H} = \frac{1}{2} a_1 \boldsymbol{N}^2 + b_1(P_1 N_1 - \mu t N_3) + M_3(b_3 - b_1)(P_1 n_1 - \mu t n_3) + \\ + \frac{1}{2}(c_3 - c_1)(P_1 n_1 - \mu t n_3)^2 + \mu z n_3. \tag{7.6}$$

Траектория начала подвижной системы координат C может быть получена из уравнений

$$\begin{aligned} \dot{x}_1 &= b_1 N_1 + (b_3 - b_1) M_3 n_1 + P_1\big(c_1 + (c_3 - c_1) n_1^2\big) - \mu t (c_3 - c_1) n_1 n_3, \\ \dot{x}_2 &= b_1 N_2 + (b_3 - b_1) M_3 n_2 + P_1 (c_3 - c_1) n_1 n_2 - \mu t (c_3 - c_1) n_2 n_3, \\ \dot{x}_3 &= b_1 N_3 + (b_3 - b_1) M_3 n_3 + P_1 (c_3 - c_1) n_1 n_3 - \mu t\big(c_1 + (c_3 - c_1) n_3^2\big). \end{aligned} \tag{7.7}$$

Если сила тяжести уравновешивается силой Архимеда, то гамильтониан не зависит от времени:

$$\bar{H} = \frac{1}{2}a_1\boldsymbol{N}^2 + b_1P_1N_1 + M_3(b_3 - b_1)P_1n_1 + \frac{1}{2}(c_3 - c_1)P_1^2n_1^2 + \mu_\text{т}zn_3. \quad (7.8)$$

В случае отсутствия начального (горизонтального) толчка, т.е. $P_1 = 0$, имеется еще один дополнительный интеграл

$$N_3 = (\boldsymbol{M}, \boldsymbol{\gamma}) = \text{const}.$$

При этом для угла нутации θ ($\gamma_3 = \cos\theta$) из (7.5), (7.6) получим (по аналогии с плоскопараллельным движением) неавтономное уравнение второго порядка [300] (С. А. Чаплыгин)

$$a_1^{-1}\ddot{\theta} = \frac{(M_3\cos\theta - N_3)(M_3 - N_3\cos\theta)}{\sin^3\theta} + \\ + (c_3 - c_1)\mu^2t^2\sin\theta\cos\theta - M_3(b_3 - b_1)\mu t\sin\theta + \mu z\sin\theta. \quad (7.9)$$

Если тело начинает движение из состояния покоя, то $M_3 = N_3 = 0$, и мы получим

$$a_1^{-1}\ddot{\theta} = (c_3 - c_1)\mu^2t^2\sin\theta\cos\theta + \mu z\sin\theta.$$

Аналог случая Гесса. Кроме рассмотренных выше, имеется еще одна ситуация, когда система (7.1), (7.2) допускает инвариантное соотношение, аналогичное случаю Гесса в уравнениях Эйлера–Пуассона. Для его существования необходимо, чтобы поверхность, ограничивающая тело, была осесимметричная, а ось симметрии – перпендикулярна круговому сечению гирационного эллипсоида (т. е. поверхности, определяемой уравнением $(\boldsymbol{x}, \mathbf{A}\boldsymbol{x}) = 1$). Выберем одну из осей, связанных с телом, направленной вдоль оси симметрии поверхности, а две другие таким образом, что $a_{23} = 0$, тогда в гамильтониане (7.2)

$$\mathbf{A} = \begin{pmatrix} a_1 & 0 & a_{13} \\ 0 & a_1 & 0 \\ a_{13} & 0 & a_3 \end{pmatrix}, \ \mathbf{B} = \operatorname{diag}(b_1, b_1, b_3), \ \mathbf{C} = \operatorname{diag}(c_1, c_1, c_3), \ \boldsymbol{r} = (0, 0, z).$$

При таком выборе (подвижной) системы координат инвариантное соотношение имеет наиболее простой вид (см. § 6 гл. 2):

$$M_3 = 0. \quad (7.10)$$

Уравнение, определяющее угол нутации, совпадает с (7.9) при условии $M_3 = 0$, т. е.

$$a_1^{-1}\ddot{\theta} = \frac{N_3^2 \cos^2\theta}{\sin^3\theta} + (c_3 - c_1)\mu^2 t^2 \sin\theta\cos\theta + \mu z \sin\theta. \tag{7.11}$$

Отличие от случая Лагранжа, разобранного выше, появляется в уравнениях, определяющих эволюцию углов прецессии и собственного вращения (см. § 6 гл. 2). Анализ случая Гесса для уравнений (7.1), (7.2) был впервые указан нами в [47].

2. Движение изотропного тела

Рассмотрим простейший частный случай, указанный Стекловым [264, 266], когда уравнения интегрируются в квадратурах. При этом

$$\mathbf{A} = \mathrm{diag}(a_1, a_2, a_3), \quad \mathbf{B} = b\mathbf{E}, \quad \mathbf{C} = c\mathbf{E}, \quad \boldsymbol{r} = 0,$$

т. е. тензор присоединенных масс шаровой, но, тем не менее, тело не имеет три плоскости симметрии, так как $\mathbf{B} \neq 0$. (Если $\mathbf{B} = 0$, то движение тривиально — центр масс движется по параболе, а движение апексов $\boldsymbol{\alpha}$, $\boldsymbol{\beta}$, $\boldsymbol{\gamma}$ такое же, как в случае Эйлера–Пуансо.)

Уравнения, описывающие эволюцию момента в подвижных осях, отделяются и тождественны случаю Эйлера–Пуансо:

$$\dot{\boldsymbol{M}} = \boldsymbol{M} \times \mathbf{A}\boldsymbol{M}.$$

Однако для определения траектории центра масс тела удобнее переписать уравнения движения в неподвижных осях:

$$\begin{gathered} \dot{N}_1 = b\mu t N_2, \quad \dot{N}_2 = -b\mu t N_1 - bP_1 N_3, \quad \dot{N}_3 = bP_1 N_2, \\ \dot{x}_1 = bN_1 + cP_1, \quad \dot{x}_2 = bN_2, \quad \dot{x}_3 = bN_3 - c\mu t, \end{gathered} \tag{7.12}$$

где $\boldsymbol{N} = \big((\boldsymbol{\alpha}, \boldsymbol{M}), (\boldsymbol{\beta}, \boldsymbol{M}), (\boldsymbol{\gamma}, \boldsymbol{M})\big)$ — кинетический момент в неподвижных осях. Очевидно, что квадрат кинетического момента — интеграл движения $\boldsymbol{M}^2 = \boldsymbol{N}^2 = \mathrm{const}$.

Если начальный толчок равен нулю, $P_1 = 0$, то первые три уравнения в (7.12) интегрируются в элементарных функциях:

$$N_1 = A\sin(b\mu t^2/2 + \varphi_0), \quad N_2 = A\cos(b\mu t^2/2 + \varphi_0), \quad N_3 = \mathrm{const},$$

где A, φ_0 — произвольные постоянные. Вдоль вертикальной оси тело движется равноускоренно: $x_3 = -c\mu t^2/2$, а проекция траектории на плоскость x_1, x_2 представляет собой спираль, описываемую интегралами Френеля и сходящуюся к некоторой фиксированной точке на плоскости.

При больших временах справедливо асимптотическое представление вида

$$x_1 = x_1^0 - \frac{A}{\mu}\frac{\cos(b\mu t^2/2 + \varphi_0)}{t} + O(t^3),$$

$$x_2 = x_2^0 + \frac{A}{\mu}\frac{\sin(b\mu t^2/2 + \varphi_0)}{t} + O(t^3).$$

Если $P_1 \neq 0$, то уравнения для $\boldsymbol{N}$ не интегрируются в элементарных функциях, и, кроме того, на плоскости x_1, x_2 появляется дрейф со скоростью cP_1 вдоль оси Ox_1.

3. Качественный анализ плоскопараллельного движения без начального толчка

Выше было показано, что при специальном выборе подвижных осей (при котором кинетическая энергия диагональна) угол поворота тела относительно вертикали (рис. 124) описывается уравнением (7.3), а движение начала подвижной системы C описывается уравнениями

$$\begin{aligned}\dot{X} &= (\boldsymbol{\alpha}, \mathbf{C}\boldsymbol{p}) = P_1(c_1\sin^2\varphi + c_2\cos^2\varphi) - \mu t(c_1 - c_2)\sin\varphi\cos\varphi,\\ \dot{Y} &= (\boldsymbol{\gamma}, \mathbf{C}\boldsymbol{p}) = P_1(c_1 - c_2)\sin\varphi\cos\varphi - \mu t(c_1\cos^2\varphi + c_2\sin^2\varphi).\end{aligned} \tag{7.13}$$

Замечание. Уравнение (7.3) соответствует *неавтономной* гамильтоновой системе с одной степенью свободы. Наиболее подробно подобные системы изучены в случае, когда гамильтониан является периодической функцией времени. В общем случае они демонстрируют хаотическое поведение. В то же время, как будет показано ниже, в данной системе зависимость угла $\varphi(t)$ носит асимптотический характер.

Рассмотрим сначала «простейший» случай, когда уравновешенное тело ($x = y = 0$) падает без начального толчка ($P_1 = 0$). Тогда после замены $2\varphi = \theta$ уравнение (7.3) принимает вид

$$\ddot{\theta} = kt^2\sin\theta, \quad k = \frac{\mu^2(c_1 - c_2)}{a_3}. \tag{7.14}$$

В дальнейшем будем полагать, что $c_1 > c_2$, т. е. $k > 0$, а $0 \leqslant \theta < 2\pi$.

Стационарные (равновесные) решения. Малые колебания. Двоякоасимптотические решения. Уравнение (7.14) имеет простейшие «равновесные» решения типа $\theta(t) = \mathrm{const}$:

$$1)\ \theta = 0, \qquad 2)\ \theta = \pi. \tag{7.15}$$

Первое решение соответствует падению узкой стороной вниз ($X = X_0$, $Y = Y_0 - \mu c_1 t^2/2$), а второе — широкой ($X = X_0$, $Y = Y_0 - \mu c_2 t^2/2$). Действительно, поскольку присоединенная масса $c_1^{-1} < c_2^{-1}$, то угол $\varphi = \pi n$, когда ось Ox вертикальна, и $\varphi = \pi/2 + \pi n$, когда вертикальна ось Oy.

Линеаризуя уравнение (7.14) вблизи неподвижных точек (7.15), получим

$$\begin{aligned} &1)\quad \ddot{\xi} = kt^2\xi, \qquad && \theta = \xi,\\ &2)\quad \ddot{\xi} = -kt^2\xi, \qquad && \theta = \pi - \xi. \end{aligned}$$

Общее решение этих уравнений выражается через функции Бесселя

$$\begin{aligned} &1)\quad \xi(t) = \sqrt{t}\left(C_1 I_{1/4}\left(\sqrt{k}t^2/2\right) + C_2 K_{1/4}\left(\sqrt{k}t^2/2\right)\right),\\ &2)\quad \xi(t) = \sqrt{t}\left(C_1 J_{1/4}\left(\sqrt{k}t^2/2\right) + C_2 Y_{1/4}\left(\sqrt{k}t^2/2\right)\right), \end{aligned} \tag{7.16}$$

где $I_\nu(x)$, $K_\nu(x)$ — функции Бесселя второго рода, а $J_\nu(x)$, $Y_\nu(x)$ — функции Бесселя первого рода. Таким образом, в линейном приближении первое решение является неустойчивым, а второе (асимптотически) устойчивым. Действительно, используя асимптотики функций Бесселя J_ν, Y_ν при больших значениях аргумента, находим

$$\xi(t) = \frac{A\sin\left(\sqrt{k}t^2/2 + \alpha_0\right)}{\sqrt{t}} + O\big(t^{-5/2}\big), \quad A = \mathrm{const}.$$

Следовательно, амплитуда колебаний убывает как $t^{-1/2}$, а их частота неограниченно растет как t.

Как показано в [154], вариационными методами можно доказать, что существуют два решения $\theta(t)$, $\theta(t_0) = \theta_0$, асимптотические к неустойчивому положению равновесия ($\theta = 0$), приближающиеся к нему с разных сторон. Кроме того, вследствие инвариантности уравнения (7.14) относительно замены $t \to -t$, имеется решение $\theta_*(t)$ с начальными данными $\theta_*(0) = \pi$, для которого [154]

$$\theta_*(t) + \theta_*(-t) = 2\pi, \quad \lim_{t\to-\infty}\theta_*(t) = 0, \quad \lim_{t\to+\infty}\theta_*(t) = 2\pi.$$

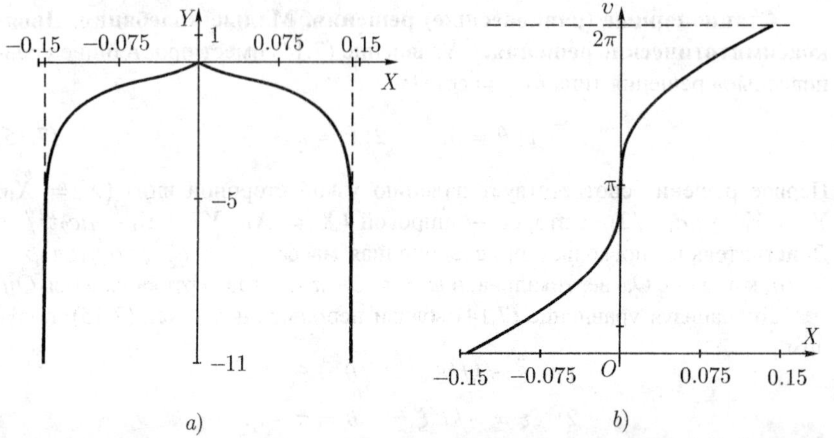

Рис. 125. Траектория тела и угол φ в зависимости от координаты x для двоякоасимптотического решения при $k=1$, $a_3/\mu=0.1$ ($P_1=0$).

Таким образом, решение $\theta_*(t)$ — двоякоасимптотическое (имеется также аналогичное двоякоасимптотическое решение, обходящее окружность $\theta \bmod 2\pi$ в другом направлении). При этом тело совершает один полуоборот, его траектория, описываемая уравнениями (7.13), изображена на рисунке 125a. Заметим, что верхняя точка траектории является точкой возврата: вблизи нее уравнение кривой имеет вид $Y=\lambda X^{2/3}$, $\lambda=\mathrm{const}$. На рисунке 125b показано изменение угла φ для данного двоякоасимптотического решения.

Существование двоякоасимптотических траекторий с произвольным количеством полуоборотов доказано в работе [330].

Асимптотическое поведение решений уравнения Чаплыгина. Докажем теперь строго, что все решения (7.14) при $t\to\infty$ стремятся либо к $\theta=0$, либо к $\theta=\pi$.

Теорема 5. [154] *Для любого решения* $\theta(t)$ *уравнения* (7.14)

$$\lim_{t\to\infty}\theta(t)=0, \quad \textit{либо} \quad \lim_{t\to\infty}\theta(t)=\pi.$$

Доказательство. Выполним замену времени $\frac{1}{2}t^2=\tau$, так что уравнение (7.14) примет вид

$$\theta''+\frac{1}{2\tau}\theta'-k\sin\theta=0, \quad \frac{d\theta}{d\tau}=\theta', \tag{7.17}$$

т. е. мы получили уравнение, описывающее плоский маятник с «диссипацией, убывающей со временем».

Рассмотрим функцию $\mathscr{E}(\theta, \theta')$ – энергию «невозмущенной системы»:

$$\mathscr{E} = \frac{1}{2}(\theta')^2 + k\cos\theta. \tag{7.18}$$

Ее производная вдоль решений системы (7.17) отрицательна:

$$\frac{d\mathscr{E}}{d\tau} = -\frac{(\theta')^2}{2\tau} \leqslant 0.$$

Интегрируя это равенство, находим

$$\mathscr{E}(\tau) = \mathscr{E}_0 - \int\limits_{\tau_0}^{\tau} \frac{(\theta'(s))^2}{2s} ds.$$

Отсюда вследствие ограниченности снизу функции (7.18) заключаем, что для всех начальных условий, не совпадающих с неподвижными точками $\theta = 0$, $\theta' = 0$ уравнения (7.17), справедливо

1°. Существует $\lim\limits_{\tau\to\infty} \mathscr{E}(\tau) = \mathscr{E}_*$.

2°. Интеграл $I = \int\limits_{\tau_0}^{\infty} \frac{(\theta')^2}{2\tau} d\tau$ сходится.

Теперь покажем, что $\mathscr{E}_*$ совпадает с критическим значением функции $\mathscr{E}$, т. е. $\mathscr{E}_* = \pm k$.

Предположим обратное и рассмотрим сначала случай $\mathscr{E}_* > k$. Ясно, что при достаточно больших τ, согласно (7.17) и (7.18), система движется вблизи фазовой кривой плоского маятника, соответствующей вращательному движению и, следовательно, $\frac{1}{2}(\theta')^2 \geqslant \varkappa > 0$, $\varkappa = \mathrm{const}$ (т. е. кинетическая энергия отделена от нуля). Поэтому интеграл 2° расходится (как $\ln\tau$), что противоречит 2°.

Рассмотрим теперь случай $-k < \mathscr{E}_* < k$; при достаточно больших τ на фазовой плоскости (θ, θ') точка движется вблизи замкнутой кривой «невозмущенной системы», описываемой уравнением $\mathscr{E}_* = \frac{1}{2}(\theta')^2 + k\cos\theta$. (При этом очевидно, что вследствие $\mathscr{E} > \mathscr{E}_*$ она остается всегда снаружи.) Кроме того, время, затрачиваемое на обход половины этой кривой, $\Delta\tau = \tau_{n+1} - \tau_n$ (отсчитываемое между двумя последовательными моментами, при которых $\theta' = 0$), приблизительно равно половине периода невозмущенного движения плоского маятника и заведомо не превосходит целого периода:

$$\Delta\tau \leqslant T = \int\limits_{\theta_1}^{\theta_2} \frac{2d\theta}{\sqrt{2(\mathscr{E}_* - k\cos\theta)}}, \tag{7.19}$$

где θ_i — корни уравнения $\mathscr{E}_* - k\cos\theta = 0$. Очевидно, что существует такая положительная постоянная $\varkappa$ (зависящая только от $\mathscr{E}_*$ и не зависящая от τ_n, τ_{n+1}), что

$$\int\limits_{\tau_n}^{\tau_{n+1}} \frac{(\theta'(\tau))^2}{2\tau} d\tau \geqslant \frac{\varkappa}{\tau_{n+1}}. \tag{7.20}$$

С помощью (7.19) получим также неравенство $\tau_{n+1} \leqslant nT + \tau_1$, $\tau_1 \geqslant \tau_0$. Таким образом, в итоге

$$I \geqslant \int\limits_{\tau_1}^{\infty} \frac{(\theta')^2}{2\tau} d\tau \geqslant \varkappa \sum_{n=1}^{\infty} \frac{1}{nT + \tau_1}.$$

Но этот ряд, а следовательно, и интеграл, расходится, что также противоречит 2°, таким образом $\mathscr{E}_* = k$, либо $\mathscr{E}_* = -k$. ■

Существует гипотеза, принадлежащая В. В. Козлову [154], что *для почти всех решений уравнения* (7.14) $\mathscr{E}_* = -k$.

Это эквивалентно тому, что мера траекторий, которые при $t \to \pm\infty$ стремятся к неустойчивому равновесному состоянию $\theta = 0, 2\pi$, равна нулю.

Численный анализ. Опираясь на теорему 5, можно выполнить численный анализ уравнения (7.4) [359]. Для этого на фазовой плоскости $(\theta, \dot\theta)$ (точнее, на цилиндре $\theta \bmod 2\pi$, $\dot\theta \in (-\infty, +\infty)$) в начальный момент времени $t = t_0$ построим области, в пределах которых тело совершает одно и то же количество полуоборотов при $t \to +\infty$ (либо при $t \to -\infty$), прежде чем «притянется» к решению $\theta = \pi$. Как видно на рисунке 126, эти области располагаются регулярно, причем их ширина уменьшается при увеличении $|\dot\theta|$, так что при больших начальных $|\dot\theta|$ можно говорить лишь о вероятности того, что тело при $t \to +\infty$ будет падать «верхней» или «нижней» стороной. Границы областей заполнены начальными условиями, соответствующими движениям, асимптотически приближающимся к неустойчивым положениям равновесия $\theta = 0$, 2π. На рисунке видно, что области, соответствующие $t \to +\infty$ и $t \to -\infty$, оказываются зеркальным отражением относительно прямой $\theta = \pi$. При наложении этих областей их границы пересекаются в точках, расположенных на прямой $\theta = \pi$. Им соответствуют двоякоасимптотические решения уравнения (7.14) с различным количеством полуоборотов тела.

Замечание. На цилиндре $\dot\theta$, $\theta \bmod 2\pi$ все границы областей склеиваются в одну гладкую кривую, аналогичную винтовой линии, шаг которой уменьшается при увеличении $|\dot\theta|$. По одну сторону от этой линии лежат области с четным числом полуоборотов, а по другую — с нечетным.

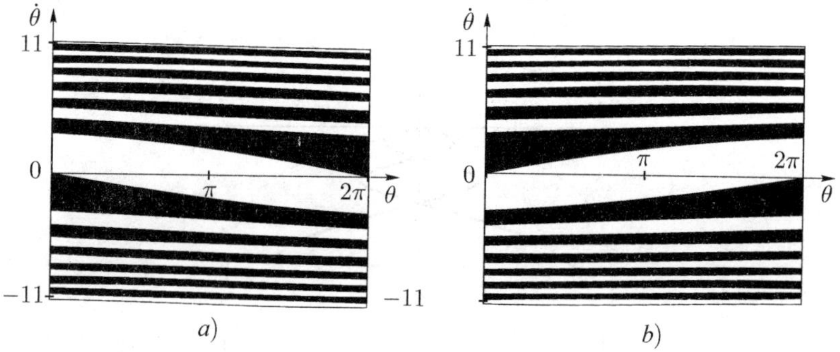

Рис. 126. Области на фазовой плоскости, соответствующие начальным условиям при $t_0 = 0$, когда тело совершает одно и тоже количество полуоборотов при изменении t от 0 до $+\infty$ (в случае *a*) и при изменении t от $-\infty$ до 0 (в случае *b*) ($k = 1$).

Таким образом, численные расчеты подтверждают гипотезу о том, что почти для всех решений $\theta(t) \xrightarrow[t\to\pm\infty]{} \pi$, причем в трехмерном пространстве t, θ, θ' решения, асимптотически приближающиеся к неустойчивому равновесию $\theta = \pi$, заполняют двумерные поверхности. Кроме того, имеется также счетное множество двоякоасимптотических решений, отличающихся количеством полуоборотов, совершаемых при изменении t от $-\infty$ до $+\infty$.

На рисунке 127 приведены траектории тела, совершающего двоякоасимптотическое движение с одним и тремя полуоборотами.

Траектория тела. Подставляя в уравнения (7.13) асимптотическое разложение для малых колебаний (7.16), после интегрирования получим асимптотическое представление для траектории движения в форме

$$X(t) = A\frac{\cos\left(\sqrt{k}t^2/2 + \theta_0\right)}{\sqrt{t}} + O\left(t^{-3/2}\right), \quad Y(t) = -\mu c_2 t^2 + O\left(t^{-1/2}\right),$$

где A, θ_0 — некоторые постоянные. Следовательно, траектория движения при больших временах близка к синусоиде с постоянным шагом $\Delta y = \pi\mu c_2/\sqrt{k}$ и убывающей амплитудой [154]. (Шаг ΔY вычисляется между двумя последовательными нулями функции $X(t)$.) Характерная траектория показана на рисунке 128.

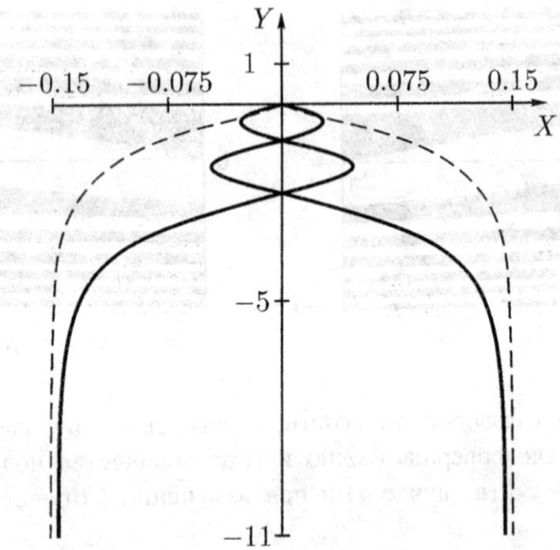

Рис. 127. Траектория тела в случае двоякоасимптотических решений с одним (пунктир) и тремя (сплошная линия) полуоборотами при $k =, a_3/\mu = 0.1$.

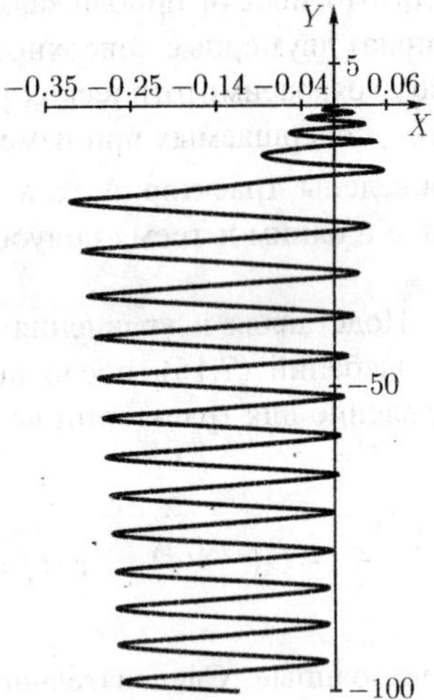

Рис. 128. Характерный вид траектории тела, падающего без начального толчка.

4. Плоскопараллельное движение при $P_1 \neq 0$

Укажем теперь основные качественные особенности поведения системы (7.3), (7.13) в общем случае ($P_1 \neq 0$). Здесь мы приводим лишь основные идеи доказательств, которые можно выполнить по аналогии с предыдущим разделом.

Если $P_1 \neq 0$, то стационарных решений, аналогичных (7.15), уже не существует. В то же время теорема об асимптотическом поведении решений остается справедлива и в общем случае.

Справедливо следующее утверждение, обобщающее теорему 1.

Теорема 6. [154] *Для любого решения* $\varphi(t)$ *уравнения* (7.3):

$$1.\ \lim_{t\to+\infty}\varphi(t)=\pi n \quad \textit{либо} \quad 2.\ \lim_{t\to\infty}\varphi(t)=\frac{\pi}{2}+\pi n, \qquad n\in\mathbb{Z}.$$

Доказательство также основано на замене $\frac{1}{2}t^2=\tau$ и рассмотрении функции

$$\mathscr{E}=\frac{1}{2}(\varphi')^2+\frac{1}{2}k^2\cos\varphi+\frac{F(\varphi)}{\sqrt{2\tau}}+\frac{G(\varphi)}{2\tau},\quad k=\frac{\mu^2(c_1-c_2)}{a_3},$$

$$F(\varphi)=\frac{P_1\mu(c_1-c_2)}{2a_3}\sin 2\varphi,\quad G(\varphi)=\frac{P_1^2(c_1-c_2)}{2a_3}\sin^2\varphi+\frac{\mu}{a_3}(x\sin\varphi+y\cos\varphi).$$

Ее производная вдоль решений системы удовлетворяет уравнению

$$\frac{d\mathscr{E}}{d\tau}+\frac{F(\varphi)}{(2\tau)^{3/2}}+\frac{G(\varphi)}{2\tau^2}=-\frac{(\varphi')^2/2}{\tau}.$$

Вследствие ограниченности функций $F(\varphi)$, $G(\varphi)$ заключаем, что $\mathscr{E}(\tau)\xrightarrow[\tau\to\infty]{}\mathscr{E}_*$, $\mathscr{E}_*=\mathrm{const}$ и интеграл $\int\limits_{\tau_0}^{\infty}\frac{(\varphi')^2/2}{\tau}d\tau$ сходится. Модифицируя соответствующим образом доказательство теоремы предыдущего раздела, можем показать, что $\mathscr{E}_*$ — критическое значение функции $\frac{1}{2}(\varphi)^2+\frac{1}{2}k^2\cos^2\varphi$.

По-видимому, *почти все решения уравнения стремятся к одному из решений* $\varphi(t)=\frac{\pi}{2}+\pi n$ (т. е. тело стремится к падению широкой стороной вниз). Это подтверждается численными экспериментами.

Тем не менее, существуют решения, стремящиеся к неустойчивому положению $\varphi=0$. Как показано в [154], они могут быть получены в виде формального степенного ряда

$$\varphi(t)=\frac{\varphi_1}{t}+\frac{\varphi_2}{t^2}+\frac{\varphi_3}{t^3}+\ \ldots, \tag{7.21}$$

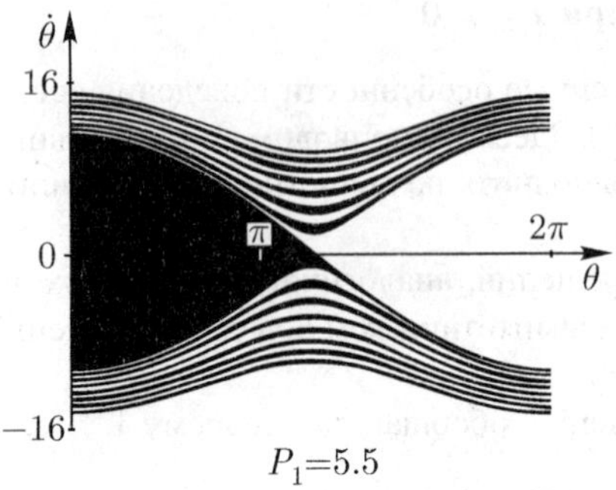

Рис. 129

где $\varphi_1 = \frac{P_1}{\mu}$, а остальные φ_k находятся по индукции. Хотя ряд (7.21) расходится, тем не менее, имеется решение $\varphi_a(t)$, для которого он является асимптотическим:

$$\varphi_a(t) - \sum_{k=1}^{n} \frac{\varphi_k}{t^k} = O\bigl(t^{-n-1}\bigr).$$

Замечание. Аналогично можно указать асимптотические степенные ряды, соответствующие решениям, стремящимся к $\varphi = \pi/2$.

Можно выполнить компьютерный анализ, рассматривая в начальный момент времени $t = t_0$ на фазовой плоскости области, которым соответствуют одинаковые количества полуоборотов, совершаемых телом, прежде чем траектория притянется к решению $\varphi = \frac{\pi}{2}$ при $t \to +\infty$. Границы этих областей заполнены асимптотическими решениями. Как и в случае $P_1 = 0$, области, соответствующие различному количеству полуоборотов при $t_0 = 0$ и $t \to -\infty$, оказываются симметричным отражением областей для $t_0 = 0$ и $t \to +\infty$ относительно прямой $\varphi = \pi/2$. Точки пересечения границ областей при $t \to \infty$ и $t \to \infty$ соответствуют двоякоасимптотическим решениям.

Характерный вид общей траектории тела, брошенного под углом к горизонту, приведен на рисунке 130. На рисунке 131 приведены траектории в случае двоякоасимптотических движений с одним и тремя полуоборотами тела.

Как показано в [154], в общем случае асимптотически траектория тела представляет собой параболу:

$$X(t) = -P_1 t + o(t), \quad Y(t) = -\frac{\mu t^2}{2c_3} + o(t^2).$$

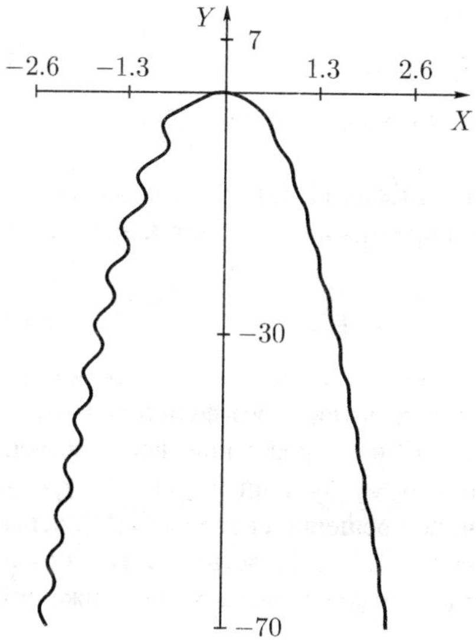

Рис. 130. Характерный вид траектории твердого тела, брошенного под углом к горизонту.

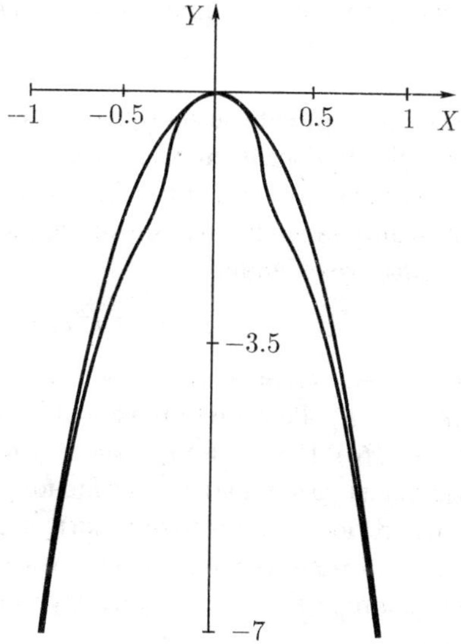

Рис. 131. Траектории тела для двоякоасимптотических движений с одним (верхняя кривая) и тремя полуоборотами.

5. Тело, обладающее тремя плоскостями симметрии

Как и выше (для плоскопараллельного движения), прежде чем изучать общую систему (7.1), (7.2), рассмотрим подробно частный случай движения без начального толчка ($P_1 = 0$) при дополнительных ограничениях

$$\mathbf{B} = 0, \quad \boldsymbol{r} = 0. \tag{7.22}$$

При этом получается неавтономная гамильтонова система (на $e(3)$) для $\boldsymbol{M}$, $\boldsymbol{\gamma}$ с гамильтонианом

$$\bar{H} = \frac{1}{2}(\mathbf{A}\boldsymbol{M}, \boldsymbol{M}) + \frac{1}{2}\mu^2 t^2 (\mathbf{C}\boldsymbol{\gamma}, \boldsymbol{\gamma}). \tag{7.23}$$

(В общем случае можно считать $\mathbf{A}$ диагональной, а $\mathbf{C}$ — произвольной симметричной.)

Стационарные (равновесные) решения и нормальные колебания. Уравнения движения системы (7.23) имеют вид

$$\dot{\boldsymbol{M}} = \boldsymbol{M} \times \mathbf{A}\boldsymbol{M} + \mu^2 t^2 \boldsymbol{\gamma} \times \mathbf{C}\boldsymbol{\gamma}, \quad \dot{\boldsymbol{\gamma}} = \boldsymbol{\gamma} \times \mathbf{A}\boldsymbol{M} \tag{7.24}$$

и допускают простейшие решения вида

$$M = 0, \quad \gamma = \pm\boldsymbol{\xi}_i, \quad i = 1, 2, 3, \tag{7.25}$$

где $\boldsymbol{\xi}_i$ – собственные векторы матрицы $\mathbf{C}$ (для вырожденной $\mathbf{C}$ собственных векторов $\boldsymbol{\xi}_i$ бесконечно много).

Линеаризуя систему (7.24) вблизи решения (7.25), линейными преобразованиями координат можно привести уравнения движения к виду «нормальных колебаний»

$$\ddot{x}_k + t^2\omega_k x_k = 0, \quad k = 1, 2, \tag{7.26}$$

где x_k – подходящие локальные координаты вблизи неподвижных точек $\gamma = \boldsymbol{\xi}_i$. Решения системы (7.26) выражаются через функции Бесселя (см. (7.16)). Несложно показать, что если $\mathbf{C}$ не вырожденна (все собственные числа различны), то локальному минимуму функции $V(\gamma) = \frac{1}{2}(\gamma, \mathbf{C}\gamma)$ соответствует (асимптотически) устойчивое решение системы (7.26), асимптотика которого при больших t имеет вид (7.16). Всем остальным собственным векторам соответствуют неустойчивые (уже в линейном приближении) решения.

Асимптотическое поведение решений. Покажем теперь, что, аналогично плоскопараллельному случаю, при произвольных начальных условиях вектор γ стремится к одному из собственных векторов матрицы $\mathbf{C}$. Сформулированное ниже утверждение является наиболее общим вариантом из теорем 5, 6 об асимптотическом поведении твердого тела. Его доказательство достаточно сложно и поэтому мы сначала привели рассуждения для частного случая плоскопараллельного движения. Все приведенные теоремы были впервые сформулированы и доказаны В. В. Козловым.

Теорема 7. [157] *Для любого решения $\gamma(t)$ уравнений* (7.24)

$$\lim_{t\to\infty} V\big(\gamma(t)\big) = \mathscr{E}_c,$$

где $V(\gamma) = \frac{1}{2}(\gamma, \mathbf{C}\gamma)$, $\mathscr{E}_c$ – критическое значение функции $V(\gamma)$.

Доказательство. Приведем здесь ключевые этапы доказательства (оставляя строгие оценки читателю). Выполним замену времени и переменных по формулам

$$\frac{1}{2}t^2 = \tau, \quad t\boldsymbol{M} = \boldsymbol{m}.$$

В этом случае получим уравнения движения в форме

$$\frac{d\boldsymbol{m}}{d\tau} = -\frac{1}{2\tau}\boldsymbol{m} + \boldsymbol{m} \times \mathbf{A}\boldsymbol{m} + \mu^2\gamma \times \mathbf{C}\gamma, \quad \frac{d\gamma}{d\tau} = \gamma \times \mathbf{A}\boldsymbol{m}. \tag{7.27}$$

Несложно показать, что $\operatorname{div} \boldsymbol{v} = -\dfrac{1}{2\tau}$, т. е. фактически система (7.27) описывает уравнения Кирхгофа с диссипацией, убывающей со временем. Рассмотрим энергию «невозмущенной» системы

$$\mathscr{E} = \frac{1}{2}(\boldsymbol{m}, \mathbf{A}\boldsymbol{m}) + \frac{1}{2}\mu^2(\boldsymbol{\gamma}, \mathbf{C}\boldsymbol{\gamma}). \tag{7.28}$$

Вычисляя производную $\mathscr{E}$ вдоль решений (7.27), находим

$$\frac{d\mathscr{E}}{d\tau} = -\frac{(\boldsymbol{m}, \mathbf{A}\boldsymbol{m})}{2\tau}.$$

Отсюда заключаем также, что

1°. $\mathscr{E} \xrightarrow[t\to\infty]{} \mathscr{E}_* = \mathrm{const}$;

2°. интеграл $I = \displaystyle\int\limits_{\tau_0}^{\infty} \frac{\big(\boldsymbol{m}(\tau), \mathbf{A}\boldsymbol{m}(\tau)\big)}{2\tau} d\tau$ сходится.

Теперь осталось показать, что $\mathscr{E}_* = \mathscr{E}_c$, где $\mathscr{E}_c$ — критическое значение функции (7.28) и, следовательно, функции $V(\boldsymbol{\gamma})$. Предыдущее доказательство (теорема 1) существенно опиралось на тот факт, что «невозмущенная» система — это гамильтонова система с одной степенью свободы и требует модификации.

Обозначим через $K(\tau) = \frac{1}{2}\big(\boldsymbol{m}(\tau), \mathbf{A}\boldsymbol{m}(\tau)\big)$ кинетическую энергию невозмущенной системы. Покажем, что если $\mathscr{E}_* \neq \mathscr{E}_c$, то для функции $K(\tau)$ существуют положительные постоянные ε, $T_1 < T_2$ такие, что

1) если $K(\tau_*) < \varepsilon$, то $\exists \Delta\tau_1 \leqslant T_1$ $K(\tau_* + \Delta\tau_1) \geqslant \varepsilon$;
2) если $K(\tau_*) = \varepsilon$ и $K'(\tau_*) > 0$, то $\forall \Delta\tau_2 \geqslant T_2$ $K(\tau_* + \Delta\tau_2) \geqslant \varepsilon$.

То есть система достаточно быстро покидает области, где $K(\tau)$ близка к нулю, и проводит достаточное долгое время в областях, где $K(\tau)$ отделена от нуля (см. рис. 132). Покажем, что это противоречит свойству 2°.

Действительно, оценим снизу интеграл

$$I_n = \int\limits_{\tau_0}^{\tau_n} \frac{K(\tau)}{\tau} d\tau,$$

где τ_n — последовательные моменты пересечения прямой $K(\tau) = \varepsilon$ в направлении возрастания $K(\tau)$ (см. рис. 132). Сделаем это в два этапа: во-первых, ограничим I_n снизу интегралом, верхняя граница которого увеличивается с ростом n медленнее, чем τ_n, а этот интеграл, в свою очередь, ограничим снизу частичной суммой расходящегося ряда.

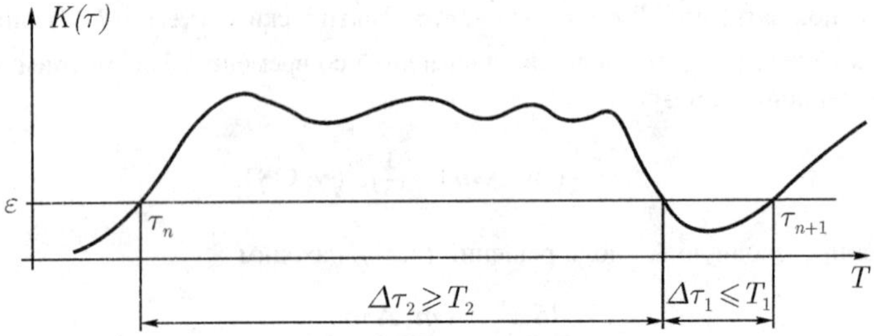

Рис. 132

Так как $\tau_n = \tau_{n-1} + \Delta\tau_1 + \Delta\tau_2 \geqslant \tau_{n-1} + \Delta\tau_2 \geqslant \tau_{n-1} + T_2 \geqslant nT_2 + \tau_0$, получим

$$I_n \geqslant \int\limits_{\tau_0}^{\tau_0+nT_2} \frac{K(\tau)}{\tau}\,d\tau.$$

На основании свойств 1, 2 заключаем, что наименьшее значение интеграла, стоящего в правой части, получается, если все интервалы времени, в течение которых $K(\tau) \leqslant \varepsilon$, расположены ближе всего к началу отсчета τ_0 и разделены наибольшим возможным промежутком $\Delta\tau_1 = T_1$; ясно, что это значение заведомо больше следующей суммы:

$$I_n \geqslant \int\limits_{\tau_0}^{\tau_0+nT_2} \frac{K(\tau)}{\tau}\,d\tau \geqslant \sum_{k=1}^{\overline{n}} \int\limits_{\tau_0+kT_1+(k-1)T_2}^{\tau_0+kT_1+kT_2} \frac{\varepsilon}{\tau}\,d\tau \geqslant \sum_{k=1}^{\overline{n}} \frac{\varepsilon\cdot T_2}{\tau_0 + k(T_1+T_2)},$$

где $\overline{n} = \min\bigl(k, k(T_1+T_2) \geqslant nT_2\bigr)$. Но последняя сумма при $\overline{n} \to \infty$ расходится.

Для обоснования свойств 1, 2 выберем достаточно большое время, так что $\mathscr{E} \approx \mathscr{E}_*$, и выберем ε достаточно малым, так что в окрестности $K(\tau) \leqslant \varepsilon$ векторное поле имеет вид

$$\dot{\boldsymbol{m}} = \mu^2 \boldsymbol{\gamma} \times \mathbf{C}\boldsymbol{\gamma} + O(\varepsilon^2), \quad \dot{\boldsymbol{\gamma}} = O\bigl(\sqrt{\varepsilon}\bigr). \tag{7.29}$$

Поскольку $\mathscr{E}_*$ отстоит от $\mathscr{E}_c$, то вблизи поверхности векторное поле (7.29) достаточно велико (т. е. $|\boldsymbol{\gamma} \times \mathbf{C}\boldsymbol{\gamma}|$ не малая величина). Отсюда можно получить оценки для T_1 и T_2, если воспользоваться следующими условиями:

$\Delta m = \sqrt{\varepsilon} \sim |\boldsymbol{\gamma} \times \mathbf{C}\boldsymbol{\gamma}| \cdot T_1$, т. е. за время, через которое система покидает окрестность $K(\tau) \leqslant \varepsilon$;

$\Delta\gamma \sim 1 \sim \sqrt{\varepsilon}T_2$, т. е. за время T_2 векторное поле (7.29) изменяется настолько, чтобы точка вернулась в окрестность $K(\tau) \leqslant \varepsilon$.

То есть $T_1 = O\bigl(\varepsilon^{1/2}\bigr)$, $T_2 = O\bigl(\varepsilon^{-1/2}\bigr)$.

Тем самым показано, что условие $\mathscr{E}_* \neq \mathscr{E}_c$ противоречит сходимости интеграла. ■

Для падения произвольного тела, обладающего тремя плоскостями симметрии, также существует гипотеза, принадлежащая В. В. Козлову: *для почти всех решений* γ *уравнений* (7.24) $\mathscr{E}_* = \mathscr{E}_c^{\min}$. Таким образом, тело при $t \to \infty$ почти всегда стремится занять в пространстве такое положение, что ось, соответствующая максимальной присоединенной массе, становится вертикальной.

Компьютерный анализ. Сформулированная выше теорема приводит к естественному вопросу: как в пространстве начальных условий устроены области, соответствующие различным асимптотическим режимам при $t \to \pm\infty$ (т. е. бассейны притяжения)? Выберем $t_0 = 0$, параметризуем совместно четырехмерный уровень интегралов

$$(\boldsymbol{M}, \boldsymbol{\gamma}) = c = \text{const}, \quad \boldsymbol{\gamma}^2 = 1$$

переменными Андуайе (L, G, l, g) и зафиксируем поверхность начальных условий при $t_0 = 0$ уравнениями

$$g = g_0, \quad E = \frac{1}{2}(\boldsymbol{M}, \mathbf{A}\boldsymbol{M}) = \text{const}.$$

В зависимости от того, какой стороной падает при $t \to \infty$ тело, будем окрашивать точку на этой поверхности в соответствующий цвет. Типичная картина приведена на рисунках 133, 134, 135.

Мы видим, что тело падает таким образом, что ось, соответствующая наибольшей присоединенной массе, вертикальна, либо одной широкой стороной вниз, либо другой, что подтверждает сформулированную выше гипотезу. При этом граница этих областей в общем случае устроена фрактально: при увеличении рисунок поверхности повторяется на все более мелких масштабах (т. е. обладает фрактальными свойствами).

Таким образом, если использовать аналогию с интегрируемыми и неинтегрируемыми (регулярными и хаотическими) системами, можно плоскопараллельный случай назвать интегрируемым, а общий случай системы (7.23), (7.24) неинтегрируемым. Действительно, в плоскопараллельном случае границы областей, соответствующих различным расположениям тела, регулярны, а в системе (7.23), (7.24) — фрактальны. Как видно из рисунка 135, если система (7.24) имеет еще один дополнительный интеграл (в данном случае интеграл Лагранжа), то границы областей также становятся регулярными.

Фрактальная структура границ, разделяющих различные типы поведений при $t \to \infty$, тесно связана с вероятностными эффектами, возникающими при описании асимптотических движений. Действительно, при

Рис. 133. Типичная картина областей, соответствующих двум различным предельным при $t \to +\infty$ положениям тела (в которых собственный вектор, отвечающий наибольшей присоединенной массе, вертикален – два цвета соответствуют двум его возможным направлениям). На четырехмерном уровне первых интегралов приведенная двумерная поверхность определяется уравнениями (7.23). Значения параметров системы: $\mathbf{A} = \mathrm{diag}(1.8, 1.5, 2)$, $\mathbf{C} = \mathrm{diag}(0.5, 2.9, 1.4)$, $\mu = 1$, $(\boldsymbol{M}, \boldsymbol{\gamma}) = 1$, $E_0 = 7$.

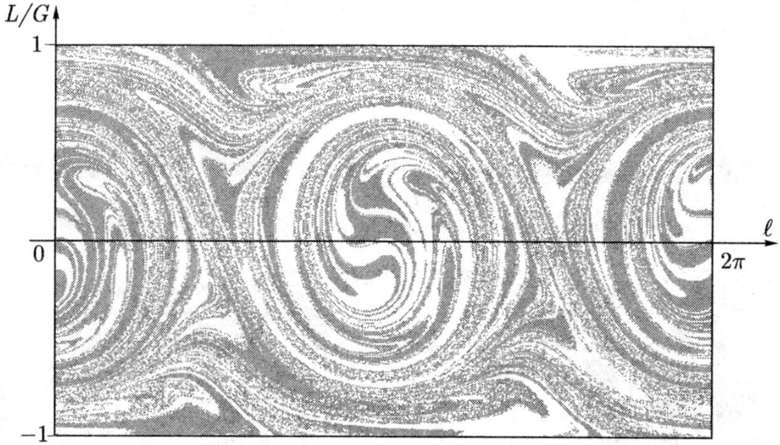

a) E_0=20, t_0=0.6

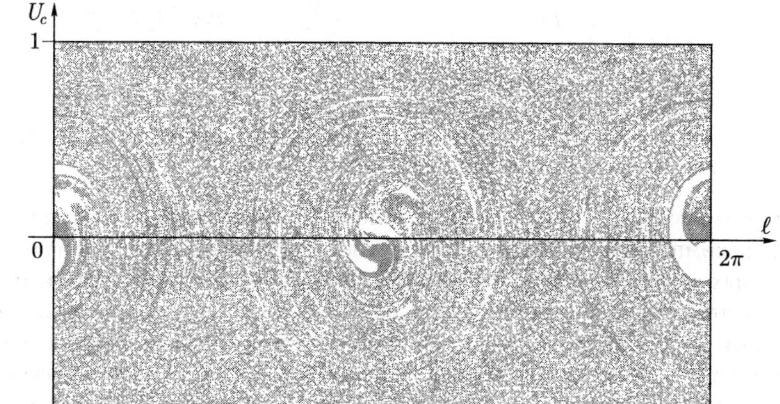

b) E_0=70, t_0=0.3

Рис. 134. Характерный вид разбиения поверхности начальных условий в соответствии с поведением системы при $t \to \infty$ при увеличении начальной энергии и начального момента t_0. Значения параметров системы: $\mathbf{A} = \mathrm{diag}(1.8, 1.5, 2)$, $\mathbf{C} = \mathrm{diag}(0.5, 2.9, 1.4)$, $\mu = 1$, $(\boldsymbol{M}, \boldsymbol{\gamma}) = 1$, $E_0 = 1$.

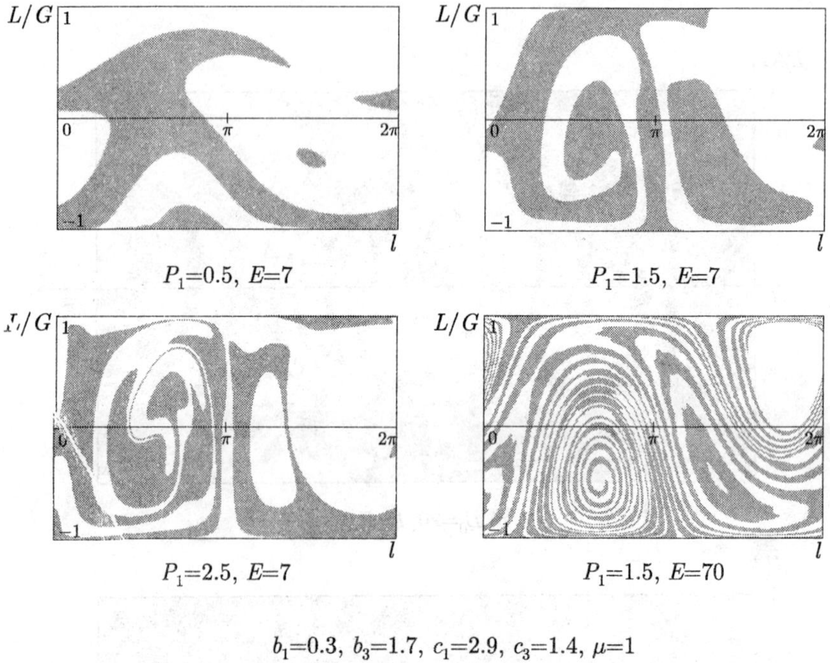

Рис. 135. Аналог случая Лагранжа, т. е. случай существования интеграла $M_3 = \mathrm{const}$. Регулярная структура бассейна притяжения.

сложном распределении начальных условий, соответствующих различным типам асимптотического поведения, при конкретных (заданных) начальных условиях асимптотическое поведение становится непредсказуемым и можно говорить лишь о вероятностном описании. Это — своего рода вероятностный хаос, порожденный структурой начальных условий. Вероятностное описание было предложено А. И. Нейштадтом при изучении движения вокруг неподвижной точки твердого тела, находящегося под действием постоянного и линейного (по ω) диссипативных моментов [209]. Оказалось, что при малых величинах этих моментов динамика системы имеет вероятностный характер, и в работе [209] получены явные формулы для вероятностей, осуществляющих эволюцию системы к одному из равномерных вращений. Непосредственное перенесение аналитических результатов [209] на систему (7.24), (7.27) связано с существенными трудностям, обусловленными бо́льшей размерностью этой системы и зависимостью «параметра диссипации» ε от времени: $\varepsilon \sim \frac{1}{\tau}$.

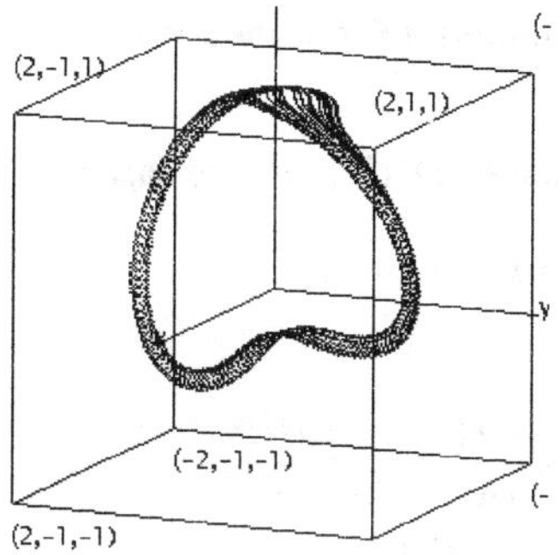

Начальная точка 3.04, 0.62

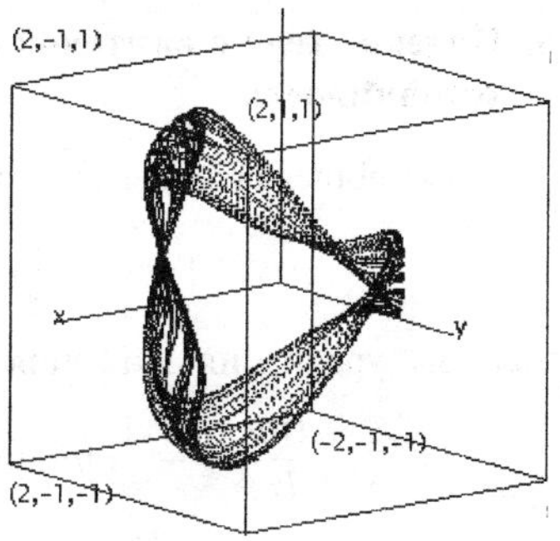

Начальная точка 3.04, 0.62

B_{11}=8, B_{22}=1

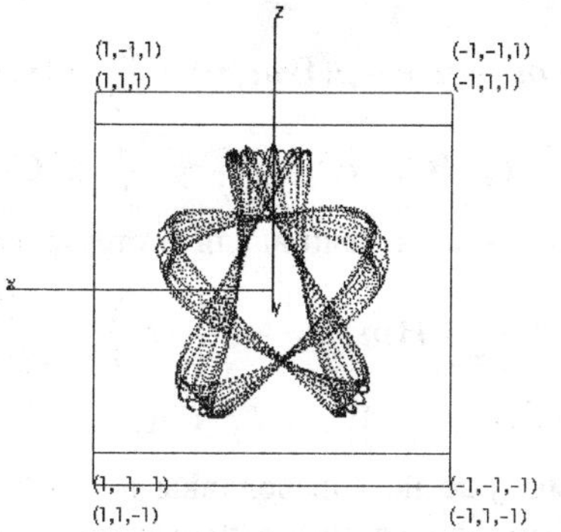

Начальная точка 3.04, 0.62

Рис. 136. Падение тела с винтовой симметрией. Предельные инвариантные множества $A_{11} = 1$, $A_{22} = 1.2$, $A_{33} = 2$, $C_{11} = 1.6$, $C_{22} = 0.1$, $C_{33} = 0$, $E = 3$, $P_1 = 0$, $m = 1$, $x = y = z = 0$, $B_{11} = 8$, $B_{22} = 0$.

Указанный тип хаоса можно также назвать асимптотическим или связанным с рассеянием, в соответствии с терминологией, принятой для таких систем.

Замечание. Поведение тяжелого тела в жидкости существенно отличается от его движения по инерции, описываемого уравнениями Кирхгофа. Последняя система в общем случае является неинтегрируемой [160, 33] и демонстрирует типичное хаотическое поведение (гамильтонов хаос) [36, 320].

6. Падение тела с винтовой симметрией. Решения Стеклова и их устойчивость

Для общего случая $P_1 \neq 0$, $\mathbf{B} \neq 0$ системы (7.1), (7.2) после замен

$$\frac{1}{2}t^2 = \tau, \quad \boldsymbol{M} = t\boldsymbol{m}$$

получим уравнения движения в форме

$$\begin{gathered}
\frac{d\boldsymbol{m}}{d\tau} = -\frac{1}{2\tau}\boldsymbol{m} + \boldsymbol{m} \times \frac{\partial H}{\partial \boldsymbol{m}} + \boldsymbol{\alpha} \times \frac{\partial H}{\partial \boldsymbol{\alpha}} + \boldsymbol{\gamma} \times \frac{\partial H}{\partial \boldsymbol{\gamma}}, \\
\frac{d\boldsymbol{\alpha}}{d\tau} = \boldsymbol{\alpha} \times \frac{\partial H}{\partial \boldsymbol{m}}, \quad \frac{d\boldsymbol{\gamma}}{d\tau} = \boldsymbol{\gamma} \times \frac{\partial H}{\partial \boldsymbol{m}}, \\
H = H_0 + \frac{1}{\sqrt{2\tau}}H_1 + \frac{1}{2\tau}H_2, \\
H_0 = \frac{1}{2}(\boldsymbol{m}, \mathbf{A}\boldsymbol{m}) - \mu(\mathbf{B}\boldsymbol{m}, \boldsymbol{\gamma}) + \frac{\mu^2}{2}(\mathbf{C}\boldsymbol{\gamma}, \boldsymbol{\gamma}), \\
H_1 = P_1(\mathbf{B}\boldsymbol{m}, \boldsymbol{\alpha}) - P_1\mu(\mathbf{C}\boldsymbol{\alpha}, \boldsymbol{\alpha}), \quad H_2 = \frac{P_1}{2}(\boldsymbol{\alpha}, \mathbf{C}\boldsymbol{\alpha}) + \mu(\boldsymbol{r}, \boldsymbol{\gamma}).
\end{gathered} \tag{7.30}$$

Теперь дифференцирование энергии вдоль системы дает

$$\begin{gathered}
\frac{dH}{d\tau} = -\frac{(\boldsymbol{m}, \mathbf{A}\boldsymbol{m})}{2\tau} + \frac{1}{2\tau}\left(\mathbf{B}\boldsymbol{m}, \mu\boldsymbol{\gamma} - \frac{2P_1}{\sqrt{2\tau}}\boldsymbol{\alpha}\right) + \frac{W_1}{(2\tau)^{3/2}} + \frac{W_2}{(2\tau)^2}, \\
W_1 = -P_1\mu(\mathbf{C}\boldsymbol{\alpha}, \boldsymbol{\gamma}), \quad W_2 = P_1^2(\mathbf{C}\boldsymbol{\alpha}, \boldsymbol{\alpha}) + 2\mu(\boldsymbol{r}, \boldsymbol{\gamma}).
\end{gathered} \tag{7.31}$$

Для этой системы уже не справедливы асимптотические закономерности движения, сформулированные в предыдущих разделах. Более того, существуют сложные притягивающие при $t \to \infty$ режимы движения, отличные от поступательных движений (рис. 136). Прежде всего рассмотрим условия устойчивости (при $\mathbf{B} \neq 0$) классических равноускоренных вращений для уравнений (7.30) и найдем области значений параметров, при которых все они теряют устойчивость (и устойчивыми становятся более сложные режимы). В дальнейшем мы рассмотрим также случай нулевого начального толчка $P_1 = 0$.

Линейная устойчивость решений Стеклова. Пусть $P_1 = 0$, тогда уравнения для $\boldsymbol{m}$, $\boldsymbol{\gamma}$ отделяются, а интеграл площадей представляется в форме

$$(\boldsymbol{m}, \boldsymbol{\gamma}) = \frac{\sigma}{\sqrt{2\tau}}, \quad \sigma = \text{const}, \tag{7.32}$$

т. е. $(\boldsymbol{M}, \boldsymbol{\gamma}) = \sigma$.

Если кроме того $\boldsymbol{r} = 0$ и $\mathbf{A}$, $\mathbf{B}$, $\mathbf{C}$ *одновременно диагонализируемы*, то уравнения (7.30) допускают частные решения, аналогичные стационарным решениям (7.25). В базисе собственных векторов матриц $\mathbf{A}$, $\mathbf{B}$, $\mathbf{C}$ имеем

$$\gamma_k = \pm 1, \quad \gamma_i = \gamma_j = 0, \quad m_k = \pm\frac{\sigma}{\sqrt{2\tau}}, \quad m_i = m_j = 0, \quad i \neq j \neq k \neq i, \tag{7.33}$$

т. е. с учетом номера k и возможных знаков $\pm$ имеется шесть частных решений. При этом тело падает таким образом, что его ось Oe_k остается вертикальной, а угловая скорость вращения вокруг нее определяется соотношением

$$\Omega^{(k)} = -\mu b_k t + \sigma a_k,$$

т. е. тело вращается равноускоренно. Скорость начала подвижной системы координат в подвижных осях определяется выражением $\boldsymbol{v} = \dfrac{\partial H}{\partial \boldsymbol{p}} = (\sigma\mathbf{B} - \mu t\mathbf{C})\boldsymbol{\gamma}$, откуда с помощью (6.21) находим

$$x_i = \text{const}, \quad x_j = \text{const}, \quad x_k = -\mu c_k\frac{t^2}{2} + \sigma b_k t + \text{const},$$

т. е. начало координат движется равномерно ускоренно вдоль вертикальной оси, как и при свободном падении тела. Эти равноускоренные движения были указаны В. А. Стекловым [265] (1895 г.) и С. А. Чаплыгиным [301] (1890 г.). В дальнейшем мы будем называть их решениями Стеклова.

По аналогии с решениями (7.25) решения (7.33) всегда неустойчивы во всем фазовом пространстве (по отношению к переменным $\boldsymbol{M}$, $\boldsymbol{\gamma}$). Эта неустойчивость была указана В. А. Стекловым [265]. В то же время устойчивость по отношению к позиционным переменным $\boldsymbol{\gamma}$ зависит от параметров системы и требует отдельного рассмотрения.

Для исследования «позиционной» устойчивости решений (7.33) выберем новые переменные

$$v_i = \frac{d\gamma_i}{d\tau}, \quad v_j = \frac{d\gamma_j}{d\tau}, \quad i \neq j \neq k \neq i, \tag{7.34}$$

дополняя эти уравнения интегралом площадей (7.32), выразим переменные m_i, m_j, m_k через v_i, v_j, σ. Воспользовавшись соотношением $\gamma_k = \pm 1 \mp \frac{1}{2}(\gamma_i^2 + \gamma_j^2)$ вблизи решений (7.33), получим линеаризованные уравнения для новых переменных в форме

$$\frac{d\gamma_i}{d\tau} = v_i, \quad \frac{d\gamma_j}{d\tau} = v_j,$$

$$\begin{aligned}
\frac{dv_i}{d\tau} &= -a_i^{-1} a_j \varkappa_i^{(k)} \gamma_i + a_i^{-1} a_j \mu\big(b_i - b_k + a_i(b_j - b_k)\big) v_j + \\
&\quad + \frac{\sigma}{\sqrt{2\tau}} a_i^{-1} \big(\mu a_j a_k (b_i - b_k)\gamma_i + (a_i a_k + a_j a_k - a_i a_j) v_j\big) - \\
&\quad - \frac{1}{2\tau}\big(v_i - \sigma^2 a_i^{-1} a_j a_k (a_k - a_i)\gamma_j + \mu(b_j - b_k)\gamma_j\big), \\
\frac{dv_j}{d\tau} &= \ldots,
\end{aligned} \tag{7.35}$$

$$\varkappa_i^{(k)} = \mu^2\big(a_i(c_i - c_k) - (b_i - b_k)^2\big),$$

где выражение для $\frac{dv_j}{d\tau}$ получается сменой индексов $i \leftrightarrow j$.

Напомним одну теорему из теории обыкновенных дифференциальных уравнений [143].

Пусть задана линейная система

$$x' = \big(A + V(t) + R(t)\big). \tag{7.36}$$

Теорема 8. *Пусть A — постоянная матрица с различными характеристическими корнями μ_j, $j = 1, \ldots, n$. Пусть матрица V дифференцируема и удовлетворяет условию*

$$\int\limits_0^\infty |V'(t)|\, dt < \infty \tag{7.37}$$

и пусть $V(t) \to 0$ при $t \to \infty$. Пусть матрица R интегрируема и

$$\int\limits_0^\infty |R(t)|\, dt < \infty. \tag{7.38}$$

Обозначим корни уравнения $\det\big(A + V(t) - \lambda E\big) = 0$ через $\lambda_j(t)$, $j = 1, \ldots, n$. Очевидно, что можно, если это необходимо, переставить μ_j так, чтобы $\lim\limits_{t\to\infty} \lambda_j(t) = \mu_j$. Для данного k положим

$$D_{kj}(t) = \mathrm{Re}\big(\lambda_k(t) - \lambda_j(t)\big).$$

Допустим, что все j, $1 \leqslant j \leqslant n$, попадают в один из двух классов I_1 и I_2, где

$$j \in I_1, \text{ если } \int\limits_0^t D_{kj}(t) d\tau \to \infty \text{ при } t \to \infty$$

и

$$\int_{t_1}^{t_2} D_{kj}(\tau)d\tau > -K \quad (t_2 \geqslant t_1 \geqslant 0), \tag{7.39}$$

$$j \in I_2, \text{ *если* } \int_{t_1}^{t_2} D_{kj}(\tau)d\tau < K \quad (t_2 \geqslant t_1 \geqslant 0); \tag{7.40}$$

здесь k фиксировано и K — постоянная. Пусть p_k — характеристический вектор A, соответствующий μ_k, так что

$$Ap_k = \mu_k' p_k. \tag{7.41}$$

Тогда существуют решение φ_k системы (7.36) *и число t_0, $0 \leqslant t_0 \leqslant \infty$, такие, что*

$$\lim_{t\to\infty} \varphi_k(t) \exp\left[-\int_{t_0}^{t} \lambda_k(\tau)d\tau\right] = p_k. \tag{7.42}$$

Для нашего случая в теореме $R(t) \equiv 0$, а для $V(\tau)$ очевидно выполнено условие (7.37). Поскольку очевидно, что характеристические числа линейной системы (7.35) разлагаются по степеням $\tau^{-1/2}$

$$\lambda_k(\tau) = \lambda_k^{(0)} + \frac{\lambda_k^{(1)}}{\sqrt{\tau}} + \frac{\lambda_k^{(2)}}{\tau} + \ldots,$$

то необходимыми условиями устойчивости системы (7.35) являются $\operatorname{Re}\lambda_k^{(0)} \leqslant 0$ (аналогично достаточными условиями неустойчивости являются $\operatorname{Re}\lambda_k^{(0)} > 0$), где $\lambda_k^{(0)}$ — характеристические числа системы при $\tau = \infty$. Для их определения можно получить (биквадратный) характеристический полином

$$\lambda^4 - \lambda^2(\varkappa_i^{(k)} + \varkappa_j^{(k)} - \varkappa_k^{(k)}) + \varkappa_i^{(k)}\varkappa_k^{(k)} = 0. \tag{7.43}$$

Таким образом, *необходимым условием устойчивости решений* (7.33) является наличие у полинома (7.43) пары чисто мнимых корней (точнее, это условие отсутствия экспоненциальной по τ неустойчивости). Откуда находим соответствующие ограничения на параметры

$$\varkappa_i^{(k)} \cdot \varkappa_j^{(k)} > 0, \quad \varkappa_i^{(k)} + \varkappa_j^{(k)} - \varkappa_k^{(k)} < 0,$$
$$D = (\varkappa_i^{(k)})^2 + (\varkappa_j^{(k)})^2 + (\varkappa_k^{(k)})^2 - 2\varkappa_i^{(k)}\varkappa_j^{(k)} - 2\varkappa_i^{(k)}\varkappa_k^{(k)} - 2\varkappa_j^{(k)}\varkappa_k^{(k)} > 0. \tag{7.44}$$

Исследуем теперь подробно устойчивость каждого из решений в зависимости от параметров. Без ограничения общности положим $k = 3$ и $\mu = 1$, $c_3 = 0$, $b_3 = 0$ (выполнения последних двух условий можно достичь с помощью интегралов $\gamma^2 = 1$ и $(\boldsymbol{M}, \gamma) = \mathrm{const}$). Зафиксируем a_1, a_2, a_3, c_1, c_2 и построим на плоскости параметров b_1, b_2 области, в которых выполнены неравенства (7.44). Можно показать, что в этом случае соотношения (7.44) принимают вид

$$\begin{aligned}(a_1c_1 - b_1^2)(a_2c_2 - b_2^2) > 0, \quad \Phi = a_1c_2 + a_2c_1 + 2b_1b_2 > 0,\\ D = ((a_1c_2 - a_2c_1)^2 + 4(a_1b_2 + a_2b_1)(c_2b_1 + c_1b_2) > 0.\end{aligned} \tag{7.45}$$

Несложно показать, что имеется три качественно различных случая:

1) $c_3 = 0 > c_1 > c_2$ (т. е. $c_1 < 0$ и $c_2 < 0$); в этом случае на плоскости b_1, b_2 нет областей, в которых выполнены неравенства (7.44). Можно показать, что решения (7.43) разбиваются либо на пару вещественных, либо на четверку комплексных;

2) $c_1 > c_3 = 0 > c_2$ (т. е. $c_1 > 0$ и $c_2 < 0$); в этом случае область, определяемая соотношениями (7.45), располагается между прямыми $b_1 = \pm\sqrt{a_1c_1}$ и ветвями гиперболы, определяемой соотношением $D = 0$ (см. рис. 137a);

3) $c_1 > c_2 > c_3 = 0$ (т. е. $c_1 > 0$ и $c_2 > 0$); в этом случае области, определяемые соотношениями (7.45), располагаются между прямыми $b_1 = \pm\sqrt{a_1c_1}$, $b_2 = \pm\sqrt{a_2c_2}$ и ветвями гиперболы $D = 0$ (см. рис. 137b).

Замечание. Несложно показать, что кривые $\Phi = 0$ и $D = 0$ пересекаются между собой в тех же точках, в которых они пересекают какую-либо из прямых $b_i = \pm\sqrt{a_ic_i}$.

Если $b_1 = b_2 = 0$, то условия (7.45) приводят к указанным выше [157], а именно: устойчивым оказывается лишь случай 3, т. е. падение, при котором ось, соответствующая максимально присоединенной массе, вертикальна. Таким образом, добавление матрицы $\mathbf{B}$ позволяет стабилизировать (по крайней мере, в линейном смысле) движение, при котором «средняя» ось является вертикальной, и не позволяет стабилизировать движение, при котором вертикальна «малая» ось.

Положим теперь для определенности $c_1 > c_2 > c_3 = 0$ и нанесем на плоскости параметров b_1, b_2 области (линейной) устойчивости решений Стеклова, соответствующих падению «широкой» и «средней» стороной (см. рис. 138; падение «узкой» стороной всегда неустойчиво). На рисунке хорошо видно, что имеются области (белого цвета), в которых все три решения Стеклова неустойчивы.

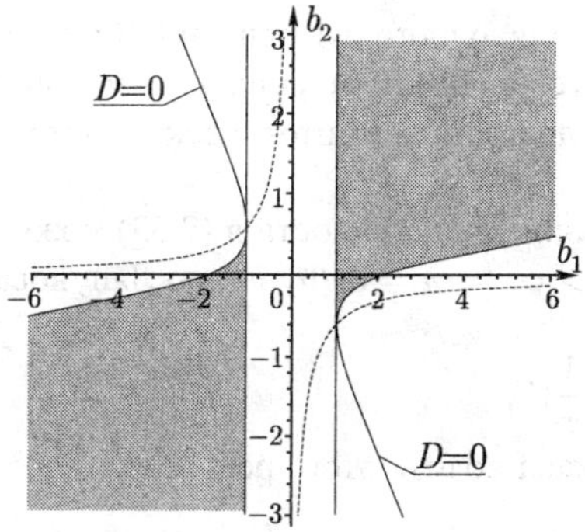

а) $c_1 = 1.1$, $c_2 = -0.1$

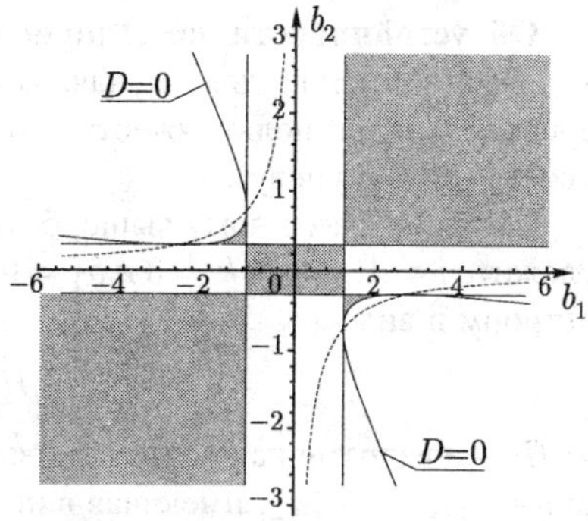

b) $c_1 = 1.6$, $c_2 = 0.1$

Рис. 137. Характерный вид областей на плоскости параметров b_1, b_2, для которых выполнены необходимые условия устойчивости (7.45) решений Стеклова при различных соотношениях параметров матрицы $\mathbf{C}$, при этом $\mathbf{A} = \mathrm{diag}(1, 1.2, 2)$. (Серым цветом отмечены области, в которых выполнены необходимые условия устойчивости (7.45).)

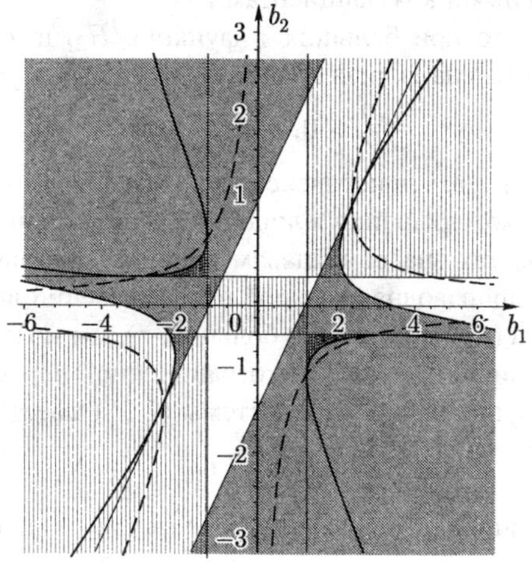

Рис. 138. Характерный вид областей устойчивости (в линейном приближении) на плоскости параметров b_1, b_2 решений Стеклова, соответствующих падению «широкой» (т. е. собственный вектор в направлении максимальной присоединенной массы вертикален) и «средней» стороной вниз. $\mathbf{A} = \mathrm{diag}(1, 1.2, 2)$, $\mathbf{C} = \mathrm{diag}(1.6, 0.1, 0)$. (Штриховкой и серым цветом отмечены области, в которых выполнены условия (7.45) для указанных решений.)

Об устойчивости по Ляпунову. Для одного из решений Стеклова (7.33), а именно для случая, когда тело падает «широкой» стороной перпендикулярно полю тяжести, можно доказать асимптотическую устойчивость (по Ляпунову).

Согласно сказанному выше, без ограничения общности в (7.33) можно положить $i=1$, $j=2$, $k=3$ и $b_3=0$, $c_1>c_2>c_3=0$. Функцию Ляпунова построим в виде

$$V = H_2 + \frac{1}{\tau}W,$$

где H_2 — квадратичная часть гамильтониана вблизи этого решения в переменных γ_1, γ_2, v_1, v_2, имеющая вид

$$H_2 = \frac{1}{2}(a_2^{-1}v_1^2 + a_1^{-1}v_2^2) + \frac{1}{2a_1}\Big(a_1c_1 - b_1^2 - \frac{2\sigma}{\sqrt{2\tau}}a_3b_1 + \frac{\sigma^2}{4\tau^2}a_3(a_1-a_3)\Big)\gamma_1^2 + \\ + \frac{1}{2a_2}\Big(a_2c_2 - b_2^2 - \frac{2\sigma}{\sqrt{2\tau}}a_3b_2 + \frac{\sigma^2}{4\tau^2}a_3(a_2-a_3)\Big)\gamma_2^2, \quad (7.46)$$

а функцию W будем искать в виде однородной квадратичной формы по γ_1, γ_2, v_1, v_2 с постоянными коэффициентами.

Легко видеть, что при больших τ функция H_2, и, следовательно, V, положительно определена вблизи начала координат при условиях

$$a_1c_1 - b_1^2 > 0, \quad a_2c_2 - b_2^2 > 0. \quad (7.47)$$

Как было показано выше, эти неравенства задают одну из областей устойчивости рассматриваемого решения в линейном приближении (см. рис. 137b). Таким образом, для тех значений параметров, при которых удастся подобрать функцию V, производная которой вдоль решений линейной системы строго отрицательна (при достаточно больших τ), мы можем показать асимптотическую устойчивость в области, ограниченной неравенствами (7.47).

Производная функции V вдоль системы (7.35) имеет вид

$$\frac{dV}{d\tau} = -\frac{1}{\tau}G_1 + \frac{1}{\tau^{3/2}}G_2 + \frac{1}{\tau^2}G_3,$$

где G_1, G_2, G_3 — однородные квадратичные формы по переменным γ_1, γ_2, v_1, v_2. Таким образом, при больших τ знак производной $\dfrac{dV}{d\tau}$ определяется квадратичной формой G_1, которая в случае асимптотической устойчивости должна быть положительно определенной.

Прямым вычислением можно показать, что W необходимо выбрать в форме

$$W = k_1v_1\gamma_1 + k_2v_2\gamma_2,$$

добавление других слагаемых приводит к появлению заведомо отрицательных слагаемых в функции G_1. При таком выборе W G_2 и G_3 не зависят от v_1, v_2 и

$$\begin{aligned}G_1 = 2k_1a_1^{-1}a_2(a_1c_1 - b_1^2)v_1^2 + 2k_2a_2^{-1}a_1(a_2c_2 - b_2^2)v_2^2+\\ + a_2^{-1}(1 - 2a_2k_1)\gamma_1^2 + a_1^{-1}(1 - 2a_1k_2)\gamma_2^2+\\ +\frac{1}{2}a_1^{-1}\big(b_1 - 2k_1(a_1b_2 + a_2b_1)\big)\gamma_1v_2-\frac{1}{2}a_2^{-1}\big(b_2 - 2k_2(a_1b_2 + a_2b_1)\big)\gamma_2v_1.\end{aligned} \tag{7.48}$$

Несложно получить условия положительной определенности формы G_1:

$$\begin{gathered}0 < k_1 < \frac{1}{2a_2}, \quad 0 < k_2 < \frac{1}{2a_1},\\ -4(a_1b_2 + a_2b_1)^2k_1^2 - 16a_1a_2(c_1a_1 - b_1^2)k_1k_2 - b_1^2+\\ +4(2a_1a_2c_1 - a_2b_1^2 + a_1b_1b_2)k_1 > 0,\\ -4(a_1b_2 + a_2b_1)^2k_2^2 - 16a_1a_2(c_2a_2 - b_2^2)k_1k_2 - b_2^2+\\ +4(2a_1a_2c_2 - a_1b_2^2 + a_2b_1b_2)k_2 > 0.\end{gathered} \tag{7.49}$$

Выделяется два случая:

1) $b_1 \cdot b_2 > 0$, тогда, выбирая $k_1 = \frac{1}{2}b_1(a_1b_2 + a_2b_1)^{-1}$, $k_2 = \frac{1}{2}b_2(a_1b_2 + a_2b_1)^{-1}$, мы получаем диагональную заведомо положительно определенную квадратичную форму (7.48);

2) $b_1 \cdot b_2 < 0$, в этом случае достаточные условия разрешимости неравенств (7.49) определяются решениями уравнения четвертой степени (и имеют достаточно громоздкий вид). В то же время, поскольку в двух последних соотношениях (7.49) лишь одно слагаемое положительно, можно получить необходимые условия разрешимости (7.49) в форме

$$\begin{gathered}\Phi_1 = 2a_1a_2c_1 - a_2b_1^2 + a_1b_1b_2 > 0, \quad \Phi_2 = 2a_1a_2c_2 - a_1b_2^2 + a_2b_1b_2 > 0,\\ b_1b_2 > \max(-a_1c_2, -a_2c_1).\end{gathered} \tag{7.50}$$

На рисунке 139 серым цветом показана область, где рассматриваемое решение заведомо устойчиво, а штриховкой — область, где выполнены необходимые условия (7.50). Как видно из рисунка, при $b_1b_2 < 0$ область асимптотической устойчивости не совпадает со всей областью знакоопределенности квадратичной формы (7.46).

Замечание. Анализ устойчивости для решений Стеклова был выполнен М. В. Дерябиным в работах [108, 360] (в линейной и нелинейной постановках).

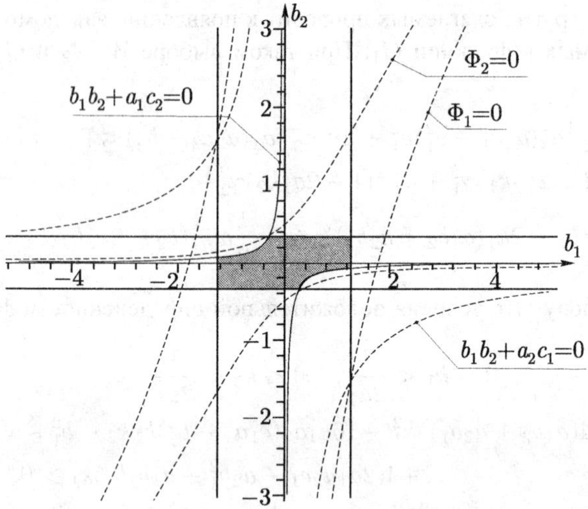

Рис. 139. Область асимптотической устойчивости решения Стеклова, соответствующего падению «широкой» стороной вниз при $\mathbf{A} = \operatorname{diag}(1, 1.2, 2)$, $\mathbf{C} = \operatorname{diag}(1.6, 0.1, 0)$.

В частности, были получены условия (7.49) в виде общих неравенств на коэффициенты, не различая шесть (без учета знака — три) типов решений Стеклова, соотношение устойчивости и неустойчивости между которыми может быть различным. Мы выполнили здесь геометрический анализ значений возможных параметров, при которых выполнены условия устойчивости (7.49), и сделали заключение о существовании области значений параметров, при которых все решения Стеклова являются неустойчивыми. В этом случае в фазовом пространстве существуют более сложные инвариантные притягивающие множества типа двумерного тора (см. рис. 136), к которому стремятся траектории системы (7.30) при $t \to +\infty$. Аналитически существование этого инвариантного множества до сих пор не доказано, так как пока вообще не развита теория бифуркаций и качественные методы для систем типа (7.30), для которых линейная «диссипация» убывает во времени от значений параметра $\varepsilon \sim \frac{1}{\tau}$. В нашем анализе получены также более простые условия линейной устойчивости и устойчивости по Ляпунову вследствие систематического использования гамильтоновой формы уравнений движения.

Приложение А
Вывод уравнений Кирхгофа, Пуанкаре–Жуковского и четырехмерного волчка

1. Движение твердого тела в идеальной несжимаемой жидкости

Если уравнения Эйлера–Пуассона хорошо известны и их вывод из принципов динамики содержится в большинстве учебников, то обсуждение физического происхождения уравнений Кирхгофа и Пуанкаре–Жуковского можно найти только в оригинальных работах классиков и трактате Ламба [178]. Мы вкратце приведем здесь этот вывод в современных обозначениях и с использованием формализма уравнений Пуанкаре–Четаева.

Уравнения Кирхгофа. Рассмотрим задачу о движении твердого тела в безграничном объеме идеальной несжимаемой жидкости. Для этого предположим, что тело, движущееся в жидкости, ограниченно односвязной поверхностью, а движение происходит по инерции, т. е. только под действием сил гидродинамического давления со стороны жидкости. При этом не допускается наличие свободных границ у массы жидкости, и предполагается, что на бесконечности жидкость покоится, независимо от движения в ней твердого тела. Еще одно условие состоит в том, что течение жидкости обладает однозначным потенциалом скоростей, т. е. является безвихревым. Это условие является корректным в том смысле, что если в начальный момент времени движение является безвихревым, то оно останется таковым и в последующие моменты времени. Справедливость этого утверждения является следствием хорошо известной в гидродинамике *теоремы Лагранжа* [178].

Как будет показано далее, если все вышеприведенные условия выполняются, то уравнения движения твердого тела, представляющие собой систему шести обыкновенных дифференциальных уравнений, отделяются от дифференциальных уравнений в частных производных, описывающих движение жидкости.

Рассмотрим твердое тело τ с поверхностью Σ и объемом V, движущееся в обычном евклидовом пространстве $\mathbb{R}^3 = \{x_1,\, x_2\, x_3\}$, заполненном идеальной однородной несжимаемой жидкостью с плотностью ρ. Если течение жидкости является потенциальным с потенциалом φ, то скорость $\boldsymbol{v}$

определяется в виде

$$\boldsymbol{v} = \frac{\partial \varphi}{\partial \boldsymbol{x}}, \qquad \boldsymbol{x} = (x_1,\, x_2,\, x_3) \in \mathbb{R}^3. \tag{A.1}$$

Кроме того, $\boldsymbol{v} \to 0$ при $|\boldsymbol{x}| \to \infty$. Предполагается, что поверхность, ограничивающая тело, является гладким многообразием.

Вычислим кинетическую энергию движущейся жидкости:

$$T_{\text{ж}} = \frac{1}{2} \int\limits_{\mathbb{R}^3 \setminus \tau} \rho v^2 \, d^3x, \tag{A.2}$$

где d^3x — элемент объема. С помощью формулы Гаусса – Остроградского преобразуем объемный интеграл (A.2) в поверхностный. Для этого определим векторное поле $\boldsymbol{u}$ по формуле

$$\boldsymbol{u} = \varphi \frac{\partial \varphi}{\partial \boldsymbol{x}} = \varphi \boldsymbol{v}, \tag{A.3}$$

где потенциал скорости φ удовлетворяет уравнению Лапласа $\Delta\varphi = 0$, которое получается из условия несжимаемости $\operatorname{div} \boldsymbol{v} = 0$.

Вычислим дивергенцию этого векторного поля

$$\operatorname{div} \boldsymbol{u} = \operatorname{div} \left(\varphi \frac{\partial \varphi}{\partial \boldsymbol{x}} \right) = \varphi \Delta \varphi + \left(\frac{\partial \varphi}{\partial \boldsymbol{x}} \right)^2 = v^2. \tag{A.4}$$

Формулу (A.4) применим к области жидкости, ограниченной с одной стороны поверхностью Σ, с другой — сферой Σ' достаточно большого радиуса R. Кинетическая энергия этого объема жидкости

$$T = \frac{1}{2} \int\limits_V \operatorname{div} \boldsymbol{u} \, d^3x = \frac{1}{2} \int\limits_{\Sigma + \Sigma'} (\boldsymbol{u}, \boldsymbol{n}) \, d\sigma = \frac{1}{2} \int\limits_{\Sigma + \Sigma'} \varphi \left(\frac{\partial \varphi}{\partial \boldsymbol{x}}, \boldsymbol{n} \right) d\sigma. \tag{A.5}$$

Как можно показать из гидродинамических соображений, при условии $\boldsymbol{v} \to 0$ на бесконечности потенциал φ имеет порядок $o\left(\frac{1}{R}\right)$, а значит, $\frac{\partial \varphi}{\partial x} = o\left(\frac{1}{R^2}\right)$. Поэтому интеграл (A.5) по поверхности Σ' при $R \to \infty$ будет стремиться к нулю.

Для вычисления интеграла (A.5) по поверхности Σ свяжем с телом τ декартову систему координат $Ox_1x_2x_3$ с началом O в некоторой точке внутри тела. Обозначим через $\boldsymbol{v} = (v_1,\, v_2,\, v_3)$ и $\boldsymbol{\omega} = (\omega_1,\, \omega_2,\, \omega_3)$ проекции на оси выбранной системы координат скорости точки O и угловой скорости тела соответственно (рис. A.1).

Следуя Кирхгофу [138], будем искать потенциал φ в виде

$$\varphi(t, \boldsymbol{x}) = \sum_{i=1}^{3} v_i \varphi_i + \sum_{i=1}^{3} \omega_i \chi_i, \qquad (A.6)$$

где функции v_i, ω_i предполагаются известными функциями времени, определяемыми движением твердого тела, а функции φ_i, χ_i являются гармоническими функциями $\Delta\varphi_i = \Delta\chi_i = 0$. По построению, $\Delta\varphi = 0$.

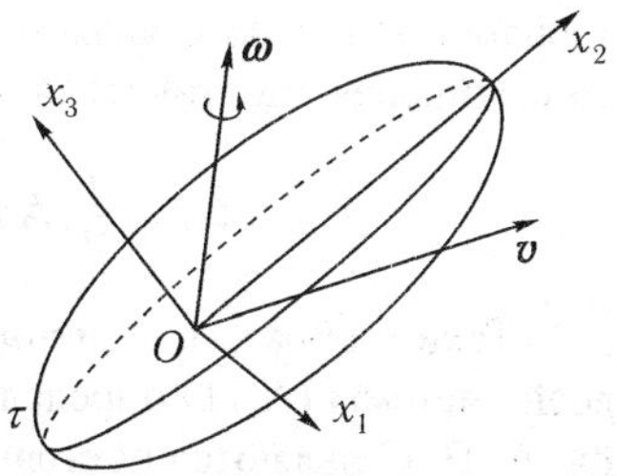

Рис. А.1

Для произвольной точки A поверхности Σ тела τ справедлива формула Эйлера распределения скоростей в твердом теле

$$\boldsymbol{v}_A = \boldsymbol{v}_0 + \boldsymbol{\omega} \times \overline{OA}. \qquad (A.7)$$

Граничные условия для потенциала (А.6) имеют вид

$$(\boldsymbol{v}_A, \boldsymbol{n}) = \left(\frac{\partial \varphi}{\partial \boldsymbol{x}}, \boldsymbol{n}\right), \qquad (A.8)$$

где $\boldsymbol{n} = (n_1, n_2, n_3)$ – орт нормали. Они выражают *условие непротекания* – нормальная компонента относительной скорости жидкости вблизи тела равна нулю. Можно получить следующие уравнения для функций φ_i, χ_i:

$$\left(\frac{\partial \varphi_i}{\partial \boldsymbol{x}}, \boldsymbol{n}\right) = n_i, \qquad \left(\frac{\partial \chi_i}{\partial \boldsymbol{x}}, \boldsymbol{n}\right) = \sum_{i,k} \varepsilon_{ijk} x_j n_k, \quad i, j, k = 1, 2, 3. \qquad (A.9)$$

Задача об отыскании гармонической функции, удовлетворяющей на границе условиям типа (А.9), является *задачей Неймана*. Эта задача является разрешимой, а решение единственно и не зависит от v_i, ω_i.

Предположим, что функции φ_i, χ_i найдены. Тогда из формул (А.5), (А.6), (А.7) получим выражение для кинетической энергии жидкости

$$T = \frac{1}{2}(\mathbf{A}'\boldsymbol{\omega}, \boldsymbol{\omega}) + (\mathbf{B}'\boldsymbol{\omega}, \boldsymbol{v}) + \frac{1}{2}(\mathbf{C}'\boldsymbol{v}, \boldsymbol{v}), \qquad (A.10)$$

где $\mathbf{A}', \mathbf{B}', \mathbf{C}'$ – квадратные матрицы 3×3, коэффициенты которых постоянны и определяются геометрией тела. Так как кинетическая энергия твердого тела также является квадратичной формой от переменных $\boldsymbol{v}$, $\boldsymbol{\omega}$, то суммарная кинетическая энергия твердого тела и жидкости имеет вид

$$T_{\text{ж+т}} = \frac{1}{2}(\mathbf{A}\boldsymbol{\omega},\, \boldsymbol{\omega}) + (\mathbf{B}\boldsymbol{\omega},\, \boldsymbol{v}) + \frac{1}{2}(\mathbf{C}\boldsymbol{v},\, \boldsymbol{v}). \tag{A.11}$$

Таким образом, в принятых предположениях кинетическая энергия всей системы (A.11) определяется только значениями $\boldsymbol{\omega}$, $\boldsymbol{v}$, причем матрицы $\mathbf{A}, \mathbf{B}, \mathbf{C}$ являются постоянными. Это – следствие идеальности и несжимаемости жидкости.

С физической точки зрения, матрицы $\mathbf{A}, \mathbf{B}, \mathbf{C}$ обобщают понятия «присоединенных масс и моментов инерции», возникающие при элементарных постановках задачи о движении тела в жидкости (например, сферы или пластинки [16, 178]). Общее число параметров матриц $\mathbf{A}, \mathbf{B}, \mathbf{C}$ равняется двадцати одному (так как матрицы $\mathbf{A}$ и $\mathbf{C}$ можно считать симметрическими). Однако путем несложных рассуждений можно показать, что выбором точки O и ориентации осей $Ox_1x_2x_3$ матрицу $\mathbf{A}$ можно привести к диагональному виду, а $\mathbf{B}$ к симметрическому. В дальнейшем это приведение будет считаться выполненным, что позволяет уменьшить общее число параметров до пятнадцати. Если тело обладает дополнительно некоторой группой симметрии (дискретной или непрерывной), то в кинетической энергии (A.11) можно исключить дополнительно некоторые параметры. В таблице A.1 приведены элементы, порождающие группу симметрий, вид матриц $\mathbf{A}$, $\mathbf{B}$, $\mathbf{C}$ в этих случаях, а также примеры соответствующих тел. Отметим, что во всех случаях указанную симметрию допускают как геометрия поверхности, так и распределение массы тела.

Для вывода уравнений движения твердого тела необходимо постулировать принцип Гамильтона $\delta \int\limits_{t_1}^{t_2} T_{\text{ж+т}}\, dt = 0$ в применении к системе «тело+жидкость». Экстремали этого действия удовлетворяют уравнениям Эйлера–Пуанкаре на группе $E(3)$ (см. § 1, гл. 1).

Для записи уравнений Эйлера–Пуанкаре на группе $E(3)$ используем в качестве квазискоростей проекции угловой скорости $\boldsymbol{\omega}$ и скорости выделенной точки тела $\boldsymbol{v}$ на оси связанной с телом системы координат. В этом случае, согласно § 4 гл. 1, уравнения можно представить в векторной форме

$$\begin{cases} \dfrac{d}{dt}\dfrac{\partial T}{\partial \boldsymbol{\omega}} = \dfrac{\partial T}{\partial \boldsymbol{\omega}} \times \boldsymbol{\omega} + \dfrac{\partial T}{\partial \boldsymbol{v}} \times \boldsymbol{v}, \\ \dfrac{d}{dt}\dfrac{\partial T}{\partial \boldsymbol{v}} = \dfrac{\partial T}{\partial \boldsymbol{v}} \times \boldsymbol{\omega}. \end{cases} \tag{A.12}$$

Таблица А.1

	Симметрия	Условия на параметры	Примеры
1	Плоскость симметрии xy	$\mathbf{A} = \operatorname{diag}(a_1,\, a_2,\, a_3)$ $\mathbf{B} = \begin{pmatrix} 0 & 0 & b_{13} \\ 0 & 0 & b_{23} \\ b_{13} & b_{23} & 0 \end{pmatrix}$ $\mathbf{C} = \begin{pmatrix} c_{11} & c_{12} & 0 \\ c_{12} & c_{22} & 0 \\ 0 & 0 & c_{33} \end{pmatrix}$	
2	Две взаимно перпендикулярные плоскости симметрии xy, xz	$\mathbf{A} = \operatorname{diag}(a_1,\, a_2,\, a_3)$ $\mathbf{C} = \operatorname{diag}(c_1,\, c_2,\, c_3)$ $\mathbf{B} = \begin{pmatrix} 0 & 0 & 0 \\ 0 & 0 & b_{23} \\ 0 & b_{23} & \end{pmatrix}$	
3	Три взаимно перпендикулярные плоскости симметрии xy, xz, yz	$\mathbf{A} = \operatorname{diag}(a_1,\, a_2,\, a_3)$ $\mathbf{C} = \operatorname{diag}(c_1,\, c_2,\, c_3)$ $\mathbf{B} = 0$	Трехосный эллипсоид, параллелепипед
4	Поворот на угол $\alpha = \pi$ вокруг оси Oz	$\mathbf{A} = \operatorname{diag}(a_1,\, a_2,\, a_3)$ $\mathbf{B} = \begin{pmatrix} b_{11} & b_{12} & 0 \\ b_{12} & b_{22} & 0 \\ 0 & 0 & b_{33} \end{pmatrix}$ $\mathbf{C} = \begin{pmatrix} c_{11} & c_{12} & 0 \\ c_{12} & c_{22} & 0 \\ 0 & 0 & c_{33} \end{pmatrix}$	Двухлопастный корабельный винт
5	Поворот на угол $\alpha = \pi/2$ вокруг оси Oz	$\mathbf{A} = \operatorname{diag}(a_1,\, a_2,\, a_3), \quad a_1 = a_2$ $\mathbf{B} = \operatorname{diag}(b_1,\, b_2,\, b_3), \quad b_1 = b_2$ $\mathbf{C} = \operatorname{diag}(c_1,\, c_2,\, c_3), \quad c_1 = c_2$	Четырехлопастный корабельный винт
6	Ось симметрии Oz (аналогично для поворота на угол $\alpha = \dfrac{2\pi}{n}$ $n \neq 2, 4$ вокруг оси Oz)	$\mathbf{A} = \operatorname{diag}(a_1,\, a_2,\, a_3), \quad a_1 = a_2$ $\mathbf{C} = \operatorname{diag}(c_1,\, c_2,\, c_3), \quad c_1 = c_2$ $\mathbf{B} = 0$	Эллипсоид вращения, трехлопастный винт

В таком виде уравнения движения были получены Г. Кирхгофом [138] (см. также [44]), А. Клебш в [350] придал им гамильтонову форму. Действительно, производя преобразование Лежандра, получаем уравнения на алгебре $e(3)$:

$$\begin{gathered} \boldsymbol{M} = \frac{\partial T}{\partial \boldsymbol{\omega}}, \quad H = (\boldsymbol{M}, \boldsymbol{\omega}) - T|_{\boldsymbol{\omega}, \boldsymbol{v} \to \boldsymbol{M}, \boldsymbol{p}}, \quad \boldsymbol{p} = \frac{\partial T}{\partial \boldsymbol{v}} \\ \dot{\boldsymbol{M}} = \boldsymbol{M} \times \frac{\partial H}{\partial \boldsymbol{M}} + \boldsymbol{p} \times \frac{\partial H}{\partial \boldsymbol{p}}, \quad \dot{\boldsymbol{p}} = \boldsymbol{p} \times \frac{\partial H}{\partial \boldsymbol{M}}. \end{gathered} \tag{A.13}$$

Функция Гамильтона представляет собой кинетическую энергию, выраженную в переменных $\boldsymbol{M}$, $\boldsymbol{p}$:

$$H = \frac{1}{2}(\mathbf{A}\boldsymbol{M}, \boldsymbol{M}) + (\mathbf{B}\boldsymbol{M}, \boldsymbol{p}) + \frac{1}{2}(\mathbf{C}\boldsymbol{p}, \boldsymbol{p}), \tag{A.14}$$

где для матриц $\mathbf{A}$, $\mathbf{B}$, $\mathbf{C}$ мы сохраним те же обозначения, что и в (A.11), которые, однако, получаются из последних простым линейным преобразованием. Векторы $\boldsymbol{M}$ и $\boldsymbol{p}$ называются в гидромеханике, соответственно, импульсивным моментом и импульсивной силой.

Уравнения движения для многосвязного тела. Рассмотрим также движение в жидкости по инерции многосвязного твердого тела τ (тело с отверстиями). Окружающая тело область $R^3 \setminus \tau$ также многосвязна, пусть она допускает $n+1$ негомотопных друг другу замкнутых путей (контуров), среди них n контуров, которые обозначим $l_1, \ldots, l_n$, не могут быть стянуты в точку внутри области $R^3 \setminus \tau$ (количество замкнутых несвободных контуров n связано с числом отверстий в теле m соотношением $n = C_{m+1}^2$) (рис. A.2).

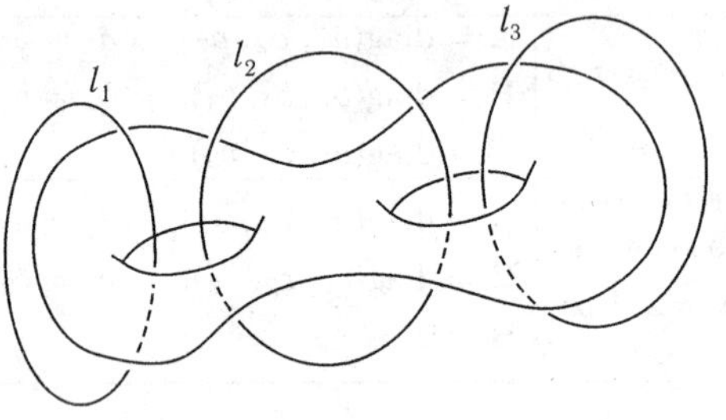

Рис. A.2

Как и выше, полагаем, что течение жидкости потенциально — $\boldsymbol{v} = \dfrac{\partial \varphi}{\partial \boldsymbol{x}}$. Однако, вследствие неодносвязности области, потенциал скоростей φ определяется уравнением Лапласа и граничными условиями $\dfrac{\partial\varphi}{\partial \boldsymbol{n}}$ неоднозначно. Как известно, для однозначного решения уравнения Лапласа в этом случае необходимо помимо граничных условий задать также циркуляции $\varkappa_i$ по контурам l_i, $i = 1, \ldots, n$. (Как следует из теоремы Грина, циркуляции вдоль гомотопных контуров совпадают.)

Следуя Г. Ламбу [178], представим потенциал в форме

$$\varphi(t, \boldsymbol{x}) = \sum_{i=1}^{3} v_i(t)\varphi(\boldsymbol{x}) + \sum_{i=1}^{3} \omega_i(t)\chi_i(\boldsymbol{x}) + \varphi_0, \tag{A.15}$$

где v_i, ω_i, $i = 1, 2, 3$, — поступательная и угловая скорость твердого тела соответственно, φ_i, χ_i — однозначные во всей области $R^3 \setminus \tau$ функции, определяемые уравнением Лапласа и граничными условиями (A.9). Потенциал φ_0 задает циркуляционное течение в области и определяется уравнением $\Delta\varphi_0 = 0$ с нулевыми граничными условиями $\dfrac{\partial\varphi}{\partial \boldsymbol{n}} = 0$ и циркуляциями $\varkappa_i$ вдоль контуров l_i, $i = 1, \ldots, n$. Так как φ_0 линейно зависит от циркуляций, представим его в форме

$$\varphi_0(\boldsymbol{x}) = \sum_{i=1}^{n} \varkappa_i \psi_i(\boldsymbol{x}), \tag{A.16}$$

где каждый потенциал ψ_i имеет единичную циркуляцию вдоль контура l_i и нулевую вдоль остальных $l_j, j \neq i$. Таким образом, ψ_i, $i = 1, \ldots, n$ целиком определяются геометрией тела и не зависят от скоростей $\boldsymbol{v}, \boldsymbol{\omega}$ и циркуляций $\varkappa_i$.

Замечание. Потенциалы ψ_i и, следовательно, φ_0 являются неоднозначными функциями в области $R^3 \setminus \tau$.

Таким образом, при вычислении кинетической энергии жидкости и сил давления, действующих на тело, необходимо учитывать также циркуляционное течение, не зависящее от времени. Как показано в [178], в этом случае T отличается от (A.10) лишь постоянным слагаемым, представляющим собой однородную квадратичную форму циркуляций $\varkappa_1, \ldots, \varkappa_n$. В то же время к обобщенному импульсу $\dfrac{\partial T_{\text{ж+т}}}{\partial \boldsymbol{v}}$ и моменту импульса $\dfrac{\partial T_{\text{ж+т}}}{\partial \boldsymbol{\omega}}$ добавляются линейные по $\varkappa_i$ слагаемые вида

$$\rho \sum_{i=1}^{n} \int\limits_{\Sigma} \varkappa_i \psi_i \frac{\partial \varphi_\mu}{\partial n} d\sigma, \quad \rho \sum_{i=1}^{n} \int\limits_{\Sigma} \varkappa_i \psi_i \frac{\partial \chi_\mu}{\partial n} d\sigma, \quad \mu = 1, 2, 3, \tag{A.17}$$

где интегрирование ведется по поверхности тела, а ρ — плотность жидкости.

Следовательно, наличие циркуляционных течений эквивалентно добавлению постоянных гироскопических сил, действующих на тело. Для уравнений (А.13) в переменных $\boldsymbol{M}, \boldsymbol{p}$ в гамильтониане появляются линейные слагаемые

$$H = \frac{1}{2}(\mathbf{A}\boldsymbol{M}, \boldsymbol{M}) + (\mathbf{B}\boldsymbol{M}, \boldsymbol{p}) + \frac{1}{2}(\mathbf{C}\boldsymbol{p}, \boldsymbol{p}) + (\boldsymbol{a}, \boldsymbol{M}) + (\boldsymbol{b}, \boldsymbol{p}), \qquad (\text{A.18})$$

где $\boldsymbol{a}$, $\boldsymbol{b}$ — постоянные векторы, линейно выражающиеся через циркуляции $\varkappa_i$.

Замечание. Уравнения движения для динамики твердого тела в жидкости в потенциальном поле записываются на алгебре $e(3) \oplus_s \mathbb{R}^{12}$ и приведены в гл. 1, § 4 (5.8). В этом случае к функции Гамильтона (А.18) необходимо добавить потенциальную энергию $U = U(\boldsymbol{\alpha}, \boldsymbol{\beta}, \boldsymbol{\gamma}, \boldsymbol{x})$, где $\boldsymbol{\alpha}, \boldsymbol{\beta}, \boldsymbol{\gamma}$ — направляющие косинусы, $\boldsymbol{x}$ — радиус-вектор центра масс. Существует два наиболее важных случая динамики твердого тела в жидкости в потенциальных полях, указанных С. А. Чаплыгиным [298, 301], для которых уравнения движения так же могут быть записаны на алгебре $e(3)$. (При этом отделяется система уравнений для вектора кинетического момента $\boldsymbol{M}$ и орта вертикали $\boldsymbol{\gamma}$).

1. *Падение тела в жидкости в поле тяжести с нулевым начальным толчком.* В этом случае получается неавтономная система (§ 6 гл. 1, § 7 гл. 6).
2. *Движение в поле тяжести, уравновешенной силой Архимеда.* При этом получается автономная система с линейными по $\boldsymbol{\gamma}$ членами (§ 1 гл. 3).

   В обоих случаях тело должно быть ограничено поверхностью, обладающей тремя взаимно перпендикулярными плоскостями симметрии.

2. Уравнения Пуанкаре–Жуковского

Выше были рассмотрены уравнения движения твердого тела в жидкости; теперь перейдем к рассмотрению другого класса задач, связанных с движением твердого тела, содержащего полости, заполненные идеальной несжимаемой жидкостью, вокруг неподвижной точки. При этом наиболее интересен случай, когда жидкость совершает движение, обладающее однородной завихренностью [198, 204, 468]. В этом случае также отделяется шестимерная система уравнений, описывающих изменение кинетического момента $\boldsymbol{M}$ тела и завихренности жидкости $\boldsymbol{\xi}$. Случай *потенциального* течения жидкости в односвязной полости приводит лишь к изменению моментов инерции твердого тела и определяет инвариантное многообразие $\boldsymbol{\xi} = 0$. Для потенциального течения в многосвязной полости получаются уравнения движения твердого тела с гиростатом; этот случай подробно изучался

Н. Е. Жуковским [125]. Тело с гиростатом называется *эквивалентным по Жуковскому*. Можно показать, что однородное вихревое движение жидкости возможно лишь в эллипсоидальной полости [204].

Выберем подвижную систему координат — Oe_1, e_2, e_3 с началом в неподвижной точке O и осями, жестко связанными с оболочкой (см. рис. А.3). Вектор $\boldsymbol{x}_c = (x_{c1}, x_{c2}, x_{c3})$ задает координаты центра полости в системе $O\boldsymbol{e}_1, \boldsymbol{e}_2, \boldsymbol{e}_3$.

Уравнение границы полости запишется в виде

$$F = (\boldsymbol{x} - \boldsymbol{x}_c, \mathbf{B}(\boldsymbol{x} - \boldsymbol{x}_c)) = 1, \quad (\text{A.19})$$

где $\mathbf{B}$ — симметричная матрица, собственные значения которой совпадают с обратными квадратами главных полуосей полости $\lambda_i = \frac{1}{b_i^2}$, $i = 1, 2, 3$.

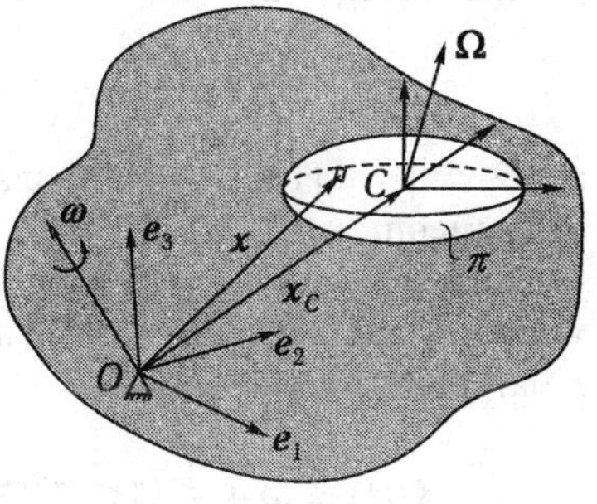

Рис. А.3

Важной особенностью эллипсоидальной полости является то, что в ней существует частное решение уравнений Эйлера идеальной жидкости, для которого скорости $\boldsymbol{v}(t, \boldsymbol{x})$, удовлетворяющие уравнениям гидродинамики и граничным условиям, линейны по координатам. Именно поэтому однородное в начальный момент вихревое течение, остается однородным во все моменты времени (А. Пуанкаре, П. Л. Дирихле). Укажем это решение в явном виде.

Для этого представим поле скоростей жидкости в полости в виде

$$\boldsymbol{v}(t, \boldsymbol{x}) = \boldsymbol{\omega}(t) \times \boldsymbol{x} + \mathbf{D}(t)(\boldsymbol{x} - \boldsymbol{x}_c), \quad (\text{A.20})$$

где $\boldsymbol{\omega}(t)$ — угловая скорость оболочки, а $\mathbf{D}(t)$ — некоторая матрица размера 3×3. Завихренность в этом случае одинакова для любой точки полости и равна

$$\boldsymbol{\Omega}(t) = \frac{1}{2} \operatorname{rot} \boldsymbol{v}(t, \boldsymbol{x}) = \boldsymbol{\omega}(t) + \boldsymbol{d}^a(t), \quad (\text{A.21})$$

здесь $\boldsymbol{d}^a$ — вектор с компонентами $\frac{1}{2}(d_{32} - d_{23},\ d_{13} - d_{31},\ d_{21} - d_{12})$, соответствующий антисимметричной части $\mathbf{D}(t)$.

Граничные условия непротекания имеют вид

$$(\boldsymbol{v}(t,\ \boldsymbol{r}_A),\ \boldsymbol{n}) = (\boldsymbol{\omega} \times \boldsymbol{r}_A,\ \boldsymbol{n}), \quad (\text{A.22})$$

где $\boldsymbol{r}_A$ — радиус-вектор некоторой точки A на границе области, а $\boldsymbol{n}$ — нормаль в точке A.

Выберем нормальный вектор в виде $\boldsymbol{n} = \nabla F = \mathbf{B}(\boldsymbol{x} - \boldsymbol{x}_c)$. Из уравнения (A.22), приравнивая коэффициенты при $(x_i - x_{ci})(x_j - x_{cj})$, находим

$$\mathbf{BD} + (\mathbf{BD})^T = 0. \tag{A.23}$$

То есть $\mathbf{BD}$ — некоторая кососимметричная матрица. Следуя [204, 468], положим $\mathbf{BD} = \mathbf{B}^{1/2}\boldsymbol{\Xi}\mathbf{B}^{1/2}$, то есть

$$\boldsymbol{v} = \boldsymbol{\omega} \times \boldsymbol{x} + \mathbf{B}^{-1/2}\boldsymbol{\Xi}\mathbf{B}^{1/2}(\boldsymbol{x} - \boldsymbol{x}_c), \tag{A.24}$$

где $\boldsymbol{\Xi} = ||\xi_{ij}||$ [198] — произвольная кососимметричная матрица, зависящая от времени.

Обозначим вектор с компонентами $\boldsymbol{\xi}_k = \varepsilon_{ijk}\xi_{ij}$, соответствующий этой матрице, той же буквой $\boldsymbol{\xi}$, и аналогично для $\boldsymbol{\Omega}$: $\Omega_{ij} = -\varepsilon_{ijk}\Omega_k$. Тогда в матричной форме

$$\boldsymbol{\Omega}(t) = \boldsymbol{\omega} + \frac{1}{2}\left(\mathbf{B}^{-1/2}\boldsymbol{\Xi}(t)\mathbf{B}^{1/2} - \mathbf{B}^{1/2}\boldsymbol{\Xi}(t)\mathbf{B}^{-1/2}\right). \tag{A.25}$$

Для пояснения геометрического смысла вектора $\boldsymbol{\xi}$ выполним замену переменных [468]:

$$\boldsymbol{x}' = \mathbf{B}^{1/2}(\boldsymbol{x} - \boldsymbol{x}_c); \tag{A.26}$$

при этом новые скорости в системе координат, связанной с оболочкой, определяются соотношением

$$\boldsymbol{v}' = \mathbf{B}^{1/2}\boldsymbol{v}.$$

Поскольку в новых переменных уравнение полости является сферой с центром в начале координат, вихревому течению соответствует обычное вращение этой сферы с угловой скоростью $\boldsymbol{\xi}$

$$\boldsymbol{v}' = \boldsymbol{\xi} \times \boldsymbol{x}'.$$

Выполняя обратную замену, в первоначальных переменных получим поле скоростей в полости:

$$\boldsymbol{v}(t, \boldsymbol{x}) = \boldsymbol{\omega} \times \boldsymbol{x} + \mathbf{B}^{-1/2}\boldsymbol{\Xi}(t)\mathbf{B}^{1/2}(\boldsymbol{x} - \boldsymbol{x}_c). \tag{A.27}$$

Таким образом, $\boldsymbol{\xi}$ — угловая скорость некоторой воображаемой сферы с центром в точке C. Более того, любому повороту этой воображаемой сферы соответствует некоторое перемещение жидкости в полости. Фактически, соотношения (A.26) устанавливают аналогию этой системы с системой связанных волчков. Эта аналогия допускает простое обобщение на случай n полостей [26].

Конфигурационным пространством рассматриваемой нами задачи является группа $SO(3) \times SO(3) \approx SO(4)$, где первое слагаемое соответствует вращениям оболочки относительно неподвижных в пространстве осей, а второе — вращениям воображаемой сферы относительно оболочки. Представим уравнения движения в форме уравнений Пуанкаре на этой группе Ли. Обозначим соответствующие инвариантные векторные поля на двух экземплярах $SO(3)$ в виде $\boldsymbol{w}_1, \boldsymbol{w}_2, \boldsymbol{w}_3$ и $\boldsymbol{\zeta}_1, \boldsymbol{\zeta}_2, \boldsymbol{\zeta}_3$. Тогда

$$\boldsymbol{\omega} = \omega_1 \boldsymbol{w}_1 + \omega_2 \boldsymbol{w}_2 + \omega_3 \boldsymbol{w}_3, \quad \boldsymbol{\xi} = \xi_1 \boldsymbol{\zeta}_1 + \xi_2 \boldsymbol{\zeta}_2 + \xi_3 \boldsymbol{\zeta}_3.$$

Вследствие того, что угловые скорости проектируются на одни и те же оси, связанные с оболочкой, — $\boldsymbol{e}_1, \boldsymbol{e}_2, \boldsymbol{e}_3$, которые для воображаемой сферы играют роль неподвижных осей (аналогичных неподвижным осям в пространстве для тела), векторные поля $\boldsymbol{w}_1, \boldsymbol{w}_2, \boldsymbol{w}_3$ — левоинвариантные, а $\boldsymbol{\zeta}_1, \boldsymbol{\zeta}_2, \boldsymbol{\zeta}_3$ — правоинвариантные. Поэтому их коммутаторы отличаются знаком (!):

$$[\boldsymbol{w}_i, \boldsymbol{w}_j] = \varepsilon_{ijk} \boldsymbol{w}_k, \quad [\boldsymbol{\zeta}_i, \boldsymbol{\zeta}_j] = -\varepsilon_{ijk} \boldsymbol{\zeta}_k.$$

Запишем уравнения Пуанкаре, определяющие эволюцию угловых скоростей, в форме

$$\begin{gathered} \frac{d}{dt}\frac{\partial L}{\partial \omega_i} + \varepsilon_{ijk}\omega_j \frac{\partial L}{\partial \omega_k} = \boldsymbol{w}_i(L), \\ \frac{d}{dt}\frac{\partial L}{\partial \xi_i} - \varepsilon_{ijk}\xi_j \frac{\partial L}{\partial \xi_k} = \boldsymbol{\zeta}_i(L), \quad i,j,k = 1,2,3. \end{gathered} \tag{A.28}$$

При отсутствии внешних сил функция Лагранжа совпадает с полной кинетической энергией системы, причем она не зависит от конфигурационных переменных на группе. В этом случае уравнения (A.28) запишутся в векторном виде

$$\frac{d}{dt}\frac{\partial T}{\partial \boldsymbol{\omega}} + \boldsymbol{\omega} \times \frac{\partial T}{\partial \boldsymbol{\omega}} = 0, \quad \frac{d}{dt}\frac{\partial T}{\partial \boldsymbol{\xi}} - \boldsymbol{\xi} \times \frac{\partial T}{\partial \boldsymbol{\xi}} = 0. \tag{A.29}$$

Вычислим кинетическую энергию системы. Используя (A.28) и (A.20) с учетом соотношения $\int (\boldsymbol{x} - \boldsymbol{x}_c)\rho \, d^3x = 0$, получим

$$T = \frac{1}{2}(\boldsymbol{\omega}, \mathbf{I}\boldsymbol{\omega}) - \mathrm{Tr}(\widetilde{\boldsymbol{\omega}}\mathbf{D}\mathbf{J}) - \frac{1}{2}\mathrm{Tr}(\mathbf{D}^2\mathbf{J}), \tag{A.30}$$

где $\mathbf{I}$ — тензор инерции системы «тело+жидкость» относительно неподвижной точки O, $\widetilde{\omega} = ||\varepsilon_{ijk}\omega_k||$, $\mathbf{J}$ — тензор инерции полости относительно ее геометрического центра

$$J_{ij} = \rho \int\limits_{\pi} (x_i - x_{ci})(x_j - x_{cj})\, d^3 x,$$

где интегрирование распространяется на всю полость π. В системе координат, оси которой параллельны главным осям эллипсоида полости, имеем $\mathbf{J} = \operatorname{diag}\left(\frac{1}{5}m_{ж}b_1^2, \frac{1}{5}m_{ж}b_2^2, \frac{1}{5}m_{ж}b_3^2\right)$, где $m_{ж}$ — полная масса жидкости. Кинетическая энергия (А.30) в такой системе имеет вид

$$\begin{aligned} T = {} & \frac{1}{2}(I_1\omega_1^2 + I_2\omega_2^2 + I_3\omega_3^2) + \\ & + \frac{1}{5}m_{ж}(b_2b_3\omega_1\xi_1 + b_3b_1\omega_2\xi_2 + b_1b_2\omega_3\xi_3) + \\ & + \frac{1}{10}m_{ж}\left((b_2^2 + b_3^2)\xi_1^2 + (b_3^2 + b_1^2)\xi_2^2 + (b_1^2 + b_2^2)\xi_3^2\right). \end{aligned}$$

В гамильтоновой форме уравнения движения (уравнения Пуанкаре–Четаева) получаются при помощи преобразования Лежандра

$$\boldsymbol{M} = \frac{\partial T}{\partial \boldsymbol{\omega}} = \mathbf{I}\boldsymbol{\omega} + \mathbf{I}_1\boldsymbol{\xi}, \quad \boldsymbol{K} = \frac{\partial T}{\partial \boldsymbol{\xi}} = \mathbf{I}_1\boldsymbol{\omega} + \mathbf{I}_2\boldsymbol{\xi},$$

$$H = (\boldsymbol{\omega}, \boldsymbol{M}) + (\boldsymbol{\xi}, \boldsymbol{K}) - T = \frac{1}{2}(\boldsymbol{M}, \mathbf{A}\boldsymbol{M}) + (\boldsymbol{M}, \mathbf{B}\boldsymbol{K}) + \frac{1}{2}(\boldsymbol{K}, \mathbf{C}\boldsymbol{K}),$$

$$\dot{\boldsymbol{M}} = \boldsymbol{M} \times \frac{\partial H}{\partial \boldsymbol{M}}, \quad \dot{\boldsymbol{K}} = -\boldsymbol{K} \times \frac{\partial H}{\partial \boldsymbol{K}}. \tag{А.31}$$

Пуассонова структура уравнений (А.31) определяется алгеброй $so(4)$ (в прямом разложении $so(3) \oplus so(3)$)

$$\{M_i, M_j\} = -\varepsilon_{ijk}M_k, \quad \{K_i, K_j\} = \varepsilon_{ijk}K_k. \tag{А.32}$$

Замечание 1. Уравнения, описывающие эволюцию угловой скорости твердого тела $\boldsymbol{\omega}$ и вектора завихренности течения в полости $\boldsymbol{\xi}$ (А.21), можно получить другим способом (этот способ был использован Н. Е. Жуковским). Первая тройка уравнений (А.28), (А.32) получается применением теоремы о сохранении момента количества движения $\boldsymbol{M}$ для системы «тело+жидкость».

В этом случае полный момент, согласно (А.27), можно представить в форме

$$\boldsymbol{M} = \mathbf{I}\boldsymbol{\omega} + \rho \int\limits_{\pi} \boldsymbol{x} \times \left(\mathbf{B}^{-1/2}\boldsymbol{\Xi}\mathbf{B}^{1/2}(\boldsymbol{x} - \boldsymbol{x}_c)\right) = \mathbf{I}\boldsymbol{\omega} + \mathbf{I}_1\boldsymbol{\xi},$$

а его эволюция в подвижной системе координат описывается уравнением

$$\dot{\boldsymbol{M}} + \boldsymbol{\omega} \times \boldsymbol{M} = \boldsymbol{N},$$

где $\boldsymbol{N}$ — момент внешних сил (в нашем случае $\boldsymbol{N} = 0$).

Чтобы получить уравнение для $\boldsymbol{\xi}$, воспользуемся уравнением Гельмгольца для завихренности $\boldsymbol{\Omega}$ [125] в подвижной системе координат $O\boldsymbol{e}_1\boldsymbol{e}_2\boldsymbol{e}_3$

$$\frac{\partial \boldsymbol{\Omega}}{\partial t} + (\boldsymbol{v}, \nabla)\boldsymbol{\Omega} - (\boldsymbol{\Omega}, \nabla)\boldsymbol{v} = \operatorname{rot} \boldsymbol{f}.$$

Таким образом, если объемная сила $\boldsymbol{f}$ зависит линейно от координат, получим для векторов $\boldsymbol{\omega}$, $\boldsymbol{\xi}$, определяющих частное решение (А.20), уравнение

$$\dot{\boldsymbol{\Omega}} - \boldsymbol{\omega} \times \boldsymbol{\Omega} - \mathbf{D}\boldsymbol{\Omega} = \operatorname{rot} \boldsymbol{f}, \quad \mathbf{D} = \mathbf{B}^{-1/2}\boldsymbol{\Xi}\mathbf{B}^{1/2},$$

где $\boldsymbol{\Omega}$ задается выражением (А.25).

Замечание 2. Обобщение «проблемы Пуанкаре», состоящее в исследовании колебаний абсолютно твердой оболочки, заключающей в себе ядро из идеальной жидкости, имеется в геофизическом двухтомнике П. Мельхиора [198]. Здесь имеются также различные исторические ссылки и приводится анализ двойного резонанса и эффекта гиростатической твердости, обнаруженных Пуанкаре [468].

3. Движение твердого тела с гиростатом в искривленном пространстве. Стационарные движения

Приведем также вывод уравнений движения свободного твердого тела в искривленном пространстве и тела с гиростатом. В этом случае естественно возникают уравнения на пучке скобок $\mathcal{L}_x$ (2.4) (§ 2 гл. 3). Здесь мы для простоты ограничимся лишь случаем трехмерной сферы S^3, приводя без вывода уравнения движения в пространстве Лобачевского.

Свободное движение тела в S^3. Рассмотрим сначала уравнения свободного движения твердого тела на трехмерной сфере S^3. Заметим, что положение двумерного тела (пластинки) на поверхности обычной двумерной сферы S^2 может быть охарактеризовано с помощью элемента группы $SO(3)$, который определяет положение тела на сфере и его ориентацию по отношению к неподвижным осям (рис. А.4).

Эта наглядная иллюстрация оказывается полезной для понимания взаимосвязи движения свободного твердого тела на S^3 и вращением четырехмерного твердого тела вокруг неподвижной точки (уравнения Эйлера на $SO(4)$).

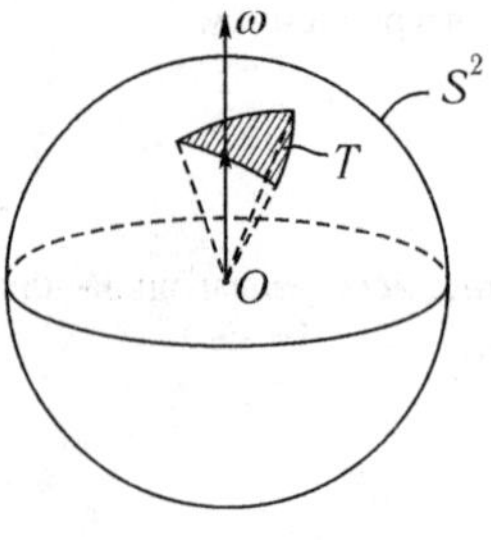

Рис. А.4. Твердое тело на сфере.

Трехмерную сферу будем представлять себе как поверхность в $\mathbb{R}^4$: $q_0^2 + \boldsymbol{q}^2 = 1$. Положение и ориентация тела по отношению к координатам q_μ задается элементом группы $SO(4)$, тем самым задача о свободном движении твердого тела в S^3 сводится к задаче о движении четырехмерного твердого тела с закрепленной точкой в плоском пространстве $\mathbb{R}^4$.

Уравнения свободного вращения четырехмерного твердого тела запишем в виде уравнений Эйлера на алгебре Ли $so(4)$ следующим образом. Введем систему отсчета, жестко связанную с телом. Координаты x_μ в ней связаны с координатами неподвижного пространства q_μ по формулам

$$q_\mu = \sum_{\nu=0}^{3} B_{\mu\nu} x_\nu, \tag{A.33}$$

где $B_{\mu\nu}$ компоненты ортогональной матрицы из группы $SO(4)$.

Функция Лагранжа свободного твердого тела L равна сумме кинетических энергий точек, составляющих тело T,

$$L = \frac{1}{2} \sum_T m \sum_{\mu\nu\sigma} \dot{B}_{\mu\nu} \dot{B}_{\mu\sigma} x_\nu x_\sigma.$$

Она может быть представлена как квадратичная функция квазискоростей $\omega_{\mu\nu}$ [26]:

$$L = \frac{1}{2} \sum_{\mu\nu\sigma} J_{\mu\nu} \omega_{\mu\sigma} \omega_{\nu\sigma}, \tag{A.34}$$

где $\omega_{\mu\nu} = -\omega_{\nu\mu} = \sum\limits_\sigma B^{-1}\mu\sigma \dot{B}_{\sigma\nu}$ — элемент алгебры $so(4)$, являющийся «угловой скоростью в теле», и $\|\mathbf{J}\|_{\mu\nu} = \left\| \sum\limits_T m x_\mu x_\nu \right\|$ — тензор моментов инерции. Записывая уравнения Пуанкаре–Четаева на группе $SO(4)$ (§ 6 гл. 1), получим следующие коммутационное уравнение:

$$\mathbf{X} = [\mathbf{X}, \boldsymbol{\omega}]; \tag{A.35}$$

здесь $[\cdot, \cdot]$ — матричный коммутатор, а элементы матрицы кинетического момента $\mathbf{X} \in SO^*(4)$ («в теле») определяются формулой

$$\mathbf{X} = \|\frac{\partial L}{\partial \omega_{\nu\mu}}\|, \qquad \mathbf{X} = \frac{1}{2} (\mathbf{J}\boldsymbol{\omega} + \boldsymbol{\omega}\mathbf{J}).$$

Запишем систему уравнений движения с помощью векторов $\boldsymbol{M}, \boldsymbol{p}$, компоненты которых связаны с компонентами матрицы кинетического момента $\mathbf{X}$ по формулам

$$M_i = \frac{1}{2}\varepsilon_{ijk}X_{jk}, \quad p_i = X_{0i}, \quad i, j, k = 1, 2, 3. \tag{A.36}$$

$$\begin{aligned} \dot{\boldsymbol{M}} &= \boldsymbol{M} \times \frac{\partial H}{\partial \boldsymbol{M}} + \boldsymbol{p} \times \frac{\partial H}{\partial \boldsymbol{p}}, \\ \dot{\boldsymbol{p}} &= \boldsymbol{p} \times \frac{\partial H}{\partial \boldsymbol{M}} + \boldsymbol{M} \times \frac{\partial H}{\partial \boldsymbol{p}}. \end{aligned} \tag{A.37}$$

Уравнения (A.37) являются уравнениями Гамильтона на алгебре $so(4)$ в стандартном матричном представлении (см. п. 2). При выборе связанной с телом системы координат, для которой $\mathbf{J} = \operatorname{diag}(\lambda_0, \lambda_1, \lambda_2, \lambda_3)$, функция Гамильтона свободного твердого тела в переменных $\boldsymbol{M}, \boldsymbol{p}$ получается при помощи преобразований Лежандра $H = \operatorname{Tr}(\mathbf{X}\boldsymbol{\omega}) - L\big|_{\boldsymbol{\omega} \to \boldsymbol{M}, \boldsymbol{p}}$ в форме

$$H = \frac{1}{2}(\boldsymbol{M}, \mathbf{A}\boldsymbol{M}) + \frac{1}{2}(\boldsymbol{p}, \mathbf{B}\boldsymbol{p}), \tag{A.38}$$

где

$$\mathbf{A} = \operatorname{diag}\left(\frac{1}{\lambda_2 + \lambda_3}, \frac{1}{\lambda_1 + \lambda_3}, \frac{1}{\lambda_1 + \lambda_2}\right),$$

$$\mathbf{B} = \operatorname{diag}\left(\frac{1}{\lambda_0 + \lambda_1}, \frac{1}{\lambda_0 + \lambda_2}, \frac{1}{\lambda_0 + \lambda_3}\right).$$

Эти уравнения были подробно изучены и проинтегрированы в прошлом веке В. Фрамом и Ф. Шоттки (см. § 2 гл. 3).

Необходимо отметить, что, в отличие от свободного движения твердого тела в евклидовом пространстве (задача Эйлера – Пуансо), случай интегрируемости инерционного движения на S^3 и L^3 является существенно более сложным с точки зрения как процедуры интегрирования, так и качественного (топологического) анализа движения [223].

С некоторой долей неточности можно сказать, что отличие от плоского пространства заключается в том, что движение тела по сфере S^3 и его вращение теперь не разделяются, поэтому вращение тела оказывает влияние на движение системы как целого. (Этот эффект для L^2 был отмечен еще Н. Е. Жуковским [124].) Аналоги перманентных и винтовых движений для уравнений (A.37), (A.38) указаны в [44] (см. также [331]).

Замечание. Анализ движения двумерной площадки на сфере S^2 под действием потенциальных сил выполнен в [347], где указан аналог случая Лагранжа, возникающий при динамической симметрии тела.

Движение связки двух тел. Уравновешенный гиростат. Рассмотрим уравновешенный гиростат в S^3 — механическую систему, состоящую из двух тел: «несущего» T_1 и «несомого» T_2, скрепленных так, что распределение масс системы не меняется со временем. Приведенный ниже анализ во многом повторяет рассуждения § 8 гл. 2, относящиеся к динамике связки двух тел. Но здесь мы приведем их в более инвариантном виде, пригодном вообще для n-мерного случая.

Свяжем с каждым из тел свою систему координат. Пусть $\mathbf{B}, \mathbf{Q}$ — матрицы перехода от абсолютной системы координат (q) к системе «несущего» тела (x) и от системы «несущего» тела к системе «несомого» (y):

$$q_\mu = \sum_\nu B_{\mu\nu} x_\nu, \qquad x_i = \sum_\nu Q_{\mu\nu} y_\nu. \tag{A.39}$$

Введем следующие обозначения:

$J_{\mu\nu} = \sum\limits_{T_1+T_2} m x_\mu x_\nu$ — компоненты матрицы инерции первого и второго тела в системе координат несущего тела (здесь $\sum\limits_{T_1+T_2}$ обозначает суммирование по элементам первого и второго тела);

$(\widetilde{J}_2)_{\mu\nu} = \sum\limits_{T_2} m y_\mu y_\nu$ — матрица инерции несомого тела в связанной с ним системе осей;

$(J_1)_{\mu\nu} = \sum\limits_{T_1} m x_\mu x_\nu$ и $(J_2)_{\mu\nu} = \sum\limits_{T_2} m x_\mu x_\nu$ — матрицы инерции несущего и несомого тела в системе координат, жестко связанной с несущим телом;

$\widetilde{\omega}_2 = \mathbf{Q}^{-1}\dot{\mathbf{Q}}$ — матрица угловых скоростей несомого тела в связанной с ним системе координат;

$\omega = \mathbf{B}^{-1}\dot{\mathbf{B}}$, $\omega_2 = \mathbf{Q}\widetilde{\omega}_2\mathbf{Q}^{-1} = \dot{\mathbf{Q}}\mathbf{Q}^{-1}$ — угловые скорости в системе отсчета несущего тела.

Условие постоянства распределения масс (уравновешенность гиростата) $J_{\mu\nu} = \sum\limits_{T_1+T_2} m x_\mu x_\nu = \mathrm{const}$ (то есть $\dot{J}_{\mu\nu} = 0$) эквивалентно равенству

$$\widetilde{\boldsymbol{\omega}}_2 \widetilde{\mathbf{J}}_2 = \widetilde{\mathbf{J}}_2 \widetilde{\boldsymbol{\omega}}_2. \tag{A.40}$$

Учитывая, что «несомое» тело имеет закрепленную ось в «несущем», запишем решения уравнения (A.40) в виде

$$\widetilde{\boldsymbol{\omega}}_2 = \begin{pmatrix} 0 & 0 & 0 & 0 \\ 0 & 0 & 0 & 0 \\ 0 & 0 & 0 & a \\ 0 & 0 & -a & 0 \end{pmatrix}, \quad \widetilde{\mathbf{J}}_2 = \begin{pmatrix} \lambda_0 & 0 & 0 & 0 \\ 0 & \lambda_1 & 0 & 0 \\ 0 & 0 & \lambda_2 & 0 \\ 0 & 0 & 0 & \lambda_2 \end{pmatrix}. \tag{A.41}$$

В дальнейшем будем полагать, что $a = a(t)$ — заданная функция времени. Это условие приводит к тому, что не появляется дополнительных степеней свободы, обусловленных несомым телом.

Функция Лагранжа системы равна сумме кинетических энергий обоих тел. С учетом соотношений (A.41) ее можно представить в виде

$$L = -\frac{1}{2}\operatorname{Tr}\boldsymbol{\omega}^2(\mathbf{I}_1+\mathbf{I}_2)+\operatorname{Tr}(\boldsymbol{\omega}\mathbf{K}), L = -\frac{1}{2}\operatorname{Tr}\boldsymbol{\omega}^2(\mathbf{I}_1+\mathbf{I}_2)+\operatorname{Tr}(\boldsymbol{\omega}\mathbf{K}), \tag{A.42}$$

где $\boldsymbol{\omega}$ — введенные выше угловые скорости несущего тела, а коэффициенты матрицы кинетического момента несомого тела $\mathbf{K} = \mathbf{J}_2\boldsymbol{\omega}_2 + \boldsymbol{\omega}_2\mathbf{J}_2$ являются заданными функциями времени. В отличие от плоского пространства, $\mathbf{K}$ зависит не только от направления оси вращения, но и от точки скрепления тел.

Уравнения движения имеют вид (A.35), но теперь $\mathbf{X} = \left\| \frac{\partial L}{\partial \boldsymbol{\omega}_{\mu\nu}} \right\| = \frac{1}{2}(\mathbf{I}\boldsymbol{\omega}+\boldsymbol{\omega}\mathbf{I})+\mathbf{K}, \mathbf{I} = \mathbf{I}_1+\mathbf{I}_2$. При $\mathbf{K}(t) = \mathrm{const}$ $(a(t) = \mathrm{const})$ получается задача об *уравновешенном* гиростате.

Уравнения движения могут быть записаны также в форме уравнений Гамильтона в векторном виде (A.37). При этом гамильтониан для уравновешенного гиростата можно представить в форме

$$H = \frac{1}{2}\left(\boldsymbol{M} - \mathbf{P}, \mathbf{A}\left(\boldsymbol{M} - \mathbf{P}\right)\right) + \frac{1}{2}\left(\boldsymbol{p} - \mathbf{S}, \mathbf{B}\left(\boldsymbol{p} - \mathbf{S}\right)\right), \tag{A.43}$$

где компоненты векторов $\mathbf{P}, \mathbf{S}$ выражаются через матрицу гиростатического момента по формулам

$$P_i = \frac{1}{2}\varepsilon_{ijk}K_{jk}, \quad S_i = K_{0i}, \quad i, j, k = 1, 2, 3.$$

По-видимому, система (A.37) с гамильтонианом (A.43) при произвольных значениях параметров не является интегрируемой *в отличие от плоского пространства*. По крайней мере, для нее не существует общего дополнительного квадратичного интеграла и поведение может быть стохастическим при определенном выборе параметров. Интересной задачей является нахождение интегрируемых случаев этой системы (и аналогичных уравнений для L^3) при дополнительных ограничениях на параметры функции Гамильтона (см. также § 2 гл. 3).

Уравнения Кирхгофа на S^3, L^3. Если в уравнениях (A.37) считать гамильтониан произвольной (положительно определенной) квадратичной формой переменных $\mathbf{L}, \boldsymbol{p}$, то получаются уравнения Кирхгофа, описывающие движение по инерции твердого тела в безграничном объеме безвихревой идеальной жидкости в $S^3(L^3)$, аналогичные уравнениям Кирхгофа (§ 1 гл. 3). *Они совпадают с уравнениями Пуанкаре–Жуковского на алгебре* $so(4)$ $(so(3,1))$, обзор случаев интегрируемости которых содержится в § 2 гл. 3.

Относительно физической значимости этих уравнений приведем высказывание Гаррета Биркгофа из его известной книги [16]:

«Предшествующие формулы имеют очевидные аналоги для движений воображаемых твердых тел в идеальной жидкости в неевклидовых пространствах. Конечно, сомнительно, чтобы эти аналоги классических формул имели даже ограниченное физическое значение. Тем не менее, может быть, было бы интересно установить некоторые из аналогов этих (классических — *авт.*) *формул, с тем чтобы проиллюстрировать влияние кривизны пространства (если оно существует) на величину реакции безгранично простирающейся идеальной жидкости на тело при установившемся движении».*

Свободное твердое тело в пространстве Лобачевского. Приведем без подробного вывода уравнения движения свободного тела в пространстве Лобачевского L^3.

Обозначим координаты в системе, жестко связанной с телом, через x^σ, а в абсолютной системе — через q^μ. Связь между ними определяется соотношением $q^\mu = B^\mu_\sigma(t)x^\sigma$, где матрица $\mathbf{B} = \|B^\mu_\sigma\|$ принадлежит группе $SO(1,3)$. Перейдем к квазискоростям $\boldsymbol{\omega} \in so(1,3)$ и квазиимпульсам $\mathbf{X} \in SO^*(1,3)$, $\mathbf{X} \approx (\boldsymbol{M}, \boldsymbol{p})$ по формулам

$$\boldsymbol{\omega} = \mathbf{B}^{-1}\dot{\mathbf{B}}, \quad \text{(в компонентах } \omega^\sigma_\tau = (B^{-1})^\sigma_\mu \dot{B}^\mu_\tau),$$

$$\mathbf{X} = \frac{\partial L}{\partial \boldsymbol{\omega}} = \mathbf{gJ}\boldsymbol{\omega} + \boldsymbol{\omega}\mathbf{gJ},$$

$$M^i = -\frac{1}{2}\varepsilon^{ijk}g^{jl}X^k_l, \quad p^i = -X^i_0, \quad i, j, \ldots = 1, 2, 3,$$

где $\mathbf{g} = \mathrm{diag}(-1,1,1,1)$ – метрический тензор пространства Минковского $\mathbb{M}^4$, а $J^{\sigma\tau} = \sum\limits_m mx^\sigma x^\tau$ – тензор моментов инерции в системе, связанной с телом.

Уравнения движения в переменных $\mathbf{L}, \boldsymbol{\pi}$ имеют вид

$$\begin{gathered}
\dot{\boldsymbol{M}} = \boldsymbol{M} \times \frac{\partial H}{\partial \boldsymbol{M}} + \boldsymbol{p} \times \frac{\partial H}{\partial \boldsymbol{p}}, \\
\dot{\boldsymbol{p}} = \boldsymbol{p} \times \frac{\partial H}{\partial \boldsymbol{M}} - \boldsymbol{M} \times \frac{\partial H}{\partial \boldsymbol{p}}
\end{gathered} \tag{A.44}$$

и представляют собой гамильтонову систему на (ко)алгебре $so(3,1)$. Функция Гамильтона в переменных $\boldsymbol{M}, \boldsymbol{p}$ может быть записана в виде

$$\begin{gathered}
H = \frac{1}{2}(\boldsymbol{M}, \mathbf{A}\boldsymbol{M}) + \frac{1}{2}(\boldsymbol{p}, \mathbf{B}\boldsymbol{p}), \\
\mathbf{A} = \mathrm{diag}((\lambda_2+\lambda_3)^{-1}, (\lambda_3+\lambda_1)^{-1}, (\lambda_1+\lambda_2)^{-1}), \\
\mathbf{B} = \mathrm{diag}((\lambda_0-\lambda_1)^{-1}, \quad (\lambda_0-\lambda_2)^{-1}, \quad (\lambda_0-\lambda_3)^{-1}),
\end{gathered} \tag{A.45}$$

где

$$\mathbf{J} = \mathrm{diag}(\lambda_0, \lambda_1, \lambda_2, \lambda_3).$$

При этом, в силу того, что в пространстве Лобачевского выполнено соотношение $(x^0)^2 - (x^1)^2 - (x^2)^2 - (x^3)^2 = R^2$, справедливо неравенство $(x^0)^2 > (x^i)^2$, $i = 1,2,3$, и поэтому $\lambda_0 > \lambda_i$, $i = 1,2,3$. Система (A.45) является интегрируемым случаем Шоттки – Манакова на пучке скобок $\mathscr{L}_x$ (см. § 2 гл. 3). Задача о движении двумерной фигуры на плоскости Лобачевского впервые рассматривалась Н. Е. Жуковским [124].

Комментарий. Приведенный вывод уравнений движения четырехмерного тела (и гиростата) без изменений переносится на n-мерную ситуацию. Здесь также необходимо пользоваться угловыми скоростями и кинетическими моментами (которые теперь представляют собой, соответственно, элементы алгебр $so(n)$, $so(1, n-1)$ и коалгебр $so^*(n)$, $so(1, n-1)$) в связанной с телом системе координат. Коммутационное уравнение вида (A.35) при этом представляет собой аналог интегрируемых уравнений Эйлера для свободного волчка [5, 187].

Приложение В

Алгебра $e(4)$ и ее орбиты

Кватернионные уравнения динамики твердого тела (§ 4 гл. 1) могут быть записаны на скобке Пуассона, определяемой алгеброй $e(4)$. Точнее, речь идет об одной сингулярной орбите $e(4)$, имеющей также важное значение в многомерной динамике твердого тела. В последнем случае необходимо рассматривать сингулярные орбиты $e(n)$. В частности, большинство результатов об аналогии между динамикой материальной точки на n-мерных сферах S^n или эллипсоидах E^n $(n \geqslant 2)$ в потенциальных полях и движении твердого тела (вообще говоря, n-мерного тела в потенциальном поле) получаются именно при ограничении динамики твердого тела на эту орбиту. Отметим, что к классу задач, связанных с движением материальных точек на S^n, относится небесная механика в пространствах постоянной кривизны [44].

О сингулярных орбитах $O(n)$, $e(n)$, $U(n)$, тоже имеющих большое значение в динамике, можно прочитать в нашей книге [44]. Здесь же мы останавливаемся только на сингулярной орбите $e(4)$, имея в виду приложения к движению реального трехмерного тела.

Алгебра Ли $e(4)$ группы движений четырехмерного евклидова $E(4)$ пространства является полупрямой суммой $so\,(4) \oplus_s R^4$ и может быть реализована матрицами вида

$$\mathbf{X} = \begin{pmatrix} 0 & L_3 & -L_2 & \pi_1 & \lambda_1 \\ -L_3 & 0 & L_1 & \pi_2 & \lambda_2 \\ L_2 & -L_1 & 0 & \pi_3 & \lambda_3 \\ -\pi_1 & -\pi_2 & -\pi_3 & 0 & \lambda_0 \\ 0 & 0 & 0 & 0 & 0 \end{pmatrix}.$$

Для десяти ее образующих $\boldsymbol{\pi} = (\pi_1, \pi_2, \pi_3)$, $\boldsymbol{L} = (L_1, L_2, L_3)$, $\boldsymbol{\lambda} = (\lambda_1, \lambda_2, \lambda_3)$, λ_0 справедливы коммутационные соотношения (см. [121])

$$\begin{aligned} &\{L_i, L_j\} = \varepsilon_{ijk} L_k, \quad \{L_i, \pi_j\} = \varepsilon_{ijk}\pi_k, \quad \{\pi_i, \pi_j\} = \varepsilon_{ijk} L_k, \\ &\{L_i, \lambda_j\} = \varepsilon_{ijk}\lambda_k, \quad \{L_i, \lambda_0\} = 0, \quad \{\pi_i, \lambda_j\} = -\delta_{ij}\lambda_0, \\ &\{\pi_i, \lambda_0\} = \lambda_i, \quad \{\lambda_i, \lambda_j\} = \{\lambda_i, \lambda_0\} = 0 \end{aligned} \tag{B.1}$$

при всех i, j, k, принимающих значения 1, 2, 3.

Скобка (B.1) является вырожденной и имеет две функции Казимира

$$F_1 = \sum_{\mu=0}^{3} \lambda_\mu^2, \quad F_2 = \sum_{\mu=0}^{3} W_\mu^2, \tag{B.2}$$

где W — *четырехмерный вектор Паули–Любанского* (точнее, его евклидов аналог для $e(4)$ — в классическом случае он определен для группы Пуанкаре)

$$W_0 = (\boldsymbol{\lambda}, \boldsymbol{L}), \boldsymbol{W} = \boldsymbol{L}\lambda_0 + \boldsymbol{\pi} \times \boldsymbol{\lambda}. \tag{B.3}$$

Его коммутационные соотношения с образующими аналогичны коммутационным соотношениям для четырехмерного вектора λ:

$$\begin{aligned} &\{L_i, W_j\} = \varepsilon_{ijk} W_k, \quad \{L_i, W_0\} = 0, \quad \{\pi_i, W_j\} = \delta_{ij} W_0, \\ &\{\pi_i, W_0\} = -W_i, \quad \{\lambda_\mu, W_\nu\} = 0, \quad \{W_\mu, W_\nu\} = 0. \end{aligned} \tag{B.4}$$

Общие уровни функций Казимира $F_1 = c_1, F_2 = c_2, c_i = \mathrm{const}$ представляют собой симплектические листы, расслаивающие фазовое пространство $(\boldsymbol{L}, \boldsymbol{\pi}, \boldsymbol{\lambda}, \lambda_0)$ на орбиты коприсоединенного представления группы $E(4)$.

В невырожденном (регулярном) случае размерность симплектического листа равна восьми. Однако при $c_1 = 0$ или при $c_2 = 0$ размерность листа падает на две единицы. При $c_1 \neq 0,\ c_2 = 0$ особый симплектический лист (сингулярная орбита) гомеоморфна (ко)касательному расслоению трехмерной сферы $TS^3\left(T^*S^3\right)$, и для векторов $\boldsymbol{L}, \boldsymbol{\pi}$ выполняются соотношения

$$(\boldsymbol{\lambda}, \boldsymbol{L}) = 0, \qquad \boldsymbol{L}\lambda_0 + \boldsymbol{\pi} \times \boldsymbol{\lambda} = 0. \tag{B.5}$$

Уравнения движения твердого тела с закрепленной точкой, приведенные в § 4 гл. 1, записаны для иного представления $e(4)$, соответствующего каноническому разложению подалгебры $so(4) \simeq so(3) \oplus so(3)$. Для перехода к нему следует ввести новые переменные $\boldsymbol{M}, \boldsymbol{N}$ по формулам

$$\boldsymbol{M} = \frac{1}{2}(\boldsymbol{\pi} - \boldsymbol{L}), \quad \boldsymbol{N} = \frac{1}{2}(\boldsymbol{\pi} + \boldsymbol{L}).$$

В этом случае алгебра (B.1) разлагается на две семимерные изоморфные пересекающиеся подалгебры.

Коммутационные соотношения для подалгебры $(\boldsymbol{M}, \lambda)$:

$$\{M_i, M_j\} = -\varepsilon_{ijk} M_k, \{M_i, \lambda_0\} = \frac{1}{2}\lambda_i, \{M_i, \lambda_j\} = -\frac{1}{2}\left(\varepsilon_{ijk}\lambda_k + \delta_{ij}\lambda_0\right); \tag{B.6}$$

для подалгебры $(\boldsymbol{N}, \lambda)$:

$$\{N_i, N_j\} = \varepsilon_{ijk} N_k, \{N_i, \lambda_0\} = \frac{1}{2}\lambda_i, \{N_i, \lambda_j\} = \frac{1}{2}\left(\varepsilon_{ijk}\lambda_k - \delta_{ij}\lambda_0\right). \quad (\text{В.7})$$

Ранг пуассоновой структуры каждой подалгебры равен шести, и они имеют один и тот же аннулятор $F_1 = \sum\limits_{\mu=0}^{3} \lambda_\mu^2$. В этих переменных инвариантные соотношения (В.5) имеют вид

$$\begin{gathered}(\boldsymbol{N} - \boldsymbol{M})\,\lambda_0 + (\boldsymbol{N} + \boldsymbol{M}) \times \boldsymbol{\lambda} = 0,\\ (\boldsymbol{N} - \boldsymbol{M}, \boldsymbol{\lambda}) = 0.\end{gathered} \quad (\text{В.8})$$

С помощью кватернионного умножения они записываются еще короче: $\boldsymbol{M} = \lambda^{-1}\boldsymbol{N}\lambda$ (механический смысл этих соотношений проясняется в § 4 гл. 1). На орбите T^*S^3 справедливы также выражения

$$\begin{gathered}\pi = 2\left(\lambda_0\boldsymbol{\lambda} \times \boldsymbol{M} + \boldsymbol{\lambda}\,(\boldsymbol{M}, \boldsymbol{\lambda}) + \lambda_0^2\boldsymbol{M}\right),\\ \boldsymbol{L} = 2\left(\lambda_0\boldsymbol{\lambda} \times \boldsymbol{M} + \boldsymbol{\lambda}\,(\boldsymbol{M}, \boldsymbol{\lambda}) - \boldsymbol{\lambda}^2\boldsymbol{M}\right).\end{gathered} \quad (\text{В.9})$$

Скобка Ли–Пуассона (В.1) определяет гамильтонову систему в фазовом пространстве переменных $x = (\boldsymbol{M}, \boldsymbol{N}, \boldsymbol{\lambda}, \lambda_0)$

$$\begin{gathered}\dot{\boldsymbol{M}} = \boldsymbol{M} \times \frac{\partial H}{\partial \boldsymbol{M}} + \frac{1}{2}\boldsymbol{\lambda} \times \frac{\partial H}{\partial \boldsymbol{\lambda}} + \frac{1}{2}\boldsymbol{\lambda}\frac{\partial H}{\partial \boldsymbol{\lambda}_0} - \frac{1}{2}\boldsymbol{\lambda}_0\frac{\partial H}{\partial \boldsymbol{\lambda}},\\ \dot{\boldsymbol{N}} = -\boldsymbol{N} \times \frac{\partial H}{\partial \boldsymbol{N}} - \frac{1}{2}\boldsymbol{\lambda} \times \frac{\partial H}{\partial \boldsymbol{\lambda}} + \frac{1}{2}\boldsymbol{\lambda}\frac{\partial H}{\partial \boldsymbol{\lambda}_0} - \frac{1}{2}\boldsymbol{\lambda}_0\frac{\partial H}{\partial \boldsymbol{\lambda}},\\ \dot{\lambda_0} = -\frac{1}{2}\left(\boldsymbol{\lambda}, \frac{\partial H}{\partial \boldsymbol{M}}\right) - \frac{1}{2}\left(\boldsymbol{\lambda}, \frac{\partial H}{\partial \boldsymbol{N}}\right),\\ \dot{\boldsymbol{\lambda}_0} = \frac{1}{2}\boldsymbol{\lambda} \times \frac{\partial H}{\partial \boldsymbol{M}} - \frac{1}{2}\boldsymbol{\lambda} \times \frac{\partial H}{\partial \boldsymbol{N}} + \frac{1}{2}\boldsymbol{\lambda}_0\frac{\partial H}{\partial \boldsymbol{M}} + \frac{1}{2}\boldsymbol{\lambda}_0\frac{\partial H}{\partial \boldsymbol{N}}.\end{gathered} \quad (\text{В.10})$$

Здесь $H = H(\boldsymbol{M}, \boldsymbol{N}, \boldsymbol{\lambda}, \lambda_0)$ — функция Гамильтона. Уравнения (В.10) на каждой орбите (регулярной или сингулярной) могут быть записаны (по теореме Дарбу) в обычной канонической форме.

С точки зрения механики они представляют собой наиболее общую и компактную гамильтонову форму уравнений движения твердого тела вокруг неподвижной точки, содержащую компоненты кинетического момента как в подвижной, так и в неподвижной системах координат.

Приложение C

Кватернионные уравнения и L-A-пара обобщенного волчка Горячева–Чаплыгина

В § 4 гл. 3 были приведены кватернионные уравнения Эйлера–Пуассона (4.19), для которых потенциал является линейной функцией по кватернионам. Покажем, каким образом при помощи этих уравнений и редукций по линейному интегралу (§ 1 гл. 4) может быть получено представление Лакса [338] для волчка Горячева–Чаплыгина, отличное от найденного ранее А. И. Бобенко и В. Б. Кузнецовым [332].

Рассмотрим пространство $\mathscr{L}$ комплексных матриц 3×3 с базисом

$$\mathbf{M}_1 = \left(\begin{array}{cc|c} 0 & \frac{1}{2}i & \\ \frac{1}{2}i & 0 & 0 \\ \hline \multicolumn{2}{c|}{0} & 0 \end{array}\right), \qquad \mathbf{M}_2 = \left(\begin{array}{cc|c} 0 & \frac{1}{2} & \\ -\frac{1}{2} & 0 & 0 \\ \hline \multicolumn{2}{c|}{0} & 0 \end{array}\right),$$

$$\mathbf{M}_3 = \left(\begin{array}{cc|c} -\frac{1}{2}i & 0 & \\ 0 & \frac{1}{2}i & 0 \\ \hline \multicolumn{2}{c|}{0} & 0 \end{array}\right), \qquad \mathbf{M}_4 = \left(\begin{array}{cc|c} -\frac{1}{6}i & 0 & \\ 0 & -\frac{1}{6}i & 0 \\ \hline \multicolumn{2}{c|}{0} & \frac{1}{3}i \end{array}\right),$$

$$\mathbf{P}_1 = \left(\begin{array}{cc|c} & & \frac{1}{2} \\ \multicolumn{2}{c|}{0} & 0 \\ \hline -\frac{1}{2}x & 0 & 0 \end{array}\right), \qquad \mathbf{P}_2 = \left(\begin{array}{cc|c} & & -\frac{1}{2}i \\ \multicolumn{2}{c|}{0} & 0 \\ \hline -\frac{1}{2}xi & 0 & 0 \end{array}\right),$$

$$\mathbf{P}_3 = \left(\begin{array}{cc|c} & & 0 \\ \multicolumn{2}{c|}{0} & \frac{1}{2} \\ \hline \frac{1}{2}xi & 0 & 0 \end{array}\right), \qquad \mathbf{P}_4 = \left(\begin{array}{cc|c} & & 0 \\ \multicolumn{2}{c|}{0} & -\frac{1}{2}i \\ \hline 0 & \frac{1}{2}xi & 0 \end{array}\right). \tag{C.1}$$

Относительно стандартного матричного коммутатора $[\cdot\,,\,\cdot]$ они образуют полупростую алгебру, для которой справедливо картановское разложение $\mathscr{L} = H + V$, где подалгебра $H = su(2) \oplus su(1)$ образована матрицами M_i, а $V = \mathbb{C}^2$ — матрицами P_i.

Замечание. Здесь x — параметр, определяющий некоторый пучок алгебр, линейно зависящий от x. При $x > 0$ эти алгебры изоморфны алгебре $su(3)$, при $x < 0$ — алгебре $su(2,\,1)$, при $x = 0$ — полупрямой сумме $(so(2) \oplus su(1)) \oplus_s \mathbb{C}^2$.

Вследствие полупростоты можем отождествить алгебру с коалгеброй при помощи скалярного произведения (форма Киллинга)

$$g = -\operatorname{Tr}(\mathbf{X}\cdot\mathbf{Y}), \qquad \mathbf{X},\,\mathbf{Y} \in \mathscr{L}. \tag{C.2}$$

Обозначим координаты в коалгебре $m_1,\, m_2,\, m_3,\, m_4,\, p_1,\, p_2,\, p_3,\, p_4$, тогда после отождествления (элемент алгебры) получим матрицу:

$$\mathbf{X} = \begin{pmatrix} -i(m_3+m_4) & im_1+m_2 & \frac{1}{x}(p_1-ip_2) \\ im_1-m_2 & i(m_3-m_4) & \frac{1}{x}(p_3-ip_4) \\ -p_1-ip_2 & -p_3-ip_4 & 2im_4 \end{pmatrix}.$$

Замечание. Если обозначить элементы базиса алгебры $\mathscr{L}$ через $\mathbf{E}_i$, $i = 1,\,\ldots,\,8$ и ввести вектор $\boldsymbol{e}$, компоненты которого — координаты на коалгебре в базисе, дуальном к $\mathbf{E}_i$, то формула отождествления примет вид $\mathbf{X} = \sum\limits_{i=1}^{8}\xi_i\mathbf{E}_i$, где $\boldsymbol{\xi} = g^{-1}\boldsymbol{e}$, g определяется формулой (C.2).

Соответствующая скобка Ли–Пуассона (точнее, пучок скобок, линейно зависящих от параметра x) для координатных функций коалгебры имеет вид

$$\begin{aligned} &\{m_i,\, m_j\} = \varepsilon_{ijk}m_k, && \{m_i,\, m_4\} = 0, \\ &\{m_i,\, p_j\} = \frac{1}{2}(\varepsilon_{ijk}p_k - \delta_{ij}p_4), && \{m_i,\, p_4\} = \frac{1}{2}p_i, \quad i,\, j,\, k = 1,\, 2,\, 3, \\ &\{p_i,\, p_j\} = \frac{1}{2}x(\varepsilon_{ijk}m_k + 3\varepsilon_{ij3}m_4), && \{p_i,\, p_4\} = -\frac{1}{2}x(m_i - 3\delta_{i3}m_4). \end{aligned}$$

Скобка $\{\ ,\ \}_0$ при $x = 0$ для переменных $m_1,\, m_2,\, m_3,\, p_1,\, p_2,\, p_3,\, p_4$ (которые образуют подалгебру) совпадает со скобками для компонент кинетического момента $\boldsymbol{M}$ и кватернионов $\lambda_0, \boldsymbol{\lambda}$ в динамике твердого тела (§ 3 гл. 1).

В соответствие с общим методом, развитым в [30, 44], построим $\mathbf{L}$-матрицу, инварианты которой определяют коммутативный набор функций для всего семейства скобок $\{\ \}_\theta + \lambda(\{\ \}_\lambda + \{\ \}_a)$, где $\mathbf{a} \in V$ — сдвиг аргумента. Ограничиваясь задачей, имеющей реальное динамическое значение, положим $x = 1$, а $\mathbf{L}$-матрицу представим в виде

$$\mathbf{L} = (\mathbf{h}\lambda + \mathbf{v} + \mathbf{a}\lambda^2),$$

где

$$\mathbf{h} = \left(\begin{array}{cc|c} -i(m_3+m_4) & im_1+m_2 & \\ im_1-m_2 & i(m_3-m_4) & 0 \\ \hline \multicolumn{2}{c|}{0} & 2im_4 \end{array}\right),$$

$$\mathbf{v} = \left(\begin{array}{c|c} 0 & \begin{matrix} p_1 - ip_2 \\ p_3 - ip_4 \end{matrix} \\ \hline -p_1-ip_2 \quad -p_3-ip_4 & 0 \end{array}\right), \qquad \text{(C.3)}$$

$$\mathbf{a} = \left(\begin{array}{c|c} 0 & \begin{matrix} a_1 - ia_2 \\ a_3 - ia_4 \end{matrix} \\ \hline -a_1-ia_2 \quad -a_3-ia_4 & 0 \end{array}\right).$$

Среди инвариантов матрицы $\mathbf{L}$ при произвольном сдвиге содержится линейная по m_i функция вида

$$F_1 = m_4 a^2 + (\boldsymbol{m}, \gamma_a), \qquad \text{(C.4)}$$

где $a^2 = \sum\limits_{i=1}^{4} a_i^2$, $\boldsymbol{m} = (m_1, m_2, m_3)$, а компоненты вектора γ_a выражаются через a_i по формулам

$$\gamma_a = (2(a_1a_3 + a_2a_4),\ 2(-a_2a_3 + a_1a_4),\ a_3^2 + a_4^2 - a_1^2 - a_2^2).$$

Выберем $a_1 = a_2 = 0$. В этом случае интеграл (C.4) приобретает вид

$$F_1 = m_3 + m_4. \qquad \text{(C.5)}$$

Рассмотрим квадратичный инвариант матрицы $\mathbf{L}$, который выберем в качестве гамильтониана

$$F_2 = \mathrm{Tr}(\mathbf{h}^2 + 2\mathbf{va}) = m_1^2 + m_2^2 + m_3^2 + 3m_4^2 + a_4p_4 + a_3p_3. \qquad \text{(C.6)}$$

Необходимо положить в $\mathbf{L}$-матрице (C.3) и гамильтониане (C.6)

$$m_4 = -m_3 + c, \qquad c = \mathrm{const}. \qquad \text{(C.7)}$$

Этот гамильтониан задает некоторую (формальную) интегрируемую гамильтонову систему на семействе скобок $\{,\}_\theta + \lambda(\{\ \}_\lambda + \{\ \}_a)$ [44]. Нахождение матрицы A для этой системы не представляет труда.

Чтобы перейти от найденной формальной системы к обобщению случая Горячева–Чаплыгина (см. § 5 гл. 2), произведем редукцию по линейному интегралу (C.7) в $\mathbf{L}$ и $\mathbf{A}$ матрицах. Для этого положим в матрице $\mathbf{L}$ и гамильтониане (C.6)

$$m_4 = -m_3 + c, \qquad c = \mathrm{const}. \tag{C.8}$$

При этом получаем $\mathbf{L}$-матрицу и гамильтониан интегрируемой системы на подалгебре $m_1, m_2, m_3, p_1, p_2, p_3, p_4$ с гиростатом, гиростатический момент которого равен c

$$\mathbf{L} = \begin{pmatrix} -i\lambda c & (im_1{+}m_2)\lambda & p_1{-}ip_2 \\ (im_1{-}m_2)\lambda & i\lambda(2m_3{-}c) & p_3{-}ip_4{+}(a_3{+}ia_4)\lambda^2 \\ -p_1{-}ip_2 & -p_3{-}ip_4{-}(a_3{+}a_4)\lambda^2 & -2i(m_3{-}c)\lambda \end{pmatrix}, \tag{C.9}$$

$$H = m_1^2 + m_2 + 4m_3^2 - 6m_3c + 2a_4p_4 + 2a_3p_3, \tag{C.10}$$

$$\mathbf{A} = dH = \begin{pmatrix} i(4m_3 - 3c) & -im_1 - m_2 & 0 \\ -im_1 + m_2 & -i(4m_3 - 3c) & -a_3 + ia_4 \\ 0 & a_3 + ia_4 & 0 \end{pmatrix}.$$

Эта система описывает интегрируемый случай на кватернионной скобке $\{\ \}_\theta$. Можно показать, что она допускает линейный по m_i интеграл вида

$$\begin{gathered} F_3 = m_3 - (\boldsymbol{m}, \boldsymbol{\gamma}), \\ \boldsymbol{\gamma} = (2(p_2p_4 + p_1p_3),\, 2(p_2p_3 - p_1p_4),\, p_3^2 + p_4^2 - p_1^2 - p_2^2), \end{gathered} \tag{C.11}$$

по которому возможны стандартная редукция по симметрии, описанная в § 1 гл. 4, при этом получается система на нелинейной скобке.

Соответствующие образующие, которые являются интегралами векторного поля $\boldsymbol{v} = \{\cdot, F_3\}$, в данном случае имеют вид

$$\begin{gathered} K_1 = \frac{M_1p_1 + M_2p_2}{\sqrt{p_1^2 + p_2^2}}, \quad K_2 = \frac{M_2p_1 - M_1p_2}{\sqrt{p_1^2 + p_2^2}}, \quad K_3 = M_3, \\ s_1 = p_3, \qquad s_2 = p_4, \quad s_3 = \pm\sqrt{p_1^2 + p_2^2}. \end{gathered} \tag{C.12}$$

Соответствующая им скобка – нелинейная:

$$\begin{gathered} \{K_i, K_j\} = \varepsilon_{ijk}K_k + \varepsilon_{ij3}\frac{F_4}{s_3^2}, \\ \{K_i, s_j\} = \varepsilon_{ijk}s_k, \quad \{s_i, s_j\} = 0, \end{gathered} \tag{C.13}$$

где $F_3 = (\boldsymbol{K}, \boldsymbol{s})s_3$ — функция Казимира скобки (C.13). При нулевой постоянной площадей $(\boldsymbol{K},\ \boldsymbol{s}) = 0$ скобка (C.13) совпадает со скобкой алгебры $e(3)$, а гамильтониан (C.10), как можно показать, в новых переменных (C.12) совпадет с гамильтонианом Горячева – Чаплыгина:

$$H = (K_1^2 + K_2^2 + 4K_3^2) - 2a_4 s_2 - 2a_3 s_1. \tag{C.14}$$

Найденное нами **L**-**A**-представление при $F_3 = c \neq 0$ соответствует случаю Горячева с сингулярным слагаемым. Согласно процедуре, описанной в § 1 гл. 4, нелинейность в скобке (C.13) можно устранить с помощью преобразования

$$\mathbf{L} = \mathbf{K} - c\frac{\boldsymbol{s}}{s_3}, \tag{C.15}$$

которое приводит ее к виду алгебры $e(3)$, а гамильтониан (C.14) к форме

$$H^* = \frac{1}{2}(L_1^2 + L_2^2 + 4L_3^2) - a_4 s_2 - a_3 s_1 + 3cL_3 + \frac{1}{2}\frac{c^2}{s_3^2}. \tag{C.16}$$

Гамильтониан (C.16) может быть интерпретирован как некоторое обобщение случая Горячева – Чаплыгина при $(\boldsymbol{L},\ \boldsymbol{s}) = 0$, при котором одновременно добавляются слагаемые, линейные по L_3 и соответствующие постоянному гиростатическому моменту, а также сингулярное слагаемое. Интегрируемое обобщение только с гиростатическим моментом было указано Л. Н. Сретенским [261], обобщение только с сингулярным потенциалом — самим Д. Н. Горячевым [97], общий случай, когда в гамильтониан можно добавить оба слагаемых с произвольными независимыми коэффициентами, указан в работах [171, 537] (см. также § 1 гл. 6).

Таким образом, приведенная нами **L**-**A**-пара справедлива также и для обобщений случая Горячева – Чаплыгина. Она отличается от указанной в работе [332] несколько таинственной **L**-**A**-пары, которая получается вычеркиванием строки и столбца из соответствующей пары случая Ковалевской.

ПРИЛОЖЕНИЕ D

Динамика ферромагнетика в магнитном поле

Нейтральный ферромагнетик намагничивается вдоль оси вращения, и в этом заключается квантовомеханический эффект Барнетта. Магнитный момент $\boldsymbol{B}$ связан с угловой скоростью $\boldsymbol{\omega}$ соотношением $\boldsymbol{B} = \mathbf{\Lambda}_1\boldsymbol{\omega}$, где $\mathbf{\Lambda}_1$ — некоторый симметрический линейный оператор. Аналогичный момент возникает при вращении сверхпроводящего твердого тела (эффект Лондона). Если тело вращается вокруг неподвижной точки в однородном магнитном поле с напряженностью $\boldsymbol{H}$, то на тело действуют магнитные силы с напряженностью $\boldsymbol{B}\times\boldsymbol{H}$. Обозначив $\boldsymbol{\gamma} = \boldsymbol{H}$, уравнения движения можно записать в виде [252]

$$\begin{gathered}\dot{\boldsymbol{M}} = \boldsymbol{M}\times\mathbf{A}\boldsymbol{M} + \mathbf{\Lambda}\boldsymbol{M}\times\boldsymbol{\gamma}, \quad \dot{\boldsymbol{\gamma}} = \boldsymbol{\gamma}\times\mathbf{A}\boldsymbol{M},\\ \boldsymbol{M} = \mathbf{I}\boldsymbol{\omega}, \quad \mathbf{\Lambda} = \mathbf{\Lambda}_1\mathbf{A}, \quad \mathbf{A} = \mathbf{I}^{-1} = \operatorname{diag}(a_1,\, a_2,\, a_3).\end{gathered} \tag{D.1}$$

В общем случае уравнения (D.1), видимо, не являются гамильтоновыми и так как они обладают стандартной инвариантной мерой и двумя тривиальными интегралами

$$F_1 = (\boldsymbol{M},\, \boldsymbol{\gamma}) = c_1, \quad F_2 = \boldsymbol{\gamma}^2 = 1, \tag{D.2}$$

то для их интегрируемости (по теореме Эйлера – Якоби) не хватает еще двух независимых интегралов.

Как показано в [147], уравнения (D.1) являются гамильтоновыми в двух случаях: при $\mathbf{\Lambda} = \lambda\mathbf{A}$ и при $\mathbf{\Lambda} = \operatorname{diag}(\lambda_1^2,\, \lambda_2^2,\, \lambda_3^2)$, $\mathbf{A} = \mathbf{E}$ — они приводятся к уравнениям Кирхгофа на алгебре $e(3)$ (§ 1, гл. 3). Причем в последнем случае уравнения (D.1) заведомо интегрируемы. Рассмотрим эти случаи последовательно.

1. *В. А. Самсонов* [252]. Пусть $\mathbf{\Lambda} = \lambda\mathbf{A}$, тогда уравнения (D.1) допускают еще один интеграл

$$F_3 = (\mathbf{A}\boldsymbol{M},\, \boldsymbol{M}). \tag{D.3}$$

Как показано В. В. Козловым [147], в этом случае уравнения (D.1) приводятся к уравнениям Кирхгофа на $e(3)$ (см. § 1, гл. 3) с гамильтонианом

$$H = \frac{1}{2}(\widetilde{\mathbf{A}}\widetilde{\boldsymbol{M}},\, \widetilde{\boldsymbol{M}}) + (\widetilde{\mathbf{B}}\widetilde{\boldsymbol{M}},\, \widetilde{\boldsymbol{\gamma}}) + \frac{1}{2}(\widetilde{\mathbf{C}}\widetilde{\boldsymbol{\gamma}},\, \widetilde{\boldsymbol{\gamma}}),$$

где $\widetilde{\mathbf{A}} = \mathbf{A}$, $\widetilde{\mathbf{B}} = -\lambda\mathbf{A}$, $\widetilde{\mathbf{C}} = \lambda^2\mathbf{A}$. Переменные $\widetilde{\boldsymbol{M}}$, $\widetilde{\boldsymbol{\gamma}}$ получаются из $\boldsymbol{M}$, $\boldsymbol{\gamma}$ при помощи простого линейного преобразования

$$\widetilde{\boldsymbol{M}} = \boldsymbol{M} + \lambda\boldsymbol{\gamma}, \quad \widetilde{\boldsymbol{\gamma}} = \boldsymbol{\gamma}. \tag{D.4}$$

При условии осевой симметрии $a_1 = a_2$ уравнения (D.1) интегрируются; еще один дополнительный интеграл, указанный в [252], при такой замене имеет вид

$$F_4 = \widetilde{M}_3 = M_3 + \lambda\gamma_3 = \text{const}$$

и соответствующий случай интегрируемости просто является случаем Кирхгофа (§ 1 гл. 3).

2. *В. В. Козлов* [147]. Нетривиальный случай интегрируемости с двумя квадратичными интегралами был указан в [147] при условиях $a_1 = a_2 = a_3 = 1$, $\boldsymbol{\Lambda} = \operatorname{diag}(\lambda_1^2, \lambda_2^2, \lambda_3^2)$. Дополнительные интегралы в этом случае

$$F_3 = (\boldsymbol{\Lambda M}, \boldsymbol{M}), \quad F_4 = \frac{1}{2}\boldsymbol{M}^2 - (\boldsymbol{\Lambda M}, \boldsymbol{\gamma}) + \frac{1}{2}\det\boldsymbol{\Lambda}(\boldsymbol{\Lambda}^{-1}\boldsymbol{\gamma}, \boldsymbol{\gamma}). \tag{D.5}$$

При помощи любопытной линейной замены, предложенной Л. Е. Веселовой [74] этот случай интегрируемости может быть сведен к случаю Клебша. Замена имеет вид

$$L_i = \frac{1}{2}\sqrt{\lambda_j^{-1} + \lambda_k^{-1}}\Big(\lambda_i M_i + \det\boldsymbol{\Lambda}^{1/2}\gamma_i\Big),$$
$$p_i = \frac{1}{2}\frac{1}{\sqrt{\lambda_j^{-1} + \lambda_k^{-1}}}\Big(\lambda_i M_i - \det\boldsymbol{\Lambda}^{1/2}\gamma_i\Big),$$
$$i, j, k = 1, 2, 3 \text{ (по циклу)}.$$

В этих переменных уравнения движения принимают вид

$$\begin{gathered}\frac{d\boldsymbol{L}}{d\tau} = \boldsymbol{L} \times \mathbf{J}^{-1}\boldsymbol{L} + \boldsymbol{p} \times \mathbf{J}\boldsymbol{p}, \quad \frac{d\boldsymbol{p}}{d\tau} = \boldsymbol{p} \times \mathbf{J}^{-1}\boldsymbol{L},\\ \mathbf{J} = \operatorname{diag}(\lambda_2^{-1} + \lambda_3^{-1}, \lambda_3^{-1} + \lambda_1^{-1}, \lambda_1^{-1} + \lambda_2^{-1}), \quad dt = \det\mathbf{J}^{1/2}d\tau,\end{gathered} \tag{D.6}$$

т. е. определяют случай Клебша в уравнениях Кирхгофа на $e(3)$ (см. § 1 гл. 3) с гамильтонианом и дополнительными интегралами вида

$$\begin{gathered}H = \frac{1}{2}(\boldsymbol{L}, \mathbf{J}^{-1}\boldsymbol{L}) + \frac{1}{2}(\boldsymbol{p}, \mathbf{J}\boldsymbol{p}),\\ G_1 = (\boldsymbol{L}, \boldsymbol{p}), \quad G_2 = \boldsymbol{p}^2, \quad G_3 = \frac{1}{2}\boldsymbol{L}^2 - \frac{1}{2}\det\mathbf{J}(\boldsymbol{p}, \mathbf{J}^{-1}\boldsymbol{p}).\end{gathered} \tag{D.7}$$

Связь между интегралами (D.7) и (D.2), (D.5) задается следующими соотношениями:

$$H = \frac{1}{4}(F_3 + \det \mathbf{\Lambda} F_2), \quad G_1 = \frac{1}{4}(F_3 - \det \mathbf{\Lambda} F_2),$$

$$G_2 = \frac{1}{4\det \mathbf{J}}\Big(-\operatorname{Tr}\mathbf{J}\det\mathbf{\Lambda}^{1/2}F_1 + \det\mathbf{\Lambda}^{1/2}\operatorname{Tr}\mathbf{\Lambda}^{1/2}F_2 + \frac{\operatorname{Tr}\mathbf{\Lambda}^{1/2}}{\det\mathbf{\Lambda}^{1/2}}F_3 + 2F_4\Big),$$

$$G_3 = \frac{1}{4\det\mathbf{J}}(\mu_1 F_1 + \mu_2 F_2 + \mu_3 F_3 + \mu_4 F_4),$$

$$\mu_1 = \det\mathbf{\Lambda}^{1/2}\operatorname{Tr}\mathbf{\Lambda}^{-3/2} + 2\operatorname{Tr}\mathbf{\Lambda}^{1/2}\operatorname{Tr}\mathbf{\Lambda}^{-1/2} - 1,$$

$$\mu_2 = \frac{1}{2}\big(\operatorname{Tr}\mathbf{\Lambda} + \det\mathbf{\Lambda}^{1/2}\operatorname{Tr}\mathbf{\Lambda}^{1/2}\operatorname{Tr}\mathbf{\Lambda}^{-1}\big),$$

$$\mu_3 = \frac{1}{2}\Big(\frac{\operatorname{Tr}\mathbf{\Lambda}}{\det\mathbf{\Lambda}} + \frac{\operatorname{Tr}\mathbf{\Lambda}^{1/2}\operatorname{Tr}\mathbf{\Lambda}^{-1}}{\det\mathbf{\Lambda}^{1/2}}\Big), \quad \mu_4 = -\operatorname{Tr}\mathbf{\Lambda}^{-1} - 3\frac{\operatorname{Tr}\mathbf{\Lambda}^{1/2}}{\det\mathbf{\Lambda}^{1/2}}.$$

Нулевой уровень интеграла площадей $G_1 = (\boldsymbol{L}, \boldsymbol{p}) = 0$ системы (D.6) соответствует задаче Неймана о движении точки по сфере в квадратичном потенциале (§ 1 гл. 3), для которой возможно сведение к натуральной двухстепенной гамильтоновой системе с разделяющимися переменными (§ 7 гл. 1). В исходной системе (D.1) этому соответствует фиксированный уровень интеграла (D.5)

$$F_3 = (\mathbf{\Lambda}\boldsymbol{M}, \boldsymbol{M}) = \det\mathbf{\Lambda}.$$

Замечание. Преобразование (D.6) родственно преобразованию, использованному С. А. Чаплыгиным в неголономной задаче о качении динамически несимметричного шара [302] для сведения системы на нулевой уровень постоянной площадей, для которого возможно разделение переменных.

3. Укажем еще один случай, для которого существует хотя бы один интеграл. Действительно, при условии $\mathbf{\Lambda} = \lambda\mathbf{E}$ появляется интеграл $F_3 = \boldsymbol{M}^2$. При дополнительном условии $a_1 = a_2 = a$ имеется еще один тривиальный линейный интеграл типа интеграла Лагранжа: $F_4 = aM_3 + \gamma_3$.

Приложение Е

Уравнение Ландау–Лифшица, дискретные системы и задача Неймана

1. Уравнение Ландау–Лифшица

В теории ферромагнетизма фундаментальную роль играет уравнение Ландау–Лифшица

$$\frac{\partial \boldsymbol{S}}{\partial t} = \boldsymbol{S} \times \left(\frac{\partial^2 \boldsymbol{S}}{\partial x^2} + \mathbf{J}\boldsymbol{S}\right), \qquad \boldsymbol{S}^2 = 1, \tag{E.1}$$

описывающее эволюцию в пространстве и времени вектора намагниченности $\boldsymbol{S}(x, t) \in \mathbb{R}^3$, где $\mathbf{J} = \operatorname{diag}(J_1, J_2, J_3)$ — диагональная матрица, характеризующая анизотропию взаимодействия.

Решения (E.1) типа бегущей («кноидальной») волны, т. е. $\boldsymbol{S}(x, t) = \boldsymbol{q}(x - at)$ ($a = \text{const}$ — скорость волны), удовлетворяют уравнению

$$-a\dot{\boldsymbol{q}} = \boldsymbol{q} \times (\ddot{\boldsymbol{q}} + \mathbf{J}\boldsymbol{q}), \qquad \boldsymbol{q}^2 = 1, \tag{E.2}$$

которое после умножения обеих частей векторно на $\boldsymbol{q}$ принимает вид

$$\ddot{\boldsymbol{q}} + a\dot{\boldsymbol{q}} \times \boldsymbol{q} = -\mathbf{J}\boldsymbol{q} + \lambda\boldsymbol{q}, \quad \boldsymbol{q}^2 = 1, \quad \lambda = (\boldsymbol{q}, \mathbf{J}\boldsymbol{q}) - \dot{\boldsymbol{q}}^2. \tag{E.3}$$

Введем полный угловой момент системы

$$\boldsymbol{M} = \dot{\boldsymbol{q}} \times \boldsymbol{q} - a\boldsymbol{q}, \tag{E.4}$$

аналогичный использованному Вильсоном при квантовании монополя Дирака.

Замечание. Впервые угловой момент (E.4) указан Пуанкаре как векторный интеграл движения заряженной частицы в поле магнитного монополя (см. также [44]).

Несложно проверить, что коммутация между $\boldsymbol{M}$ и $\boldsymbol{q}$ определена алгеброй $e(3)$:

$$\{M_i, M_j\} = \varepsilon_{ijk}M_k, \quad \{M_i, q_j\} = \varepsilon_{ijk}q_k, \quad \{q_i, q_j\} = 0. \tag{E.5}$$

При этом $(\boldsymbol{M}, \boldsymbol{q}) = -a$, а гамильтониан системы имеет вид

$$H = \frac{1}{2}\boldsymbol{M}^2 + \frac{1}{2}(\boldsymbol{q}, \mathbf{J}\boldsymbol{q}). \tag{E.6}$$

Система (E.5)–(E.6) представляет собой случай Клебша уравнений Кирхгофа (см. § 1 гл. 3), который при $(\boldsymbol{M}, \boldsymbol{q}) = -a = 0$ (т. е. для стационарного решения типа стоящей волны) изоморфен системе Неймана. Эта аналогия была указана А. П. Веселовым в [72].

Замечание. Кроме уравнений Ландау – Лифшица, имеется еще одна система, связанная с асимметричным киральным O_3-полем, уравнения для которого имеют вид $\dfrac{\partial \boldsymbol{u}}{\partial \xi} = \boldsymbol{u} \times \mathbf{K}\boldsymbol{u}$, $\dfrac{\partial \boldsymbol{v}}{\partial \eta} = \boldsymbol{v} \times \mathbf{K}\boldsymbol{v}$ ($\boldsymbol{u}, \boldsymbol{v} \in \mathbb{R}^3$, $\mathbf{K}$ — диагональная матрица), автомодельные решения которой сводятся к интегрируемой системе Шоттки – Манакова (см. § 2 гл. 3). Действительно, как указано в [72], решения, зависящие лишь от $t = \xi + \eta$, удовлетворяют системе $\dot{\boldsymbol{u}} = \boldsymbol{u} \times \mathbf{K}\boldsymbol{v}$, $\dot{\boldsymbol{v}} = \boldsymbol{v} \times \mathbf{K}\boldsymbol{u}$, являющейся частным случаем уравнений свободного волчка на $SO(4)$.

2. Анизотропная XYZ-модель Гейзенберга

Рассмотрим гамильтонову систему на прямой сумме алгебр $so(3)$: $S_1, \ldots, S_N$, $S_i \in so(3)$ с гамильтонианом

$$H = -\sum_{n=1}^{N} \sum_{\alpha\beta} J_{\alpha\beta} \boldsymbol{S}_n^{\alpha} \boldsymbol{S}_{n+1}^{\beta}, \tag{E.7}$$

где векторы $\boldsymbol{S}_n$ имеют смысл классических векторов спина, коммутирующих аналогично компонентам момента и нормированных условием $\boldsymbol{S}_n^2 = 1$. Компоненты $J_{\alpha\beta}$ определяют тензор обменных констант, который предполагается диагональным и трехосным: $\mathbf{J} = \operatorname{diag}(J_1, J_2, J_3)$, $J_3 > J_2 > J_1 > 0$. Эта система (E.7) называется анизотропной XYZ-моделью Гейзенберга (см. § 2 гл. 3).

Система (E.7) рассматривалась в классической и квантовой постановке. Задачи о стационарных решениях этой модели рассматривались в работах [101, 68] — в частности, в связи с нахождением волновых функций квантового гамильтониана. Еще более ранние исследования по последнему вопросу восходят к Бете, рассмотревшего изотропную XXX-модель, и к Бакстеру, построившему (в принципе) все собственные функции для полностью анизотропной XYZ-цепочки квантовых спинов 1/2. Для полностью анизотропной цепочки с произвольным спином пока получены лишь отдельные результаты [101].

Рассмотрим стационарные решения системы (E.7), представляющей собой, по существу, модель взаимодействующих волчков. Они удовлетворяют уравнению

$$\boldsymbol{S}_n \times \mathbf{J}(\boldsymbol{S}_n + \boldsymbol{S}_{n+1}) = 0, n = 1, \ldots, N \tag{E.8}$$

или

$$\boldsymbol{S}_{n-1} + \boldsymbol{S}_{n+1} = \lambda_n \mathbf{J}^{-1} \boldsymbol{S}_n, \tag{E.9}$$

где множитель λ_n находится из условия $|\boldsymbol{S}_{n+1}| = 1$. Действительно,

$$1 = |\boldsymbol{S}_{n+1}|^2 = |-\boldsymbol{S}_{n-1} + \lambda_n \mathbf{J}^{-1}\boldsymbol{S}_n|^2 = \lambda_n^2 |\mathbf{J}^{-1}\boldsymbol{S}_n|^2 - 2\lambda_n(\boldsymbol{S}_n, \mathbf{J}^{-1}\boldsymbol{S}_n) + 1$$

и имеется две возможности: $\lambda_n = 0$ или

$$\lambda_n = \frac{2(\boldsymbol{S}_{n-1}, \mathbf{J}^{-1}\boldsymbol{S}_n)}{|\mathbf{J}^{-1}\boldsymbol{S}_n|^2}. \tag{E.10}$$

Первый случай обычно отбрасывается из физических соображений, а система (E.9)–(E.10) определяет некоторое дискретное отображение (двумерное), исследование которого представляет собственный теоретический интерес.

Несложно установить, что система (E.10) обладает первыми интегралами (т. е. функциями, инвариантными при отображении (E.9), (E.10)):

$$F_1 = (\boldsymbol{S}_n, \mathbf{J}^{-1}\boldsymbol{S}_{n+1}), \quad F_2 = |\mathbf{J}\boldsymbol{S}_n|^2 + |\mathbf{J}\boldsymbol{S}_{n+1}|^2 - (\boldsymbol{S}_n, \mathbf{J}\boldsymbol{S}_{n+1})^2, \tag{E.11}$$

которые, если ввести новые переменные по аналогии с заменой (E.4) (при $a = 0$) $\boldsymbol{M} = \boldsymbol{S}_n \times \mathbf{J}\boldsymbol{S}_{n+1}$, $\boldsymbol{\gamma} = \boldsymbol{S}_n$, можно переписать в виде

$$\begin{aligned} \det \mathbf{J}^2 F_1^2 &= (\mathbf{J}^2\boldsymbol{M}, \boldsymbol{M}) - \det \mathbf{J}^2 (\mathbf{J}^{-2}\boldsymbol{\gamma}, \boldsymbol{\gamma}), \\ F_2 &= \boldsymbol{M}^2 + (\mathbf{J}^2\boldsymbol{\gamma}, \boldsymbol{\gamma}). \end{aligned} \tag{E.12}$$

При этом вследствие специального вида замены $F_3 = (\boldsymbol{M}, \boldsymbol{\gamma}) = 0$.

Интегралы (E.12) совпадают с интегралами системы Неймана (см. § 2 гл. 3), записанной в алгебре $e(3)$, определяемой переменными $\boldsymbol{M}$, $\boldsymbol{\gamma}$ на нулевой постоянной площадей $(\boldsymbol{M}, \boldsymbol{\gamma}) = 0$. Они указаны Я. И. Грановским и А. С. Жедановым [101]. В этом смысле систему (E.9)–(E.10) можно считать *дискретным аналогом системы Неймана*, а наличие интегралов (E.12) позволяет говорить об ее интегрируемости.

Это название оправдано также тем, что уравнение (Е.8), почти эквивалентное (Е.9)–(Е.10), в континуальном пределе переходит в стационарное уравнение Ландау – Лифшица (см. (Е.1))

$$\boldsymbol{S} \times \left(\frac{d^2\boldsymbol{S}}{dx^2} + \mathbf{J}\boldsymbol{S}\right) = 0, \qquad \boldsymbol{S}^2 = 1, \tag{Е.13}$$

которое также можно представить в форме

$$\frac{d^2\boldsymbol{S}}{dx^2} + \mathbf{J}\boldsymbol{S} = \lambda(x)\boldsymbol{S}, \qquad \boldsymbol{S}^2 = 1, \tag{Е.14}$$

это уравнение, как показано в первом пункте, эквивалентно обычной непрерывной задаче Неймана.

Заметим, что дискретное уравнение Ландау – Лифшица представляет физический интерес в системах, где континуальное приближение неприменимо, то есть когда решение существенно меняется на расстояниях порядка шага решетки.

Многомерные обобщения. А. П. Веселовым был предложен многомерный аналог отображения (Е.9)–(Е.10), в котором векторы $\boldsymbol{S}$ принадлежат k-мерной сфере $\boldsymbol{S}_n \in S^k \subset \mathbb{R}^{k+1}$, $\mathbf{J} = \operatorname{diag}(J_0, \ldots, J_k)$. Интегралы (Е.12) для этого случая можно записать в удобной симметричной форме, если воспользоваться § 1 гл. 3 (интегралы К. Уленбек [515]):

$$F_\alpha(x, y) = x_\alpha^2 + \sum_{\beta \neq \alpha} \frac{(\boldsymbol{x} \wedge \mathbf{J}\boldsymbol{y})^2_{\alpha\beta}}{J_\alpha^2 - J_\beta^2}, \qquad \sum_{\alpha=0}^{n} F_\alpha = 1, \tag{Е.15}$$

где $\boldsymbol{x} = \boldsymbol{S}_n$, $\boldsymbol{y} = \boldsymbol{S}_{n+1}$, $(\boldsymbol{x} \wedge \boldsymbol{y})_{\alpha\beta} = x_\alpha y_\beta - x_\beta y_\alpha$, $\alpha = 0, 1, \ldots, n$. Эти интегралы также были указаны А. П. Веселовым в [68]. В [69] приведен дискретный аналог теоремы Лиувилля, который позволяет для интегралов (Е.15) определить понятие инволютивности, придать отображению (Е.9)–(Е.10) смысл группового сдвига на лиувиллевых торах. Кроме того, в работе [69] указаны общие формулы для решения в тэта-функциях.

3. Эллипсоидальный бильярд и дискретные волчки

Как было замечено еще Дж. Биркгофом [17], задача Якоби о геодезических при стремлении к нулю одной из полуосей эллипсоида определяет некоторый интегрируемый бильярд (эллиптический бильярд). При этом точка движется внутри эллипса по прямой, а отскок происходит по идеальному закону: угол падения равен углу отражения, причем величина скорости не меняется. В n-мерном случае явные формулы для отображения типа (E.9)–(E.10) имеют вид [68]

$$\begin{gathered}\frac{\boldsymbol{q}_{k+1}-\boldsymbol{q}_k}{|\boldsymbol{q}_{k+1}-\boldsymbol{q}_k|}-\frac{\boldsymbol{q}_k-\boldsymbol{q}_{k-1}}{|\boldsymbol{q}_k-\boldsymbol{q}_{k-1}|}=\lambda_k\mathbf{A}\boldsymbol{q}_k,\\ \lambda_k=\frac{2(\mathbf{A}\boldsymbol{q}_k,\,\boldsymbol{q}_k-\boldsymbol{q}_{k-1})}{|\boldsymbol{q}_k-\boldsymbol{q}_{k-1}||\mathbf{A}\boldsymbol{q}_k|^2},\end{gathered} \tag{E.16}$$

причем $(\mathbf{A}\boldsymbol{q}_k,\,\boldsymbol{q}_k)=1$, $\boldsymbol{q}_k\in\mathbb{R}^{n+1}$, $\mathbf{A}=\operatorname{diag}(a_1,\,\ldots,\,a_n)$ — уравнение n-мерного эллипсоида. Отображение (E.16) обладает полным набором инволютивных (в смысле [69]) интегралов

$$F_\alpha=p_\alpha^2+\sum_{\beta\neq\alpha}\frac{(\boldsymbol{p}\wedge\boldsymbol{q})^2_{\alpha\beta}}{b_\beta-b_\alpha},\quad b_\alpha=a_\alpha^{-1},\quad \boldsymbol{p}_k=\frac{\boldsymbol{q}_{k+1}-\boldsymbol{q}_k}{|\boldsymbol{q}_{k+1}-\boldsymbol{q}_k|}. \tag{E.17}$$

В работе [69] получены также явные формулы для точек ударов в тэта-функциях.

В работах [69, 459] рассматривается n-мерный дискретный аналог уравнений Шоттки–Манакова (свободного волчка) на $SO(N)$:

$$\begin{gathered}\boldsymbol{M}_{k+1}=\boldsymbol{\omega}_k\boldsymbol{M}_k\boldsymbol{\omega}_k^{-1},\quad \boldsymbol{M}_k=\boldsymbol{\omega}_k^{-1}\mathbf{I}-\mathbf{I}\boldsymbol{\omega}_k,\quad \boldsymbol{\omega}_k\in so(N),\\ \mathbf{I}=\operatorname{diag}(I_1,\,\ldots,\,I_N).\end{gathered} \tag{E.18}$$

Для четырехмерного волчка соответствующее семейство первых интегралов можно явно выписать, пользуясь результатами § 2 гл. 3. В работе [459] обсуждаются также вопросы получения общего решения в тэта-функциях.

Комментарии. В последнее время появилось довольно много работ, посвященных дискретизациям классических случаев динамики твердого тела (см., например, [373], где имеются необходимые ссылки). Существуют некоторые соображения из механики, аналогичные предельному переходу Биркгофа в задаче о геодезических, позволяющие от $(n+1)$-мерного волчка (на $SO(n+1)$) перейти к n-мерному ($SO(n)$). Однако целесообразность и физический смысл таких постановок задач пока не может быть вполне оправдан.

Более того, реальные дискретизации, возникающие при применении разностных методов, не вписываются в эту схему, и, например, стандартное отображение Чирикова, используемое в качестве модельного примера для изучения хаотической динамики, получается дискретизацией интегрируемой задачи о движении математического маятника. Возможно, что изучение таких дискретизаций полезно для разработки численных методов интегрирования нелинейных систем.

ПРИЛОЖЕНИЕ F

Динамика волчка и материальной точки на сфере и эллипсоиде

1. Движение точки по сфере и эллипсоиду ($n = 2, 3$). Аналогия с динамикой волчка

Уравнения движения твердого тела вокруг неподвижной точки в случае шарового тензора инерции $\mathbf{A} = \lambda\mathbf{E}$, $\lambda = \mathrm{const}$, $\mathbf{E} = \|\delta_{ij}\|$ в потенциальном (обобщенно-потенциальном) поле изоморфны уравнениям движения материальной точки по поверхности трехмерной сферы S^3 в аналогичном поле. Эта аналогия была установлена в [23, 146] (см. также [44]). При этом в осесимметричном поле $V = V(\gamma)$ динамика шарового волчка на нулевой постоянной площадей $(\boldsymbol{M}, \boldsymbol{\gamma}) = 0$ эквивалентна движению материальной точки на двумерной сфере S^2. Оказывается, что эта аналогия справедлива и в многомерном случае, если воспользоваться сингулярными орбитами $e(n)$; она подробно обсуждается в [44].

Здесь мы рассмотрим лишь реальное твердое тело и двумерную и трехмерную сферы, однако приведем даже более общую аналогию, рассмотрев движение точки не по сферам S^2, S^3, а по эллипсоидам E^2, E^3. Между динамикой твердого тела, теперь уже не шарового, а трехосного, и движением точки по эллипсоиду в потенциальных полях также существует взаимосвязь, имеющая теперь характер *траекторного изоморфизма*. Частным случаем является аналогия, отмеченная в § 1 гл. 3, между интегрируемыми задачами Якоби о геодезических и случаем Клебша в уравнениях Кирхгофа. Как показано в [44, 340], она справедлива также для случая Клебша на $e(4)$ и задачи Якоби на трехмерном эллипсоиде E^3. Рассмотрим сначала двумерный случай.

Двумерный эллипсоид и сфера (E^2, S^2). Пусть точка движется в евклидовом пространстве с координатами $\boldsymbol{q} = (q_1, q_2, q_3)$ по поверхности эллипсоида E^2, заданного уравнением $(\boldsymbol{q}, \mathbf{B}\boldsymbol{q}) = 1$, $\mathbf{B} = \mathrm{diag}(b_1, b_2, b_3)$. Уравнения Лагранжа с неопределенными множителями приводят к системе

$$\ddot{\boldsymbol{q}} = \lambda\mathbf{B}\boldsymbol{q} - \frac{\partial V}{\partial \boldsymbol{q}}, \quad \text{где } \lambda = \frac{\left(\mathbf{B}\boldsymbol{q}, \dfrac{\partial V}{\partial \boldsymbol{q}}\right) - (\dot{\boldsymbol{q}}, \mathbf{B}\dot{\boldsymbol{q}})}{(\mathbf{B}\boldsymbol{q}, \mathbf{B}\boldsymbol{q})} \tag{F.1}$$

(масса точки предполагается единичной). В избыточных канонических переменных $(\boldsymbol{p}, \boldsymbol{q}) \in \mathbb{R}^6$ имеем гамильтониан [9, 44]

$$H = \frac{1}{2}(\boldsymbol{p} \times \boldsymbol{n})^2 + V(\boldsymbol{q}), \quad \boldsymbol{n} = \frac{\mathbf{B}\boldsymbol{q}}{\sqrt{(\mathbf{B}\boldsymbol{q}, \mathbf{B}\boldsymbol{q})}}, \tag{F.2}$$

здесь $\boldsymbol{n}$ — нормаль к поверхности. Для системы (F.2) выполним каноническое преобразование $\boldsymbol{p}, \boldsymbol{q} \to \boldsymbol{p}', \boldsymbol{q}'$, соответствующее сжатию вдоль главных осей эллипсоида, $\boldsymbol{q}' = \mathbf{B}^{1/2}\boldsymbol{q}$, $\boldsymbol{p}' = \mathbf{B}^{-1/2}\boldsymbol{p}$, и перейдем к новым переменным по формулам

$$\boldsymbol{\gamma} = \boldsymbol{q}', \quad \boldsymbol{M} = \boldsymbol{p}' \times \boldsymbol{q}'. \tag{F.3}$$

В результате получается гамильтонова система, определенная скобкой $e(3)$, нулевым уровнем функции Казимира $(\boldsymbol{M}, \boldsymbol{\gamma}) = 0$ и гамильтонианом

$$H = \frac{1}{2}\det\mathbf{B}\frac{(\boldsymbol{M}, \mathbf{A}\boldsymbol{M})}{(\boldsymbol{\gamma}, \mathbf{B}\boldsymbol{\gamma})} + V(\boldsymbol{\gamma}), \quad \mathbf{A} = \mathbf{B}^{-1}. \tag{F.4}$$

После замены времени $d\tau = \dfrac{\det\mathbf{B}}{(\boldsymbol{\gamma}, \mathbf{B}\boldsymbol{\gamma})}dt$ и на уровне энергии $H = E = \frac{1}{2}c\det\mathbf{B}$ мы получим гамильтонову систему на $e(3)$ с гамильтонианом

$$H' = \frac{1}{2}(\boldsymbol{M}, \mathbf{A}\boldsymbol{M}) + \frac{1}{2}(\boldsymbol{\gamma}, \mathbf{B}\boldsymbol{\gamma})\Big(\frac{2V(\boldsymbol{\gamma})}{\det\mathbf{B}} - c\Big) \tag{F.5}$$

и нулевым уровнем энергии $H' = 0$.

Замечание. Справедливо более общее утверждение, согласно которому гамильтонова система на $e(3)$ вида

$$H = \frac{F(\boldsymbol{M}, \boldsymbol{\gamma})}{G(\boldsymbol{\gamma})} + V(\boldsymbol{\gamma})$$

на уровне энергии $H = h$ траекторно эквивалентна (после замены времени $dt = G(\boldsymbol{\gamma})\,d\tau$) системе на $e(3)$ с гамильтонианом

$$H' = F(\boldsymbol{M}, \boldsymbol{\gamma}) + (V(\boldsymbol{\gamma}) - h)G(\boldsymbol{\gamma})$$

на нулевом уровне $H' = 0$.

В § 1 гл. 3 показано, что при таком траекторном (вследствие замены времени) изоморфизме задача Якоби изоморфна случаю Клебша на нулевой постоянной площадей. При $\mathbf{B} = \mathbf{E}$ имеем движение по сфере S^2, и гамильтониан (F.4) можно записать в виде

$$H = \frac{1}{2}\boldsymbol{M}^2 + V(\boldsymbol{\gamma}), \tag{F.6}$$

который описывает движение шарового волчка при $(\boldsymbol{M}, \boldsymbol{\gamma}) = 0$. Этот полный (без замены времени вдоль траектории) изоморфизм несложно понять из различных соображений, в частности, можно провести непосредственные вычисления в углах Эйлера.

Трехмерный эллипсоид и сфера ($\boldsymbol{E^3}$, $\boldsymbol{S^3}$). Движение точки по трехмерному эллипсоиду E^3 уже не связано непосредственно с динамикой обычного трехмерного тела в каком-либо потенциальном поле. Аналогия возможна, если рассмотреть движение четырехмерного волчка, т. е. волчка на $e(4)$ (в n-мерном случае имеется взаимосвязь между E^n и волчком на $e(n)$ [340, 465]). Мы не будем здесь останавливаться на ее описании, так как она носит формальный характер (см. [44]).

Более естественным является изоморфизм между движением точки на S^3 в некотором силовом поле и динамикой шарового волчка в аналогичном поле. При этом поле не предполагается обязательно осесимметричным, а система имеет три степени свободы.

Движение материальной точки по трехмерной сфере, заданной уравнением $\sum\limits_{i=0}^{3} q_i^2 = 1$, в лагранжевом виде выглядит следующим образом:

$$\ddot{q}_i = -\frac{\partial V}{\partial q_i} + \lambda q_i, \qquad \lambda = \sum_{i=0}^{3}\Big(q_i\frac{\partial V}{\partial q_i} - \dot{q}_i^2\Big), \quad i = 0, \ldots, 3, \tag{F.7}$$

где V — потенциал.

В избыточных канонических переменных (p, q) гамильтониан имеет вид

$$H = \frac{1}{2}\Big(p^2 - \frac{(p, q)^2}{(q, q)}\Big) + V(q), \tag{F.8}$$

где через $(\,\cdot,\,\cdot)$ обозначено скалярное произведение четырехмерных векторов p, q.

Определим новые переменные M_i, λ_μ по формулам

$$\begin{gathered} M_i = \frac{1}{2}(\pi_i - L_i), \quad \lambda_\mu = q_\mu, \\ L_i = \frac{1}{2}\varepsilon_{ijk}M_{jk}, \quad \pi_i = M_{0i}, \quad \boldsymbol{\pi} = (\pi_1, \pi_2, \pi_3), \quad \boldsymbol{L} = (L_1, L_2, L_3), \\ M_{\mu\nu} = q_\mu p_\nu - q_\nu p_\mu, \quad i, j, k = 1, 2, 3, \quad \mu, \nu = 0, \ldots, 3. \end{gathered} \tag{F.9}$$

Несложно видеть, что переменные $\boldsymbol{M}, \lambda$ коммутируют аналогично кватернионным переменным в динамике твердого тела (4.22) § 4 гл. 1, а функция

Гамильтона (F.8) имеет вид

$$H = \frac{1}{2}\boldsymbol{M}^2 + V(\lambda) \tag{F.10}$$

и описывает движение шарового волчка в произвольном потенциальном поле.

Для векторов $\boldsymbol{\pi}$, $\boldsymbol{L}$ и $\boldsymbol{M}$ выполняются следующие соотношения

$$\begin{gathered}\boldsymbol{\pi} = 2(q_0\boldsymbol{q}\times\boldsymbol{M} + \boldsymbol{q}(\boldsymbol{M},\boldsymbol{q}) + q_0^2\boldsymbol{M}),\\ \boldsymbol{L} = 2(q_0\boldsymbol{q}\times\boldsymbol{M} + \boldsymbol{q}(\boldsymbol{M},\boldsymbol{q}) - \boldsymbol{q}^2\boldsymbol{M}),\\ \boldsymbol{M} = \frac{1}{2}(\boldsymbol{\pi} - \boldsymbol{L}),\end{gathered} \tag{F.11}$$

задающие сингулярную орбиту в алгебре $e(4)$ (образованную переменными $(\boldsymbol{\pi}, \boldsymbol{L}, q_0, \boldsymbol{q})$, $\boldsymbol{q} = (q_1, q_2, q_3)$), гомеоморфную касательному расслоению к трехмерной сфере TS^3 (см. приложение B).

Замечание. Для компонент $\boldsymbol{N} = \frac{1}{2}(\boldsymbol{\pi} + \boldsymbol{L})$, $\boldsymbol{N} = (N_1, N_2, N_3)$ и λ, также коммутирующих кватернионным образом на сингулярной сфере, справедливо $\boldsymbol{M}^2 = \boldsymbol{N}^2$. В шаровом волчке они соответствуют проекциям кинетического момента на неподвижные оси. Простейшие формулы пересчета для $\boldsymbol{M}, \boldsymbol{N}, \boldsymbol{\pi}, \boldsymbol{L}$ следующие:

$$\boldsymbol{M} = \frac{1}{2}(\boldsymbol{\pi} - \boldsymbol{L}), \quad \boldsymbol{N} = \frac{1}{2}(\boldsymbol{\pi} + \boldsymbol{L}), \quad \boldsymbol{\pi} = \boldsymbol{M} + \boldsymbol{N}, \quad \boldsymbol{L} = \boldsymbol{N} - \boldsymbol{M}. \tag{F.12}$$

Указанные аналогии с движением точки позволяют перенести на динамику твердого тела ряд интегрируемых задач (и вообще различных методов) небесной механики в пространствах постоянной кривизны (в частности, в S^2 и S^3). В книге [44] обсуждается общий формализм уравнений движения «искривленной» небесной механики, а также приводится ряд качественных отличий ее от обычной. Тем не менее, большинство интегрируемых задач плоской небесной механики переносится на искривленную ситуацию. Они подробно рассмотрены в следующем параграфе.

Рассмотрим две интегрируемые системы на S^2 и S^3, одна из которых связана с различными вариациями относительно задач Якоби и Неймана, а другая является более новой и обладает дополнительным интегралом третьей степени. Для обсуждения первой задачи рассмотрим сначала аналог потенциала упругого осциллятора на сфере.

2. Гармонический осциллятор на S^2, S^3. Обобщение задач Неймана и Якоби

Гуковские центры на сфере. В плоском пространстве справедлива теорема Бертрана, согласно которой существует только два закона центральных сил, для которых все траектории являются замкнутыми. Один из них — ньютоновский, а другой — гуковский, при этом замкнутые кривые всегда являются эллипсами. Подобное утверждение справедливо и для трехмерной сферы, если в качестве гуковского потенциала принять $V = \mu \operatorname{tg}^2 \theta$, $\mu = \text{const}$. Как известно, аналогом ньютоновского потенциала является $V = \mu \operatorname{ctg} \theta$, $\mu = \text{const}$ [41].

В избыточных координатах гуковский потенциал имеет вид $V = \frac{c}{q_0^2}$ — постоянно встречающихся сингулярных добавок в динамике твердого тела (см. § 1 гл. 6).

В плоском случае существует избыточный набор квадратичных интегралов, образующих так называемый «*тензор Фрадкина*» (по терминологии физиков) [102]. Соответствующий аналог можно рассмотреть и для сферы. Приведем сначала явные выражения для двумерной сферы в более общей ситуации — когда гуковские центры произвольной интенсивности находятся в трех взаимно перпендикулярных полюсах, а затем приведем соответствующие формулы для n-мерной сферы.

1. *Двумерная сфера* S^2. Уравнения Гамильтона на алгебре $e(3)$ с гамильтонианом

$$H = \frac{1}{2}\boldsymbol{M}^2 + \frac{1}{2}\sum \frac{c_i}{\gamma_i^2} = \frac{1}{2}\boldsymbol{M}^2 + \frac{1}{2}\sum c_i \frac{\gamma_j^2 + \gamma_k^2}{\gamma_i^2} + \text{const} \qquad \text{(F.13)}$$

обладают на уровне $(\boldsymbol{M}, \boldsymbol{\gamma}) = 0$ тремя интегралами

$$F_1 = M_1^2 + c_2\frac{\gamma_3^2}{\gamma_2^2} + c_3\frac{\gamma_2^2}{\gamma_3^2}, \quad F_2 = M_2^2 + c_2\frac{\gamma_3^2}{\gamma_1^2} + c_3\frac{\gamma_1^2}{\gamma_3^2},$$
$$F_3 = M_3^2 + c_2\frac{\gamma_2^2}{\gamma_1^2} + c_3\frac{\gamma_1^2}{\gamma_2^2}. \qquad \text{(F.14)}$$

Коммутация этих интегралов на уровне $(\boldsymbol{M}, \boldsymbol{\gamma}) = 0$ приводит к еще одному кубическому интегралу

$$\begin{gathered}\{F_i, F_j\}\big|_{(\boldsymbol{M},\boldsymbol{\gamma})=0} = (-1)^{(ijk)} 4F_0,\\ F_0 = M_1M_2M_3 - \gamma_1\gamma_2\gamma_3\Big(c_1\frac{M_1}{\gamma_1^3} + c_2\frac{M_2}{\gamma_2^3} + c_3\frac{M_3}{\gamma_3^3}\Big).\end{gathered} \tag{F.15}$$

Любопытно отметить сходство этого интеграла с дополнительным интегралом в системе Гаффе: при однородной записи он допускает обобщение на весь пучок скобок $\mathscr{L}_x$ (см. далее).

2. *n-мерная сфера* S^n. В этом случае удобнее воспользоваться лагранжевыми уравнениями на сфере

$$S^n = \{(\boldsymbol{q}, \boldsymbol{q}) = 1\}, \quad \boldsymbol{q} = (q_0, q_1, \ldots, q_n) \in \mathbb{R}^{n+1}$$

с неопределенным множителем. Если представить потенциал в виде $V(\boldsymbol{q}) = \frac{1}{2}\sum\limits_{i=0}^{n}\frac{c_i}{q_i^2}$, то они будут иметь вид

$$\ddot{q}_i = \frac{c_i}{q_i^3} + \lambda q_i, \quad i = 0, 1, \ldots, n, \quad \lambda = -\dot{\boldsymbol{q}}^2 - 2V(\boldsymbol{q}). \tag{F.16}$$

В $2n$-мерном фазовом пространстве имеется $n(n+1)$ квадратичных интеграла (являющихся непосредственным обобщением интегралов (F.14))

$$F_{ij} = (\dot{q}_iq_j - \dot{q}_jq_i)^2 + q_i^2\frac{c_j}{q_j^2} + q_j^2\frac{c_i}{q_i^2}, \quad i, j = 0, 1, \ldots, n. \tag{F.17}$$

В такой форме они указаны В. В. Козловым, Ю. Н. Федоровым в [164]. Из них $(2n-1)$ интеграла являются независимыми, что приводит к замкнутости всех траекторий. При этом система является суперинтегрируемой.

Обобщение задачи Неймана на S^2. Существенно ранее, в 1877 г. (что было упущено из виду авторами [164]), на интегрируемость уравнений (F.16) обратил внимание Е. Росохатиус [479] даже для более общего случая — для потенциала

$$V = \frac{1}{2}k(\mathbf{A}\boldsymbol{q}, \boldsymbol{q}) + \frac{1}{2}\sum_{i=0}^{n}\frac{c_i}{q_i^2}, \tag{F.18}$$

где $\mathbf{A} = \mathrm{diag}(a_0, a_1, \ldots, a_n)$. Система (F.18) представляет собой суперпозицию n-мерной системы Неймана (которая также может рассматриваться как анизотропный осциллятор) и набора аналогов гуковских осцилляторов, помещенных во взаимно ортогональных точках сферы.

Росохатиус установил интегрируемость системы (F.19) при помощи разделения в сферических координатах (аналогично n-мерной системе Неймана § 7 гл. 1). Представление Лакса и полный набор инволютивных интегралов указал Ю. Мозер в работе [203].

В качестве частного случая приведем соответствующие интегралы для трехмерной и двумерной сферы, последние из которых можно считать естественными обобщениями обычной системы Неймана и случаев Клебша уравнений Кирхгофа (§ 1 гл. 3). При этом необходимо требовать, чтобы $(\boldsymbol{M}, \boldsymbol{\gamma}) = 0$, т. е. дополнительный интеграл является частным. На алгебре $e(3)$ гамильтонианы и интеграл $\{H, F\}\big|_{(\boldsymbol{M},\boldsymbol{\gamma})=0} = 0$ можно записать в виде

$$H = \frac{1}{2}\boldsymbol{M}^2 + \frac{1}{2}k(\mathbf{A}\boldsymbol{\gamma}, \boldsymbol{\gamma}) + \frac{1}{2}\sum_{i=1}^{3}\frac{c_i}{\gamma_i^2},$$

$$F = \frac{1}{2}(\boldsymbol{M}, \mathbf{A}\boldsymbol{M}) - \frac{1}{2}k\det\mathbf{A}(\mathbf{A}\boldsymbol{\gamma}, \boldsymbol{\gamma}) + \frac{1}{2}\sum_{i,j,k} a_i\Big(\frac{c_j\gamma_k^2}{\gamma_j^2} + \frac{c_k\gamma_j^2}{\gamma_k^2}\Big), \tag{F.19}$$

$$\mathbf{A} = \mathrm{diag}(a_1, a_2, a_3), \quad k, c_i = \mathrm{const}.$$

В более симметричном виде это семейство можно представить следующим образом:

$$L_1 = k\gamma_1^2 + \frac{1}{a_1 - a_2}\Big(M_3^2 + c_1\frac{\gamma_2^2}{\gamma_1^2} + c_2\frac{\gamma_1^2}{\gamma_2^2}\Big) + \frac{1}{a_1 - a_3}\Big(M_2^2 + c_1\frac{\gamma_3^2}{\gamma_1^2} + c_3\frac{\gamma_1^2}{\gamma_3^2}\Big),$$

$$L_2 = k\gamma_2^2 + \frac{1}{a_2 - a_1}\Big(M_3^2 + c_2\frac{\gamma_1^2}{\gamma_2^2} + c_1\frac{\gamma_2^2}{\gamma_1^2}\Big) + \frac{1}{a_2 - a_3}\Big(M_1^2 + c_2\frac{\gamma_3^2}{\gamma_2^2} + c_3\frac{\gamma_2^2}{\gamma_3^2}\Big),$$

$$L_3 = k\gamma_3^2 + \frac{1}{a_3 - a_1}\Big(M_2^2 + c_3\frac{\gamma_1^2}{\gamma_3^2} + c_1\frac{\gamma_3^2}{\gamma_1^2}\Big) + \frac{1}{a_3 - a_2}\Big(M_1^2 + c_3\frac{\gamma_2^2}{\gamma_3^2} + c_2\frac{\gamma_3^2}{\gamma_2^2}\Big),$$

$$a_i, c_i = \mathrm{const}. \tag{F.20}$$

Отметим, что добавление в (F.18) потенциала задачи Неймана $(k \neq 0)$ снимает вырождение и траектории перестают быть замкнутыми. Кроме того, можно сказать, что если динамически симметричные (но не шаровые) волчки, типа Горячева–Чаплыгина и Ковалевской, при $(\boldsymbol{M}, \boldsymbol{\gamma}) = 0$ допускают добавление лишь одного сингулярного слагаемого $\frac{c}{\gamma_3^2}$, соответствующего выделенной оси симметрии, то (шаровой) случай Клебша (задача Неймана) допускает сразу три (взаимно ортогональных) слагаемых.

Обобщение задачи Якоби на E^2. Оказывается, что близкие по форме слагаемые могут быть добавлены в задачу Якоби о геодезических на эллипсоиде. Приведем вид гамильтониана и дополнительного интеграла для двумерного случая, т. е. для гамильтоновой системы (F.4) на $e(3)$ и на уровне $(\boldsymbol{M}, \boldsymbol{\gamma}) = 0$:

$$H = \frac{1}{2}\frac{(\mathbf{A}\boldsymbol{M}, \boldsymbol{M})}{(\mathbf{A}\boldsymbol{\gamma}, \boldsymbol{\gamma})} + \frac{k}{2}(\mathbf{A}\boldsymbol{\gamma}, \boldsymbol{\gamma}) + \frac{1}{2}\sum_{i=0}^{3}\frac{c_i}{a_i\gamma_i^2},$$
$$F = \frac{(\mathbf{A}\boldsymbol{M}\times\gamma)^2}{(\mathbf{A}\boldsymbol{\gamma}, \boldsymbol{\gamma})} + (\mathbf{A}\boldsymbol{\gamma}, \boldsymbol{\gamma})\Big(k - \sum_{i=0}^{3}\frac{c_i}{a_i^2\gamma_i^2}\Big). \tag{F.21}$$

Интеграл F обобщает интеграл Иоахимсталя; в избыточных переменных на сфере он приведен в [152]. На эллипсоиде в $\mathbb{R}^3$ с уравнением $(\boldsymbol{q}, \mathbf{A}^{-1}\boldsymbol{q}) = 1$ потенциал (F.21) соответствует

$$U(\boldsymbol{q}) = \frac{1}{2}k(\boldsymbol{q}, \boldsymbol{q}) + \frac{1}{2}\sum_{i=0}^{3}\frac{c_i}{q_i^2}, \tag{F.22}$$

т. е. суперпозиции обычной (евклидовой) упругой пружины и некоторых сингулярных членов. Случай $c_i = 0$, $k \neq 0$ был известен еще Якоби. На уровне $(\boldsymbol{M}, \gamma) = 0$ система (F.21) траекторно изоморфна некоторому шаровому волчку в поле потенциала четвертой степени по γ и более сложного сингулярного потенциала. В связи с разделением переменных на S^2 (и вообще на S^n) можно поставить вопрос о полиномиальных потенциалах, для которых система является разделимой. В полиномиальном случае он разрешен в [23, 522]. Соответствующие системы, описывающие движение шарового волчка, как правило, не являются физически реализуемыми. В связи с этим отметим также работу [524].

Обобщение системы Неймана на S^3. Рассмотрим систему Неймана с сингулярными слагаемыми на S^3, а также соответствующий шаровой волчок. В кватернионных переменных $\boldsymbol{M}, \lambda_0, \lambda_1, \lambda_2, \lambda_3$ (F.9) гамильтониан имеет вид

$$H = \frac{1}{2}\boldsymbol{M}^2 + \frac{1}{2}k(\mathbf{A}\boldsymbol{\lambda}, \boldsymbol{\lambda}) + \frac{1}{2}\sum_{i=0}^{3}\frac{c_i}{\lambda_i^2}, \tag{F.23}$$
$$\mathbf{A} = \operatorname{diag}(a_0, a_1, a_2, a_3).$$

Дополнительные интегралы представим в симметричном виде с помощью избыточного инволютивного семейства, аналогичного (F.20),

$$
\begin{aligned}
G_0 &= k\lambda_0^2 + \frac{\pi_1^2 + c_0\lambda_0^{-2}\lambda_1^2 + c_1\lambda_1^{-2}\lambda_0^2}{a_0 - a_1} + \\
&\quad + \frac{\pi_2^2 + c_0\lambda_0^{-2}\lambda_2^2 + c_2\lambda_2^{-2}\lambda_0^2}{a_0 - a_2} + \frac{\pi_3^2 + c_0\lambda_0^{-2}\lambda_3^2 + c_3\lambda_3^{-2}\lambda_0^2}{a_0 - a_3}, \\
G_1 &= k\lambda_1^2 + \frac{\pi_1^2 + c_1\lambda_1^{-2}\lambda_0^2 + c_0\lambda_0^{-2}\lambda_1^2}{a_1 - a_0} + \\
&\quad + \frac{L_3^2 + c_1\lambda_1^{-2}\lambda_2^2 + c_2\lambda_2^{-2}\lambda_1^2}{a_1 - a_2} + \frac{L_2^2 + c_1\lambda_1^{-2}\lambda_3^2 + c_3\lambda_3^{-2}\lambda_1^2}{a_1 - a_3}, \\
G_2 &= k\lambda_2^2 + \frac{\pi_2^2 + c_2\lambda_2^{-2}\lambda_0^2 + c_0\lambda_0^{-2}\lambda_2^2}{a_2 - a_0} + \\
&\quad + \frac{L_3^2 + c_2\lambda_2^{-2}\lambda_1^2 + c_1\lambda_1^{-2}\lambda_2^2}{a_2 - a_1} + \frac{L_1^2 + c_2\lambda_2^{-2}\lambda_3^2 + c_3\lambda_3^{-2}\lambda_2^2}{a_2 - a_3}, \\
G_3 &= k\lambda_3^2 + \frac{\pi_3^2 + c_3\lambda_3^{-2}\lambda_0^2 + c_0\lambda_0^{-2}\lambda_3^2}{a_3 - a_0} + \\
&\quad + \frac{L_2^2 + c_3\lambda_3^{-2}\lambda_1^2 + c_1\lambda_1^{-2}\lambda_3^2}{a_3 - a_1} + \frac{L_1^2 + c_3\lambda_3^{-2}\lambda_2^2 + c_2\lambda_2^{-2}\lambda_3^2}{a_3 - a_2},
\end{aligned}
\tag{F.24}
$$

где π_i, L_i определены формулами (F.9). Интегралы G_μ удовлетворяют двум соотношениям

$$\sum_{\mu=0}^{3} G_\mu = k\lambda^2, \quad \sum_{\mu=0}^{3} a_\mu G_\mu = H,$$

где λ^2 — норма кватерниона, а H — гамильтониан (F.23).

Рациональные разделяющиеся потенциалы. Укажем одно обобщение задачи Неймана на сфере на случай полиномиальных и рациональных потенциалов, которые допускают разделение переменных в сферических координатах. Как уже указывалось, эти системы индуцируют частные случаи интегрируемости в динамике твердого тела.

Рассмотрим систему на n-мерной сфере (в данном случае размерность не играет роли), вложенной в $\mathbb{R}^{n+1}$ стандартным образом $\left(\sum\limits_{\mu=0}^{n} x_\mu = 1\right)$, с функцией Лагранжа

$$L = \frac{1}{2}\sum_{\mu=0}^{n} \dot{x}_\mu^2 - V(\boldsymbol{x}).$$

Можно показать, что в сфероконических координатах (см. гл. 1, § 7) возможно разделение переменных для потенциала вида

$$\Phi(\boldsymbol{x}) = \left(\prod_{\mu=0}^{n}(z-a_\mu)\sum_{\mu=0}^{n}\frac{x_\mu^2}{z-a_\mu}\right)^{-1}. \tag{F.25}$$

Функция $\Phi(\boldsymbol{x})$ является производящей функцией интегрируемых потенциалов [248]: коэффициенты в разложении $\Phi_z(\boldsymbol{x})$ в ряд по степеням $1/z$ задают рациональные интегрируемые потенциалы, указанные в работах [522, 23]; соответственно, разложение (F.25) по степеням z приводит к рациональным интегрируемым потенциалам.

Приведем простейшие примеры полиномиальных потенциалов (среди которых содержится потенциал задачи Неймана) [522, 23]:

$$V_2 = \sum_{\mu=0}^{n} a_\mu x_\mu^2,$$

$$V_4 = \left(\sum_{\mu=0}^{n} a_\mu x_\mu^2\right)^2 - \sum_{\mu=0}^{n} a_\mu^2 x_\mu^2$$

$$V_6 = \left(\sum_{\mu=0}^{n} a_\mu x_\mu^2\right)^3 - 2\left(\sum_{\mu=0}^{n} a_\mu x_\mu^2\right)\left(\sum_{\mu=0}^{n} a_\mu^2 x_\mu^2\right) + \sum_{\mu=0}^{n} a_\mu^3 x_\mu^2.$$

Простейшие рациональные потенциалы:

$$V_{-2} = \left(\sum_{\mu=0}^{n}\frac{x_\mu^2}{a_\mu}\right)^{-1},$$

$$V_{-4} = \left(\sum_{\mu=0}^{n}\frac{x_\mu^2}{a_\mu}\right)^{-2}\left(\left(\sum_{\mu=0}^{n}\frac{1}{a_\mu}\right)\left(\sum_{\mu=0}^{n}\frac{x_\mu^2}{a_\mu}\right) - \sum_{\mu=0}^{n}\frac{x_\mu^2}{a_\mu^2}\right).$$

Потенциал V_{-2} указан Браденом (1982 г.) [343] и независимо в работе [526].

3. Задача n гуковских центров на сфере

Последний известный интегрируемый вариант из гуковских потенциалов $\dfrac{c_i}{(\boldsymbol{\gamma}, \boldsymbol{r}_i)^2}$, отличный от (F.18) тем, что гуковские центры притяжения $\boldsymbol{r}_i$, $i = 1, \ldots, n$ помещены не по взаимно ортогональным осям, а произвольно располагаются на одном экваторе, приводит к системе, которую для простоты рассмотрим для случая двумерной сферы (т. е. соответствующей системы на $e(3)$).

Гамильтониан и дополнительный интеграл (при $(\boldsymbol{M}, \boldsymbol{\gamma}) = 0$) имеют вид

$$H = \frac{1}{2}\boldsymbol{M}^2 + \frac{1}{2}\sum_{i=1}^{n} \frac{c_i}{(\boldsymbol{r}_i, \boldsymbol{\gamma})^2} + U(\gamma_3),$$
$$F = M_3^2 + (1 - \gamma_3^2)\sum_{i=1}^{n} \frac{c_i}{(\boldsymbol{r}_i, \boldsymbol{\gamma})^2}. \tag{F.26}$$

В выражении (F.26) присутствует произвольная функция $U(\gamma_3)$, которая означает добавление произвольного «центрального» поля, центр которого расположен на перпендикуляре к плоскости гуковских потенциалов (см. рис. F.1). В частности, на полюс можно поместить еще один гуковский центр. В этом случае из результатов о редукции по переменной $\psi \pm \varphi$ (см. § 1 гл. 6, § 1 гл. 4) сразу следует, что интегрируема также пространственная задача, т. е. о движении точки на трехмерной сфере S^3 под действием n гуковских центров, расположенных на экваторе.

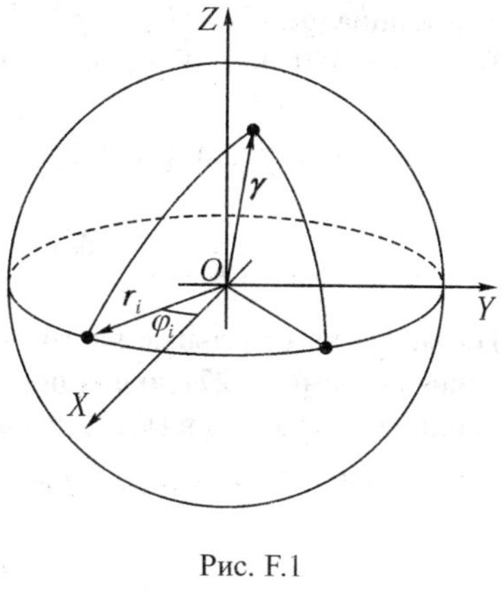

Рис. F.1

Отметим, что евклидов аналог рассматриваемой задачи тривиален — разделение возможно уже в декартовых координатах (получается n линейных связанных осцилляторов). При этом расположение гуковских центров произвольно. В криволинейной ситуации, уже на двумерной сфере, задача о движении в поле трех произвольно расположенных гуковских центров не является интегрируемой. Хотя это строго не доказано, несложно провести соответствующие эксперименты, демонстрирующие хаотическое поведение. Квадратичный интеграл F в (F.26) связан с разделением задачи в сферических координатах (θ, φ). Действительно, гамильтониан H можно записать следующим образом:

$$H = \frac{1}{2}\Big(p_\theta^2 + \frac{p_\varphi^2}{\sin^2\theta}\Big) + \frac{1}{2}\sum_{i=1}^{n} \frac{c_i}{\sin^2\theta\cos^2(\varphi - \varphi_i)} + U(\theta) =$$
$$= \frac{1}{2}p_\theta^2 + \frac{1}{2\sin^2\theta}\Big(p_\varphi^2 + \sum_{i=1}^{n}\frac{c_i}{\cos^2(\varphi-\varphi_i)}\Big) + U(\theta),$$

где θ, φ — координаты движущейся материальной точки, а φ_i задает положение i-го гуковского центра на экваторе (рис. F.1). Выражение в скобках и представляет собой дополнительный интеграл движения (F.26). Заметим также, что если гуковские центры расположены не на большом круге сферы, то задача уже не интегрируема.

4. Система Гаффе

В заключение рассмотрим довольно экзотическую систему на $S^2\{\gamma^2{=}1\}$ с потенциалом $U = \varepsilon(\gamma_1\gamma_2\gamma_3)^{-2/3}$, $\varepsilon = \text{const}$, найденную и исследованную Б. Гаффе [380, 381]. Гамильтониан и интеграл (при $(\boldsymbol{M}, \gamma) = 0$) имеют вид

$$\begin{gathered} H = \frac{1}{2}(M_1^2 + M_2^2 + M_3^2) - \frac{1}{2}\frac{a^2(\gamma_1^2 + \gamma_2^2 + \gamma_3^2)}{(\gamma_1\gamma_2\gamma_3)^{2/3}}, \quad a = \text{const}, \\ F = M_1M_2M_3 + a^2\Big(\frac{M_1}{\gamma_1} + \frac{M_2}{\gamma_2} + \frac{M_3}{\gamma_3}\Big)(\gamma_1\gamma_2\gamma_3)^{1/3}. \end{gathered} \tag{F.27}$$

Несмотря на отдельные частные результаты [381, 509], явного интегрирования системы (F.27) до сих пор не выполнено. Сумма $\gamma_1^2 + \gamma_2^2 + \gamma_3^2$, равная единице, сохранена в (F.27) для однородности.

Замечание. $\mathbf{L}$-$\mathbf{A}$-пара для системы (F.27) приведена в [509]. Она имеет вид

$$\frac{d}{dt}\mathbf{L} = [\mathbf{L}, \mathbf{A}],$$

$$\mathbf{L} = \begin{pmatrix} \lambda & M_3 + ay_3 & M_2 - ay_2 \\ M_3 - ay_3 & \lambda & M_1 + ay_1 \\ {}_2 + ay_2 & M_1 - ay_1 & \lambda \end{pmatrix},$$

$$\mathbf{A} = \frac{2a}{3}(\boldsymbol{y}, \boldsymbol{y})\begin{pmatrix} 0 & y_3^{-1} & y_2^{-1} \\ y_3^{-1} & 0 & y_1^{-1} \\ y_2^{-1} & y_1^{-1} & 0 \end{pmatrix},$$

где $\boldsymbol{y} = \dfrac{\boldsymbol{\gamma}}{(\gamma_1\gamma_2\gamma_3)^{1/3}}$.

Отметим также, что интегрируемость системы и вид интегралов (F.27) сохраняется на всем пучке скобок (аналогично случаю Горячева – Чаплыгина)

$$\{M_i, M_j\} = \varepsilon_{ijk} M_k, \quad \{M_i, \gamma_j\} = \varepsilon_{ijk} \gamma_k, \quad \{\gamma_i, \gamma_j\} = x\varepsilon_{ijk} M_k \tag{F.28}$$

и на нулевом уровне $(\boldsymbol{M}, \boldsymbol{\gamma}) = 0$.

Более общая интегрируемая система с интегралом шестой степени по импульсам на двумерной сфере указана Гаффе в работе [382].

Приложение G

О движении тяжелого твердого тела в идеальной жидкости с циркуляцией

1. Введение и обзор известных результатов

В работе [299] С. А. Чаплыгин рассмотрел общую задачу о силах и моментах, действующих на произвольное твердое тело, совершающее плоскопараллельное движение в безграничном объеме идеальной несжимаемой жидкости. Более частные постановки задачи были ранее исследованы Н. Е. Жуковским [126, 127], который рассматривал приложения своей формулы для подъемной силы для описания движения тяжелых тел в жидкости. Однако эти постановки привели к нереалистичному выводу о несвязанности вращательного и поступательного движений и потребовали более полного анализа. Этот анализ и был проведен С. А. Чаплыгиным.

В общих предположениях Чаплыгина жидкость совершает безвихревое движение, покоится на бесконечности, а циркуляция жидкости вокруг тела постоянна. Общие выводы, которые могут быть получены из исследования этих уравнений, имеют замечательную механическую интерпретацию. Они представляют как теоретический, так и практический интерес даже с точки зрения современной прикладной гидроаэромеханики.

Вернемся к основной, рассматриваемой в этом приложении задаче о плоском движении твердого тела при наличии циркуляции. Уравнения движения для этой задачи были получены С. А. Чаплыгиным в [299]. При наличии циркуляции движение твердого тела оказывается более сложным. При некоторых частных допущениях (по сравнению с [299]) оно было исследовано в [155]. В [155] найдены стационарные движения и исследована их устойчивость, указан интегрируемый случай и некоторые классы частных решений, аналогичных решениям Жуковского [126, 127].

В этом приложении мы приведем гамильтонову форму общих уравнений, укажем новые случаи интегрируемости, а также классы новых частных решений. Мы также покажем, что в общем случае уравнения [299] не являются интегрируемыми и демонстрируют хаотическое поведение.

2. Общие уравнения движения. Лагранжево и гамильтоново описание

Свяжем с телом подвижную систему декартовых координат $O_1x_1x_2$, положение которой относительно неподвижной системы будем характеризовать координатами (x, y) ее центра O_1 и углом поворота φ (рис. G.1). Пусть (ξ, η) — декартовы координаты центра масс C в подвижных осях, I — постоянная циркуляция вокруг тела, ρ — плотность жидкости; v_1, v_2 проекции линейной скорости центра O_1 на те же оси. Пусть также Q_1, Q_2 — проекции внешних сил на подвижные оси, ω — угловая скорость тела, M_1 — момент внешних сил относительно центра масс.

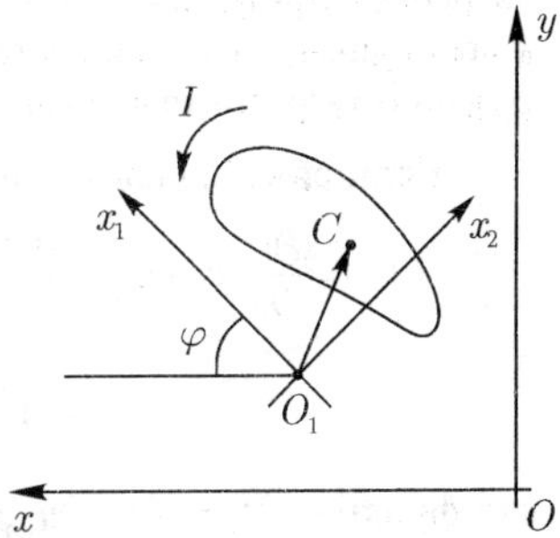

Рис. G.1

С помощью явного вычисления сил и моментов, связанных с циркуляционным обтеканием, в [299] получены следующие уравнения, которые имеют форму, схожую с уравнениями Кирхгофа [178]:

$$
\begin{gathered}
a_1\dot{v}_1 = a_2\omega v_2 - \lambda v_2 - \zeta\omega - Q_1, \quad a_2\dot{v}_2 = -a_1\omega v_1 + \lambda v_1 + \chi\omega - Q_2,\\
b\dot{\omega} = (a_1 - a_2)v_1v_2 + \zeta v_1 - \chi v_2 - M_1 - \xi Q_2 + \eta Q_1,\\
\dot{\varphi} = \omega, \quad \dot{x} = (\boldsymbol{\alpha}, \boldsymbol{v}) = v_1\cos\varphi - v_2\sin\varphi,\\
\dot{y} = (\boldsymbol{\gamma}, \boldsymbol{v}) = v_1\sin\varphi + v_2\cos\varphi,
\end{gathered}
\tag{G.1}
$$

где $\boldsymbol{\alpha} = (\cos\varphi, -\sin\varphi)$, $\boldsymbol{\gamma} = (\sin\varphi, \cos\varphi)$, $\boldsymbol{v} = (v_1, v_2)$.

В уравнениях (G.1) a_1, a_2, b — присоединенные массы и момент инерции, $\lambda = I\rho$, $\zeta = I\rho\mu_1$, $\chi = I\rho\lambda_1$. Параметры ζ, χ, пропорциональные циркуляции I, связаны с асимметрией тела, их вычисление приведено в [299]; в работе [155] положено $\zeta = \chi = 0$. В общем случае при наличии циркуляции и асимметрии тела $\zeta \neq 0$, $\chi \neq 0$ эти параметры нельзя исключить выбором связанной с телом системы координат.

Замечание. Уравнения (G.1) были получены С. А. Чаплыгиным в 1926 году и несколько позже (и, видимо, независимо) Г. Ламбом и Глауэртом в 1929 году [178]. В отличие от Чаплыгина [299], в этих работах не выполнен анализ поведения решений этих уравнений.

Уравнения (G.1) существенно позднее рассматривались Ж. Куше [352] и П. Каподано [348]. В [348] выполнено приведение уравнений движения к интегрированию двух уравнений второго порядка, явно не содержащих время.

Отметим также, что близкие по форме к (G.1) уравнения имеет система, описывающая плоское движение твердого тела в идеальной жидкости, обладающей равномерной завихренностью. Анализ движения для случая кругового цилиндра в равномерно завихренной жидкости (для разных граничных условий) был проанализирован Прудманом и Тэйлором [178]. При этом уравнения движения сводятся к простейшей линейной системе. Анализ общего (даже плоского) движения произвольного твердого тела до сих пор не выполнен и является достаточно сложным.

Если силы являются потенциальными, то

$$Q_1 = \frac{\partial U}{\partial x}\cos\varphi + \frac{\partial U}{\partial y}\sin\varphi, \quad Q_2 = -\frac{\partial U}{\partial x}\sin\varphi + \frac{\partial U}{\partial y}\cos\varphi,$$
$$M_1 - \xi Q_2 + \eta Q_1 = \frac{\partial U}{\partial \varphi}, \tag{G.2}$$

где функция $U = U(x, y, \varphi)$ — потенциал. В этом случае уравнения (G.3) обладают интегралом энергии

$$H = T + U = \frac{1}{2}(a_1 v_1^2 + a_2 v_2^2 + b\omega^2) + U, \tag{G.3}$$

где кинетическая энергия T системы «тело+жидкость» записана в диагональной форме, что достигается сдвигами и поворотами подвижной системы координат.

Можно показать, что силы, обусловленные циркуляцией, являются обобщенно-потенциальными и уравнения движения (в случае потенциальных внешних сил) могут быть записаны в лагранжевой форме

$$\begin{gathered}
\frac{d}{dt}\left(\frac{\partial L}{\partial v_1}\right) = \omega\frac{\partial L}{\partial v_2} + \frac{\partial L}{\partial x}\alpha_1 + \frac{\partial L}{\partial y}\gamma_1 \\
\frac{d}{dt}\left(\frac{\partial L}{\partial v_2}\right) = -\omega\frac{\partial L}{\partial v_1} + \frac{\partial L}{\partial x}\alpha_2 + \frac{\partial L}{\partial y}\gamma_2 \\
\frac{d}{dt}\left(\frac{\partial L}{\partial \omega}\right) = v_2\frac{\partial L}{\partial v_1} - v_1\frac{\partial L}{\partial v_2} + \frac{\partial L}{\partial \varphi} \\
\dot\varphi = \omega, \qquad \dot x = (\boldsymbol{\alpha}, \boldsymbol{v}), \qquad \dot y = (\boldsymbol{\gamma}, \boldsymbol{v}),
\end{gathered} \tag{G.4}$$

где функция Лагранжа имеет вид

$$L = T - U - (x\sin\varphi - y\cos\varphi)\left(\frac{\lambda}{2}v_1 + \chi\omega\right) - (x\cos\varphi + y\sin\varphi)\left(\frac{\lambda}{2}v_2 + \zeta\omega\right). \tag{G.5}$$

ЗАМЕЧАНИЕ. Функция Лагранжа выбрана в симметричной относительно v_1, v_2 калибровке; напомним, что линейные по скоростям слагаемые определены с точностью до добавления полного дифференциала произвольной функции позиционных переменных.

Уравнения (G.4) представляют собой уравнения Пуанкаре на группе движений плоскости $E(2)$ [39], и при помощи преобразования Лежандра могут быть представлены в гамильтоновой форме (уравнения Пуанкаре–Четаева) с гамильтонианом, содержащим линейные по импульсам слагаемые. Оказывается [45], что для обобщенно-потенциальных систем существенно удобнее представить уравнения движения в несколько модифицированных переменных:

$$p_1 = \frac{\partial T}{\partial v_1} = a_1 v_1, \qquad p_2 = \frac{\partial T}{\partial v_2} = a_2 v_2, \qquad M = \frac{\partial T}{\partial \omega} = b\omega.$$

Используя преобразования Лежандра для новых переменных, находим гамильтониан:

$$H = (\boldsymbol{p}, \boldsymbol{v}) - L = \frac{1}{2}\left(\frac{p_1^2}{a_1} + \frac{p_2^2}{a_2} + \frac{M^2}{b}\right) + U(x, y, \varphi). \qquad \text{(G.6)}$$

При этом уравнения движения близки по форме к уравнениям Пуанкаре–Четаева:

$$\begin{aligned}
\dot p_1 &= p_2 \frac{\partial H}{\partial M} - \frac{\partial H}{\partial x}\alpha_1 - \frac{\partial H}{\partial y}\gamma_1 - \lambda \frac{\partial H}{\partial p_2} - \zeta \frac{\partial H}{\partial M},\\
\dot p_2 &= -p_1 \frac{\partial H}{\partial M} - \frac{\partial H}{\partial x}\alpha_2 - \frac{\partial H}{\partial y}\gamma_2 + \lambda \frac{\partial H}{\partial p_1} + \chi \frac{\partial H}{\partial M},\\
\dot M &= p_1 \frac{\partial H}{\partial p_2} - p_2 \frac{\partial H}{\partial p_1} - \frac{\partial H}{\partial \varphi} + \zeta \frac{\partial H}{\partial p_1} - \chi \frac{\partial H}{\partial p_2},\\
\dot\varphi &= \frac{\partial H}{\partial M}, \qquad \dot x = \left(\boldsymbol{\alpha}, \frac{\partial H}{\partial \boldsymbol{p}}\right), \qquad \dot y = \left(\boldsymbol{\gamma}, \frac{\partial H}{\partial \boldsymbol{p}}\right),
\end{aligned} \qquad \text{(G.7)}$$

а скобка Пуассона этих переменных содержит «циркуляционные добавки» (гироскопические члены):

$$\begin{gathered}
\{M, p_1\} = -p_2 + \zeta, \quad \{M, p_2\} = p_1 - \chi, \quad \{p_1, p_2\} = -\lambda,\\
\{M, \varphi\} = -1, \quad \{M, x\} = \{M, y\} = 0,\\
\{p_1, x\} = -\alpha_1, \quad \{p_2, x\} = -\alpha_2, \quad \{p_1, y\} = -\gamma_1, \quad \{p_2, y\} = -\gamma_2
\end{gathered} \qquad \text{(G.8)}$$

Ранг этой пуассоновой структуры равен 6, а следовательно, система (G.7) может быть сведена к канонической системе с тремя степенями свободы.

3. Движение в поле тяжести

В этом случае потенциальная энергия системы может быть записана в виде $U = \mu(y + \xi\sin\varphi + \eta\cos\varphi)$, а гамильтониан (G.7) имеет форму

$$H = \frac{1}{2}\left(\frac{p_1^2}{a_1} + \frac{p_2^2}{a_2} + \frac{M^2}{b}\right) + \mu(y + \xi\sin\varphi + \eta\cos\varphi). \tag{G.9}$$

Система (G.7), (G.9) допускает один автономный и один неавтономный интеграл, соответствующие проекциям импульса на неподвижные оси Ox и Oy (см. рис. G.1):

$$\begin{aligned} &p_x = p_1\cos\varphi - p_2\sin\varphi + \lambda y + \zeta\sin\varphi - \chi\cos\varphi = c_1 = \text{const},\\ &p_y = p_1\sin\varphi + p_2\cos\varphi - \lambda x - \zeta\cos\varphi - \chi\sin\varphi = -\mu t + c_2, \quad c_2 = \text{const}, \end{aligned} \tag{G.10}$$

которые не являются коммутативными $\{p_x, p_y\} = \lambda$. С помощью интеграла $p_x = c_1$ можно выполнить редукцию на одну степень свободы; для этого выразим из него y и подставим в гамильтониан (G.9):

$$\begin{aligned} H = \frac{1}{2}\left(\frac{p_1^2}{a_1} + \frac{p_2^2}{a_2} + \frac{M^2}{b}\right) + \frac{\mu}{\lambda}\left(-p_1\cos\varphi + p_2\sin\varphi\right) + \\ + \mu\left(\left(\xi - \frac{\zeta}{\lambda}\right)\sin\varphi + \left(\eta + \frac{\chi}{\lambda}\right)\cos\varphi\right). \end{aligned} \tag{G.11}$$

Этот приведенный гамильтониан зависит только от переменных p_1, p_2, M и φ, скобки Пуассона которых, согласно (G.8), образуют замкнутую подалгебру ранга 4. Итак, мы получили приведенную систему с двумя степенями свободы, которая может быть записана в канонической форме (см. ниже). Однако в дальнейшем мы не будем пользоваться канонической формой записи, а даже еще более алгебраизуем приведенную систему, используя зависимые переменные $\gamma_1 = \sin\varphi$, $\gamma_2 = \cos\varphi$, в которых гамильтониан и уравнения движения имеют наиболее простой вид:

$$\begin{gathered} H = \frac{1}{2}\left(\frac{p_1^2}{a_1} + \frac{p_2^2}{a_2} + \frac{M^2}{b}\right) - \frac{\mu}{\lambda}\left((\boldsymbol{p} - \boldsymbol{s}), \mathbf{J}\boldsymbol{\gamma}\right) + \mu(\boldsymbol{r}, \boldsymbol{\gamma}),\\ \dot{\boldsymbol{p}} = \frac{\partial H}{\partial M}\mathbf{J}(\boldsymbol{p} - \boldsymbol{s}) - \mu\boldsymbol{\gamma} - \lambda\mathbf{J}\frac{\partial H}{\partial \boldsymbol{p}},\\ \dot{M} = \left(\boldsymbol{p} - \boldsymbol{s}, \mathbf{J}\frac{\partial H}{\partial \boldsymbol{p}}\right) - \mu\left(\boldsymbol{r}, \mathbf{J}\boldsymbol{\gamma}\right), \qquad \dot{\boldsymbol{\gamma}} = \frac{\partial H}{\partial M}\mathbf{J}\boldsymbol{\gamma}, \end{gathered} \tag{G.12}$$

где $\boldsymbol{p} = (p_1, p_2)$, $\boldsymbol{\gamma} = (\gamma_1, \gamma_2)$, $\mathbf{J} = \begin{Vmatrix} 0 & 1 \\ -1 & 0 \end{Vmatrix}$, $\boldsymbol{s} = (\chi, \zeta)$, $\boldsymbol{r} = (\xi, \eta)$.

Система имеет два очевидных интеграла — энергии H и геометрический $\gamma_1^2 + \gamma_2^2 = 1$; вследствие гамильтоновости для интегрируемости необходим еще один дополнительный интеграл (хотя эта система может быть проинтегрирована и по методу Эйлера–Якоби, так как уравнения (G.12) сохраняют стандартную инвариантную меру).

Канонические переменные. Используя алгоритм, описанный в [39], несложно построить канонические переменные, аналогичные переменным Андуайе в динамике твердого тела. Сохраняя традиционные обозначения, можно записать

$$M = L, \qquad p_1 - \chi = \sqrt{2\lambda(G-L)}\sin l, \quad p_2 - \zeta = \sqrt{2\lambda(G-L)}\cos l,$$
$$M + \frac{(p_1-\chi)^2 + (p_2-\zeta)^2}{2\lambda} = G, \qquad \varphi = g,$$

где l, L и g, G — две пары канонических сопряженных переменных ($\{l, L\} = \{g, G\} = 1$). Эти переменные могут быть полезны для введения новых переменных типа действие-угол и применения методов гамильтоновой теории возмущений.

Замечание. Отметим, что для случая отсутствия циркуляции $\lambda = \chi = \zeta = 0$ приведение к системе (G.12) невозможно, так как $\dfrac{\mu}{\lambda} = \infty$. Тем не менее, с помощью интегралов (G.10) из уравнений (а не из гамильтониана) можно исключить p_1, p_2 и получить (аналогично Чаплыгину [304]) для $\ddot\varphi$ неавтономное уравнение «маятникового» типа (см. также [348, 154]):

$$\ddot\varphi = \frac{\mu^2 t^2}{2b}(a_2^{-1} - a_1^{-1})\sin 2\varphi - \frac{\mu t}{b}(a_2^{-1} - a_1^{-1})(c_1\cos 2\varphi + c_2 \sin 2\varphi) -$$
$$- \frac{\mu}{b}(\xi\cos\varphi - \eta\cos\varphi) + \frac{(a_1^{-1} - a_2^{-1})}{2b}\left((c_1^2 - c_2^2)\sin 2\varphi - 2c_1c_2\cos 2\varphi\right), \quad \text{(G.13)}$$

которое в частных случаях исследовано в [154, 359, 109].

Заметим, что система (G.12) имеет важное механическое значение, она настолько же проста в своей записи, как уравнения Эйлера–Пуассона, и для нее содержательны аналогичные постановки задач. Первый вопрос касается интегрируемости системы (G.12).

4. Интегрируемые случаи

Известны следующие два интегрируемых случая.

1. $\mu = 0$ (С. А. Чаплыгин, 1926 г. [299]) — отсутствие поля тяжести. Дополнительный квадратичный интеграл имеет вид

$$F = \frac{1}{2}\left((p_1-\chi)^2 + (p_2-\zeta)^2\right) + \lambda M, \qquad \text{(G.14)}$$

а система (G.12) сводится, аналогично случаю Эйлера – Пуансона в классической задаче, к системе трех уравнений относительно переменных M, p_1, p_2. Чаплыгин в [299] указал, что явное интегрирование сводится к некоторой весьма сложной квадратуре, которая выполнима в эллиптических функциях при условии $\chi = \zeta = 0$.

2. $\zeta = \chi = 0$, $a_1 = a_2 = 1$ (В. В. Козлов, 1993 г. [155]) — случай динамической симметрии. Этот случай аналогичен случаю Лагранжа, хотя дополнительный интеграл квадратичен по импульсам:

$$F = \frac{1}{2}\frac{M^2}{b} + \mu(\boldsymbol{r}, \boldsymbol{\gamma}). \tag{G.15}$$

Этот случай был проинтегрирован в квадратурах в [111].

Укажем один новый случай интегрируемости.

3. Пусть $\chi = -\lambda\eta$, $\zeta = \lambda\xi$ (т.е. $\boldsymbol{s} = -\lambda\mathbf{J}\boldsymbol{r}$) и $a_1 = a_2 = 1$. Дополнительный квадратичный интеграл имеет вид

$$F = \frac{1}{2}M^2 - \lambda b(M + (\boldsymbol{p}, \mathbf{J}\boldsymbol{r})) + \mu b(\boldsymbol{r}, \boldsymbol{\gamma}). \tag{G.16}$$

У системы не существует других (общих) интегрируемых случаев, кроме указанных выше, с дополнительным интегралом, линейным и квадратичным относительно фазовых переменных.

Это простое утверждение можно доказать непосредственно методом неопределенных коэффициентов. Вопрос о существовании интегралов более высокой степени пока остается открытым.

Укажем одно линейное инвариантное соотношение, аналогичное случаю Гесса для уравнений Эйлера – Пуассона.

4. Пусть $\zeta = 0$, $\xi = 0$, $\eta = \pm\sqrt{b\left(a_2^{-1} - a_1^{-1}\right)}$. Для него

$$F = M \pm \sqrt{b\left(a_2^{-1} - a_1^{-1}\right)}\left(p_1 - \chi\frac{a_1}{a_1 - a_2}\right) - \frac{\lambda b}{a_2}, \tag{G.17}$$

и на уровне $F = 0$ выполняется $\dot F = 0$.

5. Случай Чаплыгина. Бифуркационный анализ

Рассмотрим систему (G.9) при $\mu = 0$, $\zeta = \chi = 0$. Как уже указано, уравнения для M, p_1, p_2 отделяются и имеют вид

$$\dot p_1 = \frac{p_2 M}{b} - \lambda\frac{p_2}{a_2}, \quad \dot p_2 = -\frac{p_1 M}{b} + \lambda\frac{p_1}{a_1}, \quad \dot M = \left(\frac{1}{a_2} - \frac{1}{a_1}\right)p_1 p_2. \tag{G.18}$$

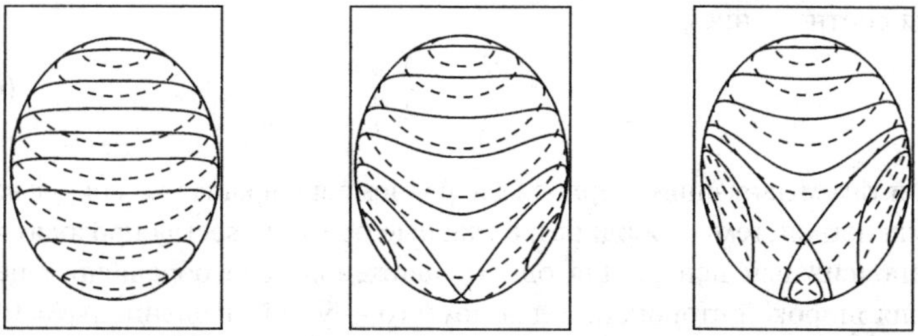

a) $h = 1/2$ b) $h = 3$ c) $h = 7$

Рис. G.2. Траектории системы в случае Чаплыгина в пространстве переменных p_1, p_2, M. Значения параметров: $\lambda = 1$, $b = 2$, $a_1 = 1$, $a_2 = 1/2$, $\chi = \zeta = 0$.

Общий уровень первых интегралов

$$H = \frac{1}{2}\left(\frac{p_1^2}{a_1} + \frac{p_2^2}{a_2} + \frac{M^2}{b}\right) = h = \text{const}, \qquad F = M + \frac{p_1^2 + p_2^2}{2\lambda} = c = \text{const} \tag{G.19}$$

представляет собой замкнутые кривые, являющиеся пересечением эллипсоида и эллиптического параболоида, они аналогичны полодиям в классической задаче Эйлера–Пуассона (рис. G.2). Несложно указать и описать частные решения (G.18), аналогичные перманентным вращениям в последней задаче.

Для определенности положим $\lambda > 0$ и $a_1 > a_2$.

Решение I. $p_1 = p_2 = 0$, $M = c = \text{const}$, $h = \dfrac{1}{2b}c^2$. В этом случае тело совершает равномерное вращение ($\dot\varphi = \frac{c}{b} = \text{const}$) вокруг начала координат подвижной системы O_1 (см. рис. G.1), которое при этом неподвижно (и в общем случае не совпадает с центром масс). Это решение неустойчиво, если $\dfrac{\lambda b}{a_1} < c < \dfrac{\lambda b}{a_2}$, и устойчиво в остальных случаях (устойчивость на границах требует отдельного анализа).

Решения II, III. Имеется пара аналогичных друг другу решений вида

$$p_i = 0, \qquad M = \frac{\lambda}{a_j}b = \text{const}, \qquad p_j^2 = 2\lambda\left(c - \frac{b\lambda}{a_j}\right), \tag{G.20}$$

где в одном случае $i = 1$, $j = 2$, а в другом $i = 2$, $j = 1$. Каждое их этих решений существует при условии $c > \dfrac{b\lambda}{a_j}$, константы интегралов для них связаны соотношением

$$h = c\frac{\lambda}{a_j} - \frac{\lambda^2 b}{2a_j^2}. \tag{G.21}$$

При таком движении твердое тело равномерно вращается вокруг начала неподвижной системы координат, а главные оси тела всегда проходят через этот неподвижный центр. Для одного движения тело обращено к центру вращения широкой стороной, а для другого — узкой. Решение $p_2 = 0$, $h = \frac{\lambda}{a_1}c - \frac{\lambda^2 b}{2a_1^2}$ всегда устойчиво, а решение $p_1 = 0$, $h = \frac{\lambda}{a_2}c - \frac{\lambda^2 b}{2a_2^2}$ — всегда неустойчиво. Таким образом, устойчивым движениям соответствуют такие движения, при которых тело обращено к неподвижной точке своей узкой стороной.

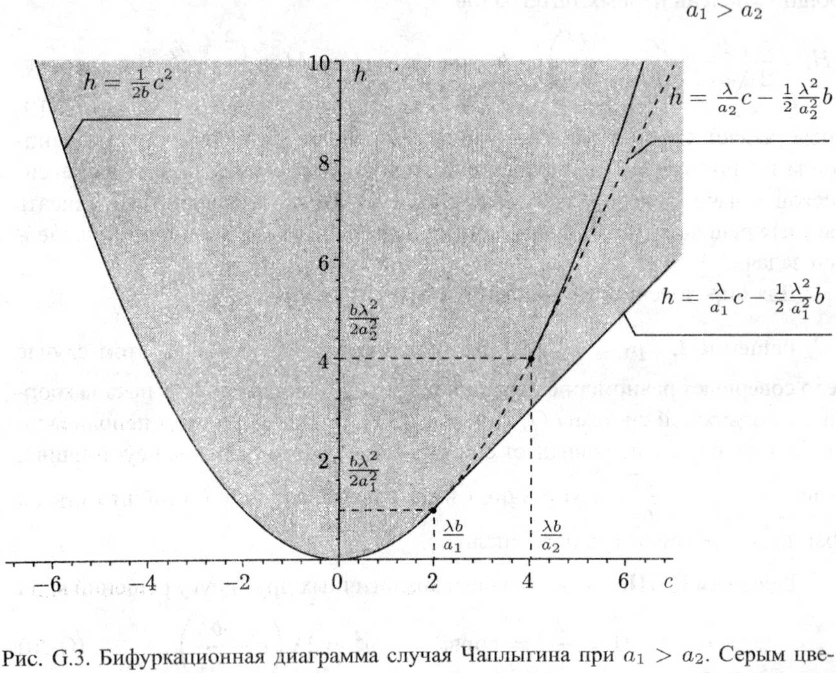

Рис. G.3. Бифуркационная диаграмма случая Чаплыгина при $a_1 > a_2$. Серым цветом отмечена область физически допустимых значений интегралов c, h. Сплошные кривые соответствуют устойчивым «перманентным вращениям», а пунктирные — неустойчивым. Значения параметров: $\lambda = 1$, $b = 2$, $a_1 = 1$, $a_2 = \frac{1}{2}$.

Бифуркационная диаграмма приведена на рис. G.3. Прямые соответствуют частным решениям II, III; они касаются параболы, соответствующей решению I, в тех точках, где начинаются допустимые значения интеграла c. Область возможных движений на бифуркационной диаграмме заштрихована.

На бифуркационной диаграмме имеется три различных интервала значений энергии h
$$\left(0, \frac{b\lambda^2}{2a_1^2}\right), \quad \left(\frac{b\lambda^2}{2a_1^2}, \frac{b\lambda^2}{2a_2^2}\right), \quad \left(\frac{b\lambda^2}{2a_2^2}, \infty\right),$$
для которых расположение траекторий, соответствующих различным значениям c, имеет качественно одинаковый тип (рис. G.2).

Укажем явные формулы для двоякоасимптотических движений для решения I, которое неустойчиво при $\dfrac{\lambda b}{a_1} < c < \dfrac{\lambda b}{a_2}$. Эти решения являются гомоклиническими (см. рис. G.2 b) и имеют вид
$$M = c - \frac{2Bd_1^2d_2^2}{\operatorname{ch}2\tau - d_1^2 + d_2^2},$$
$$p_1 = \pm\sqrt{\frac{8\lambda B}{d_1^2}}\frac{d_1^2d_2^2\operatorname{ch}\tau}{\operatorname{ch}2\tau - d_1^2 + d_2^2}, \quad p_2 = \sqrt{\frac{8\lambda B}{d_2^2}}\frac{d_1^2d_2^2\operatorname{sh}\tau}{\operatorname{ch}2\tau - d_1^2 + d_2^2}, \qquad \text{(G.22)}$$
$$\varphi = \frac{c}{b}(t - t_0) - 2\operatorname{arctg}\left(\frac{1 + d_1^2 - d_2^2}{2d_1d_2}\operatorname{th}\tau\right), \quad \tau = \frac{\sqrt{b_1b_2}}{2b}t,$$
где $d_1^2 = \dfrac{b_1}{B}$, $d_2^2 = \dfrac{b_2}{B}$, $b_1 = 2(c - \lambda ba_1^{-1})$, $b_2 = 2(\lambda ba_2^{-1} - c)$, $B = b_1 + b_2$, а различные знаки соответствуют двум разным сепаратрисам.

6. Возмущение случая Чаплыгина. Расщепление сепаратрис

Рассмотрим «возмущенный» гамильтониан (G.9), $H = H_0 + \mu H_1$, считая μ малым параметром. При этом H_0 — гамильтониан интегрируемой задачи Чаплыгина, $H_1 = \dfrac{U}{\mu} = y + \xi\sin\varphi + \eta\cos\varphi$ — возмущающая функция. Одним из динамических эффектов, препятствующих существованию у возмущенной системы дополнительного аналитического интеграла, является расщепление сепаратрис, которые являются сдвоенными у невозмущенной системы. В первом порядке теории возмущений при малых μ расщепление сепаратрис определяется значением интеграла Пуанкаре – Мельникова [159]
$$J = \int\limits_{-\infty}^{\infty}\{F_0, H_1\}\,dt, \qquad \text{(G.23)}$$

вычисленного вдоль асимптотических решений невозмущенной задачи. Здесь F_0 — интеграл невозмущенной системы.

Если интеграл имеет простой нуль (в зависимости от параметра на сепаратрисе), то имеется трансверсальное расщепление сепаратрис, которое в случае двух степеней свободы приводит к неинтегрируемости возмущенной задачи [159], причем в качестве F_0 мы примем интеграл (G.19) $F = M^2 + \dfrac{p_1^2 + p_2^2}{2\lambda}$.

На гомоклинических асимптотических решениях (G.22) интеграл (G.23) можно явно вычислить с помощью вычетов:

$$
\begin{aligned}
J(g_0) &= J_Q + J_R, \\
J_Q &= -2\pi \frac{\sqrt{2}b}{\sqrt{\lambda B}} \frac{e^{\pi S/2} \operatorname{sh}\left(\frac{\pi}{2} - \alpha\right) S}{\operatorname{sh} \pi S} \sin g_0, \\
J_R &= -4\pi \frac{b}{B} \frac{e^{\pi S/2} \operatorname{ch}\left(\frac{\pi}{2} - \alpha\right) S}{\operatorname{sh} \pi S} (\xi \cos g_0 - \eta \sin g_0),
\end{aligned}
\tag{G.24}
$$

где $S = 2c(b_1 b_2)^{-1/2}$, $\cos\alpha = d_1$, $\sin\alpha = d_2$, g_0 — параметр на сепаратрисе.

Интеграл (G.24) имеет простой нуль, исключая особый случай $B = 0$. Из этого можно сделать вывод, что возмущенная система (G.9) неинтегрируема, исключая случай $a_1 = a_2$. Отметим, что именно при этом условии получены интегралы (G.15), (G.16). Это условие является необходимым (при $\mu \neq 0$), но не достаточным условием интегрируемости.

Хаотическое поведение системы (G.9), связанное с расщеплением сепаратрис и неинтегрируемостью, иллюстрируется на рис. G.4, который представляет собой сечение Пуанкаре фазового потока системы (G.12) на уровне энергии $H = \text{const}$. На рисунке показано поведение расщепившихся сепаратрис, а также возникающий вблизи них стохастический слой. На рисунке приведена проекция на плоскость (p_1, p_2) сечения уровня энергии $H = h = \text{const}$, которое определяется соотношением $\varphi = \pi = \text{const}$. Как и выше, зафиксированы следующие значения параметров: $\lambda = 1$, $b = 2$, $a_1 = 2a_2 = 1$, $\chi = \zeta = 0$ и для уровня энергии при этих параметрах полагаем $h = 2$.

Замечание. Если рассмотреть возмущение, при котором ζ и χ также полагаются малыми, то выражение (G.24) для интеграла Пуанкаре–Мельникова не изменится.

Рассмотрим вопрос о возможности падения тела при наличии циркуляции. Напомним, что при отсутствии циркуляции движение тела асимптотически стремится к падению широкой стороной вниз [151].

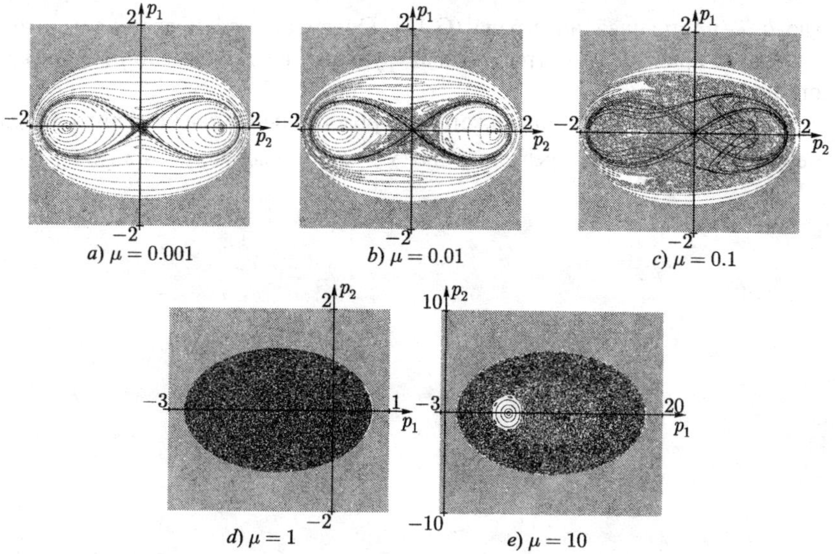

Рис. G.4. Переход к хаосу в системе Чаплыгина при увеличении μ. На первых трех рисунках приведены траектории и одна пара сепаратрис, на последних двух сепаратрисы не приведены, поскольку соответствующая неподвижная точка при этих значениях параметров приобретает устойчивость. (Серым цветом на плоскости отмечена область значений переменных, для которых движение невозможно при данных значениях параметров. Масштаб последнего рисунка отличается от остальных).

Предложение. *Если $\lambda \neq 0$, то движение тела остается в полосе конечной ширины, параллельной оси x.*

Действительно, согласно (G.10), имеем

$$
\begin{aligned}
x &= \frac{\mu}{\lambda}t + \lambda^{-1}\left((p_1 - \chi)\sin\varphi + (p_2 - \zeta)\cos\varphi - c_2\right),\\
y &= -\lambda^{-1}\left((p_1 - \chi)\cos\varphi - (p_2 - \zeta)\sin\varphi - c_1\right)\\
&\qquad c_1, c_2 = \mathrm{const}.
\end{aligned}
\tag{G.25}
$$

Покажем, что p_1, p_2 ограничены, для этого перепишем (G.11) в следующей форме:

$$
\frac{1}{2}\left(\frac{1}{a_1}\left(p_1 - \frac{\mu a_1}{\lambda}\cos\varphi\right)^2 + \frac{1}{a_2}\left(p_2 + \frac{\mu a_2}{\lambda}\sin\varphi\right)^2 + \frac{\mu^2}{b}\right) =
$$

$$
= h + \frac{\mu^2}{\lambda^2}\left(a_1\cos^2\varphi + a_2\sin^2\varphi\right) - \mu\left(\left(\xi - \frac{\zeta}{\lambda}\right)\sin\varphi + \left(\eta + \frac{\chi}{\lambda}\right)\cos\varphi\right),
$$

где h — постоянная интеграла (G.11). Очевидно, что правая часть этого равенства при $\lambda \neq 0$ — ограниченная функция, следовательно p_1, p_2 также ограничены.

Согласно (G.25), тело движется в горизонтальном направлении со средней скоростью $\dfrac{\mu}{\lambda}$. Этот результат для $\chi = \zeta = 0$ был получен в [229].

ЛИТЕРАТУРА

[1] Аппель П. *Теоретическая механика.* В 2-х т. М.: Физматгиз, 1960. 515 с., 487 с. Пер. с франц.: Appell P. *Traité de mécanique rationnelle.* Paris, Gauthier–Villars, ed. 4-th, v. 1, 1919, 619 p.; v. 2, 1924, 575 p.

[2] Аппельрот Г. Г. *Не вполне симметричные тяжелые гироскопы.* В кн.: Движение твердого тела вокруг неподвижной точки. Сб., посвященный памяти Ковалевской. М.-Л.: Изд-во АН СССР, 1940, с. 61–155.

[3] Аппельрот Г. Г. *По поводу § 1 мемуара С. В. Ковалевской «Sur le problème de la rotation d'un corps solide autour d'un point fixe».* Мат. сборник Кружка любителей мат. наук, 1892, т. 16, вып. 3, с. 483–507.

[4] Аппельрот Г. Г. *Простейшие случаи движения тяжелого несимметричного гироскопа С. В. Ковалевской.* Мат. сборник Кружка любителей мат. наук, 1910, т. 27, вып. 3, с. 262–334; т. 27, вып. 4, с. 477–561.

[5] Арнольд В. И. *Гамильтоновость уравнений Эйлера динамики твердого тела и идеальной жидкости.* Успехи мат. наук, 1969, т. 24, №3, с. 225–226.

[6] Арнольд В. И. *Доказательство теоремы А. Н. Колмогорова о сохранении условно-периодических движений при малом изменении функции Гамильтона.* Успехи мат. наук, 1963, т. XVIII, вып. 5(11), с. 13–40.

[7] Арнольд В. И. *Математические методы классической механики.* М.: Наука, 1991.

[8] Арнольд В. И., Гивенталь А. Б. *Симплектическая геометрия.* Ижевск, Изд-во РХД, 2000. 168 с.

[9] Арнольд В. И., Козлов В. В., Нейштадт А. И. *Математические аспекты классической и небесной механики.* УРСС, 2002. 414 с.

[10] Архангельский Ю. А. *Аналитическая динамика твердого тела.* М.: Наука, 1977.

[11] Архангельский Ю. А. *Динамика быстровращающегося твердого тела.* М.: Наука, 1985.

[12] Афонин А. А. *Неинтегрируемость задачи о скольжении неуравновешенного диска по горизонтальной плоскости.* Вестн. МГУ, сер. мат. мех., 1998, № 4, с. 69–70.

[13] Баркин Ю. В. *Периодические и условно-периодические решения в задаче о движении тяжелого твердого тела вокруг неподвижной точки.* Прикл. Мат. Мех., 1981, т. 45, № 3, с. 535–544.

[14] Баркин Ю. В., Борисов А. В. *Неинтегрируемость уравнений Кирхгофа и родственных задач динамики твердого тела.* Депонировано в ВИНИТИ, №5037–В89. М., 1989.

[15] Белецкий В. В. *Движение искусственного спутника Земли относительно центра масс.* М.: Наука, 1965.

[16] Биркгоф Г. *Гидродинамика.* М. – Л.: Гостехиздат, 1954. Пер. с англ.: Birkhoff G. *Hydrodynamics. A study in logic, fact and similitude.* Princeton Univ. Press, 1960, 244 p.

[17] Биркгоф Дж. Д. *Динамические системы.* Ижевск: Изд-во РХД, 1999. Пер. с англ.: Birkhoff G. *Dynamical systems.* Amer. Math. Soc. Colloq. Publ., 1927, v. 9, 296 p.

[18] Бобенко А. И. *Уравнения Эйлера на алгебрах $e(3)$ и $so(4)$. Изоморфизм интегрируемых случаев.* Функ. ан. и его прил., 1986, т. 20, №1, с. 64–66.

[19] Бобылев Д. К. *Об одном частном решении дифференциальных уравнений вращения тяжелого твердого тела вокруг неподвижной точки.* Мат. сборник Кружка любителей мат. наук, 1892, т. 16, вып. 3, с. 544–581.

[20] Богаевский В. Н., Острер Л. А. *О быстром вращении тяжелого твердого тела вокруг неподвижной точки.* Прикл. Мат. Мех., 1980, т. 44, вып. 6, с. 999–1009.

[21] Богоявленский О. И. *Интегралы четвертой степени для уравнений Эйлера на шестимерных алгебрах Ли.* Докл. АН СССР, 1983, т. 273, №1, с. 15–19.

[22] Богоявленский О. И. *Интегрируемые задачи динамики связанных твердых тел.* Изв. АН СССР, сер. матем., 1992, т. 56, № 6, с. 1139–1164.

[23] Богоявленский О. И. *Интегрируемые случаи динамики твердого тела и интегрируемые системы на сферах S^n.* Изв. АН СССР, сер. матем., 1985, т. 49, №5, с. 899–915.

[24] Богоявленский О. И. *Интегрируемые уравнения Эйлера на алгебрах Ли, возникающие в задачах математической физики.* Изв. АН СССР, сер. матем., 1984, т. 48, №5, с. 883–938.

[25] Богоявленский О. И. *Интегрируемые уравнения Эйлера на шестимерных алгебрах Ли.* Докл. АН СССР, 1983, т. 268, №1, с. 11–15.

[26] Богоявленский О. И. *Опрокидывающиеся солитоны. Нелинейные интегрируемые уравнения.* М.: Наука, 1991. 320 с.

[27] Болотин С. В. *Вариационные методы построения хаотических движений в динамике твердого тела.* Прикл. Мат. Мех., 1992, т. 56, №2, с. 230–240.

[28] Болотин С. В. *Двоякоасимптотические траектории и условия интегрируемости гамильтоновых систем.* Вестн. МГУ, сер. мат. мех., 1990, № 1, с. 55–63.

[29] Болсинов А. В. *Согласованные скобки Пуассона на алгебрах Ли и полнота семейства функций в инволюции.* Изв. АН СССР, сер. матем., 1991, т. 55, №1, с. 68–92.

[30] Болсинов А. В., Борисов А. В. *Представление Лакса и согласованные скобки Пуассона на алгебрах Ли.* Мат. заметки, 2002, т. 72, вып. 1, с. 11–34.

[31] Болсинов А. В., Фоменко А. Т. *Интегрируемые гамильтоновы системы. Геометрия, топология, классификация.* Ижевск: Изд-во РХД, 1999, т. 1, 2.

[32] Борисов А. В. *К задаче Лиувилля.* В сб. Численное моделирование в задачах механики. М.: МГУ, 1991, с. 110–118.

[33] Борисов А. В. *Необходимые и достаточные условия интегрируемости уравнений Кирхгофа.* Reg. & Chaot. Dyn., 1996, v. 1, №2, p. 61–73.

[34] Борисов А. В., Емельянов К. В. *Неинтегрируемость и стохастичность в динамике твердого тела.* Ижевск: Изд-во Удм. ун-та, 1995.

[35] Борисов А. В., Килин А. А., Мамаев И. С. *Абсолютные и относительные хореографии в динамике твердого тела.* Принята к печати в НД.

[36] Борисов А. В., Кирьянов А. И. *Неинтегрируемость уравнений Кирхгофа.* М.: МГУ, сб. Математические методы в механике, 1990.

[37] Борисов А. В., Мамаев И. С. *Адиабатический хаос в динамике твердого тела.* Регулярная и хаотическая динамика, 1997, т. 2, № 2, с. 30–36.

[38] Борисов А. В., Мамаев И. С. *Адиабатический хаос в динамике твердого тела.* Reg. & Ch. Dyn., 1997, т. 2, №2, с. 65–78.

[39] Борисов А. В., Мамаев И. С. *Динамика твердого тела.* Ижевск: Изд-во РХД, 2001.

[40] Борисов А. В., Мамаев И. С. *Интегрируемость задачи о движении цилиндра и вихря в идеальной жидкости.* Мат. заметки, 2004, т. 75, вып. 1, с. 20–23.

[41] Борисов А. В., Мамаев И. С. *Классическая динамика в неевклидовых пространствах,* Москва–Ижевск: Институт компьютерных исследований, 2004.

[42] Борисов А. В., Мамаев И. С. (ред.) *Неголономные динамические системы. Интегрируемость. Хаос. Странные аттракторы*, М.: ИКИ, 2002.

[43] Борисов А. В., Мамаев И. С. *Нелинейные скобки Пуассона и изоморфизмы в динамике.* Reg. & Ch. Dyn., 1997, т. 2, №3/4, с. 72–89.

[44] Борисов А. В., Мамаев И. С. *Пуассоновы структуры и алгебры Ли в гамильтоновой механике.* Ижевск: Изд-во РХД, 1999. 464 с.

[45] Борисов А. В., Мамаев И. С. *Системы на сфере с избыточным набором интегралов.* В сб. *Классическая динамика в неевклидовых пространствах*, Москва–Ижевск, Институт компьютерных исследований, 2004, с. 167–182.

[46] Борисов А. В., Мамаев И. С. *Скобки Дирака в геометрии и механике.* В кн. Дирак П. *Лекции по теоретической физике.* Ижевск: Изд-во РХД, 2000, с. 191–230.

[47] Борисов А. В., Мамаев И. С. *Случай Гесса в динамике твердого тела.* Прикл. Мат. Мех., 2003, т. 63, № 2, с. 256–265.

[48] Борисов А. В., Мамаев И. С. *Современные методы теории интегрируемых систем.* М.: ИКИ, 2003.

[49] Борисов А. В., Мамаев И. С. *Странные аттракторы в динамике кельтских камней.* Успехи физ. наук, 2003, т. 173, № 4, с. 407–418.

[50] Борисов А. В., Мамаев И. С., Соколов В. В. *Новый интегрируемый случай на $so(4)$.* Доклады РАН, 2001, т. 381, № 5, с. 614–615.

[51] Борисов А. В., Мамаев И. С., Холмская А. Г. *Случай С. В. Ковалевской и новые интегрируемые системы динамики.* Вестн. молодых ученых, СПб., Прикл. Мат. Мех., 2000, №4, с. 13–25.

[52] Борисов А. В., Симаков Н. Н. *Бифуркации удвоения периода в динамике твердого тела.* Reg. & Ch. Dyn., 1997, т. 2, №1, с. 64–75.

[53] Борисов А. В., Федоров Ю. Н. *О двух видоизмененных интегрируемых задачах динамики.* Вестник МГУ, сер. мат. мех., 1995, №6, с. 102–105.

[54] Борисов А. В., Цыгвинцев А. В. *Метод Ковалевской в динамике твердого тела.* Прикл. Мат. Мех., 1997, т. 61, №1, с. 30–36.

[55] Борисов А. В., Цыгвинцев А. В. *Показатели Ковалевской в классической динамике I, II.* Reg. & Ch. Dyn., 1996, т. 1, №1, с. 29–37.

[56] Борн М. *Лекции по атомной механике.* Харьков: ОНТИ-НКТП, 1934. Пер. с нем.: Born M. *Vorlesungen über Atommechanik.*

[57] Брюм А. З. *Исследование регулярной прецессии тяжелого твердого тела с неподвижной точкой первым методом Ляпунова.* Мех. тв. тела (респ. межвед. сб.). Киев, 1987, вып. 19, с. 68–72.

[58] Буров А. А. *О неинтегрируемости уравнений движения гиростата в кардановом подвесе.* В сб: Зад. иссл. уст. и стабил. движ. М.: ВЦ АН СССР, 1986, с. 3–10.

[59] Буров А. А. *О частном интеграле в задаче о движении тяжелого твердого тела, подвешенного на стержне.* В сб: Зад. иссл. уст. и стабил. движ. М.: ВЦ АН СССР, 1986, с. 93–95.

[60] Буров А. А. *О частных интегралах уравнений движения твердого тела по гладкой горизонтальной плоскости.* В сб: Зад. иссл. уст. и стабил. движ., М.: ВЦ АН СССР, 1985, с. 118–121.

[61] Буров А. А. *Об ограниченной постановке задачи о движении тяжелого твердого тела.* ПММ, 2004, т. 68, вып. 6, с. 958–963.

[62] Буров А. А., Карапетян А. В. *О несуществовании дополнительного интеграла в задаче о движении тяжелого твердого эллипсоида по гладкой плоскости.* Прикл. Мат. Мех., 1985, т. 49, №3, с. 501–503.

[63] Буров А. А., Рубановский В. Н. *Об одном решении уравнений типа Кирхгофа – Клебша.* В сб: Зад. иссл. уст. и стабил. движ. М.: ВЦ АН СССР, 1987, с. 83–86.

[64] Буров А. А., Субханкулов Г. И. *О существовании дополнительных интегралов уравнений движения намагничивающегося твердого тела в идеальной жидкости при наличии магнитного поля.* Прикл. Мат. Мех., 1984, т. 48, №5, с. 745–749.

[65] Вархалёв Ю. П., Горр Г. В. *Новый класс асимптотически равномерных движений тяжелого твердого тела, имеющего неподвижную точку.* Прикл. Мат. Мех., 1982, т. 46, вып. 3, с. 397–400.

[66] Вархалёв Ю. П., Горр Г. В. *Первый метод Ляпунова в исследовании асимптотических движений в динамике твердого тела*, Мех. тв. тела (респ. межвед. сб.), Киев, 1992, вып. 24, с. 25–42.

[67] Вебстер А. Г. *Механика материальных точек, твердых, упругих и жидких тел. Лекции по математической физике.* М.-Л.: ГТТИ, 1933. 634 с. Пер. с англ.: Webster A. G. *The Dynamics of particles and of rigid, elastic and fluid bodies.* Leipzig, Teubner, 1925.

[68] Веселов А. П. *Интегрирование стационарной задачи для классической спиновой цепочки.* Теор. и мат. физ., 1987, т. 71, №1, с. 154–159.

[69] Веселов А. П. *Интегрируемые системы с дискретным временем и разностные операторы.* Функ. ан. и его прил., 1988, т. 22, №2, с. 1–13.

[70] Веселов А. П. *Об условиях интегрируемости уравнений Эйлера на* $so(4)$. Докл. АН СССР, сер. мат., 1982, т. 270, №6, с. 1298–1300.

[71] Веселов А. П. *Параметрический резонанс и геодезические на эллипсоиде.* Функ. ан. и его прил., 1992, т. 26 с. 74–75.

[72] Веселов А. П. *Уравнения Ландау–Лифшица и интегрируемые системы классической механики.* Докл. АН СССР, 1983, т. 270(5), с. 1094–1097.

[73] Веселов А. П., Новиков С. П. *Скобки Пуассона и комплексные торы.* Труды МИАН СССР, 1984, т. 165, с. 49–61.

[74] Веселова Л. Е. *О двух задачах динамики твердого тела.* Вестник МГУ, сер. мат. мех., 1986, №5, с. 90–91.

[75] Веселова Л. Е. *О динамике твердого тела с эллипсоидальной полостью, наполненной жидкостью.* Вестник МГУ, сер. мат. мех., 1985, №2, с. 64–67.

[76] Виттенбург Й. *Динамика систем твердых тел.* М.: Мир, 1980. Пер. с англ.: J. Wittenburg. *Dynamics of Systems of Rigid Bodies.* Stuttgart: B. G. Teubner, 1977.

[77] Воронец П. В. *Геометрическое исследование эйлерова случая вращения твердого тела около неподвижной точки.* Киевские университетские известия, 1898, т. 38, № 4, с. 1–52, № 5, с. 53–113.

[78] Гашененко И. Н. *Бифуркации уровней первых интегралов задачи о движении тяжелого гиростата.* Механика тв. тела, НАН Украины, 2004, т. 34, с. 27–37.

[79] Гашененко И. Н. *Инвариантные множества в пространстве угловых скоростей тяжелого гиростата.* Мех. тв. тела, НАН Украины, 2000, вып. 30, с. 79–87.

[80] Гашененко И. Н. *Интегральные многообразия в задаче о движении тяжелого твердого тела.* Мех. тв. тела, НАН Украины, 2003, вып. 33, с. 20–32.

[81] Гашененко И. Н. *Огибающие поверхности в задаче о движении тяжелого гиростата.* Мех. тв. тела, НАН Украины, 2002, вып. 32, с. 39–49.

[82] Гашененко И. Н. *Один случай интегрируемости уравнений движения гиростата.* Мех. тв. тела (респ. межвед. сб.). Киев, 1992, вып. 24, с. 1–4.

[83] Гашененко И. Н. *Характерные свойства годографов угловой скорости в решении Горячева–Чаплыгина.* Мех. тв. тела (респ. межвед. сб.). Киев, 1989, вып. 21, с. 9–18.

[84] Гашененко И. Н., Кучер Е. Ю. *Анализ изоэнергетических поверхностей для точных решений задачи о движении твердого тела.* Мех. тв. тела, НАН Украины, 2001, № 31, с. 18–30.

[85] Гашененко И. Н., Кучер Е. Ю. *Характеристические показатели периодических решений уравнений Эйлера – Пуассона.* Мех. тв. тела, НАН Украины, 2002, вып. 32, с. 50–59.

[86] Герц Г. *Принципы механики изложенные в новой связи.* М.: Изд-во АН СССР, 1959. 386 с. Пер с нем. Hertz H. *Die Prinzipien der Mechanik in neuen Zusammenhange dargestellt.* Ges. Werke, Bd. 3, Leipzig, Barth., 1910, 312 s.

[87] Голубев В. В. *Лекции по интегрированию уравнений движения тяжелого твердого тела около неподвижной точки.* М.: ГИТТЛ, 1953.

[88] Горр Г. В. *Об одном движении тяжелого твердого тела в случае Горячева – Чаплыгина.* Прикл. мат. мех., 1970, т. 34, вып. 6, с. 1139–1143.

[89] Горр Г. В., Илюхин А. А. *Случаи постоянства модуля момента количества движения гиростата.* Мех. тв. тела (респ. межв. сб.), 1974, вып. 6, с. 9–15.

[90] Горр Г. В., Илюхин А. А., Ковалев А. М., Савченко А. Я. *Нелинейный анализ поведения механических систем.* Киев: Наукова думка, 1984. 288 с.

[91] Горр Г. В., Кудряшова Л. В., Степанова Л. А. *Классические задачи динамики твердого тела.* Киев: Наукова думка, 1978. 296 с.

[92] Горр Г. В., Левицкая Г. Д. *Об одном периодическом движении гироскопа Горячева – Чаплыгина.* Мех. тв. тела (респ. межвед. сбор.), 1971, № 3, с. 101–106.

[93] Горр Г. В., Савченко А. Я. *Об одном периодическом движении в решении С. В. Ковалевской.* Мех. тв. тела (респ. межвед. сбор.), 1971, № 3, с. 64–69.

[94] Горячев Д. Н. *К вопросу о движении тяжелого тела в жидкости.* Изв. Импер. об-ва любителей естествознания при Московском Императорском Университете, 1893, т. 78 (н. 2), с. 59–61.

[95] Горячев Д. Н. *Некоторые общие интегралы в задаче о движении твердого тела.* Варшава, 1910. 62 с.

[96] Горячев Д. Н. *Новое частное решение задачи о движении тяжелого твердого тела вокруг неподвижной точки.* Тр. отд. физ. наук Об-ва любителей естествознания, 1899, т. 10, вып. 1, с. 23–24.

[97] Горячев Д. Н. *Новые случаи движения твердого тела вокруг неподвижной точки.* Варшавские Университетские Известия, 1915, кн. 3, с. 1–11.

[98] Горячев Д. Н. *Новые случаи интегрируемости динамических уравнений Эйлера.* Варшавские Университетские Известия, 1916, кн. 3, с. 1–13.

[99] Горячев Д. Н. *О движении тяжелого твердого тела вокруг неподвижной точки в случае $A = B = 4C$.* Мат. сборник Кружка любителей мат. наук, 1900, т. 21, вып. 3, с. 431–438.

[100] Граммель Р. *Гироскоп, его теория и применения.* В 2-х т. М. – Л.: Изд-во ин. литер., 1952. Пер. с нем.: R. Grammel. *Der Kreisel. Seine Theorie und seine Anwedungen.* Berlin, 1950, Bd. 1, 2.

[101] Грановский Я. И., Жеданов А. С. *Решение доменного типа в анизотропных магнитных цепочках.* Теор. и мат. физ., 1987, т. 71, №1, с. 143–153.

[102] Грановский Я. И., Жеданов А. С., Луценко И. М. *Квадратичные алгебры и динамика в искривленном пространстве. I. Осциллятор; II. Проблема Кеплера.* Теор. и мат. физ., 1992, т. 91, №2, с. 207–216; №3, с. 396–410.

[103] Гукенхеймер Дж., Холмс Ф. *Нелинейные колебания, динамические системы и бифуркации векторных полей.* М.: ИКИ, 2003. Перев. с англ.: Guckenheimer J., Holmes P. *Nonlinear oscillations, Dynamical Systems, and Bifurcations of Vector Fields.* Springer.

[104] Гуляев М. П. *О маятникообразных движениях тяжелого твердого тела, имеющего одну закрепленную точку.* Тр. механ.-матем. ф-та Казах. ун-та, 1960, т. 1, № 2б с. 8–17.

[105] Гуляев М. П. *Об одном новом частном решении уравнений движения тяжелого твердого тела, имеющего неподвижную точку.* Вестн. МГУ, сер. физ.-мат. и естеств. наук, № 3, с. 15–21.

[106] *Движение твердого тела вокруг неподвижной точки.* Сборник, посвященный памяти С. В. Ковалевской. М.-Л.: Изд-во АН СССР, 1940. 186 с.

[107] Делоне Н. Б. *К вопросу о геометрическом истолковании интегралов движения твердого тела около неподвижной точки, данных С. В. Ковалевской.* Мат. сборник Кружка любителей мат. наук, 1892, т. 16, вып. 2, с. 346–351.

[108] Дерябин М. В. *Об устойчивости равноускоренных вращений тяжелого твердого тела в идеальной жидкости.* Изв. РАН, МТТ, 2002, № 5, с. 30–34.

[109] Дерябин М. В., Козлов В. В. *Об эффекте «выныривания» тяжелого твердого тела в жидкости.* Изв. РАН, Мех. тв. тела, 2002, № 1, с. 68–74.

[110] Дёмин В. Г., Киселёв В. И. *Новый класс периодических движений твердого тела с одной неподвижной точкой в ньютоновском поле сил.* Докл. АН СССР, 1974, т. 214, № 5, с. 997–998.

[111] Доброхотов О. С. *Интегрируемые случаи в задаче о падении тяжелого цилиндрического твердого тела в жидкости*. Вестн. МГУ, сер. мат. мех., 1999, № 1, с. 63–65.

[112] Довбыш С. А. *Некоторые новые динамические эффекты в возмущенной задаче Эйлера – Пуансо, связанные с расщеплением сепаратрис*. Прикл. мат. мех., 1989, т. 53, вып. 2, с. 215–225.

[113] Довбыш С. А. *О сепаратрисе неустойчивого положения равновесия волчка Гесса – Аппельрота*. Прикл. мат. мех., 1992, т. 56, вып. 4, с. 632–642.

[114] Довбыш С. А. *Осцилляционные свойства плоских движений в динамике твердого тела*. Изв. АН СССР, сер. Мех. тв. тела, 1990, № 4, с. 11–19.

[115] Довбыш С. А. *Пересечение асимптотических поверхностей возмущенной задачи Эйлера – Пуансо*. Прикл. мат. и мех., 1987, т. 51, вып. 3, с. 363–370.

[116] Довбыш С. А. *Расщепление сепаратрис неустойчивых равномерных вращений и неинтегрируемость возмущенной задачи Лагранжа*. Вестн. МГУ, сер. мат. мех., 1990, № 3, с. 70–77.

[117] Довбыш С. А. *Численное исследование двух задач механики: трансверсальное пересечение сепаратрис, колмогоровская устойчивость*. В кн. *Численный анализ, математическое моделирование и их применение в механике*. М.: Изд-во Моск. ун-та, 1988.

[118] Докшевич А. И. *Решения в конечном виде уравнений Эйлера – Пуассона*. Киев: Наукова думка, 1992. 168 с.

[119] Домогаров А. С. *О свободном движении гиростата*. С.-Пб., 1893. 175 с.

[120] Дубровин Б. А., Кричевер И. М., Новиков С. П. *Интегрируемые системы I*. Итоги науки и техники. Совр. пробл. матем. Фундаментальные направления. М.: ВИНИТИ, 1985, т. 4, с. 179–288.

[121] Дубровин Б. А., Новиков С. П., Фоменко А. Т. *Современная геометрия. Методы и приложения,* т. 1, 2. М.: Эдиториал УРСС, 1998.

[122] Жуковский Н. Е. *Геометрическая интерпретация рассмотренного С. В. Ковалевской случая движения тяжелого твердого тела около неподвижной точки*. Собр. соч., т. 1. М., 1948, с. 294–339. (Изд. 1-е: Сообщение 1.III.1892 на заседании Моск. Мат. Общ-ва; отд. издание: Москва, 1896.)

[123] Жуковский Н. Е. *Локсодромический маятник Гесса*. Собр. соч., т. 1. М., 1948, с. 297–310. (Изд. 1-е: Труды отд. физ. наук общ-ва любителей естествознания, 1893, т. V, вып. 2, с. 37–45.)

[124] Жуковский Н. Е. *О движении материальной псевдосферической фигуры по поверхности псевдосферы.* Полн. собр. соч., т. 1. ГТТИ, 1937, с. 490–535.

[125] Жуковский Н. Е. *О движении твердого тела, имеющего полости, наполненные однородной капельной жидкостью I, II, III.* Собр. соч., т. 1. М., 1949, с. 31–152. (Изд. 1-е: Журнал рус. физ.-хим. общества, 1885, т. 17, отд. 1, вып. 6, с. 81–113; вып. 7, с. 145–149; вып. 8, с. 231–280.)

[126] Жуковский Н. Е. *О падении в воздухе легких продолговатых тел, вращающихся около своей продольной оси.* Статья первая. Полн. собр. соч., т. 5. М.–Л.: Глав. ред. авиац. лит., 1937, с. 72–80.

[127] Жуковский Н. Е. *О парении птиц.* Полн. собр. соч. М.–Л.: Глав. ред. ав. лит., 1973, т. 5, с. 7–35.

[128] Зиглин С. Л. *Ветвление решений и несуществование интегралов в гамильтоновой механике*, I, II. Функц. анализ и его прил., 1982, т. 16, № 3, с. 30–41, 1983; т. 17, № 1, с. 8–23.

[129] Зиглин С. Л. *О неинтегрируемости в квадратурах уравнений в вариациях в некоторых задачах динамики.* Доклады РАН, 2002, т. 386, № 4, с. 490–491.

[130] Зиглин С. Л. *Об отсутствии вещественно-аналитического первого интеграла в некоторых задачах динамики.* Функ. анализ и его прил., 1997, т. 31, вып. 1, с. 3–11.

[131] Зиглин С. Л. *Расщепление сепаратрис, ветвление решений и несуществование интеграла в динамике твердого тела.* Труды ММО, 1980, т. 41, с. 287–303.

[132] Ивин Е. А. *К вопросу об интегрируемости задачи о движении по инерции связки двух твердых тел.* Вестн. МГУ, сер. мат. мех., 1986, № 2, с. 63–66.

[133] Ивин Е. А. *Прямое и сопряженное представление движения связки двух твердых тел. Три новых случая интегрируемости.* Сб. Геометрия, дифференциальные уравнения и механика, под. ред. В. В. Козлова, А. Т. Фоменко. МГУ им. М.В. Ломоносова, 1986, с. 72–77.

[134] Ивин Е. А. *Разделение переменных в задаче о движении гиростата.* Вестн. МГУ, сер. мат. мех., 1985, №3, с. 69–73.

[135] Карапетян А. В. *Устойчивость стационарных движений.* М.: Эдиториал УРСС, 1998. 168 с.

[136] Картан Э. *Интегральные иварианты.* Серия РХД, т. 1. М.: Эдиториал УРСС, 1998. (Приложение: Козлов В. В. *Интегральные инварианты после Пуанкаре и Картана,* с. 218–260.)

[137] Каток С. Б. *Бифуркационные множества и интегральные многообразия в задаче о движении тяжелого твердого тела.* Усп. мат. наук, 1972, т. 27, №2, с. 126–133.

[138] Кирхгоф Г. *Механика. Лекции по математической физике.* М.: АН СССР, 1962. Пер. с нем.: Kirchhoff G. R. *Vorlesungen über mathematische Physik. Mechanik.* Leipzig, 1874.

[139] Ковалев А. М. *Подвижный годограф угловой скорости в решении Гесса задачи о движении тела, имеющего неподвижную точку.* Прикл. мат. и мех., 1968, т. 32, вып. 6, с. 1111–1118.

[140] Ковалев А. М., Савченко А. Я. *Устойчивость равномерных вращений твердого тела вокруг главной оси.* Прикл. мат. мех., 1975, т. 39, вып. 4, с. 650–660.

[141] Ковалевская С. В. *Задача о вращении твердого тела около неподвижной точки.* В кн. Ковалевская С. В. *Научные работы* (*Классики науки*). М., 1948, с. 153–220. (Изд. 1-е: Kowalewsky S. *Sur le probléme de la rotation d'un corps solide autor d'un point fixe.* Acta. math., 1889, v. 12, №2, p. 177–232.)

[142] Ковалевская С. В. *Мемуар об одном частном случае задачи о вращении тяжелого твердого тела вокруг неподвижной точки, когда интегрирование производится с помощью ультраэллиптических функций времени.* В кн.: Ковалевская С. В. *Научные работы* (*Классики науки*). М., 1948, с. 235–244. (Изд. 1-е: Kowalewsky S. *Mémoires sur un cas particulies du probléme de la rotation d'un corps pesant autour d'un point fixe, cú l'integration s'effectue á l'aide de fonctions ultraelliptiques du temps.* – Mémoires présentés par divers savants á l'Académie des sciences de l'Institut national de France, Paris, 1890, v. 31, p. 1–62.)

[143] Коддингтон Э. А., Левинсон Н. *Теория обыкновенных дифференциальных уравнений.* М.: ИЛ, 1958. 475 с. Пер. с англ.: Coddington E. A., Levinson N. *Theory of ordinary differential equations.* New York–Toronto–London: McGraw-Hill, 1955.

[144] Козлов В. В. *Две интегрируемые задачи классической динамики.* Вестник МГУ, сер. мат. мех., 1981, №4, с. 80–83.

[145] Козлов В. В. *Динамика изменяемых систем и группы Ли.* Прикл. Мат. Мех., 2004, т. 68, вып. 6, с. 899–905.

[146] Козлов В. В. *Интегрируемые случаи задачи о движении точки по трехмерной сфере в силовом поле с потенциалом четвертой степени.* Вестник МГУ, сер. мат. мех., 1985, №3, с. 93–95.

[147] Козлов В. В. *К задаче о вращении твердого тела в магнитном поле.* Изв. АН СССР, сер. мех. тв. тела, 1985, №6, с. 28–33.

[148] Козлов В. В. *К задаче о падении тяжелого твердого тела в сопротивляющейся среде.* Вест. МГУ, сер. мат. мех., 1990, № 1, с. 79–86.

[149] Козлов В. В. *К теории интегрирования уравнений неголономной механики.* Успехи механики, 1985, т. 8, №3, с. 85–101.

[150] Козлов В. В. *Методы качественного анализа в динамике твердого тела.* Ижевск: Изд-во РХД, 2000. 256 стр.

[151] Козлов В. В. *Неинтегрируемость уравнений Кирхгофа.* Commun. Int. Congr. Math. Warszawa, sec. 13, Math. Phys. and Mech., 1982, p. 41.

[152] Козлов В. В. *Некоторые интегрируемые обобщения задачи Якоби о геодезических на эллипсоиде.* Прикл. Мат. Мех., 1995, т. 59, вып. 1, с. 3–9.

[153] Козлов В. В. *О группах симметрий динамических систем.* Прикл. Мат. Мех., 1988, т. 52, № 4, с. 531–541.

[154] Козлов В. В. *О падении тяжелого твердого тела в идеальной жидкости.* Изв. АН СССР, сер. мех. тв. тела, 1989, №5, с. 10–16.

[155] Козлов В. В. *О падении тяжелого цилиндрического твердого тела в жидкости.* Изв. РАН, Мех. тв. тела, 1993, № 4, с.113–117.

[156] Козлов В. В. *О полиномиальных интегралах динамических систем с полутора степенями свободы.* Мат. заметки, 1989, т. 45, №4, с. 46–52.

[157] Козлов В. В. *Об устойчивости положений равновесия в нестационарном силовом поле.* Прикл. Мат. Мех., 1991, т. 55, №1, с. 12–19.

[158] Козлов В. В. *Принцип наименьшего действия и периодические решения в задачах классической механики.* Прикл. мат. мех., 1976, т. 40, № 3, с. 399–407.

[159] Козлов В. В. *Симметрии, топология и резонансы в гамильтоновой механике.* Ижевск: Изд-во Удм. ун-та, 1995.

[160] Козлов В. В., Онищенко Д. А. *Неинтегрируемость уравнений Кирхгофа.* Докл. АН СССР, 1982, т. 266, №6, с. 1298–1300.

[161] Козлов В. В., Рамоданов С. М. *О движении в идеальной жидкости тела с жесткой оболочкой и меняющейся геометрией масс.* Доклады РАН, 2002, т. 382, № 4, с. 478–481.

[162] Козлов В. В., Рамоданов С. М. *О движении изменяемого тела в идеальной жидкости.* Прикл. Мат. Мех., 2001, т. 65, вып. 4., с. 592–601.

[163] Козлов В. В., Трещев Д. В. *Неинтегрируемость общей задачи о вращении динамически симметричного тела с неподвижной точкой 2.* Вестн. МГУ, сер. мат. мех., 1986, № 1, с. 39–44.

[164] Козлов В. В., Федоров Ю. Н. *Интегрируемые системы на сфере с потенциалом упругого взаимодействия.* Мат. заметки, 1994, т. 56, вып. 3, с. 74–79.

[165] Колосов Г. В. *Заметка о движении твердого тела в несжимаемой жидкости в случаях В. А. Стеклова и А. М. Ляпунова.* Изв. Рос. Акад. наук, 1919, т. 13, с. 711–716.

[166] Колосов Г. В. *О некоторых видоизменениях начала Гамильтона в применении к решению вопросов механики твердого тела.* С.-Пб., 1903.

[167] Колосов Г. В. *Об одном свойстве задачи Ковалевской о вращении тяжелого твердого тела вокруг неподвижной точки.* Труды отд. физ. наук общ-ва любителей естествознания, 1901, т. 11, с. 5–12.

[168] Колосов Г. В. *Траектория, описанная концом главного момента количеств движения в задаче С. В. Ковалевской о вращении тяжелого твердого тела.* Записки Унив. Юрьев, 1904, 1, с. 1–3.

[169] Комаров И. В. *Базис Ковалевской для атома водорода.* Теор. и мат. физ., 1981, т. 47, №2, с. 67–71.

[170] Комаров И. В., Кузнецов В. Б. *Квазиклассическое квантование волчка Ковалевской.* Теор. и мат. физ., 1987, т. 73, №3, с. 335–347.

[171] Комаров И. В., Кузнецов В. Б. *Обобщенный гиростат Горячева – Чаплыгина в квантовой механике.* Дифференциальная геометрия, группы Ли и механика, 1987, Записки научных семинаров ЛОМИ АН СССР, т. IX, с. 134–141.

[172] Котельников А. П., Фок В. А. *Некоторые применения идей Лобачевского в механике и физике.* М.-Л.: ГИТТЛ, 1950.

[173] Кошляков В. Н. *Задачи динамики твердого тела и прикладной теории гироскопов.* М.: Наука, 1985. 288 с.

[174] Кузьмин П. А. *Дополнение к случаю В. А. Стеклова движения тяжелого твердого тела вокруг неподвижной точки.* Прикл. Мат. Мех., 1952, т. 16, № 3, с. 243–245.

[175] Кузьмина Р. П. *О бифуркационном множестве в задаче о движении тяжелого тела с неподвижной точкой.* Изв. АН СССР, сер. мех. тв. тела, 1982, №1, с. 3–10.

[176] Кучер Е. Ю. *Характеристические показатели периодических решений Стеклова и Чаплыгина.* Мех. тв. тела, НАН Украины, 2003, вып. 33, с. 33–39.

[177] Лагранж Ж. *Аналитическая механика,* т. 2. М.–Л.: ГИТТЛ, 1950. 440 с. Пер. с франц.: Lagrange J. L. Mécanique analytique. Oeuvres de Lagrange, v. 12. Paris, Gauthier–Villars, 1889, 391 p.

[178] Ламб Г. *Гидродинамика.* ОГИЗ, Гостехиздат, 1947. 928 с. Пер. с англ.: Lamb H. *Hydrodynamics,* ed. 6-th. N. Y., Dover publ., 1945.

[179] Ламб Г. *Теоретическая механика,* т. 3. ОНТИ НКТП СССР, 1936, 380 с. Пер. с англ.: Lamb H. *Higher mechanics.* Cambridge Univ. Press, 1929.

[180] Леви-Чивита Т., Амальди У. *Курс теоретической механики,* т. II, ч. 2. М.-Л.: Изд-во ин. литер., 1951. Пер. с итальян.: Levi-Civita T., Amaldi U. *Lezioni di meccanica razionale*, v. 2. Bologna, 1927.

[181] Лерман Л. М. *Неинтегрируемость и стационарные волны сложного профиля для уравнений Ландау–Лифшица.* Письма в ЖЭТФ, 1990, т. 51, вып. 6, с. 336–339.

[182] Ляпунов А. М. *Новый случай интегрируемости уравнений движения твердого тела в жидкости.* Собр. соч., т. 1. М., 1954, с. 320–324. (Изд. 1-е: Сообщ. Харьк. мат. общ-ва, сер. 2, 1893, т. 4, №1–2, с. 81–85.)

[183] Ляпунов А. М. *О постоянных винтовых движениях твердого тела в жидкости.* Собр. соч., т. 1. М., 1954, с. 276–319. (Изд. 1-е: Сообщ. Харьк. мат. общ-ва, сер. 2, 1888, т. 1, №1–2, с. 7–60.)

[184] Ляпунов А. М. *Об одном свойстве дифференциальных уравнений задачи о движении тяжелого твердого тела, имеющего неподвижную точку.* Собр. соч., т. 1. М., 1954, с. 402–417. (Изд. 1-е: Сообщ. Харьк. мат. общ-ва, сер. 2, 1894, т. 4, №3, с. 123–140.)

[185] Магнус К. *Гироскоп. Теория и приложения.* М.: Мир, 1974. 526 с. Пер. с нем.: Magnus K. *Kreisel. Theorie und Anwendungen.* Springer-Verlag, 1971.

[186] Мак-Миллан В. Д. *Динамика твердого тела.* М.-Л.: Изд-во ин. литер., 1951. 468 с. Пер. с англ.: Macmillan W. D. *Dynamics of rigid bodies.* N. Y., London, 1936.

[187] Манаков С. В. *Замечание об интегрировании уравнений Эйлера динамики n-мерного твердого тела.* Функ. ан. и его прил., 1976, т. 10, №4, с. 93–94.

[188] Маринбах М. А. *О ляпуновских периодических движениях тяжелого твердого тела с одной неподвижной точкой.* Вестн. МГУ, сер. мат. мех., 1979, № 5, с. 75–79.

[189] Маринбах М. А. *О ляпуновских периодических движениях тяжелого твердого тела с одной неподвижной точкой в общем случае.* Прикл. Мат. Мех., 1981, вып. 5, с. 800–807.

[190] Маркеев А. П. *Алгоритм нормализации гамильтоновой системы в задаче об орбитальной устойчивости периодических движений.* Прикл. Мат. Мех., 2002, т. 66, № 6, с. 929–938.

[191] Маркеев А. П. *Динамика тела, соприкасающегося с твердой поверхностью.* М.: Наука, 1992. 336 с.

[192] Маркеев А. П. *О маятникообразных движениях твердого тела в случае Горячева–Чаплыгина.* Прикл. Мат. Мех., 2004, т. 68, № 2, с. 282–293.

[193] Маркеев А. П. *О плоских и близких к плоским вращениях тяжелого твердого тела вокруг неподвижной точки*. Изв. АН СССР, Мех. тв. тела, 1988, вып. 4, с. 29–36.

[194] Маркеев А. П. *Об устойчивости плоских движений твердого тела в случае Ковалевской.* Прикл. Мат. Мех., 2001, т. 65, № 1, с. 51–58.

[195] Маркеев А. П. *Об устойчивости регулярной прецессии несимметричного гироскопа* (*случай Гриоли*). Доклады РАН, 2002, т. 387, № 3, с. 338–342.

[196] Маркеев А. П. *Теоретическая механика.* Ижевск: Изд-во РХД, 1999. 570 с.

[197] Маркеев А. П., Мощук Н. К. *Качественный анализ движения тяжелого твердого тела вращения по абсолютно гладкой плоскости*. Прикл. Мат. Мех., 1983, т. 47, вып. 1, с. 37–42.

[198] Мельхиор П. *Физика и динамика планет,* т. 4. М.: Мир, 1976. 485 с. (Пер. с франц.: Melchior P. *Physique et dynatique planétaires,* v. 4. Vander-éditeur, 1973.)

[199] Мерцалов Н. И. *Задача о движении твердого тела, имеющего неподвижную точку при* $A = B = 4C$ *и интеграле площадей* $k \neq 0$. Изв. АН СССР, Отд. тех. наук, 1946, №5, с. 697–701.

[200] Мищенко А. С., Фоменко А. Т. *Интегрируемость уравнений Эйлера на полупростых алгебрах Ли.* В кн. *Труды семинара по векторному и тензорному анализу.* М.: Изд-во МГУ, 1979, вып. 19, с. 3–94.

[201] Млодзеевский Б. К. *О перманентных осях в движении тяжелого твердого тела около неподвижной точки*. Труды отд. физ. наук Об-ва любителей естествознания, 1894, т. VII, вып. 1, с. 46–48.

[202] Млодзеевский Б. К. *Об одном случае движения тяжелого твердого тела около неподвижной точки.* Мат. сб., 1895, т. 18.

[203] Мозер Ю. *Интегрируемые гамильтоновы системы и спектральная теория.* В кн. *Интегрируемые гамильтоновы системы и спектральная теория,* т. 1. Ижевск: Изд-во РХД, 1999. Пер. с англ.: Moser J. *Integrable Hamiltonian system and spectral theory.* Piza, Lezioni Fermiane, 1981.

[204] Моисеев Н. Н., Румянцев В. В. *Динамика тела с полостями, содержащими жидкость.* М.: Наука, 1965. 440 с.

[205] Морози К., Тондо Дж. *Разделение переменных в мультигамильтоновых системах, применение к лагранжеву волчку*. Теор. и мат. физика, 2003, т. 137, № 2, с. 226–238.

[206] Мощук Н. К. *Об аналогии между двумя классическими задачами механики*. Изв. АН СССР, Мех. тв. тела, 1987, № 1.

[207] Нейштадт А. И. *Об изменении адиабатического инварианта при переходе через сепаратрису.* Физика плазмы, 1986, т. 12, вып. 8, с. 992–999.

[208] Нейштадт А. И. *Об изменении адиабатического инварианта при переходе через сепаратрису в системах с двумя степенями свободы.* ПММ, 1987, т. 51, вып. 5, с. 750–757.

[209] Нейштадт А. И. *Об эволюции вращения твердого тела под действием суммы постоянного и диссипативного возмущающих моментов.* Изв. АН СССР, сер. мех. тв. тела, 1980, №6, с. 30–36.

[210] Нейштадт А. И. *Прохождение через сепаратрису в резонансной задаче с медленно меняющимся параметром.* ПММ, 1975, №4, т. 39, с. 625.

[211] Нейштадт А. И. *Скачки адиабатического инварианта при переходах через сепаратрису и происхождение люка Кирквуда* 3:1. ДАН СССР, 1987, т. 295, №1, с.47–50.

[212] Некрасов П. А. *Аналитическое исследование одного случая движения тяжелого твердого тела около неподвижной точки.* Мат. сборник Кружка любителей мат. наук, 1896, т. 18, вып. 2, с. 161–274.

[213] Нехорошев Н. Н. *Переменные действие-угол и их обобщения.* Труды Моск. Мат. Общ-ва, 1972, т. 26, с. 181–198.

[214] Новиков С. П. *Гамильтонов формализм и многозначный аналог теории Морса.* Усп. мат. наук, 1982, т. 37, №5(227), с. 3–49.

[215] А) Новиков С. П., Шмельцер И. *Периодические решения уравнений Кирхгофа для свободного движения твердого тела в жидкости и расширенная теория Люстерника – Шнирельмана – Морса*, I. Функ. анал. и его прил., 1981, т. 15, №3, с. 54–66.

Б) Новиков С. П. *Вариационные методы и периодические решения уравнений типа Кирхгофа*, II. Функ. анал. и его прил., 1981, т. 15, №9, с. 37–52.

[216] Оден М. *Вращающиеся волчки. Курс интегрируемых систем.* Ижевск: Изд-во РХД, 1999. 216 с. Пер. с англ.: Audin M. *The spinning tops. A course on integrable systems.* Cambridge Univ. Press, 1997.

[217] Олвер П. *Приложения групп Ли к дифференциальным уравнениям.* М.: Мир, 1989. 638 с. Пер. с англ.: Olver P. *Applications of Lie groups to differential equations.* Springer, 1986.

[218] Ольшанецкий М. А., Переломов А. М., Рейман А. Г., Семёнов-Тян-Шанский М. А. *Интегрируемые системы* II. Итоги науки и техники. Совр. пробл. матем. Фундаментальные направления. М.: ВИНИТИ, 1987, т. 16, с. 86–226.

[219] Орехов В. И. *Топологический анализ натуральных систем с квадратичными интегралами.* Прикл. Мат. Мех., 1985, т. 49, №1, с. 10–15.

[220] Орешкина Л. Н. *О необходимых и достаточных условиях существования четвертого квадратичного интеграла в некоторых задачах динамики.* Мех. тв. тела (респ. межвед. сб.), Киев, 1988, вып. 20, с. 18–29.

[221] Орешкина Л. Н. *Объединение двух задач динамики твердого тела.* Изв. АН СССР, сер. Мех. тв. тела, 1986, №5, с. 36–43.

[222] Орешкина Л. Н. *Случай интегрируемости уравнений М. П. Харламова.* Мех. тв. тела (респ. межвед. сбор.), 1989, вып. 21, с. 1–9.

[223] Ошемков А. А. *Топология изоэнергетических поверхностей и бифуркационная диаграмма интегрируемых случаев динамики твердого тела на $so(4)$.* Усп. мат. наук, 1987, т. 47, №6, с. 199–200.

[224] Переломов А. М. *Интегрируемые системы классической механики и алгебры Ли.* М.: Наука, 1990. 240 с.

[225] Переломов А. М. *Представление Лакса для систем типа С. Ковалевской.* Функ. ан. и его прил., 1982, т. 16, №2, с. 80–81. Англ. вариант: Perelomov A. M. *Lax representation for the systems of Kovalevsky type.* Comm. Math. Phys., 1981, p. 239–241.

[226] Погосян Т. И., Харламов М. П. *Бифуркационные множества и интегральные многообразия задачи о движении твердого тела в линейном поле сил.* Прикл. Мат. Мех., 1979, т. 43, №3, с. 419–428.

[227] Пуанкаре А. *Новые методы небесной механики.* В кн. Избранные труды, т. 1. М.: Наука, 1971. Пер. с франц.: Poincaré H. *Le méthodes nouvelles de la mécanique céleste.* Paris, Gauthier-Villars, 1892.

[228] Рамоданов С. М. *Асимптотика решений уравнений Чаплыгина.* Вестн. МГУ, сер. мат. мех., 1995, № 3, с. 93–97.

[229] Рамоданов С. М. *О влиянии циркуляции на характер падения тяжелого твердого тела в жидкости.* Изв. РАН, Мех. тв. тела, 1996, № 5, с. 19–24.

[230] Раус Э. Дж. *Динамика системы твердых тел,* т. 2. М.: Наука, 1983. 544 с. Пер. с англ.: Routh E. J. *Dynamics of a System of Rigid Bodies,* v. 2. New York, Dover Publ.

[231] Рейман А. Г., Семёнов-Тян-Шанский М. А. *Интегрируемые гамильтоновы системы, связанные с градуированными алгебрами Ли.* Записки научных семинаров ЛОМИ АН СССР, т. 95, 1980, с. 3–54.

[232] Рейман А. Г., Семёнов-Тян-Шанский М. А. *Интегрируемые системы.* М.–Ижевск: ИКИ, 2003.

[233] Рейман А.Г., Семёнов-Тян-Шанский М. А. *Лаксово представление со спектральным параметром для волчка Ковалевской и его обобщений.* Функ. ан. и его прил., 1988, т. 22, №2, с. 87–88.

[234] Рубановский В. Н. *Новые случаи интегрируемости уравнений движения тяжелого твердого тела в жидкости.* Вестник МГУ, сер. мат. мех., 1968, №2, с. 99–106.

[235] Рубановский В. Н. *О бифуркации и устойчивости стационарных движений.* Теор. и приложна механика, 1974, т. 5, №1, с. 67–79.

[236] Рубановский В. Н. *О квадратичных интегралах уравнений движения твердого тела в жидкости.* Прикл. мат. мех., 1988, т. 52, № 3, с. 402–414.

[237] Рубановский В. Н. *Применение метода малого параметра к уравнениям движения тела в жидкости.* Вест. МГУ, сер. мат. мех., 1967, №3, с. 80–87.

[238] Рубановский В. Н., Самсонов В. А. *Устойчивость стационарных движений в примерах и задачах.* М.: Наука, 1988.

[239] Румер Ю. Б., Рывкин М. М. Термодинамика, статистическая физика и книетика. М.: Наука, 1972. 400 с.

[240] Румянцев В. В. *К динамике твердого тела, подвешенного на струне.* Изв. АН СССР, Мех. тв. тела, 1983, №4, с. 5–15.

[241] Румянцев В. В. *Об уравнениях Пуанкаре – Четаева.* Прикл. Мат. Мех., 1994, т. 58, №3, с. 3–15.

[242] Румянцев В. В. *Об устойчивости вращения тяжелого твердого тела с одной неподвижной точкой в случае С. В. Ковалевской*. Прикл. Мат. Мех., 1954, т. 18, вып. 4, с. 457–458.

[243] Румянцев В. В. *Об устойчивости стационарных движений спутников*. ВЦ РАН, АН СССР, 1967.

[244] Румянцев В. В. *Устойчивость перманентных вращений тяжелого твердого тела*. Прикл. мат. мех., 1956, т. XX, вып. 1, с. 51–66.

[245] Садов Ю. А. *Переменные действие-угол в задаче Эйлера – Пуансо*. Препринт № 22. Ин-т прикладной математики АН СССР, 1970.

[246] Садэтов С. Т. *О четвертом алгебраическом интеграле уравнений Кирхгофа*, Прикл. мат. и мех., 2000, т. 64, № 2, с. 237–251.

[247] Садэтов С. Т. *Условия интегрируемости уравнений Кирхгофа*. Вестн. МГУ, сер. мат. мех., 1990, №3, с. 56–62.

[248] Садэтов С. Т. Устное сообщение, 2002.

[249] Сальникова Т. В. *Ветвление решений возмущенной задачи Лагранжа и несуществование однозначных интегралов*. Вестн. МГУ, сер. мат. мех., 1985, № 2, с. 85–89.

[250] Сальникова Т. В. *Неинтегрируемость возмущенной задачи Лагранжа*. Вестн. МГУ, сер. мат. мех., 1984, № 4, с. 62–66.

[251] Сальникова Т. В. *Об интегрируемости уравнений Кирхгофа в симметричном случае*. Вестн. МГУ, сер. мат. мех., 1985, № 24, с. 68–71.

[252] Самсонов В. А. *О вращении твердого тела в магнитном поле*. Изв. АН СССР, сер. мех. тв. тела, 1984, №4, с. 32–34.

[253] Сергеев В. С. *О периодических решениях уравнений движения тяжелого твердого тела вокруг неподвижной точки*. Вестн. МГУ, сер. мат. мех., 1969, № 1, с. 40–51.

[254] Сергеев В. С. *Об устойчивости перманентных вращений тяжелого твердого тела вокруг неподвижной точки*. Прикл. Мат. Мех., 1976, т. 40, вып. 3, с. 409–416.

[255] Соколов В. В. *Новый интегрируемый случай для уравнений Кирхгофа*. Теор. и мат. физика, 2001, т. 129, № 1, с. 31–36.

[256] Соколов В. В. *Об одном классе квадратичных гамильтонианов на* $so(4)$. Доклады РАН, 2004, т. 394(5), № 5, с. 602–605.

[257] Соколов В. В., Цыганов А. В. *Коммутативные пуассоновы подалгебры для скобок Склянина и деформации известных интегрируемых моделей*. Теор. и мат. физика, 2002, т. 133, № 3, с. 485–500.

[258] Соколов В. В., Цыганов А. В. *Пары Лакса для деформированных волчков Ковалевской и Горячева – Чаплыгина*. Теор. и мат. физика, 2002, т. 131, № 1, с. 118-25.

[259] Сретенский Л. Н. *Движение гироскопа Горячева – Чаплыгина*. Изв. АН СССР, ОТН, 1953, № 1, с. 109–119.

[260] Сретенский Л. Н. *О некоторых случаях движения тяжелого твердого тела с гироскопом*. Вестник МГУ, сер. мат. мех., 1963, т. 149, № 2, с. 292–294.

[261] Сретенский Л. Н. *О некоторых случаях интегрирования уравнений движения гиростата*. Докл. АН СССР, Механика, 1963, т. 149, №2, с. 292–294.

[262] Стеклов В. А. *Дополнения к сочинению «О движении твердого тела в жидкости»*. Харьков, 1895.

[263] Стеклов В. А. *Новое частное решение дифференциальных уравнений движения тяжелого твердого тела, имеющего неподвижную точку*. Тр. отд. физ. наук Об-ва любителей естествознания, 1899, т. 10, № 1, с. 1–3.

[264] Стеклов В. А. *О движении твердого тела в жидкости*. Харьков, 1893. 234 с.

[265] Стеклов В. А. *О движении тяжелого твердого тела в жидкости.* Сообщ. Харьков. мат. об-ва, сер. 2, 1889, т. 2, № 5–6, с. 209–235.

[266] Стеклов В. А. *О некоторых возможных движениях твердого тела в жидкости.* Труды отд. физ. наук общ-ва любителей естествознания, антропологии и этнографии, 1895, т. 7, с. 1–40.

[267] Стеклов В. А. *Один случай движения тяжелого твердого тела, имеющего неподвижную точку.* Труды отд. физ. наук общ-ва любителей естествознания, 1896, т. 8, вып. 1, с. 19–21.

[268] Суслов Г. К. *Теоретическая механика.* М.: Гостехиздат, 1946. 655 с.

[269] Тайманов И. А. *Несамопересекающиеся замкнутые экстремали многозначных или не всюду положительных функционалов.* Изв. АН СССР, сер. мат., 1991, т. 55, № 2, с. 367–383.

[270] Татаринов Я. В. *Портреты классических интегралов задачи о вращении твердого тела вокруг неподвижной точки.* Вестник МГУ, сер. мат. мех., 1974, №6, с. 99–105.

[271] Татаринов Я. В. *Частотная невырожденность волчка Лагранжа и уравновешенного гиростата в кардановом подвесе.* Изв. АН СССР, сер. мех. тв. тела, 1987, №4, с. 30–36.

[272] Тимофеев А. В. *К вопросу о постоянстве адиабатического инварианта при изменении характера движения.* ЖЭТФ, 1978, т. 75, вып. 4, с. 1303–1308.

[273] Трещев Д. В. *Введение в теорию возмущений гамильтоновых систем.* М.: ФАЗИС, 1998.

[274] Трофимов В. В., Фоменко А. Т. *Алгебра и геометрия интегрируемых гамильтоновых дифференциальных уравнений.* Изд-во Факториал, Удм. ун-т, 1995. 446 с.

[275] Тхай В. Н. *Об устойчивости регулярных прецессий Гриоли.* Прикл. Мат. Мех., 2000, т. 64, № 5, с. 848–857.

[276] Узбек Е. К. *О новом решении уравнений Кирхгофа задачи о движении гиростата под действием потенциальных и гироскопических сил.* Прикл. Мат. Мех., 2004, т. 68, вып. 6, с. 964–970.

[277] Уинтнер А. *Аналитические основы небесной механики.* Физматгиз, 1967. 524 с. Перев. с англ.: Wintner A. *The Analytical Foundations of Celestial Mechanics*, Princeton Univ. Press, 1941. 448 p.

[278] Уиттекер Э. *Аналитическая динамика.* Ижевск: Изд-во РХД, 1999. 584 с. Пер. с англ.: Whittaker E. T. *A treatise on the analytical dynamics,* ed. 3rd. Cambridge Univ. Press, 1927.

[279] Фёдоров Ю. Н. *Представления Лакса со спектральным параметром, определенным на накрытиях гиперэллиптических кривых.* Мат. заметки, 1993, т. 54, №1, с. 94–109.

[280] Харламов М. П. *Об одном классе движений гиростата.* Мех. тв. тела (респ. межвед. сбор.), 1983, вып. 15, с. 47–56.

[281] Харламов М. П. *Один класс решений с двумя инвариантными соотношениями задачи о движении волчка Ковалевской в двойном постоянном поле.* Мех. тв. тела, НАН Украины, 2002, вып. 32, с. 32–38.

[282] Харламов М. П. *Понижение порядка в механических системах с симметрией.* Мех. тв. тела (респ. межвед. сборник), 1976, вып. 8, с. 4–18.

[283] Харламов М. П. *Симметрия в системах с гироскопическими силами.* Мех. тв. тела (респ. межвед. сбор.), 1983, вып. 15, с. 87–93.

[284] Харламов М. П. *Топологический анализ интегрируемых задач динамики твердого тела.* Л.: Изд-во ЛГУ, 1988.

[285] Харламов М. П., Савушкин А. Ю. *Разделение переменных и интегральные многообразия в одночастотной задаче о движении обобщенного волчка Ковалевской.* Укр. мат. вестник, 2004, с. 548–565.

[286] Харламов М. П., Савушкин А. Ю. *Явное интегрирование одной задачи о движении обобщенного волчка Ковалевской.* Докл. РАН, 2005, № 3, с. 321–323.

[287] Харламов М. П., Савушкин А. Ю., Шведов Е. Г. *Бифуркационное множество в одной задаче о движении обобщенного волчка Ковалевской.* Мех. тв. тела, НАН Украины, 2003, вып. 33, с. 10–19.

[288] Харламов М. П., Сергеев Е. К. *Построение полного решения одной задачи динамики твердого тела.* Мех. тв. тела (респ. межвед. сб.), Киев, 1982, вып. 14, с. 33–38.

[289] Харламов П. В. *Лекции по динамике твердого тела.* Новосибирск: Изд-во Новосибирского университета, 1965. 221 с.

[290] Харламов П. В. *О движении в жидкости тела, ограниченного многосвязной поверхностью.* ПМТФ, 1963, №4, с. 17–29.

[291] Харламова Е. И. *О движении твердого тела вокруг неподвижной точки в центральном ньютоновом поле.* Известия Сибирского отделения АН СССР, 1959, №6, с. 7–17.

[292] Харламова Е. И., Степанова Л. А. *Об изоморфизме некоторых классических задач динамики твердого тела и попытках построения новых решений путем замены переменных.* Мех. тв. тела (респ. межвед. сб.), 1988, вып. 20, с. 1–13.

[293] Харламова Л. Н. *Одно решение уравнений движения тела под действием потенциальных и гироскопических сил.* Мех. тв. тела (респ. межвед. сб.), 1990, в. 22, с. 38–42.

[294] Цыганов А. В. *Интегрируемые системы в методе разделения переменных.* М.: ИКИ, 2005 (в печати).

[295] Цыганов А. В. *Разделение переменных в гиростате Ковалевской – Горячева – Чаплыгина*. Теор. и мат. физика, 2003, т. 135, № 2, с. 240–247.

[296] Чаплыгин С. А. *Геометрическая интерпретация движения в жидкости тела винтовой симметрии.* Собр. соч., т. 3. М.-Л.: ГИТТЛ, 1950, с. 288–291.

[297] Чаплыгин С. А. *Новое частное решение задачи о вращении тяжелого твердого тела вокруг неподвижной точки.* Собр. соч., т. 1. М.-Л.: ГИТТЛ, 1948, с. 125–132. (Изд. 1-е: Труды отд. физ. наук общ-ва любителей естествознания, 1904, т. 12, вып. 1, с. 1–4.)

[298] Чаплыгин С. А. *Новое частное решение задачи о движении твердого тела в жидкости.* Собр. соч., т. 1. М.-Л.: ГИТТЛ, 1948, с. 337–346. (Изд. 1-е: Труды отд. физ. наук общ-ва любителей естествознания, 1903, т. 11, вып. 2, с.7–10.)

[299] Чаплыгин С. А. *О влиянии плоскопараллельного потока воздуха на движущиеся в нем цилиндрическое крыло*. Полн. собр. соч., т. 3. Л.: Изд-во АН СССР, 1933, с. 3–64.

[300] Чаплыгин С. А. *О движении тяжелых тел в несжимаемой жидкости.* Полн. собр. соч., т. 1. Л.: Изд-во АН СССР, 1933, с. 133–150.

[301] Чаплыгин С. А. *О движении тяжелых тел в несжимаемой жидкости.* Собр. сочинений, т. 1. М.-Л.: ГИТТЛ, 1948, с. 312–336.

[302] Чаплыгин С. А. *О катании шара по горизонтальной плоскости.* Собр. соч., т. 1. М.-Л.: ГИТТЛ, 1948, с. 76–101. (Изд. 1-е: Мат. сборник Кружка любителей мат. наук, 1903, т. 24, вып. 1, с. 139–168.)

[303] Чаплыгин С. А. *О некоторых случаях движения твердого тела в жидкости.* Собр. соч., т. 1. М.-Л.: ГИТТЛ, 1948; статья первая, с. 136–193; статья вторая, с. 194–311. (Изд. 1-е: Мат. сборник Кружка любителей мат. наук, 1897, т. 20, вып. 1, с. 115–170; вып. 2, с. 173–246.)

[304] Чаплыгин С. А. *О падении тяжелых тел в несжимаемой жидкости.* Полн. собр. соч., т. 1. Л.: Изд-во АН СССР, 1933, с. 133–150.

[305] Чаплыгин С. А. *По поводу локсодромического маятника Гесса*, Собр. соч., т. 1. М.-Л.: ГИТТЛ, 1948, с. 133–135.

[306] Чаплыгин С. А. *Характеристическая функция в динамике твердого тела.* (Сообщено 19 дек. 1900 г. на Моск. Мат. Общ-ве). Собр. соч., т. 3. М.-Л.: ГИТТЛ, 1950, с. 260–282.

[307] Четаев Н. Г. *Об уравнениях Пуанкаре.* Прикл. Мат. Мех., 1941, т. 5, №2, с. 253–262.

[308] Четаев Н. Г. *Об устойчивости вращения твердого тела с одной неподвижной точкой в случае Лагранжа*. Прикл. Мат. Мех., 1954, т. 18, вып. 1, с. 123–124.

[309] Четаев Н. Г. *Устойчивость движения*. М.: Наука, 1984.
[310] Штокман Х.-Ю. *Квантовый хаос. Введение*. М.: Физматлит, 2004. Перев. с англ.: Stöckmann H. J. *Quantum Chaos. An Introduction*. Camb. Univ. Press, 2000.
[311] Якоби К. *Лекции по динамике*. М.-Л., 1936. 272 с. Пер. с нем.: Jacobi C. G. J. *Vorlesungen über Dynamik*. Berlin, G. Reimer, 1884, 300 S.
[312] Яхья Х. М. *Качественное исследование плоских и близких к ним движений твердого тела вокруг неподвижной точки*. Прикл. Мат. Мех., 1981, т. 45, вып. 4, с. 618–623.
[313] Яхья Х. М. *Новые интегрируемые случаи задачи о движении гиростата*. Вестник МГУ, сер. мат. мех., 1987, №4, с. 88–90.
[314] Adler M., van Moerbeke P. *A new geodesic flow on* $so(4)$. Probability, statistical mechanics and number theory. Advances in mathematics supplementary studies, 1986, v. 9, p. 81–96.
[315] Adler M., van Moerbeke P. *Geodesic flow on* $so(4)$ *and intersection of quadrics*. Proc. Nat. Acad. Sci. USA, 1984, v. 81, p. 4613–4616.
[316] Adler M., van Moerbeke P. *The algebraic integrability of geodesic flow on* $so(4)$. Invent. Math., 1982, v. 67, p. 297–331.
[317] Adler M., van Moerbeke P. *The Kowalewski's and Henon–Heiles motion as Manakov geodesic flow on* $SO(4)$ *— a two-dimensional family of Lax pairs*. Comm. Math. Phys., 1988, v. 113, №4, p. 659–700.
[318] Amperé A. M. *Sur quelques nouvelles propriétés des axes permanents de rotation des corps et des plans directeurs de cas axes*. Mém. Acad. Sci. Paris, 1821–1822, v. 5., p. 86–152.
[319] Andoyer H. *Cours de mécanique céleste*. Paris, Gauthier-villars et Cie, 1923.
[320] Aref H., Jones S. W. *Chaotic motion of a solid through ideal fluid*. Phys. Fluids, A, 1993, v. 5(12), p. 3026–3028.
[321] Arribas M., Elipe A. *Attitude dynamics of a rigid body on a Keplerian orbit: a simplificaton*. Celest. Mech. & Dyn. Ast., 1993, v. 55, p. 243–247.
[322] Bechlivanidis C., van Moerbeke P. *The Goryachev–Chaplygin top and the Toda lattice*. Comm. Math. Phys., 1987, v. 110, p. 317–324.
[323] Beletsky V. V. *Regulare und chaotische Bewegung starrer Körper*, Stuttgart, Teubner, 1995.
[324] Belmonte A., Eisenberg H., Moses E. *From flutter to tumble: inertial drag and Froude similarity in falling paper*. Phys. Rev. Lett., 1998, v. 81, p. 345–348.
[325] Belokolos E. P., Bobenko A. I., Enol'skii V. Z., Its A. R., Matveev V. B. *Algebro-geometric approach to nonlinear integrable equations*. Springer, 1994.

[326] Benettin G., Fassò F. *Fast rotations of the rigid body. A study by Hamiltonian perturbation theory*, Part I. Nonlinearity, 1996, v. 9, p. 137–186.

[327] Benettin G., Fassò F., Guzzo M. *Long term stability of proper rotations and local chaotic motions in the perturbed Euler rigid body*. Reg. & Chaot. Dyn., 2005 (to appear).

[328] Benvenuti P., Balli R. *Risolubilita per quadrature del problema del moto di un solido soggeto a forze di potenza nulla*. Atti. Acc. Naz., Linsei Rend., Sci. fis. math. e natur., 1974, v. 56, p. 1–12.

[329] Berry M. V. *The levitron: an adiabatic trap for spins*. Proc. Royal Soc. London, Series A, 1996, v. 452, p. 1207–2220.

[330] Bertolli M. L., Bolotin S. V. *Doubly asymptotic trajectories of Lagrangian systems in homogeneous force fields*. Ann. di Matem. pura ed. applicata, 1998 (IV), v. CLXXIV, p. 253–275.

[331] Blaschke W. *Nicht-Euklidische Geometrie und Mechanik*, I, II, III. Hamburger Mathematische Einrelschriften, 1942, Bd. 34, S. 45–47.

[332] Bobenko A. I., Kuznetsov V. B. *Lax representation and new formulae for the Gorjachev – Chaplygin top*. J. Phys. A, 1988, v. 21, p. 1999–2006.

[333] Bobenko A. I., Reyman A. G., Semenov-Tian-Shansky M. A. *The Kowalewski top 99 years later: a Lax pair, generalizations and explicit solutions*. Comm. Math. Phys., 1989, v. 122, №2, p. 321–354.

[334] Borisov A. V., Dudoladov S. L. *Kovalevskaya Exponents and Poisson Structures*. Reg. & Chaot. Dyn., 1999, v. 4, № 3, p. 13–20.

[335] Bolsinov A. V., Dullin H. R., Witek A. *Topology of energy surfaces and existence of transversal Poincare section*. J. Phys. A, 1996, v. 29, № 16, p. 4977–4985.

[336] Bolsinov A. V., Fedorov Yu. N. *Steklov – Lyapunov type systems*. Preprint, 2003.

[337] Borisov A. V., Mamaev I. S. *Euler – Poisson equations and integrable cases*. Reg. & Chaot. Dyn., 2001, v. 6, № 3, p. 253–274.

[338] Borisov A. V., Mamaev I. S. *Generalization of the Goryachev – Chaplygin case*. Reg. & Chaot. Dyn., 2002, v. 7, № 1, p. 21–30.

[339] Borisov A. V., Mamaev I. S. *Rolling of a Rigid Body on Plane and Sphere. Hierarchy of Dynamics*. Reg. & Ch. Dyn., 2002, v. 7, № 2, p. 177–200.

[340] Borisov A. V., Mamaev I. S. *Some Comments to the Paper of Perelomov A. M. «A note on geodesics on ellipsoid»*. Reg. & Chaot. Dyn., 2000, v. 5, № 1, p. 92–94.

[341] Borisov A. V., Mamaev I. S., Kholmskaya A. G. *Kovalevskaya top and generalizations of integrable systems*. Reg. & Ch. Dyn., 2000, v. 6, №1, p. 1–16.

[342] Borisov A. V., Mamaev I. S., Ramodanov S. M. *Dynamics of a circular cylinder interacting with point vortices*. DCDS-B, 2005, v. 5, № 1, p. 35–50.

[343] Braden H. W. *A completely integrable mechanical systems*. Lett. Math. Phys., 1982, v. 6, p. 449–452.

[344] Broucke R. A. *On the use of Poincaré surface of section in rigid-body motion*. J. of Astronautical Sc., 1993, v. 41, № 4, p. 593–601.

[345] Brun F. *Rotation kring fix punkt*. Öfversigt at Kongl. Svenska Vetenskaps Akad. Förhadl. Stokholm, 1893, v. 7, p. 455–468.

[346] Burgatti P. *Demostrazione della non esistenza d' integrali algebrici (oltre i noti) nel Problema del moto d'un corpo pesante in torno a un punto fisso*. Rend. Circ. mat. Palermo, 1910, v. 29, p. 369–377.

[347] Burov A. A., Motte I., Stepanov S. Ya. *On motion of rigid bodies on a spherical surface*. Reg. & Ch. Dyn., №3, 4, p. 61–66.

[348] Capodanno P. *Sur la réduction des equations du mouvement d'un profil pesant dans un fluide*. Rev. Roumaine math. pures appl., 1987, v. 32, p. 763–770.

[349] Chenciner A., Montgomery R. *A remarkable periodic solution of the three body problem in the case of equal masses*. Annals of Math., 2000, v. 152, p. 881–901.

[350] Clebsch A. *Über die Bewegung eines Körpers in einer Flüssigkeit*. Math. Annalen, 1871, Bd. 3, S. 238–262.

[351] Correia A. C. M., Laskar J., Néron de Surgy O. *Long-term evolution of the spin of Venus*, I. *Theory*. Icarus, 2003, v. 163, p. 1–3.

[352] Couchet G. *Sur un cas d'integration par quadratures du mouvement d'un profil au sein d'un fluide parfait incompressible en mouvement a irrotational*. C. R. Acad. Sci. Paris, 1964, v. 258, p. 1722–1724.

[353] Cushman R. *Examples of nonintegrable analytic Hamiltonian vector fields with no small divisors*. Trans. Amer. Math. Soc., 1978, v. 238, p. 45–55.

[354] Darboux G. *Leçons sur la théorie des surfaces*. Paris, 1887, t. 1, chap. 2.

[355] Darboux G. *Sur la théorie de Poinsot et sur des mouvements correspondants á la méme polhodie*. C. r. Acad. Sci. 1885, t. 101, p. 1555–1561.

[356] Deprit A. *Free rotation of a rigid body studied in the phase plane*. Amer. J. Phys., 1967, v. 35, № 5, p. 424–428. [Русск. пер.: Деприт А. *Изучение свободного вращения твердого тела около неподвижной точки с помощью фазовой плоскости*. Сб. пр. «Механика», 1968, № 2, с. 3–9.]

[357] Deprit A. *Le probléme des deux centers fixes*. Bull. Nath. Belg., 1962, vol. 142, № 1, p. 12–45.

[358] Deprit A., Elipe A. *Complete reduction of the Euler–Poinsot priblem*. J. of Astron. Sciences, 1993, v. 41, p. 603–628.

[359] Deryabin M. V. *On asymptotics of Chaplygin equation*. Reg. & Chaot. Dyn., 1998, v. 3, № 1, p. 93–97.

[360] Deryabin M. V. *On stability of uniformly-accelerated motions of an axially-symmetric rigid body in an ideal fluid*. Z. Angew. Math. Mech., 2003, v. 83, № 3, p. 197–203.

[361] Devaney R. L. *Transversal homoclinic orbits in an integrable system*. Amer. J. Math., 1978, v. 100, №3, p. 631–642.

[362] Dullin H. R., Easton R. W. *Stability of levitrons*. Physica D, 1999, v. 126, p. 1–17.

[363] Dullin H. R., Matveev V. S. *A new integrable system on the sphere*. Math. Research Letters, 2004, v. 11, №,6, p. 715–722.

[364] Dullin H. R., Richter P. H., Juhnke M. *Action integrals and energy surfaces of the Kovalevskaya top*. Int. J. of Bif. and Chaos, 1994, v. 4, №6, p. 1535–1562.

[365] Dullin H. R., Richter P. H., Veselov A. P. *Action variables of the Kovalevskaya top*. Reg. & Ch. Dyn., 1998, v. 3, №3, p. 18–26.

[366] Elipe A. *Rotations of perturbed triaxial rigid bodies*. Int. J. of Theor. Phys. Group Theory and Nonlinear Optics, 2002, v. 8, № 2, p. 163–196.

[367] Elipe A., Arribas M., Riaguas A. *Complete analysis of bifurcations in the axial gyrostat problem*. J. Phys. A., 1997, v. 30, p. 587–601.

[368] Elipe A., Lanchares V. *Phase flow of an axially symmetrical gyrostat with one constant rotor*. J. Math. Phys., 1997, v. 38(7), p. 3533–3544.

[369] Elipe A., Lanchares V. *Two equivalent problems: gyrostats in free motion and parametric quadratic Hamiltonians*. Mech. Res. Comm., 1997, v. 24, № 6, p. 583–590.

[370] Enos M. J. *On an optimal control problem on* $SO(3) \times SO(3)$ *and the falling cat*. Fields Institute Communications, 1993, v. 1, p. 75–111.

[371] Fassò F. *The Euler–Poinsot top: a non-commutatively integrable systems without global action-angle coordinates*. J. Appl. Math. Phys. (ZAMP), 1996, v. 47, p. 953–976.

[372] Faye I. *On the meromorphic non-integrability of Euler's equations on* $SO(4)$. Reg. & Ch. Dyn., 2000, v. 5, №4, p. 477–483.

[373] Fedorov Yu. N. *Discrete versions of some algebraic integrable systems related to generalized Jacobians*, side III — *Symmetrics and integrability of difference equations*. Sabaudia, 1998, p. 147–160, CRH Proc. Lect. Notes, v. 25, Amer. Math. Soc., Providence, RI2000.

[374] Fedorov Yu. N. *Integrable systems, Poisson pencils, and hyperelliptic Lax pairs*. Reg. & Chaot. Dyn., 2000, v. 5, №2, p. 171–180.

[375] Fedorov Yu. N., Kozlov V. V. *A Memoir on integrable systems*. Springer, Monographs in Mathematics, 2005 (to appear).

[376] Feigenbaum M. J., Greene J. M., MacKay R. S., Vivaldi V. *Universal behaviour in families of area-preserving maps*. Physica 3D, 1981, p. 468–486.

[377] Feingold M., Peres A. *Regular and chaotic motion of coupled rotators*. Physica D, 1983, v. 9, p. 433–438.

[378] Frahm W. *Über gewisse Differentialgleichungen*. Math. Annalen, 1875, Bd. 8, S. 35–44.

[379] Francoise J. P. *Monodromy and the Kovalevskaya top*. Astérisque, 1987, 150–151, p. 87–108.

[380] Gaffet B. J. *A completely integrable Hamiltonian motion on the surface of a sphere*. J. Phys. A, 1998, v. 31, p. 1581–1596.

[381] Gaffet B. J. *An integrable Hamiltonian motion on a sphere: II. The separation of variables*. J. Phys. A, 1998, v. 31, p. 8341–8354.

[382] Gaffet B. *Spinning gas clouds – without vorticity*. J. Phys. A, 2000, v. 33, p. 3929–3946.

[383] Galgani L., Giorgilli A., Strelcyn J.-M. *Chaotic motions and transition to stochasticity in the classical problem of the heavy rigid body with a fixed point*. Nuovo Cimento, 1981, v. 61B, №1, p. 1–20.

[384] Galper A. R., Miloh T. *Dynamic equations of motion for a rigid or deformable body in an arbitrary non-uniform potential flow field*. J. Fluid Mech., 1995, v. 295, p. 91–120.

[385] Galper A. R., Miloh T. *Hydrodynamics and stability of a deformable body moving in the proximity of interfaces*. Phys. of fluids, 1999, v. 11, №4, p. 795–806.

[386] Gashenenko I. N. *Angular velocity of the Kovalevskaya top*. Reg. & Chaot. Dyn., 2000, v. 5, №1, p. 104–113.

[387] Gashenenko I. N., Richter P. *Enveloping surfaces and admissible velocities of heavy rigid bodies*. Int. J. of Bifurcation and Chaos, 2004, v. 14, №8, p. 2525–2553.

[388] Gavrilov L. N. *On the geometry of Gorjatchev–Tchaplygin top*. C. R. Acad. Bulg. Sci., 1987, v. 40, p. 33–36.

[389] Gavrilov L. N. *Remarks on the equations of heavy gyrostat*. Докл. Болг. Ак. наук, 1989, т. 42, №5, с. 17–20.

[390] Gavrilov L. N., Ouazzani-Jamil M., Caboz R. *Bifurcation diagrams and Fomenko's surgery on Liouville tori of the Kolossoff potential* $U = \rho + \frac{1}{\rho} - k\cos\varphi$. Ann. Scient. Ec. Norm. Sup., 4 serie, 1993, t. 26, p. 545–564.

[391] Golo V. L. *Nonlinear regimes in spin dynamics of superfluide* ^{3}He. Lett. Math. Phys., 1981, v. 5, p. 155–159.

[392] Goriely A., Nizette M. *Kovalevskaya Rods and Kovalevskaya Waves*. Reg. & Ch. Dyn., 2000, v. 5, №1, p. 95–106.

[393] Greenhill A. G. *On the motion of a top and allied problems in dynamics*. Quart. J., 1877, v. XI, p. 176–194.

[394] Grioli G. *Esistenza e determinazione delle prezessioni regolari dinamicamente possibili per un solido pesante asimmetrico*. Ann. mat. pura e appl., 1947, v. 26, fasc. 3–4, p. 271–281.

[395] Grioli G. *Moto attorno al baricento un giroscopio soggeto a forze potenza nulla*. Rend. di Math. e dilla sue appl., Univ. Roma, Ist. Naz. Alta. Math., 1947, №5, 6.

[396] Grioli G. *Qualche teorema di cinematica dei moti rigidi*. Rend. Acad. naz. Lencei, Ser. 8, 1963, v. 34, fasc. 6, p. 636–641.

[397] Grioli G. *Sul moto di un corpo rigido asimmetrico soggeto a forze potenza nulla*. Rend. del Sem. Math. Univ. de Padova, 1957, Pt. 1, p. 90–102.

[398] Hadeler K. P., Selivanova E. N. *On the case of Kovalevskaya and new examples of integrable conservative systems on* S^2. Reg. & Ch. Dyn., 1999, v. 4, №3, p. 45–52.

[399] Haine L. *Geodesic flow on* $SO(4)$ *and abelian surfaces*. Math. Ann., 1983, v. 4, p. 435-472.

[400] Haine L., Horozov E. A. *Lax pair for Kowalewski's top*. Physica D, 1987, v. 29, p. 173–180.

[401] Halphen G. *Sur le mouvement d'un solide dans un liquide*. J. math. pure et appl., 1988, v. 4, p. 28–37.

[402] Haßmann H. *Quasi-perodic motions of a rigid body*. Proefschrift, Groningen, 1995.

[403] Hess W. *Über die Eulerschen Bewegungsgleichungen und über eine neue particulare Lösung des Problems der Bewegung eines starren Körpers un einen festen Punkt*. Math. Ann., 1890, Bd. 37, №2, S. 178–180.

[404] Holms P. J., Marsden J. E. *Horseshoes and Arnold diffusion for Hamiltonian systems on Lie groups*. Indiana Univ. Math. J., 1983, v. 32(2), p. 273–309.

[405] Husson E. *Recherche des intégrales algebriques dans le mouvement d'un solide pesant autour d'un point fixe*. Ann. Fac. Sci. Univ. Toulouse, Ser. 2, 1906, v. 8, p. 73–152.

[406] Iacob A. *Invariant manifolds in the motion of a rigid body about a fixed point*. Rev. Roum. Math. Pures et Appl., 1971, v. 16(10), p. 1497–1521.

[407] Jacobi C. G. J. *Second mémoire sur la rotation d'un corps non soumis á des forces accélératrices*. Gesammelte Werke, Berlin, 1882, Bd. 2, S. 427–467.

[408] Irtegov V., Titorenko T. *Application of Computer Algebra Methods in Investigation of Quite Integrable Systems*, SIAM, 2005, v. 1 (to appear).

[409] Jacobi C. G. J. *Sur la rotation d'un corps*. Berlin, Gesammelte Werke, 1882, Bd. 2, S. 289–352.

[410] Kalnis E. G., Miller W. J. R., Winternitz P. *The group* $so(4)$*, separation of variables and the hydrogen atom*. SIAM, J. Appl. Math., 1976, v. 30, № 4, p. 630–664.

[411] Kane T. R., Scher M. P. *A dynamical explanation of the falling cat phenomenon*. Intenational J. of Struct. and Solids, 1969, v. 5, p. 663–670.

[412] Kanso E., Marsden J. E., Rowley C. W., Helli-Huber J. *Locomotion of articulated bodies in a perfect fluid*. Preprint, 2004.

[413] Kaper T. J., Kovacic G. *A geometric criterion for adiabatic chaos*. J. Math. Phys., 1994, V. 35, № 3, p. 1202–1218

[414] Kharlamov M. P., Zotev D. V. *Non-degenerate energy surfaces of rigid body in two constant fields*. Reg. & Chaot. Dyn., 2005, 10 (1), p. 15–19.

[415] Kholmskaya A. G. *Motion of a disk within a sphere*. Reg. & Chaot. Dyn., 1998, v. 3, № 2, p. 74–81.

[416] Killing W. *Die Mechanik in den Nicht-Euklidischen Raumformen*, J. Reine Angew. Math, 1885, vol. 98, p. 1–48. Русск. перев.: в кн. Борисов А. В., Мамаев И. С. (ред.) *Классическая динамика в неевклидовых пространствах*. М.-Ижевск: ИКИ, 2004.

[417] Kinoshita H. *First-order perturbations of the two finite body problem*. Publ. Astron. Soc. Japan, 1972, v. 24, p. 423–453.

[418] Klein F. *The mathematical theory of the top*. Chelsea, 1896. Русск. перев.: Клейн Ф. *Математическая теория волчка*. М.-Ижевск: 2003, ИКИ.

[419] Klein F., Sommerfeld A. *Über die Theorie des Kreisels*. New York: e. a. Johnson reprint corp., 1965. 966 p.

[420] Kobb G. *Sur le probléme de la rotation d'un corps autour d'un point fixe*. Bull. Soc. math. France, 1895, t. 23, p. 210–215.

[421] Komarov I. V. *A generalization of the Kovalevskaya top*. Phys. Lett., 1987, v. 123, №1, p. 14–15.

[422] Komarov I. V. *Remarks on Kowalevki's top*. J. Phys. A, 2001, v. 34, p. 2111–2120.

[423] Komarov I. V., Kuznetsov V. B. *Kowalewski's top on the Lie algebras* $O(4)$*,* $e(3)$ *and* $O(3,1)$. J. Phys. A, 1990, v. 23, p. 841–846.

[424] Komarov I. V., Sokolov V. V., Tsiganov A. V. *Poisson maps and integrable deformations of Kowalevski top*. J. Phys. A., 2003, v. 36, p. 8035–8048.

[425] Komarov I. V., Tsiganov A. V. *On a trajectory isomorphism of the Kowalevski gyrostat and the Clebsch problem*. J. Phys. A, 2005, v. 38, p. 2917–2927.

[426] Komarov I. V., Tsiganov A. V. *On integration of the Kowalevski gyrostat and the Clebsch problems*. Reg. & Chaot. Dyn., 2004, v. 9, №2, p. 169–187.

[427] Kötter F. *Bemerkungen zu F. Kleins und A. Sommerfelds Buch über die Theorie des Kreisels*. Berlin, 1899.

[428] Kötter F. *Die von Steklow und Liapunow entdeckten integralen Fälle der Bewegung eines starren Körpers in einer Flüssigkeit*. Sitzungsber. König. Preuss. Akad. Wiss. Berlin, 1900, Bd. 6, p. 79–87.

[429] Kötter F. *Sur le cas traité par M-me Kowalevski de rotation d'un corps solide autour d'un point fixe*. Acta Math., 1893, v. 17, №1–2.

[430] Kötter F. *Über die Bewegung eines festen Körpers in einer Flüssigkeit, I, II*. J. Reine Angew. Math., 1892, Bd. 109, S. 51–81, 89–111.

[431] Kowalewski N. *Eine neue particulare Lösung der Differentialgleichungen der Bewegung eines schweren starren Körpers um einen festen Punkt*. Math. Ann., 1908, Bd. 65, №4, S. 528–537.

[432] Kozlov V. V., Onischenko D. A. *Motion of a body with undeformable shell and variable mass geometry in an unbounded perfect fluid*. Journal of Dynamics and Differential Equations, 2003, v. 15, №213, p. 553–570. (См. также Козлов В. В., Онищенко Д. А. *О движении в идеальной жидкости твердого тела, содержащего внутри себя подвижную сосредоточенную массу*, Прикл. Мат. Мех., 2003, т. 67, вып. 4, с. 620–633.)

[433] Kuznetsov V. B. *Kowalevski top revisited*. CRM Proc. Lecture Notes, 2002, v. 32, AMS, Providence, RI, p. 181–196.

[434] Kuznetsov V. B. *Simultaneous separation for the Kowalevski and Goryachev–Chaplygin gyrostats*. J. Phys. A, 2002, v. 35, p. 6419–6430.

[435] Kuznetsov V. B., Jorgensen M. F., Christiansen P. L. *New boundary conditions for integrable lattices*. J. Phys., A., 1995, v. 28, p. 4639–4654.

[436] Kuznetsov V. M., Lugostov B. A., Sher Y. N. *On the motive mechanism of snakes and fish*. Arch. Rath. Mech. Analysis, 1967, v. 25, №5, p. 367–387.

[437] Lapporte O. *Note on a Kowalewski's top in quantum mechanics*. Phys. Rev., 1933, v. 43, p. 584–551.

[438] Laskar J., Robutel P. *The chaotic obliquity of the planets*. Nature, 1993, v. 361, №18, p. 608–612.

[439] Leimanis E. *The general problem of the motion of coupled rigid bodies about a fixed point*. Springer-Verlag, Berlin, 1965.

[440] Lerman L. M. *More about the structure of integrable waves for the Landau–Lifshits equations*. Select Math. from Sov., 1993, v. 12, №4, p. 333–351.

[441] Lesfari A. *Abelian surfaces and Kowalevski's top*. Ann. Scient. Ec. Nor. Sup., 1988, v. 21, 4 ser., p. 193–223.

[442] Lewis D., Ratiu T., Simo J. C., Marsden J. E. *The heavy top: a geometric treatment*. Nonlinearty, 1992, v. 15, p. 1–48.

[443] Liao J. C., Beal D. N., Lauder G. V., Trantafyllou M. S. *Fish Exploiting Vortices Decrease Muscle Activity*. Science, 2003, v. 32, p. 1566–1569.

[444] Liouville J. *Développements sur un chapitre de la Méchanique de Poisson*. J. Math. Pures et Appl., 1858, v. 3, p. 1–25.

[445] Liouville R. *Sur la rotation des solides*. Comp. Rend. Acad. Sc., 1895, t. CXX, p. 903–906.

[446] Liouville R. *Sur le mouvement d'un solide dans un liquide indéfini*. Comp. Rend. Ac. Sc., ser. 2, 1896, p. 874–876.

[447] Maciejewski A. J., Przybylska M. *Differential Galois Approach to non-integrability of the heavy top problem*. Ann. Fac. Sci. Toulouse Math. (5), 2004, vol. XIV, № 1.

[448] MacKay R. S. *Renormalization in area-preserving maps*. World Scientific, 1993.

[449] Magyari E., Thomas H., Weber R., Kaufman C., Müller G. *Integrable and nonintegrable classical spin clusters. Integrability criteria and analytic structure of invariants*. Z. Phys. B, Condensed Matter, 1987, v. 65, p. 363–374.

[450] Maki K., Ebisawa H. *Exact magnetic ringing solutions in superfluid* ^{3}He–B. Phys. Rev., 1976, v. 13B, №7, p. 2924–2930.

[451] Marey M. *Des mouvements que certains animaux exécutent pour retomber sur leurs pieds, lorsqu'ils sont précipités d'un élevé*. Comp. Rend. Acad. Sci. Paris, 1894, v. 119, p. 714–717.

[452] Marikhin V. G., Sokolov V. V. *Separation of variables on a non-hyperelliptic curve*, Reg. & Chaot. Dyn., 2005, v. 10, № 1, p. 59–70.

[453] Markeev A. P. *On the Steklov case in rigid body dynamics*. Reg. & Chaot. Dyn., 2005, v. 10, № 1, p. 81–93.

[454] Marsden J., Ratiu T. S. *Introduction to mechanics and symmetry. A basic exposition of classical mechanical systems*. Springer-Verlag, 1994.

[455] Mettler E. *Periodische und asymptotische Bewegungen des unsymmetrischen schweren Kreisels*. Math. Z, 1937, Bd. 43, H. 1, S. 59–100.

[456] Miloh T., Galper A. *Self-propulsion of general deformable shapes in a perfect fluid*. Proc. R. Soc. Lond. A., 1993, v. 442, p. 273–299.

[457] Minkowski H. *Über die Bewegung eines festen Körpers in einer Flüssigkeit*. Sitzungsber. König. Preuss. Akad. Wiss. Berlin, 1888, v. 30, p. 1095–1110.

[458] Montgomery R. *Gauge theory of the falling cat*. Field Inst. Commun., 1993, v. 1, p. 193–217.

[459] Moser J., Veselov A. P. *Disctete version of some classical integrable systems and factorisation of matrix polinomials*. Comm. Math. Phys., 1991, v. 139, p. 217–243. [Русск. пер.: Веселов А. П., Мозер Ю. *Дискретные варианты некоторых классических интегрируемых систем и факторизация матричных полиномов*. В кн. Ю. Мозер *Интегрируемые гамильтоновы системы и спектральная теория*. Ижевск: Изд-во РХД, 2000, с. 255–294.]

[460] Neistadt A. I. *Probability phenomena due to separatrix crossing*. Chaos, 1991, V. 1, № 1, p.42– 48.

[461] Neistadt A. I., Treshev D. V., Sidorenko V. V. *Stable periodic motions in the problem on passage through a separatrix*. Chaos, 1997. V. 7(3), p. 2–11.

[462] Neumann C. *De problemate quodam mechanico, quod ad primam integralium ultraellipticorum slassem revocatur*. Rein. und Agew. Math., 1859, v. 56, p. 46–63.

[463] Oshemkov A. A. *Fomenko invariants for the main integrable cases of the rigid body motion equations*. Advances in Sov. Math., 1991, v. 6, p. 67–146.

[464] Parker T. S., Chua L. O. *Practical numerical algorithms for chaotic systems*. New York: Springer-Verlag, 1989.

[465] Perelomov A. M. *A note on geodesics on ellipsoid*. Reg. & Chaot. Dyn., 2000, v. 5, №1, p. 89–94.

[466] Perelomov A. M. *Motion of four-dimesional rigid body around a fixed point*: *an elementary approach* I. math-ph/0502053, 2005.

[467] Perelomov A. M., Ragnisco O., Wojciechowski S. *Integrability of two interacting N-dimensional rigid bodies*. Comm. Math. Phys., 1986, v. 102, p. 573–583.

[468] Poincaré H. *Sur la precession des corps deformables*. Bull. Astr., 1910, v. 27, p. 321–356. Пер. с франц.: Пуанкаре А. *Последние работы*. Ижевск: Изд-во РХД, 2001, с. 74–111.

[469] Poincaré H. *Sur le forme nouvelle des equations de la mecanique*. C. R. Acad. Sci. Paris, 1901, v. 132, p. 369–371. Пер. с франц.: Пуанкаре А. *Последние работы*. Ижевск: Изд-во РХД, 2001, с. 72–73.

[470] Poinsot L. *Théorie nouvelle de la rotation des corps*. J. math. pures et appl., 1851, v. 16, p. 9–130, p. 289–336.

[471] Radau R. *Rotation des corps solides*. Annal. scientif. de l'Ecole Normale superieure, t. VI, p. 233–250.

[472] Ramani A., Grammaticos B., Dorizzi B. *On the quantization of the Kowalevskaya top*. Phys. Lett., 1984, v. 101A, №2, p. 69–71.

[473] Ratiu T., van Moerbeke P. *The Lagrange rigid body motion*. Ann. Inst. Fourier, 1982, v. 32(1), p. 211–234.

[474] Reichl L. E. *The transition to chaos. Conservative classical systems and quantum manifestations*. Springer, 2004. 675 p.

[475] Reyman A. G., Semenov-Tian-Shansky M. A. *A new integrable case of the motion of the 4-dimensional rigid body*. Comm. Math. Phys., 1986, v. 105, p. 461–472.

[476] Reyman A. G., Semenov-Tian-Shansky M. A. *Lax representation with a spectral parameter for the Kowalewski top and its generalizations*. Lett. Math. Phys., 1987, v. 14, p. 55–61.

[477] Reyman A. G., Semenov-Tian-Shansky M. A. *Reduction of Hamiltonian systems, Lie algebras and Lax equations*, I, II. Invent. Math., 1979, v. 54, p. 81–100; 1981, v. 63, p 423–432.

[478] Rimmer R. *Generic bifurcations from fixed points of involutory area preserving maps*. Diff. Equations, 29, 1978, p. 329, and P. Math. Res. Paper 79-7, La Trobe U., Melbourne, 1979.

[479] Rosochatius E. *Über die Bewegung eines Punktes*. Inaugural Dissertation, Univ. Göttingen, Berlin, 1877.

[480] Rueb Ad. *Specimen inagurale de motu gyratorio corporis rigidi nulle vi acceleratrice sollicitati*. Auctore Adolpho Stephano Rueb, Roterodamonsi (Utrecht), 1834, v. 4, p. 74.

[481] Rueb Ad. *Sur la rotation d'un corps* Com. rend. Acad. des Sciences, 1849, J. de Crelle, t. XXXIX.

[482] Saffman P. O. *The self-propulsion of a deformable body in a perfect fluid*. J. Fluid Mech., 1967, v. 28, p. 385–389.

[483] Salnikova T. V. *On integrability of the motion of an axisymmetric rigid body*. J. Phys. A., 2001, v. 34, № 11, p. 2179–2184.

[484] Schottky F. *Über das analytische Problem der Rotation eines starren Körpers in Raume von vier Dimensionen*. Sitzungsber. König. Preuss. Akad. Wiss. Berlin, 1891, Bd. XIII, S. 227–232.

[485] Selivanova E. N. *New examples of integrable conservative systems on S^2 and the case of Goryachev–Chaplygin*. Commun. Math. Phys., 1999, v. 207, p. 641–663.

[486] Selivanova E. N. *New families of conservative systems on S^2 possessing an integral of fourth degree in momenta*. Ann. of Glob. An. and Geom., 1999, v. 17, p. 201–219.

[487] Serret J. A. *Mémoiré sur l'emploi de la méthode de la variation des arbitraires dans la théorie des mouvement des rotation*. Mémoires de l'Académies des Sciences de Paris, 1866, v. 35, p. 585–616.

[488] Shashikanth B. N. *Poisson brackets for the dynamically interacting systems of a 2D rigid cylinder and N point vortices: the case of arbitrary smooth cylinder shapes*. Reg. & Chaot. Dyn., 2005, v. 10, № 1, p. 1–14.

[489] Shashikanth B. N., Marsden J. E., Burdick J. W., Kelly S. D. *The Hamiltonian structure of a 2D rigid circular cylinder interacting dynamically with N point vortices*. Phys. of Fluids, 2002, v. 14, p. 1214–1227.

[490] Simó C. *Dynamical properties of the figure eight solution of the three-body problem*. Celestial mechanics, v. 292, p. 209–228.

[491] Simó C. *Invariant curves of perturbations of non twist integrable area preserving maps*. Reg. & Chaot. Dyn., 1998, № 3, p. 180–195.

[492] Simó C., Stuchi T. *Central stable/unstable manifolds and the destruction of KAM tori in the planar Hill problem*. Physica D, 2000, v. 140, p. 1–32. Пер. с англ.: в кн. *Современные проблемы хаоса и нелинейности*. Ижевск: ИКИ, 2002. 304 с.

[493] Sklyanin E. K., Takebe T. *Separation of variables in the elliptic Gaudin model*. Commun. Math. Phys., 1999, v. 204, p. 17–38.

[494] Sokolov V. V. *A generalized Kowalewski Hamiltonian and new integrable cases on* $e(3)$ *and* $so(4)$. In «Kowalevski property», ed. V. B. Kuznetsov, CRM Proceedings and Lect. Notes, AMS, 2002, p. 307–315.

[495] Sokolov V. V., Wolf T. *Integrable quadratic Hamiltonians on* $so(4)$ *and* $so(3,1)$. arxiv:nlin.SI/0405066, v. 2, 2004, May.

[496] Springborn B. A. *The toy top, an integrable system of rigid body dynamics*. J. of Nonlinear Math. Phys., 2000, v. 7, № 3, p. 386–410.

[497] Srivastava N., Kaufman C., Müller G., Magyari E., Weber R., Thomas H. *Classical spin clasters: integrability and dynamical properties*. J. Appl. Phys., 1987, v. 61, №8, p. 4438–4440.

[498] Srivastava N., Kaufman C., Müller G., Weber R., Thomas H. *Integrable and nonintegrable classical spin clasters*. Z. Phys. B, Condensed Matter, 1988, v. 70, p. 251–268.

[499] Staude O. *Über permanente Rotationaxen bei der Bewegung eines schweren Körpers um einen festen Punkt*. J. reine und andew. Math, 1894, Bd. 113, H. 4, S. 318–334.

[500] Stekloff V. A. *Remarque sur un probleme de Clebsch sur le mouvement d'un corps solide dans un liquide indefini en sur le probleme de M. de Brun*. Comp. Rend. Ac. Sc. Paris, 1902, v. 135, p. 526–528.

[501] Stekloff V. A. *Sur le mouvement d'un corps solide ayant une cavite de forme ellipsoidale remple par un liquide incompressible en sur les variations des latitudes*. Ann. de la fac. des Sci. de Toulouse, Ser. 3, 1909, v. 1.

[502] Tanabe Y., Kaneko K. *Behavior of a falling paper*. Phys. Rev. Lett., 1994, v. 73, № 10, p. 1372–1377.

[503] Tannenberg W. *Sur le mouvement d'un corps solide pesant autour d'un point fixe: cas particulier signalé par M-me Kowalewsky*. Bordeaux, Gounouilhou, 1898.

[504] Tennysonn J. L., Carry J. R., Escande D. F. *Change of the Adiabatic Invariant due to Separatrix Crossing*. Phys. Rev. Lett., 1986, V. 56, № 20, p. 2117–2120.

[505] Thomson W., Tait P. *Treatise on Natural Philosophy*, v. 1. Oxford, 1867. 727 p.

[506] Tisserand F. *Traite de mecanique celeste. Theorie de la figure des corps celestes et de leur mouvement de rotation*. Paris, Gauthier-Villars, 1891.

[507] Troilo R. *Moti del solido pesanto in cui e constante il modulo del momento delle quantita di moto*. Rend. Semin. mat. univ. e politech. Torino, 1974–75 (1976), v. 33, p. 337–347.

[508] Tsiganov A. V. *A new integrable system in S^2 with second integral quartic in the momenta*. J. Phys. A, 2005, V. 38, p. 3547–3553.

[509] Tsiganov A. V. *Lax representation for an integrable motion on the sphere with a cubic second invariant*. Reg. & Chaot. Dyn., 1999, v. 4, №3, p. 21–29.

[510] Tsiganov A. V. *On a family of integrable systems on S^2 with a cubic integral of motion*. J. Phys. A, Math. Gen., 2005, v. 38, p. 921–927.

[511] Tsiganov A. V. *On integrable deformation of the Poincaré system*. Reg. & Chaot. Dyn., 2002, v. 7, № 3, p. 331–336.

[512] Tsiganov A. V. *On the Kowalevski–Goryachev–Chaplygin gyrostat*. J. Phys. A, 2002, v. 35, p. 309–318.

[513] Tsiganov A. V. *On the Steklov–Lyapunov case in the rigid motion*. Reg. & Chaot. Dyn., 2004, v. 9, № 2, p. 77–90.

[514] Tsiganov A. V., Goremykin O. V. *Integrable systems on $so(4)$ related to XXX spin chains with boundaries*. J. Phys. A, Math. Gen., 2004, v. 37, p. 4843–4849.

[515] Uhlenbeck K. *Minimal 2-spheres and tori in S^k*. Preprint, 1975.

[516] Vanhaecke P. *Linearising two-dimensional integrable systems and the construction of action-angle variables*. Math. Z., 1992, v. 211, p. 265–33.

[517] Volterra V. *Sur la theorie des variations des latitudes*. Acta Math., 1899, v. 22, p. 201–358.

[518] Wangerin A. *Über die Bewegung miteinander verbundener Körper*. Univ.-Schrift Halle, 1889.

[519] Weber H. *Anwendung der Thetafunktionen zweiter Veränderlicher auf Theorie der Bewegung eines festen Körpers in einer Flüssigkeit*. Math. Ann., 1879, Bd. 14, S. 143–206.

[520] Wiggins S. *Adiabatic chaos*. Phys. Lett. A, 1988, v. 128, № 67, p. 339–342.

[521] Wiggins S. *Chaotic transport in dynamical systems*. NY, Springer, 1992.

[522] Wojciechowski S. *Integrable one-particle potentials related to the Neumann system and the Jacobi problem of geodesic motion on an ellipsoid*. Phys. Lett. A, 1985, v. 107, № 3, p. 106–111.

[523] van der Woude W. *Über die Staudischen Kreiselbewegungen*. Math. Z., 1923, Bd. 16, S. 170–172.

[524] Yehia H. M. *An integrable motion of a particle on a smooth ellipsoid*. Reg. & Chaot. Dyn., 2003, v. 8, № 4, p. 463–468.

[525] Yehia H. M. *Equivalent mechanical systems with cyclic coordinates and new integrable problems*. ZAMP, 2001, v. 52, p. 289–316.

[526] Yehia H. M. *Equivalent problems in rigid body dynamics*, I. Cel. Mech., 1988, v. 41, p. 275–288.

[527] Yehia H. M. *Equivalent problems in rigid body dynamics*, II. Cel. Mech., 1988, v. 41, p. 289–295.

[528] Yehia H. M. *Geometric transformations and new integrable problems of rigid body dynamics*. J. Phys. A, 2000, v. 33, p. 4393–4399.

[529] Yehia H. M. *Kovalevskaya's integrable case: generalizations and related new results*. Reg. & Chaot. Dyn., 2003, v. 8, № 3, p. 337–348.

[530] Yehia H. M. *New generalization of all the known integrable problems in rigid body dynamics*. J. Phys. A., 1999, v. 32, p. 7565–7580.

[531] Yehia H. M. *New generalizations of the integrable problems in rigid body dynamics*. J. Phys. A: Math. Gen, 1997, v. 30, p. 7269–7275.

[532] Yehia H. M. *New integrable cases in the dynamics of rigid bodies*, V. Mech. Research. Com., 1989, v. 16(6), p. 349–352.

[533] Yehia H. M. *New integrable problems in the dynamics of rigid bodies*. Mech. Res. Commun., 1986, v. 13, p. 169–172.

[534] Yehia H. M. *New integrable problems in the dynamics of rigid bodies*, IV. Mech. Res. Commun., 1987, v. 14, p. 177–180.

[535] Yehia H. M. *New integrable problems in the dynamics of rigid bodies with the Kovalevskaya configuration. I – The case of axisymmetric forces*. Mech. Res. Com., 1996, v. 23, №5, p. 423–427.

[536] Yehia H. M. *New integrable problems of motion a rigid body with a particle oscillating or bouncing in it*. Mech. Res. Commun., 1977, v. 24, №3, p. 243–246.

[537] Yehia H. M. *On a generalization of certain results of Goriatchev, Chaplygin and Sretensky on the dynamics of rigid bodies*. J. Phys. A, 1996, v. 29, p. 8159–8161.

[538] Yehia H. M. *On certain integrable motions of a rigid body acted upon by gravity and magnetic fields*. Int. J. of Non-lin. Mech., 2001, v. 36, p. 1173–1175.

[539] Yehia H. M. *On certain two-dimensional conservative mechanical systems with a cubic second integral*. J. Phys. A, Mat. Gen., 2002, v. 35, p. 9469–9487.

[540] Yehia H. M. *On the integrability of certain problems in particle and rigid body dynamics*. J. of theor. and applied mech., 1996, v. 5, №1, p. 55–71.

[541] Yehia H. M. *On the stability of plane motion of heavy rigid body about a fixed point*. ZAMM, 1987, v. 67, p. 641–648.

[542] Yehia H. M. *Particular integrable cases in rigid body dynamics*. ZAMM, 1988, v. 68, p. 33–37.

[543] Yehia H. M. *Relation between the first and second moments of distributions*. J. Phys. A, 2002, v. 35, p. 6505–6508.

[544] Yehia H. M. *Two-dimensional conservative mechanical systems with quartic second integral*. Reg. & Chaot. Dyn., 2005 (to appear).

[545] Yehia H. M., Bedweihy N. *Certain generalizations of Kovalevskaya's case*. Mansoura Science Bulletin, 1987, v. 14, №2, p. 373–386.

[546] Zotev D. V., Fomenko-Zeischang. *Invariant in the Bogoyavlenskyi Integrable Case*. Reg. & Chaot. Dyn., 2000, v. 5, №4, p. 437–458.

[547] Zwanziger D. *Exactly soluble nonrelativistic model of particles with both electric and magnetic charges*. Phys. Rev., 1968, v. 176, p. 1480–1488.

АВТОРСКИЙ УКАЗАТЕЛЬ

ПРЕДМЕТНЫЙ УКАЗАТЕЛЬ

Борисов Алексей Владимирович
Мамаев Иван Сергеевич

Динамика твердого тела

Гамильтоновы методы, интегрируемость, хаос

Дизайнер М. В. Ботя
Технический редактор А. В. Широбоков
Компьютерная верстка С. В. Высоцкий
Корректор М. Г. Пушель

Подписано в печать 23.11.2005. Формат $60 \times 84^1/_{16}$.
Печать офсетная. Усл. печ. л. 33,48. Уч. изд. л. 33,87.
Гарнитура Таймс. Бумага офсетная №1. Тираж 1000 экз. Заказ №1565.

АНО «Институт компьютерных исследований»
426034, г. Ижевск, ул. Университетская, 1.
http://rcd.ru E-mail: mail@rcd.ru Тел./факс: (+73412) 500–295

Отпечатано в типографии Удмуртского госуниверситета
426034, г. Ижевск, ул. Университетская, 1